utb 5667

Eine Arbeitsgemeinschaft der Verlage

Brill | Schöningh – Fink · Paderborn
Brill | Vandenhoeck & Ruprecht · Göttingen – Böhlau · Wien · Köln
Verlag Barbara Budrich · Opladen · Toronto
facultas · Wien
Haupt Verlag · Bern
Verlag Julius Klinkhardt · Bad Heilbrunn
Mohr Siebeck · Tübingen
Narr Francke Attempto Verlag – expert verlag · Tübingen
Psychiatrie Verlag · Köln
Ernst Reinhardt Verlag · München
transcript Verlag · Bielefeld
Verlag Eugen Ulmer · Stuttgart
UVK Verlag · München
Waxmann · Münster · New York
wbv Publikation · Bielefeld
Wochenschau Verlag · Frankfurt am Main

Dipl.-Kfm. Dr. Benjamin Roos ist als Head of Group Accounting bei einem börsennotierten, internationalen Konzern tätig. Er besitzt als Fach- und Führungskraft langjährige praktische Erfahrung im externen Rechnungswesen. Daneben ist er auf den Gebieten Buchführung, Bilanzierung und Bilanzanalyse als Dozent an Hochschulen sowie an Verwaltungs- und Wirtschaftsakademien tätig und publiziert regelmäßig zu aktuellen Themen der nationalen und internationalen Rechnungslegung.

Benjamin Roos

Grundlagen der Bilanzierung

Handelsrechtlicher Jahresabschluss
und Jahresabschlussanalyse

mit eLearning-Kurs

2., überarbeitete Auflage

UVK Verlag · München

Umschlagabbildung: © iStockphoto AvigatorPhotographer

Bibliografische Information der Deutschen Nationalbibliothek
Die Deutsche Nationalbibliothek verzeichnet diese Publikation in der Deutschen Nationalbibliografie; detaillierte bibliografische Daten sind im Internet über http://dnb.dnb.de abrufbar.

1. Auflage 2021

DOI: https://doi.org/10.36198/9783838560786

– ein Unternehmen der Narr Francke Attempto Verlag GmbH + Co. KG
Dischingerweg 5, D-72070 Tübingen

Internet: www.narr.de
eMail: info@narr.de

Einbandgestaltung: siegel konzeption | gestaltung
CPI books GmbH, Leck

utb-Nr. 5667
ISBN 978-3-8252-6078-1 (Print)
ISBN 978-3-8385-6078-6 (ePDF)
ISBN 978-3-8463-6078-1 (ePUB)

Für Andrea, Julian, Niklas und Luisa

Vorwort

Das vorliegende Lehr- und Lernbuch ist als Grundlagenwerk zu verstehen, welches in die sehr komplexe Materie der Bilanzierung nach deutschem Handelsrecht einführt. Das Hauptaugenmerk liegt darauf, den sehr abstrakten und nicht ohne Weiteres überschaubaren Lernstoff des handelsrechtlichen Jahresabschlusses und dessen Analyse verständlich aufzubereiten, systematisch darzustellen und dabei stets auch die Zusammenhänge zwischen den verschiedenen Rechenwerken zu berücksichtigen. Hierzu werden vom Leser grundlegende Buchführungskenntnisse vorausgesetzt.

Ausgehend von den Grundlagen zum Wesen und der Funktion des Jahresabschlusses werden über die Darstellung der Zwecke und Grundsätze der externen Rechnungslegung die Basiselemente der Bilanzierung – sprich der Aufbau des handelsrechtlichen Jahresabschlusses, allgemeine handelsrechtliche Ansatz- und Bewertungsregeln sowie der Bilanzausweis – dargestellt. Darauf aufbauend werden die in einem handelsrechtlichen Jahresabschluss enthaltenen Aktiv- und Passivposten sowie deren Interdependenzen mit Posten der Gewinn- und Verlustrechnung einer Detailbetrachtung unterzogen. Abschließend werden die Grundlagen der Analyse von handelsrechtlichen Jahresabschlüssen erläutert.

Da das Buch zudem eine Vielzahl von Beispielen und Beispielaufgaben mit Lösungen enthält, eignet es sich gut zum Selbststudium. Die Beispielaufgaben sollen anhand konkreter Zahlen im Anschluss an die abstrakte Erklärung des jeweiligen Kapitels für ein besseres Verständnis beim Leser sorgen und das selbständige Mitdenken fördern. Zudem dienen sie dazu, dem Leser konkret vermitteln zu können, „wo genau in der Bilanz und Gewinn- und Verlustrechnung er sich gerade befindet".

Zur besseren Verständlichkeit und zur Erleichterung des Lernens sind zahlreiche Übersichten, Schaubilder und Tabellen enthalten.

Das vorliegende Buch richtet sich in erster Linie an Studierende von Universitäten, (Dualen) Hochschulen, Verwaltungs- und Wirtschaftsakademien und vergleichbaren Bildungseinrichtungen.

Mein besonderer Dank gilt meiner Frau Andrea Roos, die mich während der Erstellungsphase, trotz der Mehrfachbelastung aus Vollzeitarbeit, nachmittäglicher Kinderbetreuung und der Aufrechterhaltung des Familienlebens stets unterstützt hat. Ein weiterer Dank gilt meiner Schwiegermutter Ingrid Schwab und meinem Vater Norbert Roos für die Unterstützung bei der Korrektur des Manuskripts. Zuletzt möchte ich mich beim UKV und Herrn Dr. Jürgen Schechler für die sehr gute Zusammenarbeit und die Aufnahme des Lehrbuchs in das Verlagsprogramm bedanken.

Nürnberg, Januar 2024

Benjamin Roos

Zu diesem Buch gibt es einen ergänzenden eLearning-Kurs aus 260 Fragen.

Mithilfe des Kurses können Sie online überprüfen, inwieweit Sie die Themen des Buches verinnerlicht haben. Gleichzeitig festigt die Wiederholung in Quiz-Form den Lernstoff.

Der eLearning-Kurs kann Ihnen dabei helfen, sich gezielt auf Prüfungssituationen vorzubereiten.

Der eLearning-Kurs ist eng mit vorliegendem Buch verknüpft. Sie finden im Folgenden zu den wichtigen Kapiteln QR-Codes, die Sie direkt zum dazugehörigen Fragenkomplex bringen. Andersherum erhalten Sie innerhalb des eLearning-Kurses am Ende eines Fragendurchlaufs neben der Auswertung der Lernstandskontrolle auch konkrete Hinweise, wo Sie das Thema bei Bedarf genauer nachlesen bzw. vertiefen können. Diese enge Verzahnung von Buch und eLearning-Kurs soll Ihnen dabei helfen, unkompliziert zwischen den Medien zu wechseln, und unterstützt so einen gezielten Lernfortschritt.

Inhaltsübersicht

Inhalt

Abbildungsverzeichnis

Tabellenverzeichnis

Abkürzungsverzeichnis

a.A.	anderer Ansicht
Abs.	Absatz
Afa	Absetzung für Abnutzung
AG	Aktiengesellschaft
AHK	Anschaffungs- oder Herstellungskosten
AktG	Aktiengesetz
Anm.	Anmerkung
AO	Abgabenordnung
Art.	Artikel
Aufl.	Auflage
BGBl.	Bundesgesetzblatt
BilMoG	Bilanzrechtsmodernisierungsgesetz
BilRUG	Bilanzrichtlinien-Umsetzungsgesetz
bspw.	beispielsweise
bzw.	beziehungsweise
ca.	circa
c.p.	ceteris paribus
d.h.	das heißt
DRS	Deutsche Rechnungslegungs Standards
DRSC	Deutsches Rechnungslegungs Standard Commitee
DVFA	Deutsche Vereinigung für Finanzanalyse und Asset Management e.V.
EBIT	Earnings Before Interest and Taxes
EBITDA	Earnings Before Interest, Taxes, Depreciation and Amortization
EGHGB	Einführungsgesetz zum Handelsgesetzbuch
EStG	Einkommensteuergesetz
etc.	et cetera
EUR	Euro
evtl.	eventuell
f.	folgende
ff.	fortfolgende
Fifo	First in fist out
ggf.	gegebenenfalls
GE	Geldeinheiten
GKV	Gesamtkostenverfahren
GmbH	Gesellschaft mit beschränkter Haftung
GmbH&Co.KG	Gesellschaft mit beschränkter Haftung&Compagnie Kommanditgesellschaft
GmbHG	Gesetz betreffend die Gesellschaft mit beschränkter Haftung
GoB	Grundsätze ordnungsmäßiger Buchführung
GuV	Gewinn- und Verlustrechnung
GWG	geringwertige Wirtschaftsgüter
h.M.	herrschende Meinung
HGB	Handelsgesetzbuch
Hrsg.	Herausgeber

IAS	International Accounting Standard(s)
i.d.R.	in der Regel
IDW	Institut der Wirtschaftsprüfer e.V.
IFRS	International Financial Reporting Standard(s)
i.H.	in Höhe
inkl.	inklusive
i.R.	im Rahmen
i.S.	im Sinne
i.V.m.	in Verbindung mit
insbes.	insbesondere
kg	Kilogramm
KGaA	Kommanditgesellschaft auf Aktien
Lifo	Last in first out
m.w.N.	mit weiteren Nachweisen
Nr.	Nummer
o.Ä.	oder Ähnliches
o.g.	oben genannt
OHG	Offene Handelsgesellschaft
p.a.	per anno bzw. per annum
PublG	Publizitätsgesetz
RBW	Restbuchwert
Rn.	Randnummer
ROI	Return on Investment
S.	Seite
sog.	Sogenannt99
TEUR	Tausend Euro
Tz.	Textziffer
u.a.	unter anderem
u.Ä.	und Ähnliches
UG	Unternehmergesellschaft
UKV	Umsatzkostenverfahren
u.U.	unter Umständen
usw.	und so weiter
vgl.	vergleiche
WpHG	Wertpapierhandelsgesetz
z.B.	zum Beispiel
z.T.	zum Teil
zzgl.	zuzüglich

1 Wesen, Funktion und Grundlagen des Jahresabschlusses

Die Lernfragen zu diesem Kapitel finden Sie unter: https://narr/kwaest.io/s/1216

1.1 Bilanz als zentrales Element des Jahresabschlusses

1.1.1 Bilanzbegriff

Jahresabschluss

Der Begriff „Bilanz“ wird oftmals als Synonym für den Begriff „Jahresabschluss“ verwendet. Allerdings stellt die Bilanz neben der Gewinn- und Verlustrechnung (GuV) und dem Anhang (bei Kapitalgesellschaften) lediglich einen Bestandteil des Jahresabschlusses dar.

Der Jahresabschluss ist der jährliche Abschluss der im Rahmen der Finanzbuchhaltung erstellten Aufzeichnungen und Daten. Der Jahresabschluss wird damit basierend auf der Systematik der doppelten Buchführung erstellt.[1] Dabei bilden die Bilanz und die GuV die zentralen Komponenten.

Zentrale Aufgabe

Die zentrale Aufgabe der Finanzbuchhaltung und damit der Unternehmensrechnung besteht darin, das unternehmerische Geschehen durch eine bestimmte Form der Codierung von Informationen zeitnah zu erfassen. Die Unternehmensrechnung bedient sich letztlich einer eigenen Sprache und wird dadurch zum Informationsinstrument für diverse Adressatengruppen. Hinsichtlich der Adressatengruppen ist zwischen externen und internen Adressaten zu unterscheiden.

Adressaten

Bei den unternehmensexternen Adressaten sollen die bereitgestellten Informationen grundsätzlich zu deren ökonomischer Entscheidungsfindung beitragen (externe Unternehmensrechnung). Allerdings weisen diese nicht immer identische Informationsinteressen auf.[2] Daneben existieren unternehmensinterne Adressaten. So werden die in der Finanzbuchhaltung generierten Daten regelmäßig vom Management für unternehmensintern zu treffende Entscheidungen herangezogen (interne Unternehmensrechnung).

Abbildung des Vermögensstatus

In beiden Teilgebieten nimmt die Darstellung und Bemessung des Unternehmensvermögens sowie der Unternehmensschulden eine zentrale Stellung ein, da das wirtschaftliche Interesse stets an einer Vermögensmehrung ausgerichtet ist. Ohne ein Instrument zur Erfassung des Vermögens würde sich eine solche allerdings nicht feststellen lassen. Diese Aufgabe übernimmt die Bilanz. Sie dient der Abbildung des Vermögensstatus eines Unternehmens zu einem bestimmten Stichtag. Bei der Bilanz handelt es sich damit um eine Stichtagsrechnung.

---

[1] Hierzu Coenenberg/Haller/Schultze, Jahresabschluss und Jahresabschlussanalyse, 26. Aufl. 2021, S. 3.

[2] Zu den unterschiedlichen Informationsadressaten und deren Interessen siehe Abschn. 1.4.1.

1.1.2 Bilanzarten

Je nachdem, welche Zielsetzung verfolgt und für welchen Zweck die Erstellung einer solchen Stichtagsrechnung erfolgt, lassen sich verschiedene Bilanzarten unterschieden:

Erfolgs- und Vermögensbilanzen

Erfolgs- und Vermögensbilanzen sind eng verwandt, da jeder Erfolg eine sog. Reinvermögensänderung[3] mit sich bringt. Die beiden Typen unterscheiden sich allerdings hinsichtlich Rechnungsabgrenzung und Bewertung: So müssen in der Erfolgsbilanz sämtliche Vorgänge, die wirtschaftlich einer anderen Periode zuzuordnen sind – z.B. für das nächste Jahr geleistete Versicherungsprämien oder Mietvorauszahlungen – durch Rechnungsabgrenzung erfasst werden. Dagegen sind in der Vermögensbilanz nur die am Stichtag vorhandenen Vermögensgegenstände zu erfassen, ohne Rücksicht auf wirtschaftliche Beziehungen zwischen verschiedenen Perioden. Auch im Hinblick auf die Bewertung bestehen Unterschiede zwischen den beiden Bilanztypen: Wenn z.B. der Wert eines Gutes am Stichtag über den für die Anschaffung geleisteten Zahlungen – den sog. Anschaffungskosten[4] – liegt, so wird in der Vermögensbilanz dieser höhere Wert erfasst, während in der Erfolgsbilanz die Anschaffungskosten grundsätzlich die Höchstgrenze bilden.

Liquiditäts- und Bewegungsbilanzen

Die Liquiditätsbilanz ist eine Vermögensbilanz, in der die dem Unternehmensvermögen zuzurechnenden Güter mit ihren Liquidationswerten[5] angesetzt werden. Während das Vermögen nach dem Grad der Liquidierbarkeit der einzelnen Güter gegliedert wird, erfolgt dies bei den Schulden nach ihrer Fälligkeit. Dagegen ist die Bewegungsbilanz eine Darstellung der Kapital- und Vermögensbewegungen einer Periode. Im Gegensatz zur Vermögensbilanz erfasst sie keine Bestandsgrößen, sondern ausschließlich sog. Stromgrößen[6] und gibt auf diese Weise Aufschluss über die Herkunft und die Verwendung der betrieblichen Mittel in der jeweiligen Berichtsperiode.

Handels- und Steuerbilanz

Nach den zugrunde liegenden Normen lassen sich Bilanzen in solche unterscheiden, die unter Beachtung nationaler und solche, die unter Beachtung internationaler Vorschriften erstellt werden. In Deutschland wird anhand nationaler Rechtsnormen unterschieden zwischen Handelsbilanzen, die unter Berücksichtigung handelsrechtlicher Vorschriften erstellt werden, und Bilanzen, für die primär steuerrechtliche Bestimmungen gelten.

Im Nachfolgenden steht die Handelsbilanz im Fokus. Falls erforderlich oder zweckdienlich, wird auf Regelungen zur Steuerbilanz eingegangen.

Interne und externe Bilanzen

Nach dem Kreis der Empfänger lassen sich interne und externe Bilanzen unterscheiden. Interne Bilanzen werden zur Information der Unternehmensleitung erstellt und bieten daher ein für interne Entscheidungszwecke relevantes Bild der wirtschaftlichen Lage eines

---

[3] Hierzu ausführlich Abschn. 1.2.

[4] Hierzu ausführlich Abschn. 3.3.2.2.

[5] Allgemein handelt es sich hierbei um den Wert eines Vermögensgegenstandes (bzw. die Summe der Veräußerungswerte aller Vermögensgegenstände) der (die) bei der Auflösung (Liquidation) eines Unternehmens erzielt wird.

[6] Hierzu ausführlich Abschn. 1.2.

Unternehmens. Ihre Erstellung ist nicht notwendigerweise an Rechtsvorschriften gebunden.

Dagegen dienen externe Bilanzen der Information aller Bilanzinteressenten, die nicht zum Leitungsbereich eines Unternehmens gehören. Für ihre Erstellung sind die jeweils einschlägigen handels- bzw. steuerrechtlichen Bilanzierungsvorschriften maßgeblich. Wegen der regelmäßig vorherrschenden Interessengegensätze zwischen aufstellendem Organ (Unternehmensleitung)[7] und den externen Adressaten (z.B. Banken, Aktionäre, Gläubiger, Arbeitnehmer, Fiskus) ist die Unternehmensleitung im Allgemeinen bestrebt, die externe Bilanz als Teil des Jahresabschlusses im Rahmen der gesetzlich belassenen Ermessensspielräume so zu gestalten, dass sich ein mit den eigenen Interessen konformes Verhalten der externen Adressaten ergibt. Mit Hilfe von Bilanzierungsvorschriften soll i. S. des Anlegerschutzes erreicht werden, einen Rahmen vorzugeben und bilanzpolitischen Spielräume weitestgehend zu begrenzen.

Im Nachfolgenden wird ausschließlich auf die externe Bilanz eingegangen.

Einzel- und Konzernbilanz

Die Unterscheidung zwischen Einzel- und Konzernbilanz ist bedingt durch die Anzahl der rechtlich selbständigen Unternehmen, die bei der Bilanzerstellung berücksichtigt werden. Während die Einzelbilanz nur ein Unternehmen berücksichtigt, fasst die Konzernbilanz die nach handelsrechtlichen Regelungen aufgestellten Einzelbilanzen der zu einem Konzern gehörigen Unternehmen i.S. eines fiktiven Gesamtunternehmens „Konzern" zusammen, wobei gleichzeitig die Auswirkungen innerkonzernlicher Kapital- und Leistungsverflechtungen eliminiert werden.

Im Nachfolgenden wird ausschließlich auf die handelsrechtliche Einzelbilanz eingegangen.

Sonderbilanzen und laufende Bilanzen

In Abhängigkeit davon, ob ein Unternehmen die Bilanz aus besonderem Anlass – z.B. Gründung, Verschmelzung, Umwandlung, Insolvenz – einmalig erstellt oder die Bilanz periodisch wiederkehrend der Darstellung der wirtschaftlichen Entwicklung eines Unternehmens im Zeitablauf dient, unterscheidet man zwischen Sonderbilanzen und laufenden Bilanzen.

Die Pflicht zur Aufstellung von Sonderbilanzen wird durch unternehmensbezogene Ereignisse ausgelöst. Sie verfolgen zumeist den Zweck, die Liquidität oder das Vermögen eines Unternehmens unter einem bestimmten Blickwinkel zutreffend abzubilden (Liquiditäts-/Vermögensbilanz). Folgende Beispiele für Sonderbilanzen lassen sich anführen:

Gründungsbilanz

Diese ist nach § 242 Abs. 1 HGB anlässlich der Unternehmensgründung aufzustellen. Ihr Zweck besteht darin, in einer

---

[7] „Aufstellung" des Jahresabschlusses bedeutet, dass die Bilanz, die GuV und der Anhang erstellt werden. Dies setzt die Erledigung der Abschlussarbeiten voraus. Bei dem aufgestellten Jahresabschluss darf es sich nicht nur um einen Entwurf handeln. Aufgestellt ist der Jahresabschluss erst, wenn eine aus der Sicht des Zeitpunkts der Aufstellung des Jahresabschlusses endgültige Bilanz, eine endgültige Gewinn- und Verlustrechnung und ein endgültiger Anhang erstellt worden sind. Entsprechendes gilt für die Aufstellung des Lageberichts. Nach der Aufstellung ist der Jahresabschluss von den zu seiner Aufstellung verpflichteten Personen zu unterzeichnen (§ 245 HGB).

Eröffnungsbilanz den Vermögensstatus zum Zeitpunkt der Errichtung bzw. der Aufnahme der Geschäftstätigkeit darzustellen.

Liquidationsbilanz

Eine solche ist bei freiwilliger, planmäßiger Auflösung der Gesellschaft nach § 270 Abs. 1 AktG bzw. § 71 Abs. 1 GmbHG aufzustellen. Sie fungiert dabei als Vermögensverteilungsbilanz, in der die Vermögensverhältnisse der Gesellschaft dokumentiert und Informationen über das zu erwartende Liquidationsergebnis bereitgestellt werden.

Weitere Sonderbilanzen

Daneben sind insbesondere die Sonderbilanz bei Kapitalerhöhung aus Gesellschaftsmitteln (§ 209 Abs. 2 AktG, § 57f Abs. 1 GmbHG), die Fusionsbilanz bei Auf- bzw. Abspaltung oder Neugründung einer Gesellschaft (§ 242 Abs. 1 HGB) und die Auseinandersetzungsbilanz (§ 738 BGB) von Bedeutung.

Im Nachfolgenden wird ausschließlich auf die laufende Bilanz eingegangen.

1.1.3 Wesen der handelsrechtlichen Jahresabschlussbilanz

Handelsrechtliche Bilanz

Bei der nach handelsrechtlichen Vorschriften im Rahmen des Jahresabschlusses aufzustellenden Bilanz handelt es sich um eine Erfolgsbilanz, die sich an externe Bilanzadressaten richtet und entweder ein rechtlich selbständiges Unternehmen (= Einzelbilanz) oder einen Konzern (= Konzernbilanz) abbildet. Sie wird kontinuierlich, entweder in monatlichen, vierteljährlichen oder jährlichen Abständen erstellt.

Kontoform

Die Bilanz wird regelmäßig in Kontoform dargestellt. Eine nach handelsrechtlichen Vorschriften erstellte Bilanz weist folgende Grundstruktur auf:

Aktiva = ***Mittelverwendung***	**Passiva** = ***Mittelherkunft***
I. Anlagevermögen *Immaterielle Vermögensgegenstände* *Sachanlagen* *Finanzanlagen*	I. Eigenkapital
II. Umlaufvermögen *Vorräte* *Finanzumlaufvermögen*	II. Fremdkapital *Langfristiges Fremdkapital* *Kurzfristiges Fremdkapital*
Bilanzsumme = Summe Aktiva	**Bilanzsumme = Summe Passiva**

Tab. 1 Grundstruktur der Bilanz

Aktivseite

Die linke Seite der Bilanz – die sog. Aktivseite – gibt einen Überblick über die Werte der mit betrieblichen Mitteln beschafften Güter, das sog. Betriebliche Vermögen. Die Aktivseite steht damit für die Mittelverwendung.

Passivseite

Die rechte Seite der Bilanz – die sog. Passivseite – gibt Auskunft über die Quellen, aus denen die betrieblichen Mittel stammen. Die Summe aller einem Unternehmen zur Verfügung gestellten Mittel wird als Kapital bezeichnet. Das Kapital lässt sich unterteilen in Eigen- und Fremdkapital. Zu Ersterem zählen die von den Unternehmenseignern durch Zuführung von außen oder durch Verzicht auf Gewinnansprüche ohne zeitliche Begrenzung zur Verfügung gestellte Mittel. Letzteres umfasst die von Unternehmensexternen oder von Unternehmenseignern zeitlich begrenzt zur Verfügung gestellten Mittel. Da für das Unternehmen eine Verpflichtung besteht, nach Ablauf der jeweiligen zeitlichen Begrenzung die Fremdkapitalkomponenten zurückzuzahlen, entspricht das Fremdkapital den Schulden eines Unternehmens. Das Kapital fließt dem Unternehmen in Form von Bargeld oder Sacheinlagen – z.B. Grundstücke, technische Anlagen oder Maschinen, Rechte, Verzicht auf Forderungen gegenüber dem Unternehmen – zu. Die Passivseite steht damit für die Mittelherkunft.

Bilanzgleichung

Das italienische Wort „*bilancia*", aus welchem sich der Begriff Bilanz ableitet, bedeutet (Balken-)Waage. Die Bilanz muss zum Bilanzstichtag stets ausgeglichen sein. Dem wird dadurch Rechnung getragen, dass sich jeder buchungspflichtige Vorgang (Geschäftsvorfall) zweimal im Rechenwerk niederschlagen muss. Nach der sog. Bilanzgleichung muss die Summe der Aktiva stets identisch mit der Summe der Passiva sein:

Bilanzgleichung: Σ Aktiva = Σ Passiva

In der Bilanz schlagen sich also Vermögen und Schulden als sog. Bestandsgrößen jeweils für einen Stichtag nieder. Es handelt sich hierbei um eine Zeitpunktrechnung.

1.2 Gewinn- und Verlustrechnung

Periodenerfolg

Neben der Bilanz stellt die GuV die zweite Komponente eines Jahresabschlusses dar. Mit ihr wird der von einem Unternehmen erwirtschaftete Erfolg einer Periode, die den Zeitraum zwischen zwei aufeinander folgenden Stichtagen (üblicherweise ein Jahr) umfasst, ermittelt und ausgewiesen. In der GuV werden Aufwendungen und Erträge als Rechengrößen verwendet.

Aufwendungen und Erträge

Die Aufwendungen stellen die zum Zwecke der Erfolgsermittlung periodisierten, d.h. auf die Abrechnungsperiode bezogenen Ausgaben dar, die aus einem Güterverbrauch, Leistungs- oder Werteverzehr oder sonstigen das Reinvermögen mindernden Ausgaben in der jeweiligen Periode entstehen. Die Erträge sind die periodisierten Einnahmen, die aus einer Güter-, Leistungs- oder Werteveräußerung oder sonstigen das Reinvermögen mehrenden Einnahmen in der betrachteten Periode resultieren.

Rechengrößen

Wie hieraus hervorgeht, bedient sich das Rechnungswesen zur Darstellung der Unternehmensprozesse und -tätigkeiten unterschiedlicher Rechengrößen:[8]

Ein- und Auszahlungen

Die Stromgrößen „Einzahlungen und Auszahlungen" führen zu einer Veränderung der Bestandsgröße Zahlungsmittelbestand (= liquide Mittel = Bargeld + verfügbare Sichtguthaben). Einzahlungen haben einen Zugang an liquiden Mitteln, Auszahlungen einen Abgang an liquiden Mitteln zur Folge.

[8] Hierzu ausführlich Wöhe, Einführung in die Allgemeine Betriebswirtschaftslehre, 26. Aufl. 2016, S. 632ff.

Einnahmen und Ausgaben

Die Stromgrößen Einnahmen und Ausgaben führen zu Veränderungen der Bestandsgröße Geldvermögen (Zahlungsmittelbestand + Forderungen - Verbindlichkeiten). Einnahmen erhöhen das Geldvermögen und Ausgaben verringern das Geldvermögen:

Zahlungsmittelbestand
+ Forderungen
- Verbindlichkeiten
= Geldvermögen

Die Stromgrößen Einnahmen und Ausgaben lassen sich auf die folgenden Sachverhalte zurückführen:

Zunahme des Geldvermögens	Abnahme des Geldvermögens
Zahlungsmittelzufluss	Zahlungsmittelabfluss
+ Erhöhung Forderungen	- Verminderung Forderungen
+ Verminderung Verbindlichkeiten	- Erhöhung Verbindlichkeiten
= Einnahmen	= Ausgaben

So sind bspw. sowohl Bar- als auch Zielverkäufe von Erzeugnissen den einnahmewirksamen Vorgängen zuzurechnen. Eine Kreditaufnahme bei einer Bank führt dagegen zwar zu einer Erhöhung des Zahlungsmittelbestands aufgrund eines Zahlungsmittelzuflusses, gleichzeitig erhöhen sich aber auch die Verbindlichkeiten, weshalb sich das Geldvermögen nicht verändert.

Alle Geschäftsvorfälle, die das Geldvermögen mindern, führen zu Ausgaben. Typische Ausgaben sind Bar- und Zielkäufe von Roh-, Hilfs- und Betriebsstoffen, nicht dagegen die Banküberweisung an einen Lieferanten, da hier zwar der Zahlungsmittelbestand abnimmt, sich gleichzeitig aber auch die Verbindlichkeiten reduzieren und sich das Geldvermögen damit nicht verändert.[9]

Ertrag und Aufwand

Wie bereits dargelegt ist dieses Begriffspaar von zentraler Bedeutung für die Erfolgsermittlung im Rahmen des Jahresabschlusses. Die Stromgrößen Ertrag und Aufwand führen zu einer Veränderung der Bestandsgröße Reinvermögen eines Unternehmens (Eigenkapital). Ein Ertrag erhöht das Reinvermögen, wohingegen ein Aufwand das Reinvermögen verringert. Beim Ertrag handelt es sich um erfolgswirksame, periodisierte Einnahmen und beim Aufwand handelt es sich erfolgswirksame, periodisierte Ausgaben.

Das Ziel der Erfolgsrechnung besteht darin, den in einer Periode durch das Unternehmen erwirtschafteten Erfolg und damit letztlich die Veränderung des Eigenkapitals darzustellen, soweit dies nicht durch Zuzahlungen von oder Auszahlungen an Eigentümer verursacht wurde.

---

[9] Hierzu Schmolke/Deitermann, Industrielles Rechnungswesen IKR, 47. Aufl. 2018, S. 355.

Stromgröße (+)	Bestandsgröße	Stromgröße (-)
Wert aller erbrachten Leistungen der Periode	Zahlungsmittelbestand + Forderungen - Verbindlichkeiten = Geldvermögen + Sachvermögen	Wert aller verbrauchten Leistungen der Periode
= Ertrag		= Aufwand
Reinvermögensmehrung	Reinvermögen	Reinvermögensminderung

Tab. 2 Ertrag und Aufwand als Reinvermögensänderung

In der GuV wird der Ertrag (Aufwand) gegliedert nach Ertragsarten (Aufwandsarten) ausgewiesen. Die Differenz zwischen Ertrag und Aufwand bezeichnet man als Gesamtergebnis, welches die Bestandsgröße Reinvermögen (= Eigenkapital) verändert. Mit dem Ausweis des Gesamtergebnisses zeigt die GuV, welche Reinvermögensmehrung bzw. Eigenkapitalmehrung (Gewinn) oder Reinvermögensminderung bzw. Eigenkapitalminderung (Verlust) ein Betrieb erwirtschaftet hat. In der GuV werden also die Aufwendungen (periodisierte Ausgaben) und die Erträge (periodisierte Einnahmen) als Stromgrößen vom vorherigen bis zum aktuellen Stichtag kumuliert. Es handelt sich hierbei um eine Zeitraumrechnung.

Erlöse und Kosten

Eine auf Erlösen und Kosten basierende Rechnung dient der internen Unternehmenssteuerung auf der Basis gegebener Produktionskapazitäten. Kosten sind dabei definiert als der bewertete Verzehr von Gütern und Dienstleistungen, der durch die betriebliche Leistungserstellung verursacht wird. Erlöse als Wert aller erbrachten Leistungen im Rahmen der typischen betrieblichen Tätigkeit.[10]

1.3 Zusammenspiel von Bilanz und GuV

Vermögensveränderung

Nach Ablauf einer Rechnungsperiode verändert sich regelmäßig der Wert des gesamten Vermögens. Übersteigen die Erträge die Aufwendungen – d.h. es wurde ein Gewinn erzielt – kommt es zu einer Erhöhung des Eigenkapitals (Werterhöhung des Vermögens). Im umgekehrten Fall, also wenn die Aufwendungen die Erträge über-steigen und damit ein Verlust erzielt wurde, verringert sich das Eigenkapital (Wertminderung des Vermögens). Maßgeblich hierfür ist allerdings die Prämisse, dass der Fremdkapitalbestand unverändert geblieben ist und keine Einlagen oder Entnahmen durch die Eigentümer getätigt wurden, sowie keine direkt in das Eigenkapital gebuchte GuV-neutrale Vermögenswertänderungen vorgenommen wurden.

Erforderliche Korrekturen

Dies erfolgt aus dem Grundsatz, dass die Unternehmenseigner die Gewinne und Verluste des Unternehmens tragen. Hat sich dagegen der Fremdkapitalbestand verändert oder wurden seitens

[10] Hierzu ausführlich – insbesondere zur Abgrenzung zwischen Aufwand/Kosten und Ertrag/Erlöse – Wöhe, Einführung in die Allgemeine Betriebswirtschaftslehre, 26. Aufl. 2016, S. 638.

der Unternehmenseigner Einlagen bzw. Entnahmen getätigt, so ist die Vermögensänderung zunächst um diese Änderungen zu berichtigen, um die Änderung des Reinvermögens und somit den Gewinn oder Verlust zu bestimmen.

1.4 Funktionen des Jahresabschlusses

1.4.1 Informationsadressaten und Einordnung des Jahresabschlusses in das betriebliche Rechnungswesen

Unterschiedliche Informationsadressaten Die durch das sog. Betriebliche Rechnungswesen generierten Informationen werden unterschiedlichen Informationsadressaten bereitgestellt. Grundsätzlich kommen dabei alle sog. Stakeholder eines Unternehmens in Betracht. Dabei lassen sich unternehmensexterne und unternehmensinterne Informationsadressaten unterscheiden. Externe Adressaten benötigen dabei in der Regel andere Informationen als interne Adressaten, welche die Leistungserstellung im Unternehmen zu verantworten haben. Vor dem Hintergrund der unterschiedlichen Adressatengruppen wird im Rechnungswesen zwischen dem internen und dem externen Rechnungswesen unterschieden:

A. Externes Rechnungswesen

Gegenstand Gegenstand des externen Rechnungswesens, auch Finanzbuchführung bezeichnet, ist insbesondere die Ermittlung und die Bereitstellung von Informationen über wert- und mengenmäßige Größen, die benötigt werden, um externe Informationsadressaten über den Zustand und die Veränderungen eines Unternehmens ins Bild zu setzen.

Als Hauptadressaten kommen dabei in Fragen:

Eigenkapitalgeber Diesen sollen Informationen im Hinblick auf bestehende oder geplante Investitionen oder im Hinblick auf deren ergebnisabhängige Zahlungen, wie Dividenden, oder über etwaige Risiken bereitgestellt werden.

Fremdkapitalgeber Diese benötigen für die Entscheidung über die Bereitstellung von Fremdkapital, z.B. in Form eines Kredits, aber auch nach Kreditvergabe Informationen bezüglich der Zahlungsfähigkeit eines Unternehmens.

Arbeitnehmer Für Arbeitnehmer eines Unternehmens sind ebenfalls Informationen über die wirtschaftliche Situation von Interesse, da hiervon die zukünftigen Lohn- und Gehaltszahlungen sowie ggf. Steigerungen abhängen.

Regierungen und Behörden Diese interessieren sich im Hinblick auf das Steueraufkommen und auf die Wirtschaftspolitik insbesondere für Besteuerungsgrundlagen und für zu regulierende Unternehmenstätigkeiten.

Lieferanten, Kunden, Wettbewerber Dieser Adressatenkreis dürften sich insbesondere vor dem Hintergrund eigener betrieblicher Entscheidungen für die wirtschaftliche Situation und das Unternehmensverhalten interessieren.

Öffentlichkeit Das Interesse der Öffentlichkeit für die Entwicklung der dort angesiedelten Unternehmen wird sich regelmäßig im Hinblick auf regionale Aspekte, wie bspw. Arbeitsplätze oder Infrastruktur begründen.

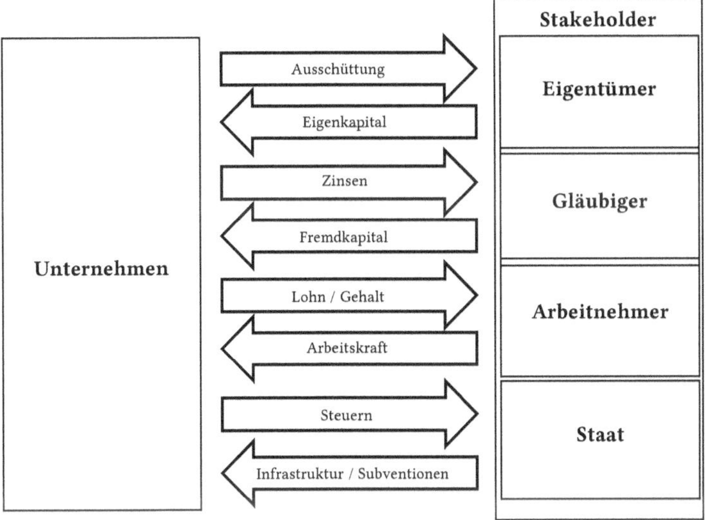

Abb. 1 Informationsbedürfnisse der externen Adressaten

B. Internes Rechnungswesen

Gegenstand

Anders als das gesetzlich geregelte externe Rechnungswesen ist das interne Rechnungswesen nicht reglementiert. Gegenstand des internen Rechnungswesens ist insbesondere die Ermittlung und die Bereitstellung von Informationen über wert- und mengenmäßige Größen, die benötigt werden, um die betriebliche Leistungserstellung zu steuern.

Adressaten

Entsprechend richtet sich das interne Rechnungswesen an Adressaten, die die Leistungserstellung im Unternehmen zu verantworten haben. In Frage kommen hier insbesondere:

- Aufsichtsgremien,
- Vorstand oder Geschäftsführung,
- Management, und ggf.
- Arbeitnehmer.

Keine gesetzlichen Vorgaben

Weil die Informationsempfänger (= Unternehmensleitung) vor bewussten Falschinformationen durch den Informationslieferanten (= Unternehmensleitung) nicht geschützt werden müssen, existieren letztlich auch keine gesetzlichen Vorgaben.

Teilbereiche

Das interne Rechnungswesen lässt sich grundsätzlich in zwei Teilbereiche untergliedern:[11]

[1] Kosten- und Erlösrechnung

Hierbei handelt es sich um eine kurzfristige Rechnung (Planungszeitraum max. ein Jahr) auf der Basis gegebener Kapazitäten. Die Kosten- und Erlösrechnung hat (*ex ante*) eine Entscheidungs- und (*ex post*) eine Kontrollfunktion.

Ihre Aufgabe besteht darin, die bei der Leistungserstellung und Leistungsverwertung in einem Unternehmen entstehenden Kosten zu erfassen und den Kostenträgern

[11] Hierzu ausführlich Wöhe, Einführung in die Allgemeine Betriebswirtschaftslehre, 26. Aufl. 2016, S. 632ff.

zuzurechnen, um eine Grundlage für die Ermittlung (Kalkulation) des Angebotspreises zu erhalten bzw. die Preisuntergrenze bestimmen zu können. Darüber hinaus ermöglicht die Kosten- und Erlösrechnung, kurzfristig den Erfolg festzustellen und das Betriebsgeschehen auf seine Wirtschaftlichkeit hin zu überprüfen.

Die Kosten- und Erlösrechnung wird unterteilt in

- Kostenartenrechnung,
- Kostenstellenrechnung,
- Kostenträgerrechnung, und
- Kurzfristige Erfolgsrechnung.

[2] Planungsrechnung

Die Planungsrechnung hat den Charakter einer Vorausschau. Ihr kommt die Aufgabe zu, zukünftige wert- und mengenmäßige Größen zu ermitteln und diese zu kontrollieren.

Sie liefert quantitative Informationen zur

- Produktionsplanung,
- Absatzplanung,
- Investitionsplanung, und
- Finanzplanung.

C. Zusammenfassung

Die Teilbereiche des betrieblichen Rechnungswesens lassen sich damit wie folgt zusammenfassen:

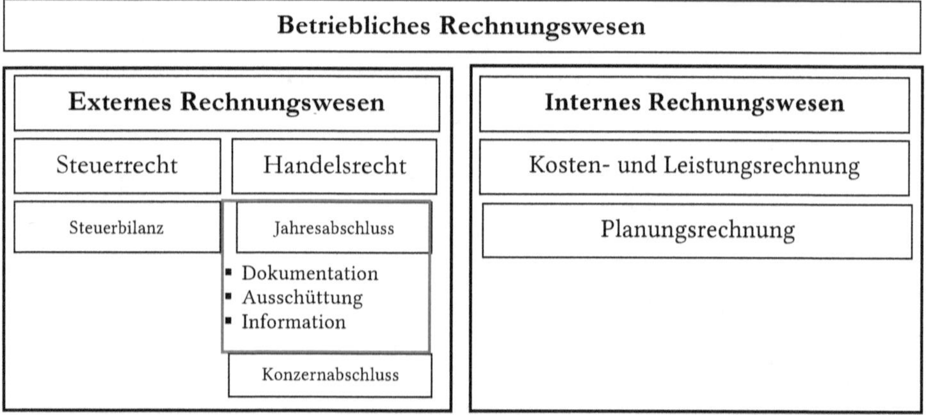

Abb. 2 Teilbereiche des betrieblichen Rechnungswesens

Im Rahmen der nachfolgenden Ausführungen wird ausschließlich auf das externe Rechnungswesen eingegangen werden.

1.4.2 Abschlussinstrumente

1.4.2.1 Handelsrechtliche Instrumente

Ein handelsrechtlicher Jahresabschluss besteht zur Erfüllung dieser Informationsbedürfnisse der externen Abschlussadressaten aus mehreren Instrumenten. Welche davon verpflichtend zum Einsatz kommen, ist abhängig von der einschlägigen Rechnungslegungsnorm sowie vom Zweck der Abschlusserstellung.

Umfang

Nach HGB besteht der Jahresabschluss bei Einzel- und Personenhandelsunternehmen aus einer Bilanz und einer GuV (§ 242 HGB) und bei

Kapitalgesellschaften aus Bilanz, GuV und Anhang (§ 264 Abs. 1 HGB). Soweit das Unternehmen mehrere rechtlich selbständige Teilbetriebe umfasst, liefert der sog. Konzernabschluss neben den Jahresabschlüssen der Teilbetriebe zusätzliche Informationen. Hierbei umfasst der Konzernabschluss neben Konzernbilanz, Konzern-GuV und Konzernanhang zusätzlich verpflichtend eine Kapitalflussrechnung, einen Eigenkapitalspiegel und optional eine Segmentberichterstattung (§ 297 Abs. 1 HGB).

1.4.2.2 Steuerrechtliche Instrumente

Ein nach den Vorschriften des Steuerrechts erstellter Jahresabschluss besteht aus Bilanz und GuV und dient als Grundlage der Ertragsbesteuerung des Unternehmens.

1.4.3 Handelsrechtliche Funktionen

1.4.3.1 Dokumentationsfunktion

Objektivierungsgrundsatz

Aufgrund der potenziellen Interessenkonflikte zwischen den verschiedenen Gruppen der Bilanzadressaten und der Unternehmensleitung sowie wegen der mit dem Jahresabschluss verknüpften Rechtsfolgen[12], sollte der Jahresabschluss möglich nur objektiv nachprüfbare Informationen enthalten, die naturgemäß weitgehend vergangenheitsorientiert sind (Objektivierungsgrundsatz). Da die Ziele der Unternehmensinteressenten vornehmlich auf finanziellen Aspekten basieren, kommt nur der Zahlungsverkehr der Unternehmung als Informationsgrundlage in Betracht. Zur Verbesserung der Aussagefähigkeit werden die Ein- und Auszahlungen der Periode zugerechnet, in der sie tatsächlich anfallen, ggf. kann hier auch eine Aufteilung auf verschiedene Perioden erforderlich sein. Als Basisaufgabe des handelsrechtlichen Jahresabschlusses kann daher die Dokumentation des Unternehmensgeschehens mittels einer zahlungsorientierten Abbildung der in der Berichtsperiode entstandenen und verbrauchten Werte (periodengerechte Erfolgsermittlung) sowie des Wertbestands (Vermögen) am Ende einer Berichtsperiode festgehalten werden.

Diese Basisaufgabe ergibt sich aus den beiden zentralen Funktionen, die dem Jahresabschluss allgemein zugeschrieben werden:

1.4.3.2 Regelung von Informationsinteressen

Die erste Aufgabe, die der Jahresabschluss hat, ist den am Unternehmen beteiligten Gruppen (Eigenkapitalgeber, Fremdkapitalgeber, Arbeitnehmer, Kunden, Lieferanten) Informationen zur Verfügung zu stellen, die diesen eine Abschätzung von Ausmaß und Sicherheitsgrad der zu erwartenden Zielrealisation ihrer Beteiligung am Unternehmen ermöglichen. Aufgrund der Tatsache, dass – wie bereits erwähnt – Interessengegensätze zwischen den beteiligten Gruppen und der Unternehmensleitung

---

[12] Da die Feststellung des Jahresabschlusses durch die Gesellschafter ein rechtsgeschäftliches Schuldanerkenntnis (§ 781 BGB) darstellt, gelten die allgemeinen Grundsätze des BGB für Nichtigkeit (§§ 134, 138 BGB) und Anfechtbarkeit (§§ 119 ff. BGB). Bei Nichtigkeit und erfolgreicher Anfechtung muss der Jahresabschluss neu aufgestellt und festgestellt werden. Aufgrund des unwirksamen Beschlusses an die Gesellschafter ist Geleistetes wegen ungerechtfertigter Bereicherung der Gesellschaft nach § 812 BGB zurückzugewähren. § 172 Abs. 5 HGB findet nach h. M. im Innenverhältnis keine Anwendung (es sei denn, der Gesellschaftsvertrag sieht ausdrücklich etwas anderes vor), sodass auch bei Gutgläubigkeit die Rückforderung nicht ausgeschlossen ist. Der Rückzahlungsanspruch kann jedoch nach den allgemeinen Regeln (§§ 818 Abs. 3, 819 BGB sowie § 814 BGB) entfallen.

bestehen, ist eine zufriedenstellende Regelung der Informationsinteressen nur mittels eines objektivierten und normierten Informationsinstrumentariums möglich.

§ 264 Abs. 2 HGB

Die Informationsregelungsaufgabe ergibt sich für Kapitalgesellschaften insbesondere aus der Vorschrift des § 264 Abs. 2 HGB, wonach der Jahresabschluss unter Beachtung der Grundsätze ordnungsmäßiger Buchführung ein den tatsächlichen Verhältnissen entsprechendes Bild der Vermögens-, Finanz- und Ertragslage des Unternehmens vermitteln muss. Ferner sind die Gliederungsvorschriften des § 266 HGB ebenfalls aus der Zielsetzung der Informationsregelung heraus zu erklären. Die Kodifizierung des Anhangs – insbesondere §§ 284 – 288 und §§ 313f. HGB – mit seinen umfangreichen Informations- und Erläuterungspflichten als Pflichtbestandteil des Jahresabschlusses aller Kapitalgesellschaften sowie die Pflicht von Kapitalgesellschaften ab mittlerer Größe[13] zur Erstellung eines Lageberichts (§ 289 HGB) macht deutlich, dass auch der Gesetzgeber die Information als Hauptfunktion des Jahresabschlusses betrachtet.[14]

1.4.3.3 Regelung von Ausschüttungsinteressen

Erfolgsabhängige Einkommenszahlungen

Die zweite Aufgabe des Jahresabschlusses – und dies insbesondere bei Aktiengesellschaften – ist die Gewinnermittlung als Grundlage zur Bemessung ergebnisabhängiger Einkommenszahlungen wie Dividenden und Erfolgsbeteiligungen. Voneinander abweichende Zahlungsbemessungsinteressen kommen vor allem durch Interessengegensätze zwischen Gläubigern (Fremdkapitalgeber) und Eignern (Eigenkapitalgeber), zwischen Eignern und dem Management sowie zwischen Mehrheits- und Minderheitsaktionären und Finanzverwaltung zum Ausdruck. Mögliche Interessengegensätze soll nachfolgend kurz skizziert werden:

a. Eigner-Gläubiger-Konflikt

Bei haftungsbeschränkten Unternehmen steht – sofern die Eigner ihren Einzahlungsverpflichtungen voll nachgekommen sind – den Gläubigern nur das Unternehmensvermögen zur Befriedigung ihrer Forderungen zur Verfügung. Ausschüttungen an die Eigner mindern das im Unternehmen vorhandene Vermögen und erhöhen damit ggf. die Risiken der Gläubiger. Um die Bereitschaft zur Kreditvergabe und damit der Funktionsfähigkeit der Kreditmärkte aufrecht zu halten, soll dieses Risiko begrenzt werden.[15]

b. Eigner-Manager-Konflikt

Bei Trennung von Eigentum und Geschäftsführung müssen die Interessen des Managements nicht zwingend mit denen der Eigner übereinstimmen. Während die Eigner typischerweise nur an den finanziellen Konsequenzen der Maßnahmen eines Unternehmens interessiert sind, erfährt das Management sowohl monetäre (z.B. Gehalt, erfolgsabhängige Entlohnung) als auch nichtmonetäre Konsequenzen (z.B. Arbeitsleid, Nutzung von Ressourcen). Ausschüttungen spielen bei diesem Konflikt eine Rolle,

---

[13] Zu den Größenklassen Abschn. 1.8.3.

[14] Hierzu Coenenberg/Haller/Schultze, Jahresabschluss und Jahresabschlussanalyse, 26. Aufl. 2021, S. 18-19.

[15] Hierzu Wagenhofer/Ewert, Externe Unternehmensrechnung, 3. Aufl. 2015, S. 214.

weil sie bestimmen, über welche Mittel das Management verfügen kann. Befürchten die Eigner etwa eine Neigung des Managements, auch solche Projekte zu realisieren, die aus Sicht der Eigner eigentlich unvorteilhaft sind, könnte dem durch eine Ausschüttung vorhandener Mittel vorgebeugt werden. Die Regelungen in Deutschland tragen diesem Konflikt in spezifischer Weise Rechnung, indem sie Entscheidungskompetenzen der Organe eines Unternehmens abgrenzen.[16]

Zusammenfassend ist an dieser Stelle zu konstatieren, dass der sog. Ausschüttungsbemessungsfunktion im deutschen Bilanzrecht aufgrund des stark ausgeprägten Gläubigerschutzes eine große Bedeutung zukommt. Dieser Gläubigerschutz, der seinen Niederschlag in am Vorsichtsprinzip ausgerichteten Bilanzierungs- und Bewertungsbestimmungen findet, ist letztlich auf die traditionell vorherrschenden Banken- und damit Fremdfinanzierung deutscher Unternehmen, insbesondere des Mittelstandes zurückzuführen.

Die im Jahresabschluss ausgewiesene Ergebnisgröße soll die an die Anteilseigner ausschüttbaren Beträge begrenzen. Der vorsichtig ermittelte Gewinn kann dem Unternehmen entzogen werden, ohne dessen ökonomisches Wohlergehen zu beeinträchtigen.[17]

1.4.3.4 Ausschüttungssperre

Mindesthaftungsvermögen

Aufgrund der dargestellten Haftungsbeschränkung von Kapitalgesellschaften erfordert der Gläubigerschutzgedanke insofern eine Begrenzung der an die Eigner auszuschüttenden Beträge, um die Erhaltung eines Mindesthaftungsvermögen zu sichern.

Ausschüttungsvorschriften

Neben vorsichtigen Bewertungsregeln berücksichtigt der Gesetzgeber dies einerseits durch entsprechende Ausschüttungsvorschriften in den handelsrechtlichen Bilanzierungsregeln, wie z.B.:

- für den Betrag aktivierter, selbst geschaffener immaterieller Vermögensgegenstände des Anlagevermögens abzüglich der auf diesen Betrag gebildeten passiven latenten Steuern (§ 268 Abs. 8 Satz 1 HGB);
- für den Betrag, um den die angesetzten aktiven latenten Steuern die passiven latenten Steuern übersteigen (§ 268 Abs. 8 Satz 2 HGB);
- für den aktivierten Unterschiedsbetrag aus der Vermögensverrechnung nach § 246 Abs. 2 Satz 2 HGB abzüglich der hierfür gebildeten passiven latenten Steuern (§ 268 Abs. 8 Satz 3 HGB) sowie
- für in der Gewinn- und Verlustrechnung (phasengleich) ausgewiesene Beteiligungserträge, die noch nicht als Dividende oder Gewinnanteil eingegangen sind oder auf deren Zahlung (noch) kein Anspruch besteht (§ 272 Abs. 5 HGB).

Andererseits wurden ausschüttungsbegrenzende Regelungen auch ins Aktiengesetz aufgenommen, z.B.:

---

[16] Hierzu weiterführend Wagenhofer/Ewert, Externe Unternehmensrechnung, 3. Aufl. 2015, S. 216-217.

[17] Hierzu Ruhnke/Sievers/Simons, Rechnungslegung nach IFRS und HGB, 5. Aufl. 2023, S. 35-37.

- Verbot der Rückgewährung des Grundkapitals (§ 57 Abs. 1 Satz 1 AktG);
- Beschränkung der Ausschüttung auf den Bilanzgewinn (§ 57 Abs. 3 AktG);
- Nichtigkeit des Jahresabschlusses bei Überbewertung (§ 256 Abs. 5 AktG);
- Bildung von Rücklagen durch den Vorstand i.H. von bis zu 50% des Jahresüberschusses (§ 58 Abs. 2 AktG);
- Dotierung der gesetzlichen Rücklagen aus dem Gewinn (§ 150 Abs. 2 AktG);
- Möglichkeit der Bildung einer Rücklage i.H. des Eigenkapitalanteils von Wertaufholungen bei Vermögensgegenständen (§ 58 Abs. 2a AktG).

Als Beispiel für eine bilanzielle Ausschüttungssperre, welche den Mittelabzug durch die Eigner beschränkt, soll im Nachfolgenden § 57 Abs. 3 AktG dargestellt werden. Dieser bestimmt, dass vor Auflösung der Gesellschaft an die Aktionäre nur der Bilanzgewinn verteilt werden darf. Nach § 158 AktG ergibt sich der Bilanzgewinn wie folgt:[18]

	Jahresüberschuss/-fehlbetrag
+	Verminderung der Kapitalrücklage (insbes. Agio-Beträge)
+/-	Verminderung von / Zuweisung zu Gewinnrücklagen
+/-	Gewinnvortrag / Verlustvortrag
=	Bilanzgewinn/-verlust

Tab. 3 Ermittlung des Bilanzgewinns

Die Höhe der für die Berechnung des Bilanzgewinns verfügbaren Bestandteile gibt das Ausschüttungspotenzial wieder und wird letztlich durch die Bilanzierungs- und Bewertungsregeln des HGB bestimmt. Die Obergrenze dessen, was maximal ausgeschüttet und damit den Gläubigern an Haftungsmasse entzogen werden kann, ohne dass den Gläubigern ein formales Mitspracherecht an dieser Entscheidung gewährt würde, wird also durch die Regeln der Rechnungslegung und die daran anknüpfenden gesellschaftsrechtlichen Normen bestimmt.[19]

Die Kombination aus Bilanz- und Gesellschaftsrecht definiert somit die Größen, mit denen Rechtspositionen abgegrenzt werden. Über bestimmte Teile des gesamten Eigenkapitals kann insofern frei verfügt werden, als den Gläubigern keine vorab zu erfüllenden Rechte zugestanden werden, während bei der Ausschüttung anderer Teile des Eigenkapitals die Gläubiger vorher zu bedienen sind.

---

[18] Zu den einzelnen Bestandteilen des Eigenkapitals ausführlich Abschn. 5.1.

[19] Bei der Ausschüttung anderer Beträge werden den Gläubigern durch das Gesetz bestimmte Rechte zugestanden. So können bei einer Aktiengesellschaft Teile des Grundkapitals nur durch eine ordentliche Kapitalherabsetzung ausgeschüttet werden. Dabei sind aber spezifische Gläubigerschutzvorschriften zu beachten. Eine tatsächliche Auszahlung darf erst dann erfolgen, wenn den vorhandenen Gläubigern Befriedigung oder Sicherheit geleistet wurde, sofern sie sich nach der Bekanntmachung des Beschlusses zur Kapitalherabsetzung beim Unternehmen binnen sechs Monaten gemeldet haben. Auch bei der Verwendung von Kapitalrücklagen, gesetzlichen Rücklagen, Rücklagen für eigene Aktien und satzungsmäßige Rücklagen sind jeweils spezifische Verwendungsbeschränkungen zu beachten.

Höhe der Ausschüttungspotentiale

Die konkrete Höhe der zu bestimmenden Ausschüttungspotenziale ergibt sich aus den Regeln der Rechnungslegung. Die HGB-Rechnungslegung spezifiziert das Vorsichtsprinzip[20], welches als charakteristisches Merkmal einer dem Gläubigerschutz verpflichtenden Rechnungslegung gilt. Dies lässt sich folgenermaßen begründen:[21]

> Weil ausgeschüttete Beträge als Haftungsmasse endgültig nicht mehr zur Verfügung stehen, sind bei der Berechnung des Ausschüttungspotenzials Risiken besonders zu berücksichtigen.
>
> Erkennbare Risiken am Bilanzstichtag sind daher bereits zu antizipieren, und Wertansätze für Aktiva (Passiva) sind im Zweifel tendenziell niedriger (höher) als der Erwartungswert anzusetzen.[22]
>
> Treten die antizipierten Risiken tatsächlich ein, hat sich die frühere Verminderung des Ausschüttungspotenzials als zutreffend erwiesen. Treten die Risiken nicht ein, erfolgt mit Abschluss des jeweiligen Geschäftsvorfalls automatisch eine Gewinnkorrektur, da die frühere Verlustantizipation rückgängig gemacht wird. Aus Sicht der Eigner wurde dann also das Ausschüttungspotenzial zeitlich nach hinten verlagert, was gegenüber den Eignern als vertretbar bzw. zumutbar erachtet wird.

Vorsichtsprinzip

Das derart charakterisierte Vorsichtsprinzip schlägt sich – wie im Rahmen der nachfolgenden Ausführungen noch zu zeigen sein wird – in zahlreichen Bilanzierungs- und Bewertungsregeln des HGB nieder. Es beinhaltet z.B. die Wertobergrenze der Anschaffungs- und Herstellungskosten für die Bewertung von Aktiva,[23] die imparitätische Berücksichtigung von unrealisierten Verlusten und Gewinnen,[24] das Abstellen der Bilanzierungsfähigkeit nach dem Grundsatz der Einzelverwertbarkeit,[25] die Bewertung sehr unsicherer Rückstellungen mit einem höheren Wert als dem Erwartungswert[26] und vieles mehr.

Hinweis

Da unter Vernachlässigung von Gewinnrücklagen und Gewinnvorträgen lediglich der ausgewiesene Gewinn ausgeschüttet werden darf, wirkt die Ergebnisgröße wie eine Ausschüttungssperre. Die gleiche Funktion erfüllt die explizite Ausschüttungssperre für den Ansatz selbst geschaffener immaterieller Vermögensgegenstände des Anlagevermögens nach § 268 Abs. 8 HGB. Im Mittelpunkt steht hier der Gläubigerschutz. Da ausgeschüttete Gewinne den Gläubigern im Insolvenzfall als Haftungsmasse endgültig verloren gehen könnten, sollen die Gläubiger dadurch geschützt werden, dass an die Anteilseigner nur der vorsichtig ermittelte Gewinn ausgeschüttet wird und so die Sicherung eines Mindesthaftungsvermögens gewährleistet wird.

---

[20] Hierzu ausführlich Abschn. 2.2.2.11.

[21] Hierzu Wagenhofer/Ewert, Externe Unternehmensrechnung, 3. Aufl. 2015, S. 215.

[22] Zum Realisations- sowie zum Imparitätsprinzip ausführlich Abschn. 2.2.2.12.

[23] Hierzu ausführlich Abschn. 3.3.

[24] Hierzu ausführlich Abschn. 2.2.2.12.

[25] Hierzu ausführlich Abschn. 3.2.1.

[26] Hierzu ausführlich Abschn. 3.3.2.4.

Gläubigerschutz durch vorsichtige Gewinnermittlung unterstellt folgende Wirkungskette:

Der Gewinn ist vorsichtig, d.h. nicht zu hoch zu bemessen.

Dies führt zu Begrenzungen des Mittelentzugs durch die Anteilseigner, d.h. Ausschüttungen werden begrenzt.

Die Fähigkeit des Unternehmens, die erhaltenen Kredite zurückzuzahlen, wird gestärkt.[27]

1.4.3.5 Mindestausschüttung

Sicherung einer Mindestausschüttung

Eine weitere Aufgabe im Rahmen der Regelungen von Zahlungsbemessungsinteressen bei Aktiengesellschaften ist die Sicherung einer Mindestausschüttung. Die Minderheitsaktionäre sollen vor den Mehrheitseignern, die Aktionäre insgesamt vor den Verwaltungsorganen „geschützt" werden. Diesem Gedanken des Minderheiten-(Aktionärs-)Schutzes tragen das AktG und HGB ebenfalls in verschiedenen Vorschriften Rechnung, z.B.:

- Anspruch auf Bilanzgewinn (§ 58 Abs. 4 AktG);
- die Höchstwertvorschriften gelten, von wenigen Ausnahmen abgesehen, auch als Mindestwertvorschriften (= Fixwertprinzip) (§ 253 Abs. 1 HGB);
- Begrenzung außerplanmäßiger Abschreibungen bei vorübergehender Wertminderung auf das Finanzanlagevermögen (§ 253 Abs. 3 HGB);
- Wertaufholungsgebot (§ 253 Abs. 5 HGB);
- Begrenzung der Rücklagenbildungsmöglichkeit durch das bilanzfeststellende Organ (§ 58 Abs. 1 und Abs. 2 AktG);
- Anfechtungsrecht des Gewinnverwendungsbeschlusses der Hauptversammlung (§ 254 Abs. 1 AktG).

Objektivierte Informationsvermittlung

Zusammenfassend ist auf folgendes hinzuweisen: Obwohl der Jahresabschluss streng nach den gesetzlichen Vorschriften und den sog. Grundsätzen ordnungsmäßiger Buchführung mit dem Ziel der objektivierten Informationsvermittlung über das betriebliche Geschehen aufgestellt werden sollte, enthält er dennoch Unschärfen, die aus sachlichen und zeitlichen Hindernissen resultieren und letztlich nie vollständig aus dem Weg geräumt werden können. Beispiele für sachlich bedingte Unschärfen sind notwendige Gemeinkostenschlüsselungen zur Bewertung von Vorräten[28], die Ermittlung des sog. beizulegenden Wertes bei außerplanmäßigen Abschreibungen von Vermögenswerten[29] oder die Schätzung zukünftig entstehender Verpflich-

[27] Hierzu sowie zu der Diskussion, inwiefern Gläubigerschutz durch eine vorsichtige Gewinnermittlung zu gewährleisten ist Ruhnke/Sievers/Simons, Rechnungslegung nach IFRS und HGB, 5. Aufl. 2023, S. 35-37.

[28] Hierzu ausführlich Abschn. 4.4.4.

[29] Hierzu ausführlich Abschn. 3.3.2.5 sowie Abschn. 3.3.3.

tungen im Rahmen der Rückstellungsbildung[30]. Zeitlich bedingte Unschärfen resultieren z.B. aus der zukunftsbezogenen Nutzungsdauerschätzung von Anlagen[31].

Berechnung des Zielerreichungsgrades

Abgesehen von den – oben angeführten, aber nicht als abschließen zu betrachtenden – Unschärfen bietet der handelsrechtliche Jahresabschluss objektivierte aussagefähige Informationen über die wirtschaftlichen Verhältnisse in der Berichtsperiode. Er ist außerdem weit besser gegen Manipulation gesichert als jede zukunftsorientierte Rechnung. Zwar bietet er dem Unternehmensinteressenten keinen unmittelbaren Maßstab für den individuellen Zielerreichungsgrad, aber er gibt immerhin die Möglichkeit, eigene Berechnungen des Zielerreichungsgrades anzustellen.[32]

1.4.4 Steuerrechtliche Funktionen

Fiskus als Adressat

Einziger Adressat des steuerrechtlichen Abschlusses ist der Fiskus. Er legt mit dessen Hilfe fest, welche Beträge nach dem Einkommens- bzw. dem Körperschaftssteuergesetz sowie dem Gewerbesteuergesetz an den Staat abzuführen sind.

Steuergerechtigkeit

Für den steuerrechtlichen Abschluss, vereinfachend regelmäßig auch Steuerbilanz bezeichnet, hat neben der Forderung nach Manipulationsfreiheit im Interesse der Rechtssicherheit der Gedanke der Steuergerechtigkeit große Bedeutung. Die Verwirklichung der Steuergerechtigkeit setzt bei der steuerlichen Leistungsfähigkeit des Bürgers an. Dementsprechend ist

[1] gleiche steuerliche Leistungsfähigkeit unterschiedslos zu besteuern und

[2] höhere steuerliche Leistungsfähigkeit stärker als niedrigere Leistungsfähigkeit zu besteuern.

Steuerbemessungsfunktion

Um den steuerpflichtigen Gewinn zu ermitteln, ist ein Jahresabschluss nach steuerrechtlichen Vorschriften zu erstellen. Die sog. Steuerbemessungsfunktion ist hier die ausschließliche Funktion des Jahresabschlusses. Eine Steuerbilanz ist nach § 60 Abs. 2 EStDV eine den steuerlichen Vorschriften entsprechende Bilanz. Dabei kann die Steuerbilanz aus der Handelsbilanz entwickelt werden. Es handelt sich dann um eine sog. derivative Steuerbilanz. Praktisch erfolgt dies dergestalt, dass ausgehend vom erstellten HGB-Abschluss zusätzlich noch die steuerspezifischen Buchungen getätigt werden.

Maßgeblichkeitsprinzip

Die Steuerbilanz baut also auf den handelsrechtlichen Bilanzierungsvorschriften auf, die zu einer weitgehend vergangenheitsorientierten Analyse der betrieblichen Vermögensentwicklung führen. Die Ansätze in der Steuerbilanz richten sich – soweit nicht steuerliche Bestimmungen etwas anderes zwingend vorschreiben – nach den handelsrechtlichen Grundsätzen ordnungsmäßiger Buchführung. Dieser Umstand, der sich aus § 5 Abs. 1 EStG ergibt, wird als „Maßgeblichkeitsprinzip der Handelsbilanz für die Steuerbilanz" bezeichnet. Von den handelsrechtlichen Regelungen abweichende steuerliche Bestim-

---

30 Hierzu ausführlich Abschn. 3.3.2.4.

31 Hierzu ausführlich Abschn. 4.1.3.2.3.

32 Hierzu Coenenberg/Haller/Schultze, Jahresabschluss und Jahresabschlussanalyse, 26. Aufl. 2021, S. 19.

mungen bestehen zumeist dort, wo das Handelsrecht Manipulationsspielräume offenlässt oder wo wesentliche steuerpolitische Interessen des Fiskus entgegenstehen. Würde das Steuerrecht keine gesonderte und eigenständige Bilanzierungsvorschrift enthalten, so könnte der Steuerpflichtige im Rahmen der handelsrechtlichen Spielräume seinen Steuerbilanzgewinn und damit seine Steuerlast schmälern, indem er das Vermögen so niedrig und die Schulden so hoch wie möglich ansetzt.

Umgekehrte Maßgeblichkeit

Allerdings hat die lange Zeit bestandene relativ enge Verknüpfung zwischen Handels- und Steuerbilanz in den letzten Jahren deutlich abgenommen. Durch die Abschaffung der umgekehrten Maßgeblichkeit[33] im Rahmen des BilMoG und den durch dieses Gesetz geänderten Wortlaut des § 5 Abs. 1 EStG, der es den Bilanzierenden ermöglicht, steuerliche Wahlrechte unabhängig von der Handhabung in der Handelsbilanz auszuüben, befindet sich der steuerrechtliche Abschluss auf dem Weg zu immer größerer Eigenständigkeit, der möglicherweise zukünftig in einer kompletten Loslösung von der handelsrechtlichen Bilanzierung enden könnte.[34]

Hinweis

Fasst man die im Rahmen der vorangehenden Ausführungen dargestellten Konzepte der Jahresabschlusserstellung zusammen, so lassen sich zwei Zwecksetzungen identifizieren: die Zahlungsbemessungsfunktion und die Informationsfunktion. In Ausübung der Zahlungsbemessungsfunktion dient die Bilanz als Grundlage zur Festlegung von Dividenden- und Steuerzahlungen. Die Ausschüttung an die Anteilseigner bemisst sich anhand des handelsrechtlichen Jahresabschlusses, welcher durch das Maßgeblichkeitsprinzip mit dem steuerrechtlichen Einzelabschluss verbunden ist, auf dessen Grundlage die Besteuerung erfolgt. Die Informationsfunktion der Bilanz umfasst die Aufgabe, sämtlichen Adressaten möglichst verlässliche und aussagefähige Beurteilungsmaßstäbe über die finanzielle und wirtschaftliche Lage des Unternehmens zur Verfügung zu stellen, um Ausmaß und Sicherheitsgrad der zu erwartenden Zielrealisation ihrer Interessen bzw. Beteiligungen am Unternehmen abschätzen zu können.

Während der Einzelabschluss versucht, beiden Zwecksetzungen gerecht zu werden, kommt dem Konzernabschluss ausschließlich eine Informationsfunktion zu, da das Ergebnis des Konzernabschlusses weder handels- noch steuerrechtlich die Grundlage für (Ausschüttungs-)Zahlungen darstellt.

---

33 Hierunter ist die Maßgeblichkeit steuerlicher Ansätze für die Handelsbilanz – d.h. die Umkehrung des Maßgeblichkeitsgrundsatzes – zu verstehen. Formal war die Grundlage der steuerlichen Gewinnermittlung zwar die Handelsbilanz, faktisch und materiell wurde der Inhalt der Handelsbilanz aber weitgehend durch steuerliche Sondervorschriften bestimmt. Hierzu ausführlich bspw. Knobbe-Keuk, Bilanz- und Unternehmenssteuerrecht, 9. Aufl. 1993, S. 28 ff.

34 Hierzu Coenenberg/Haller/Schultze, Jahresabschluss und Jahresabschlussanalyse, 26. Aufl. 2021, S. 21-23.

1.5 Einordnung des Jahresabschlusses in das betriebliche Rechnungswesen

Teilbereiche

Die handelsrechtliche Rechnungslegung und damit der handelsrechtliche Jahresabschluss eines Unternehmens ist Teil seines betrieblichen Rechnungswesens. Dieses besteht im Wesentlichen aus den Teilbereichen

- Investitionsrechnung,
- Finanzrechnung,
- Kostenrechnung oder kalkulatorische Erfolgsrechnung, sowie
- externes Rechnungswesen (mit Finanzbuchführung und Jahresabschluss).

Zweck

Das betriebliche Rechnungswesen erfasst, speichert und verarbeitet betriebswirtschaftlich relevante quantitative Informationen über realisierte oder geplante Geschäftsvorgänge und -ergebnisse. Somit dient es als Instrument, mit dem der Grad der Erreichung leistungswirtschaftlicher Ziele des Unternehmens geplant, dokumentiert und kontrolliert werden kann. Je nach ihrer Zwecksetzung sind die Teilbereiche des betrieblichen Rechnungswesens unterschiedlich konzipiert.[35] Ohne auf sämtliche Teilbereiche detaillierte einzugehen, werden im nachfolgenden die Rechengrößen der vier oben angeführten Teilbereiche kurz erläutert und voneinander abgegrenzt.

Investitionsrechnung

Investitionsentscheidungen basieren auf Kalkülen der Investitionsrechnung. Hier wird mit Einzahlungen (Zahlungsmitteleingängen) und Auszahlungen (Zahlungsmittelausgängen) – also mit Zahlungsstromgrößen – gearbeitet. Auch in der (prospektiven) Finanzplanung werden – allerdings künftige – Ein- und Auszahlungen im Hinblick auf die Sicherstellung der jederzeitigen Zahlungsfähigkeit des Unternehmens, d.h. dessen Liquidität, verwendet, während in der Finanzrechnung die mittel- und langfristige Kapitalbeschaffung auf der Basis von Einnahmen und Ausgaben geplant wird.

Ausgaben

Unter Ausgaben werden sämtliche Verminderungen des Nettogeldvermögens verstanden, wobei das Nettogeldvermögen als Summe der liquiden Mittel zzgl. der kurzfristigen Forderungen und abzgl. der kurzfristigen Verbindlichkeiten definiert ist.[36]

Die Ausgaben umfassen damit

- alle Auszahlungen, die nicht zu Forderungszugängen bzw. Verbindlichkeitsabgängen führen,
- alle Verbindlichkeitszunahmen, die nicht gleichzeitig mit einer Einzahlung verbunden sind, und
- alle Forderungsabnahmen, die nicht gleichzeitig mit einer Einzahlung verbunden sind.

Einnahmen

Dementsprechend sind Einnahmen alle Zunahmen des Nettogeldvermögens. Einnahmen setzen sich folglich zusammen aus

- allen Einzahlungen, die nicht zu Forderungsabgängen bzw. Verbindlichkeitszugängen führen,

---

[35] Hierzu Baetge/Kirsch/Thiele, Bilanzen, 16. Aufl. 2021, S. 1 ff.

[36] Hierzu Coenenberg/Fischer/Günther, Kostenrechnung und Kostenanalyse, 9. Aufl. 2016, S. 17.

- allen Forderungszunahmen, die nicht gleichzeitig mit einer Auszahlung verbunden sind, und
- alle Verbindlichkeitsabnahmen, die nicht gleichzeitig mit einer Auszahlung verbunden sind.

Ein- und Auszahlungen

Zahlungsvorgänge, die lediglich eine Umschichtung zwischen den liquiden Mitteln und den Forderungen bzw. Verbindlichkeiten bewirken, also die reinen Kreditbewegungen, gehören somit nicht zu den Einnahmen bzw. Ausgaben, sondern stellen Ein- und Auszahlungen dar.

Rechengrößen der Finanzbuchführung

Das externe Rechnungswesen beruht auf der Finanzbuchführung. Die Rechengrößen der Finanzbuchführung sind

- das Vermögen und die Schulden als Bestandsgrößen, die sich in der Bilanz niederschlagen, sowie
- die Aufwendungen (periodisierte Ausgaben) und die Erträge (periodisierte Einnahmen) als Stromgrößen, die in der GuV erfasst werden.

Bilanz

Als bilanzielles Vermögen (Aktiva) wird die Gesamtheit der in der Bilanz angesetzten und bewerteten Gegenstände bezeichnet, die mit Hilfe des bilanziellen Kapitals beschafft wurden. Das bilanzielle Kapital (Passiva) gibt die Höhe der dem Unternehmen in der Vergangenheit zur Verfügung gestellten finanziellen und sachlichen Mittel und deren Herkunft an. Das Kapital darf nicht mit dem Bestand an liquiden Mitteln gleichgesetzt werden und kann einem Unternehmen entweder unternehmensextern als Fremdkapital (Schulden) zeitlich begrenzt und zum anderen von den Unternehmenseignern als Eigenkapital (Reinvermögen) ohne zeitliche Begrenzung zur Verfügung gestellt worden sein. Das Eigenkapital lässt sich auch als Saldo von Vermögen und Schulden interpretieren und wird daher oftmals auch als Reinvermögen bezeichnet.

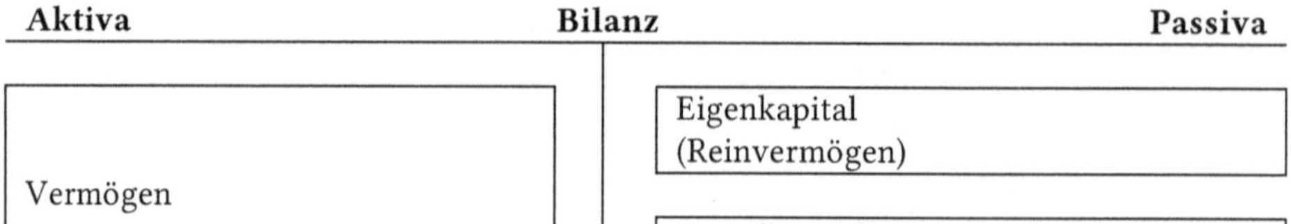

Aktiva	Bilanz	Passiva
Vermögen		Eigenkapital (Reinvermögen)
		Fremdkapital (Schulden)

Abb. 3 Grundstruktur der Bilanz

Gewinn- und Verlustrechnung

Mit der GuV wird der vom Unternehmen erwirtschaftete Erfolg einer Periode, die den Zeitraum zwischen zwei aufeinander folgenden Stichtagen (üblicherweise ein Jahr) umfasst, ermittelt und ausgewiesen. Die Aufwendungen stellen die zu diesem Zweck periodisierten, d.h. auf die Abrechnungsperiode bezogenen Ausgaben dar, die aus einem Güterverbrauch, Leistungs- oder Werteverzehr oder sonstigen das Reinvermögen mindernden Ausgaben in der jeweiligen Periode entstehen. Die Erträge sind die periodisierten Einnahmen, die aus einer Güter-, Leistungs- oder Werteveräußerung oder sonstigen das Reinvermögen mehrenden Einnahmen in der betrachteten Periode resultieren.

Stromgrößen

Die vier Begriffspaare Einzahlungen/Auszahlungen, Einnahmen/Ausgaben, Erträge/Aufwendungen und Leistungen/Kosten umschreiben bestimmte Kategorien von Stromgrößen. Anhand der „positiven" Komponenten Einzahlungen, Einnahmen, Erträge und Leistungen werden in folgender Übersicht inhaltliche Gemeinsamkeiten und Unterschiede dieser Kategorien dargestellt:

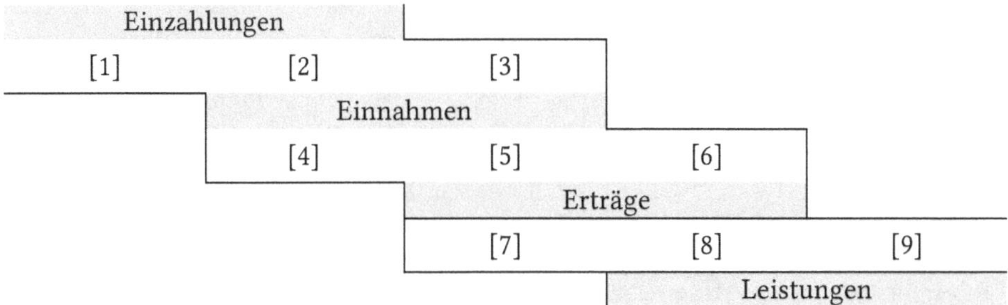

Abb. 4 Abgrenzung Stromgrößen

Die in Abb. 4 dargestellten Kategorien der Rechengrößen des betrieblichen Rechnungswesens werden nachfolgend anhand einfacher Beispiele erläutert:

[3] Einzahlungen, die nicht in der gleichen Periode auch zu Einnahmen führen, z.B. die Begleichung einer in einer Vorperiode entstandenen Forderung durch den Debitor in bar.

[4] Geschäftsvorfälle, die als Einzahlung zu klassifizieren sind und gleichzeitig auch zu einer Einnahme führen, z.B. der Barverkauf von Rohstoffen.

[5] Einnahmen, die nicht in derselben Periode eine Einzahlung darstellen, entstehen bspw. bei Kreditbewegungen die zu einer Forderungszunahme, etwa bei Verkauf von Rohstoffen auf Ziel, oder zu einer Verbindlichkeitsabnahme führen.

[6] „Neutrale" Einnahmen liegen vor, wenn bei der Periodisierung von Einnahmen zu Ertrag bestimmte Einnahmen nicht oder in einer späteren Periode zu Ertrag werden. Dies ist z.B. der Fall, wenn eine Kunde eine Anzahlung für eine Ware oder Leistung tätigt, die vom Unternehmen erst in der folgenden Periode hergestellt bzw. erbracht wird, oder auch, wenn der Eigenkapitalgeber eine Einlage tätigt. Zwar erhöht sich das Geldvermögen, aber damit ist nicht unbedingt der zeitnahe Verkauf von Waren oder Leistungen verbunden.

[7] Bei den Ertragseinnahmen sind die Einnahmen und Erträge derselben Periode zuzuordnen. Dies ist dann der Fall, wenn eine Ware oder Leistung eines Unternehmens sofort oder noch in derselben Periode in Rechnung gestellt und vom Kunden bezahlt wird, wie beispielsweise beim Barverkauf. Der Verkauf von Waren oder Leistungen hat eine Erhöhung des Geldvermögens zur Folge.

[8] Dieser Fall – manchmal auch als kalkulatorischer Ertrag bezeichnet – resultiert aus der unterschiedlichen Periodisierung von Einnahmen und Erträgen. Erträge, denen in derselben Periode keine Einnahmen gegenüberstehen, entstehen z.B. wenn ein Unternehmen Waren auf Lager produziert, es diese Waren aber erst in der folgenden Periode oder noch später in der Zukunft verkauft. Das Gesamtvermögen erhöht sich also in der Bilanz durch eine Bestandserhöhung an unfertigen

Waren oder Leistungen, ohne dass diese zugleich auch direkt verkauft werden, sowie durch aktivierte Eigenleistungen.

[9] Neutrale Erträge einer Periode – d.h. Erträgen, denen keine Leistungen gegenübersteht – führen entweder nicht oder in einer anderen Periode zu Leistungen. Im ersten Fall unterscheidet man zwischen betriebsfremden Erträgen (z.B. erhaltenen Schenkungen oder Spenden) und betrieblichen, indes außergewöhnlichen Erträgen, die nicht als Leistungen i.S. einer normalen Werteabgabe zu qualifizieren sind (z.B. Erträge auf Grund eines allgemeinen Forderungsverzichts der Gläubiger (Sanierungsgewinn) oder einmalige Zuschüsse der öffentlichen Hand zur Umstrukturierung eines Betriebs). Beim zweiten Fall – den sog. Periodenfremden Erträgen – handelt es sich z.B. um nachträgliche Steuerrückerstattungen.[37]

[10] Soweit sich Erträge und Leistungen decken, wird dies z.T. als Zweckertrag bezeichnet. Es handelt sich um den Teil des Ertrags, der sich im Zusammenhang mit der Abgrenzung von Ertrag und Leistung nach Abzug des neutralen Ertrags ergibt. Der Zweckertrag resultiert aus dem betrieblichen Leistungsprozess. Er resultiert z.B. aus dem Verkauf von Erzeugnissen.

[11] Man spricht hier von den kalkulatorischen Leistungen. Diese umfassen die Zusatzleistungen sowie die Andersleistungen. Zusatzleistungen kommen zustande, wenn zwar sachzielbezogen Güter und Werte entstehen, wegen fehlender Einnahmen aber keine Erträge vorliegen. Es handelt sich insofern um Leistungen, denen kein Ertrag gegenübersteht. Dies ist z.B. dann der Fall, wenn in einer Periode hergestellte Erzeugnisse an eine karitative Organisation verschenkt werden.

[12] Bei Andersleistungen handelt es sich um umbewertete Erträge. Solche Umbewertungen können sich deshalb als notwendig erweisen, weil die Bewertungsvorschriften für die in der extern orientieren GuV zu erfassenden Erträge nicht mit den Bewertungsnormen übereinstimmen, die für den Ausweis der Leistungen in der intern orientierten Kosten- und Leistungsrechnung gelten. Andersleistungen sind insofern Leistungen, denen Erträge in anderer Höhe gegenüberstehen. Dies bezieht sich insbesondere auf aktivierte Eigenleistungen sowie auf die Erhöhung des Bestands an fertigen und unfertigen Erzeugnissen.[38]

Der handelsrechtlichen GuV liegen periodisierte Ausgaben und Einnahmen und damit Aufwendungen bzw. Erträge als Stromgrößen zugrunde. Die Bestandsgrößen Vermögen und Schulden ergeben sich, wenn bestimmte Zahlungsgrößen nicht als Aufwand bzw. Ertrag in der GuV verrechnet, sondern als Vermögensgegenstand bzw. Schuld in der Bilanz aktiviert bzw. passiviert werden.

Zusammenfassend bleibt folgendes festzuhalten: Der handelsrechtliche Jahresabschluss ist für seine Adressaten letztlich das vom Ersteller „gemalte" Bild des Elementaraufgaben des Unternehmens im Hinblick auf die Erreichung der gesetzten monetären Unternehmensziele. Der Jahresabschluss kann seine Aufgabe allerdings nur im Hinblick auf solche Ziele leisten, die sich eindeutig als Mengen- und Wertgrößen quantifizieren lassen.[39]

---

[37] Hierzu Coenenberg/Fischer/Günther, Kostenrechnung und Kostenanalyse, 9. Aufl. 2016, S. 26; Hummel/Männel, Kostenrechnung 1, 4. Aufl. 1999, S. 82.

[38] Hierzu Hummel/Männel, Kostenrechnung 1, 4. Aufl. 1999, S. 83.

[39] Hierzu Baetge/Kirsch/Thiele, Bilanzen, 16. Aufl. 2021, S. 6.

1.6 Theorien des Jahresabschlusses und der Gewinnermittlung

1.6.1 Bilanztheorien

1.6.1.1 Allgemeines

Bilanztheorien

Theorien des Jahresabschlusses – die verkürzend auch als Bilanztheorien bezeichnet werden – behandeln die Aufgaben, den Inhalt und die Ausgestaltung des Jahresabschlusses. Die bilanztheoretische Diskussion darüber, was in der Bilanz als Vermögen und was als Schulden anzusetzen ist, wie die einzelnen Posten zu bewerten sind und wie der Erfolg einer Periode zu bestimmen ist, hat in Deutschland eine lange Tradition, die bis in das 19. Jahrhundert zurückreicht. Kennzeichen der Bilanztheorien ist, dass sie unabhängig von rechtlichen Regelungen versuchen, aus betriebswirtschaftlichen Überlegungen den Sinn und Zweck des Jahresabschlusses, dessen Konzeption und Ausgestaltung herzuleiten. Wenn sich im weiteren Verlauf den Einzelheiten der handelsrechtlichen Rechnungslegung und damit dem Jahresabschluss zugewandt wird, kann man mit dem zu erwerbenden bilanztheoretischen Wissen den Einfluss verschiedener Bilanzauffassungen auf die heutige Bilanz im Rechtssinne erkennen. Insbesondere wird deutlich, dass die Zwecke des handelsrechtlichen Jahresabschlusses Bezüge zu verschiedenen theoretischen Auffassungen haben.

Klassische Bilanztheorien

Vor diesem Hintergrund wird im Rahmen der nachfolgenden Ausführungen ein kurzer Überblick über die verschiedenen sog. klassischen Bilanztheorien gegeben. Hierbei handelt es sich um

- die statische Bilanztheorie,
- die dynamische Bilanztheorie, und
- die organische Bilanztheorie.

1.6.1.2 Statische Bilanztheorie

Vermögensbilanz

Die statische Bilanztheorie wurde von *Herman Veit Simon* gegen Ende des 19. Jahrhunderts entwickelt.[40] Danach ist die wesentliche Aufgabe der Bilanzierung die jährliche Ermittlung des Reinvermögens des Kaufmanns mit Hilfe der Bilanz. Die jährliche Bilanz ist insofern eine Vermögensbilanz.

Reinvermögensveränderung

Weist eine Jahresbilanz gegenüber der Bilanz des vorangegangenen Geschäftsjahres eine Veränderung des Reinvermögens aus, liegt für den Zeitraum zwischen diesen Stichtagen bei einer Reinvermögensmehrung ein Gewinn und bei einer Reinvermögensminderung ein Verlust vor. Die Erfolgsermittlung steht bei der statischen Bilanzlehre jedoch im Hintergrund, denn diese ist ein zwangsläufig anfallendes Nebenprodukt der jährlichen Vermögensermittlung verstanden.

Fortführungs- und Zerschlagungsstatik

Die statische Bilanztheorie tritt mit der Fortführungs- und der Zerschlagungsstatik in zwei Varianten auf. Während die Zerschlagungsstatik das Vermögen gläubigerorientiert als Zerschlagungswert sieht, der für Gläubiger bei Auflösung des Unterneh-

---

[40] Hierzu Simon, Die Bilanzen der Aktiengesellschaften und der Kommanditgesellschaften auf Aktien, 1. Aufl. 1886. Hierzu auch ausführlich Moxter, Bilanzlehre – Band I, 3. Aufl. 1984, S. 5 ff.

mens zur Verfügung steht, konzentriert sich die Fortführungsstatik auf eine kaufmannsspezifische Vermögensbetrachtung, welche vom Unternehmensfortgang ausgeht.

Unternehmensfortführung

In der hierzu in der Vergangenheit geführten Diskussion hat sich letztlich die Annahmen der Unternehmensfortführung durchgesetzt, sodass das Fortführungsvermögen durch den potenziellen Preis des gesamten Unternehmens (Ertragswert) gegeben sein soll. Der Ertragswert ist nach *Simon* gleichbedeutend mit dem Unternehmenswert. Folgerichtig müssen sämtliche Aktiva zukünftig ertragswirksam sein und somit einen positiven Ertragswertbeitrag leisten. Passiva hingegen sind als negative Ertragswertbeiträge zu verstehen.[41]

Kaufmännische Vermögensbetrachtung

Basierend auf der kaufmannsspezifischen Vermögensbetrachtung muss im Rahmen der Bewertung von Bilanzpositionen der aus Sicht des Bilanzerstellers individuelle Wert Berücksichtigung finden, welcher den Wert einer Bilanzposition am Gesamtunternehmenswert darstellen soll.

1.6.1.3 Dynamische Bilanztheorie

Grundidee der Dynamik

Die dynamische Bilanztheorie ist eng mit dem Namen von *Eugen Schmalenbach* verbunden, der die erste Grundidee der Dynamik zu Beginn des 20. Jahrhunderts veröffentlichte[42] und damit als einer der ersten deutschen Hochschullehrer für Betriebswirtschaftslehre die betriebswirtschaftlichen Überlegungen in den Vordergrund stellte.

Hauptaufgabe des Jahresabschlusses

Die Hauptaufgabe des Jahresabschlusses wird in der Dynamik der Ermittlung des betriebswirtschaftlichen Erfolgs einer bestimmten Teilperiode gesehen.[43] Zur Identifikation finanzieller Schwierigkeiten ist nach *Schmalenbach* nicht die Vermögensbilanz ausschlaggebend, sondern die Veränderung des Vermögens ist zur Aufdeckung von unternehmensinternen Problemen relevant. Entsprechend besitzt die GuV eine zentrale Bedeutung für die Steuerung im Unternehmen. Gleichwohl haben in der Dynamik die Handels- und Steuerbilanz die gleiche Aufgabe wie eine rein betriebswirtschaftliche Bilanz, sodass auch geltendes Bilanzrecht Berücksichtigung finden soll.

Bilanz als Kräftespeicher

Fallen Zahlungsvorgänge und Ergebniswirkung (Aufwand und Ertrag) dadurch auseinander, dass sich Posten in zukünftigen Perioden in Erträge umsetzen, sind in der Bilanz „schwebende Vorleistungen" zu erfassen. Diese Vorleistungen symbolisieren folglich Nutzen, welcher nach einem Stichtag erwartet wird, jedoch bereits bis zum Stichtag aufgebaut wurde. Die Bilanz stellt insofern einen Kräftespeicher dar, welcher auf der Aktivseite schwebende Vorleistungen i.S. von Nutzenbündeln und auf der Passivseite schwebende Nachleistungen i.S. von Verpflichtungen aufnimmt. Letztere entstehen dadurch, dass Vermögensminderungen den bereits realisierten Vermögenszugängen gegenübergestellt werden, auf welche sie sich beziehen. Der Vorsorge finanzieller Schwierigkeiten

---

[41] Hierzu Ruhnke/Sievers/Simons, Rechnungslegung nach IFRS und HGB, 5. Aufl. 2023, S. 181ff. Hierzu auch ausführlich Baetge/Kirsch/Thiele, Bilanzen, 16. Aufl. 2021, S. 14ff.; Coenenberg/Haller/Schultze, Jahresabschluss und Jahresabschlussanalyse, 26. Aufl. 2021, S. 1325ff.

[42] Hierzu Schmalenbach, Dynamische Bilanz, 6. Aufl. 1933.

[43] Hierzu auch Baetge/Kirsch/Thiele, Bilanzen, 16. Aufl. 2021, S. 19-20.

geschuldet, sollen z.B. Abschreibungen und Rückstellungen prinzipiell überhöht berücksichtigt werden und Zuschreibungen über die Anschaffungs- oder Herstellungskosten nicht erfolgen.[44]

Bilanz als Abgrenzungskonto

Aufgabe der dynamischen Bilanz ist es folglich, die schwebenden, d.h. die noch der Auflösung harrenden Posten, in Evidenz zu halten. Ihr ist zu entnehmen, was noch nicht aufgelöst wurde. Das noch nicht Aufgelöste stellt damit noch vorhandene aktive Kräfte oder passive Verpflichtungen dar. Die Bilanz ist nach dynamischer Interpretation also nichts anderes als ein umfassendes Abgrenzungskonto, in dem einerseits noch nicht erfolgswirksame Zahlungen zwecks späterer Nachverrechnung (transitorische Posten), andererseits alle noch nicht zahlungswirksamen Erfolge (antizipative Posten) erfasst werden. Diese Zusammenhänge führen zu der bereits erwähnten Interpretation der Aktiva als schwebende Vorleistungen und der Passiva als schwebende Nachleistungen.[45]

Bestandssicherung

Nach *Schmalenbach* ist die Entstehung eines Erfolgsbeitrags an die Entstehung von Umsatz gebunden. Weiterhin sieht *Schmalenbach* die Aufgabe des Abschlusses nicht nur darin, den externen Adressaten zu dienen, sondern auch Informationen für die Steuerung des Unternehmens zu liefern. Vorsichtige Bewertungen können hierbei das Vermögen zwar verzerren, führen jedoch zu einem zutreffenden, da vergleichbaren Gewinn. Zur Bestandssicherung des Unternehmens ist der Gewinn daher ehr zu gering als zu hoch anzusetzen.[46]

Ausprägungen der dynamischen Bilanzauffassung finden sich z.B. im Realisationsprinzip des § 252 Abs. 1 Nr. 4 HGB[47], im strengen Anschaffungs- oder Herstellungskostenprinzip des § 253 Abs. 1 Satz 1 HGB (Zuschreibungsverbot über die Anschaffungs- oder Herstellungskosten hinaus)[48] sowie in der planmäßigen Verteilung von Anschaffungskosten auf die betriebsgewöhnliche Nutzungsdauer[49].

Beispiel – Bilanz als „Kräftespeicher

Wird eine Maschine gekauft, ist eine Zurechnung der Anschaffungsausgabe als Aufwand des Geschäftsjahres nicht periodengerecht, sofern die Maschine über mehrere Jahre genutzt wird und in dieser Zeit über den Einsatz der Maschine (Produktion von Gütern und deren Verkauf) Erträge erzielt werden. In diesem Fall stellt die Anschaffungsausgabe eine zu aktivierende Vorleistung dar, da mit der Anschaffung der Maschine über mehrere Perioden hinweg Nutzenbeiträge (Erträge) erzielt werden, d.h. auf der Aktivseite ist ein Posten „Ausgabe, aber noch nicht Aufwand" zu zeigen.

Gewährte Darlehen stellen gleichfalls „aktivisch auszuweisende Ausgaben dar, die noch nicht zu Einnahmen geführt haben". Garantierückstellungen ordnen bereits erfolgten Verkäufen, die einen Liquiditätszufluss oder einen Forderungszugang

---

[44] Hierzu Ruhnke/Sievers/Simons, Rechnungslegung nach IFRS und HGB, 5. Aufl. 2021, S. 183.

[45] Hierzu Coenenberg/Haller/Schultze, Jahresabschluss und Jahresabschlussanalyse, 26. Aufl. 2021, S. 1331.

[46] Hierzu Moxter, Bilanzlehre – Band I, 3. Aufl. 1984, S. 39.

[47] Hierzu ausführlich Abschn. 2.2.2.12.2.

[48] Hierzu ausführlich Abschn. 3.3.3.6.

[49] Hierzu ausführlich Abschn. 3.3.3.

auslösen (Aktivzugang), jene Lasten zu, welche in Form von Garantieleistungen auf den Verkäufen ruhen. In diesem Fall ist auf der Passivseite eine schwebende Nachleistung in Form einer Garantierückstellung zu erfassen. Zu zeigen ist ein Posten „Aufwand, aber noch nicht Ausgabe".

1.6.2 Gewinnermittlungstheorien

1.6.2.1 Allgemeines

Erfolgsmessungskonzepte

Daneben gibt es auch verschiedene Konzepte zur Erfolgsmessung. Losgelöst von der formalen Gewinnermittlung (Bilanz- oder GuV-orientiert), stellt sich die Frage nach der materiellen, d.h. inhaltlichen Gewinnermittlung. So haben auch die Vertreter der beiden Bilanztheorien Vorstellungen im Hinblick auf die Bewertung der Posten in der Bilanz und GuV, die damit zwangsläufig zu einer bestimmten Gewinnermittlung führen. So sind z.B. nach der fortführungsorientierten Interpretation der statischen Bilanzauffassung die Vermögensgegenstände zu unternehmensindividuellen Werten anzusetzen, welche im Falle eines Veräußerungsgegenstandes mit dem in der Zerschlagungsstatik vorherrschenden Veräußerungswert übereinstimmen können.

Erhaltungskonzeptionen

Theoretische Ansätze zur Gewinnermittlung zielen regelmäßig darauf ab, das Konzept der Gewinnermittlung aus einer bestimmten Unternehmenserhaltungskonzeption heraus zu erklären. Dabei lassen sich verschiedene Erhaltungskonzeptionen unterschieden:

- die Kapitalerhaltungskonzeptionen,
- die Substanzerhaltungskonzeptionen sowie
- das Konzept des ökonomischen Gewinns.

Organische Bilanztheorien

Gleichsam steht in der organischen Bilanztheorie zur Diskussion, wie Vermögen und Gewinn aus gesamtwirtschaftlicher Sicht simultan „richtig" berechnet werden können. Die einzelnen Konzeptionen versuchen, das Jahresergebnis zu ermitteln, welches den Erhalt des Unternehmens sichert.[50] Im Nachfolgenden werden diese überblicksartig erläutert.

1.6.2.2 Kapitalerhaltungskonzeptionen

Die Kapitalerhaltungskonzeptionen unterscheiden zwischen Nominalkapital- und Realkapitalerhaltung.[51]

Nominalkapitalerhaltung

Bei der Nominalkapitalerhaltung ist das Erhaltungsziel der Geldbetrag, der dem Eigenkapital am Anfang des Geschäftsjahres entspricht (EURO = EURO). Gewinn ist als Anstieg des Nominalkapitals definiert (Nominalkapital am Ende des Geschäftsjahres abzüglich Nominalkapital am Anfang des Geschäftsjahres). Eine Ausschüttung dieses Betrages kann vorgenommen werden, ohne den nominalen Betrag des Eigenkapitals im Laufe einer Betrachtungsperiode zu verändern. Kommt es allerdings zu Geldentwertungen, ist die Kaufkraft des Eigenkapitals am Ende des Geschäftsjahres kleiner als die Kaufkraft des Eigenkapitals zu Beginn des Geschäftsjahres.

---

[50] Hierzu Ruhnke/Sievers/Simons, Rechnungslegung nach IFRS und HGB, 5. Aufl. 2023, S. 181ff.

[51] Hierzu ausführlich z.B. Coenenberg/Haller/Schultze, Jahresabschluss und Jahresabschlussanalyse, 26. Aufl. 2021, S. 1354ff.

Realkapitalerhaltung

Diesen Nachteil versucht die Realkapitalerhaltung dadurch zu beseitigen, indem darauf abgestellt wird, das Eigenkapital gemessen an seiner Kaufkraft zu erhalten. Demnach liegt ein ausschüttungsfähiger Gewinn erst dann vor, wenn die Kaufkraft des Eigenkapitals am Ende des Geschäftsjahres größer ist als die zu Beginn des Geschäftsjahres. Der Jahresabschluss wird somit um Geldwertschwankungen bereinigt. Die Berechnung der Kaufkraft des Eigenkapitals am Ende des Geschäftsjahres erfolgt mittels sog. Indexzahlen. Steigen die Lebenshaltungskosten in einer Periode z.B. um 2% an, so beträgt der Lebenshaltungskostenindex 1,02. Demnach ist das Periodenergebnis zunächst um 2% des Eigenkapitals zu Beginn der Periode zu mindern, um den Kaufkraftverlust des Eigenkapitals zu berücksichtigen.

> **Beispiel** – Kapitalerhaltung
>
> Das Eigenkapital zu Beginn des Geschäftsjahres beträgt GE 900. Im Laufe dieser Periode sind Erträge i.H. von 950 und Aufwendungen i.H. von GE 850 angefallen, d.h., das Periodenergebnis beträgt 100. Die Lebenshaltungskosten steigen um 4%.
>
> Bei nominaler Kapitalerhaltung sind 100 ausschüttungsfähig. Das Eigenkapital wäre am Ende des Geschäftsjahres nach Ausschüttung nominal unverändert.
>
> Bei realer Kapitalerhaltung ist die Kaufkraft des Eigenkapitals zu erhalten: reales Eigenkapital zu Beginn der Periode = Nominales Eigenkapital zu Beginn der Periode (GE 900) * Kaufkraftindex (1,04) = GE 936. Demnach ist der Anfangsbestand des Eigenkapitals um GE 36 zu erhöhen, d.h., aus dem Periodengewinn sind GE 36 in das Eigenkapital einzustellen. Letztlich sind dann GE 64 ausschüttungsfähig.

1.6.2.3 Substanzerhaltungskonzeptionen

Gütermengen

Die Substanzerhaltungskonzeptionen sehen als Maßstab für die Unternehmenserhaltung nicht eine bestimmte Geldsumme, sondern die hinter den Geldbeträgen stehenden Gütermengen. Substanzerhaltung ist dann erreicht, wenn (bei konstantem Fremdkapital) die mengenmäßige Vermögenssubstanz am Periodenende jener am Periodenanfang entspricht. Dabei wird zwischen reproduktiver und relativer Substanzerhaltung unterschieden.[52]

Reproduktive Substanzerhaltung

Die reproduktive Substanzerhaltung ist dann als gewährleistet anzusehen, wenn aus den Umsatzerlösen einer Periode alle im Leistungsprozess verbrauchten (eingesetzten) Güter in gleicher Menge und in gleicher Qualität wiederbeschafft werden können (Wiederbeschaffung gleicher Gütermengen). Ein darüber hinaus erwirtschafteter Geldbetrag kann als Gewinn den Betrieb verlassen, ohne seine Leistungsfähigkeit zu beeinträchtigen.

Relative Substanzerhaltung

Die relative (qualifizierte) Substanzerhaltung modifiziert die reproduktive Substanzerhaltung dahingehend, dass nicht nur die vorhandenen Produktionskapazitäten, sondern die Marktstellung des Unternehmens in der Gesamtwirtschaft erhalten bleiben soll. Eine relative Substanzerhaltung liegt demnach dann vor, wenn am Ende einer Periode die eingesetzten

---

[52] Hierzu ausführlich Ruhnke/Sievers/Simons, Rechnungslegung nach IFRS und HGB, 5. Aufl. 2023, S. 185-188.

Güter in einer Menge und Qualität derart wiederbeschafft werden können, dass das Unternehmen seine relative Stellung am Markt behält.

> **Beispiel** – Substanzerhaltung
>
> Die Umsatzerlöse eines Geschäftsjahres betragen GE 700 und die Anschaffungskosten der verkauften Produkte (DVD-Laufwerke) belaufen sich auf GE 350. Die Wiederbeschaffungskosten der verkauften Produkte betragen GE 360. Es ist davon auszugehen, dass künftig nur noch Produkte höherer Qualität (Blu-Ray-Laufwerke) verkauft werden. Die diesbezüglichen Wiederbeschaffungskosten belaufen sich auf GE 500. Weiterhin ist die Gesamtwirtschaft im betrachteten Zeitraum um 2% gewachsen.
>
> Bei reproduktiver Substanzerhaltung kann der Betrag ausgeschüttet werden, der von den Umsatzerlösen nach Abzug der Wiederbeschaffungskosten der Produkte gleicher Qualität verbleibt: GE 700 – GE 360 = GE 340. Die Differenz zu dem auf Anschaffungskostenbasis ermittelten Gewinn (GE 350 - GE 340 = GE 10) ist als Scheingewinn zu interpretieren, welcher in eine Position – z.B. unter der Bezeichnung „Substanzerhaltungsrücklage" – einzustellen und bei der Wiederbeschaffung der eingesetzten Produkte aufzulösen ist.
>
> Bei relativer Substanzerhaltung sind von den Umsatzerlösen die Wiederbeschaffungskosten der eingesetzten Produkte in der nunmehr handelsüblichen Qualität i.H. von 500 abzuziehen. Dieser Betrag ist um einen Wachstumszuschlag von 2% zu erhöhen. Ausschüttungsfähig sind dann noch GE 190 (= GE 700 - GE 500 - GE 10). Die Differenz zu dem auf Anschaffungskostenbasis ermittelten Gewinn i.H. von GE 160 (= GE 350 - GE 190) stellt den Scheingewinn dar, der wiederum in die bereits erwähnte Substanzerhaltungsrücklage einzustellen ist.

Aus den vorangegangenen Ausführungen wird ersichtlich, dass die dargestellten Kapital- und Substanzerhaltungskonzeptionen mehr oder weniger überzeugende Vorschläge darstellen, wie der Erhalt des Unternehmens zu sicher ist. Die Frage nach der „richtigen" Erhaltungskonzeption lässt sich auf diese Weise allerdings nicht eindeutig beantworten. Demnach ist nicht sicher, ob sich der Erhalt eines Unternehmens z.B. durch Begrenzung der Ausschüttungen auf eine nominalkapitalbasierte Rechnungslegung (bspw. HGB-Einzelabschluss) sicherstellen lässt oder nicht. Erschwerend kommt hierzu, dass die Erhaltungskonzeptionen in der Realität nicht in Reinform auftreten.

Unternehmensfortbestand

Naturgemäß sind alle Stakeholder am Fortbestand des Unternehmens interessiert. Aus dem Blickwinkel eines Investors ist der Einbehalt von Periodengewinnen immer dann vorteilhaft, wenn das Unternehmen über sinnvolle Investitionsmöglichkeiten verfügt und diese dem Investor eine Verzinsung erlauben, die über seinen alternativen Anlagemöglichkeiten liegt. Demnach ist die bei den Substanzerhaltungskonzeptionen unterstellte Ersatzinvestition kein Automatismus. Sie steht in Konkurrenz zu Alternativinvestitionen, d.h. die Mittel können stets auch anderweitig angelegt werden.

Ersatzinvestitionen

Dabei sind Ersatzinvestitionen dann nicht zu tätigen, wenn sich über die Wiederbeschaffung der eingesetzten Produkte keine Gewinne erzielen lassen. Eine Ausnahme könnte sich allerdings dann ergeben, wenn sich nur kurzfristig keine Gewinne realisieren lassen, aber langfristig mit besseren Absatzchancen gerechnet wird. In diesem Fall ist ein langfristig engagierter Investor bereit, kurzfristig Verluste hinzunehmen, sofern diese durch die langfristig erzielbaren

Gewinne überkompensiert werden. Folglich kann der den Substanzerhaltungskonzeptionen innewohnende Automatismus der Ersatzinvestition sogar eine unvorteilhafte Unternehmenspolitik nach sich ziehen. Dieser Kritikpunkt behält auch in Bezug auf die Kapitalerhaltungskonzeptionen sine Gültigkeit: Die Entscheidung, zusätzliche Beträge im Unternehmen einzubehalten, um eine reale Kapitalerhaltung zu sichern, muss sich stets an den zur Verfügung stehenden Investitionsmöglichkeiten messen.

Demnach bieten die im Rahmen der vorangegangenen Ausführungen darstellten Kapital- und Substanzerhaltungskonzeptionen keine abschließende Lösung des Problems, welche Erhaltungskonzeption letztendlich vorziehenswürdig ist. Gleichwohl erlauben deren kritische Betrachtungen eine systematische Problemdiskussion.[53]

1.6.2.4 Organische Bilanztheorie

Gesamtvolkswirtschaftliche Sicht

Die organische Bilanztheorie wurde von *Fritz Schmidt*, Professor für Betriebswirtschaftslehre in Frankfurt am Main, begründet.[54] Er konzipiert den Jahresabschluss aus (gesamt)volkswirtschaftlicher Sicht und betrachtet jedes Unternehmens als Zelle im Organismus der Gesamtwirtschaft.[55] Es wird hierbei die Auffassung vertreten, dass man nur dann von einem positiven Erfolg eines Unternehmens sprechen kann, wenn es seine relative Stellung in der Gesamtwirtschaft behaupten kann. Voraussetzung hierfür ist, dass das Unternehmen in der Lage war, seine leistungswirtschaftliche Substanz zu erhalten. Diese Überlegung führte zum zentralen Gedanken der organischen Bilanztheorie. Steigen die Preise des bereits im Unternehmen vorhandenen Vermögens, so muss ein Teil des Gewinns dazu genutzt werden, das güterwirtschaftliche Leistungspotential bei seiner Wiederbeschaffung auf dem gleichen Niveau zu erhalten. D.h., Preisänderungen der einzelnen Bilanzposten sind explizit zu berücksichtigen, was letztlich einen Ansatz bestimmter Aktiva und Passiva zu Zeitwerten zur Folge hat.[56] Es wird klar gemacht, dass bei einer Nichtberücksichtigung dieser Preissteigerungen sich der ermittelte Erfolg nicht nur aus dem absatzbedingten Umsatzgewinn, sondern auch aus einem inflationsbedingten Scheingewinn zusammensetzt. Dieser Scheingewinn muss sodann in der Bilanz von dem echten, auf der Betriebsleistung beruhenden Erfolg getrennt werden.[57] Buchhalterisch ist hierfür ein Unterkonto des Kapitalkontos – bezeichnet als „Wertänderungen am ruhenden Vermögen" – einzurichten, welches den Scheingewinn aufnimmt.[58]

Wie wird der Scheinerfolg i.S. *Schmidts* nun ermittelt?[59]

> Werden z.B. Handelswaren, die für GE 100 beschafft wurden, zu GE 130 abgesetzt, so beträgt der Beitrag zum Nominalgewinn GE 30 (anderen Aufwendungen sollen

---

[53] Hierzu Ruhnke/Sievers/Simons, Rechnungslegung nach IFRS und HGB, 5. Aufl. 2023, S. 186.

[54] Hierzu Schmidt, Die organische Bilanz im Rahmen der Wirtschaft, 1921. Im weiteren Verlauf änderte sich der Titel in „Die organische Tageswertbilanz". Es erschien zuletzt im Jahr 1929 in der 3. Auflage.

[55] Hierzu auch Moxter, Bilanzlehre – Band I, 3. Aufl. 1984, S. 57.

[56] Hierzu Ruhnke/Sievers/Simons, Rechnungslegung nach IFRS und HGB, 5. Aufl. 2023, S. 187.

[57] Hierzu Coenenberg/Haller/Schultze, Jahresabschluss und Jahresabschlussanalyse, 26. Aufl. 2021, S. 1368.

[58] Hierzu auch Baetge/Kirsch/Thiele, Bilanzen, 16. Aufl. 2021, S. 25.

[59] Beispiel in Anlehnung an Baetge/Kirsch/Thiele, Bilanzen, 16. Aufl. 2021, S. 25.

hier vernachlässigt sein). Beträgt der Tagesbeschaffungswert dieser Handelswaren am Bilanzstichtag GE 110, so beläuft sich der Realgewinnbeitrag gemessen am Tagesbeschaffungswert lediglich auf GE 20. Der andere Teil des Nominalgewinns in Höhe von GE 10 ist ein Scheingewinn, weil er wegen des gestiegenen Einkaufspreises für die Wiederbeschaffung gleichartiger Handelswaren einzusetzen wäre. Für Gegenstände des Anlagevermögens, etwa Maschinen, sind zunächst die fortgeführten Wiederbeschaffungswerte anzusetzen und die Abschreibungen nach *Schmidts* Konzept auf Basis des Wiederbeschaffungswertes als Abschreibungsausgangsbetrag zu bemessen. Eine zwischen zwei aufeinander folgenden Bilanzstichtagen auftretende Veränderung des Wiederbeschaffungswertes ist bei der Bewertung zu berücksichtigen, denn *Schmidt* fordert, dass jede Art von Wertänderung, sei sie aus Umsatz oder am ruhenden Vermögen durch Auswirkungen des Marktes entstanden, genau verbucht und ausgewiesen wird. Übersteigt der Wiederbeschaffungswert die Anschaffungskosten, sind die periodisierten Abschreibungen proportional zum gestiegenen Wiederbeschaffungswert zu erhöhen. Auf diese Weise wird sichergestellt, dass die über die Abschreibungen an das Unternehmen gebundenen Mittel („verdiente Abschreibung") zur Wiederbeschaffung eines gleichartigen Vermögensgegenstandes in ausreichendem Maße zur Verfügung stehen.

Reproduktionswert

Hieraus resultiert unmittelbar, dass *Schmidt* nicht das Anschaffungskostenprinzip als Bewertungsregel akzeptiert, sondern den Ansatz von Tagesbeschaffungswerten vorsieht. Er möchte – unter der Annahme der Fortführung des Unternehmens – dessen Reproduktionswert[60] ermitteln. Hier wird eine Parallele zur statischen Bilanztheorie ersichtlich: Ebenso wie *Simon* sieht *Schmidt* einen Zweck der Bilanzierung in der Vermögensermittlung.

„Richtiger" Gewinn

Zugleich soll die organische Bilanztheorie der Ermittlung des „richtigen" Gewinns dienen. Nur letztere Absicht verfolgt auch *Schmalenbach*, der indes einen anderen Weg beschreitet. Eine weitere Parallel zur dynamischen Bilanztheorie von *Schmalenbach* besteht darin, dass Schmidt das Realisationsprinzip befürwortet.

Dualistische Theorie

Das mit dem Realisationsprinzip üblicherweise verknüpfte Anschaffungskostenprinzip wird im Rahmen der organischen Bilanztheorie indes mit dem vorgeschlagenen Ansatz von Wiederbeschaffungswerten verworfen. Wegen der Gleichrangigkeit der Bilanzaufgaben „Vermögensermittlung" und „Gewinnermittlung" wird die organische Bilanztheorie auch als dualistische Theorie bezeichnet.

Wiederbeschaffungswerte

Schmidt orientiert sich bei seinen Überlegungen nicht an der Bilanz i.S. des seinerzeit geltenden Handels- sowie Aktienrechts. Vor allem wandte er sich vehement gegen die damals geltenden Bewertungsvorschriften, die – wie heute in § 253 Abs. 1 Satz 1 HGB – die Anschaffungs- oder Herstellungskosten als Wertobergrenze vorsahen. Indes finden sich seine Überlegungen zumindest in Bezug auf die heute geltende, später – unter Abschn. 4.4.4. – noch darzustellende Bewertung von Vorräten wieder, wenn als Verbrauchsfolge

---

60 Den Reproduktionswert sieht *Schmidt* durch den Tagesbeschaffungswert aller Vermögensteile verkörpert. Einen infolge höherer Unternehmensleistung oder des Vorhandenseins von Monopolrechten darüber hinaus gehenden Ertragswert erachtet *Schmidt* weder für bilanzierungsfähig noch für bilanzierungsnotwendig.

nach § 256 HGB das sog. Lifo-Verfahren unterstellt werden darf und dadurch bei steigenden Preisen stille Preisrücklagen entstehen. Der Ansatz von Wiederbeschaffungswerten für (bestimmte) Vermögensgegenstände ist in der EU seit der Umsetzung der EU-Bilanzrichtlinie 2013/34/EU des Europäischen Parlaments und des Rates vom 26.6.2013 nicht mehr zulässig. Zuvor war dies in einigen (damaligen) EU-Mitgliedstaaten (z.B. Niederlande und Großbritannien) üblich und durch Art. 33 der 4. EG-Richtlinie vom 25.7.1978 gestattet. Die (fortgeführten) Anschaffungswerte waren allerdings in der Bilanz oder im Anhang zusätzlich auszuweisen, wobei sich diese Angabepflicht nicht auf Vorräte bezog. Die Regelungen des International Accounting Standards Board (IASB) schreiben für bestimmte Aktiva die Bewertung von Zeitwerten vor oder gewähren in anderen Fällen ein entsprechendes Wahlrecht. Die Bewertung zu Zeitwerten entspricht dem Konzept der organischen Bilanztheorie von *Schmidt.* Der für eine Bilanz nach HGB erforderlichen Objektivierung genügt die organische Konzeption von *Schmidt* hingegen nicht. So sind „immaterielle Kostenwerte", die z.B. auf Ausgaben für den Aufbau von Kundenbeziehungen basieren, für *Schmidt* bilanzierungspflichtig, weil sie in den Reproduktionswert des Unternehmens eingehen. Mit dieser Forderung wird der Bilanzierende aber gezwungen, diesem Posten recht willkürlich Ausgaben zuzurechnen, da er die für die Reproduktion der Kundenbeziehungen notwendigen Ausgaben nur schwerlich ermitteln kann.

Subjektiver Reproduktionswert

Auch *Schmidt* vermag nicht das tatsächliche Unternehmensvermögen i.S. eines Barwerts aller künftigen Ein- und Auszahlungen (Ertragswert) bilanziell zu ermitteln. Bestenfalls gelingt es ihm, durch den Ansatz von Tageswerten und die Einzelbewertung von Bilanzposten einen – jedenfalls bzgl. der immateriellen Posten – sehr subjektiven Reproduktionswert zu ermitteln. Die Rechenschaft gegenüber Außenstehenden gelingt mit diesem Konzept nicht. Ferner wird der Schutz der Unternehmensgläubiger durch eine Nominalkapitalerhaltung bei sinkenden Wiederbeschaffungspreisen im Konzept von *Schmidt* nicht ausreichend verwirklicht. Hier wird u.U. zwar die reale Substanz des Unternehmens erhalten, aufgrund des gesunkenen Wiederbeschaffungspreise vermindert sich aber der für die Gläubiger relevante Wert dieser Substanz unter den ursprünglich nominell zur Verfügung gestellten Betrag. Die Gläubiger können in diesem Fall folglich nur auf ein dem Wert nach verringertes Haftungsvermögen zugreifen.[61]

1.7 Aufstellung des Jahresabschlusses

1.7.1 Rechtsnatur und Zuständigkeiten

Im Hinblick auf die Rechtsverbindlichkeit des Jahresabschlusses im Innen- wie im Außenverhältnis sind die Aufstellung und Feststellung oder Billigung des Abschlusses zu unterscheiden. Die Aufstellung bewirkt zunächst nur einen Abschlussentwurf, d.h. der aufgestellte – aber noch nicht festgestellte oder gebilligte – Abschluss ist lediglich ein Zahlen- und Wortbericht ohne rechtliche Verbindlichkeit. Der aufgestellte, aber noch nicht festgestellte Jahresabschluss kann deshalb auch noch beliebig geändert werden (z.B. auch für eine Anpassung von Handelsbilanzwerten an die Steuerbilanz im Anschluss an eine steuerliche Betriebsprüfung).

---

[61] Zu den Grenzen der organischen Bilanztheorie ausführlich Moxter, Bilanzlehre – Band I, 3. Aufl. 1984, S. 69 ff.

Zuständig für die Aufstellung des Jahresabschlusses sind nach §§ 242, 264 Abs. 1 HGB die gesetzlichen Vertreter der Gesellschaft, d.h. das jeweilige Geschäftsleitungsorgan.[62]

1.7.2 Aufstellungspflicht

1.7.2.1 Alle Kaufleute

Umfang

Jeder Kaufmann – mit Ausnahme von Einzelkaufleuten nach § 241a HGB – hat zu Beginn und danach für den Schluss eines jeden (Rumpf-)Geschäftsjahres – welches nach § 240 Abs. 2 Satz 2 HGB die Dauer von zwölf Monaten nicht überschreiten darf – innerhalb der einem ordnungsmäßigen Geschäftsgang entsprechenden Zeit[63] ein Inventar, eine Bilanz und eine GuV aufzustellen.

Formale Vorgaben

Alle Bestandteile des Jahresabschlusses müssen in deutscher Sprache und in EURO (§ 244 HGB) aufgestellt werden, selbst wenn die zugrunde liegende Buchführung in einer anderen (lebenden) Sprache oder (gültigen) Währung geführt wird (§ 239 Abs. 1 Satz 1 HGB). Der Jahresabschluss ist vom Kaufmann bzw. allen persönlich haftenden Gesellschaftern unter Angabe des Datums zu unterzeichnen (§ 245 HGB).

1.7.2.2 Kapitalgesellschaften

1.7.2.2.1 Allgemeines

Ergänzende Bestimmungen

Die gesetzlichen Vertreter einer Kapitalgesellschaft/Kapital&Co-Gesellschaft haben bei der Aufstellung des Jahresabschlusses zusätzlich zu den für alle Kaufleute geltenden Vorschriften (§§ 238-263 HGB) die ergänzenden Bestimmungen der §§ 264-289a HGB bzgl. Gliederung bzw. den Vorschriften zum Ansatz einzelner Posten bzw. Angaben der Bilanz, der GuV und des Anhangs, z.T. abgestuft nach Größe (§§ 267-267a HGB)[64] oder abhängig von einer Kapitalmarktorientierung (§ 264d HGB)[65], zu beachten. Aktiengesellschaften (AG) und Kommanditgesellschaften auf Aktien (KGaA) haben darüber hinaus noch einige ergänzende Vorschriften des AktG zu beachten (§§ 58, 150, 152, 158, 160 und – nur KGaA – § 286 AktG), Gesellschaften mit beschränkter Haftung (GmbH) die §§ 29 und 42 GmbHG. Für Kapital&Co-Gesellschaften sind spezielle Regelungen in § 264c HGB enthalten.

Kapital- und Kapital&Co-Gesellschaften

Der Jahresabschluss von Kapitalgesellschaften und Kapital&Co-Gesellschaften besteht grundsätzlich aus drei Teilen, der Bilanz, der GuV und dem Anhang (§ 264 Abs. 1 Satz 1 HGB). Nur Kleinst-Kapitalgesellschaften brauchen ihren Jahresabschluss nicht um einen Anhang zu erweitern (§ 264 Abs. 1 Satz 5 HGB).

---

[62] Hierzu IDW, WP Handbuch, 18. Aufl. 2023, Kap. B Tz. 26-27.

[63] Hierzu Kap. 1.8.

[64] Hierzu ausführlich Abschn. 1.8.2.

[65] Ein kapitalmarktorientiertes Unternehmen nimmt gemäß § 264d HGB einen organisierten Markt im Sinne des § 2 Abs. 5 WpHG durch von ihm ausgegebene Wertpapiere im Sinne des § 2 Abs. 1WpHG (Aktien, andere mit Aktien vergleichbare Anteile und Zertifikate, die Aktien vertreten, und Schuldtitel, insbesondere Genussscheine, Inhaberschuldverschreibungen und Orderschuldverschreibungen) in Anspruch oder hat die Zulassung solcher Wertpapiere zum Handel an einem organisierten Markt beantragt.

Lagebericht Neben dem Jahresabschluss ist von mittelgroßen und großen Kapitalgesellschaften zudem ein Lagebericht (§ 289 HGB) aufzustellen (§ 264 Abs. 1 Satz 1 HGB), der aber nicht Teil des Jahresabschlusses ist. Kleine Kapitalgesellschaften sind hiervon gemäß § 264 Abs. 1 Satz 4 HGB befreit.

Aufstellungsfrist Jahresabschluss und Lagebericht sind innerhalb der ersten drei Monate nach Ablauf des Geschäftsjahres aufzustellen (§ 264 Abs. 1 Satz 3 HGB). Für kleine Gesellschaften verlängert sich diese Frist (insofern nur für den Jahresabschluss, da sie keinen Lagebericht aufzustellen haben) auf bis zu sechs Monate, sofern dies einem ordnungsmäßigen Geschäftsgang entspricht.[66] Kleinst-Kapitalgesellschaften brauchen ihren Jahresabschluss auch nicht um einen Anhang zu erweitern, wenn bestimmte Angaben gemäß § 264 Abs. 1 Satz 5 HGB und für Aktiengesellschaften gemäß § 160 Abs. 3 Satz 2 AktG unterhalb der Bilanz angegeben werden.

Kapitalmarktorientierte Kapitalgesellschaften Nach § 264 Abs. 1 Satz 2 HGB müssen kapitalmarktorientierte Kapitalgesellschaften, die nicht zur Aufstellung eines Konzernabschlusses verpflichtet sind,[67] ihren Jahresabschluss um eine Kapitalflussrechnung und einen Eigenkapitalspiegel erweitern. Zusätzlich darf der Jahresabschluss um eine Segmentberichterstattung[68] erweitert werden.

Unterschrift Der festgestellte Jahresabschluss ist bei Kapitalgesellschaften von sämtlichen Vorstandsmitgliedern bzw. Geschäftsführern, auch wenn sie erst nach dem Abschlussstichtag und bis zum Ende der Aufstellungsphase für den Jahresabschluss Organstellung erlangen, bei Kapital&Co.-Gesellschaften durch die Vorstandsmitglieder oder Geschäftsführer der vertretungsberechtigten Gesellschaft(en) (§ 264a Abs. 2 HGB) zu unterschreiben (§ 245 HGB).

Prüfungspflicht Jahresabschluss und Lagebericht mittelgroßer und großer Gesellschaften unterliegen der Pflichtprüfung durch einen Abschlussprüfer (§§ 316-324 HGB). Über das Ergebnis der Prüfung hat der Prüfer schriftlich zu berichten und einen sog. Bestätigungsvermerk abzugeben. Für kleine Gesellschaften ist dagegen eine Jahresabschlussprüfung nicht vorgeschrieben (§ 316 Abs. 1 Satz 1 HGB).

Freiwilliger IFRS-Einzelabschluss Kapitalgesellschaften und Kapital&Co.-Gesellschaften dürfen nach § 325 Abs. 2a Satz 1 HGB freiwillig eine sog. IFRS-Einzelabschluss aufstellen und diesen nach erfolgter Prüfung dann anstelle ihres handelsrechtlichen Jahresabschlusses zusammen mit weiteren Unterlagen gemäß §§ 325 Abs. 1, Abs. 2b Nr. 1 und Nr. 2 HGB im elektronischen Bundesanzeiger veröffentlichen (sog. befreiende Offenlegung).

1.7.2.2.2 Generalnorm des § 264 Abs. 2 HGB

§ 264 Abs. 2 HGB Der Jahresabschluss der Kapitalgesellschaft/Kapital&Co.-Gesellschaft soll nach § 264 Abs. 2 Satz 1 HGB unter Beachtung

---

[66] Hierzu Abschn. 1.8.

[67] Zur Aufstellungspflicht eines Konzernabschluss ausführlich Küting/Weber, Konzernabschluss, 14. Aufl. 2018, S. 143ff.

[68] Hierbei handelt es sich um die Veröffentlichung von finanziellen Informationen zu einzelnen Teilbereichen des Unternehmens. Sie soll es dem externen Rechnungslegungsadressaten ermöglichen, diversifizierte Unternehmen, deren heterogene Geschäftsbereiche erheblichen Risiko- und Erfolgsunterschieden ausgesetzt sind, differenziert beurteilen zu können.

der GoB[69] ein den tatsächlichen Verhältnissen entsprechendes Bild der Vermögens-, Finanz- und Ertragslage der Gesellschaft vermitteln (sog. Generalnorm).

Zweifelsfragen und Regelungslücken

Die Generalnorm ist nur heranzuziehen, wenn, trotz Einzelvorschriften, Zweifel bei Auslegung und Anwendung entstehen oder Lücken zu schließen sind. Ein Außerkraftsetzen von Einzelvorschriften mit Verweis auf die Generalnorm (overriding) ist im deutschen Bilanzrecht unzulässig. Aus der Generalnorm können auch nicht ganz allgemein zusätzliche Anforderungen (z.B. bei Schätzungen oder der Ausübung von Wahlrechten) abgeleitet werden.

Wenn die GoB i.R.d. Generalnorm ausdrücklich erwähnt werden, bedeutet dies, dass die Vermittlung des geforderten Bildes nur im Kontext mit dem GoB verlangt wird, d.h. unter den (einschränkenden) Bedingungen der allgemeinen Bilanzierungs- und Bewertungsgrundsätze, insbes. des Anschaffungswertprinzips, des Imparitätsprinzips und des Vorsichtsprinzips.[70]

Vermögens-, Finanz- und Ertragslage

Die Vermögenslage i.S. der Vorschrift wird in erster Linie durch die Bilanz vermittelt, die Ertragslage durch die GuV, jeweils unter Einschluss der entsprechenden Angaben im Anhang. Unter Finanzlage kann die Gesamtheit aller Aspekte verstanden werden, die sich auf die Finanzierung einer Gesellschaft beziehen, wie Finanzstruktur, Deckungsverhältnisse, Fristigkeiten, Finanzierungsspielräume, Investitionsvorhaben, schwebende Bestellungen und Kreditlinien sowie Angaben zu finanziellen Verpflichtungen.

Bilanzeid

Durch § 264 Abs. 2 Satz 2 HGB wurde für die gesetzlichen Vertreter einer Kapitalgesellschaft, die Inlandsemittent i.S. des § 2 Abs. 7 WpHG (und keine Kapitalgesellschaft i.S. des § 327a HGB) ist, die Pflicht eingeführt, bei Unterzeichnung des Jahresabschlusses schriftlich zu versichern, dass – nach bestem Wissen – der Jahresabschluss ein den tatsächlichen Verhältnissen entsprechendes Bild vermittelt (sog. Bilanzeid).

1.7.2.3 Unternehmen im Anwendungsbereich des PublG

Umfang der Rechnungslegungspflicht

Den Bestimmungen des PublG unterliegen bestimmte (große) Unternehmen (§ 3 Abs. 1 i.V.m. § 1 PublG), für die nicht bereits spezielle Vorschriften über die Rechnungslegung und Publizität in anderen Gesetzen bestehen. Die Rechnungslegungspflicht umfasst grundsätzlich:

- die Aufstellung eines Jahresabschlusses (Bilanz und GuV) nach den im PublG genannten Gliederungs-, Ansatz- und Bewertungsbestimmungen (§ 5 Abs. 1 PublG),
- die Erweiterung des Jahresabschlusses nach § 5 Abs. 2 PublG um einen Anhang und die Aufstellung eines Lageberichts sowie
- die Einreichung des Jahresabschlusses und der sonstigen in § 325 Abs. 1 HGB genannten Unterlagen beim Betreiber des Bundesanzeigers (§ 9 PublG i.V.m. §§ 325, 328 HGB).

---

[69] Hierzu ausführlich Abschn. 2.2.

[70] Hierzu ausführlich Abschn. 2.2.2.11. und Abschn. 2.2.2.12.

IFRS-Einzelabschluss Nach § 9 Abs. 1 Satz 1 PublG i.V.m. § 325 Abs. 2a und b HGB ist es unter bestimmten Voraussetzungen zulässig, anstelle des handelsrechtlichen Jahresabschlusses einen IFRS-Einzelabschluss offenzulegen.

Erleichterungen Erleichterungen hinsichtlich des Umfangs der Rechnungslegungspflichten bestehen für nicht nach § 264a HGB rechnungslegungspflichtige Personengesellschaften und Einzelkaufleute, die nach § 5 Abs. 2 PublG keinen Lagebericht, und sofern sie nicht kapitalmarktorientiert i.S. von § 264d HGB sind (§ 5 Abs. 2a PublG), keinen Anhang aufzustellen brauchen.[71]

1.7.3 Eröffnungsbilanz

Inventar Zu Beginn seines Handelsgewerbes, möglichst bevor er seine Geschäfte aufnimmt, macht der Kaufmann Inventur für seine Vermögensgegenstände und Schulden und verzeichnet sie im Inventar.[72]

Systematische Gegenüberstellung Hieraus erstellt er die Eröffnungsbilanz, indem er die Vermögensgegenstände und Schulden systematisch geordnet einander gegenüberstellt, die Vermögensgegenstände auf der Aktivseite und die Schulden auf der Passivseite der Bilanz. Der Saldo beider Bilanzseiten ist das Kapital.

Bestandsveränderungen Anschließend übernimmt der Kaufmann die Bilanzposten seiner Eröffnungsbilanz als Anfangsbestände der Sachkonten in seine laufende Buchführung. Die Veränderungen der Bestände durch die einzelnen Geschäftsvorfälle im Laufe des Geschäftsjahres werden auf den Sachkonten der Buchführung dargestellt.

1.7.4 Schlussbilanz

Zum Schluss des Geschäftsjahres bildet der Kaufmann auf jedem Sachkonto den Saldo. Zuvor werden die Bestände durch Inventur aufgenommen und mit den Salden der Sachkonten abgestimmt. Die Salden der Sachkonten werden über das Schlussbilanzkonto abgeschlossen.[73] Die Aktiv- und Passivbestände des Schlussbilanzkontos werden nach einem bestimmten Gliederungsschema geordnet in der Schlussbilanz zusammengestellt. Es ergeben also die Salden der Sachkonten in Übereinstimmung mit den Beständen des Inventars die Posten der Bilanz zum Schluss des Geschäftsjahres.

1.7.5 Aufstellungsfristen

Ordnungsmäßiger Geschäftsgang Die Erstellung des Jahresabschlusses bedarf „technisch" insofern eines bestimmten Zeitraums. Gemäß § 243 Abs. 3 HGB ist der Jahresabschluss innerhalb der einem

---

[71] Zu den vorangegangenen Ausführungen siehe IDW, WP Handbuch, 18. Aufl. 2023, Kap. F Tz. 29ff.

[72] Zu Inventur und Inventar Abschn. 2.2.2.4.

[73] Zu den verschiedenen Arten von Konten, zur Eröffnung und zum Abschluss von Konten sowie zur Verbuchung von Geschäftsvorfällen vgl. ausführlich Roos, Grundlagen der doppelten Buchführung, 2. Aufl. 2021.

ordnungsmäßigen Geschäftsgang entsprechenden Zeit aufzustellen. Der Begriff des ordnungsmäßigen Geschäftsgangs wird im Rahmen der Vorschrift allerdings nicht näher spezifiziert.

Aufstellungszeiträume

In Spezialnormen hat das Gesetz folgende Zeiträume nach dem Bilanzstichtag[74] festgelegt für

- große und mittlere Kapitalgesellschaften (§ 264 Abs. 1 Satz 3 HGB) innerhalb von drei Monaten,
- kleine Kapitalgesellschaften und Kapital&Co.-Gesellschaften (§ 264 Abs. 1 Satz 3 HGB) innerhalb von sechs Monaten mit dem Vorbehalt des ordnungsmäßigen Geschäftsgangs,
- eingetragene Genossenschaften (§ 336 Abs. 1 Satz 2 HGB) fünf Monate,
- dem Publizitätsgesetz unterliegende Unternehmen (§ 5 Abs. 1 PublG) drei Monate sowie
- den Konzernabschluss (§ 290 Abs. 1 Satz 1 HGB) fünf Monate.

BFH-Judikatur

Bei der Beantwortung der Frage nach der Ordnungsmäßigkeit des Geschäftsgangs orientiert sich die Praxis an der Judikatur, hier – meistens – derjenigen des BFH. Unter Einbeziehung erstinstanzlicher Urteile gibt es diesbezüglich kein einhelliges Erscheinungsbild. Es lässt sich allerdings sagen, dass eine längere Frist als zwölf Monate nicht als ordnungsmäßig angesehen wird. Diese Frist kann sich an der zitierten Lösung für kleine Kapital- und Kapital&Co.-Gesellschaften orientieren, die allenfalls eine Verkürzung, aber keine Verlängerung der Sechs-Monats-Frist vorsehen.[75] Zu bedenken ist allerdings, dass bestimmte, mit dem Jahresabschluss von Kapitalgesellschaften verfolgte Zwecke (z.B. Rechenschaft gegenüber den Gesellschaftern) bei Einzelkaufleuten nicht, bei Personengesellschaften nur eingeschränkte einschlägig sind. Dies kann einen längeren Aufstellungszeitraum rechtfertigen.[76]

1.8 Normative Grundlagen des handelsrechtlichen Jahresabschlusses

1.8.1 Überblick

Nachfolgend wird ein Überblick über die handelsrechtlichen Vorschriften gegeben. Anschließend wird auf die Vorschriften, die speziell für Unternehmen bestimmter Rechtsformen und, Größen eingegangen. Auf die Darstellung der Vorschriften für bestimmte Wirtschaftszweige wird hingegen verzichtet.

Drittes Buch des HGB

Die Vorschriften über die handelsrechtliche Rechnungslegung finden sich im Dritten Buch des HGB in den §§ 238-342e. Das Dritte Buch gliedert sich in sechs Abschnitte:

---

[74] Hierbei handelt es sich um den Tag, auf den bezogen eine Bilanz aufgestellt wird. Beim Jahresabschluss ist dies jeweils der letzte Tag eines Abrechnungszeitraums, meist eines Geschäftsjahres bzw. Wirtschaftsjahres.

[75] Auch verkürzt sich die Aufstellungsfrist in Krisensituationen, z.B. bei drohender Zahlungsunfähigkeit, auf höchstens sechs Monate.

[76] Hierzu Hoffmann/Lüdenbach, NWB Kommentar Bilanzierung, 14. Aufl. 2022, § 243 Rz. 22-24; IDW, WP Handbuch, 18. Aufl. 2023, Kap. B Tz. 28, Kap. F Tz. 29.

- Der erste Abschnitt (§§ 238-263 HGB) enthält diejenigen Vorschriften, die grundsätzlich von allen Kaufleuten i.S. der §§ 1-7 HGB zu beachten haben.
- Die Vorschriften des zweiten Abschnitts (§§ 264-335e HGB) gelten zusätzlich zu den Vorschriften des ersten Abschnitts für Kapitalgesellschaften sowie für bestimmte, in § 264a Abs. 1 HGB definierte Personenhandelsgesellschaften[77]. Der zweite Abschnitt regelt für diese Unternehmen auch die Rechnungslegung von Konzernen (§§ 290-315e HGB), die Prüfung (§§ 316-324a HGB) und die Offenlegung (§§ 325-329 HGB) von Abschluss und Lagebericht sowie Konzernabschluss und Konzernlagebericht.
- Der dritte Abschnitt (§§ 336-339 HGB) enthält ergänzende Vorschriften für eingetragene Genossenschaften, die diese zusätzlich zu den Vorschriften des ersten und des zweiten Abschnitts des HGB sowie des Genossenschaftsgesetzes (GenG) zu beachten haben.
- Im vierten Abschnitt des Dritten Buchs finden sich ergänzende Vorschriften für den Jahresabschluss und den Konzernabschluss von Kreditinstituten (§§ 240-340o HGB), von Versicherungsunternehmen und Pensionsfonds (§§ 341-341p HGB) und bestimmten Unternehmen des Rohstoffsektors (§§ 341q-341y HGB).
- Der fünfte Abschnitt (§§ 342, 342a HGB) enthält Regelungen zu den Rahmenbedingungen der Rechnungslegung in Deutschland, nämlich zur Einrichtung eines privaten Rechnungslegungsgremiums und eines Rechnungslegungsbeirats.

Spezielle Gesetze

Über die Vorschriften des Dritten Buchs des HGB hinaus, finden sich einzelne Vorschriften zur Rechnungslegung auch in speziellen Gesetzen (Aktiengesetz (AktG), Gesellschaften mit beschränkter Haftung-Gesetz (GmbHG) und Genossenschaftsgesetz (GenG)).

Im Folgenden wird ausschließlich auf die ersten beiden Abschnitte des Dritten Buches des HGB eingegangen, wobei der Fokus insbesondere auf den Vorschriften §§ 238-289f liegt. Hauptaugenmerk liegt dabei zum einen auf den für alle Kaufleute geltenden Vorschriften über die Aufstellung des Jahresabschlusses (§§ 238-263 HGB) und zum anderen auf den sie ergänzenden Vorschriften für Kapitalgesellschaften und haftungsbeschränkte Personenhandelsgesellschaften (§§ 264-289f).[78]

Die Konzernrechnungslegung[79] sowie die Prüfung von Jahresabschluss und Lagebericht bzw. von Konzernabschluss und Konzernlagebericht werden nicht behandelt.

1.8.2 Vorschriften für alle Kaufleute

Aufstellungspflicht

Die in §§ 238-241 HGB kodifizierten Anforderungen an die Buchführung und das Inventar betreffen die Dokumentation der Geschäftsvorfälle als Grundlage der Rechnungslegung. Grundsätzlich ist

---

[77] Diese sind dadurch gekennzeichnet, dass keiner ihrer persönlich haftenden Gesellschafter eine natürliche Person ist. Sie werden im nachfolgend als haftungsbeschränkte Personenhandelsgesellschaften bezeichnet.

[78] Hierzu sowie zu den nachfolgenden Ausführungen stellvertretend Coenenberg/Haller/Schultze, Jahresabschluss und Jahresabschlussanalyse, 26. Aufl. 2021, S. 25ff.; Baetge/Kirsch/Thiele, Bilanzen, 16. Aufl. 2021, S. 28ff.

[79] Hierzu weiterführend z.B. Küting/Weber, Konzernabschluss, 14. Aufl. 2018.

jeder Kaufmann gemäß § 242 Abs. 1 und Abs. 2 HGB zur jährlichen Aufstellung von Bilanz und GuV, die nach § 242 Abs. 3 HGB seinen Jahresabschluss bilden, verpflichtet. Dieser ist gemäß § 243 Abs. 1 HGB nach den Grundsätzen ordnungsmäßiger Buchführung aufzustellen.

Ausnahmen

Ausgenommen von der Buchführungs- und damit auch von der Abschlusserstellungspflicht sind nach § 241a HGB Einzelkaufleute, die zu den Bilanzstichtagen an zwei aufeinander folgenden Geschäftsjahren nicht mehr als jeweils EUR 600.000 Umsatzerlöse bzw. jeweils EUR 60.000 Jahresüberschuss erwirtschaften.[80]

Ansatz- und Bewertungsvorschriften

In den Ansatzvorschriften der §§ 246-251 HGB wird der Inhalt einer Bilanz definiert, d.h. es wird bestimmt, was in einer Bilanz verpflichtend aufzunehmen ist und was bzw. was nicht aufgenommen werden darf.[81] Die Bewertungsvorschriften der §§ 252-256a HGB beinhalten zum einen die Wertbegriffe, die für den Ansatz der in der Bilanz aufzunehmenden Posten relevant sind, zum anderen werden in ihnen die Bewertungsmethoden und Möglichkeiten bilanzieller Wertminderungen aufgezeigt.[82]

Mindestvorschriften

An dieser Stelle ist darauf hinzuweisen, dass der erste Abschnitt des dritten Buches lediglich Mindestvorschriften beinhaltet. Dem Kaufmann bleibt es vorbehalten, seine Rechnungslegung unter Beachtung der GoB strikteren Anforderungen zu unterziehen. So ist es zulässig, wenn ein Einzelkaufmann bzw. eine Personenhandelsgesellschaft bei der Erstellung des Jahresabschlusses zusätzlich die Vorschriften für Kapitalgesellschaften bzw. haftungsbeschränkte Personenhandelsgesellschaften beachtet.

1.8.3 Vorschriften für Kapitalgesellschaften und haftungsbeschränkte Personenhandelsgesellschaften

Der zweite Abschnitt des dritten Buches enthält über die für alle Kaufleute geltenden Normen des ersten Abschnittes hinausgehende Vorschriften, die sich lediglich auf Kapitalgesellschaften, also Aktiengesellschaften (AG), Europäische Gesellschaften (SE), Kommanditgesellschaften auf Aktien (KGaA) und Gesellschaften mit beschränkter Haftung (GmbH) sowie ihnen gesetzlich gleichgestellte Unternehmen (§ 264a HGB) beziehen. Der Jahresabschluss von Kapitalgesellschaften wird durch den zweiten Abschnitt des dritten Buches des HGB strikter geregelt als der Jahresabschluss von Einzelkaufleuten und Personenhandelsgesellschaften. Dies ist letztlich darauf zurückzuführen, dass bei Kapitalgesellschaften aufgrund der Haftungsbeschränkung und der häufigen Trennung zwischen Eigentümer und den Geschäftsführungsorganen ein verstärktes Interesse von außenstehenden Personen am Unternehmen und deren Schutzbedürfnis besteht.

Bestandteile

Der Jahresabschluss von Kapitalgesellschaften besteht nach § 264 Abs. 1 HGB in Erweiterung zu der Bestimmung des § 242 Abs. 3

[80] Solche keinen Einzelkaufleute brauchen demzufolge keine Bücher auf Basis der doppelten Buchführung führen, sondern können sich auf eine Einnahmenüberschussrechnung i.S. des § 4 Abs. 3 EStG beschränken.

[81] Hierzu ausführlich Abschn. 3.2.

[82] Hierzu ausführlich Abschn. 3.3.

HGB grundsätzlich aus drei Bestandteilen, nämlich der Bilanz, der GuV sowie dem Anhang.[83]

Organisierter Markt

Eine Kapitalgesellschaft, die einen sog. organisierten Markt i.S. des § 2 Abs. 11 WpHG durch von ihr ausgegebene Wertpapiere i.S. des § 2 Abs. 1 Satz 1 WpHG in Anspruch nimmt oder die Zulassung solcher Papiere zum Handel an einem organisierten Markt beantragt hat, gilt nach § 264d HGB als kapitalmarktorientiert. Unterliegt eine solche Kapitalgesellschaft nicht der Pflicht zur Aufstellung eines Konzernabschlusses, hat diese ihren Jahresabschluss nach § 264 Abs. 1 Satz 2 HGB um eine Kapitalflussrechnung und einen Eigenkapitalspiegel zu erweitern. Hierdurch erfolgt eine dem Konzernabschluss vergleichbare Informationsversorgung der Kapitalmarktteilnehmer.

Generalnorm

Gemäß der sog. Generalnorm des § 264 Abs. 2 HGB hat der Jahresabschluss einer Kapitalgesellschaft unter Beachtung der Grundsätze ordnungsmäßiger Buchführung (GoB) ein den tatsächlichen Verhältnissen entsprechendes Bild der Vermögens-, Finanz- und Ertragslage der Kapitalgesellschaft zu vermitteln.[84] Als Generalnorm steht sie quasi über sämtlichen Regelungen zur Bilanzierung von Kapitalgesellschaften und definiert die Informationsfunktion des Jahresabschlusses. Sie ist in der Praxis immer dann heranzuziehen, wenn Zweifel bei der Auslegung einzelner Vorschriften entstehen oder Lücken in der gesetzlichen Regelung zu schließen sind. Ein wesentlicher Ausfluss der Generalnorm ist die pflichtgemäße Aufstellung des Anhangs mit den damit verbundenen weit reichenden Angabe- und Erläuterungspflichten. Dies ergibt sich auch aus der Formulierung des § 264 Abs. 2 Satz 2 HGB, wonach im Anhang zusätzliche Angaben zu machen sind, falls der Jahresabschluss aufgrund besonderer Umstände einen den tatsächlichen Verhältnissen entsprechenden Einblick nicht vermittelt.

Größenklassen

Eine wesentliche Stellung im gesamten zweiten Abschnitt nehmen § 267 HGB und § 267a HGB ein. In ihnen werden die Größenklassen definiert, welche bei der Anwendung einer Reihe von Vorschriften eine ausschlaggebende Rolle spielen, so z.B. bei der Detaillierung der Untergliederung von Bilanz und GuV, beim Umfang der Angabe- und Erläuterungspflichten im Anhang sowie bei den Prüfungs- und Offenlegungspflichten. Dabei erfolgt eine Unterteilung in die Kapitalgesellschaften in Kleinstkapitalgesellschaften (§ 267a HGB)[85] sowie in kleine, mittlere und große Gesellschaften (§ 267 HGB).

---

[83] Der handelsrechtliche Konzernabschluss umfasst gemäß § 297 Abs. 1 HGB neben der Konzern-Bilanz, Konzern-GuV und Konzernanhang zusätzlich verpflichtend eine Kapitalflussrechnung sowie einen Eigenkapitalspiegel. Optionaler Bestandteil ist eine Segmentberichterstattung. Da für kapitalmarktorientierte Unternehmen seit dem 1.1.2005 die Verpflichtung besteht, einen Konzernabschluss nach IFRS aufzustellen, ist der Anwendungsbereich des HGB-Konzernabschlusses auf die nicht von § 315e HGB erfassten Unternehmen begrenzt, d.h. auf Unternehmen, die weder aufgrund der in § 315e Abs. 1 und Abs. 2 HGB umgesetzten IAS-Verordnung zur Erstellung eines IFRS Konzernabschlusses verpflichtet sind, noch nach § 315e Abs. 3 HGB freiwillig einen befreienden Konzernabschluss nach IFRS aufstellen.

[84] Diese Vorschrift wurde unmittelbar der 4. EG-Richtlinie übernommen und steht für das angelsächsische Prinzip des „true and fair view".

[85] Gemäß § 267a Abs. 3 HGB werden dabei bestimmte Investmentgesellschaften, Unternehmensbeteiligungsgesellschaften sowie Unternehmen, deren einziger Zweck darin besteht,

Kriterien Die Kriterien, nach denen die Unternehmensgrößenklassen unterschieden werden, sind dabei die Bilanzsumme, der Umsatz sowie die Anzahl der Mitarbeiter. Gemäß § 267 Abs. 4a HGB wird ein auf der Aktivseite ausgewiesener Fehlbetrag[86] dabei nicht in die Bilanzsumme einbezogen. Die Zugehörigkeit einer Kapitalgesellschaft zu einer der vier Klassen bestimmt sich danach, ob die Gesellschaft an zwei aufeinanderfolgenden Abschlussstichtagen mindestens zwei der drei im Gesetz vorgegebenen – und in nachfolgender Tabelle dargestellten – Grenzwerte überschreitet. Unabhängig von diesen Grenzwerten gelten jedoch kapitalmarktorientierte Gesellschaften i.S. des § 264d HGB nach § 267 Abs. 3 Satz 2 HGB stets als große Kapitalgesellschaften.

	Bilanzsumme in Mio. Euro	Umsatz in Mio. Euro	Arbeitnehmer
Kleinstkapitalgesellschaften	≦ 0,35	≦ 0,70	≦ 10
kleine Kapitalgesellschaften	≦ 6	≦ 12	≦ 50
mittlere Kapitalgesellschaften	≦ 20	≦ 40	≦ 250
große Kapitalgesellschaften	> 20	> 40	> 250

Tab. 4 Größenkriterien für Kapitalgesellschaften

Im Gegensatz zu Einzelkaufleuten und Personenhandelsgesellschaften haben Kapitalgesellschaften und haftungsbeschränkte Personenhandelsgesellschaften ihre Bilanz und GuV nach bestimmten Vorschriften zu gliedern und darüber hinaus in ihnen zusätzliche Posten auszuweisen (§§ 265-277 HGB). Des Weiteren unterliegen Kapitalgesellschaften und haftungsbeschränkte Personenhandelsgesellschaften zusätzlichen Ansatz und Bewertungsvorschriften für spezifische Bilanzposten, die über die §§ 252-256 HGB hinausgehen, sowie weitergehende Darstellungsvorschriften.

Anhang Da der Anhang lediglich bei Kapitalgesellschaften und ihnen gleichgestellte haftungsbeschränkte Personenhandelsgesellschaften Pflichtbestandteil des Jahresabschlusses ist, werden erst in dem für Kapitalgesellschaften spezifischen Gesetzesteil, nämlich in den §§ 284-288 HGB des zweiten Abschnitts, dessen Inhalt und die mit ihm verbundenen Angabe- und Erläuterungspflichten erklärt. Lediglich Kleinstkapitalgesellschaften dürfen gemäß § 264 Abs. 1 Satz 5 HGB auf die Erstellung eines Anhangs verzichten, sofern gewisse Angaben unterhalb der Bilanz erfolgen. Dies sind Angaben zu den Haftungsverhältnissen[87] gemäß § 268 Abs. 7 HGB,

---

Beteiligungen an anderen Unternehmen zu erwerben sowie die Verwaltung und Verwertung dieser Beteiligungen wahrzunehmen, nicht unter dem Begriff der Kleinstkapitalgesellschaft subsumiert.

[86] Hierzu ausführlich Abschn. 5.1.3.4.3.

[87] Nach § 251 HGB sind folgende Haftungsverhältnisse unter der Bilanz zu vermerken:
- Verbindlichkeiten aus der Begebung und Übertragung von Wechseln (Wechselobligo),
- Verbindlichkeiten aus Bürgschaften, Wechsel- und Scheckbürgschaften,
- Verbindlichkeiten aus Gewährleistungsverträgen sowie
- Haftungsverhältnisse aus der Bestellung von Sicherheiten für fremde Verbindlichkeiten.

Die nach § 251 HGB aufzuführenden Haftungsverhältnisse haben gemeinsam, dass sie auf vertraglich gesicherten Ansprüchen Dritter gegen das Unternehmen basieren, eine Inanspruchnahme aus diesen vertraglichen Verpflichtungen indes unwahrscheinlich ist. Das Kriterium

Angaben zu gewährten Krediten und Vorschüssen an Mitglieder des Geschäftsführungsorgans, Aufsichtsrats, Beirats oder einer ähnlichen Einrichtung nach § 285 Nr. 9c HGB und im Falle einer AG die Angaben zu Aktien nach § 160 Abs. 3 Satz 2 AktG.

Lagebericht

Neben dem Jahresabschluss haben große und mittlere Kapitalgesellschaften am Ende eines jeden Geschäftsjahres nach § 264 Abs. 1 HGB einen Lagebericht aufzustellen, in dem gemäß § 289 HGB die Geschäftssituation und die voraussichtliche zukünftige Entwicklung der Gesellschaft darzustellen sowie weitere Informationen zu gewähren sind.

1.8.4 Vorschriften für Großunternehmen

PublG

Großunternehmen haben wegen ihrer besonderen wirtschaftlichen Bedeutung grundsätzlich unabhängig von der jeweiligen Rechtsform bezüglich ihrer Rechnungslegung die Vorschriften des Publizitätsgesetzes (PublG) zu beachten. Gemäß § 1 PublG fallen unter den Geltungsbereich des Gesetzes alle Unternehmen, die an drei aufeinanderfolgenden Abschlussstichtagen jeweils mindestens zwei der drei Merkmale der nachfolgenden Tabelle erfüllen.

	Bilanzsumme in Mio. Euro	Umsatz in Mio. Euro	Arbeitnehmer
Großunternehmen	> 65	> 130	> 5.000

Tab. 5 Größenkriterien für Großunternehmen

Anforderungen

Solche Unternehmen haben nach § 5 PublG, auch wenn es sich hierbei um Einzelkaufleute oder Personenhandelsgesellschaften handelt, ihren Jahresabschluss bezüglich der Gliederungs- und der erweiterten Ausweisvorschriften wie eine große Kapitalgesellschaft zu erstellen, d.h., die §§ 265-277 HGB finden entsprechend Anwendung. Gemäß § 5 Abs. 2 PublG haben diese großen Unternehmen, soweit es sich nicht um ein Einzelunternehmen bzw. eine Personenhandelsgesellschaft handelt, einen Anhang sowie einen Lagebericht zu erstellen.

1.8.5 Prüfungspflicht

Wegen ihrer (großen) wirtschaftlichen Auswirkungen, besonders aber aufgrund der bei Kapitalgesellschaften häufig vorherrschenden Trennung zwischen Eigentümer des Unternehmens und dessen Geschäftsführungsorganen, sind die Kapitalgesellschaften mit Ausnahme der Kleinstkapitalgesellschaften und der kleinen Kapitalgesellschaft nach § 316 HGB verpflichtet, ihre externe Rechnungslegung prüfen zu lassen.

Umfang

Die Prüfung erstreckt sich auf den Jahresabschluss (Konzernabschluss) und den Lagebericht (Konzernlagebericht) und ist von einer zur Prüfung berechtigen Person (Wirtschaftsprüfer, vereidigter Buchprüfer) durchzuführen, die die Ordnungsmäßigkeit der Rechnungslegung nach Gesetz und Satzung nach § 322 HGB durch einen sog. Bestätigungsvermerk testieren.

„Vorliegen einer Verpflichtung" des Passivierungsgrundsatzes (hierzu ausführlich Abschn. 3.2.1.) ist zwar rechtlich, aber nicht ökonomisch hinreichend erfüllt.

Die Feststellung[88] des Jahres- bzw. Konzernabschlusses kann erst nach abgeschlossener Prüfung erfolgen.

1.8.6 Offenlegungspflicht

Um den externen Interessenten des Unternehmens den Jahresabschluss zur Befriedigung ihres Informationsbedürfnisses zugänglich zu machen, ist jede Kapitalgesellschaft nach § 325 HGB dazu verpflichtet, den gesamten Jahresabschluss bzw. bestimmte Teile daraus innerhalb einer bestimmten Frist zu veröffentlichen. Zu beachten sind die Möglichkeiten zur Befreiung von der Offenlegung nach § 264 Abs. 3 HGB für Kapitalgesellschaften sowie nach § 264b HGB für Personenhandelsgesellschaften i.S. des § 264a Abs. 1 HGB, die in den Konzernabschluss eines Mutterunternehmens mit Sitz in einem Mitgliedsstaat der EU oder einem anderen Vertragsstaat des Abkommens über den Europäischen Wirtschaftsraum einbezogen sind.

Elektronischer Bundesanzeiger

Kapitalgesellschaften aller Größenordnungen sind verpflichtet, ihre offenlegungspflichtigen Unterlagen beim Betreiber des Bundesanzeigers in elektronischer Form einzureichen und dort vollständig bekannt zu machen. Personenhandelsgesellschaften i.S. des § 264a HGB und Unternehmen, die unter das PublG fallen, sind nach § 264a Abs. 1 HGB bzw. § 9 Abs. 1 PublG von der Offenlegungspflicht im Bundesanzeiger ebenfalls betroffen, soweit sie nicht unter die Befreiungsregeln des § 264b HGB fallen. Eine abweichende Regelung besteht allerdings gemäß § 326 Abs. 2 HGB für Kleinstkapitalgesellschaften. Für diese genügt es, lediglich die Bilanz in elektronischer Form zur dauerhaften Hinterlegung beim Betreiber des Bundesanzeigers einzureichen. Außerdem besteht gemäß § 264 Abs. 3 und Abs. 4 HGB unter den in § 264 Abs. 3 Nr. 1-5 HGB genannten Voraussetzungen für Kapitalgesellschaften, die Tochterunternehmen eines nach § 290 HGB bzw. § 11 PublG zur Konzernrechnungslegung verpflichteten Mutterunternehmens sind, Erleichterungen bzw. Befreiungen hinsichtlich der Aufstellung, Prüfung und Offenlegung.[89]

1.8.7 Ablauf der Jahresabschlussfeststellung

Feststellung

Nach Erstellung sowie erfolgter Prüfung des Jahresabschlusses ist dieser durch die Organe des Unternehmens festzustellen. Durch den Akt der Feststellung des Jahresabschlusses wird dieser als richtig anerkannt und für das Unternehmen und die Gesellschafter als verbindlich erklärt. Hierzu bedarf es der übereinstimmenden Willenserklärung der an der Feststellung beteiligten Parteien (Vorstand, Aufsichtsrat bzw. Hauptversammlung bei einer Aktiengesellschaft).

Ablauf

Der Ablauf der Jahresabschlussfeststellung für Aktiengesellschaften (§§ 172-173 AktG), Europäische Gesellschaften (§ 47 SEAG), Gesellschaften mit beschränkter Haftung (§§ 42a ff. GmbHG), Großunternehmen (§ 8 PublG i.V.m. §§ 242, 264 HGB) und Unternehmen bestimmter Wirtschaftszweige ist gesetzlich geregelt, wobei die betreffenden Vorschriften je nach Zielsetzung des Gesetzgebers und den Besonderheiten der betroffenen Unternehmen voneinander abweichen.

---

[88] Siehe hierzu Abschn. 1.8.7.

[89] Zur Offenlegung ausführlich z.B. Coenenberg/Haller/Schultze, Jahresabschluss und Jahresabschlussanalyse, 26. Aufl. 2021, S. 1055ff.

Organane

Bei Aktiengesellschaften erfolgt die Jahresabschlussfeststellung gemäß § 172 AktG i.d.R. durch die Verwaltung, d.h. Vorstand und Aufsichtsrat. Grundsätzlich gilt ein durch den Aufsichtsrat gebilligter Jahresabschluss als festgestellt. Die Mitwirkung des Vorstands an dem Feststellungsakt ergibt sich dabei durch die Vorlage des von ihm aufgestellten Jahresabschlusses an den Aufsichtsrat.[90] Als Alternative zur Feststellung durch Vorstand und Aufsichtsrat kann diese nach § 173 AktG auch durch die Hauptversammlung vorgenommen werden, wenn Vorstand und Aufsichtsrat die Feststellung übertragen haben oder der Aufsichtsrat den vom Vorstand vorgelegten Jahresabschluss nicht gebilligt hat. Bei der GmbH obliegt die Feststellung nach § 46 GmbHG den Gesellschaftern. Dies gilt im Übrigen auch für andere Rechtsformen.[91]

1.8.8 Bilanzeid

Verantwortung des Managements

In engem Zusammenhang mit der Feststellung des Jahresabschlusses steht die Frage nach der Verantwortung des Managements für eine fehlerhafte Berichterstattung. Durch diverse Bilanzskandale – in der jüngsten Vergangenheit ist hierfür stellvertretend der Fall des Zahlungsdienstleistungsunternehmens *Wirecard* zu nennen – wurde das Vertrauen der Anleger in die Korrektheit von Jahresabschlüssen dauerhaft erschüttert.[92]

Kein Bestandteil des Jahresabschlusses

Um das Anlegervertrauen, welches für das Funktionieren der Kapitalmärkte von großer Bedeutung ist, zurückzugewinnen, wurde vom deutschen Gesetzgeber im Jahr 2007 der sog. Bilanzeid eingeführt. Dieser verpflichtet die gesetzlichen Vertreter einer Kapitalgesellschaft, die als Inlandsemittent i.S. des § 2 Abs. 14 WpHG Wertpapiere ausgibt, aber keine Kapitalgesellschaft i.S. des § 327a HGB (d.h. lediglich Schuldtitel ausgebende Gesellschaft) ist, dazu, nach bestem Wissen zu versichern, dass der Jahresabschluss und der Lagebericht ein den tatsächlichen Verhältnissen entsprechendes Bild vermittelt.[93] Der Bilanzeid ist nicht Bestandteil des Jahresabschluss und sollte daher als separater Teil auf den Anhang folgen.

Appell- und Warnfunktion

Die rechtliche Bedeutung des Bilanzeids kann als eher gering angesehen werden. Ihm kommt vor allem eine an die gesetzlichen Vertreter gerichtete Appell- und Warnfunktion zu.[94]

---

[90] Stellen Vorstand und Aufsichtsrat den Abschluss fest, so können diese bestimmte Teile des Jahresüberschusses in die Gewinnrücklagen einstellen.

[91] Zu den vorangegangenen Ausführungen stellvertretend Ruhnke/Sievers/Simons, Rechnungslegung nach IFRS und HGB, 5. Aufl. 2023, S. 71-472.

[92] Zum Themenkomplex „Bilanzskandale“ siehe stellvertretend Peemöller/Hofmann, Bilanzskandale, 2005.

[93] Gleiches gilt für den Halbjahreskonzernabschluss konzernrechnungslegungspflichtiger Gesellschaften, welche ebenso den Bilanzeid enthalten müssen.

[94] Zu den vorangegangenen Ausführungen ausführlich bspw. IDW, WP Handbuch, 18. Aufl. 2023, Kap. B Tz. 184-185.

2 Zwecke und Grundsätze der externen Rechnungslegung

Die Lernfragen zu diesem Kapitel finden Sie unter: https://narr/kwaest.io/s/1217

2.1 Zwecke der handelsrechtlichen Rechnungslegung

2.1.1 Dokumentation

Generalnorm der Buchführung

Gemäß dem Wortlaut von § 238 Abs. 1 HGB (sog. Generalnorm der Buchführung) hat der Kaufmann „(...) Bücher zu führen und in diesen seine Handelsgeschäfte und die Lage seines Vermögens nach den Grundsätzen ordnungsmäßiger Buchführung ersichtlich zu machen. Die Buchführung muss so beschaffen sein, daß sie einem sachverständigen Dritten innerhalb angemessener Zeit einen Überblick über die Geschäftsvorfälle und über die Lage des Unternehmens vermitteln kann. Die Geschäftsvorfälle müssen sich in ihrer Entstehung und Abwicklung verfolgen lassen."

Buchführungspflicht

Die in dieser Weise kodifizierte Buchführungspflicht verdeutlicht, dass es dem Gesetzgeber um eine übersichtliche, vollständige und für Dritte nachvollziehbare Aufzeichnung aller Geschäftsvorfälle geht, damit im Rahmen des Jahresabschlusses eine zusammenfassende Auskunft über die wirtschaftliche Lage des Unternehmens möglich wird. Dieser grundlegende Zweck der Buchführung lässt sich unter dem Begriff der Dokumentation subsumieren. Die Dokumentation i.S. eines vollständigen, richtigen und systematischen Aufschreibens und Festhaltens der Güterbewegungen und Zahlungsvorgänge ist die Grundlage des Jahresabschlusses und damit Voraussetzung dafür, die vom Gesetzgeber intendierten Jahresabschlusszwecke zu erfüllen. Zugleich erfüllt die Dokumentation eine präventive Funktion, indem sie durch die Nachprüfbarkeit der Aufzeichnungen Unterschlagungen (sog. dolose Handlungen[95]) durch Angehörige des Unternehmens verhindert oder zumindest erschwert. Bei Verdacht auf dolose Handlungen erleichtern nämlich Vergleiche von realen Sachverhalten mit Aufzeichnungen in den Handelsbüchern, den Verdacht zu klären (Beweisfunktion).

Steuerrecht

Gemäß § 140 AO gilt die handelsrechtliche Buchführungspflicht auch für das Steuerrecht, welches sich also zum Nachweis der für die Besteuerung maßgebenden Sachverhalte der Dokumentation der handelsrechtlichen Buchführung bedient.[96]

2.1.2 Rechenschaft

Rechenschaft gegenüber Dritten und Selbstinformation

Rechenschaft bedeutet die Offenlegung der Verwendung anvertrauten Kapitals in dem Sinne, dass dem Informationsberechtigten – dies kann auch der Rechenschaftslegende selbst sein – ein so vollständiger, klarer

---

[95] Siehe Peemöller/Hofmann, Bilanzskandale, 2005, S. 20-21.

[96] Hierzu Baetge/Kirsch/Thiele, Bilanzen, 16. Aufl. 2021, S. 92-93.

und zutreffender Einblick in die Geschäftstätigkeit gegeben wird, dass dieser sich ein eigenes Urteil über das verwaltete Vermögen und die damit erzielten Erfolgen bilden kann. Ziel der Rechenschaft ist es zum einen, dem Kapitalgeber solche Informationen zu Verfügung zu stellen, die für seine Investitionsentscheidung notwendig sind (Rechenschaft gegenüber Dritten). Zum anderen soll dem Unternehmen selbst ermöglicht werden, vergangene Investitionsentscheidungen zu kontrollieren sowie künftige zu planen (Selbstinformation).[97]

Zweck der Rechenschaft

Dem Wortlaut des Gesetzes kann der Jahresabschlusszweck einer so unterstellten Rechenschaft nicht entnommen werden. Indes kommt der Zweck der Rechenschaft mittelbar durch den Bedeutungszusammenhang innerhalb der gesetzlichen Vorschriften zur Buchführung und zum Jahresabschluss zum Ausdruck. Dazu seien zunächst einige Anhaltspunkte genannt, die sich in den für alle Kaufleute gültigen Vorschriften finden:

- Die in § 238 Abs. 1 Satz 1 HGB verankerte Pflicht des Kaufmanns, die Lage seines Vermögens ersichtlich zu machen, ist nur vor dem Hintergrund einer damit verbundenen Rechenschaft zu erklären.
- In gleicher Weise ist auch § 242 HGB zu verstehen, demzufolge der Kaufmann regelmäßig – nämlich für den Schluss eines jeden Geschäftsjahres – eine Bilanz, als einen den tatsächlichen Verhältnissen seines Vermögens und seiner Schulden darstellenden Abschluss aufstellen muss, der der Rechenschaft über das Ausmaß der Schuldendeckung durch Vermögen sowohl gegenüber dem Kaufmann selbst als auch gegenüber Dritten dienen soll. Ferner muss der Kaufmann eine GuV als Gegenüberstellung der Aufwendungen und Erträge des Geschäftsjahres aufstellen.
- Die Vorschrift des § 246 Abs. 1 HGB fordert den Ansatz sämtlicher Vermögensgegenstände, Schulden, Rechnungsabgrenzungsposten, Aufwendungen und Erträge. § 246 Abs. 2 Satz 1 HGB verbietet grundsätzlich die Saldierung von Aktiva und Passiva sowie Aufwendungen und Erträgen (Saldierungsverbot).[98] Rechenschaft i.S. des § 246 HGB bedeutet demzufolge, dass der Kaufmann das Schuldendeckungspotential des Unternehmens und die Erfolgskomponenten unsaldiert auszuweisen hat.
- § 247 Abs. 1 HGB fordert für die Bilanz den gesonderten Ausweis und die hinreichende Aufgliederung des Anlage- und Umlaufvermögens, des Eigenkapitals, der Schulden und der Rechnungsabgrenzungsposten. Die dadurch ermöglichte und von § 243 Abs. 2 HGB geforderte Klarheit und Übersichtlichkeit der Bilanz trägt zur Erfüllung des Rechenschaftszwecks bei.

---

[97] Vgl. Baetge/Kirsch/Thiele, Bilanzen, 16. Aufl. 2021, S. 93.

[98] Eine Ausnahme vom Saldierungsverbot ist in § 246 Abs. 2 Satz 2 HGB kodifiziert. Danach sind Vermögensgegenstände, die dem Zugriff aller übrigen Gläubiger entzogen sind und ausschließlich der Erfüllung von Schulden aus Altersversorgungsverpflichtungen oder vergleichbaren langfristig fälligen Verpflichtungen dienen, mit diesen Schulden zu verrechnen. Diese Regelung entspricht aber ebenfalls dem Rechenschaftszweck, da die entsprechenden Schulden durch die Vermögensgegenstände gedeckt sind und damit keine wirtschaftliche Belastung vorliegt. Die Saldierung führt in diesem Fall zu einem realitätsgetreueren Einblick in die Vermögens-, Finanz- und Ertragslage.

- Durch den Ansatz von Rechnungsabgrenzungsposten[99] werden Zahlungsvorgänge dem Geschäftsjahr zugeordnet, zu dem sie wirtschaftlich gehören. Rechnungsabgrenzungsposten stellen insofern Korrekturposten i.S. einer periodengerechten Erfolgsermittlung dar. Da die Ermittlung eines mit dem Erfolg von Vorperioden vergleichbaren Erfolgs ein wesentlicher Bestandteil der Rechenschaft ist, dient die in § 250 Abs. 1 und Abs. 2 HGB kodifizierte Pflicht zum Ansatz von transitorischen Rechnungsabgrenzungsposten dem Zweck der Rechenschaft.
- Der Rechenschaftszweck des Jahresabschlusses kommt auch in der in § 251 HGB kodifizierten Pflicht zum Ausdruck, die Haftungsverhältnisse unter der Bilanz anzugeben, damit die Risiken, denen das Unternehmen im Eventualfall zusätzlich ausgesetzt sein könnte, ersichtlich sind.
- Innerhalb der in § 252 HGB manifestierten allgemeinen Bewertungsgrundsätze schreiben z.B. Abs. 1 Nr. 2 die grundsätzliche Annahme der Fortführung der Unternehmenstätigkeit (Going Concern-Prämisse)[100] und Abs. 1 Nr. 6 die Beibehaltung der auf den vorherigen Jahresabschluss angewandten Bewertungsmethoden (Stetigkeitsgebot)[101] vor. Beide tragen zur Ermittlung vergleichbarer Periodenerfolge bei und dienen somit dem Rechenschaftszweck.

Zusätzliche Konkretisierung

Für Kapitalgesellschaften und haftungsbeschränkte Personenhandelsgesellschaften wird der Rechenschaftszweck zusätzlich konkretisiert:

- Nach der nur für Kapitalgesellschaften und haftungsbeschränkte Personenhandelsgesellschaften geltenden Generalnorm des § 264 Abs. 2 Satz 1 HGB hat der Jahresabschluss unter Beachtung der Grundsätze ordnungsmäßiger Buchführung ein den tatsächlichen Verhältnissen entsprechendes Bild der Vermögens-, Finanz- und Ertragslage der Kapitalgesellschaft zu vermitteln. Der Wortsinn der Vorschrift weist eindeutig auf den Zweck der Rechenschaft hin, denn ein zutreffender Einblick in die wirtschaftliche Lage der Kapitalgesellschaft ist zentrales Element einer umfassenden Rechenschaft, die auch und vor allem eine periodengerechte Erfolgsermittlung bedingt. § 264 Abs. 2 Satz 1 HGB fordert unter anderem, dass der Jahresabschluss ein Bild der Ertragslage der Kapitalgesellschaft zu vermitteln hat. Damit ist die gesamte erfolgswirtschaftliche Lage, die durch die Erträge und Aufwendungen des Geschäftsjahres beschrieben werden, gemeint. Der Wortlaut der Vorschrift verdeutlicht, dass der Jahresabschluss der Kapitalgesellschaft darüber Rechenschaft ablegen soll, ob das Ziel „Verdienen" erreicht wurde. Aus dem Jahresabschluss kann dann z.B. die Eigenkapitalrentabilität[102] ermittelt werden.
- Eine große Bedeutung für die Erfüllung des Rechenschaftszwecks hat zudem der von Kapitalgesellschaften und von haftungsbeschränkten Personenhandelsgesellschaften aufzustellende Anhang, dessen Aufgabe darin besteht, als dritter Bestandteil des Jahresabschlusses die Bilanz und GuV durch weitere Informationen zu ergänzen.

---

[99] Hierzu ausführlich Abschn. 4.10 und 5.4.

[100] Hierzu ausführlich Abschn. 2.2.2.9.

[101] Hierzu ausführlich Abschn. 2.2.2.7.

[102] Hierzu ausführlich Abschn. 6.3.5.1.

Statische und dynamische Elemente

Die den Zweck der Rechenschaft stützenden Vorschriften des HGB für alle bilanzierenden Kaufleute enthalten in ihrer Gesamtheit sowohl statische als auch dynamische Elemente. Teilweise sind auch einzelne Vorschriften sowohl auf statische als auch auf dynamische Gedanken zurückzuführen. Das Vollständigkeitsgebot des § 246 HGB lässt sich z.B. primär aus statischer Sicht als Nachweis des Schuldendeckungspotentials und sekundär aus dynamischer Sicht als Voraussetzung für eine periodengerechte Erfolgsermittlung interpretieren. Der nach § 250 HGB geforderte Ansatz transitorischer Rechnungsabgrenzungsposten dient primär dazu, Einnahmen und Ausgaben i.S. der dynamischen Bilanztheorie *Schmalenbachs* periodengerecht zuzuordnen und sekundär dazu, die in Folgeperioden erfolgswirksamen Leistungsansprüche bzw. -verpflichtungen i.S. der statischen Bilanzlehre *Simons* zutreffend auszuweisen.

Einblick in die wirtschaftliche Lage

Die betriebswirtschaftliche Notwendigkeit eines Einblicks in die wirtschaftliche Lage eines Unternehmens ergibt sich aus der Trennung von Eigentum und Verfügungsgewalt über das Eigentum, die vor allem, aber nicht ausschließlich bei Kapitalgesellschaften gegeben ist. Diese Spaltung der Unternehmensfunktion in Gesellschafter bzw. Gläubiger (Kapitalgeber) und Management (Unternehmensleitung) ist Gegenstand der sog. Prinzipal-Agent-Theorie. Aufgabe des vom Management zu erstellenden Jahresabschlusses ist es, den kapitalgebenden Gesellschaftern bzw. Gläubigern Rechenschaft über die Verwendung der zur Verfügung gestellten Mittel abzulegen. Von Interesse sind hier vor allem Informationen über das Schuldendeckungspotential des Unternehmens sowie über die Höhe des erwirtschafteten Jahreserfolgs, der grundsätzlich den Umfang eines Kapitalentzuges – etwa in Form von Ausschüttungen an die Eigentümer – determiniert. Bei Nicht-Kapitalgesellschaften bedeutet die Rechenschaft vor allem Rechenschaft gegenüber sich selbst, d.h., der Kaufmann wird mit dem Jahresabschluss gezwungen, sich regelmäßig einen Überblick über die finanziellen Verhältnisse seines Unternehmens zu verschaffen.

2.1.3 Kapitalerhaltung

Sicherung des nominalen Haftkapitals

Kapitalerhaltung bedeutet, dass jener Periodenerfolg ermittelt wird, der – auch wenn er vollständig entnommen würde – das (nominelle) Eigenkapital nicht reduzieren würde (Sicherung des nominellen Haftkapitals). Der Gesetzgeber macht im Wortlaut und im Bedeutungszusammenhang verschiedener handelsrechtlicher Rechnungslegungsvorschriften deutlich, dass ihm durch den Erhalt des Nominalkapitals auch an der Sicherung des Unternehmens(fort)bestandes gelegen ist. Diesbezüglich können folgende Beispiele angeführt werden:

- Innerhalb der allgemeinen Bewertungsgrundsätze fordert der Gesetzgeber in § 252 Abs. 1 Nr. 4 HGB die Beachtung des Vorsichtsprinzips[103] und kodifiziert das Imparitätsprinzip[104]. Der Grundsatz der Vorsicht erfordert eine im Zweifel vorsichtige Bestimmung des verteilungsfähigen und ausschüttbaren Gewinns. Mit dem

---

[103] Hierzu ausführlich Abschn. 2.2.2.11.

[104] Hierzu ausführlich Abschn. 2.2.2.12.

Imparitätsprinzip verlangt der Gesetzgeber, dass aus einzelnen Geschäften zu erwartende Verluste bereits in der abzuschließenden Periode als Aufwand antizipiert werden.

- Auch die Vorschriften des § 253 HGB zu den Wertansätzen der Vermögensgegenstände und Schulden weisen einen engen Bezug zum Zwecke der Kapitalerhaltung bzw. zur Sicherung des Unternehmens(fort)bestandes auf. Nach § 253 Abs. 1 HGB sind Vermögensgegenstände höchstens mit ihren Anschaffungs- oder Herstellungskosten[105] anzusetzen, wie dies bereits Schmalenbach gefordert hatte. Aus den das Imparitätsprinzip konkretisierenden Niederstwertvorschriften des § 253 Abs. 3 HGB für das Anlagevermögen[106] und des § 253 Abs. 4 HGB für das Umlaufvermögen[107] geht hervor, dass Wertminderungen bei Vermögensgegenständen erfolgsmindernd zu berücksichtigen sind.

Nominelle Kapitalerhaltung

Der Jahresabschlusszweck der nominellen Kapitalerhaltung wird mit unterschiedlichem Nachdruck verfolgt, je nachdem, ob es sich bei dem bilanzierenden Unternehmen um ein Einzelunternehmen oder eine Personenhandelsgesellschaft einerseits oder um eine Kapitalgesellschaft andererseits handelt:

- Bei Einzelunternehmen oder Personenhandelsgesellschaften wird der Geschäftsleitung durch den Jahresabschluss verdeutlicht, ab wann sie (gesetzlich nicht reglementiert und damit zulässig) beginnt, über den vorsichtig ermittelten Jahreserfolg hinaus Kapital zu entnehmen (auszuschütten) und dadurch die betriebliche Haftungsmasse ihres Unternehmens verringert. In diesem Zusammenhang wird auch von Kapitalerhaltung aufgrund von Informationen oder von Kapitalminderungskontrolle gesprochen.
- Für Kapitalgesellschaften und haftungsbeschränkten Personenhandelsgesellschaften wird der Zweck der Kapitalerhaltung zusätzlich konkretisiert:
  - Der Kapitalerhaltung aufgrund von Informationen dient die für Kapitalgesellschaften und haftungsbeschränkte Personenhandelsgesellschaften geltende Generalnorm des § 264 Abs. 2 Satz 1 HGB, die nicht nur den Einblick in die Ertragslage, sondern auch den Einblick in die Vermögens- sowie in die Finanzlage fordert. Diese beiden Komponenten der wirtschaftlichen Lage weisen einen engen Bezug zur Kapitalerhaltung auf, da sich mit dem Einblick in die Vermögens- und Finanzlage die Mittelherkunft und -verwendung erschließt. Von besonderer Bedeutung ist hier die Finanzierungsstruktur, die durch die Eigenkapitalquote[108] als Maßgröße für das Ziel „Verdienstquelle sichern" beschrieben werden kann.
  - Bei Kapitalgesellschaften greifen – über die Kapitalerhaltung aufgrund von Informationen hinaus – zusätzliche Ausschüttungsregelungen. Anders als bei Einzelunternehmen oder Personenhandelsgesellschaften ist die Gewinnverwendung rechtsformspezifisch sowohl bei Aktiengesellschaften (§§ 58 und 150

---

[105] Zur Abgrenzung ausführlich Abschn. 3.3.

[106] Hierzu ausführlich Abschn. 3.3.3.

[107] Hierzu ausführlich Abschn. 3.3.3.

[108] Hierzu ausführlich Abschn. 6.2.2.2.

AktG) als auch bei Gesellschaften mit beschränkter Haftung (§§ 29 und 30 GmbHG) Ausschüttungsrestriktionen unterworfen. So sind z.B. jährlich bestimmte Beträge aus dem Jahresergebnis den gesetzlichen Rücklagen zuzuführen.[109] Diese durch Gesetz (oder Satzung bzw. Gesellschaftsvertrag) zwangsweise aus dem Jahresergebnis den Rücklagen zuzuführenden Beträge stehen bis zu ihrer – wiederum gesetzlich reglementierten – Auflösung nicht für Ausschüttungszwecke zur Verfügung. Kapitalgesellschaften sind also bei der Höhe der entziehbaren Mittel im Gegensatz zu anderen Rechtsformen an den mit dem Jahresabschluss ermittelten sog. „Bilanzgewinn“[110] (den ausschüttungsoffenen Gewinn) gebunden. Durch die Regelungen zur Ausschüttungsbeschränkung soll ein Mindesthaftkapital erhalten bleiben.[111]

- Der Zweck der Kapitalerhaltung wird bei Kapitalgesellschaften und haftungsbeschränkten Personenhandelsgesellschaften indes durch sog. Ausschüttungssperren gestützt: So dürfen selbst geschaffene immaterielle Vermögensgegenstände des Anlagevermögens – wie z.B. Software – nach § 248 Abs. 2 Satz 1 HGB zwar aktiviert werden. Aufgrund der nicht eindeutig zurechenbaren Herstellungskosten und der Unsicherheit hinsichtlich ihrer künftigen Nutzungsdauer ist ein objektiver Wert indes nur schwierig zu ermitteln. Aus diesem Grund wird in § 268 Abs. 8 HGB geregelt, dass ein Unternehmen nur soviel Geld ausschütten darf, wie auch ohne den Ansatz der selbst geschaffenen immateriellen Vermögensgegenstände möglich gewesen wäre. Weitere Ausschüttungssperren sind nach § 268 Abs. 8 HGB bei der Zeitbewertung des Planvermögens i.S. des § 246 Abs. 2 Satz 2 HGB sowie bei dem für Kapitalgesellschaften und haftungsbeschränkten Personenhandelsgesellschaften zulässigen Ansatz aktiver latenter Steuern[112] zu berücksichtigen.

Wortlaut, Wortsinn und Bedeutungszusammenhang der handelsrechtlichen Regelungen zeigen, dass mit dem Jahresabschluss auch der Zweck der nominellen Kapitalerhaltung verfolgt wird. Das Rechnungslegungsinstrument „Jahresabschluss“ dient insofern von Gesetzes wegen nicht nur Rechenschaftszwecken. Die unmittelbar oder mittelbar an dem Unternehmen beteiligten Personen und Institutionen dürfte per Gesetz erwarten, dass das Unternehmen i.S. des Kapitalerhaltungszwecks als Zahlungsquelle erhalten bleibt.

Intersubjektive Nachvollziehbarkeit

Wie dargestellt geht es im handelsrechtlichen Jahresabschluss aber nicht um eine reale, also inflationsbereinigte Kapitalerhaltung i.S. der organischen Bilanztheorie[113] oder um die Erhaltung der physischen Substanz des bilanzierenden Unternehmens. Durch

---

[109] Hierzu ausführlich Abschn. 5.1.

[110] Hierzu ausführlich Abschn. 5.1.

[111] In diesem Zusammenhang wird im Schrifttum auch von der Ausschüttungsbemessungsfunktion des Jahresabschlusses gesprochen. Vor diesem Hintergrund ist darauf hinzuweisen, dass der Jahresabschluss zwar die Grundlage für die Ausschüttungsbemessung, also für die Höhe der Ausschüttung, darstellt, bei einer GmbH aber letztlich die Gesellschafterversammlung bzw. bei einer Aktiengesellschaft die Haftversammlung darüber entscheidet, wieviel das Unternehmen an die Anteilseigner ausschütten soll.

[112] Hierzu ausführlich Abschn. 4.9.

[113] Vgl. hierzu Abschn. 1.6.1.

die Entscheidung für die Konzeption der Nominalkapitalerhaltung hat sich der deutsche Gesetzgeber dafür entschieden, dass der Jahresabschluss objektiv, also intersubjektiv nachvollziehbar bleibt. Es wird also von einer zu vernachlässigenden Inflationsrate ausgegangen. Deutlich wird dies im Anschaffungskostenprinzip. Die Anschaffungskosten als Obergrenze der Bewertung eines von Dritten erworbenen Vermögensgegenstands sind zudem eine willkürfreie und objektivierte Bewertungsgrundlage.

Maßgeblichkeitsgrundsatz

Der handelsrechtlich ermittelte (nominalkapitalerhaltende) Periodenerfolg ist auch Grundlage für die Besteuerung. Über den sog. Maßgeblichkeitsgrundsatz wird der zu versteuernde Periodenerfolg weitgehend nach handelsrechtlichen Vorschriften berechnet. In bestimmten Ausnahmefällen gelten indes nicht die handelsrechtlichen, sondern spezielle steuerrechtliche Vorschriften.[114] [115]

2.2 Grundsätze ordnungsmäßiger Buchführung (GoB)

2.2.1 Charakterisierung der GoB

Auslegungshilfen

Unter den GoB sind allgemein anerkannte Regeln über die Führung der Handelsbücher (Dokumentation) sowie die Erstellung des Jahresabschlusses (Rechnungslegung) von Unternehmen zu verstehen. Durch die Erwähnung des Begriffs „Grundsätze ordnungsmäßiger Buchführung" im Gesetz – z.B. in § 243 Abs. 1 HGB oder § 264 Abs. 2 HGB – handelt es sich letztlich um, die gesetzlichen Normen ergänzende Maßgaben, die überall dort greifen, wo Gesetzeslücken bestehen bzw. wo spezifische Gesetzesvorschriften einer Auslegung bedürfen.

Unbestimmter Rechtsbegriff

Obwohl der Gesetzgeber – wie bereits aufgezeigt – den Begriff GoB mehrfach verwendet, wird er nirgends definiert. Vom rechtswissenschaftlichen Standpunkt aus betrachtet, handelt es sich bei den GoB insofern um einen sog. unbestimmten Rechtsbegriff, der im Zusammenwirken von Rechtsprechung, fachkundigen Praktikern und Vertretern der Betriebswirtschaftslehre konkretisiert wurde und auch weiterhin wird. Durch den gesetzlichen Verweis auf die GoB vermied der Gesetzgeber die Kodifizierung einer Vielzahl von ausführlichen und konkreten Einzelregelungen und trug dadurch zu einer höheren Praktikabilität des Gesetzes bei, übertrug dabei allerdings gleichzeitig die rechtliche Entscheidung zahlreicher Einzelfälle auf die Rechtsprechung, die die GoB zu interpretieren hat.

Hinweis

Darüber hinaus wird mithilfe des Instruments der GoB die Entwicklung der Rechnungslegungsvorschriften und die Anpassung an sich ändernde Erkenntnisse und praktische Übung nicht durch starre gesetzliche Formulierungen behindert.

---

[114] Der Fiskus hat mit der Steuerbilanz ein eigenes, vom handelsrechtlichen Jahresabschluss aber nicht vollständig unabhängiges Rechenwerk zur Steuerbemessung geschaffen. Die Steuerbemessung ist damit Aufgabe der Steuerbilanz und nicht des handelsrechtlichen Jahresabschlusses.

[115] Zu den vorangegangenen Ausführungen vgl. Baetge/Kirsch/Thiele, Bilanzen, 16. Aufl. 2021, S. 93ff.

Unsicherheiten

Durch die Unbestimmtheit des Begriffs „GoB“ kommt es allerdings immer wieder zu Unsicherheiten über die den GoB entsprechende Bilanzierung auf. Deshalb hatte der Gesetzgeber versucht, im Laufe der Zeit den vagen Verweis auf die GoB durch präzisere Vorschriften zu ersetzen.

Für die Ermittlung der GoB unterscheidet man allgemein drei Methoden:[116]

Induktive Methode

Diese erklärt all die Handlungsweisen zu GoB, die der Buchführungs- und Bilanzierungspraxis eines ordentlichen und ehrenwerten Kaufmanns entsprechen.

Deduktive Methode

Da sich der „ordentliche Kaufmann“ nicht generell bestimmen lässt und ein empirisch-statistisches Vorgehen, welches bei Anwendung der induktiven Methode notwendig wäre, nicht als sinnvoll erachtet wird, entwickelte sich die deduktive Methode zur Ermittlung der GoB. Danach sind die GoB aus dem Zweck des Jahresabschlusses abzuleiten. Da aber auch über die Jahresabschlusszwecke kein vollständiger Konsens besteht, sind für die Ableitung der GoB zusätzlich auch die Regelungsintentionen, Ziele und Normvorstellungen des Gesetzgebers von Bedeutung.

Hermeneutische Methode

Diese verbindet Elemente der induktiven und deduktiven Methode. Die Hermeneutik beschränkt sich hierbei allerdings nicht nur auf die Ansichten der ordentlichen und ehrenwerten Kaufleute und auf die Zwecke von Buchführung und Jahresabschluss, sondern erweitert die zu berücksichtigenden Determinanten auf alle nur denkbaren Einflussfaktoren auf die Rechnungslegung. Unter Einbeziehung der Ansichten von anderen Jahresabschlussadressaten, Interpretationen von Gesetzesvorschriften (HGB) und abzubildenden Sachverhalten des Unternehmens, wie z.B. spezielle Vertragsgestaltungen, wird versucht, ein System von handelsrechtlichen GoB herzuleiten.[117]

Nach h.M. leiten sich die GoB nach der deduktiven Methode aus den Zwecken der Rechnungslegung[118] ab, wobei folgende Entscheidungshilfen in Fragen kommen:[119]

- Gesetze und die zugrundeliegenden EG-/EU-Richtlinien;
- Rechtsprechung des BGH (RG), des EuGH, des BFH;
- Stellungnahmen des IDW zur Rechnungslegung einschließlich zugehöriger Hinweise;
- gutachterliche Stellungnahmen des DIHT und der IHK;
- die gesicherten Erkenntnisse der Betriebswirtschaftslehre, die Fachliteratur sowie die Bilanzierungspraxis ordentlicher Kaufleute.

Obwohl die GoB sowohl bei der praktischen Buchführung und Bilanzierung als auch bei der Rechtsanwendung als ergänzende – wenn auch unbestimmte – Rechtsnormen zwingend zu berücksichtigen sind, ist es aufgrund innerhalb dieser Grundsätze bestehender zahlreicher Interdependenzen und Überschneidungen trotz einer großen

---

[116] Hierzu Ruhnke/Sievers/Simons, Rechnungslegung nach IFRS und HGB, 5. Aufl. 2023, S. 193ff.

[117] Hierzu Baetge/Kirsch/Thiele, Bilanzen, 16. Aufl. 2021, S. 93ff.

[118] Zu den Zwecken der Rechnungslegung vgl. ausführlich Abschn. 2.1.

[119] Hierzu IDW, WP Handbuch, 18. Aufl. 2023, Kap. F Tz. 5.

Anzahl von Versuchen letztendlich (immer noch) nicht gelungen, diese Grundsätze verbindlich zu systematisieren.[120]

2.2.2 Einzelgrundsätze

2.2.2.1 Überblick

Zweck

Auf Grundlage der vorangegangenen Ausführungen lässt sich im Zusammenhang mit den GoB folgendes festhalten: Bei ihnen handelt es sich um ein System sich wechselseitig ergänzender und beschränkender (z.T. gesetzlich kodifizierter) Prinzipien und Einzelnormen, die zur Gewinnung von Grundsätzen der Rechnungslegung beitragen. Die GoB sind demnach nicht nur bei der Buchführung zu beachten, sondern haben Ausstrahlungswirkung auf jegliche Vorschriften der handelsrechtlichen Rechnungslegung. Sie bestimmten z.B. den Zeitpunkt der Gewinnrealisierung oder die Bilanzierung schwebender Geschäfte. Stehen verschiedene Bilanzierungs- und/oder Bewertungsmethoden zur Auswahl, sind die GoB ebenfalls zu berücksichtigen.[121]

Gesetzliche Kodifizierung

Um letztlich der Anforderung nachzukommen, im Sinne der Informationsvermittlung einer aussagefähigen Abbildung des wirtschaftlichen Geschehens gerecht zu werden, gibt es einzelne Grundsätze, die z.T. gesetzlich kodifiziert sind:[122]

- §§ 238 Abs. 1 Satz 2, 243 Abs. 2 HGB – Grundsatz der Klarheit und Übersichtlichkeit;
- § 239 Abs. 2 HGB – Grundsatz der Richtigkeit und Willkürfreiheit;
- §§ 239 Abs. 2, 246 Abs. 1 HGB – Grundsatz der Vollständigkeit;
- § 246 Abs. 1 Satz 1 HGB – Grundsatz der wirtschaftlichen Betrachtungsweise;
- § 246 Abs. 2 HGB – Saldierungsverbot;
- § 246 Abs. 3 und § 252 Abs. 1 Nr. 6 – Grundsatz der Stetigkeit;
- § 252 Abs. 1 Nr. 1 HGB – Grundsatz der Bilanzidentität;
- § 252 Abs. 1 Nr. 2 HGB – Grundsatz der Fortführung der Unternehmenstätigkeit;
- § 252 Abs. 1 Nr. 3 HGB – Grundsatz der Einzelbewertung;
- § 252 Abs. 1 Nr. 4 HGB – Grundsatz der Vorsicht;
- § 252 Abs. 1 Nr. 4 und Nr. 5 HGB – Abgrenzungsgrundsätze;
- § 252 Abs. 1 Nr. 5 HGB – Grundsatz der Pagatorik;
- Grundsatz der wirtschaftlichen Betrachtungsweise;
- Grundsatz der Wirtschaftlichkeit und Wesentlichkeit.

---

[120] Hierzu ausführlich bspw. Coenenberg/Haller/Schultze, Jahresabschluss und Jahresabschlussanalyse, 26. Aufl. 2021, S. 39-40.

[121] Siehe IDW, WP Handbuch, 18. Aufl. 2023, Kap. F Tz. 4.

[122] In der Literatur lässt sich eine z.T. sehr detaillierte Differenzierung der GoB in Dokumentations-, Rahmen- und Systemgrundsätze sowie Ansatzgrundsätze für die Bilanz, Definitionsgrundsätze für den Jahreserfolg und Kapitalerhaltungsgrundsätze finde. So z.B. Baetge/Kirsch/Thiele, Bilanzen, 16. Aufl. 2021, S. 102ff. Hierauf soll im Rahmen der nachfolgenden Ausführungen aus didaktischen Gründen nicht weiter eingegangen werden.

2.2.2.2 Grundsatz der Klarheit und Übersichtlichkeit

§ 243 Abs. 2 HGB

Der Grundsatz der Klarheit und Übersichtlichkeit ist § 243 Abs. 2 HGB kodifiziert. Er bezieht sich dabei auf die Qualität der äußeren Gestaltung, also auf die Form der Aufzeichnungen in der Buchführung sowie im Jahresabschluss. Er besagt, dass die einzelnen Posten in Buchführung und Jahresabschluss – Geschäftsvorfälle, Bilanzposten und Erfolgsbestandteile – der Art nach eindeutig bezeichnet und so geordnet sein müssen, dass die Bücher und Abschlüsse verständlich und übersichtlich sind. Die Forderung nach Klarheit betrifft insbesondere die Gliederung der Bilanz und der GuV.

Zwecke

Klarheit und Übersichtlichkeit dienen den Zwecken der Rechenschaft und Kapitalerhaltung und sind erforderlich, damit sich ein sachkundiger Dritter in angemessener Zeit ein Bild von der Lage des Unternehmens verschaffen kann. Dadurch soll gewährleistet werden, dass der Jahresabschluss eindeutig, verständlich, hinreichend und systematisch gegliedert sowie ohne Informationsverluste bereitgestellt werden kann.

Klare und übersichtliche Struktur

Die Posten des Jahresabschlusses sollten sachlich zutreffende Bezeichnungen erhalten. Außerdem sollten Bilanz und GuV klar und übersichtlich gegliedert werden und Anhang und Lagebericht sollten unter Berücksichtigung sachlicher Zusammenhänge eine klare und übersichtliche Struktur aufweisen.[123] Zur Klarheit gehört auch, dass in Jahresabschlüssen Gleiches gleich und Verschiedenes unterschiedlich bezeichnet wird. Weiterhin wird verlangt, dass Informationen im Lagebericht verständlich und eindeutig gegeben werden.[124]

Abgeleitetes Prinzip

Ein wesentliches aus diesem Grundsatz abgeleitetes Prinzip ist das Prinzip der Einzelbewertung. Danach sind Vermögensgegenstände und Schulden bei Bilanzerstellung einzeln zu erfassen und zu bewerten. Als weiteren Ausfluss hieraus existiert das Saldierungsverbot, wonach Aktiv- und Passivposten sowie Aufwendungen und Erträge grundsätzlich nicht miteinander verrechnet werden dürfen.

2.2.2.3 Grundsatz der Richtigkeit und Willkürfreiheit

§ 239 Abs. 2 HGB

Für die Buchhaltung ergibt sich der Grundsatz der Richtigkeit aus § 239 Abs. 2 HGB, wonach die Eintragungen in die Bücher und die sonst erforderlichen Aufzeichnungen vollständig, richtig, zeitgerecht und geordnet sein müssen. Für den Jahresabschluss ist der Grundsatz der Richtigkeit zwar nicht explizit kodifiziert, er lässt sich aber deduktiv aus den handelsrechtlichen Jahresabschlusszwecken herleiten: Für den Fall, dass der Jahresabschluss unrichtige Informationen enthalten würde, wäre es dem Rechenschaftslegenden selbst und insbesondere einem externen Adressaten nicht möglich, ein Urteil über das verwaltete Vermögen und die damit erzielten Erfolge zu bilden. Auf Grundlage unrichtiger Informationen könnte auch der Erhalt des Nominalkapitals nicht gewährleistet werden.[125]

---

[123] Da die Lesbarkeit des Jahresabschlusses eine Grundvoraussetzung dafür ist, dass der Abschlussadressat die Jahresabschlussinformationen möglichst leicht aufnehmen kann, sollte sie durch eine adäquate Textaufbereitung und den Einsatz formaler Gestaltungsmittel sichergestellt werden.

[124] Vgl. Baetge/Kirsch/Thiele, Bilanzen, 16. Aufl. 2021, S. 119.

[125] Vgl. Ruhnke/Sievers/Simons, Rechnungslegung nach IFRS und HGB, 5. Aufl. 2023, S. 203-204; Baetge/Kirsch/Thiele, Bilanzen, 16. Aufl. 2021, S. 115.

Richtigkeit im bilanziellen Sinne

Richtigkeit im buchhalterischen bzw. bilanziellen (handelsrechtlichen) Sinne darf allerdings nicht mit „absoluter Richtigkeit" oder „Wahrheit" gleichgesetzt werden. Vielmehr ist der Grundsatz der Richtigkeit so zu verstehen, dass die Regeln für die Abbildung des wirtschaftlichen Geschehens objektiv, d.h. intersubjektiv nachprüfbar sind. Die Nachprüfbarkeit verlangt die Beachtung der kodifizierten sowie der nicht-kodifizierten (aber allgemein anerkannten) GoB und der übrigen handelsrechtlichen Rechnungslegungsvorschriften.

Hinweis

Am Beispiel der nach § 252 Abs. 1 Nr. 3 HGB vorgeschriebenen Einzelbewertung der Vermögensgegenstände und Schulden wird deutlich, warum die Objektivität des Jahresabschlusses vom Gesetzgeber für notwendig erachtet wird: ein Konzept der Unternehmensgesamtbewertung auf investitionstheoretischer Grundlage, das den zukunftsbezogenen „ökonomischen Gewinn" anhand prognostizierter Ein- und Auszahlungen zu ermitteln versucht, basiert notgedrungen auf subjektiven Einschätzungen über die künftigen Umsätze und zugehörigen Aufwendungen, die von den Adressaten eines solchen Abschlusses kaum auf deren Solidität bzw. Eintrittswahrscheinlichkeit beurteilt werden können. Selbst ein Abschlussprüfer, dem alle Detailunterlagen offenzulegen sind, wäre mit der Testierung eines solchen Abschlusses überfordert. Ein derart stark subjektiv geprägtes Rechnungslegungsinstrument würde den Zwecken der Rechenschaft und der Kapitalerhaltung zuwiderlaufen.

Subjektive Einflüsse

Unbestritten ist allerdings auch, dass trotz der Objektivierungen und Normierungen und des Einzelbewertungsgrundsatzes eine große Zahl von subjektiv bestimmten Einflüssen auf den Jahresabschluss im Rechtssinne bleibt. Dazu gehören nicht zuletzt die Ermessensentscheidungen[126] des Bilanzierenden.

Ermessensentscheidungen

Der Kaufmann muss sich nämlich bei der Bilanzierung einzelner, oft bedeutender Posten häufig für einen bestimmten Ansatz, eine bestimmte Bewertung und einen bestimmten Ausweis entscheiden, wenn das Gesetz ihm diesbezüglich Ermessensscheidungen einräumt. Zudem entstehen unvermeidlich Spielräume aufgrund der Ungewissheit bei der zukunftsgezogenen Abbildung konkreter realer Sachverhalte. Dies ist etwa der Fall bei der Bemessung von Abschreibungen für abnutzbare Anlagegegenstände[127] oder bei der Bewertung von Rückstellungen.[128]

Grundsatz der Willkürfreiheit

Wegen der zu fordernden intersubjektiven Nachprüfbarkeit müssten die Annahmen bei der Abbildung allgemein bekannt sein oder den Adressaten bekannt gemacht werden. In

---

[126] Bei den bilanziellen Ermessensentscheidungen handelt es sich um die Ausübung von Wahlrechten oder die Bildung von bilanziellen Sachverhaltsgestaltungen (Bilanzpolitik), die im Falle einer anderen Ausübung bzw. einer anderen bilanziellen Gestaltung einen wesentlichen Einfluss auf die Ertrags-, Vermögens- und Finanzlage gehabt hätten. Hierzu Abschn. 6.1.2.2.

[127] Hierzu Abschn. 3.3.3.

[128] Hierzu Abschn. 3.3.2.4.

der Bilanzierungspraxis wird darauf allerdings zumindest teilweise verzichtet. Für solche Fälle, in denen die Höhe des Bilanzwertes von den subjektiven Schätzungen des Bilanzierenden abhängt, etwa bei der Bewertung einer Prozessrückstellung, ist der Grundsatz der Objektivität – als „Untergrundsatz" der Richtigkeit – um den Grundsatz der Willkürfreiheit zu ergänzen. Willkürfreiheit bedeutet, dass der Bilanzierende von ihm für zutreffend gehaltene Annahmen zugrunde legt.[129] Legt er diese Annahmen offen, so können die Annahmen von den Adressaten zumindest subjektiv beurteilt werden.[130]

2.2.2.4 Grundsatz der Vollständigkeit

§ 239 Abs. 2 und § 246 Abs. 1 HGB

Der Grundsatz der Vollständigkeit ist in § 239 Abs. 2 HGB für die Buchführung und in § 246 Abs. 1 HGB für den Jahresabschluss kodifiziert. Danach müssen alle aufzeichnungs- und buchungspflichtigen Geschäftsvorfälle in der Buchführung und sämtliche Vermögensgegenstände, Schulden und Rechnungsabgrenzungsposten in der Bilanz sowie sämtliche Aufwendungen und Erträge in der GuV erfasst werden. Zudem sind alle erkennbaren Risiken im Jahresabschluss zu berücksichtigen.

Buchungspflichtige Sachverhalte

Buchungspflichtig sind sämtliche eingetretene Vermögensänderungen (Wertsteigerungen und Wertminderungen), d.h. alle Änderungen im Wert oder Bestand der betrieblichen Sachen, Rechte und Verpflichtungen. Darüber hinaus müssen alle vorliegenden Informationen über die Sachverhalte, die den Buchungen zugrunde liegen, berücksichtigt werden.

Aussagefähigkeit

Die in § 246 Abs. 1 Satz 1 HGB geforderte vollständige Erfassung ist Voraussetzung für die Aussagefähigkeit des Jahresabschlusses und damit auch dafür, dass dieser den Zweck der Rechenschaft erfüllen kann. Es ist daher erforderlich, dass jede geschäftliche Transaktion, die den Umfang oder die Struktur des Vermögens bzw. der Schulden, der Rechnungsabgrenzungsposten oder der Aufwendungen und Erträge verändert, anhand der einschlägigen Ansatz- und Bewertungsvorschriften daraufhin geprüft wird, ob ein buchungspflichtiger Geschäftsvorfall vorliegt. Dieser Grundsatz wird allerdings durch konkrete handelsrechtliche Ansatzgebote, -wahlrechte oder -verbote durchbrochen bzw. ergänzt.[131]

Inventur und Inventar

Aus dem Grundsatz der Vollständigkeit leitet sich die gesetzliche Pflicht zur Durchführung einer Inventur und zur Aufstellung des Inventars ab (§ 240f. HGB).[132]

Hinweis

Allerdings ist zu beachten, dass sich aus diesem Grundsatz nur die Frage ableitet, ob ein Sachverhalt im Jahresabschluss zu berücksichtigen ist (mengenmäßige

[129] D.h., dass Vorgehensweisen, die völlig unbegründet sind, die sachfremden Überlegungen folgen oder die in unzulässiger Weise im Widerspruch zu Vorgehensweisen in vorherigen Abschlüssen stehen, unzulässig sind.

[130] Vgl. Baetge/Kirsch/Thiele, Bilanzen, 16. Aufl. 2021, S. 115-116.

[131] Vgl. Baetge/Kirsch/Thiele, Bilanzen, 16. Aufl. 2021, S. 119-120.

[132] Hierzu Abschn. 2.2.2.4.

Berücksichtigung), nicht jedoch die Frage nach der vollständigen Werterfassung (wertmäßige Berücksichtigung). In diesem Sinne ist auch das in § 246 Abs. 2 HGB kodifizierte und im nachfolgenden beschriebene Saldierungsverbot konsequent, welches eine Verrechnung von Aktiv- und Passivposten sowie Aufwendungen und Erträgen verbietet.133

Stichtagsprinzip

Ergänzt wird der Vollständigkeitsgrundsatz durch das in § 252 Abs. 1 Nr. 3 HGB kodifizierte Stichtagsprinzip. Danach hat die Abbildung der ökonomischen Realität zum Abschlussstichtag, der das Ende des Geschäftsjahres darstellt, zu erfolgen.

Aufstellungszeitraum

Der Jahresabschluss wird aber regelmäßig erst nach dem Abschlussstichtag aufgestellt. So darf der Zeitraum zwischen Abschlussstichtag und Aufstellung bei mittelgroßen und großen Kapitalgesellschaften bis zu drei Monaten, bei kleinen Kapitalgesellschaften bis zu sechs Monaten betragen.[134]

Wertaufhellende Ereignisse

Ereignisse zwischen Abschlussstichtag und dem Tag der Aufstellung des Jahresabschlusses, die sich auf Gegebenheit im abgelaufenen Geschäftsjahr beziehen, sind ggf. als sog. wertauf- bzw. werterhellende Ereignisse (§ 252 Abs. 1 Nr. 4 HGB) zu berücksichtigen. Werterhellende Ereignisse waren zum Abschlussstichtag bereits begründet. Dabei kann es sich z.B. um den Untergang einer nicht versicherten Schiffsladung oder die Insolvenz eines Schuldners kurz vor dem Abschlussstichtag handeln. Werden dem Abschlussersteller diese Umstände im Aufstellungszeitraum bekannt, sind diese entsprechend im Jahresabschluss – z.B. durch Abschreibung der Schiffsladung oder der Forderung(en) gegenüber dem Schuldner – zu berücksichtigen.

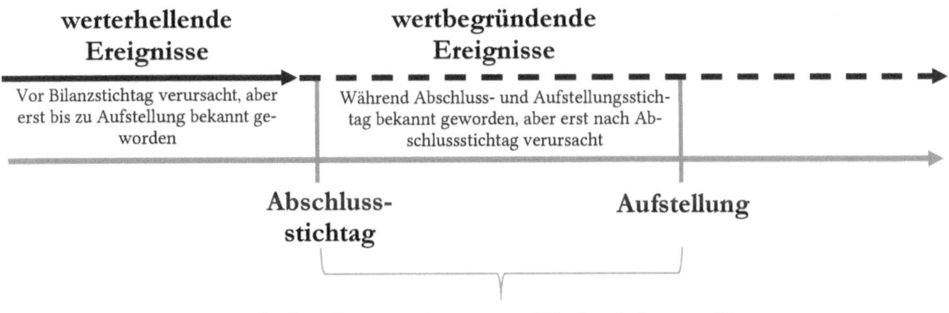

Abb. 5 Aufstellungszeitraum

Wertbegründende Ereignisse

Dagegen werden Umstände nach dem Abschlussstichtag nicht mehr erfasst, wenn sie ihre Ursache nicht im alten Geschäftsjahr haben. Man spricht hier von sog. wertbegründenden

133 Vgl. Ruhnke/Sievers/Simons, Rechnungslegung nach IFRS und HGB, 5. Aufl. 2023, S. 208-209. Zum Saldierungsverbot siehe auch Abschn. 2.2.2.6.

134 Hierzu Abschn. 1.7.

Ereignissen. Dies wäre z.B. dann der Fall, wenn die Schiffsladung zu Beginn des neuen Geschäftsjahres untergeht und der Abschlussersteller diese Information noch im Aufstellungszeitraum, d.h. vor dem Zeitpunkt der Aufstellung erlangt. Die aus diesem Umstand resultierende Abschreibung ist nicht mehr in der Bilanz und GuV des alten Geschäftsjahres zu erfassen. Allerdings haben Kapitalgesellschaften nach § 285 Nr. 33 HGB auf Vorgänge von besonderer Bedeutung, die nach dem Schluss des Geschäftsjahres eingetreten sind, im Anhang hinzuweisen. Im Anhang des abgelaufenen Geschäftsjahres wäre also anzugeben, dass eine nicht versicherte Schiffsladung untergegangen ist.[135]

Grundsatz der Periodenabgrenzung

Weiterhin ergänzt wird der Grundsatz der Vollständigkeit durch das in § 252 Abs. 1 Nr. 5 HGB kodifizierte Periodisierungsprinzip bzw. den Grundsatz der Periodenabgrenzung.[136]

2.2.2.5 Grundsatz der wirtschaftlichen Betrachtungsweise

§ 246 Abs. 1 HGB

Der Grundsatz der wirtschaftlichen Betrachtungsweise ist in § 246 Abs. 1 Satz 2 HGB kodifiziert. Gemäß § 246 Abs. 1 Satz 2 1.HS HGB sind Vermögensgegenstände grundsätzlich in der Bilanz des zivilrechtlichen Eigentümers aufzunehmen. Allerdings gilt diese Zuordnung nach dem zivilrechtlichen Eigentum nur unter der Einschränkung des Halbsatzes 2, wonach die rechtliche Zuordnung nicht gilt, sofern der Vermögensgegenstand einer anderen Person wirtschaftlich zuzuordnen ist (wirtschaftliches Eigentum). Zumeist fallen zivilrechtliches und wirtschaftliches Eigentum zusammen. Ist dies allerdings nicht der Fall, dominiert das wirtschaftliche Eigentum (so auch § 39 Abs. 2 AO). Grundsätzlich ist der Vermögensgegenstand demjenigen zuzurechnen, der die wesentlichen Risiken und Chancen trägt.[137]

> **Beispiel**
>
> Ein Kaufmann verfügt nur über das wirtschaftliche Eigentum an einem Vermögensgegenstand z.B. bei Treuhandverhältnissen, einer Sicherungsübereignung oder bei einem Eigentumsvorbehalt. Bei einem Eigentumsvorbehalt erhält der Kaufmann eine Warenlieferung. Im Liefervertrag ist aber vereinbart, dass die Ware bis zur vollständigen Bezahlung im Eigentum des Lieferanten bleibt. Obwohl der Kaufmann nicht zivilrechtlicher Eigentümer ist, bilanziert er diese Ware nach Erhalt aber vor (vollständiger) Bezahlung als wirtschaftlicher Eigentümer.

Wirtschaftliches Eigentum

Das Abstellen auf das wirtschaftliche Eigentum kann für Gläubiger im Falle der Insolvenz eines Unternehmens nachteilig sein, weil sich womöglich dann herausstellt, dass ein Großteil des Vermögens dem Schuldner rechtlich überhaupt nicht gehört. Unter Informationsgesichtspunkten ist es aber bei gegebener *going concern*-Annahme geboten, die Grenzziehung über das wirtschaftliche Eigentum vorzunehmen, weil ansonsten aufgrund der zahlreich vorkommenden Eigentumsvorbehalte und Sicherungsübereignungen

---

[135] Vgl. Ruhnke/Sievers/Simons, Rechnungslegung nach IFRS und HGB, 5. Aufl. 2023, S. 209.

[136] Vgl. hierzu ausführlich Abschn. 2.2.2.13.

[137] Hierzu Ruhnke/Sievers/Simons, Rechnungslegung nach IFRS und HGB, 5. Aufl. 2023, S. 209.

das Bilanzvermögen nur einen Bruchteil des im Unternehmen eingesetzten Vermögens umfassen würde.[138]

2.2.2.6 Saldierungsverbot

§ 246 Abs. 2 HGB

Das Saldierungsverbot ist in § 246 Abs. 2 Satz 1 HGB kodifiziert. Danach dürfen – wie bereits dargestellt – Aktiv- und Passivposten sowie Aufwendungen und Erträge grundsätzlich nicht gegeneinander verrechnet werden.[139] Es handelt sich hierbei um eine Ausprägung der Vorgabe nach Klarheit gemäß § 243 Abs. 2 HGB. Da die Bilanz und GuV als Bruttorechnungen gedacht sind, beeinträchtigt eine Verrechnung von Posten für gewöhnlich den Einblick in die Vermögens-, Finanz- und Ertragslage. Im Extremfall kann dieser Einblick sogar verloren gehen, was letztlich eine Verletzung des Grundsatzes der Klarheit und Übersichtlich nach sich zieht.

Ausnahmen

Allerdings bestehen sowohl für in der Bilanz als auch in der GuV zu erfassende Sachverhalte, einige, z.T. gesetzlich geregelt Ausnahmen vom Saldierungsverbot. Bilanzseitig stehen diese Ausnahmen im Wesentlichen in Zusammenhang mit Forderungen und Verbindlichkeiten. Wenn es sich um gleichartige Forderungen und Verbindlichkeiten zwischen denselben Personen handelt, sollte nach h.M. eine Saldierung immer dann vorgenommen werden, wenn die beiden Positionen sich aufrechenbar i. S. der §§ 387 ff. BGB gegenüberstehen. Hier trägt die Saldierung dazu bei, dass die Aussagefähigkeit des Jahresabschlusses verbessert wird. So wird nach h.M. sowohl das haftende Vermögen als auch die wirkliche Liquiditätslage besser dargestellt, wenn die betreffenden Forderungen und Verbindlichkeiten so ausgewiesen werden, wie sie sich nach einer – jederzeit möglichen – Aufrechnung darstellen würden.

Aufrechnungslage

Eine solche Aufrechnungslage ist nach h.M. unter den folgenden Voraussetzungen gegeben:

- Identität von Gläubiger und Schuldner der bilanzierenden Unternehmen

  Zur Zulässigkeit einer Aufrechnung ist es zwingend erforderlich, dass das Unternehmen gegenüber dem Gläubiger der Verbindlichkeit gleichzeitig eine Forderung besitzt.

- Gleichartigkeit der Forderungen und Verbindlichkeiten

  Ausschlaggebend für die Gleichartigkeit ist die Art der Leistung, die noch aussteht. Sie ist immer dann als gegeben anzusehen, wenn einer Geldforderung eine ebenfalls in Geld zu leistende Verbindlichkeit gegenübersteht.

- Fälligkeiten der Forderungen und Verbindlichkeiten

  Wenn nur die Forderung des bilanzierenden Unternehmens am Bilanzstichtag fällig ist, während die ihr gegenüberstehende Verbindlichkeit noch nicht fällig, aber bereits erfüllbar ist, darf das bilanzierende Unternehmen eine Aufrechnung vornehmen. Die Aufrechnungsmöglichkeit besteht allerdings nicht für den anderen Teil. Sind die Forderungen und Verbindlichkeiten allerdings noch nicht fällig, scheidet eine Saldierung aus. Weiterhin ist in diesem Zusammenhang zu beachten,

---

[138] Hierzu Ruhnke/Sievers/Simons, Rechnungslegung nach IFRS und HGB, 4. Aufl. 2018, S. 209.

[139] Zu den folgenden Ausführungen vgl. stellvertretend Roos, DB 2013, 2759-2760.

dass die Forderungen und Verbindlichkeiten nicht wesentlich voneinander abweichen dürfen.

Gesamtschuldverhältnisse

Darüber hinaus wird es für Gesamtschuldverhältnisse als zulässig erachtet, eine im Außenverhältnis bestehende Gesamtschuld mit den im Innenverhältnis bestehenden Rückgriffsansprüchen gegen die Mitschuldner zu verrechnen, wenn diese Ansprüche rechtlich zweifelsfrei und vollwertig sind und wenn durch eine Verrechnung insgesamt ein zutreffendes Bild der tatsächlichen Vermögens- und Finanzlage vermittelt wird. Eine Verrechnung ist jedoch nicht mehr zulässig, wenn und soweit der Gläubiger das bilanzierende Unternehmen tatsächlich in Anspruch genommen hat. Bei Kontokorrentkonten ist ebenfalls vom Verrechnungsverbot zu abstrahieren.

Einzelbestimmungen für Bilanz

Zudem finden sich im HGB folgende Einzelbestimmungen, die eine Verrechnung in der Bilanz erlauben:

- Nach § 246 Abs. 2 Satz 2 HGB ist das Plan- oder Deckungsvermögen zur Finanzierung von Pensions- und ähnlichen Verpflichtungen mit diesen Verpflichtungen zu verrechnen.[140]
- Nach § 268 Abs. 5 Satz 2 HGB können erhaltene Anzahlungen auf Vorräte von diesem Aktivposten offen abgesetzt werden.
- Nach § 274 Abs. 1 HGB können Forderungen und Verbindlichkeiten aus der Abgrenzung latenter Steuern saldiert ausgewiesen werden.[141]

Einzelbestimmungen für GuV

Für die GuV finden sich im HGB die folgenden Einzelvorschriften, die eine Saldierung zulassen bzw. vorschreiben:

- Die Erhöhung und Verminderung des Bestands an fertigen und unfertigen Erzeugnissen ist im Gesamtkostenverfahren nach § 275 Abs. 2 Nr. 2 HGB saldiert darzustellen.[142]
- Nach § 276 HGB dürfen kleine und mittelgroße Kapitalgesellschaften die in § 275 Abs. 2 Nr. 1-5 oder Abs. 3 Nr. 1-3 und Nr. 6 HGB genannten Posten zum Rohergebnis zusammenfassen.
- Nach § 277 Abs. 1 HGB können die Umsatzerlöse um Erlösschmälerungen gekürzt werden. Für Kapitalgesellschaften und Kapital&Co.-Gesellschaften ist diese Kürzung verpflichtend.

2.2.2.7 Grundsatz der Stetigkeit

Vergleichbarkeit

Aus Informationen über die Vermögens-, Finanz- und Ertragslage eines Unternehmens zu verschiedenen Zeitpunkten lässt sich nur dann die Entwicklung des Unternehmens erkennen, wenn diese Informationen vergleichbar sind. Vergleichbarkeit der Informationen bedeutet zum einen eine sorgfältige Periodenabgrenzung[143] und zum anderen die inhaltliche Gleichartig-

---

[140] Hierzu Abschn. 5.2.6.3.

[141] Hierzu Abschn. 4.9.

[142] Hierzu Abschn. 3.1.2.2.

[143] Hierzu Abschn. 2.2.2.12.

keit der Periodenabschlüsse. Da durch häufigen Wechsel der Erfassungs-, Ausweis- und Bewertungsmethoden eine willkürliche Beeinflussung des Bilanz- und Erfolgsbildes erreicht werden kann, ergibt sich der Grundsatz der Stetigkeit nicht nur aus dem Zwecke der Vergleichbarkeit, sondern auch aus dem Grundsatz der Klarheit und Willkürfreiheit. Demnach sind stets die gleichen Gliederungsbegriffe und -schemata zu verwenden (formelle Stetigkeit) sowie die einzelnen Posten immer in der gleichen Art und Weise anzusetzen und zu bewerten (materielle Stetigkeit).[144]

Abweichung

Eine Abweichung von der Stetigkeit ist nach § 252 Abs. 2 HGB nur in begründeten Ausnahmefällen zulässig. In Bezug auf die Bewertung ergibt sich dies unmittelbar aus § 252 Abs. 2 HGB und in Bezug auf den Bilanzansatz durch den Verweis in § 246 Abs. 3 Satz 2 HGB auf § 252 Abs. 2 HGB. Derartige Abweichungen sind von Kapitalgesellschaften und haftungsbeschränkten Personenhandelsgesellschaften im Anhang anzugeben und zu begründen (Erläuterung von Unstetigkeiten gemäß § 284 Abs. 2 Nr. 2 HGB).[145]

Begründeter Ausnahmefall

Dabei stellt sich die Frage, wie der unbestimmte Rechtsbegriff „begründeter Ausnahmefall" zu interpretieren bzw. auszulegen ist. Als Auslegungshilfen kommen z.B. der IDW RS HFA 3, Abschnitt 5 und – in Bezug auf den Konzernabschluss – DRS 13.9 sowie die Literaturkommentierung in Betracht. Auf die ersten beiden Quellen soll hier allerdings nicht weiter eingegangen werden. In der Literatur werden Abweichungen von der Bewertungsstetigkeit insbesondere in den folgenden Fällen für zulässig erachtet:

- Änderung der Nutzungsdauer,
- Wesentliche Änderung des Beschäftigungsgrades,
- Grundlegend andere Einschätzung der Unternehmensentwicklung,
- Technische Umwälzungen von Relevanz für das Unternehmen,
- Befolgung veränderter Rechtsprechung,
- Organisatorische Veränderungen des Kostenrechnungssystems,
- …

Es sind dabei vor allem solche Sachverhalte als begründete Ausnahmen anzusehen, die sich aus einer korrekten Erfüllung der Aufgaben des Jahresabschlusses, d.h. der Zahlungsbemessungs- und Informationsfunktion, ergeben.[146]

---

144 Zur formellen und materiellen Stetigkeit ausführlich Baetge/Kirsch/Thiele, Bilanzen, 16. Aufl. 2021, S. 116-117 sowie Ruhnke/Sievers/Simons, Rechnungslegung nach IFRS und HGB, 5. Aufl. 2023, S. 203-208.

145 Bei Unstetigkeiten in der Anwendung von Bilanzierungs- und Bewertungsvorschriften müssen die genannten Unternehmen im Anhang den Grund für die Abweichung angeben, die neue Methode erläutern und ihren (quantitativen) Einfluss auf die Vermögens-, Finanz- und Ertragslage darstellen. Da der Gesetzgeber nur Kapitalgesellschaften und haftungsbeschränkte Personenhandelsgesellschaften verpflichtet, Unstetigkeiten zu erläutern, gilt nach dem Umkehrschluss, dass alle anderen Unternehmen der Pflicht zur Erläuterung von Unstetigkeiten zwar nach dem Gesetz – nicht aber nach den GoB – enthoben sind.

146 Vgl. Coenenberg/Haller/Schultze, Jahresabschluss und Jahresabschlussanalyse, 26. Aufl. 2021, S. 47-49.

2.2.2.8 Grundsatz der Bilanzidentität

§ 252 Abs. 1 Nr. 1 HGB

Aus dem Grundsatz der Vollständigkeit folgt auch die Forderung nach formeller Bilanzkontinuität (auch Bilanzzusammenhang bzw. Bilanzidentität genannt). Kodifiziert ist der Grundsatz der Bilanzidentität in § 252 Abs. 1 Nr. 1 HGB. Danach muss die Eröffnungsbilanz einer Periode stets mit der Schlussbilanz der vorangegangenen Periode identisch sein, denn nur dann ist gewährleistet, dass die Periodenabschlüsse tatsächlich alle während einer Periode, aber auch alle während der Lebensdauer des Unternehmens (Totalperiode) eingetretenen Vermögensänderungen erfassen.[147] Der Grundsatz der Bilanzidentität leitet sich zudem auch aus dem Grundsatz der Vergleichbarkeit, und hier aus dem der formellen Stetigkeit ab.[148]

2.2.2.9 Grundsatz der Fortführung der Unternehmenstätigkeit

§ 252 Abs. 1 Nr. 2 HGB

§ 252 Abs. 1 Nr. 2 HGB besagt, dass bei der Bewertung der Bilanzposten von der Fortführung der Unternehmenstätigkeit auszugehen ist, sofern dem nicht tatsächliche oder rechtliche Gegebenheiten entgegenstehen.[149] Bei der Erstellung des Jahresabschlusses wird daher unterstellt, dass das Unternehmen seine Tätigkeit auf unbestimmte Zeit nicht aufgeben bzw. die Existenz des Unternehmens nicht beendet wird.

Fortführungswerte

Dem Grundsatz folgenden ist es dem Bilanzierenden nicht gestattet, ohne zwingenden Grund von einer Zerschlagungsfiktion auszugehen. Die Vermögensgegenstände sollen gemäß ihrer tatsächlich beabsichtigten Verwendung im betrieblichen Leistungsprozess des Unternehmens mit ihren sog. Fortführungswerten bewertet werden. Eine Bewertung zu Liquidationswerten ist aufgrund dessen nur in Ausnahmefällen als zulässig zu erachten.

Rechenschaftszweck

Das Konzept der Bilanzierung zu Fortführungswerten resultiert aus dem einen Teil des Zwecksetzung des Jahresabschlusses, nämlich Rechenschaft[150] über den periodengerechten Jahreserfolg abzulegen. Konkretisiert wird der Grundsatz der Unternehmensfortführung z.B. durch die Vorschriften zur planmäßigen Abschreibung von Gegenständen des abnutzbaren Anlagevermögens auf der Basis der ermittelten Anschaffungs- oder Herstellungskos-

---

[147] Vgl. Coenenberg/Haller/Schultze, Jahresabschluss und Jahresabschlussanalyse, 26. Aufl. 2021, S. 43.

[148] Vgl. Ruhnke/Sievers/Simons, Rechnungslegung nach IFRS und HGB, 5. Aufl. 2023, S. 203-204.

[149] Der Annahme der Unternehmensfortführung entgegenstehende tatsächliche Gegebenheiten sind vorrangig wirtschaftliche Schwierigkeiten. Es ist jedoch nicht möglich, wirtschaftliche Tatbestände zu benennen, die zwingend eine Unternehmensfortführung ausschließen. Ersatzweise lassen sich Sachverhalte benennen, die eine Fortführung gefährden können. Hierzu zählen z.B. das Unvermögen existenznotwendige Investitionen durchführen zu können oder der Wegfall wesentlicher Kreditgeber, Zulieferer oder Kunden. Als entgegenstehende rechtliche Gegebenheiten kommen z.B. die Eröffnung des Insolvenzverfahrens oder Satzungsvorschriften, welche die Auflösung der Gesellschaft zur Folge haben, in Betracht. Grundsätzlich ist in der Praxis die Zahlungsunfähigkeit der bedeutendste Grund für die Eröffnung eines Insolvenzverfahrens.

[150] Hierzu Abschn. 2.1.2.

ten.[151] Ergänzt wird das Konzept der Bilanzierung auf Basis von Fortführungswerten durch die Forderung, dass die Fortführungswerte durch niedrigere Werte bezüglich der Vermögenswerte (Niederstwerte) bzw. durch höhere Werte bezüglich der Schulden (Höchstwerte) zu ersetzen sind, wenn konkrete Informationen über solche abweichenden Werte vorliegen.

Abweichung

Eine Abweichung vom Prinzip der Unternehmensfortführung und eine damit verbundene Bewertung zu Zerschlagungswerten ist die Konsequenz des Kapitalerhaltungszwecks des Jahresabschlusses. Im Lagebericht sind dann die Gründe und Anhaltspunkte zu erläutern, die zu der Einstellung des Geschäftsbetriebes führen, die Modalitäten der Abwicklung darzustellen und die voraussichtlichen finanziellen Auswirkungen aufzuzeigen. Eine Bewertung zu Zerschlagungswerten kommt allerdings noch nicht in Frage, wenn lediglich Zweifel an der Prämisse der Fortführung der Unternehmenstätigkeit aufkommen sollten. Erst bei tatsächlich beabsichtigter oder rechtlich gegebener Liquidation sind Zerschlagungswerte in der Bilanz anzusetzen. Das bedeutet, dass die Vermögensgegenstände erst dann mit ihren voraussichtlich erzielbaren Liquidations- oder Veräußerungserlösen zu bewerten sind, wenn die Beendigung der Unternehmenstätigkeit in absehbarer Zeit tatsächlich beabsichtigt bzw. – etwa im Insolvenzfall – rechtlich geboten ist. Aber auch dann, wenn von der Fortführung der Unternehmenstätigkeit nicht mehr ausgegangen werden kann, dürfen die Wertansätze der Vermögensgegenstände ihre ursprünglichen Anschaffungs- oder Herstellungskosten nicht überschreiten. Hierin kommt das Vorsichtsprinzip[152] zum Ausdruck, da ein Wertansatz oberhalb der fortgeführten Anschaffungs- oder Herstellungskosten zur Bilanzierung nicht realisierter Gewinne führen würde. Mehrerlöse oberhalb des Buchwertes, die durch einen hohen Zerschlagungswert des einzelnen Vermögensgegenstandes oder bei einer Veräußerung des Betriebs als Ganzes erwartet werden, sind nicht zu berücksichtigen, sondern werden erst bei der Verwertung der Vermögensgegenstände realisiert. Umgekehrt sind aufgrund des Imparitätsprinzips[153] alle aus der Einstellung der Unternehmenstätigkeit resultierenden Verpflichtungen zu berücksichtigen.

Allgemein kann festgehalten werden, dass sich das sog. „*going concern*-Prinzip“, wie dieser Grundsatz auch genannt wird, aus der Forderung nach Vergleichbarkeit der Jahresabschlussinformationen, dem Grundsatz der Richtigkeit und Willkürfreiheit sowie dem Realisationsprinzip[154] ergibt.[155]

Bezugsperiode

Grundsätzlich sind bei der Beurteilung der *going-concern*-Annahme auch Maßnahmen zur Krisenbewältigung – z.B. Umstrukturierungen – zu berücksichtigen. Als Bezugsperiode für die Beurteilung nennt die Literatur überwiegend ein Jahr. Dieser Zeitraum kann im Einzelfall allerdings

---

151 Hierzu ausführlich Abschn. 4.2.3.2. Die Abschreibungen sind planmäßig, wenn die Nutzungsdauer, der Nutzungsverlauf und der Restbuchwert eines Vermögensgegenstandes bereits bei seinem Zugang auf der Grundlage der Pläne (Erwartungen) des Bilanzierenden festgelegt werden und die Abschreibung auf dieser Basis ermittelt wird.

152 Hierzu Abschn. 2.2.2.10.

153 Hierzu Abschn. 2.2.2.11.

154 Hierzu Abschn. 2.2.2.11.

155 Vgl. Coenenberg/Haller/Schultze, Jahresabschluss und Jahresabschlussanalyse, 26. Aufl. 2021, S. 48 sowie ausführlich Baetge/Kirsch/Thiele, Bilanzen, 16. Aufl. 2021, S. 122-124.

auch ausgeweitet werden. Die entgegenstehenden Gegebenheiten müssen sich hinreichend konkretisiert haben, sodass ein Zweifel an der Unternehmensfortführung alleine nicht ausreicht. Gleichwohl lässt sich oftmals nur schwierig beurteilen, ob die Unternehmensfortführung tatsächlich über einen Zeitraum von einem Jahr hinweg gegeben ist.

Verhältnisse am Abschlussstichtag

Entscheidend für die Beurteilung der Unternehmensfortführung sind grundsätzlich die Verhältnisse am Abschlussstichtag. Gleichwohl sind Ereignisse zu berücksichtigen, die nach dem Abschlussstichtag eingetreten sind, sofern diese bessere Erkenntnisse über die Verhältnisse zum Abschlussstichtag liefern. Solche Ereignisse, die als *going-concern*-aufhellende Ereignisse bezeichnet werden können, waren zum Abschlussstichtag bereits begründet, sind allerdings erst nach dem Stichtag bekannt geworden. Ein Beispiel hierfür wäre, dass ein zentraler Zulieferer im alten Geschäftsjahr einen Insolvenzantrag gestellt hat und hierdurch bedingt seinen Unternehmensbetrieb einstellen musste. Allerdings wird dem bilanzierenden Unternehmen – welches hierdurch annahmegemäß selbst in seiner Fortführung gefährdet ist – diese Information erst im neuen Geschäftsjahr bekannt. Weiterhin sind bei der Beurteilung der Fortführungsannahme auch Ereignisse zu berücksichtigen, die nach dem Abschlussstichtag eingetreten sind (*going-concern*-begründende Ereignisse).

Stichtag

Als Stichtag für die Berücksichtigung von Ereignissen, die nach dem Abschlussstichtag eingetreten sind, erscheint der Zeitpunkt der Erteilung des Bestätigungsvermerks durch den Abschlussprüfer sinnvoll.

Auswirkungen des Wegfalls

Die Auswirkungen des Wegfalls der *going-concern*-Annahme sind gesetzlich nicht geregelt. Einigkeit besteht dahingehend, dass in diesem Fall Liquidationsaspekte zu beachten sind. Liquidationsaspekte sind umso stärker zu beachten, je sicherer und/oder näher das tatsächliche Ende der Unternehmenstätigkeit ist. Ist das tatsächliche Ende sicher, dann sind z.B. das Anlagevermögen auf die erwarteten Veräußerungserlöse abzüglich Veräußerungskosten ab- oder zuzuschreiben, die Vorräte zu Einzelveräußerungspreisen am Absatzmarkt abzüglich Veräußerungskosten anzusetzen und ggf. auch zusätzliche Rückstellungen zu bilden, die aus der Einstellung des Unternehmensbetriebs resultieren (z.B. Sozialplanrückstellungen). Die auf diese Weise erstellte Bilanz wird auch als Liquidationsstatus bezeichnet.[156]

2.2.2.10 Grundsatz der Einzelbewertung

§ 252 Abs. 1 Nr. 3 HGB

Der in § 252 Abs. 1 Nr. 3 HGB geregelte Grundsatz der Einzelbewertung besagt, dass generell jeder Vermögensgegenstand und jede Schuld im Jahresabschluss einzeln, d.h. ohne Verrechnung mit anderen Vermögensgegenständen und Schulden, zu bewerten ist. Er verpflichtet den Bilanzierenden, für jeden Vermögensgegenstand und jede Schuld den jeweiligen Wert gemäß den Grundsätzen ordnungsmäßiger Buchführung zu dokumentieren, nachzuweisen und ggf. zu begründen.[157]

---

156 Zu den vorangegangenen Ausführungen siehe Ruhnke/Sievers/Simons, Rechnungslegung nach IFRS und HGB, 5. Aufl. 2023, S. 201-202.

157 Hierzu sowie zu den nachfolgenden Ausführungen Baetge/Kirsch/Thiele, Bilanzen, 16. Aufl. 2021, S. 125-126.

Objektivierte Werte

Für die unternehmensexternen Abschlussadressaten ist es wichtig, dass die im Jahresabschluss ausgewiesenen Werte objektiv über die Lage des Unternehmens informieren. Diese Objektivierung der Werte kann nur erreicht werden, indem die einzeln erfassten und bewerteten Vermögensgegenstände und Schulden im Jahresabschluss gegenübergestellt werden. Mit dem Jahresabschluss wird so ein detailliertes Bild über das Schuldendeckungspotential des Unternehmens gezeichnet.[158]

Ausnahmen

In begründeten Ausnahmefällen darf nach § 252 Abs. 2 HGB von der Einzelerfassung und -bewertung abgewichen werden. Begründete Ausnahmefälle liegen z.B. dann vor, wenn nach dem Grundsatz der Wirtschaftlichkeit[159] Vereinfachungen durch Zusammenfassung von bestimmten Vermögensgegenständen unter bestimmten engen Voraussetzungen sinnvoll sind und der Grundsatz der Wesentlichkeit[160] nicht gegen die Vereinfachung spricht.

Zusammenfassung von Vermögensgegenständen

Unter bestimmten Voraussetzungen können Vermögensgegenstände zusammengefasst werden. Dies ist z.B. in folgenden Fällen möglich:

- Viele Unternehmen haben eine sehr große Anzahl von Vorräten, die zudem häufig unterschlagen werden. Sofern bestimmte Voraussetzungen erfüllt sind, erlaubt der Gesetzgeber Erleichterungen bei der Bewertung der Vorräte. Zu nennen sind insbesondere die Festbewertung (§ 240 Abs. 3 HGB), die Gruppenbewertung (§ 240 Abs. 4 HGB) sowie die Bewertungsvereinfachungsverfahren des § 256 HGB (Sammelbewertung)[161].
- Verfügt ein Unternehmen über Vermögensgegenstände, die ausschließlich der Erfüllung der Schulden aus Altersversorgungsverpflichtungen dienen (sog. Plan- oder Deckungsvermögen), sind diese nach § 246 Abs. 2 Satz 2 HGB mit den entsprechenden Schulden zu verrechnen. Dieses Verrechnungsgebot stellt eine bewusste Ausnahme des Gesetzgebers von der Einzelbewertung dar. Das Deckungsvermögen steht ausschließlich für die Befriedigung der Altersversorgungsverpflichtungen zur Verfügung und kann vom Unternehmen nicht anderweitig genutzt werden. Durch die Saldierung wird nur die verbleibende Belastung des Unternehmens und damit ein stärker den tatsächlichen Verhältnissen entsprechendes Bild der Vermögens-, Finanz- und Ertragslage dargestellt.
- Schließt ein Unternehmen ein Geschäft im Ausland ab (Grundgeschäft), sind damit oft Währungsrisiken verbunden. Solche Risiken kann das Unternehmen mit gegenläufig wirkenden Sicherungsgeschäften (z.B. mit Terminverkäufen) vermindern oder ausschließen. Eine währungsbedingte Wertminderung der Forderung kann durch positive Effekte aus dem Sicherungsgeschäft kompensiert werden. Würden Grund- und Sicherungsgeschäft einzeln bewertet werden, müsste die Wertminderung der Forderung berücksichtigt werden, während die unrealisierten Gewinne

[158] Die Rechenschaftspflicht des Bilanzierenden und die Vertrauenswürdigkeit des Jahresabschlusses wären dagegen mit einem auf der Grundlage von geschätzten (subjektiven) Zahlungsströmen errechneten Gesamtwert aufgrund der mangelnden Objektivität der Wertansätze nicht erfüllbar.

[159] Hierzu Abschn. 2.2.2.13.

[160] Hierzu Abschn. 2.2.2.13.

[161] Hierzu Abschn. 4.2.3.2.2.

des Sicherungsgeschäfts aufgrund des Imparitätsprinzips[162] nicht erfasst werden dürften. Tatsächlich ist das Unternehmen – eine perfekte Sicherungsbeziehung vorausgesetzt – aber keinem Währungsrisiko ausgesetzt. Eine strenge und enge Anwendung des Einzelbewertungsgrundsatzes würde die Abbildung der wirtschaftlichen Lage verzerren und wäre weder mit dem Rechenschaftszweck zu vereinbaren noch würde sie der Kapitalerhaltung dienen. Grund- und Sicherungsgeschäft sind daher als Bewertungseinheit zu sehen, d.h., dass der Einzelbewertungsgrundsatz hinsichtlich der abgesicherten Risiken nur auf diese Einheit und nicht auf die Einzelgeschäfte anzuwenden ist (§ 254 HGB). Neben Währungsrisiken können vor allem Zins- und Ausfallrisiken kompensiert werden.

- Auch in weiteren Fällen, die nicht im Gesetz geregelt sind, sondern durch die Rechtsprechung oder das Schrifttum entwickelt wurden, dürfen einzelne Bewertungssubjekte zusammengefasst werden. Zum Beispiel hat der BFH handelsrechtlich akzeptable Voraussetzungen formuliert, die erfüllt sein müssen, um Verbindlichkeitsrückstellungen[163] mit noch nicht entstandenen Rückgriffsansprüchen verrechnen zu dürfen.

2.2.2.11 Grundsatz der Vorsicht

§ 252 Abs. 1 Nr. 4 HGB

Ein prägender Grundsatz des deutschen GoB-Systems ist das Vorsichtsprinzip. Dieses ist in § 252 Abs. 1 Nr. 4 HGB kodifiziert. Danach hat der bilanzierende Kaufmann den Wert seiner Vermögensgegenstände und Schulden vorsichtig zu bewerten, wobei dies im Gesetz nicht weiter konkretisiert wird. Das Vorsichtsprinzip ist heranzuziehen, wenn beim Bilanzierenden bezüglich künftiger Sachverhalte unsichere Erwartungen vorliegen. Prinzipiell hat der Kaufmann dem Grundsatz der Vorsicht folgenden, die Vermögensgegenstände eher zu niedrig und die Schulden eher zu hoch zu bewerten. Der Kaufmann soll sich somit lieber „zu arm" als „zu reich" rechnen.[164]

Asymmetrische Bilanzierung

Eine solche asymmetrische Bilanzierungsweise scheint zwar auf den ersten Blick dem Kapitalerhaltungszweck gerecht zu werden, aber sie würde dem grundsätzlich als gleichrangig einzustufenden Rechenschaftszweck zuwiderlaufen. Wird nur die abzuschließende Periode betrachtet, führt die vorsichtige Bewertung zu einer Gewinnminderung und damit zu einer Minderung des Ausschüttungspotentials. Die Unterbewertung von Vermögensgegenständen und/oder die Überbewertung von Schulden führt indes zur Bildung stiller Rücklagen, deren Existenz und Umfang die Jahresabschlussadressaten i.d.R. nicht erkennen können. Wegen des dadurch unzutreffenden Bildes der wirtschaftlichen Lage des Unternehmens kann eine derartige Anwendung des Vorsichtsprinzips dem Rechenschaftszweck nicht gerecht werden.[165] Insbesondere aber die

---

[162] Hierzu Abschn. 2.2.2.11.

[163] Hierzu Abschn. 5.2.

[164] Im „Extremfall" wären Vermögensgegenstände wegzulassen und Schulden im Zweifel zu passiveren. Siehe hierzu Moxter, Bilanzlehre – Band I, 3. Aufl. 1984, S. 27.

[165] Weiterhin ist die Tatsache, dass der Vorsichtsgrundsatz oft als Vorwand für die Bildung stiller Reserven herangezogen wird, auch nicht im Einklang mit den Grundsätzen der Richtigkeit und Klarheit. Hierzu Coenenberg/Haller/Schultze, Jahresabschluss und Jahresabschlussanalyse, 26. Aufl. 20121, S. 44.

später mögliche für Externe nicht erkennbare stille Auflösung stiller Rücklagen – z.B. beim Abgang von unterbewerteten Anlagegegenständen oder bei der Auflösung von überbewerteten Rückstellungen – führt in den Folgeperioden zum Ausweis von Buchgewinnen, denen keine entsprechenden Zahlungen gegenüberstehen. Diese Buchgewinne gehen i.d.R. im Posten „Sonstige betriebliche Erträge" unter und können u.U. einen zu positiven Eindruck von der Ertragslage des Unternehmens nach sich ziehen. Im Fall einer schlechten Ertragslage können durch die stille Auflösung stiller Rücklagen Verluste aus der gewöhnlichen Geschäftstätigkeit verschleiert werden. Gleiches gilt, wenn sich stille Rücklagen ohne unmittelbaren Einfluss des Bilanzierenden wieder still auflösen.

Kapitalerhaltung

Die Möglichkeit, stille Rücklagen still aufzulösen, ist auch der Grund dafür, dass das laufende Kapital des Unternehmens nur zeitlich begrenzt gestärkt wird und eine überstrenge Interpretation des Vorsichtsprinzips damit auch nicht dauerhaft und nachhaltig dem Kapitalerhaltungszweck dient. Das Vorsichtsprinzip darf daher nicht als Rechtfertigung für beliebige Unterbewertungen von Vermögensgegenständen bzw. Überbewertung von Schulden verstanden werden, weil sonst in Folgejahren mit den gebildeten stillen Rücklagen erhebliche Bilanzpolitik betrieben werden kann. Das Vorsichtsprinzip sollte daher nur solche Sachverhalte abdecken, bei denen die künftige Entwicklung ungewiss ist. Aus diesem Grund sind z.B. die in § 255 Abs. 2 HGB enthaltenen Wahlrechte zur Bestimmung der Herstellungskosten[166] keine Ausprägung des Vorsichtsprinzips.

Willkürfreiheit

Zudem ist bei der Anwendung des Vorsichtsprinzips der Grundsatz der Willkürfreiheit zu beachten, da die Schätzung von zu antizipierenden Risiken häufig auf subjektiven Erwartungen beruht. Der Bilanzierende darf dabei nur Risiken berücksichtigen, die er bei Auswertung aller ihm zugänglichen Informationen für möglich hält. Als Daumenregel erscheint es im Hinblick auf einen möglichen vorsichtigen Wertansatz vertretbar, einen Wert anzusetzen, der nur noch mit einer Wahrscheinlichkeit von etwa 20% nicht unterschritten (Vermögenswerte) oder überschritten (Schulden) wird.[167] Ausnahmen vom Vorsichtsprinzip i.S. des § 252 Abs. 2 HGB sind nicht erkennbar.

Ausfüllung von Bewertungsspielräumen

In vielen Bilanzposten gehen Zukunftserwartungen ein, z.B. in die Rückstellungen und in die Bewertung des abnutzbaren Anlagevermögens. Die Bedeutung des Vorsichtsprinzips liegt in diesen Fällen nicht darin, selbst einen Bewertungsmaßstab vorzugeben. Vielmehr legt das Vorsichtsprinzip nur fest, wie der Kaufmann diejenigen Bewertungsspielräume auszufüllen hat, die trotz der durch andere GoB sowie durch spezielle handelsrechtliche Bewertungsvorschriften vorgegebenen Bewertungsregeln zwangsläufig noch verbleiben.

Das Vorsichtsprinzip hat daher bei der Bewertung von Vermögensgegenständen und Schulden einerseits eine Bedeutung als Schätzmaßstab. Die Ungewissheit der Zukunft aufgrund unvollständiger Informationen lässt allerdings oft nur Intervallschätzungen zu. Da in der Bilanz aber nur ein punktueller Wert angesetzt werden darf, ist aus der ermittelten Bandbreite mehr oder weniger gleich wahrscheinlicher Werte ein Wert für

---

166 Hierzu Abschn. 3.3.2.3.

167 Hierzu Ruhnke/Sievers/Simons, Rechnungslegung nach IFRS und HGB, 5. Aufl. 2023, S. 218.

die Bilanz auszuwählen, Das Vorsichtsprinzip hat andererseits also die Aufgabe, eine genaue Bilanzierungsanweisung zu geben, welcher Wert aus einer möglichen Bandbreite zu bilanzieren ist.

Als Konsequenz aus den gleichrangigen Jahresabschlusszwecken der Rechenschaft und der Kapitalerhaltung ist eine Bilanzierung nach dem Motto „Vorsicht mit Rücksicht auf die Rechenschaft" oder umgekehrt „Rechenschaft mit Rücksicht auf die Vorsicht" gefordert. Aus diesem Grund muss derjenige Wert aus der Bandbreite der möglichen Werte angesetzt werden, welcher sowohl dem Vorsichtsgedanken Rechnung trägt als auch die Informationsfunktion des Jahresabschlusses i.S. von Rechenschaft erfüllt.

Bei einer Vielzahl von lediglich mit Bandbreitenschätzungen für Bilanzierungsgegenstände zu bewertenden Sachverhalten ist nach der Auffassung von *Baetge/Kirsch/ Thiele* das Vorsichtsprinzip bei mehrwertigen Erwartungen (i.S. von Schätzbandbreiten) der wahrscheinlichste Wert[168] und bei symmetrischer Verteilung, z.B. bei der Normalverteilung, der arithmetische Mittelwert zu bilanzieren. Denn nach dem „Zentralen Grenzwertsatz der Wahrscheinlichkeitsrechnung" gleichen sich bei einer ausreichenden Zahl von Bilanzposten, die mit einem Mittelwert berechnet worden sind, mit hoher Wahrscheinlichkeit positive und negative Abweichungen vom Mittelwert aus. Die Bilanzierung der Mittelwerte der Bandbreiten entspricht durch die Wirkung des Zentralen Grenzwertsatzes den Grundsätzen der Objektivität und der Richtigkeit.

Bandbreitenrückstellung

Baetge/Kirsch/Thiele regen in diesem Zusammenhang die Passivierung einer sog. Bandbreitenrückstellung an. Da dies handelsrechtlich nicht zulässig ist, muss es allerdings aufgrund des Vorsichtsprinzips bei der Bilanzierung des pessimistischen Wertes der Bandbreite bleiben, obwohl diese Vorgehensweise zur Bildung stiller Rücklagen führt, und damit letztlich dem Rechenschaftszweck konterkariert. Bei einer Überbetonung des Vorsichtsprinzips ist folgender Aussage ein hoher Wahrheitsgehalt beizumessen: eine gute Bilanz ist immer noch viel besser, und eine schlechte Bilanz immer noch viel schlechter.[169]

---

[168] Diesbezüglich finden sich in der Literatur allerdings auch eine andere Auffassung. Danach gebietet das Vorsichtsprinzip bei Vorliegen einer Schätzbandbreite möglicher Werte, im Zweifel eher den pessimistischeren als den wahrscheinlichsten Wert zu wählen. So z.B. Ruhnke/Sievers/Simons, Rechnungslegung nach IFRS und HGB, 4. Aufl. 2018, S. 218. *Coenenberg et al.* nehmen in diesem Zusammenhang im Hinblick auf Rückstellung folgende Differenzierung vor: Liegen – z.B. bei Steuerrückstellungen – einwandfrei feststehende Tatsachen vor, die eine weitgehend sichere Vorhersage ermöglichen, so ist der danach erwartete Betrag in der Bilanz als Rückstellung zu passiveren. Wenn es sich um häufig auftretende Ereignisse handelt und statistische Daten verfügbar sind, so ist als Rückstellungshöhe der statistische Erwartungswert anzusetzen (z.B. bei Pensions- oder Gewährleistungsrückstellungen). Das Vorsichtsprinzip greift hingegen bei der Beurteilung von Sachverhalten, bei denen nur subjektive Erwartungen vorliegen, die auf zurückliegenden nur i.w.S. ähnlichen Erfahrungen beruhen. In diesen Fällen ist die Rückstellung zum höchsten Wert zu passivieren, der noch als realistisch angesehen werden kann (z.B. Rückstellung für eine einzelne Bürgschaftsverpflichtung). Vgl. Coenenberg/Haller/Schultze, Jahresabschluss und Jahresabschlussanalyse, 26. Aufl. 2021, S. 44.

[169] Hierzu sowie zu den vorangegangenen Ausführungen Baetge/Kirsch/Thiele, Bilanzen, 16. Aufl. 2021, S. 137-140.

2.2.2.12 Abgrenzungsgrundsätze

2.2.2.12.1 Allgemeines

Zurechnung der Nettovermögensänderungen

Dem Grundsatz der Vollständigkeit folgend, müssen sämtliche Wertänderungen in der Buchführung erfasst werden. Darauf aufbauend legen die sog. Abgrenzungsgrundsätze fest, welcher Periode die Nettovermögensänderungen zuzurechnen sind und unter welchen Umständen einer bestimmten Periode künftige einzelgeschäftliche Verluste zugerechnet werden. Durch die Zurechnung der einzelnen Nettovermögensänderungen zu bestimmten Rechnungsperioden determinieren die Abgrenzungsgrundsätze, was als Aufwand und Ertrag einer Periode gilt und legt so den Periodenerfolg fest.

Abgrenzungsgrundsätze

Unter dem Oberbegriff „Abgrenzungsgrundsätze" werden folgende vier Prinzipien zusammengefasst:

- das Realisationsprinzip,
- der Grundsatz der sachlichen Abgrenzung,
- der Grundsatz der zeitlichen Abgrenzung,
- das Imparitätsprinzip.

2.2.2.12.2 Realisationsprinzip

§ 252 Abs. 2 Nr. 4 HGB

Das Realisationsprinzip ist in § 252 Abs. 2 Nr. 4 2.HS HGB kodifiziert und stellt den zentralen Abgrenzungsgrundsatz dar. Dabei umfasst es zwei Aspekte: zum einen regelt es, wann ein Erzeugnis bzw. eine Leistung eines Unternehmens als „realisiert" gilt, d.h. zu welchem Zeitpunkt ein Ertrag entstehen darf. Zum anderen bestimmt es den Wert, mit dem die noch nicht realisierten Erzeugnisse bzw. Leistungen in der Bilanz auszuweisen sind (Anschaffungswertprinzip). Ein Erlös aus dem Verkauf von Sachgütern bzw. Dienstleistungen gilt erst zu dem Zeitpunkt als realisiert und somit in der Bilanz als ausweisfähig, wenn die (Haupt-)Lieferung oder Leistung bewirkt wurde. Es ist insofern nicht ausreichend, dass allein die Absatzbedingungen (Verkaufspreis und -menge) vertraglich fixiert sind, stattdessen muss die wirtschaftliche Verfügungsmacht des absatzfähigen Gutes auf den Käufer übergegangen sein. Der Käufer trägt ab dem sog. Realisationszeitpunkt die Gefahr eines zufälligen Untergangs oder einer Verschlechterung des Gutes (Gefahrenübergang). Zu diesem Zeitpunkt sind die Beschaffungs-, Produktions- und Absatzrisiken weitgehend eliminiert. Es verbleiben lediglich wenige Risiken, z.B. latente Gewährleistungs- oder Bonitätsrisiken, sofern diese nicht durch die Niederstwertvorschriften abgedeckt sind.

Differenzierung nach Vertragsarten

Für verschiedene Vertragsarten kann die allgemeine Regel zur Bestimmung des handelsrechtlichen Realisationszeitpunktes weiter differenziert werden:

- Bei Verkaufsgeschäften kann der Verkäufer dann einen Gewinn realisieren, wenn ein Kaufvertrag abgeschlossen wurde und er die Hauptleistung erbracht hat. Typischerweise hat das verkaufte Gut zu diesem Zeitpunkt den Verfügungs- bzw. Verwertungsbereich des Verkäufers verlassen und die Abrechnungsfähigkeit ist gegeben. Zumindest muss aber die Preisgefahr auf den Käufer übergegangen sein. In der Praxis vereinbaren die Vertragsparteien den Gefahrenübergang oft mit Hilfe von internationalen Handelsklauseln, den sog. Incoterms (International Commercial Terms). So bedeutet z.B. die Klausel „EXW“ (ex works), dass der Käufer die Ware beim Verkäufer abholen muss. Die Kosten und Gefahr des Transports trägt also der Käufer. Sollte die Ware beim Transport beschädigt werden, muss der Käufer den Schaden tragen. Bei der Klausel „DDP“ (delivered duty paid) muss der Verkäufer die Ware am Bestimmungsort übergeben und trägt damit die Kosten und die Gefahr des Transports.

- Bei Dienstverträgen ist der Gewinn zu realisieren, wenn die Hauptleistung erbracht wurde.
- Bei Werkverträgen muss die Leistung nach § 640 BGB vom Auftraggeber abgenommen werden, bevor die Gewinne realisiert werden können bzw. dürfen. Dies gilt vor allem für periodenübergreifende Auftragsfertigung. Problematisch ist die Gewinnrealisierung am Ende des Werkvertrags dann, wenn die Leistung über mehrere Jahre erbracht wird und es dem (eigentlich profitabel arbeitenden) Unternehmen nicht gestattet ist, vor der Endabnahme Gewinne auszuweisen. Indes ist es unter bestimmten Umständen möglich, den Gesamtauftrag in einzelne Teilleistungen aufzuteilen, indem mehrere selbständig zu erbringende Werkleistungen definiert werden und kein Gesamtfunktionsrisiko besteht. In diesem Fall darf ein Teilgewinn auch in früheren Perioden realisiert werden, wenn der Auftraggeber die Teilleistung rechtlich verbindlich abgenommen hat.
- Bei bestimmten nicht umsatzbezogenen Geschäften entstehen Vermögensgegenstände erst aufgrund eines Rechtsanspruchs. Dies ist z.B. bei Dividendenansprüchen, Gewinnabführungsverträgen oder Schadensersatzforderungen der Fall.

Periodenbezogene Gewinnermittlung

Da Gewinne erst mit dem Sprung auf den Absatzmarkt – d.h. mit erbrachter Lieferung oder Leistung – realisiert werden dürfen, dient das Realisationsprinzip dem Ziel einer vorsichtigen und durch die „Umsatzbindung“ zugleich einer periodenbezogenen Gewinnermittlung.

Durchbrechung des Realisationsprinzips

Lediglich in sehr wenigen Spezialfällen wird das Realisationsprinzip durchbrochen: Zu nennen ist z.B. die Zeitbewertung des Deckungsvermögens i.S. des § 246 Abs. 2 HGB. Die Zeitbewertung führt dazu, dass der Wert der Vermögensgegenstände u.U. über den Anschaffungskosten liegt. Da der Sprung der betreffenden Vermögensgegenstände zum Absatzmarkt indes noch nicht vollzogen ist, handelt es sich eigentlich nur um realisierbare, aber noch nicht realisierte Erträge. Die Realisation wird hier aber als vollzogen unterstellt. Ein weiteres Beispiel für eine Durchbrechung des Realisationsprinzips ist die Abzinsung von Rückstellungen. Dabei wird unterstellt, dass das durch die Rückstellungen gebundene Kapital zinsbringend angelegt werden kann. Es handelt sich insofern um noch nicht realisierte, rein kalkulatorische Zinserträge, so dass gegen das Realisationsprinzip verstoßen wird. In den genannten Fällen handelt es sich um Ausnahmen vom Realisationsprinzip, welche die Interpretation des Realisationsprinzips für alle anderen Bilanzierungssachverhalte nicht beeinflussen.

2.2.2.12.3 Grundsätze der sachlichen und zeitlichen Abgrenzung

2.2.2.12.3.1 Allgemeines

§ 252 Abs. 1 Nr. 5 HGB

Nach dem in § 252 Abs. 1 Nr. 5 HGB geregelten Periodisierungsprinzip sind Aufwendungen und Erträge unabhängig von der damit in Verbindung stehenden Zahlung den jeweiligen Perioden zuzuordnen. Dieses Prinzip wird durch das zuvor beschriebene Realisationsprinzip z.T. konkretisiert. Darüber hinaus sind weitere Regelungen, die Grundsätze der Sache und der Zeit nach, notwendig, die bestimmen, wie zeitraumbezogene Aufwendungen sowie zeitraumbezogene Erträge zu periodisieren sind. Die Grundsätze der Abgrenzung der Sache und der Zeit nach tragen zu einem am Realisations- und am Verursachungsprinzip orientierten Erfolgsausweis bei.

2.2.2.12.3.2 Grundsätze der sachlichen Abgrenzung

Verursachungsprinzip

Der Grundsatz der sachlichen Abgrenzung ist sehr eng mit dem im Rahmen der vorangegangenen Ausführungen dargestellten Realisationsprinzip verbunden. Er bestimmt nämlich, dass die durch die Leistungserstellung verursachten Nettovermögensminderungen als Aufwendungen der Periode zuzurechnen sind, in der auch die sachlich zugehörigen Leistungen (Nettovermögensmehrungen) als Ertrag realisiert werden. Für die Aufwandsverrechnung spielt daher das Prinzip einer leistungsentsprechenden Gegenüberstellung von Aufwendungen und Erträgen eine entscheidende Rolle. Man spricht hier auch vom sog. Verursachungsprinzip oder *matching principle*.[170]

Herstellungskostenbestandteile

Aus diesem Prinzip resultiert auch die Notwendigkeit, selbst geschaffene und (noch) nicht veräußerte Vermögensgegenstände am Bilanzstichtag mit den Herstellungskosten, d.h. den zu ihrer Entstehung angefallenen Aufwendungen zu bewerten. Denn hierdurch werden diese Aufwendungen GuV-wirksam in die Periode übertragen, in denen die jeweiligen Vermögensgegenstände verbraucht oder veräußert werden. Um den Umfang, der als Herstellungskosten zu qualifizierenden Aufwendungen zu konkretisieren, enthält § 255 Abs. 2 HGB eine abschließende Aufzählung der einbeziehungspflichtigen sowie einbeziehungsfähigen Herstellungskostenbestandteilen.[171]

2.2.2.12.3.3 Grundsätze der zeitlichen Abgrenzung

Periodisierung

Danach sind zum einen sämtliche streng zeitraumbezogen anfallenden Nettovermögensänderungen – d.h. die Aufwendungen und Erträge – *pro rata temporis*, sprich zeitproportional, zu periodisieren. Typische Beispiele sind Mieteinnahmen oder -ausgaben, Zinseinnahmen oder -ausgaben sowie zeitlich bedingte Abschreibungen. Diese Nettovermögensänderungen lassen ihrer Natur nach eine genaue Periodenabgrenzung zu, weil sie stets auf einen bestimmten Zeitraum bezogen sind. Soweit dieser Zeitraum mehrere Rechnungsperioden berührt, sind die Nettovermögensänderungen den betroffenen Rechnungsperioden in dem Verhältnis zuzurechnen, in welchem sich der zugrunde liegende Zeitraum auf die Rechnungsperioden verteilt. Wenn also ein Unternehmen, dessen Rechnungsperiode mit dem Kalenderjahr übereinstimmt, am 1.7.01 Miete für den Zeitraum vom 1.7.01 bis 30.6.02 zahlt, dann ist diese Miete zur Hälfte Aufwand des Jahres 01 und zur Hälfte Aufwand des Jahres 02. Daran ändert auch nicht, wenn die Zahlung nachträglich am 30.6.02 erfolgen würde.

---

[170] Hierzu Coenenberg/Haller/Schultze, Jahresabschluss und Jahresabschlussanalyse, 26. Aufl. 2021, S. 45.

[171] Hierzu ausführlich Abschn. 3.3.2.3.

Im Anschluss an die zeitliche Abgrenzung zeitraumbezogener Nettovermögensminderungen ist eine sachliche Abgrenzung vorzunehmen, wenn ein sachlicher Zusammenhang mit bestimmten Erträgen vorliegt. Darüber hinaus regelt der Grundsatz der zeitlichen Abgrenzung die Periodisierung von Nettovermögensänderungen, die weder streng zeitraumbezogen sind noch, da ihnen der Leistungsbezug fehlt, sachlich bzw. nach dem Realisationsprinzip abgegrenzt werden können. Derartige Nettovermögensmehrungen – z.B. erhaltene Schenkungen, Währungsgewinne, Sanierungsgewinne oder Verschmelzungserträgen – bzw. Nettovermögensminderungen – z.B. Schenkungen an andere Personen, Währungsverluste, katastrophenbedingte Wertminderungen – werden nach dem Grundsatz der zeitlichen Abgrenzung der Periode zugerechnet, in der sie angefallen sind.

2.2.2.12.3.4 Imparitätsprinzip

§ 252 Abs. 1 Nr. 4 HGB

Das Imparitätsprinzip ist ebenso wie das Realisationsprinzip in § 252 Abs. 1 Nr. 4 HGB – konkret im 1.HS – kodifiziert und verlangt, im Jahresabschluss alle vorhersehbaren Risiken und Verluste, die bis zum Abschlussstichtag entstanden sind, zu berücksichtigen. Man spricht hier von der sog. Verlustantizipation, die im Rahmen der nachfolgenden Ausführungen näher erläutert wird.

Nettovermögensänderungen

Durch das Realisationsprinzip und die Grundsätze der sachlichen und zeitlichen Abgrenzung ist lückenlos festgelegt, welche Nettovermögensänderungen einer Periode zuzurechnen sind. Weitere Abgrenzungsvorschriften sind grundsätzlich nicht erforderlich. Basierend auf dem allgemein als GoB anerkannten Vorsichtsprinzip werden jedoch ein das Realisationsprinzip modifizierender Grundsatz, das sog. Imparitätsprinzip als Rechnungslegungsnorm implementiert, dessen Namen sich aus der unterschiedlichen Behandlung künftiger einzelgeschäftlicher Gewinne und Verluste herleitet.

Verlustantizipation

Realisationsprinzip und zeitliche Abgrenzung bewirken, dass zukünftige einzelgeschäftliche Gewinne erst GuV-wirksam werden, wenn die zugrunde liegenden Leistungen erbracht sind bzw. der zugrunde liegende Leistungszeitraum verstrichen ist. Zukünftige einzelgeschäftliche Verluste, d.h. Verluste aus Geschäften, die durch den Kauf von Gütern oder den Abschluss von Verträgen eingeleitet wurden, aber noch nicht realisiert sind, würden ohne das Imparitätsprinzip ebenfalls erst mit Leistungserbringung bzw. mit Ablauf des Leistungszeitraums. GuV-wirksam. In solchen Fällen verlangt das Imparitätsprinzip als Ausnahme zu den anderen Abgrenzungsgrundsätzen, diese einzelgeschäftlichen Verluste, also den Betrag, um den die sachlich zugehörige Nettovermögensminderung die Nettovermögensmehrung übertrifft, so früh wie möglich – d.h. sobald sie mit ausreichender Sicherheit bekannt ist – GuV-wirksam zu erfassen, auch wenn die Leistung noch nicht erbracht oder der Leistungszeitraum noch nicht verstrichen ist (Verlustantizipation). Für einzelgeschäftliche Verluste gilt somit das Realisationsprinzip nicht.

Das Imparitätsprinzip kommt in zweifacher Weise bei der Bilanzerstellung zum Tragen:

Niederstwertprinzip

Zum einen verlangt es eine GuV-wirksame Herabsetzung des Buchwerts von Vermögensgegenständen, wenn der tatsächliche Werte eines Vermögensgegenstandes niedriger ist als der Buchwert (Niederstwertprinzip). Der „tatsächliche" Wert eines Vermögensgegenstandes entspricht dabei entweder dem bei der Veräußerung des Gegenstands erzielbaren Nettorealisationswert oder dem Barwert der bei bestimmungsgemäßer Nutzung des Vermögensgegenstands mit diesem verbundenen Nettoeinzahlungen. Maßgebend ist dabei der jeweils höhere von diesen beiden Werten, weil dieser den der günstigeren Verwendungsmöglichkeit des Vermögensgegenstands zugeordneten Wert angibt.

Schwebende Geschäfte

Zum anderen sind wahrscheinliche Verluste aus noch nicht erfüllten Liefer- oder Beschaffungsverträgen – sog. schwebende Geschäften – durch die Bildung einer entsprechenden Rückstellung[172] in jener Periode erfolgsmindernd zu erfassen, in der sie bekannt werden.

2.2.2.13 Grundsatz der Pagatorik

§ 252 Abs. 1 Nr. 5 HGB

Der Grundsatz der Pagatorik ist in § 252 Abs. 1 Nr. 5 HGB kodifiziert. Dieser Grundsatz erfordert eine Bewertung, die auf tatsächlich gezahlten Beträgen, auf Zahlungsmitteläquivalenten oder künftigen Zahlungen beruht (lat. *pagare* = zahlen). Demnach geht es bei der Erfassung von Aufwendungen und Erträgen ausschließlich um die Periodisierung von Zahlungen, was zur Folge hat, dass kalkulatorische Kosten – z.B. der kalkulatorische Unternehmerlohn[173] – keinen Eingang in den Abschluss finden darf.[174]

Gezahlte bzw. zu zahlende Marktpreise

Der Grundsatz der Pagatorik lässt im Jahresabschluss also ausschließlich eine Bewertung zu, die entweder auf tatsächlich gezahlten oder zu zahlenden Beträgen oder bei Verbindlichkeiten auf geplanten Rückzahlungen bzw. bei Rückstellungen auf zu erwartenden künftigen Auszahlungen beruht. Dies bedeutet für die Bewertung von Vermögensgegenständen, dass sich der Wert für ein bestimmtes Gut nicht aus einer rein individuellen Wertvorstellung des Bilanzierenden ableiten darf, sondern sich aus dem Zusammenspiel von Angebot und Nachfrage am Markt, d.h., aus dem gezahlten Marktpreis, ergeben muss. Ein derartiges Wertkonzept orientiert sich damit für Vermögensgegenstände stets am gezahlten bzw. zu zahlenden Kaufpreis als einem objektivierten Ersatz- oder Hilfswert für ein zu bewertendes Gut.

Ein- und Auszahlungen

Ein- und Auszahlungen sind der einzig objektive Maßstab für die Abbildung der abgewickelten Geschäftsvorfälle im Jahresabschluss. Anders als etwa in der unternehmensinternen Kosten-

---

[172] Hierzu ausführlich Abschn. 5.2.2.

[173] Der kalkulatorische Unternehmerlohn stellt Opportunitätskosten dar. Als Opportunitätskosten bezeichnet man den Nutzenentgang (= entgangenen Erlös) aus der nicht realisierten bestmöglichen Alternativverwendung knapper Güter. Der Gesellschafter-Geschäftsführer einer GmbH erhält – außer seinem Gewinnanteil – ein Geschäftsführergehalt, das für die GmbH Aufwand ist und als Bestandteil der Personalkosten erscheint. Ist der Einzelunternehmer in gleicher Weise in seinem Unternehmen tätig, ist eine derartige Gehaltsabrechnung aus rechtlichen Gründen (Verbot der Selbstkontraktion) nicht möglich. Da auch der Einzelunternehmen von seinen Kunden über die Absatzpreise eine Entschädigung für seinen Arbeitseinsatz erwartet, bringt er als kalkulatorischen Unternehmerlohn den Geldbetrag in Ansatz, den er als Geschäftsführer in vergleichbarer Position als Bruttoentgelt erhalten würde. Beziffert sich dieser Geldbetrag auf EUR 50.000 und werden 10.000 Stück umgesetzt, erhöht sich die Preisuntergrenze infolge des kalkulatorischen Unternehmerlohns um EUR 5 pro Stück. Hierzu Wöhe, Einführung in die Allgemeine Betriebswirtschaftslehre, 26. Aufl. 2016, S. 867, 873.

[174] Hierzu Ruhnke/Sievers/Simons, Rechnungslegung nach IFRS und HGB, 5. Aufl. 2023, S. 300-301.

rechnung dürfen – wie eingangs bereits erwähnt – kalkulatorische Elemente, denen keine Zahlungen zugrunde liegen bzw. zugrunde gelegt werden können, nicht in die handelsrechtliche Rechnungslegung einfließen. So sind bei der Bewertung nach § 253 Abs. 1 HGB nur tatsächlich bereits geleistete oder zukünftig zu leistende Zahlungen als Anschaffungs- oder Herstellungskosten für Vermögensgegenstände anzusetzen und nicht die „Herstellkosten" der Kostenrechnung, die bewerteten Güterverzehr abbilden und nicht Zahlungsmitteläquivalente. Die Herstellkosten enthalten Elemente von kalkulatorischen Kostenarten, die gerade nicht-pagatorisch sind.

Bilanzielle Herstellungskosten

Grundsätzlich dürfen bilanzielle Herstellungskosten neben dem kalkulatorischen Unternehmerlohn auch keine kalkulatorischen Eigenkapitalzinsen oder keine kalkulatorische Eigenmiete enthalten, da es sich um nicht-pagatorische Kostenarten handelt. Die pagatorischen Teile der kalkulatorischen Abschreibungen[175] müssen indes in die Herstellungskosten nach § 255 Abs. 2 HGB eingerechnet werden, nicht dagegen die nicht-pagatorischen Teile, wie Abschreibungsgegenwerte auf die Differenz zwischen gestiegenen Wiederbeschaffungskosten und ursprünglichen Anschaffungskosten des abnutzbaren Anlagegutes.[176]

2.2.2.14 Grundsatz der Wirtschaftlichkeit und Wesentlichkeit

Wirtschaftlichkeit

Die Bereitstellung einer zusätzlichen Abschlussinformation ist dann wirtschaftlich, wenn der zusätzliche Informationsnutzen der Abschlussadressaten die mit der Informationsbeschaffung einhergehenden Kosten des Abschlussersteller übersteigt (Grundsatz der Wirtschaftlichkeit). Die damit einhergehenden Beurteilungsprobleme sind allerdings kaum lösbar, da der Informationsnutzen von Abschlussadressat zu Abschlussadressat in Abhängigkeit vom Bestand der Vorinformationen variiert und zudem die einzelnen Nutzenbeiträge zu einer Gesamtnutzengröße zu aggregieren wären.

Wesentlichkeit

Der Grundsatz der Wirtschaftlichkeit ist eng mit dem Grundsatz der Wesentlichkeit verknüpft. Zumeist wird davon ausgegangen, eine Information sei dann wesentlich, wenn diese die Entscheidung eines mit ausreichender Sachkenntnis und keinen besonderen Präferenzen und Risikoneigungen ausgestatteten Abschlussadressaten beeinflusst. Da sich dieses Konzept kaum sachgerecht operationalisieren lässt, werden in der Praxis oftmals hilfsweise quantitative Wesentlichkeitsgrenzen herangezogen.

Keine explizite gesetzliche Regelung

Der Grundsatz der Wesentlichkeit ist nicht explizit in den handelsrechtlichen Grundsätzen ordnungsmäßiger Buchführung des § 252 HGB kodifiziert. Allerdings ist er dem HGB in der Generalnorm § 264 Abs. 2 HGB implizit inhärent. Ein den tatsächlichen Verhältnissen der Vermögens-, Finanz- und Ertragslage erfordert nach h.M. stets dessen Berücksichtigung. Wenn auch nicht immer unter expliziter Verwendung des Begriffs „Wesentlich" stellen einige GoB's oder Paragrafen auf das

---

[175] Mit Hilfe von der kalkulatorischen Abschreibung soll – losgelöst von den Rechtsvorschriften des handelsrechtlichen Jahresabschlusses – der tatsächliche Wertverzehr der Periode ermittelt werden. Hierzu Wöhe, Einführung in die Allgemeine Betriebswirtschaftslehre, 26. Aufl. 2016, S. 639, 867.

[176] Hierzu Baetge/Kirsch/Thiele, Bilanzen, 16. Aufl. 2021, S. 124-125.

Kriterium der Wesentlichkeit ab. Für den handelsrechtlichen Einzelabschluss und Lagebericht können in diesem Zusammenhang angeführt werden:

- § 240 Abs. 3 HGB, wonach unter der Voraussetzung des nachrangigen Ge-samtwerts für das Unternehmen i.V.m. mit weiteren Kriterien der Festwertansatz von Vermögensgegenständen des Sachanlagevermögens sowie Roh-, Hilfs- und Betriebsstoffe gestattet wird;
- § 285 Nr. 5 HGB, wonach Angaben über nicht in der Bilanz enthaltene Geschäfte verlangt werden, soweit diese für die Beurteilung der Finanzlage wesentlich sind;
- § 286 Abs. 3 Nr. 1 HGB, wonach der mögliche Verzicht auf die gemäß § 289 Nr. 11 und Nr. 11b HGB geforderten Angaben unter der Voraussetzung deren un-tergeordneten Bedeutung für die Darstellung der Vermögens-, Finanz- und Er-tragslage vorgesehen ist;
- § 289 Abs. 1 Satz 3 HGB, wonach die Einbeziehung der für die Geschäftstätig-keit bedeutsamen finanziellen Leistungsindikatoren in die Analyse des Ge-schäftsverlaufs und der Lage der Gesellschaft vorgeschrieben wird.

Wesentlichkeit als ungeschriebenes GoB

Allerdings hat der Gesetzgeber eine darüberhinausgehende Integration des Wesentlichkeitsgrundsatzes als übergreifendes Konzept im Zuge des BilRUG nicht vorgenommen. Insofern lässt sich aus handelsrechtlicher Perspektive allenfalls argumentieren, dass sich die umfassende Gültigkeit des Wesentlichkeitsgrundsatzes nach h.M. aus den GoB ableiten lässt. Man kann den Grundsatz der Wesentlichkeit also als ungeschriebenen GoB verstehen.[177]

Hinweis

Für die Beurteilung der Wesentlichkeit können quantitative und qualitative Kriterien relevant sein. Ein Vorschlag für eine quantitative Wesentlichkeitsgrenze ist, dass eine Wertkorrektur oder -erfassung dann durchzuführen ist, wenn diese das Jahresergebnis um 5% oder die Bilanzsumme um 0,5% beeinflusst. Qualitative Überlegungen können dazu führen, dass diese Grenze zu modifizieren ist. Beispielsweise ist eine unter dieser Grenze liegende Wertkorrektur regelmäßig als wesentlich zu beurteilen und damit buchhalterisch zu erfassen, sofern diese dazu führt, dass nunmehr kein positives, sondern ein negatives Jahresergebnis zu zeigen ist oder eine kontinuierliche Gewinnentwicklung der letzten Jahre nicht mehr gegeben ist. Eine abschließende Antwort, wann ein Sachverhalt als wesentlich einzustufen ist oder nicht, kann indes nicht gegeben werden.

Auch die deutsche Rechtsprechung urteilt hier nicht einheitlich: Während in einem Fall ein Betrag von 1% der dazugehörigen Bilanzposition als wesentlich angesehen wurde, wird in einem anderen Fall ein Betrag von 22% des ausgewiesenen Bilanzgewinns, der zugleich 0,9% der Bilanzsumme betrug, als nicht wesentlich angesehen.[178]

---

177 Hierzu Roos, BBK 2023, S. 356ff.

178 Zu Urteilen aus der deutschen Rechtsprechung siehe Lüdenbach/Hoffmann/Freiberg, Haufe IFRS-Kommentar, 21. Aufl. 2023, § 1 Rn. 65.

Ermessensspielräume

Den Ausführungen ist zu entnehmen, dass erhebliche Ermessensspielräume des Abschlusserstellers bestehen, wobei seine Entscheidungen auch in hohem Maße davon abhängen, inwieweit der Abschlussprüfer als externe Prüfinstanz diese mitträgt.[179]

2.2.3 Zusammenwirken der einzelnen GoB

Das der Interessenregelung dienende GoB-System ist zum einen dadurch gekennzeichnet, dass die in ihm enthaltenen GoB in wechselseitiger Beziehung zueinanderstehen, also nicht isoliert zu betrachten sind. Zum andern ist kein GoB allen anderen GoB über- oder untergeordnet. Die GoB konkretisieren, erweitern oder beschränken sich inhaltlich wechselseitig und es gibt keine Dominanz eines einzelnen Grundsatzes.[180]

[179] Hierzu Ruhnke/Sievers/Simons, Rechnungslegung nach IFRS und HGB, 5. Aufl. 2023, S. 210-211.

[180] Siehe Baetge/Kirsch/Thiele, Bilanzen, 16. Aufl. 2021, S. 140.

3 Basiselemente der Bilanzierung

Die Lernfragen zu diesem Kapitel finden Sie unter: https://narr/kwaest.io/s/1218

3.1 Aufbau eines handelsrechtlichen Jahresabschlusses

3.1.1 Aufbau einer handelsrechtlichen Bilanz

3.1.1.1 Allgemeines

Kontoform Die Bilanz wird in Kontoform dargestellt. Auf der linken Seite, der sog. Aktivseite, steht das Vermögen, auf der rechten Seite, der sog. Passivseite, stehen das Eigenkapital sowie die Schulden.

Mittelverwendung und -herkunft Die Passivseite der Bilanz gibt Auskunft darüber, aus welchen Quellen die einem Unternehmen zur Verfügung stehenden finanziellen Mittel stammen, d.h. die Passivseite verdeutlicht, wer die Mittel, die im Vermögen gebunden sind – befristet oder unbefristet – zur Verfügung gestellt hat. Die Passivseite gibt insofern Auskunft über die Mittelherkunft. Demzufolge spiegelt die Aktivseite die Verwendung der zur Verfügung gestellten Mittel wider. Die Aktivseite steht insofern für die Mittelverwendung.

Bilanzgleichung Das italienische Wort *„bilancia"*, aus dem sich der Begriff „Bilanz" ableitet, bedeutet (Balken-)Waage. Die Bilanz muss zum Bilanzstichtag stets ausgeglichen sein. Dem wird dadurch Rechnung getragen, dass sich jeder buchungspflichtige Geschäftsvorfall zweimal im Rechenwerk niederschlagen muss. Nach der sog. Bilanzgleichung muss die Summe der Aktiva stets gleich der Summe der Passiva sein.

Bilanzgleichung: Σ Aktiva = Σ Passiva

Unterschied zum Inventar Rein formell unterscheidet sich die Bilanz vom Inventar dadurch, dass die Vermögensgegenstände und Schulden nicht untereinander, d.h. in Staffelform, sondern nebeneinander, d.h. in Kontoform dargestellt werden. Die Bilanz verzichtet weiterhin auf Einzelangaben über Art und Menge sowie auf Einzelwerte. Die Vermögensgegenstände und Schulden werden vielmehr gruppenweise zusammengefasst. Da das Inventar die Grundlage der Bilanz ist, haben beide jedoch denselben materiellen Inhalt. Sie unterscheiden sich lediglich in formeller Hinsicht. Darüber hinaus können in die Bilanz zusätzliche Posten aufgenommen werden, die der Rechnungsabgrenzung dienen.

Einheitliche Gliederung Wenn eine Bilanz Auskünfte über die Zusammensetzung des Vermögens und den Aufbau des Kapitals eines Unternehmens geben soll, so muss sie eine vollständige und übersichtliche Zusammenstellung der Vermögensgegenstände und Schulden nach einheitlichen Gliederungsgesichtspunkten darstellen. Die einheitliche Gliederung ist sowohl für den internen Betriebsvergleich (aufeinander folgende Bilanzen eines Unternehmens verschiedener Perioden) als auch für den externen Betriebsvergleich (Bilanzen verschiedener Unternehmen derselben Periode) von großem Vorteil. Dies ist deshalb von besonderer Bedeutung, weil die Bilanz als relativ statische Zeitpunktbetrachtung nur im (komparativ statischen) Vergleich mehrerer Bilanzen aussagefähig wird.

Bilanzgliederung

Für den Ausweis innerhalb der Aktiv- bzw. Passivseite ist eine Gliederung der Posten vorzunehmen. Die Bilanzgliederung dient der Strukturierung und der übersichtlichen Darstellung aller in der Bilanz enthaltenen Informationen. Alle aufzunehmenden Posten sollen in eine sinnvolle Abfolge gebracht werden. Wichtige Gliederungskriterien sind in diesem Zusammenhang das sog. Liquiditätsgliederungsprinzip, die Gliederung nach Rechtsverhältnissen und das Ablaufgliederungsprinzip.[181]

3.1.1.2 Gliederung nach HGB

3.1.1.2.1 Allgemeines

§ 266 HGB

§ 266 HGB bestimmt, wie die Bilanz zu gliedern ist. Die Kontoform ist danach für alle Kapitalgesellschaften und haftungsbeschränkten Personenhandelsgesellschaften verbindlich (§ 266 Abs. 1 Satz 1 HGB). Die in § 266 Abs. 2 HGB (Aktivseite) und § 266 Abs. 3 HGB (Passivseite) bezeichneten Posten sind gesondert und in der vorgeschriebenen Reihenfolge auszuweisen (§ 266 Abs. 1 Satz 2 HGB).

3.1.1.2.2 Aktivseite

§ 266 Abs. 2 HGB

Nach § 266 Abs. 2 HGB gliedert sich die Aktivseite einer handelsrechtlichen Bilanz wie folgt:

A. **Anlagevermögen**
- I. Immaterielle Vermögensgegenstände:
  1. Selbst geschaffene gewerbliche Schutzrechte und ähnliche Rechte und Werte;
  2. entgeltlich erworbene Konzessionen, gewerbliche Schutzrechte und ähnliche Rechte und Werte sowie Lizenzen an solchen Rechten und Werten;
  3. Geschäfts- oder Firmenwert;
  4. geleistete Anzahlungen;
- II. Sachanlagen:
  1. Grundstücke, grundstücksgleiche Rechte und Bauten einschließlich der Bauten auf fremden Grundstücken;
  2. technische Anlagen und Maschinen;
  3. andere Anlagen, Betriebs- und Geschäftsausstattung;
  4. geleistete Anzahlungen und Anlagen im Bau;
- III. Finanzanlagen:
  1. Anteile an verbundenen Unternehmen;
  2. Ausleihungen an verbundene Unternehmen;
  3. Beteiligungen;
  4. Ausleihungen an Unternehmen, mit denen ein Beteiligungsverhältnis besteht;
  5. Wertpapiere des Anlagevermögens;
  6. sonstige Ausleihungen.

---

[181] Bei einer Gliederung nach Rechtsverhältnissen werden die Vermögens- und Kapitalposten ihrer Rechtsnatur entsprechend zusammengestellt. Das Vermögen könnten z.B. in Sachen und Rechte, Mobilien und Immobilien sowie danach aufgeteilt werden, ob sich die Vermögensgegenstände zur Sicherung von Verbindlichkeiten eignen oder nicht und ob sie zum juristischen Eigentum des Betriebs gehören. Auf der Passivseite unterscheidet man auch hier nach Eigen- und Fremdkapital. Die Einteilung nach dem Ablaufgliederungsprinzip ist vor allem für die Vermögensposten von Bedeutung. Sie stellt auf den innerbetrieblichen Leistungsprozess ab. Nach diesem Prinzip unterscheidet man Anlage- und Umlaufvermögen, Roh-, Hilfs- und Betriebsstoffe, unfertige und fertige Erzeugnisse sowie Finanz- und Sachanlagen. Hierzu Coenenberg/Haller/Schultze, Jahresabschluss und Jahresabschlussanalyse, 26. Aufl. 2021, S. 143.

B. Umlaufvermögen
- I. Vorräte:
  1. Roh-, Hilfs- und Betriebsstoffe;
  2. unfertige Erzeugnisse, unfertige Leistungen;
  3. fertige Erzeugnisse und Waren;
  4. geleistete Anzahlungen;
- II. Forderungen und sonstige Vermögensgegenstände:
  1. Forderungen aus Lieferungen und Leistungen;
  2. Forderungen gegen verbundene Unternehmen;
  3. Forderungen gegen Unternehmen, mit denen ein Beteiligungsverhältnis besteht;
  4. sonstige Vermögensgegenstände;
- III. Wertpapiere:
  1. Anteile an verbundenen Unternehmen;
  2. sonstige Wertpapiere;
- IV. Kassenbestand, Bundesbankguthaben, Guthaben bei Kreditinstituten und Schecks.

C. Rechnungsabgrenzungsposten.

D. Aktive latente Steuern.

E. Aktiver Unterschiedsbetrag aus der Vermögensverrechnung.

Tab. 6 Handelsrechtliche Struktur Aktivseite

Liquiditätsgliederungsprinzip

Für die handelsrechtliche Aktivseite gilt im Wesentlichen das Liquiditätsgliederungsprinzip. Danach werden die Aktivposten nach dem Grad ihrer Liquidierbarkeit zusammengestellt. Auf diese Weise soll (zumindest näherungsweise) ersichtlich werden, in welcher zeitlichen Abfolge die Aktivposten durch den Umsatzprozess zu Geld werden. Die Gliederung erfolgt dabei nach zunehmender Liquidierbarkeit, d.h. die Posten die am schnellste zu Geld gemacht werden können, finden sich unten wieder.[182]

3.1.1.2.3 Passivseite

§ 266 Abs. 3 HGB

Nach § 266 Abs. 3 HGB gliedert sich die Passivseite einer handelsrechtlichen Bilanz wie folgt:

A. Eigenkapital
- I. Gezeichnetes Kapital;
- II. Kapitalrücklage;
- III. Gewinnrücklagen:
  1. gesetzliche Rücklage;
  2. Rücklage für Anteile an einem herrschenden oder mehrheitlich beteiligten Unternehmen;
  3. satzungsmäßige Rücklagen;
  4. andere Gewinnrücklagen;
- IV. Gewinnvortrag/Verlustvortrag;
- V. Jahresüberschuß/Jahresfehlbetrag.

B. Rückstellungen
1. Rückstellungen für Pensionen und ähnliche Verpflichtungen;
2. Steuerrückstellungen;
3. sonstige Rückstellungen.

---

[182] Hierzu ausführlich bspw. Coenenberg/Haller/Schultze, Jahresabschluss und Jahresabschlussanalyse, 26. Aufl. 2021, S. 145. Allerdings zeigt sich auch die Gliederung nach Rechtsverhältnissen u.a. dadurch, dass Ausleihungen wie auch Forderungen bzw. Verbindlichkeiten gegenüber verbundenen Unternehmen bzw. Unternehmen, mit denen ein Beteiligungsverhältnis besteht, gesondert auszuweisen sind. Das Ablaufgliederungsprinzip wird neben der Einteilung in Anlage- und Umlaufvermögen auch an der Untergliederung des Vorratsvermögens in Roh-, Hilfs- und Betriebsstoffe, unfertige Erzeugnisse und fertige Erzeugnisse deutlich.

C. Verbindlichkeiten

1. Anleihen
   davon konvertibel;
2. Verbindlichkeiten gegenüber Kreditinstituten;
3. erhaltene Anzahlungen auf Bestellungen;
4. Verbindlichkeiten aus Lieferungen und Leistungen;
5. Verbindlichkeiten aus der Annahme gezogener Wechsel und der Ausstellung eigener Wechsel;
6. Verbindlichkeiten gegenüber verbundenen Unternehmen;
7. Verbindlichkeiten gegenüber Unternehmen, mit denen ein Beteiligungsverhältnis besteht;
8. sonstige Verbindlichkeiten,
   davon aus Steuern,
   davon im Rahmen der sozialen Sicherheit.

D. Rechnungsabgrenzungsposten

E. Passive latente Steuern

Tab. 7 Handelsrechtliche Struktur Passivseite

Gliederung nach zunehmender Fälligkeit

Aufgrund des Liquiditätsgliederungsprinzips werden die Posten der Passivseite nach ihrer Fälligkeit zusammengestellt. Die Gliederung erfolgt dabei nach zunehmender Fälligkeit, d.h. die Posten mit der höchsten Fälligkeit stehen unten.

3.1.2 Aufbau einer handelsrechtlichen GuV

3.1.2.1 Allgemeines

Periodenergebnis

Das in der GuV ausgewiesene Periodenergebnis setzt sich aus dem Betriebsergebnis und dem sonstigen Unternehmensergebnis zusammen, welches im Wesentlichen aus dem Finanzergebnis besteht. Während das Betriebsergebnis durch die eigentliche Betriebstätigkeit – d.h. i.d.R. Herstellung und Verkauf der betriebstypischen Produkte – entsteht, wird das sonstige Unternehmensergebnis durch über den Betriebsbereich hinausgehende Aufwendungen und Erträge – z.B. Beteiligungsaufwendungen und -erträge oder Steuern – bestimmt.

Periodengerechte Gewinnermittlung

Um das Betriebsergebnis einer Periode i.S. einer periodengerechten Gewinnermittlung bestimmen zu können, sind vergleichbare Größen gegenüberzustellen. Erträge und Aufwendungen müssen sich demnach auf dasselbe Mengengerüst beziehen. Den Umsatzerlösen dürfen neben den zeitlich abzugrenzenden Aufwendungen nur die auf die abgesetzte Produktionsmenge entfallenden Herstellungsaufwendungen gegenübergestellt werden. Das Betriebsergebnis kann nur dann durch Subtraktion aller in der Periode angefallenen Aufwendungen von den in derselben Periode erzielten Erträge errechnet werden, wenn Produktions- und Absatzmenge in der Rechnungsperiode übereinstimmen, wenn sich also die Lagerbestände an unfertigen und fertigen Erzeugnissen in der betrachteten Periode nicht verändert haben. Da i.d.R. produzierte und verkaufte Menge nicht übereinstimmen, müssen Aufwendungen und Erträge zur Ermittlung des Betriebsergebnisses rechnerisch einander angeglichen werden. Dies lässt sich dadurch erreichen, dass entweder die Erträge an das Mengengerüst der Periodenaufwendungen oder umgekehrt die Aufwendungen an das Mengengerüst der Periodenumsatzerlöse angepasst werden. Den ersten Weg beschreitet das sog. Gesamtkostenverfahren, den zweiten das sog. Umsatzkostenverfahren.[183]

3.1.2.2 Gestaltungsformen der GuV

3.1.2.2.1 Gesamtkostenverfahren

Gliederung nach Aufwandsarten

Beim Gesamtkostenverfahren (GKV) werden allen in der betrachteten Periode erzielten Erträge sämtlichen Aufwendungen gegenübergestellt, die im Rahmen der Erbringung der Betriebsleistungen angefallen sind. Da auf der Aufwandsseite die gesamten Aufwendungen der Periode erfasst werden, ist das GKV mit einer primären Gliederung nach Aufwandsarten verbunden, d.h. die betrieblichen Aufwendungen werden in Material- und Personalaufwand, Abschreibungen und sonstigen betriebliche Aufwendungen aufgegliedert. Die rechnerische Angleichung von Aufwand und Ertrag gelingt im GKV dadurch, dass Bestandsmehrungen an unfertigen und fertigen Erzeugnissen und aktivierte Eigenleistungen mit ihren Herstellungskosten den Umsatzerlösen hinzugerechnet und Bestandsminderungen an unfertigen und fertigen Erzeugnissen und aktivierte Eigenleistungen mit ihren Herstellungskosten von den Umsatzerlösen abgezogen werden.

3.1.2.2.2 Umsatzkostenkostenverfahren

Gliederung nach Funktionsbereichen

Beim Umsatzkostenverfahren (UKV) werden dem „effektiven“ Umsatz der betrachteten Periode nicht die gesamten Periodenaufwendungen, sondern außer den zeitlich abzugrenzenden nur diejenigen sachlich abzugrenzenden Aufwendungen gegenübergestellt, welchen für die verkauften Produkte angefallen sind. Man spricht hier von den sog. Umsatzaufwendungen. Dadurch bedingt folgt der Ausweis der betrieblichen Aufwendungen einer sekundären Gliederung nach Funktionsbereichen, die zwischen den sachlich abgegrenzten Herstellungskosten des Umsatzes und den zeitlich abgegrenzten Vertriebskosten, Verwaltungskosten und sonstigen betrieblichen Aufwendungen unterscheidet.

3.1.2.2.3 Gegenüberstellung der beiden Verfahren

Vorteil des UKV

Der Vorteil des UKV liegt darin, dass es zu einem aussagefähigeren Betriebsergebnis, insbesondere für die kurzfristige – z.B. monatliche – Ergebnisrechnung führt. Denn es zeigt einerseits das sog. Bruttoergebnis in Form der Differenz des Umsatzes und der Umsatzaufwendungen, andererseits die Kosten der übrigen Funktionen. Bei einer entsprechenden Gliederung der Aufwendungen nach Produktarten ermöglicht das UKV, ohne großen rechnerischen Aufwand das Betriebsergebnis für die einzelnen Produktarten zu ermitteln.

Nachteil des UKV

Andererseits hat das UKV den Nachteil, dass es die Struktur der ursprünglichen Aufwandsarten, gegliedert nach Material-, Personal- und Abschreibungsaufwand, nicht zeigt. Stattdessen müssen diese Aufwandsarten den Funktionsbereichen zugeordnet werden, was zum Teil nur durch Schlüsselung und damit nicht immer verursachungsgerecht möglich ist.

---

[183] Hierzu und zu den nachfolgende Ausführungen Coenenberg/Haller/Schultze, Jahresabschluss und Jahresabschlussanalyse, 26. Aufl. 2021, S. 547ff.

Identisches Periodenergebnis

Bei einheitlicher Bewertung der Bestände an fertigen und unfertigen Erzeugnissen führen die Berechnungen nach UKV und GKV immer zu einem identischen Periodenergebnis. Dies soll anhand des nachfolgenden Schaubildes verdeutlicht werden:[184]

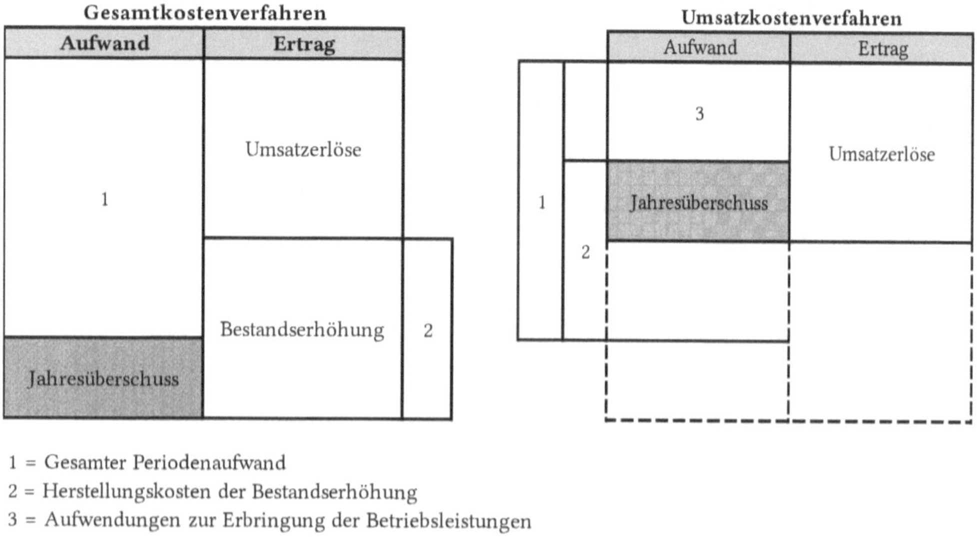

Abb. 6 Darstellung des Periodenergebnisses bei GKV und UKV[185]

3.1.2.3 Gliederung nach HGB

3.1.2.3.1 Allgemeines

Staffelform

Gemäß § 275 Abs. 1 Satz 1 HGB hat die Aufstellung der GuV zwingend in der Staffelform zu erfolgen. Da die Gliederung der GuV nur in Ausnahmefällen geändert werden darf (§ 265 Abs. 1 HGB) und der Grundsatz der Bewertungsstetigkeit (§ 252 Abs. 1 Nr. 6 HGB) auch auf eine Verstetigung des Erfolgsausweises hinwirkt, sind die einzelnen GuV-Posten immer in derselben Weise zu ermitteln und auszuweisen. Die Aufstellung der GuV kann gemäß § 275 Abs. 1 Satz 1 HGB wahlweise nach dem UKV oder dem GKV erfolgen.

Wahlmöglichkeit

Die in § 275 Abs. 2 und Abs. 3 HGB kodifizierten Gliederungsschemata der wahlweise anzuwendenden GKV bzw. UKV sind als Mindestgliederungen von allen Kapitalgesellschaften und haftungsbeschränkten Personenhandelsgesellschaften i.S. von § 264a HGB anzuwenden, soweit der Geschäftszweig keine andere Gliederung vorschreibt und soweit nicht im Falle kleiner und mittelgroßer Kapitalgesellschaften von den Gliederungsverkürzungen des § 276 HGB Gebrauch gemacht wird oder bei Kleinstkapitalgesellschaften des verkürzte Gliederungsschema des § 275 Abs. 5 HGB zur Anwendung kommt.

---

[184] Es wird unterstellt, dass das Produktionsvolumen das Verkaufsvolumen der Abrechnungsperiode übersteigt, und es damit zu einer Erhöhung der Bestände an Fertigerzeugnissen kommt.

[185] In Anlehnung an Coenenberg/Haller/Schultze, Jahresabschluss und Jahresabschlussanalyse, 26. Aufl. 2021, S. 549.

Bruttoprinzip

Die GuV-Gliederungen des § 275 Abs. 2 und Abs. 3 HGB folgen weitgehend dem Bruttoprinzip. So sind Aufwendungen und Erträge grundsätzlich unsaldiert auszuweisen. Eine unzulässige Saldierung liegt dann vor, wenn tatsächliche Aufwendungen und Erträge durch Verrechnung außerhalb der GuV gekürzt werden.

Saldierung

Abweichend vom Bruttoprinzip dürfen kleine und mittelgroße Kapitalgesellschaften gemäß § 276 HGB bestimmte Aufwendungen und Erträge saldieren.

Gliederungsverkürzung

Daneben ist gemäß § 265 Abs. 7 HGB bei allen Unternehmen, für die nicht besondere Formblätter vorgeschrieben sind, eine Gliederungsverkürzung durch Zusammenfassung der mit arabischen Zahlen versehenen GuV-Posten möglich, wenn

[1] sie betragsmäßig für die Vermittlung eines den tatsächlichen Verhältnissen entsprechenden Bildes unwesentlich sind oder wenn

[2] dadurch die Klarheit der GuV vergrößert wird.

Im zweiten Fall sind diese Posten jedoch dann im Anhang gesondert aufzuführen. Dadurch soll erreicht werden, dass die GuV durch die Verlagerung von Detailangaben in den Anhang entlastet wird und an Klarheit und Übersichtlichkeit gewinnen kann. Im Rahmen des § 265 Abs. 7 HGB sind insbesondere Zusammenfassungen bei den Unterposten des Material- und Personalaufwands sowie den Posten des Finanzergebnisses denkbar.

Eine tiefere Gliederung der einzelnen Posten ist nach § 265 Abs. 5 HGB zulässig, sofern dadurch nicht gegen das Klarheits- und Übersichtlichkeitsgebot verstoßen wird. Zusätzliche Posten und Zwischensummen dürfen hinzugefügt werden, wenn ihr Inhalt nicht bereits von anderen Posten abgedeckt wird.

Leerposten

Das HGB sieht keine grundsätzliche Ausweispflicht für Leerposten vor (§ 265 Abs. 8 HGB). Ihr Ausweis ist jedoch dann zwingend notwendig, wenn im abgelaufenen gegenüber dem vorangegangenen Geschäftsjahr der entsprechende GuV-Posten entfällt, da gemäß § 265 Abs. 2 HGB Vorjahresbeträge stets mit auszuweisen sind. Die Angabepflicht der Vorjahresbeträge gemäß § 265 Abs. 2 HGB erstreckt sich auch auf GuV-Posten, die unter Berufung auf § 265 Abs. 7 HGB in den Anhang aufgenommen wurden. Soweit die gegenübergestellten Beträge nicht vergleichbar sind, müssen im Anhang auch dann Angaben und Erläuterungen erfolgen, wenn die Vorjahresbeträge angepasst werden.

PublG

Grundsätzlich gelten die Gliederungsschemata des § 275 Abs. 2 und Abs. 3 HGB auch für unter das PublG fallende Unternehmen (§ 5 Abs. 1 Satz 2 PublG). Allerdings können Personenhandelsgesellschaften und Einzelkaufleute gemäß § 5 Abs. 5 PublG auf eine Veröffentlichung der GuV verzichten, wenn sie in einer Anlage zur Bilanz folgende Angaben machen:

- Umsatzerlöse,
- Beteiligungserträgen,
- Löhne, Gehälter, soziale Abgaben sowie Aufwendungen für Altersversorgung und Unterstützung,
- Bewertungs- und Abschreibungsmethoden sowie wesentliche Änderungen dieser Methoden,
- durchschnittliche Zahl der in den letzten zwölf Monaten vor dem Abschlussstichtag beschäftigten Arbeitnehmer.

3.1.2.3.2 Ergebnisspaltung

Unterteilung der Ergebniskomponenten

Obgleich es für die Abschlussadressaten zur Abschätzung zukünftiger Cashflows grundsätzlich hilfreich wäre, aus der GuV explizit entnehmen zu können, welche Ergebniskomponenten aus der eigentlichen Geschäftstätigkeit und welche aus anderen Aktivitäten bzw. Sachverhalten des Unternehmens resultieren bzw. voraussichtlich wiederkehrend oder nicht wiederkehrend sind, enthält die Gliederung der GuV nach § 275 HGB keine entsprechende Aufteilung. Gleichwohl ergibt sich aufgrund der Reihenfolge der Posten eine implizite Unterteilung der Ergebniskomponenten in ein Betriebsergebnis und ein Finanzergebnis.

Betriebsergebnis

Zum Betriebsergebnis gehören alle diejenigen (betriebstypischen) Posten, die den eigentlichen, satzungsmäßig bestimmten Leistungserstellungsprozess und Nebengeschäfte durch den Verkauf oder Vermietung etc. von Produkten bzw. Erbringung von Dienstleistungen betreffen. Es bestimmt sich im GKV aus dem Saldo der Posten § 275 Abs. 2 Nr. 1 bis 8 HGB bzw. im UKV aus dem Saldo der Posten § 275 Abs. 3 Nr. 1 bis Nr. 7 HGB.

Finanzergebnis

Die Posten § 275 Abs. 2 Nr. 9 bis Nr. 13 HGB im GKV sowie die Posten § 275 Abs. 3 Nr. 8 bis Nr. 12 HGB im UKV definieren das Finanzergebnis. Sie betreffen den Finanzierungs- bzw. den Kapitalanlagebereich und sind insofern als betriebsfremd einzustufen.

Weitergehende Ergebnisspaltung

Um eine weitergehende Ergebnisspaltung in möglicherweise nicht wiederkehrende und wiederkehrende Komponenten vornehmen zu können, sind die Anhangangaben heranzuziehen. Gemäß § 285 Nr. 31 HGB ist jeweils der Betrag und die Art der einzelnen Erträge und Aufwendungen von außergewöhnlicher Größenordnung oder außergewöhnlicher Bedeutung anzugeben. Diese Angaben sind vom Abschlussadressaten auszuwerten und zu beurteilen, um eine adäquate Ergebnisspaltung vornehmen zu können.

Geschäftsbeziehungen mit verbundenen Unternehmen

Zur weiteren Erhöhung der Aussagefähigkeit der GuV müssen bestimmte Ergebnisbestandteile aus den Geschäftsbeziehungen mit verbundenen Unternehmen ausgewiesen werden. Dabei handelt es sich ausschließlich um Posten, die in das Finanzergebnis eingehen. Auf der Ertragsseite fallen hierunter folgende Posten: Erträge aus Beteiligungen, Erträge aus anderen Wertpapieren und Ausleihungen des Finanzanlagevermögens, Erträge aus Gewinngemeinschaften, Gewinnabführungs- und Teilgewinnabführungsverträgen und Erträge aus Verlustübernahmen (§ 277 Abs. 3 Satz 2 HGB) sowie Erträge aus sonstigen Zinsen und ähnlichen Erträgen. Auf der Aufwandsseite handelt es sich um folgende Posten: Aufwendungen aufgrund einer Gewinngemeinschaft, abgeführte Gewinne eines Gewinnabführungs- oder Teilgewinnabführungsvertrags sowie Aufwendungen aus Verlustübernahme (§ 277 Abs. 3 Satz 2 HGB), Zinsen und ähnliche Aufwendungen. Diese zusätzlichen Aufgliederungen einzelner GuV-Posten haben vor allem in Anbetracht der gewachsenen Verflechtungen der Unternehmen besondere Bedeutung.

Zusätzliche Differenzierung bei AG und KGaA

Bei einer AG und KGaA ergibt sich aufgrund des § 158 Abs. 1 AktG eine zusätzliche Differenzierung des Ergebnisses in zwei wesensverschiedene Bestandteile: Die Posten beginnend mit „Umsatzerlöse“ bis einschließlich „Jahresüberschuss" dienen der Ergebnisermittlung bzw. Ergebnisentstehung. Der Jahresüberschuss selbst spiegelt das Ergebnis der Unternehmenstätigkeit i.S. eines Maßstabs für die unternehmerische Leistung in der Rechnungsperiode wider. Die sich gemäß § 158 Abs. 1 AktG anschließenden Posten (Zuführung zu und Entnahme aus den offenen Rücklagen, Bilanzgewinn) ergeben sich aus dem i.d.R. vom Vorstand beschlossenen vorläufigen Gewinnverwendungsbeschluss.[186]

3.1.2.3.3 Gesamtkostenverfahren

Nach § 275 Abs. 2 HGB gliedert sich die GuV gemäß dem GKV wie folgt:

1. Umsatzerlöse	Gesamtleistung	Betriebsergebnis
2. Erhöhung oder Verminderung des Bestands an fertigen und unfertigen Erzeugnissen		
3. andere aktivierte Eigenleistungen		
4. sonstige betriebliche Erträge		
5. Materialaufwand:		
a) Aufwendungen für Roh-, Hilfs- und Betriebsstoffe und für bezogene Waren		
b) Aufwendungen für bezogene Leistungen		
6. Personalaufwand:		
a) Löhne und Gehälter		
b) soziale Abgaben und Aufwendungen für Altersversorgung und für Unterstützung, davon für Altersversorgung		
7. Abschreibungen:		
a) auf immaterielle Vermögensgegenstände des Anlagevermögens und Sachanlagen		
b) auf Vermögensgegenstände des Umlaufvermögens, soweit diese die in der Kapitalgesellschaft üblichen Abschreibungen überschreiten		
8. sonstige betriebliche Aufwendungen		
9. Erträge aus Beteiligungen, davon aus verbundenen Unternehmen		Finanzergebnis
10. Erträge aus anderen Wertpapieren und Ausleihungen des Finanzanlagevermögens, davon aus verbundenen Unternehmen		
11. sonstige Zinsen und ähnliche Erträge, davon aus verbundenen Unternehmen		
12. Abschreibungen auf Finanzanlagen und auf Wertpapiere des Umlaufvermögens		
13. Zinsen und ähnliche Aufwendungen, davon an verbundene Unternehmen		
14. Steuern vom Einkommen und vom Ertrag		Steuerergebnis
15. Ergebnis nach Steuern		
16. sonstige Steuern		
17. Jahresüberschuss/Jahresfehlbetrag.		Jahresergebnis

Tab. 8 GuV nach GKV

Veränderungen der Kapital- und Gewinnrücklagen

Gemäß § 275Abs. 4 HGB dürfen Veränderungen der Kapital- und Gewinnrücklagen in der GuV erst nach dem Posten „Jahresüberschuss/Jahresfehlbetrag" ausgewiesen werden:

18. Gewinnvortrag/Verlustvortrag aus dem Vorjahr
19. Entnahmen aus der Kapitalücklage
    a) Einstellung in die Kapitalrücklage nach den Vorschriften über die vereinfachte Kapitalherabsetzung
20. Entnahmen aus Gewinnrücklagen
    a) aus der gesetzlichen Rücklage
    b) aus der Rücklage für Anteile an einem herrschenden oder mehrheitlich beteiligten Unternehmen

[186] Hierzu sowie zu den vorangegangenen Ausführungen Coenenberg/Haller/Schultze, Jahresabschluss und Jahresabschlussanalyse, 26. Aufl. 2021, S. 550-556.

c) aus satzungsmäßigen Rücklagen
d) aus anderen Gewinnrücklagen
e) Ertrag aus der Kapitalherabsetzung
21. Einstellung in Gewinnrücklagen
a) in die gesetzliche Rücklagen
b) in die Rücklage für Anteile an einem herrschenden oder mehrheitlich beteiligten Unternehmen
c) in satzungsmäßige Rücklagen
d) in andere Gewinnrücklagen
22. Bilanzgewinn/Bilanzverlust
23. Erträge aufgrund höherer Bewertung gemäß Sonderprüfung oder gerichtlicher Entscheidung

Tab. 9 Ergänzungen der GuV nach GKV

Ergebnisverwendung Die Posten Nr. 18 bis Nr. 22 ergeben sich allerdings nicht aus § 275 Abs. 2 HGB. Sie sind gemäß § 158 Abs. 1 AktG bei AG und KGaA im Rahmen der Ergebnisverwendung auszuweisen.

Gesamtleistung Bei Anwendung des GKV werden – wie bereits unter Abschn. 3.1.2.3.1. dargelegt – die Bestandsmehrungen und aktivierten Eigenleistungen den Umsatzerlösen hinzuaddiert, die Bestandsminderungen von den Umsatzerlösen subtrahiert. Insofern werden die der Lagerproduktion (Bestandserhöhung) im Rahmen der Herstellungskosten-Bewertung zugerechneten Aufwendungen unter Posten Nr. 2 ergebnismäßig neutralisiert.[187] Ist die Produktionsmenge in einem Jahr geringer als die Absatzmenge, kommt es zu einer Bestandsverminderung. Bestandsverminderungen unfertiger und fertiger Erzeugnisse wären zum Produktionsaufwand hinzuzurechnen, wenn der „richtige" Periodenaufwand ermittelt werden soll. Buchungstechnisch werden die Bestandsverminderungen von den Umsatzerlösen abgezogen. Betriebswirtschaftlich sind die Bestandsverminderungen an unfertigen und fertigen Erzeugnissen indes eine Aufwandserhöhung.[188] Die Bestandsveränderungen bildet mit dem Umsatz und den aktivierten Eigenleistungen zusammen die Gesamtleistung.

Rohergebnis Abweichend vom Bruttoprinzip dürfen kleine und mittelgroße Kapitalgesellschaften gemäß § 276 HGB bestimmte Aufwendungen und Erträge saldieren. Bei Anwendung des GKV können die Posten Nr. 1 bis 5 zu einem Posten unter der Bezeichnung „Rohergebnis" zusammengefasst werden.

3.1.2.3.4 Umsatzkostenkostenverfahren

Nach § 275 Abs. 3 HGB gliedert sich die GuV gemäß dem UKV wie folgt:

1. Umsatzerlöse	Betriebsergebnis
2. Herstellungskosten der zur Erzielung der Umsatzerlöse erbrachten Leistungen	
3. Bruttoergebnis vom Umsatz	
4. Vertriebskosten	
5. allgemeine Verwaltungskosten	
6. sonstige betriebliche Erträge	
7. sonstige betriebliche Aufwendungen	

[187] Bestandserhöhungen stellen indes keinen Ertrag i.S. der Definition dar. Sie sind vielmehr Korrekturposten zu den im Fall der Produktion auf Lager überhöhten Produktionsaufwendungen, die nicht nur Aufwendungen der abgelaufenen Periode, sondern auch künftiger Perioden darstellen. Es werden also für die Bestandserhöhungen Aufwendungen in der GuV ausgewiesen, die nach den Abgrenzungsgrundsätzen der Sache und der Zeit nach, also i.S. einer periodengerechten Erfolgsermittlung, nicht in der GuV erscheinen dürften, da ihnen keine realisierten Erträge gegenüberstehen.

[188] Hierzu Baetge/Kirsch/Thiele, Bilanzen, 16. Aufl. 2021, S. 604-605.

8. Erträge aus Beteiligungen, davon aus verbundenen Unternehmen 9. Erträge aus anderen Wertpapieren und Ausleihungen des Finanzanlagevermögens, davon aus verbundenen Unternehmen 10. sonstige Zinsen und ähnliche Erträge, davon aus verbundenen Unternehmen 11. Abschreibungen auf Finanzanlagen und auf Wertpapiere des Umlaufvermögens 12. Zinsen und ähnliche Aufwendungen, davon an verbundene Unternehmen	Finanzergebnis
13. Steuern vom Einkommen und vom Ertrag 14. Ergebnis nach Steuern 15. sonstige Steuern	Steuerergebnis
16. Jahresüberschuss/Jahresfehlbetrag.	Jahresergebnis

Tab. 10 GuV nach UKV

Gemäß § 275 Abs. 4 HGB dürfen Veränderungen der Kapital- und Gewinnrücklagen in der GuV erst nach dem Posten „Jahresüberschuss/Jahresfehlbetrag" ausgewiesen werden:

17. Gewinnvortrag/Verlustvortrag aus dem Vorjahr
18. Entnahmen aus der Kapitalücklage
    a) Einstellung in die Kapitalrücklage nach den Vorschriften über die vereinfachte Kapitalherabsetzung
19. Entnahmen aus Gewinnrücklagen
    a) aus der gesetzlichen Rücklage
    b) aus der Rücklage für Anteile an einem herrschenden oder mehrheitlich beteiligten Unternehmen
    c) aus satzungsmäßigen Rücklagen
    d) aus anderen Gewinnrücklagen
    e) Ertrag aus der Kapitalherabsetzung
20. Einstellung in Gewinnrücklagen
    a) in die gesetzliche Rücklagen
    b) in die Rücklage für Anteile an einem herrschenden oder mehrheitlich beteiligten Unternehmen
    c) in satzungsmäßige Rücklagen
    d) in andere Gewinnrücklagen
21. Bilanzgewinn/Bilanzverlust
22. Erträge aufgrund höherer Bewertung gemäß Sonderprüfung oder gerichtlicher Entscheidung

Tab. 11 Ergänzungen der GuV nach UKV

Ergebnisverwendung

Die Posten Nr. 17 bis Nr. 21 ergeben sich allerdings nicht aus § 275 Abs. 3 HGB. Sie sind gemäß § 158 Abs. 1 AktG bei AG und KGaA im Rahmen der Ergebnisverwendung auszuweisen.

Umsatzaufwand

Bei Anwendung des UKV werden – wie bereits unter Abschn. 3.1.2.3.1. erläutert – lediglich die am Markt abgesetzten betrieblichen Leistungen als Periodenertrag ausgewiesen. Bestandsveränderungen und aktivierte Eigenleistungen werden wie folgt berücksichtigt: Im Falle einer Produktion auf Lager werden die im Rahmen der Herstellungskosten-Bewertung den selbsterstellten Lager- und Anlagenzugängen zugerechneten Aufwendungen aus dem Periodenaufwand herausgerechnet, da den Umsatzerlösen nur die zur Erzielung der Absatzleistung erforderlichen Aufwendungen gegenübergestellt werden sollen. D.h., es kommt zu einer Reduzierung des Postens „Herstellungskosten der zur Erzielung der Umsatzerlöse erbrachten Leistungen“ (Umsatzaufwand). Umgekehrt ist der Periodenaufwand der Periode bei Bestandsabnahme geringer als der Aufwand für die abgesetzten Produkte der Periode. Während im Rahmen des GKV zum Ausgleich des Mengengerüsts der Lagerabgang unter der Aufwandskomponente „Bestandsverminderung“ erfasst wird, geschieht dies im Rahmen des UKV durch die Erhöhung des Umsatzaufwands.[189]

Soweit die Lagerbestände in die abgesetzten Periodenleistungen eingehen, werden die in den Lagerzugangsperioden aktivierten Herstellungskosten als umsatzbezogener Herstellungsaufwand verrechnet. Unter der Prämisse, dass die Herstellungskosten-Bewertung der Bestände an fertigen und unfertigen Erzeugnissen sowie der Eigenleistungen in beiden Verfahren auf dieselbe Weise erfolgt, führen beide Verfahren zum selben Ergebnis.

Rohergebnis

Abweichend vom Bruttoprinzip dürfen kleine und mittelgroße Kapitalgesellschaften gemäß § 276 HGB bestimmte Aufwendungen und Erträge saldieren. Bei Anwendung des UKV können die Posten Nr. 1 bis 3 zu einem Posten unter der Bezeichnung „Rohergebnis“ zusammengefasst werden.[190]

3.1.2.3.5 Kleinstkapitalgesellschaften

Kapitalgesellschaften, die nach den Größenkriterien des § 267a HGB als Kleinstkapitalgesellschaften einzustufen sind, können die GuV auch nach dem verkürzten Gliederungsschema des § 275 Abs. 5 HGB aufstellen:

1. Umsatzerlöse
2. Sonstige Erträge
3. Materialaufwand
4. Personalaufwand
5. Abschreibungen
6. Sonstige Aufwendungen
7. Steuern
8. Jahresüberschuss/Jahresfehlbetrag

Tab. 12 Verkürztes Gliederungsschema nach § 275 Abs. 5 HGB

Beschränkung auf GKV

Sofern dieses Wahlrecht in Anspruch genommen wird, dürfen allerdings die größenabhängigen Erleichterungen des § 276 HGB nicht mehr angewendet werden. Die verkürzte GuV-Gliederung ist darüber hinaus auf das GKV beschränkt. Eine verkürzte Form des UKV hat der Gesetzgeber hingegen nicht vorgesehen.

3.1.2.4 Posten der GuV im Einzelnen

3.1.2.4.1 Allgemeines

Das in der GuV auszuweisende Ergebnis setzt sich sowohl im GKV als auch im UKV aus dem Betriebsergebnis sowie dem Finanzergebnis zusammen. Hiervon wird der Steueraufwand abgezogen. Die sich ergebende Summe stellt den Jahresüberschuss bzw. den Jahresfehlbetrag dar.

---

[189] Hierzu Baetge/Kirsch/Thiele, Bilanzen, 16. Aufl. 2021, S. 606.

[190] Dieser Saldo ist aufgrund der im GKV und UKV teilweise unterschiedlichen Abgrenzung der zusammengefassten Posten nicht vergleichbar.

3.1.2.4.2 Posten des Betriebsergebnisses

3.1.2.4.2.1 Posten des Betriebsergebnisses nach dem GKV

Betriebsergebnis

Im GKV gemäß § 275 Abs. 2 HGB umfasst das Betriebsergebnis die Posten 1 bis 8. Es enthält nur die aus der eigentlichen betrieblichen Tätigkeit resultierenden Erfolgskomponenten. Von der Summe der betrieblichen Erträge (Posten 1 bis 4) sind die betrieblichen Aufwendungen, die sich aus dem Material-, dem Personal-, dem Abschreibungs- und dem sonstigen Aufwand zusammensetzen (Posten 5 bis 8), abzusetzen.

Im Einzelnen werden die Posten des Betriebsergebnisses beim GKV wie folgt ausgewiesen:

[1] Umsatzerlöse (§ 275 Abs. 2 Nr. 1 HGB)

§ 277 Abs. 1 HGB

Gemäß § 277 Abs. 1 HGB sind Umsatzerlöse definiert als solche Erlöse, die aus dem Verkauf, der Vermietung oder der Verpachtung von Produkten sowie der Erbringung von Dienstleistungen des Unternehmens resultieren und von denen Erlösschmälerungen, die Umsatzsteuer und sonstige direkt mit dem Umsatz verbundene Steuern abgezogen sind. Die Einordnung eines Ertrags als Umsatzerlös setzt voraus, dass das Unternehmen Produkte an Dritte abgibt oder Dienstleistungen für einen Dritten erbringt und dadurch eine Gegenleistung erhält. Diese Notwendigkeit einer Tauschbeziehung grenzt die Umsatzerlöse von den sonstigen betrieblichen Erträgen ab. Beispielsweise fehlt es bei Erträgen aus der Zuschreibung von Forderungen oder aus der Auflösung von Rückstellungen an dieser Tauschbeziehung, sodass sie nicht als Umsatzerlöse, sondern als sonstige betriebliche Erträge auszuweisen sind. Die Definition der Umsatzerlöse setzt ferner voraus, dass Güter des Umlaufvermögens, nämlich Produkte oder Dienstleistungen, abgegeben werden. Daher zählen Erlöse aus dem Verkauf von Anlagevermögen nicht zu den Umsatzerlösen, sondern zu den sonstigen betrieblichen Erträgen.

Hinweis

Der Gesetzgeber hat mit der neugefassten Vorschrift die Abgrenzung der Umsatzerlöse ausgeweitet, da vor dem Inkrafttreten des BilRuG nur diejenigen Erträge zu den Umsatzerlösen gehört haben, die mit dem Verkauf von Gütern bzw. der Erbringung von Dienstleistungen erzielt wurden, die typisch für die gewöhnliche Geschäftstätigkeit waren. Nach dieser früheren Definition umfassten die Umsatzerlöse nur die Erträge, die unmittelbar mit dem Geschäftszweck des Unternehmens korrespondierten. Beispielsweise waren bei einem Maschinenbauunternehmen nur die Erträge aus dem Verkauf seiner Produkte als Umsatzerlöse erfasst, während daneben erzielte Lizenzeinnahmen den sonstigen betrieblichen Erträgen zugeordnet wurden. Weitere Beispiele für Erträge, die aufgrund des BilRuG als Umsatzerlöse auszuweisen sind, sind Erlöse aus Kantinenverkäufen, Miet- und Pachteinnahmen sowie Erlöse aus dem Verkauf von Produktionsabfällen.

Erlösschmälerungen

Von den Umsatzerlösen sind nach § 277 Abs. 1 HGB Erlösschmälerungen abzuziehen. Erlösschmälerungen umfassen Preisnachlässe und zurückgewährte Entgelte. Zu den Preisnachlässen zählen

Barzahlungs-, Mengen- und Sonderrabatte sowie Umsatzvergütungen, Treuerabatte, Treueprämien und Freimengen (Naturalrabatte). Ebenso sind in Anspruch genommene Skonti abzuziehen. Zurückgewährte Entgelte umfassen Gutschriften für Rückwaren, Gewichtsmängel, Preisdifferenzen sowie Fracht- und Verpackungskosten. Auch Zuführungen zu Rückstellungen für erwartete Erlösschmälerungen (z.B. Rückstellungen für nachträgliche Boni und Treuerabatte oder Gewährleistungsaufwendungen[191] durch Rücktritt oder Preisminderung aufgrund von Mängelrüge) sind abzusetzen.[192]

USt und sonstige mit Umsatz verbundene Steuern

Ebenso wie die Erlösschmälerungen sind die Umsatzsteuer und die sonstigen direkt mit dem Umsatz verbundenen Steuern von den Umsatzerlösen abzuziehen (§ 277 Abs. 1 HGB). Neben der Umsatzsteuer sind daher auch die Verbrauchsteuern (z.B. Bier-, Sekt, Tabak- oder Mineralölsteuer) und Monopolabgaben direkt von den Umsatzerlösen abzuziehen.

[2] Erhöhung oder Verminderung des Bestandes an fertigen und unfertigen Erzeugnissen (§ 275 Abs. 2 Nr. 2 HGB)

Posten 2 zeigt die Differenz zwischen den zu Herstellungskosten bewerteten Jahresanfangs- und Jahresendbeständen fertiger und unfertiger Erzeugnisse. Diese Differenz kann zwei Ursachen haben:

- Änderung der Menge durch Aufbau oder Abbau des Bestandes, Schwund, Inventurfehler oder
- Änderungen des Wertes durch Zu- oder Abschreibungen. Hierdurch sind nach § 277 Abs. 2 2. Hs. HGB die im Unternehmen üblichen Abschreibungen (z.B. Betrag der durchschnittlichen Abschreibungen der Vorjahre unter Berücksichtigung des Mengengerüsts und evtl. unterschiedlicher Preisentwicklungen auf den Beschaffungs- bzw. Absatzmärkten auszuweisen).

Kein getrennter Ausweis

Bestandsveränderungen fertiger und unfertiger Erzeugnisse brauchen nach dem Gesetzeswortlaut nicht getrennt ausgewiesen werden. Posten 2 wird saldiert ausgewiesen, auch wenn z.B. der Bestand an unfertigen Erzeugnissen zugenommen und der an fertigen Erzeugnissen abgenommen hat. Bestandsveränderungen selbst geschaffener Roh-, Hilfs- und Betriebsstoffe werden auch hier und nicht unter Posten 3 „andere aktivierte Eigenleistungen" ausgewiesen, da sie sachlich zu den unfertigen und fertigen Erzeugnissen gehören. Nicht hier anzusetzen sind Bestandsveränderungen bezogener Waren sowie

---

[191] Gewährleistungsaufwendungen, die durch mangelhafte Lieferung oder Leistung verursacht wurden, werden z.T. in Form von Kaufpreisminderungen abgegolten. Hierbei handelt es sich um Erlösschmälerungen, die grundsätzlich von den Bruttoerlösen abzusetzen sind. Ein erheblicher Teil der Gewährleistungen wird jedoch auch auf Nachbesserung zurückzuführen sein. Die hierdurch verursachten Aufwendungen sollten im GKV unter den sonstigen betrieblichen Aufwendungen ausgewiesen werden, soweit nicht von vornherein bekannt ist, welche Primäraufwandsarten künftig in welcher Höhe anfallen werden. Im UKV kommt ein Ausweis unter den Herstellungskosten der zur Erzielung der Umsatzerlöse erbrachten Leistungen oder bei den sonstigen betrieblichen Aufwendungen in Betracht.

[192] Hierzu Justenhoven/Kliem/Müller, in: Beck Bil-Komm., 13. Aufl. 2022, § 275 Anm. 62-64.

bezogener Roh-, Hilfs- und Betriebsstoffe. Sie werden unter Posten 5 „Materialaufwand“ erfasst.

[3] Andere aktivierte Eigenleistungen (§ 275 Abs. 2 Nr. 3 HGB)

Bilanztechnischer Ausgleichsposten

Aus dem Wortlaut des Gesetzes ergibt sich, dass unter Posten 3 sämtliche aktivierte Eigenleistungen auszuweisen sind, die nicht unter Posten 2 erfasst werden. Die anderen aktivierten Eigenleistungen sind ebenso ein bilanztechnischer Ausgleichsposten wie Posten 2, da die für aktivierte Eigenleistungen angefallenen Aufwendungen unter verschiedenen Aufwandsposten der GuV erscheinen und durch den Ansatz der in der Bilanz aktivierten Eigenleistungen in der GuV neutralisiert werden. Im Wesentlichen werden als „andere aktivierte Eigenleistungen“ des Jahres folgende Elemente erfasst:

- selbst geschaffene materielle und immaterielle Vermögensgegenstände des Anlagevermögens sowie
- aktivierte Ausgaben für Großreparaturen.

[4] Sonstige betriebliche Erträge (§ 275 Abs. 2 Nr. 4 HGB)

Sammelposten

Der Posten „sonstige betriebliche Erträge“ hat den Charakter eines Sammelpostens. Hier sind alle betrieblichen Erträge auszuweisen, für die das Gliederungsschema keinen gesonderten Ertragsposten vorsieht. Unter den sonstigen betrieblichen Erträgen sind damit alle auftretenden Erträge anzusetzen, soweit sie nicht Umsatzerlöse für das Unternehmen bzw. Korrekturposten sind oder das Finanzergebnis betreffen. Zum Finanzergebnis gehören nach hier vertretener Ansicht auch sämtliche Zuschreibungen auf das Finanzanlagevermögen und auf Wertpapiere des Umlaufvermögens sowie alle Erträge aus der Veräußerung dieser Vermögensgegenstände, da bei einem Ausweis unter den sonstigen betrieblichen Erträgen das betriebliche Ergebnis und das Finanzergebnis vermischt würden.

Zu den sonstigen betrieblichen Erträgen gehören:

- Erträge aus dem Abgang von Gegenständen des Sachanlagevermögens oder des immateriellen Vermögens,
- Erträge aus Zuschreibungen zu Gegenständen des Sachanlagevermögens oder des immateriellen Vermögens,
- Erträge aus Zuschreibungen zu Forderungen sowie Zahlungseingängen auf bereits abgeschriebene Forderungen,
- Erträge aus der Herabsetzung von Pauschalwertberichtigungen auf Forderungen,
- Erträge aus Zuschreibungen zu Vorräten oder zu sonstigen Vermögensgegenständen und Aufwertungen bei Vorräten infolge des Wegfalls der ursprünglichen Abwertungsgründe,
- Erträge aus der Heraufsetzung von Festwerten bei Gegenständen des Anlagevermögens,
- Erträge aus der Auflösung zu hoher oder nicht mehr benötigter Rückstellungen,
- Währungskursgewinne, soweit diese nicht bei Finanzanlagen, bei Wertpapieren des Umlaufvermögens oder bei Finanzverbindlichkeiten anfallen,
- Kostenerstattungen, Rückvergütungen und Gutschriften für frühere Perioden.

[5] Materialaufwand (§ 275 Abs. 2 Nr. 5 HGB)

(a) Aufwendungen für Roh-, Hilfs- und Betriebsstoffe und für bezogene Waren

Unter Posten 5(a) sind alle Aufwendungen für verbrauchte Roh-, Hilfs- und Betriebsstoffe sowie die Einstandswerte verkaufter Waren (Handelswaren) zu erfassen. Dies gilt unabhängig davon, in welchem Bereich diese Aufwendungen angefallen sind. Materialaufwendungen aus den Bereichen Verwaltung (z.B. Büromaterial) und Vertrieb (z.B. Werbe- und Verpackungsmaterial) dürfen auch unter Posten 8 „sonstige betriebliche Aufwendungen" ausgewiesen werden, da das Gesetz den Begriff „Materialaufwand" nicht näher definiert. In einem solchen Fall muss allerding der einmal gewählte Ausweis in späteren Jahren aufgrund des Grundsatzes der Ausweisstetigkeit beibehalten werden.

Abschreibungen auf RHB-Stoffe und bezogene Waren

Zum Posten 5(a) gehören auch die Abschreibungen auf Roh-, Hilfs- und Betriebsstoffe sowie auf bezogene Waren. Deren Ausweis im Posten 5(a) wird allerdings durch Posten 7(b) „Abschreibungen auf Vermögensgegenstände des Umlaufvermögens, soweit diese die in der Gesellschaft üblichen Abschreibungen überschreiten" begrenzt. Unter Posten 7(b) sind die unüblichen Abschreibungen der Gesellschaft auf Roh-, Hilfs- und Betriebsstoffe auszuweisen. Allerdings ist nur der Mehr-Abschreibungsaufwand unter diesem Posten zu erfassen, wobei als Maßstab für die Üblichkeit die aus denselben Gründen in den Vorjahren angefallenen Abschreibungen herangezogen werden können. Als übliche Abschreibungen sind unter Posten 5(a) Bewertungsdifferenzen aufgrund von rückläufigen Preisen oder Qualitätsverlusten und Inventurdifferenzen aufgrund von Schwund oder ähnlichem sowie Verluste an Roh-, Hilfs- und Betriebsstoffen und Handelswaren durch Brand, Bruch oder Diebstahl auszuweisen. Falls es sich bei den Verlusten durch Diebstahl, Brand u.ä. um erhebliche Beträge handelt, ist indes beim GKV ein Ausweis unter Posten 8 „sonstige betriebliche Aufwendungen" geboten.

Ansatz zu Festwerten

Werden die Roh-, Hilfs- und Betriebsstoffe zu Festwerten nach § 256 Satz 2 i.V.m. § 240 Abs. 3 HGB angesetzt, so werden die Aufwendungen für Zugänge wie auch für Herabsetzungen des Festwerts unter Posten 5(a) erfasst. Die Anschaffung der unter Posten 5(a) ausgewiesenen verbrauchten Roh-, Hilfs- und Betriebsstoffe sowie der Waren, die für verkaufte Handelswaren eingesetzt worden sind, ist im Gegensatz zum Verbrauch dieser Vermögensgegenstände erfolgsneutral.

Im Einzelnen sind hier folgende Aufwendungen zu erfassen:

- Sämtliche Aufwendungen für Material im Fertigungsbereich, im Forschungs- und Entwicklungsbereich sowie im Verwaltungs- und Vertriebsbereich,
- Brenn- und Heizstoffe und andere Energieaufwendungen,
- Reinigungs- und Reparaturmaterial,
- Baumaterial (falls ein Gegenposten unter Posten 3 „andere aktivierte Eigenleistungen" ausgewiesen wird),
- Kleinwerkzeuge, Formen und Modelle,

- Aufwendungen für Zukäufe bei Gegenständen des Umlaufvermögens und des Sachanlagevermögens, die als Festwerte geführt werden, sowie Veränderungen der Festwerte bei Gegenständen des Umlaufvermögens,
- Handelswareneinsatz,
- Inventur- und Bewertungsdifferenzen bei Roh-, Hilfs- und Betriebsstoffen und Handelswaren.

(b) Aufwendungen für bezogene Leistungen

Lohnbe- bzw. -verarbeitung

Unter Posten 5(b) sind jene Aufwendungen für bezogene Leistungen anzusetzen, die Materialaufwand darstellen. Dies ergibt sich daraus, dass dieser Posten ein Unterpunkt des Hauptpostens „Materialaufwand" ist. Unter diesem Posten sind vor allem Aufwendungen für Lohnverarbeitung bzw. Lohnbearbeitung von Fertigungsstoffen und Erzeugnissen (z.B. Aufwendungen für das Umschmelzen oder Stanzen von Metallteilen, Lackierarbeiten etc.), für fremdbezogene Energiestoffe (Fremdstrom, Gas, Erdwärme) sowie für von anderen Bereichen als dem Fertigungsbereich bezogene Leistungen, soweit diese dem Materialaufwand zuzuordnen sind, auszuweisen.

Zurechnung zu den sbA

Nicht unter dem Posten „Materialaufwand", sondern unter Posten 8 „sonstig betrieblichen Aufwendungen" sind allerdings Aufwendungen für Leistungen Dritter auszuweisen, die nur in irgendeiner Weise zur Gesamtleistung des Unternehmens beigetragen haben, aber dem Materialaufwand nicht gleichzusetzen sind. Darunter fallen z.B. Aufwendungen für Nutzungsverträge (Mieten, Pachten, Lizenzen), Porti, Telefongebühren, Beratungsgebühren, Sachverständigenhonorare, Werbekosten, Reisespesen, Frachten und Transportkosten (soweit nicht Anschaffungsnebenkosten von Roh-, Hilfs- und Betriebsstoffen).[193]

[6] Personalaufwand (§ 275 Abs. 2 Nr. 6 HGB)

(a) Löhne und Gehälter

Bruttoarbeitsentgelte

Unter Posten 6(a) „Löhne und Gehälter sind sämtliche Bruttoarbeitsentgelte auszuweisen, die an Mitarbeiter (Arbeiter, Angestellte, Auszubildende, Vorstandsmitglieder und Geschäftsführer) gezahlt wurden, die im abzuschließenden Geschäftsjahr in einem Dienstverhältnis mit dem Unternehmen standen. Die Bruttobeträge umfassen auch die vom Arbeitnehmer zu zahlenden Steuern und Sozialabgaben. Die vom Arbeitgeber zu tragenden Sozialabgaben fallen dagegen unter Posten 6(b) „soziale Abgaben und Aufwendungen für Altersversorgung und für Unterstützung".

Der Ausweis der Löhne und Gehälter ist unabhängig davon, für welche Arbeit, in welcher Form und unter welcher Bezeichnung sie geleistet wurden. So fallen sämtliche Leistungen des Unternehmens an die Belegschaftsmitglieder unter diesen Posten, d.h. außer den oben beschriebenen Grundbezügen auch Nebenbezüge wie Trennungs- und Aufwandsentschädigungen, Gratifikationen, Lohnfortzahlungen im Krankheitsfall, Vergütungen für Verbesserungsvorschläge und Erfindungen, Überstundenentlohnung, Weihnachts- und Urlaubsgelder, Urlaubsabgeltungen, Dienstaltersprämien, vom Unternehmen übernommene Lohn- und Kirchensteuer, Jubiläumzahlungen, Erfolgsbeteili-

---

[193] Hierzu IDW, WP Handbuch, 18. Aufl. 2023, Kap. F Tz. 821.

gungen sowie Zahlungen für vermögenswirksame Leistungen nach dem Vermögensbildungsgesetz. Auch die Bezüge der Mitglieder des Geschäftsführungsorgans, wie Gehälter, Gewinnbeteiligungen und Nebenleistungen jeder Art, sind unter Posten 6(a) auszuweisen. Nicht zu den Löhnen oder Gehältern gehören Kostenerstattungen, wie Rückerstattungen barer Auslagen für Reisen, Verpflegung und Übernachtung einschließlich pauschalierter Spesen. Sie sind – wie auch die nicht steuerpflichtigen Annehmlichkeiten (z.B. Essensgeldzuschüsse, Aufwendungen für Betriebsfeiern) – unter den „sonstigen betrieblichen Aufwendungen“ zu erfassen.

Sachwertbezüge

In Sachwerten gewährte Bezüge, wie Deputate oder der Gegenwert mietfreier bzw. mietgünstiger Dienstwohnungen, sind ebenfalls Teile der Löhne und Gehälter. Allerdings bereiten die Bewertung und die Abgrenzung von den „sonstigen betrieblichen Aufwendungen“ des Posten 8 (sog. Annehmlichkeiten) Schwierigkeiten. Als Entscheidungshilfe können hier die steuerlichen Richtlinien bzw. die steuerlich anerkannte Bewertung von Sachbezügen als Lohnbestandteil oder als nicht steuerpflichtige Annehmlichkeit dienen.

Abfindungen

Soweit Abfindungen an ausscheidende Arbeitskräfte gezahlt werden, sind die ebenfalls unter „Löhne und Gehälter“ auszuweisen, da es sich um Entgelte für geleistete Dienste handelt. Dies ist unabhängig davon, ob es sich um Abfindungen für Belegschaftsmitglieder oder Organmitglieder handelt, da ausschließlich das Dienstverhältnis den Ursprung der Abfindungszahlung darstellt. Insofern sind sämtliche Abfindungszahlungen grundsätzlich als Personalaufwand zu betrachten.

Aufsichts- und Beiratsbezüge

Aufsichtsratsbezüge wie auch Bezüge für einen Beirat sind dagegen nicht hier, sondern unter Posten 8 „sonstige betriebliche Aufwendungen“ zu erfassen, da die Mitglieder dieser Räte in keinem Beschäftigungsverhältnis zum Unternehmen stehen. Lohn- und Gehaltsvorschüsse gehören auch nicht zum Personalaufwand, da sie Forderungen des Arbeitgebers gegenüber dem Arbeitnehmer darstellen und als sonstige Vermögensgegenstände in der Bilanz auszuweisen sind.

(b) Soziale Abgaben und Aufwendungen für Altersversorgung und für Unterstützung, davon für Altersversorgung

Zu den sozialen Abgaben zählen die Arbeitgeberanteile zur gesetzlichen Sozialversicherung (Renten-, Kranken-, Pflege- und Arbeitslosenversicherung, Knappschaft). Weiterhin sind hier die Beiträge des Unternehmens zur Berufsgenossenschaft sowie Beiträge für die Insolvenzsicherung von betrieblichen Versorgungszusagen an Pensionssicherungsvereine auszuweisen. Ausgleichszahlungen für nicht beschäftigte Schwerbehinderte sind keine sozialen Abgaben und daher unter den sonstigen betrieblichen Aufwendungen zu erfassen. Arbeitnehmeranteile zur gesetzlichen Sozialversicherung sowie die im Krankheitsfall an Arbeitnehmer weiter gezahlten Bezüge oder Zuschüsse sind Teil der Löhne und Gehälter und daher unter Posten 6(a) auszuweisen.

Aufwendungen für Altersversorgung

Die Aufwendungen für Altersversorgung sind in diesem Posten durch einen „davon“-Vermerk anzugeben. Sie umfassen hauptsächlich die Pensionszahlungen, falls diese nicht erfolgsneutral zu Lasten der Pensionsrückstellungen gebucht werden, sowie auch die Zuführungen zu den Rückstellungen ohne den darin enthaltenen Zinsanteil. Dieser ist unter Posten 13 „Zinsen und ähnliche Aufwendungen“ auszuweisen, da es bei einem Ausweis als Personalaufwand zu einer Verfälschung der Aufwandsstruktur und des Verhältnisses von Betriebs- und Finanzergebnis käme.

Pensions- und Unterstützungskassen

Zahlungen an andere Versorgungseinrichtungen, wie Pensions- und Unterstützungskassen, sind ebenfalls unter Posten 6(b) auszuweisen. Dagegen werden Prämien des Unternehmens zur Rückdeckung künftiger Versorgungsleistungen unter Posten 8 „sonstige betriebliche Aufwendungen" erfasst, da diese Prämien das Unternehmen selbst sichern.

Aufwendungen für Unterstützung

Bei den Aufwendungen für Unterstützung handelt es sich um Aufwendungen für tätige Mitarbeiter, für schon im Ruhestand befindliche Mitarbeiter sowie für deren Hinterbliebene. Das Unternehmen zahlt diese Leistungen freiwillig ohne eine besondere Leistung des Unterstützungsempfängers. Beispielsweise sind hier Krankheits- und Unfallunterstützungen, Heirats- und Geburtshilfen und dergleichen auszuweisen. Spenden und Unterstützungszahlungen an andere als die o.g. Personen sind unter den sonstigen betrieblichen Aufwendungen zu buchen.

[7] Abschreibungen (§ 275 Abs. 2 Nr. 7 HGB)

(a) Abschreibungen auf immaterielle Vermögensgegenstände des Anlagevermögens und Sachanlagen

Planmäßige und außerplanmäßige Abschreibungen

Sämtliche im Geschäftsjahr vorgenommenen planmäßigen wie außerplanmäßigen Abschreibungen auf die in § 266 Abs. 2 A. I. und II. HGB genannten Vermögensgegenstände des Anlagevermögens sind unter Posten 7(a) zu erfassen. Abschreibungen auf Finanzanlagen sind dagegen unter Posten 12 „Abschreibungen auf Finanzanlagen und Wertpapiere des Umlaufvermögens" auszuweisen. Abschreibungen außerordentlicher Natur – z.B. aufgrund von Naturkatastrophen oder Betriebsstilllegungen – sind unter den sonstigen betrieblichen Aufwendungen zu erfassen und im Anhang zu erläutern.

Davon-Vermerk

Außerplanmäßige Abschreibungen (§ 253 Abs. 3 Satz 5 HGB) müssen durch eine Umgliederung oder als „davon"-Vermerk innerhalb des Postens 7(a) gesondert ausgewiesen werden, sofern sie nicht im Anhang angegeben werden (§ 277 Abs. 3 Satz 1 HGB). Auch Herabsetzungen von Festwerten beim Sachanlagevermögen gehören unter den Posten 7(a).

(b) Abschreibungen auf Vermögensgegenstände des Umlaufvermögens, soweit diese die in der Kapitalgesellschaft bzw. haftungsbeschränkten Personenhandelsgesellschaft üblichen Abschreibungen überschreiten

Mehrabschreibungen auf Umlaufvermögen

Diese Vorschrift zwingt die Unternehmen zu einer Trennung der Abschreibungen auf Vermögensgegenstände des Umlaufvermögens in die üblichen und die darüberhinausgehenden Abschreibungen, die sog. Mehrabschreibungen. Die üblichen Abschreibungen sind je nach Art des Vermögensgegenstands unter folgenden Posten auszuweisen:

Abschreibungen auf folgende Vermögensgegenstände	Ausweis im GKV
▪ Unfertige und fertige Erzeugnisse ▪ Unfertige Leistungen	Posten 2 „Erhöhung oder Verminderung des Bestands an fertigen und unfertigen Erzeugnissen
▪ Roh-, Hilfs- und Betriebsstoffe ▪ Handelswaren	Posten 5(a) „Aufwendungen für Roh-, Hilfs- und Betriebsstoffe und für bezogene Waren“
▪ Forderungen ▪ Sonstige Vermögensgegenstände ▪ Flüssige Mittel	Posten 8 „sonstige betriebliche Aufwendungen“

Tab. 13 Ausweis üblicher Abschreibungen auf Gegenstände des Umlaufvermögens[194]

Abschreibungen über das übliche Maß hinaus

Sämtliche Abschreibungen, die über das sonst übliche Maße hinausgehen, sind unter Posten 7(b) auszuweisen. Sie müssen aber die sonst üblichen Abschreibungen nach dem Grundsatz der Wesentlichkeit deutlich überschreiten. Auszuweisen sind hier nur die, die üblichen Abschreibungen übersteigenden Beträge. Nach welchen Kriterien die üblichen Abschreibungen von den unüblichen Abschreibungen getrennt werden sollen, ist im Schrifttum umstritten, da der Gesetzgeber es unterlassen hat, Anhaltspunkte dafür zu geben.[195]

[8] Sonstige betriebliche Aufwendungen (§ 275 Abs. 2 Nr. 8 HGB)

Sammelposten

Posten 8 hat – wie auch Posten 4 – den Charakter eines Sammelpostens. Er nimmt alle betrieblichen Aufwendungen auf, die nicht unter einem anderen Aufwandsposten auszuweisen sind. Des Weiteren sind die sonstigen betrieblichen Aufwendungen von den Aufwandsposten des Finanzergebnisses abzugrenzen, unter denen diejenigen Aufwendungen auszuweisen sind, die mit dem Finanzanlagevermögen oder den Wertpapieren des Umlaufvermögens in Zusammenhang stehen. Im Einzelnen sind hier folgende Aufwendungen auszuweisen:

- Verluste aus dem Abgang von immateriellen Vermögensgegenständen des Anlagevermögens und Gegenständen des Sachanlagevermögens,
- Verluste aus dem Abgang von Gegenständen des Umlaufvermögens, sofern diese nicht das Vorratsvermögen oder die Wertpapiere betreffen,
- Abschreibungen auf Forderungen, soweit diese den üblichen Rahmen nicht überschreiten,
- lohnintensive Fremdreparaturen,
- Materialkosten der Bereiche Verwaltung und Vertrieb, soweit nicht unter Posten 5(a) ausgewiesen,
- Bezüge und Kosten des Aufsichtsrats bzw. Beirats sowie Kostenerstattungen und Ausgleichsabgaben bei Nichtbeschäftigung Schwerbehinderter, und

---

194 Übernommen aus Baetge/Kirsch/Thiele, Bilanzen, 16. Aufl. 2021, S. 628.

195 Hierzu weiterführend Baetge/Kirsch/Thiele, Bilanzen, 16. Aufl. 2021, S. 628-629 sowie Coenenberg/Haller/Schultze, Jahresabschluss und Jahresabschlussanalyse, 26. Aufl. 2021, S. 564-565.

- Anwaltskosten, Ausbildungskosten, Ausgangsfrachten, Bankgebühren, Beiträge zu Berufsverbänden, Bewirtungs- und Betreuungskosten, Bücher und Zeitschriften, Gebühren, Gründungskosten, Leasingraten, Lizenzgebühren, Mieten und Pachten, Provisionen, Prüfungskosten, Spenden, Telefonkosten, Transportkosten, Wartungskosten und Werbekosten.

3.1.2.4.2.2 Posten des Betriebsergebnisses nach dem UKV

Betriebsergebnis

Das Betriebsergebnis setzt sich beim UKV aus den Posten 1 bis 7 zusammen und sieht im Unterschied zum GKV die Trennung der betriebsbezogenen Aufwendungen nach den betrieblichen Funktionsbereichen Herstellung (Posten 2), Vertrieb (Posten 4) und allgemeine Verwaltung (Posten 5) sowie den sonstigen betrieblichen Erträgen und Aufwendungen (Posten 6 und 7) vor, während das GKV diese Aufwendungen nach den einzelnen Aufwandsarten trennt. Dadurch unterscheiden sich die Posten des Betriebsergebnisses nach dem UKV nicht nur formal, sondern auch inhaltlich von denen des GKV.

[1] Umsatzerlöse (§ 275 Abs. 3 Nr. 1 HGB)

Der Posten 1 entspricht inhaltlich den Umsatzerlösen nach GKV. Insofern kann auf die dortigen Ausführungen verwiesen werden.

[2] Herstellungskosten der zur Erzielung der Umsatzerlöse erbrachten Leistungen (§ 275 Abs. 3 Nr. 2 HGB)

Unter Posten 2 sind sämtliche aufwandsgleiche Herstellungskosten auszuweisen, die den zur Erzielung der Umsatzerlöse erbrachten Leistungen zugerechnet werden können. Die Herstellungskosten werden unabhängig von der Periode, in der die Herstellung stattfand, unter Posten 2 ausgewiesen. In diesen Posten gehen alle Herstellungskosten im Geschäftsjahr verkaufter Produkte sowie die Anschaffungskosten verkaufter fremdbezogener Waren ein. Sämtliche Abschreibungen auf das Anlage- und Umlaufvermögen, die den Fertigungsbereich betreffen – z.B. durch die Fertigung verursachter Werteverzehr des Anlagevermögens – können hier erfasst werden. Auch die Wertminderungen des Umlaufvermögens, welche die sonst üblichen Abschreibungen überschreiten, sind – anders als im GKV (Ausweis dort unter Posten 7(b) – im Posten 2 aufzunehmen, da im UKV ein entsprechender Posten nicht existiert.[196]

[3] Bruttoergebnis vom Umsatz (§ 275 Abs. 3 Nr. 3 HGB)

Posten 3 stellt eine Zwischensumme dar. Die Größe „Bruttoergebnis vom Umsatz" kann im Zeitvergleich (bei sinnvoller Definition der Herstellungskosten) wichtige Informationen über die Entwicklung der Produktivität eines Unternehmens liefern. Zwischenbetriebliche Vergleiche sind aufgrund der Definitionsproblematik der Herstellungskosten indes regelmäßig nicht möglich.[197]

[4] Vertriebskosten (§ 275 Abs. 3 Nr. 4 HGB)

Fehlende Aktivierungsfähigkeit

Vertriebskosten dürfen nach § 255 Abs. 2 Satz 4 HGB nicht in die Herstellungskosten produzierter, aber nicht abgesetzter Produkte (Bestandserhöhungen) einbezogen werden und sind damit nicht aktivierungsfähig. Alle im Geschäftsjahr als Aufwand verrechneten Vertriebskosten sind unter diesem Posten auszuweisen.

---

[196] Hierzu ausführlich Justenhoven/Kliem/Müller, in: Beck Bil-Komm., 13. Aufl. 2022, § 275 Anm. 261ff.

[197] Hierzu Baetge/Kirsch/Thiele, Bilanzen, 16. Aufl. 2021, S. 632.

Direkt und indirekt zurechenbare Vertriebskosten

Unter diesem Posten sind alle direkt und indirekt zurechenbaren Aufwendungen für z.B. Verkaufs-, Werbe-, Marketingabteilungen sowie das Vertreternetz zu erfassen. Im Einzelnen sind hier folgende Aufwendungen auszuweisen:

- Sondereinzelkosten des Vertriebs: Zu den direkt zurechenbaren Sondereinzelkosten des Vertriebs zählen Verpackungs- und Transportkosten sowie Provisionen.
- Vertriebsgemeinkosten: Zu den über Schlüsselungen ermittelten Vertriebsgemeinkosten gehören z.B. die Personalkosten der o.g. Abteilungen sowie Kosten der Marktforschung, Werbung und Absatzförderung, Messe- und Ausstellungskosten, Kosten der Auslieferungs- und Verteilungsläger, Kosten des Fuhrparks, Kosten für Exportkreditversicherungen (Hermes), Verwaltungskosten und Abschreibungen des Vertriebsbereichs.

Zinsaufwendungen und Betriebssteuern

Dem Vertriebsbereich zuzuordnende Zinsaufwendungen sollten dagegen erfolgsspaltungs- und primärkostenorientiert unter Posten 12 „Zinsen und ähnliche Aufwendungen, davon an verbundene Unternehmen“ ausgewiesen werden. Außerdem sollten anteilige Betriebssteuern unter Posten 15 „sonstige Steuern“ erfasst werden.

[5] Allgemeine Verwaltungskosten (§ 275 Abs. 3 Nr. 5 HGB)

Unter Posten 5 sind alle Kosten der allgemeinen Verwaltung zu erfassen, soweit sie nicht nach § 255 Abs. 2 Satz 3 HGB als Herstellungskosten aktiviert werden oder auf den Herstellungsbereich (Ausweis unter Posten 2) bzw. Vertriebsbereich (Ausweis unter Posten 4) entfallen. Zu den hier auszuweisenden Aufwendungen des Verwaltungsbereichs gehören z.B. die Aufwendungen für die Geschäftsführung, für das Rechnungswesen, für die Rechts- sowie die Revisionsabteilung.

[6] Sonstige betriebliche Erträge (§ 275 Abs. 3 Nr. 6 HGB)

Der Inhalt des Postens 6 entspricht weitgehend dem des gleichnamigen Postens 4 beim GKV. Soweit Eigenleistungen aktiviert und im bzw. vor dem Anlagevermögen ausgewiesen werden, ohne dass die jeweiligen Aufwandsposten direkt auf das jeweilige Bilanzkonto umgebucht werden, ist ein entsprechender Ausgleichsposten unter Posten 6 einzustellen. Die direkte Belastung der Anlagekonten, d.h. die Umbuchung von den jeweiligen Aufwandsposten auf die Bestandskonten, entspricht indes eher der Vorgehensweise beim UKV als der Ausweis eines Ausgleichspostens. Beide Möglichkeiten werden allerdings als zulässig erachtet.

[7] Sonstige betriebliche Aufwendungen (§ 275 Abs. 3 Nr. 7 HGB)

Zuordnung zu den Funktionsbereichen

Posten 7 nimmt alle Aufwendungen auf, die im GKV unter dem gleichnamigen Posten 8 anfallen, es sei denn, die Aufwendungen müssen den speziellen Funktionsbereichen Herstellung (Ausweis unter Posten 2), Vertrieb (Ausweis unter Posten 4) oder Verwaltung (Ausweis unter Posten 5) zugeordnet werden. Diese Zuordnung zu den Funktionsbereichen gilt aber für die meisten Beträge, so dass der Umfang dieses Sammelpostens im UKV wesentlich niedriger ausfällt als der des Postens 8 im GKV.[198]

---

[198] Hierzu Hoffmann/Lüdenbach, NWB Kommentar Bilanzierung, 14. Aufl. 2022, § 275 Rz. 80.

Bei Anwendung des UKV sind bspw. die folgenden Beträge den sonstigen betrieblichen Aufwendungen zuzuordnen:

- I.d.R. Abschreibungen auf den Geschäfts- oder Firmenwert (Ausnahme z.B., wenn ein Produktionsunternehmen zur Stärkung des Absatzes ein reines Vertriebsunternehmen erwirbt),
- Aufwendungen für die Herstellung von Erzeugnissen, die aufgrund der Wahlrechte des § 255 Abs. 2 Satz 3 HGB nicht aktiviert werden,
- Aufwendungen für selbst geschaffene immaterielle Vermögensgegenstände des Anlagevermögens, die nicht aktiviert werden dürfen oder aufgrund des Wahlrechts des § 248 Abs. 2 Satz 1 HGB nicht aktiviert werden,
- Aufwendungen aufgrund der Bildung von Rückstellungen, die nicht den betrieblichen Funktionsbereichen zugeordnet werden können, z.B. Restrukturierungsrückstellungen,
- Spenden,
- Verluste aus Anlagenabgängen,
- Währungsverluste,
- Wertberichtigungen auf Forderungen.

3.1.2.4.2.3 Posten des Finanzergebnisses

Die Posten 9 bis 13 des GKV gemäß § 275 Abs. 2 HGB bzw. die Posten 8 bis 12 des UKV gemäß § 275 Abs. 3 HGB stellen die Bestandteile des Finanzergebnisses dar. Hier werden zur Ermittlung des Finanzergebnisses von den Ertragsposten des finanziellen Bereichs die Aufwandsposten des finanziellen Bereichs subtrahiert.

[1] Erträge aus Beteiligungen, davon aus verbundenen Unternehmen (§ 275 Abs. 2 Nr. 9 bzw. § 275 Abs. 3 Nr. 8 HGB)

Laufende Erträge

Unter diesem Posten sind alle laufenden Erträge aus dem Bilanzposten „Beteiligungen" (§ 266 Abs. 2 A. III. 3. HGB) und „Anteile an verbundenen Unternehmen (§ 266 Abs. 2 A. III. 1. HGB) auszuweisen. Wenn eine Beteiligung vorliegt bzw. wann Beteiligungen oder Anteile an verbundenen Unternehmen in der Bilanz auszuweisen sind, ist in § 271 HGB festgelegt.[199] Die Erträge sind stets brutto auszuweisen. Die vom ausschüttenden Unternehmen einbehaltene Kapitalertragsteuer ist danach nicht von den Beteiligungserträgen abzuziehen. Vielmehr ist sie unter dem Posten „Steuern vom Einkommen und vom Ertrag" zusätzlich als Steueraufwand zu erfassen und so zu neutralisieren.[200]

Zu den auszuweisenden Beteiligungserträgen gehören insbesondere:

- Dividenden von Kapitalgesellschaften,
- Gewinnanteile von Personenhandelsgesellschaften und von stillen Gesellschaften sowie
- Zinsen auf beteiligungsähnliche Darlehen, soweit sie als Beteiligungen bilanziert sind.

---

[199] Hierzu Abschn. 4.3.

[200] Hierzu Justenhoven/Kliem/Müller, in: Beck Bil-Komm., 13. Aufl. 2022, § 275 Anm. 178 sowie Hoffmann/Lüdenbach, NWB Kommentar Bilanzierung, 14. Aufl. 2022, § 275 Rz. 88.

Erträge aus Gewinngemeinschaft oder EAV

Erträge aufgrund einer Gewinngemeinschaft, eines Gewinn- oder Teilgewinnabführungsvertrags sind als Erfolgskomponenten nach § 277 Abs. 3 Satz 2 HGB gesondert unter entsprechender Bezeichnung vor oder hinter dem hier erläuterten Posten auszuweisen (Gliederungserweiterung nach § 265 Abs. 5 HGB). Auch Beteiligungserträge aus verbundenen Unternehmen sind mit einem „davon"-Vermerk gesondert auszuweisen.

Nicht als Beteiligungserträge, sondern unter den sonstigen betrieblichen Erträgen sind hingegen auszuweisen:

- Gewinne aus der Veräußerung von Beteiligungen und
- Erträge aus Wertaufholungen (Zuschreibungen).

[2] Erträge aus anderen Wertpapieren und Ausleihungen des Finanzanlagevermögens, davon aus verbundenen Unternehmen (§ 275 Abs. 2 Nr. 10 bzw. § 275 Abs. 3 Nr. 9 HGB)

Erträge aus Finanzanlagen

Hier sind sämtliche Erträge aus Finanzanlagen (§ 266 Abs. 2 A. III. HGB) auszuweisen mit Ausnahme der Erträge aus Beteiligungen bzw. aus Anteilen an verbundenen Unternehmen und der nach § 277 Abs. 3 Satz 2 HGB gesondert auszuweisenden Erträgen. Auch Erträge aus Wertpapieren des Umlaufvermögens werden nicht hierunter, sondern unter dem Posten „sonstige Zinsen und ähnliche Erträge, davon aus verbundenen Unternehmen" erfasst, da die Bezeichnung des hier erläuterten Postens auf Erträge aus Wertpapieren des Anlagevermögens abstellt. Hat der Anteil an einer GmbH oder Personenhandelsgesellschaft ausnahmsweise keinen Beteiligungscharakter, sind auch damit verbundene Erträge in den hier beschriebenen Posten einzubeziehen. Für Erträge von einem verbundenen Unternehmen ist ein „davon"-Vermerk vorgeschrieben.

In Betracht kommen:

- Gewinnausschüttungen,
- Zinsen auf langfristige Darlehen (Ausleihungen),
- Erträge aus Vorfälligkeitsentschädigungen,
- Zahlungen aufgrund von Dividendengarantien,
- Aufzinsungen von Zerobonds oder ähnlichen Produkten,
- Abschlagszahlungen auf den Bilanzgewinn.[201]

Ausweis der Bruttoerträge

Auch hier sind die Bruttoerträge auszuweisen, d.h. einschließlich der vom ausschüttenden Unternehmen einbehaltenen Kapitalertragsteuer. Eine Saldierung der Erträge mit entsprechenden Aufwendungen – z.B. Zinsaufwendungen aus begebenen Schuldverschreibungen – ist nicht zulässig (§ 246 Abs. 2 Satz 1 HGB).

[3] Sonstige Zinsen und ähnliche Erträge, davon aus verbundenen Unternehmen (§ 275 Abs. 2 Nr. 11 bzw. § 275 Abs. 3 Nr. 10 HGB)

Unter diesem Posten sind alle Zinsen und ähnliche Erträge auszuweisen, die nicht Finanzanlagen betreffen oder nach § 277 Abs. 3 Satz 2 HGB gesondert auszuweisen

---

[201] Hierzu Hoffmann/Lüdenbach, NWB Kommentar Bilanzierung, 14. Aufl. 2022, § 275 Rz. 92-94.

sind. Soweit die hier aufzuführenden Erträge aus Geschäftsbeziehungen mit verbundenen Unternehmen stammen, sind sie als „davon"-Vermerk anzugeben. Folgende Zinserträge sind hier auszuweisen:[202]

- Zinsen für Guthaben – z.B. für Termingelder, Spareinlagen und andere Einlagen – bei Kreditinstituten,
- Zinsen (einschließlich Verzugszinsen) aus Forderungen und Darlehen an Dritte (soweit nicht Finanzanlagen),
- Zinsen, Dividenden und dergleichen auf Wertpapiere des Umlaufvermögens (einschließlich der einbehaltenen Kapitalertragsteuer),
- Aufzinsungsbeträge zum Barwert angesetzter Vermögensgegenstände des Umlaufvermögens, welche allerdings gemäß § 277 Abs. 5 Satz 1 HGB gesondert unter dem Posten auszuweisen sind.

Zinsähnliche Erträge

Zu den zinsähnlichen Erträgen gehören Erträge aus einem Agio, Disagio oder Damnum, Kreditprovisionen, Kreditgarantien, Kreditgebühren, Teilzahlungszuschläge u.ä. Nicht im Zusammenhang mit dem Kredit oder der Kreditbeschaffung stehende Erträge, wie Spesen, Mahnkosten oder Kreditbearbeitungsgebühren sind im Posten „sonstige betriebliche Erträge" auszuweisen, da es sich um Dienstleistungserträge handelt.[203]

Saldierungsverbot

Zinserträge dürfen aufgrund des allgemeinen Saldierungsverbots des § 246 Abs. 2 Satz 1 HGB nicht mit Zinsaufwendungen verrechnet werden. Selbst bei durchlaufenden Krediten – z.B. wenn eine Muttergesellschaft einen Kredit für ihre Tochtergesellschaft aufgenommen und an diese weitergereicht hat – oder Soll- und Habenzinsen auf Konten bei demselben Kreditinstitut und/oder demselben Konto ist der Nettoausweis nicht zulässig.

[4] Abschreibungen auf Finanzanlagen und auf Wertpapiere des Umlaufvermögens (§ 275 Abs. 2 Nr. 12 bzw. § 275 Abs. 3 Nr. 11 HGB)

Unter diesem Posten sind sämtliche Abschreibungen auf Finanzanlagen sowie Wertpapiere des Umlaufvermögens zu erfassen. Der Abschreibungsgrund ist dabei nicht von Bedeutung. Auch Abschreibungen, die über das übliche Maß hinausgehen, sind hier aufzuführen.[204]

Saldierungsverbot

Eine Verrechnung mit Zuschreibungen ist aufgrund des Saldierungsverbots des § 246 Abs. 2 Satz 1 HGB unzulässig.

Im Einzelnen sind hier zu erfassen:

- Abschreibungen auf Finanzanlagen (Anteile an verbundenen Unternehmen, Beteiligungen, Ausleihungen und Wertpapiere des Anlagevermögens):
    - Außerplanmäßige Abschreibungen wegen dauernder Wertminderung (§ 253 Abs. 3 Satz 5 HGB),
    - Außerplanmäßige Abschreibungen bei vorübergehender Wertminderung (§ 253 Abs. 3 Satz 6 HGB),

---

202 Bei Zugrundelegung einer positiven Bestimmung handelt es sich um Erträge aus Umlaufvermögen.

203 Hierzu IDW, WP Handbuch, 18. Aufl. 2023, Kap. F Tz. 857.

204 Abwägend zu den Wertpapieren des Umlaufvermögens Hoffmann/Lüdenbach, NWB Kommentar Bilanzierung, 14. Aufl. 2022, § 275 Rz. 106.

- Abschreibungen auf Wertpapiere des Umlaufvermögens auf einen aus dem am Abschlussstichtag niedrigeren Börsen- oder Marktpreis abgeleiteten Wert oder auf den niedrigeren beizulegenden Wert (§ 253 Abs. 4 Satz 1 und 2 HGB).

Verluste aus dem Abgang von Finanzanlagen und Wertpapieren des Umlaufvermögens sind ebenfalls unter diesem Posten zu erfassen.

[5] Zinsen und ähnliche Aufwendungen, davon aus verbundenen Unternehmen (§ 275 Abs. 2 Nr. 13 bzw. § 275 Abs. 3 Nr. 12 HGB)

Hier sind alle Zinsaufwendungen und ähnliche Aufwendungen für das im Unternehmen gebundene Fremdkapital auszuweisen. Dazu gehören neben den gezahlten Zinsen auch die Aufwendungen aus der Aufzinsung zum Barwert angesetzter Schulden. Die an verbundene Unternehmen gezahlten Zinsen und ähnlichen Aufwendungen sind mit einem „davon"-Vermerk anzugeben.

Zu den Zinsen und ähnlichen Aufwendungen gehören:

- Zinsen für geschuldete Kredite (z.B. für Bankkredite, Hypotheken, Schuldverschreibungen, Darlehen, Lieferantenkredite),
- Diskontbeträge für Wechsel und Schecks,
- Verzugszinsen,
- Stundungszinsen,
- Kredit-, Überziehungs- und Bereitstellungsprovisionen, Bürgschafts- und Avalprovisionen,
- Zinsen auf Steuerschulden,
- Zinsanteil aus Leasingverträgen, bei denen das Unternehmen wirtschaftlicher Eigentümer ist,
- Abschreibungen auf ein aktiviertes Agio oder Disagio (Damnum). Bei Nichtaktivierung und sofortiger aufwandswirksamer Verrechnung dieser Beträge sind sie ebenfalls unter diesem Posten auszuweisen;
- Aufzinsungsbeträge aus der Folgebewertung zum Barwert angesetzter Schulden (z.B. der Zinsanteil in der Zuführung zu den Pensionsrückstellungen), welche allerdings gemäß § 277 Abs. 5 Satz 1 HGB gesondert unter dem Posten auszuweisen sind.

Ausweis unter anderen Posten

Kosten des Zahlungsverkehrs (z.B. Bankspesen und Kontoführungsgebühren = sonstigen betriebliche Aufwendungen), vom Kunden in Anspruch genommene Skonti (= Erlösschmälerungen), Wechselsteuern (= sonstige Steuern), Aufwendungen für die Abzinsung von nicht oder niedrig verzinslichen Forderungen (– sonstige betriebliche Aufwendungen bzw. Abschreibungen auf Finanzanlagen und auf Wertpapiere des Umlaufvermögens) fallen nicht unter diesen Posten.

Aufwendungen aus Verlustübernahmen

Hat ein Unternehmen Aufwendungen aus Verlustübernahmen, so sind diese gesondert aufzuführen (§ 277 Abs. 3 Satz 3 HGB). Diese Aufwendungen sollten vor oder hinter dem hier erläuterten Posten ausgewiesen werden.

Saldierung

Zinsaufwendungen dürfen wegen des Saldierungsverbots des § 246 Abs. 2 Satz 1 HGB grundsätzlich nicht mit Zinserträgen verrechnet werden. Allerdings gilt für (Zins-)Erträge und (Zins-)Aufwendungen aus Vermögensgegenständen, die dem Zugriff aller übrigen Gläubigern entzogen sind und ausschließlich der Erfüllung von Schulden aus Altersversorgungsverpflichtungen oder vergleichbaren langfristig fälligen Verpflichtungen dienen – z.B. bestimmte Planvermögen – ein Verrechnungsgebot, so dass lediglich der Saldo der Effekte auszuweisen ist (§ 246 Abs. 2 Satz 2 2 Hs. HGB). Darüber hinaus ist, falls Zinszuschüsse der öffentlichen Hand periodengerecht vereinnahmt werden und den unter diesem Posten auszuweisenden Aufwendungen direkt zurechenbar sind, eine offene Absetzung von den hier zu erfassenden Aufwendungen in Form einer Untergliederung nach § 265 Abs. 5 Satz 1 HGB möglich, da das Unternehmen nur den Netto-Zinsaufwand zu tragen hat. Des Weiteren sind nach § 255 Abs. 3 Satz 2 HGB aktivierte Zinsen sowohl beim GKV als auch beim UKV als Minderung des Zinsaufwands zu buchen.[205]

3.1.2.4.2.4 Posten des Steuerergebnisses

In den Steuerposten sind alle Steuern auszuweisen, die das Unternehmen als Steuerschuldner zu tragen hat. Das Handelsrecht sieht zum Ausweis der Steueraufwendungen in der GuV die Posten „Steuern vom Einkommen und vom Ertrag“ und „sonstige Steuern“ vor. Beim Ergebnis nach Steuern – welches in der Gliederung zwischen dem Posten „Steuern vom Einkommen und vom Ertrag“ und dem Posten „sonstige Steuern“ angesiedelt ist – handelt es sich um eine Zwischensumme.[206]

[1] Steuern vom Einkommen und vom Ertrag (§ 275 Abs. 2 Nr. 14 bzw. § 275 Abs. 3 Nr. 13 HGB)

Unternehmen als Steuerschuldner

Unter diesem Posten sind sämtliche Steuern vom Einkommen und vom Ertrag auszuweisen, für die das Unternehmen Steuerschuldner ist. Für Dritte einbehaltene und abzuführende Steuern – z.B. die von den Arbeitnehmern zu zahlenden Lohn- und Einkommensteuern – sind dagegen denjenigen Aufwendungen zuzurechnen, für die sie erhoben wurden (z.B. Löhne und Gehälter).

Unter diesem Posten auszuweisen sind:

- Gewerbeertragsteuer,
- bei Kapitalgesellschaften außerdem die Körperschaftsteuer (einschließlich Solidaritätszuschlag),
- ausländische Steuern, die einer der beiden vorgenannten Steuern entsprechen.

Steuerstrafen und Säumniszuschläge

Dagegen sind Steuerstrafen unter dem Posten „sonstige betriebliche Aufwendungen“ und Säumniszuschläge unter dem Posten „Zinsen und ähnliche Aufwendungen“ zu erfassen.

Laufende oder frühere Rechnungsperiode

Unter dem hier erläuterten Posten sind sämtliche Steuern vom Einkommen und vom Ertrag – gezahlte sowie zurückgestellte Beträge – aufzuführen, unabhängig davon, ob sie die laufende oder ein frühere Rechnungsperiode betreffen. Somit sind Aufwendungen für abgelaufene Rechnungsperioden, wie Steuernachzahlungen oder nachträgliche Erhöhungen zu niedrig dotierter Steuerrückstellungen früherer Jahre, unter diesem Posten auszuweisen. Auch die mit Steuern vom Einkommen und vom Ertrag

---

[205] Hierzu Hoffmann/Lüdenbach, NWB Kommentar Bilanzierung, 14. Aufl. 2022, § 275 Rz. 112.

[206] Die Bezeichnung dieser Zwischensumme als „Ergebnis vor Steuern“ ist insofern irreführend, da es sich gerade nicht um ein Ergebnis nach allen Steuern handelt.

im Zusammenhang stehenden Erträge sind hier auszuweisen. „Steuererträge“ entstehen bei der Auflösung von Steuerrückstellungen und bei Steuererstattungen aufgrund eines Verlustrücktrags.

Saldierung

Die Verrechnung von Steueraufwendungen und Steuererträgen scheint gegen das Saldierungsverbot des § 246 Abs. 2 Satz 1 HGB zu verstoßen. Sie ist allerdings zulässig, da es sich sachlich um eine Korrektur von Aufwendungen handelt, und sie soll dazu dienen, unter dem Posten „Steuern vom Einkommen und vom Ertrag“ die Belastung des Unternehmens durch Ertragsteuern zu zeigen.

Aktive und passive latente Steuern

Die Bildung oder Erhöhung eines Postens für aktive latente Steuern nach § 274 Abs. 1 HGB mindert in entsprechender Höhe den unter dem hier erläuterten Posten auszuweisenden Steueraufwand. Die spätere Auflösung wirkt dagegen aufwandserhöhend. Auch die Gegenbuchung zur Bildung von passiven latenten Steuern ist unter diesem Posten zu erfassen. Während die Bildung oder Erhöhung eines Postens für passive latente Steuern zunächst den auszuweisenden Steueraufwand erhöht, resultiert in späteren Jahren aus der sich ergebenden Auflösung des Postens eine Steuerentlastung.

[2] Sonstige Steuern (§ 275 Abs. 2 Nr. 16 bzw. § 275 Abs. 3 Nr. 15 HGB)

Alle übrigen Steuern

Unter diesem Posten sind alle übrigen, nicht unter dem Posten „Steuern vom Einkommen und vom Ertrag“ auszuweisenden Steuern zu erfassen. Dazu zählen:

- Substanzsteuern: Erbschaftsteuer, Grundsteuer
- Verbrauchsteuern: Bier-, Branntwein-, Kaffee-, Mineralöl-, Stromsteuer etc.
- Verkehrsteuern: Ausfuhrzölle, Versicherungssteuern etc.
- sonstige Steuern: Getränke-, Kraftfahrzeug-, Vergnügungssteuer etc.
- entsprechende ausländische Steuern.

Ausweis unter anderen Posten

Abgaben (z.B. Grundstücksabgaben), Gebühren und Bußgelder sind unter den sonstigen betrieblichen Aufwendungen auszuweisen. Als Anschaffungsnebenkosten aktivierte Steuern sind ebenfalls nicht den sonstigen Steuern zuzuordnen.

Abweichungen zwischen GKV und UKV

Der Inhalt des Postens „sonstigen Steuern“ im GKV kann von dem gleichnamigen Posten des UKV dann abweichen, wenn die vorgenannten Steuern teilweise den Funktionsbereichen zugeordnet und somit unter den operativen Aufwendungen berücksichtigt werden.[207]

3.1.2.4.2.5 Jahresüberschuss bzw. Jahresfehlbetrag

Ergebnis des Geschäftsjahres

Der Posten „Jahresüberschuss/Jahresfehlbetrag“ weist den im Geschäftsjahr erzielten Gewinn bzw. Verlust als Summe von Betriebsergebnis, Finanzergebnis und Steuerergebnis aus. Er ergibt sich insofern als Saldo aller Aufwendungen und Erträge. Ein positives Ergebnis wird mit „Jahresüberschuss“ bezeichnet, ein negatives Ergebnis mit „Jahresfehlbetrag“.

AG und KGaA

Mit diesem Posten endet das gesetzliche Mindestgliederungsschema der GuV nach GKV sowie UKV. AG und KGaA sind allerdings verpflichtet, ihre GuV um eine Gewinnverwendungsrechnung zu ergän-

---

[207] Hierzu Hoffmann/Lüdenbach, NWB Kommentar Bilanzierung, 14. Aufl. 2022, § 275 Rz. 124.

zen,[208] wobei diese Angaben aber auch im Anhang gemacht werden dürfen (§ 158 AktG, bei KGaA i.V.m. § 278 Abs. 3 AktG).

3.2 Handelsrechtlicher Bilanzansatz

3.2.1 Bilanzierungsfähigkeit (Bilanzierung dem Grunde nach)

3.2.1.1 Allgemeines

Bilanzierungsfähigkeit

Unter Bilanzierungsfähigkeit versteht man die Eignung eines Sachverhalts, als Aktivposten (Aktivierungsfähigkeit) bzw. als Passivposten (Passivierungsfähigkeit) in der Bilanz berücksichtig werden zu können. Das Vollständigkeitsgebot des § 246 Abs. 2 HGB bestimmt dazu, dass in der Bilanz – neben den Rechnungsabgrenzungsposten – sämtliche Vermögensgegenstände und Schulden anzusetzen sind, soweit gesetzlich nichts anderes bestimmt ist. Daraus folgt, dass

- die Bilanzierungsfähigkeit immer dann gegeben ist, wenn Vermögensgegenstände und Schulden vorliegen, die dem Vermögen des Bilanzierenden zuzurechnen sind (abstrakte Bilanzierungsfähigkeit),[209] und kein gesetzliches Verbot im konkreten Fall die Bilanzierung verbietet (konkrete Bilanzierungsfähigkeit)[210],
- für alle bilanzierungsfähigen Vermögensgegenstände und Schulden gleichzeitig eine Bilanzierungspflicht besteht, es sei denn, gesetzliche Vorschriften gewähren dem Bilanzierenden für den konkreten Fall ausdrücklich ein Bilanzierungswahlrecht.[211]

Vermögensgegenstände und Schulden

Soweit ein Sachverhalt die Charakteristika eines Vermögensgegenstands oder einer Schuld erfüllt, liegt bei Vermögensgegenstände eine sog. „abstrakte Aktivierungsfähigkeit" und bei Schulden eine sog. „abstrakte Passivierungsfähigkeit" vor. Unter Berücksichtigung gesetzlicher oder durch GoB gewährter Bilanzierungswahlrechte oder -verbote ergibt sich die sog. „konkrete Aktivierungsfähigkeit" bzw. die sog. „konkrete Passivierungsfähigkeit", d.h. der durchzuführende Bilanzansatz. Die Begriffe „Vermögensgegenstand" und „Schulden", durch deren Begriffsmerkmale der Bilanzinhalt festgelegt ist, werden im Gesetz allerdings nicht definiert, sondern sind aus den GoB abzuleiten.

3.2.1.2 Abstrakte Bilanzierungsfähigkeit

Definition Vermögensgegenstand

Der Begriff „Vermögengegenstand" umfasst nicht nur Sachen und Rechte im zivilrechtlichen Sinn, sondern ganz allgemein

[1] wirtschaftliche Werte, die

[2] selbständig bewertbar sind und

[3] selbständig verkehrsfähig, d.h. einzeln verwertbar sind.

---

208 Hierzu Abschn. 3.1.2.

209 Hierzu Abschn. 3.2.2. sowie Abschn. 3.2.3.

210 Hierzu Abschn. 3.2.1.

211 Hierzu Abschn. 3.2.4.

Kumulative Erfüllung

Die genannten Kriterien müssen dabei stets kumulativ erfüllt sein. Während der wirtschaftliche Wert durch seinen zukünftigen Nutzen für das Unternehmen charakterisiert ist, fordert das Merkmal der selbständigen Bewertbarkeit das Vorliegen eines geeigneten Wertmaßstabs (Anschaffungs- bzw. Herstellungskosten), d.h. das Vorliegen von Aufwendungen. Die Beschränkung der Aktiva auf einzeln verwertbare Güter – d.h. insbesondere Sachen und Rechte – trägt in besonderem Maße dem Gläubigerschutz Rechnung, da diese zur Tilgung der Unternehmensschulden herangezogen werden können. Dies kann einerseits durch Veräußerung oder andererseits durch eine andere Form der Nutzungsüberlassung an einen Dritten erfolgen, die zu Zahlungsströmen an das Unternehmen führt. Dabei reicht nach verbreiteter Auffassung die sog. „abstrakte Verwertbarkeit“ aus, d.h. das Gut muss grundsätzlich seinem Wesen nach einzeln verwertbar sein, konkrete individuelle Verwertbarkeitsbeschränkungen sind unerheblich.[212]

Definition Schuld

Schulden werden allgemein definiert als

[1] bestehende oder hinreichend sicher erwartete Belastungen des Vermögens,
[2] die auf einer rechtlichen oder wirtschaftlichen Leistungsverpflichtung des Unternehmens beruhen, und
[3] selbständig bewertbar, d.h. als solche abgrenzbar und z.B. nicht nur Ausfluss des allgemeinen Unternehmerrisikos sind.

Der Begriff „Schulden“ umfasst somit nicht nur Verbindlichkeiten, sondern grundsätzlich auch Rückstellungen, die durch die Ungewissheit hinsichtlich Bestehen und/oder Höhe der künftigen Belastung gekennzeichnet sind.

Exkurs

Im Gegensatz zum Handelsrecht spricht das Steuerrecht bei der Festlegung des Bilanzinhalts von positiven (Aktiva) und negative (Passiva) Wirtschaftsgütern. Während sich die Begriffe „Schulden“ und „negatives Wirtschaftsgut“ weitgehend entsprechen, bestehen zwischen dem Begriff „Vermögensgegenstand“ und „(Positives) Wirtschaftsgut“ – trotz häufig synonymer Verwendung – Unterschiede. Aufgrund der steuerlichen Rechtsprechung ist ein Wirtschaftsgut durch folgende drei Merkmale gekennzeichnet:

1. Es sind Aufwendungen entstanden, die
2. einen über das Wirtschaftsjahr hinausgehenden Nutzen versprechen.
3. Das durch die Aufwendungen Geschaffene muss selbständig bewertbar sein, d.h. ein Erwerber des gesamten Betriebs würde dafür im Rahmen des Gesamtkaufpreises ein besonderes Entgelt ansetzen.

Ein Vergleich der jeweils zugrunde gelegten Merkmale macht deutlich, dass der Begriff des Wirtschaftsgutes über den des Vermögensgegenstands hinausgeht und auch Güter umfasst, die zwar bei einer Veräußerung des Unternehmens den

---

[212] Vgl. Coenenberg/Haller/Schultze, Jahresabschluss und Jahresabschlussanalyse, 26. Aufl. 2021, S. 84. Hierzu ausführlich auch Hoffmann/Lüdenbach, NWB Kommentar Bilanzierung, 14. Aufl. 2022, § 246 Rz. 16ff. oder Ruhnke/Sievers/Simons, Rechnungslegung nach IFRS und HGB, 5. Aufl. 2023, S. 215-216. Dies deckt sich letztlich auch mit der Gesetzesbegründung zum BilMoG, wo vom Vorliegen eines Vermögensgegenstands ausgegangen wird, wenn dieser einzeln verwertbar ist.

Gesamtkaufpreis erhöhen, aber nicht einzeln verkehrsfähig sind. Ein Beispiel dafür ist der entgeltlich erworbene Geschäfts- oder Firmenwert, der aufgrund fehlender Verkehrsfähigkeit eigentlich kein aktivierungsfähiger Vermögensgegenstand ist, sondern nur aufgrund ausdrücklicher Rechtsvorschrift handelsrechtlich aktiviert werden muss (§ 246 Abs. 1 Satz 4 HGB). Steuerlich liegt ein aktivierungspflichtiges Wirtschaftsgut vor (vgl. § 5 Abs. 2 EStG).

3.2.1.3 Konkrete Bilanzierungsfähigkeit

Einschränkung der abstrakten Bilanzierungsfähigkeit

Während die abstrakte Aktivierungsfähigkeit durch die Kriterien des Aktivierungsgrundsatzes bestimmt wird, richtet sich die konkrete Aktivierungsfähigkeit nach den konkreten handelsrechtlichen Aktivierungsvorschriften, die u.U. vom Aktivierungsgrundsatz abweichen.[213] Insofern kann es im Zuge der Beurteilung der konkreten Aktivierungsfähigkeit aufgrund gesetzlicher Vorschriften (Verbote, Wahlrechte) zu einer Einschränkung der abstrakten Aktivierungsfähigkeit kommen. Vorliegend sind allerdings keine gesetzlichen Vorschriften ersichtlich, die nach dem Bejahen der abstrakten Aktivierungsfähigkeit zu einem konkreten Ansatzverbot führen würden. Gleiches gilt im Rahmen der Passivierungsfähigkeit: die konkrete Passivierungsfähigkeit grenzt ab, ob eine abstrakt passivierungsfähige Schuld aufgrund abweichender konkreter handelsrechtlicher Vorschriften nicht angesetzt werden muss oder darf bzw. ob ein abstrakt nicht passivierungsfähiger Sachverhalt, also eine „Nicht-Schuld" im handelsrechtlichen Sinne, aufgrund abweichender Passivierungsvorschriften doch passiviert werden darf oder muss.[214]

Bilanzierungsgebot

Liegt also weder ein Vermögensgegenstand noch eine Schuld vor, kann trotzdem eine Bilanzierung geboten sein. Aktive bzw. passive transitorische Rechnungsabgrenzungsposten[215] sind nach § 250 Abs. 1 und Abs. 2 HGB zu bilanzieren. Ebenso besteht für Kapitalgesellschaften für passive latente Steuern[216] nach § 274 Abs. 1 HGB ein grundsätzliches Bilanzierungsgebot. § 246 Abs. 1 Satz 4 HGB bestimmt über die beschriebene Definition des handelsrechtlichen Vermögensgegenstandsbegriffs hinaus, dass ein entgeltlich erworbener Geschäfts- oder Firmenwert[217] trotz fehlender Verkehrsfähigkeit als (zeitlich begrenzt nutzbarer) Vermögensgegenstand gilt. Der entgeltlich erworbene Geschäfts- oder Firmenwert wird damit vom Gesetzgeber per Fiktion zum Vermögensgegenstand erklärt und unterliegt somit einer Aktivierungspflicht.[218]

---

213 Hierzu Baetge/Kirsch/Thiele, Bilanzen, 16. Aufl. 2021, S. 160.

214 Hierzu Baetge/Kirsch/Thiele, Bilanzen, 16. Aufl. 2021, S. 175-176.

215 Hierzu Abschn. 4.8.

216 Hierzu Abschn. 4.9.

217 Hierzu Abschn. 4.1.2.3.

218 Siehe Coenenberg/Haller/Schultze, Jahresabschluss und Jahresabschlussanalyse, 26. Aufl. 2021, S. 85-86.

3.2.2 Abgrenzung des Vermögens und der Schulden nach Unternehmenszugehörigkeit

Wirtschaftliche Zurechnung

Da in eine Bilanz nur die Vermögensgegenstände und Schulden aufzunehmen sind, die dem Unternehmen zuzurechnen sind – sog. Betriebsvermögen –, umfasst die konkrete Bilanzierungsfähigkeit auch entsprechende Zurechnungsregeln. Die Zugehörigkeit von Vermögensgegenständen zum Betriebsvermögen wird dabei nach wirtschaftlichen, nicht nach juristischen Gesichtspunkten beurteilt. Deshalb gehören zum Betriebsvermögen nicht nur die im juristischen Eigentum des Kaufmanns befindliche betrieblich genutzte Gegenstände, sondern auch betrieblich genutzte Gegenstände, die juristisches Eigentum fremder Personen sind. Voraussetzung ist, dass der Kaufmann sie wie eigene Gegenstände nutzen darf und für ihren Verlust selbst haftet wie bei seinem juristischen Eigentum. Nutzungsrecht (Chancen) und Gefahrentragung (Risiken) sind damit wesentliche Kriterien zur Abgrenzung des betrieblichen Vermögens. Dieses Prinzip der wirtschaftlichen Zurechnung von Vermögensgegenständen ist in § 246 Abs. 1 Satz 2 HGB auch gesetzlich verankert.[219]

Prinzip der rechtlichen Zurechnung

§ 246 Abs. 1 Satz 3 HGB bestimmt, dass Schulden in der Bilanz des Schuldners aufzunehmen sind. Somit ist die wirtschaftliche Zurechnung im Hinblick auf Schulden – im Wesentlichen aufgrund des Vorsichtsprinzips[220] – stark eingeschränkt., vielmehr gilt hier das Prinzip der rechtlichen Zugehörigkeit.

Hinweis

Unterschiede zwischen wirtschaftlichem und rechtlichem Eigentum treten unter anderem beim Eigentumsvorbehalt, bei der Sicherungsübereignung, der Sicherungszession, bei Kommissionsgeschäften sowie bei Leasing auf.

Zur Sicherung seiner Zahlungsansprüche behält sich der Warenkreditgeber häufig das rechtliche Eigentum an den gelieferten Waren bis zu deren endgültiger Bezahlung vor (Eigentumsvorbehalt gemäß § 449 BGB). Ähnlich sichert der Geldkreditgeber seine Forderungen ab, indem er sich bewegliche Sachen des Kreditnehmers zur Sicherung übereignen lässt (Sicherungsübereignung gemäß §§ 930, 868 BGB). Zusätzlich spricht man von einer Sicherungszession, soweit der Schuldner Forderungen gegenüber dem Kunden an den Gläubiger zur Sicherheit abtritt. Bei allen drei genannten Formen besitzt der Schuldner zwar nicht das juristische Eigentum an den Vermögensgegenständen, er kann aber im Rahmen des normalen Geschäftsbetriebs frei über sie verfügen. Daher ist in diesen Fällen der Schuldner als wirtschaftlicher Eigentümer der Vermögensgegenstände zu betrachten. Er muss sie trotz des fehlenden juristischen Eigentums in seiner Bilanz erfassen. Anders ist nur zu verfahren, wenn die Kreditgeber ihre Eigentumsansprüche wegen mangelnder Zahlungsfähigkeit des Schuldners bereits geltend gemacht haben.

Kommissionsgeschäfte (§§ 383 ff. HGB) sind dadurch gekennzeichnet, dass ein

---

[219] Zur wirtschaftlichen Zurechnung bzw. zum wirtschaftlichen Eigentum siehe auch Abschn. 2.2.2.5.

[220] Hierzu Abschn. 2.2.2.11.

Beauftragter (Kommissionär) im eigenen Namen, aber im Auftrag und für Rechnung einer zweiten Person (Kommittent) Waren kauft oder verkauft. Kauft der Kommissionär Waren für den Kommittenten (Auftraggeber), so wird zunächst der Kommissionär juristischer Eigentümer, da er nach außen im eigenen Namen kauft. Trotzdem geht die gekaufte Ware im Zeitpunkt des Kaufs durch den Kommissionär in das wirtschaftliche Eigentum des Kommittenten über und ist entsprechend in dessen Bilanz aufzuführen, da nur der Kommittent die mit der Ware verbundenen wirtschaftlichen Gefahren trägt. Wird der Kommissionär dagegen mit dem Verkauf einer im juristischen Eigentum des Kommittenten befindlichen Ware beauftragt, so bleibt die Ware bis zum Verkauf im juristischen und wirtschaftlichen Eigentum des Kommittenten, auch wenn sie bereits vorher aus seinem Einflussbereich in den Bereich des Kommissionärs gelangt ist. Kommissionswaren werden daher unabhängig vom juristischen Eigentum grundsätzlich beim Kommittenten bilanziert. Gleiches gilt für die Übertragung von Vermögensgegenständen im Rahmen von Treuhandverhältnissen (fiduziarische Treuhand). Auch hier verbleibt der Vermögensgegenstand in der Bilanz des Treugebers.

Da im deutschen Recht keine Legaldefinition von Leasing existiert und außerdem zahlreiche Vertragsgestaltungen möglich sind, fällt es schwer, Leasinggeschäfte allgemeingültig konkret zu beschreiben. Ihre Einordnung kann vom Mietvertrag bis zum Ratenkaufvertrag reichen. Die eigentliche Motivation eines Unternehmens, einen Leasingvertrag abzuschließen besteht i.d.R. darin, Investitionsgüter für eine begrenzte Zeit gegen Entgelt zu gebrauchen bzw. zu nutzen, ohne dabei das zivilrechtliche Eigentum an diesem Gegenstand zu erwerben. Eine wesentliche, gleichsam aber auch umstrittene Frage hinsichtlich der Bilanzierung von Leasinggeschäften ist die Zurechnung der Leasinggegenstände zum Leasinggeber oder Leasingnehmer. Da zur Bilanzierung in der Handelsbilanz keine Zurechnungskriterien für Leasinggegenstände existieren, orientiert sich die handelsrechtliche Bilanzierungspraxis an den steuerlichen Zurechnungskriterien, die durch BFH-Rechtsprechung und die Finanzverwaltung entwickelt wurden.[221] Gegenstand von Leasinggeschäften sind i.d.R. Güter des Sachanlagevermögens.[222]

Ist ein Leasingvertrag wie ein normaler, jederzeit kündbarer Miet- oder Pachtvertrag ausgestaltet, d.h. ist er in erster Linie auf die Nutzungsüberlassung und nicht auf die Verschaffung des wirtschaftlichen Eigentums an den Benutzer (Leasingnehmer) ausgerichtet, so spricht man von Operating-Leasing. Der juristische Eigentümer (Leasinggeber) bleibt bei dieser Vertragsgestaltung zugleich wirtschaftlicher Eigentümer des Leasinggegenstandes. Derartige Verträge werden von den Leasingnehmern zur Abdeckung von Risiken abgeschlossen, die im vorschnellen wirtschaftlichen Veralten des Gegenstands oder der mangelnden Nutzbarkeit im eignen Betrieb liegen. Solche Verträge sind z.B. in der EDV-Branche üblich und bringen bei der Aufstellung des Jahresabschlusses keine

[221] Im Steuerrecht wird die Zurechnung von Leasingobjekten durch die sog. Leasingerlasse geklärt. Dabei wird grundsätzlich zwischen Finanzierungsleasing- und Verträgen, welche die Voraussetzungen für Finanzierungsleasing nicht erfüllen, unterschieden. Daneben ist die Einordnung des Leasingvertrags als Voll- oder Teilamortisationsvertrag ausschlaggebend. Hierzu ausführlich bspw. Horschitz/Groß/Fanck/Guschl/Kirschbaum/Schustek, Bilanzsteuerrecht und Buchführung, 15. Aufl. 2018, S. 305ff.

[222] Hierzu ausführlich Abschn. 4.2.

besonderen Probleme mit sich, da die Gegenstände wie gewöhnlich im Fall der Miete beim juristischen Eigentümer zu bilanzieren sind.

Ist ein Leasingverhältnis seinem Charakter nach eher ein Finanzierungsgeschäft in der Art eines Ratenkaufs unter Eigentumsvorbehalt, dann spricht man vom Finanzierungsleasing. In diesem Fall ist das wirtschaftliche Eigentum dem Leasingnehmer zuzurechnen, der den Leasinggegenstand zu aktivieren und die Leasingverbindlichkeit zu passivieren hat.[223]

3.2.3 Abgrenzung der Mehrung des Vermögensbestands von bloßen Erhaltungsmaßnahmen

Herstellungs- und Erhaltungsaufwand

Soweit an Vermögensgegenständen Instandhaltungs-, Instandsetzungs- oder Unterhaltungsarbeiten durchgeführt werden, kann fraglich sein, ob dadurch eine bilanzierungspflichtige Vermögensmehrung eingetreten ist, d.h. ob die Kosten hierfür als nachträgliche Anschaffungs- bzw. Herstellungskosten[224] aktiviert werden können bzw. müssen oder aber Aufwand der Periode darstellen. Steuerlich wird diese Frage unter den Stichworten „Erhaltungs- und Herstellungsaufwand“ diskutiert.[225] Die steuerlichen Bestimmungen werden als GoB für die handelsrechtliche Bilanzierung übernommen. Die beiden Aufwandsarten werden dabei nach den folgenden Kriterien abgegrenzt:

Erhaltungsaufwand	Herstellungsaufwand
Vermögensgegenstand wird in ordnungsgemäßen Zustand erhalten	Vermögensgegenstand wird in seiner Substanz vermehrt, oder
Regelmäßig notwendige Ausbesserungen, Wesensart des Vermögensgegenstandes wird nicht verändert	Gebrauchs- und Verwertungsmöglichkeit wird wesentlich verändert, oder
	Lebensdauer wird nicht nur geringfügig verlängert"

Abb. 7 Kriterien zur Abgrenzung von Herstellungs- und Erhaltungsaufwand

Erhaltungsaufwand

Grundsätzlich liegt keine bilanzierungspflichtige Vermögensmehrung vor, wenn die Arbeiten dazu dienen, einen Vermögensgegenstand in ordnungsgemäßen Zustand zu erhalten, auch wenn dies mit einer Modernisierung verbunden ist. Es handelt sich dabei um regelmäßig in gewissen Zeitabständen notwendige Ausbesserungen, durch die die Wesensart des Vermögensgegenstandes nicht verändert wird.

Herstellungsaufwand

Anders sind dagegen Vorgänge zu beurteilen, durch die Vermögensgegenstände in ihrer Substanz vermehrt

---

[223] Zu den vorangegangenen Ausführungen Coenenberg/Haller/Schultze, Jahresabschluss und Jahresabschlussanalyse, 26. Aufl. 2021, S. 86-88.

[224] Hierzu ausführlich Abschn. 3.3.2.

[225] Hierzu ausführlich z.B. Hoffmann/Lüdenbach, NWB Kommentar Bilanzierung, 14. Aufl. 2022, § 255 Rz. 125b ff..

werden (z.B. Anbau oder Erweiterung von Gebäuden) oder ihre Gebrauchs- bzw. Verwertungsmöglichkeit wesentlich verändert wird (z.B. Umbau eines Frachtschiffes zum Passagierschiff). In solchen Fällen oder wenn durch die Arbeit die Lebensdauer von Vermögensgegenständen nicht nur geringfügig verlängert wird, liegen bilanzierungspflichtige Vermögensgegenstände vor.

Eine nachträgliche Aktivierung von in der vorangegangenen Periode bereits GuV-wirksam verrechneten Aufwendungen ist nicht zulässig.

3.2.4 Bilanzierungsverbote

Die handelsrechtlichen Bilanzierungsverbote sind rechtsformunabhängig im ersten Abschnitt des dritten Buchs des HGB kodifiziert. Hinsichtlich ihrer Funktion lassen sich dabei zwei Typen unterscheiden:[226]

- Einerseits bestehen gesetzliche Klarstellungen des Gesetzgebers, dass bestimmte Sachverhalte, die die Definition von Vermögensgegenständen und Schulden nicht erfüllen, nicht bilanziert werden dürfen. Ursächlich hierfür ist die Tatsache, dass sie das Kriterium der abstrakten Bilanzierungsfähigkeit nicht erfüllen. Im Einzelnen handelt es sich dabei um die Aktivierungsverbote für die Aufwendungen für
  - die Gründung eines Unternehmens (§ 248 Abs. 1 Nr. 1 HGB)
  - die Beschaffung des Eigenkapitals (§ 248 Abs. 1 Nr. 2 HGB)
  - den Abschluss von Versicherungsverträgen (§ 248 Abs. 1 Nr. 3 HGB).
- Andererseits verbietet der Gesetzgeber die Aktivierung von Sachverhalten, bei denen die Zuverlässigkeit der Bewertung eingeschränkt ist, obgleich die Vermögensgegenstandseigenschaft und damit das Kriterium der abstrakten Aktivierungsfähigkeit erfüllt ist. Hierbei handelt es sich um selbst geschaffene Marken, Drucktitel, Verlagsrechte, Kundenlisten oder vergleichbare immaterielle Vermögensgegenstände des Anlagevermögens (§ 248 Abs. 2 Satz 2 HGB). Zudem existiert das Passivierungsverbot, andere als im Gesetz genannte Rückstellungen zu bilden (§ 249 Abs. 2 Satz 1 HGB). Dagegen wird auf ein explizites – lediglich klarstellendes – Aktivierungsverbot für den originären, d.h. selbst geschaffenen Geschäfts- oder Firmenwert[227] verzichtet, da hier eine Bilanzierung aufgrund fehlender Vermögensgegenstandseigenschaft von vorneherein ausscheidet und der derivative, d.h. entgeltlich erworbene Geschäfts- oder Firmenwert nur im Wege der Fiktion zum Vermögensgegenstand Eingang in die Handelsbilanz findet.

3.2.5 Bilanzierungswahlrechte

Ermessensentscheidungen

Neben den Bilanzierungsverboten stellen auch die vom Gesetzgeber gewährten Bilanzierungswahlrechte eine Ausnahme vom Grundsatz der vollständigen Erfassung aller (abstrakt und konkret bilanzierungsfähigen) Vermögensgegenstände und Schulden dar. Die Bilanzansatzentscheidung liegt hier im Ermessen des Bilanzierenden.[228]

---

[226] Hierzu ausführlich Baetge/Kirsch/Thiele, Bilanzen, 16. Aufl. 2021, S. 169-170.

[227] Hierzu ausführlich Abschn. 4.1.2.

[228] Hierzu ausführlich Baetge/Kirsch/Thiele, Bilanzen, 16. Aufl. 2021, S. 170-173.

Bilanzierungswahlrechte gewährt der Gesetzgeber für

- die Entwicklungskosten von selbst geschaffenen immateriellen Vermögensgegenständen des Anlagevermögens (§ 248 Abs. 2 Satz 1 HGB),
- das unter den Rechnungsabgrenzungsposten auszuweisende Disagio (§ 250 Abs. 3 HGB)[229],
- aktive latente Steuern (§ 274 Abs. 1 Satz 2 HGB)[230], sowie
- Pensionsrückstellungen, sofern der Pensionsberechtigte seinen Rechtsanspruch vor dem 1.1.1987 erworben hat oder sich ein vor diesem Zeitpunkt erworbener Rechtsanspruch nach dem 31.12.1986 erhöht (Art. 28 Abs. 1 Satz 1 EGHGB). Unabhängig vom Entstehungszeitpunkt gilt ein Bilanzierungswahlrecht gemäß Art. 28 Abs. 1 Satz 2 EGHGB auch für alle mittelbaren Verpflichtungen aus einer Zusage sowie für ähnliche unmittelbare oder mittelbare Verpflichtungen.

Schenkung

Als Ausfluss der GoB gilt zudem ein Aktivierungswahlrecht für unentgeltlich erworbene (materielle) Vermögensgegenstände, worunter insbesondere durch Schenkung erworbene Vermögensgegenstände fallen.

3.2.6 Zusammenhang von abstrakter und konkreter Bilanzierungsfähigkeit

Aktivierungsgrundsatz

Einzelne gesetzliche Vorschriften ergänzen die durch den Aktivierungsgrundsatz beschriebene abstrakte Aktivierungsfähigkeit. Während Aktivierungsverbote festlegen, dass für bestimmte abstrakt aktivierungsfähige Vermögensgegenstände die Aktivierung unterbleiben muss, erlauben Aktivierungswahlrechte dem bilanzierenden Unternehmen auf dem Ansatz eines abstrakt aktivierungsfähigen Vermögensgegenstandes verzichten zu dürfen. Zudem ist für bestimmte Werte, die gemäß der abstrakten Aktivierungsfähigkeit keine Vermögensgegenstände sind, eine Aktivierung vorgeschrieben oder es wird eine Aktivierungswahlrecht eingeräumt.

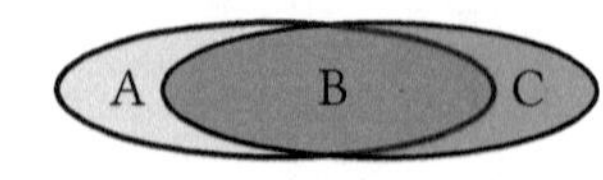

(hell) = abstrakte Aktivierungsfähigkeit

(dunkel) = konkrete Aktivierungsfähigkeit aufgrund gesetzlicher Vorschriften

A = Vermögensgegenstand und Aktivierungsverbot
B = Vermögensgegenstand und Aktivierungspflicht bzw. -wahlrecht
C = kein Vermögensgegenstand, aber Aktivierungspflicht bzw. -wahlrecht

Abb. 8 Zusammenhang zwischen abstrakter und konkreter Aktivierungsfähigkeit[231]

---

[229] Hierzu ausführlich Abschn. 4.8.

[230] Hierzu ausführlich Abschn. 4.9.

[231] Siehe Baetge/Kirsch/Thiele, Bilanzen, 16. Aufl. 2021, S. 168.

Passivierungsgrundsatz

Neben dem Passivierungsgrundsatz gibt es eine Reihe von Rechtsvorschriften, die sich mit der Passivierung von bestimmten Sachverhalten (auch Sachverhalten, die keine Schulden im bilanzrechtlichen Sinne sind) befassen. Diese gesetzlichen Passivierungsvorschriften ergänzen bzw. konkretisieren den Passivierungsgrundsatz. Erst die Beachtung dieser rechtlichen Vorschriften führt zur konkreten Passivierungsfähigkeit.[232]

(helle Ellipse)	=	abstrakte Passivierungsfähigkeit
(dunkle Ellipse)	=	konkrete Passivierungsfähigkeit aufgrund gesetzlicher Vorschriften
A	=	Schuld und Passivierungsverbot
B	=	Schuld und Passivierungspflicht bzw. -wahlrecht
C	=	keine Schuld, aber Passivierungspflicht bzw. -wahlrecht

Abb. 9 Zusammenhang zwischen abstrakter und konkreter Passivierungsfähigkeit[233]

3.2.7 Zusammenfassung der Bilanzansatzentscheidungen

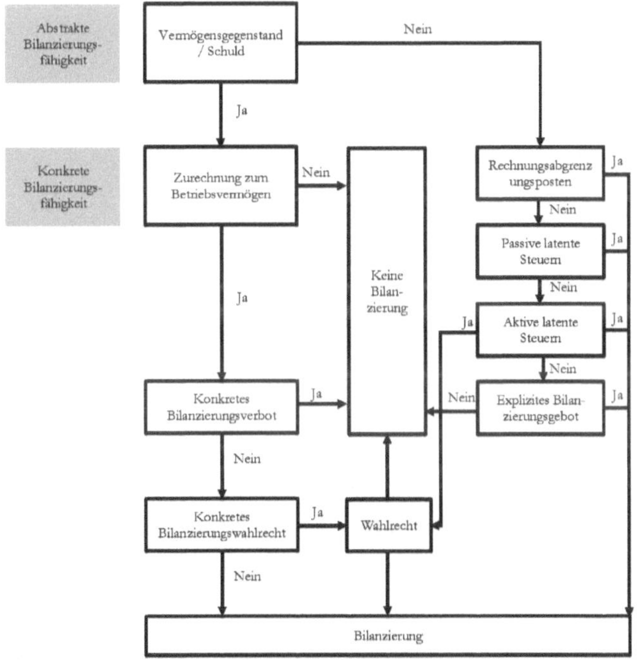

Abb. 10 Handelsrechtliche Bilanzansatzentscheidung

232 Hierzu Baetge/Kirsch/Thiele, Bilanzen, 16. Aufl. 2021, S. 168, 180.

233 Siehe Baetge/Kirsch/Thiele, Bilanzen, 16. Aufl. 2021, S. 180.

3.3 Handelsrechtliche Bewertung

3.3.1 Allgemeines

Nachdem der Bilanzierende darüber entschieden hat, dass ein Vermögensgegenstand bzw. eine Schuld in der Bilanz angesetzt werden muss oder darf, muss er anschließend dem zu aktivierenden Vermögensgegenstand bzw. der zu passivierenden Schuld einen Wert zuweisen. Man spricht hier von der Bewertung.

Subjektive Vorstellungen und Einschätzungen des Bilanzierenden

Bei der Bewertung wird den in der Bilanz anzusetzenden Vermögensgegenständen und Schulden also jeweils ein Geldbetrag zugeordnet. Obwohl die Bewertung von Vermögensgegenständen und Schulden im dritten Teil des zweiten Unterabschnitts des HGB (§§ 252 - 256a HGB) über den Jahresabschluss unter der Überschrift „Bewertungsvorschriften" weitgehend geregelt ist, ist die Bewertung auch von subjektiven Vorstellungen und Einschätzungen des Bilanzierenden geprägt. Das gilt vor allem, weil die Bewertungsregeln wegen der Vielfalt der wirtschaftlichen Sachverhalte und der Unsicherheit über künftige Entwicklungen notwendigerweise Ermessensspielräume zulassen müssen.

Zugangs- und Folgebewertung

Die handelsrechtliche Bewertung findet auf zwei zeitlichen Ebenen statt. Die erste Ebene ist der Zeitpunkt der Ersterfassung. Die Ersterfassung hat im Zugangszeitpunkt zu erfolgen. Hierbei stellt sich zunächst die Frage nach dem der Ersterfassung zugrunde zulegenden Wert. Die Folgeperioden stellen die zweite zeitliche Ebene der Bewertung dar. In den Folgeperiode werden die Wertansätze der einzelnen Vermögensgegenstände und Schulden gemäß den für sie geltenden Bilanzierungsvorschriften fortgeführt und am Ende einer Abrechnungsperiode zur Überprüfung der Werthaltigkeit speziellen Korrekturwerten gegenübergestellt.

In den folgenden Abschnitten werden die grundlegenden Wertbegriffe der Zugangsbewertung dargestellt und die Vorgehensweise bei der Folgebewertung inklusive der relevanten Korrekturwerte aufgezeigt. Darüber hinaus finden sich detaillierte Ausführungen in den entsprechenden Kapiteln.

3.3.2 Grundlegende bilanzielle Wertbegriffe der handelsrechtlichen Zugangsbewertung

3.3.2.1 Handelsrechtliche Bewertungsmaßstäbe

Zugangs- bzw. Erstbewertung

Bei der Erstbewertung eines Bilanzpostens, d.h. im Zeitpunkt der Ersterfassung des jeweiligen Sachverhalts in der Buchhaltung, kommen die sog. Ausgangswerte zur Anwendung.

Einzelbewertung

Nach dem Grundsatz der Einzelbewertung nach § 252 Abs. 1 Nr. 3 HGB sind die Vermögensgegenstände und Schulden zu jedem Abschlussstichtag einzeln zu bewerten. Dies setzt insofern voraus, dass die Bilanzierungsgegenstände zum Zugangszeitpunkt einzeln erfasst und bewertet wurden. Durch diese Einzelbewertung aller Vermögensgegenstände und Schulden wird verhindert, dass in den Folgeperioden Wertminderungen mit Wertsteigerungen durch entsprechende Globalbewertung der betreffenden Vermögensgegenstände und Schulden kompensiert werden und so notwendige Abschreibungen unterbleiben. Als einzelner Vermögensgegenstand gilt dabei grundsätzlich jedes Gut, das selbständig verkehrsfähig, d.h. einzeln verwertbar ist, also die Voraussetzung der abstrakten Aktivierungsfähigkeit erfüllt.

Vermögensbündel

Der Einzelbewertungsgrundsatz ist auch anzuwenden, wenn mehrere Vermögensgegenstände zusammen erworben werden (z.B. Erwerb eines Pakets von Wertpapieren, eines Gebäudes inklusive Einrichtung, einer Rechneranlage zusammen mit der dazugehörigen Software oder eines gesamten Unternehmens). Ein solches erworbenes Vermögensbündel ist in seine selbständig verkehrsfähigen Einzelteile – d.h. in Vermögensgegenstände und Schulden – aufzuspalten, die mit ihren jeweiligen beizulegenden Zeitwerten als Ausgangswerte zu bewerten sind. Liegt die Summe der Zeitwerte über oder unter den Anschaffungskosten des Bündels, so ist die Differenz im Verhältnis der Zeitwerte der bilanzierten Einzelteile auf diese zu übertragen. Besteht das Vermögensbündel aus einem gesamten Unternehmen oder einem Unternehmensteil, so handelt es sich bei dem die Zeitwerte der Einzelteile übersteigenden Betrag der „Bündelanschaffungskosten“ um einen Geschäfts- oder Firmenwert, welcher nach § 246 Abs. 1 Satz 4 HGB selbständig zu aktivieren ist.

Durchbrechung

Der Grundsatz der Einzelbewertung darf in bestimmten Fällen aber auch durchbrochen werden. So dürfen Vermögensgegenstände, Schulden, schwebende Geschäfte oder mit hoher Wahrscheinlichkeit erwartete Transaktionen (Grundgeschäfte) zum Ausgleich gegenläufiger Wertänderungen oder Zahlungsströme aus dem Eintritt vergleichbarer Risiken mit Finanzinstrumenten oder Warentermingeschäften (Sicherungsgeschäfte) nach § 254 HGB zu einer Bewertungseinheit zusammengefasst werden. Die Durchbrechung des Einzelbewertungsgrundsatzes ist aber nur in dem Umfang und für den Zeitraum zulässig, in welchem sich die gegenläufigen Wertänderungen oder Zahlungsströme ausgleichen, d.h. auf die Berücksichtigung nicht realisierter Verluste darf nur verzichtet werden, wenn diesen in gleicher Höhe nicht realisierte Gewinne gegenüberstehen.

Wertmaßstäbe

Die relevanten Wertmaßstäbe bezüglich der Zugangsbewertung der einzelnen Vermögensgegenstände und Schulden sind in § 253 Abs. 1 HGB kodifiziert. Dabei sind

- Vermögensgegenstände mit den Anschaffungs- oder Herstellungskosten,
- Verbindlichkeiten mit dem Erfüllungsbetrag,
- Rückstellungen mit dem nach vernünftiger kaufmännischer Beurteilung notwendigen Erfüllungsbetrag,
- Rückstellungen für Altersversorgungsverpflichtungen, deren Höhe sich ausschließlich nach dem beizulegenden Zeitwert von bestimmten Wertpapieren bestimmt (sog. wertpapiergebundene Pensionszusagen), mit dem beizulegenden Zeitwert dieser Wertpapiere (soweit dieser einen garantierten Mindestbetrag übersteigt) und
- zur Erfüllung von Schulden aus Altersversorgungsverpflichtungen oder vergleichbaren langfristig fälligen Verpflichtungen nach § 246 Abs. 2 Satz 2 HGB zu verrechnende Vermögensgegenstände – sog. Planvermögen – mit dem beizulegenden Zeitwert

zu erfassen. Darüber hinaus ist gemäß § 272 Abs. 1 Satz 1 HGB für Kapitalgesellschaften der Ansatz des gezeichneten Kapitals zum Nennbetrag verbindlich.[234]

Von den genannten Ausgangswerten werden wegen ihrer zentralen Bedeutung im Folgenden die Anschaffungs- und Herstellungskosten sowie der beizulegende Zeitwert erörtert. Zudem werden als Zugangswerte für die Verbindlichkeiten der Erfüllungsbetrag sowie der Barwert erläutert. Die übrigen genannten Wertbegriffe werden im Zusammenhang mit den zugehörigen Bilanzposten in den jeweils relevanten Kapiteln behandelt.

3.3.2.2 Anschaffungskosten

3.3.2.2.1 Allgemeines

§ 255 Abs. 1 HGB

Die Anschaffungskosten stellen den originären Wertmaßstab für alle vom Unternehmen fremdbezogenen Vermögensgegenstände dar. Angeschaffte bzw. erworben bzw. gekaufte Vermögensgegenstände sind demnach im Zugangszeitpunkt mit den Anschaffungskosten zu bewerten. § 255 Abs. 1 HGB definiert die Anschaffungskosten rechtsformunabhängig als die Aufwendungen, die geleistet werden, um einen Vermögensgegenstand zu erwerben und ihn in einen betriebsbereiten Zustand zu versetzen, soweit sie dem Vermögensgegenstand einzeln zugerechnet werden können.[235]

Bestandteile

Gemäß § 255 Abs. 1 HGB setzen sich die Anschaffungskosten aus folgenden Bestandteilen zusammen:

Anschaffungspreis
- Anschaffungspreisminderungen
+ Anschaffungsnebenkosten
+ Nachträgliche Anschaffungskosten
= **Anschaffungskosten**

Tab. 14 Bestandteile der Anschaffungskosten

3.3.2.2.2 Anschaffungspreis

Nettopreis

In die Anschaffungskosten gehen nur Nettopreise – d.h. Bruttopreise abzüglich Umsatzsteuer – ein, sofern das erwerbende Unternehmen zum Vorsteuerabzug berechtigt ist. Der Anschaffungspreis entspricht letztlich dem Rechnungsbetrag bzw. Kaufpreis abzüglich der belasteten Umsatzsteuer. Bei in fremder Währung valutierten Anschaffungskosten ist der Wechselkurs der Verbindlichkeit (Devisenkassamittelkurs zum Zeitpunkt des Eingehens der Verbindlichkeit) auch für die Ermittlung der Anschaffungskosen des Aktivpostens maßgebend.

---

[234] Das Steuerrecht nennt als weiteren Wertmaßstab den Teilwert, der einerseits für die Bewertung der Entnahmen und Einlagen und andererseits aber auch als Korrekturwert der Folgebewertung zu den Anschaffungs- und Herstellungskosten vorgesehen ist.

[235] Trotz des Begriffs „Anschaffungskosten" handelt es sich um einen pagatorischen Wertmaßstab, d.h. für eine Einbeziehung kommen ausschließlich aufwandsgleiche Kosten in Frage. Kalkulatorische Kostenbestandteile sind damit ausgeschlossen.

3.3.2.2.3 Anschaffungspreisminderungen

Rabatte, Boni, Skonti

Aus dem Grundsatz der Erfolgsneutralität des Beschaffungsvorgangs folgt, dass zu den Anschaffungskosten nur die Beträge zählen, die das Unternehmen für die Anschaffung tatsächlich aufwenden musste. Dementsprechend sind erhaltene Rabatte, Boni und Skonti als Anschaffungspreisminderungen abzuziehen.

Exkurs – Anschaffungspreisminderungen[236]

Rabatte

Hierbei handelt es sich um Preisnachlässe, die aus besonderen Gründen i.d.R. sofort gewährt werden. Exemplarisch anzuführen sind hier Barrabatte für sofortige Zahlung, Mengenrabatte für die Abnahme größerer Stückzahlen oder für das Tätigen größerer Einkaufsumsätze, Zeitrabatte für den Kauf zu bestimmten Zeitpunkten, Treuerabatte für besonders lang bestehende Geschäftsbeziehungen sowie Funktionsrabatte für bestimmte Kundegruppen, wie Einzelhändler, Großhändler oder Mitarbeiter.

Skonti

Hierbei handelt es sich um einen nachträglich gewährten Preisnachlass. Er wird eingeräumt für die vorzeitige Zahlung des Rechnungsbetrags innerhalb einer bestimmten Frist. Ein Skonto kann somit als eine Zinsvergütung für vorzeitige Zahlung angesehen werden. Er kann aber auch als Prämie für die Ersparung von mit Zielverkäufen verbundenen Risiken angesehen werden.

Boni

Hierbei handelt es sich um am Ende einer Periode gewährte Nachlässe aus besonderen Gründen. So können Treueboni für lang andauernde Geschäftsbeziehungen oder Umsatzboni für die Überschreitung bestimmter Umsatzgrenzen in einer Periode gewährt werden.

Zuordnung

Zudem spezifiziert § 255 Abs. 1 Satz 3 HGB, dass nur die Anschaffungspreisminderungen, die dem einzelnen Vermögensgegenstand zugeordnet werden können, abzusetzen sind.

Abzinsung

Zudem ist im Falle langfristiger zinsloser oder unterverzinslicher Lieferantenkredite und bei Teilzahlungsgeschäften/Ratenkäufen der Kaufpreis auf den Barwert im Zeitpunkt des Zugangs abzuzinsen.[237]

3.3.2.2.4 Anschaffungsnebenkosten

Zu den aktivierungspflichtigen Anschaffungsnebenkosten gehören nach § 255 Abs. 1 HGB die Kosten, die notwendig sind, um den Vermögensgegenstand in einen betriebsbereiten Zustand zu versetzen und an seinen Einsatzort zu verbringen. Insbesondere fallen hierunter:

- Ausgaben bei der Beschaffung, wie

---

236 Hierzu ausführlich bspw. Roos, Grundlagen der doppelten Buchführung, 2. Aufl. 2021, S. 118f.

237 Hierzu auch IDW, WP Handbuch, 18. Aufl. 2023, Kap. F Tz. 111.

- Eingangsfrachten und Zölle,
- Provisionen und Vermittlungsgebühren,
- Speditionskosten und Transportversicherungsaufwand,
- Lagergeld,
- Abfuhr- und Abladekosten,
- Grunderwerbsteuer,
- Aufwendungen für die (externe) Begutachtung eines Kaufobjekts, und
- Notariats-, Gerichts- und Registerkosten.

- Ausgaben zur Herstellung der Verwendungsfähigkeit, wie
  - Aufwendungen für Aufstellungs-, Montage- und Fundamentierungsarbeiten,
  - Aufwendungen der Sicherheitsüberprüfung, und
  - Aufwendungen für die Abnahme von Gebäuden und Anlagen.

Aktivierungsvoraussetzung

Voraussetzung für die Aktivierung ist jedoch, dass die Anschaffungsnebenkosten dem Vermögensgegenstand einzeln zugerechnet werden können. Aus diesem Grund dürfen nach handelsrechtlichen Vorschriften z.B. Verwaltungsgemeinkosten – etwa für umfangreiche Arbeiten im Zusammenhang mit der Identifizierung des günstigsten Angebots – grundsätzlich nicht in die Anschaffungskosten einbezogen werden.

3.3.2.2.5 Nachträgliche Anschaffungskosten

Anfall außerhalb des eigentlichen Anschaffungsvorgangs

Zusätzlich bestimmt § 255 Abs. 1 Satz 2 HGB, dass die im Rahmen von Um- oder Ausbauarbeiten anfallende Kosten, d.h. Anschaffungsnebenkosten die außerhalb des Zeitraums des eigentlichen Anschaffungsvorgangs anfallen, als nachträgliche Anschaffungskosten der entsprechenden Vermögensgegenstände zu aktivieren sind. Grundsätzlich beginnt der Anschaffungsvorgang mit der erstmaligen Aufnahme einer Tätigkeit, die auf die Beschaffung des betreffenden Gegenstands gerichtet ist. Als abgeschlossen ist der Anschaffungsvorgang anzusehen, wenn der Vermögensgegenstand in die wirtschaftliche Verfügungsgewalt des Erwerbs gelangt, d.h. vom Erwerber selbständig verwertbar ist und ggf. in einen betriebsbereiten Zustand versetzt wurde.[238] Die Abgrenzung dieser Kosten von den sofort abzugsfähigen Aufwendungen erfolgt nach den gleichen Kriterien, nach denen Erhaltungsaufwand von Herstellungsaufwand unterschieden wird.[239]

Bei den nachträglichen Anschaffungskosten ist zwischen nachträglichen Anschaffungskosten für bereits beschaffte Vermögensgegenstände und nachträgliche Erhöhungen des ursprünglichen Kaufpreises zu unterscheiden:

Nachträgliche Aufwendungen

Nachträgliche Aufwendungen stehen zwar in einem sachlichen, nicht aber in einem zeitlichen Zusammenhang mit der Anschaffung. Sie fallen vielmehr an, wenn der Zeitraum des Anschaffungsvorgangs bereits abgeschlossen ist. Nachträgliche Aufwendungen sind also dadurch gekennzeichnet, dass sie sofern sie zum Anschaffungszeitpunkt bekannt gewesen wären, als Teil des Anschaffungspreises oder als Anschaffungsnebenkosten eingeordnet worden wären. Dies kann z.B. bei der Anschaffung eines Grundstücks

---

[238] Hierzu Baetge/Kirsch/Thiele, Bilanzen, 16. Aufl. 2021, S. 200.

[239] Hierzu ausführlich Abschn. 3.2.3.

der Fall sein, wenn Jahre nach dem Erwerb noch Beiträge der Erschließung anfallen. Derartige – den Anschaffungskosten zuordenbare – Ausgaben sind von den grundsätzlich nicht aktivierungsfähigen Erhaltungsaufwendungen strikt abzugrenzen.

Nachträgliche Kaufpreiserhöhungen

Nachträgliche Erhöhungen des Kaufpreises treten auf, wenn der Kaufpreis teilweise von späteren Ereignissen abhängig gemacht wird, z.B. von bestimmten Gewinnschwellen beim Kauf von Beteiligungen, oder wenn der Kaufpreis später aufgrund eines Gerichtsprozesses angepasst wird.[240]

3.3.2.2.6 Fremdfinanzierungskosten

Kosten der Geldbeschaffung

Des Weiteren dürfen die Kosten der Geldbeschaffung, d.h. Kosten der Fremdfinanzierung, ebenfalls grundsätzlich nicht als Anschaffungskosten aktiviert werden. Die Regelung des § 255 Abs. 3 HGB, nach der Fremdkapitalzinsen unter bestimmten Voraussetzungen als Herstellungskosten angesetzt werden dürfen, gilt nicht für die Anschaffungskosten.[241]

Ausnahmen

Allerdings wird von Teilen des Schrifttums die Einbeziehung von Fremdkapitalzinsen ausnahmsweise als zulässig erachtet. Diese Ausnahmen werden für die Fälle eingeräumt, in denen Kredite als Anzahlungen oder Vorauszahlungen zur Finanzierung von Neuanlagen mit längerer Bauzeit verwendet werden. Hier ersetzen die (vom Bilanzierenden) aufgenommenen Kredite Betriebskapital des Lieferanten und führen deshalb zu einer Verminderung der produktionsbedingten Kosten beim Lieferanten und entsprechend zu einer Verminderung des Preises, d.h. der Anschaffungskosten der Anlage. Es muss insofern ein enger Zusammenhang zwischen den Fremdfinanzierungskosten und den Investitionen bestehen und die Amortisation durch die künftige Ertragskraft der Anlagen erwartet werden können. In diesen Fällen dürfen die Kreditzinsen handelsrechtlich in die Anschaffungsnebenkosten einbezogen werden.[242]

3.3.2.2.7 Sondersachverhalt

3.3.2.2.7.1 Tauschgeschäfte

Keine expliziten Regelungen

Handelsrechtlich existieren keine expliziten Regelungen, welche die Anschaffungskosten von getauschten Gegenständen bestimmen. Demnach kann grundsätzlich der Buchwert des hingegebenen Vermögensgegenstandes (Buchwertfortführung), der beizulegende Wert des hingegebenen Vermögensgegenstandes oder ein steuerneutraler Zwischenwert (entspricht dem Buchwert des hingegebenen Vermögensgegenstandes zuzüglich der durch den Tausch ausgelösten Ertragssteuerbelastung) angesetzt werden. Letzterer ist jedoch dann nicht zulässig, wenn infolge des Tauschs aktive latente Steuern angesetzt wurden.[243]

---

240 Hierzu sowie zu den vorangegangenen Ausführungen Baetge/Kirsch/Thiele, Bilanzen, 16. Aufl. 2021, S. 200-201.

241 Hierzu stellvertretend Hoffmann/Lüdenbach, NWB Kommentar Bilanzierung, 14. Aufl. 2022, § 255 Rz. 35, 103.

242 Hierzu bspw. Coenenberg/Haller/Schultze, Jahresabschluss und Jahresabschlussanalyse, 26. Aufl. 2021, S. 103 sowie IDW, WP Handbuch, 18. Aufl. 2023, Kap. F Tz. 110.

243 Hierzu ausführlich Hoffmann/Lüdenbach, NWB Kommentar Bilanzierung, 14. Aufl. 2022, § 255 Rz. 61-62.

3.3.2.2.7.2 Unentgeltlicher Erwerb

Aktivierungswahlrecht

Soweit bei einem unentgeltlichen Erwerb (z.B. Schenkung, Erbschaft) Vermögensgegenstände angesetzt werden, gilt bezüglich der Anschaffungskosten in der Handelsbilanz als Bewertungsobergrenze der vorsichtig geschätzte Betrag, der normalerweise für die Anschaffung des Gegenstands hätte aufgewendet werden müssen. D.h., eine Aktivierung ist höchsten zum Zeitwert zulässig. Da es sich hierbei um ein Aktivierungswahlrecht handelt, ist der Ansatz von Zwischenwerten unzulässig.[244]

3.3.2.2.7.3 Sacheinlagen

Ausgabebetrag

Bei Sacheinlagen (Erwerb gegen Erwerb von Gesellschaftsrechten) ist beim Empfänger der für die Begebung der Anteile im Kapitalerhöhungsbeschluss vereinbarte, ggf. durch Auslegung zu ermittelnde Ausgabebetrag, als Anschaffungskosten anzusetzen.[245]

3.3.2.2.7.4 Investitionszuschüsse

Keine expliziten Regelungen

Eine gesetzliche Vorschrift, welche die Bilanzierung von Investitionszuschüssen regelt, existiert im HGB nicht. Daher ist auch die bilanzielle Behandlung uneinheitlich.

Brutto- vs. Nettoausweis

Grundsätzlich können die zur Anschaffung bestimmter Vermögensgegenstände erhaltenen, nicht rückzahlbaren Zuwendungen von Dritten (Investitionszulagen, -zuschüsse) als eine Minderung der Anschaffungskosten verstanden werden, da wirtschaftlich davon auszugehen ist, dass derartige Zuwendungen mit dem Ziel gewährt werden, die Mittel zu vermindern, die das Unternehmen selbst für die Anschaffung aufzubringen hat. Daneben wird in der Handelsbilanz auch ein Ausweis der Zuschüsse in einem gesonderten Passivposten für zulässig erachtet.

Erfolgswirksame Auflösung

Bei umfangreichen Zuschussfinanzierungen ist dieser indirekten Darstellung wegen des dadurch vergrößerten Einblicks in die Vermögens-, Finanz- und Ertragslage sogar der Vorzug zu gewähren. Ein solcher passiver Sonderposten ist i.d.R. parallel zu den Abschreibungen des entsprechenden Vermögensgegenstands erfolgswirksam und damit gewinnerhöhend aufzulösen.

Sofortige erfolgswirksame Vereinnahmung

Des Weiteren wird auch, in Anlehnung an die steuerlichen Vorschriften, eine sofortige GuV-wirksame Vereinnahmung der Zuwendungen handelsrechtlich als zulässig erachtet.[246]

3.3.2.2.7.5 Abbruch- und Wiederherstellungskosten

Ratierliche Rückstellungsbildung

Mit einem erworbenen Vermögensgegenstand in Verbindung stehende, künftig er-

---

[244] Hierzu IDW, WP Handbuch, 18. Aufl. 2023, Kap. F Tz. 119.

[245] Hierzu IDW, WP Handbuch, 18. Aufl. 2023, Kap. F Tz. 120.

[246] Steuerrechtlich besitzt der Bilanzierende bei Investitionszuschüssen ein Wahlrecht, einen gewährten Zuschuss GuV-wirksam als Ertrag zu erfassen oder ihn von den Anschaffungskosten des jeweiligen erworbenen Wirtschaftsgutes abzusetzen. Eine Einstellung in einen Passivposten ist steuerrechtlich nicht zulässig. Die Minderung der Anschaffungskosten ist allerdings nur für nicht-rückzahlbare Zuwendungen möglich.

wartete Abbruch- und Wiederherstellungskosten können handelsrechtlich grundsätzlich nicht in den Anschaffungskosten berücksichtigt werden, vielmehr werden diese i.d.R. ratierlich als Rückstellung erfasst.[247]

Ausnahmen

Eine Ausnahme besteht bei Grund und Boden: Abbruchkosten sind als Anschaffungskosten des Grund und Bodens zu erfassen, wenn der Erwerb mit Abbruchabsicht geschehen ist und der Grund und Boden unbebaut genutzt werden soll.[248] Im Falle der Errichtung eines (Neu-)Gebäudes erscheint ihre Aktivierung i.R.d. Herstellungskosten des Gebäudes zulässig, wenn der Abbruch für die Errichtung eines neuen Gebäudes erforderlich ist und damit der Abbruch Teil des Herstellungsvorgangs des neuen Gebäudes ist.

3.3.2.2.7.6 Fremdwährung

Anschaffungskosten in Fremdwährung sind bei Barkäufen und Anzahlungen mit dem tatsächlich aufgewandten EURO-Betrag zu bewerten. Bei Zielkäufen werden die Anschaffungskosten grundsätzlich durch die Umrechnung der Verbindlichkeiten zum Geldkurs im Zeitpunkt der Ersterfassung bestimmt, danach eintretende Devisenkursänderungen wirken sich nicht mehr auf die Bewertung des Vermögensgegenstands aus. Aus Praktikabilitätsgründen erscheint eine Umrechnung zum Devisenkassamittelkurs zulässig, auch wenn § 256a HGB formal nur die Folgebewertung regelt.[249]

3.3.2.2.7.7 Überhöhte Anschaffungskosten

Aktivierungswahlrecht

Im Vergleich zum Zeitwert überhöhte Anschaffungskosten müssen nicht, dürfen aber zunächst aktiviert werden. Im Falle der Aktivierung wird jedoch eine außerplanmäßige Abschreibung nach § 253 Abs. 3 Satz 5 HGB oder eine niedrigere Bewertung nach § 253 Abs. 4 HGB erforderlich sein.

Gesellschaftsrechtliche Gründe

Beruhen die überhöhten Anschaffungskosten auf gesellschaftsrechtlichen Gründen – z.B. Bezüge von Konzernunternehmen – darf als Anschaffungskosten nur der Zeitwert angesetzt werden, während der Unterschiedsbetrag ggf. nach rechtsformspezifischen Vorschriften – z.B. § 57 AktG, §§ 30f. GmbHG – als Rückgewährungsanspruch zu aktivieren ist.

3.3.2.2.8 Übersicht über die Komponenten der Anschaffungskosten

Anschaffungskosten
Anschaffungspreis
Besonderheiten: - bei Fremdwährungsgeschäften: Umrechnung zum **Kurs des Stichtags**, an dem die wirtschaftliche Verfügungsmacht erlangt wurde - bei Tauschgeschäften: Wahlrecht zwischen **Gewinnrealisierung** und **Buchwertfortführung** - bei unentgeltlichem Erwerb: **Zeitwert**

[247] Hierzu Abschn. 5.2.

[248] Siehe IDW, WP Handbuch, 18. Aufl. 2023, Kap. F Tz. 107.

[249] Hierzu IDW, WP Handbuch, 18. Aufl. 2023, Kap. F Tz. 117.

Hinzurechnungen		Kürzungen	
Anschaffungsnebenkosten	**nachträgliche Anschaffungskosten**	**Anschaffungspreisminderungen**	
Ausgaben bei der Beschaffung Ausgaben zur Herstellung der Verwendungsfähigkeit	nachträgliche Ausgaben nachträgliche Kaufpreiserhöhungen	Nachlässe Rabatte Skonti Boni	Zuwendungen Subventionen Zuschüsse Dritter

Abb. 11 Komponenten der Anschaffungskosten[250]

3.3.2.3 Herstellungskosten

3.3.2.3.1 Allgemeines

Den Ausgangswert für alle von einem Unternehmen hergestellten, am Bilanzstichtag noch nicht verkauften Gegenstände des Anlage- und Umlaufvermögens (eigenbetrieblich genutzte selbst geschaffene Anlagen sowie unfertige und fertige Erzeugnisse) stellen die Herstellungskosten dar. Diese dienen für jeden Zugang in den genannten Bereichen als originärer Wertmaßstab.

§ 255 Abs. 2 HGB

Handelsrechtlich werden die Herstellungskosten in § 255 Abs. 2 Satz 1 HGB rechtsformunabhängig als die Aufwendungen definiert, welche durch den Verbrauch von Gütern und die Inanspruchnahme von Diensten für die Herstellung eines Vermögensgegenstands, seine Erweiterung oder für eine über seinen ursprünglichen Zustand hinausgehende wesentliche Verbesserung anfallen.

Kostenrechnung

Während die Anschaffungskosten aufgrund vorliegender Rechnungen leicht bestimmt werden können, ist die Ermittlung der Herstellungskosten dahingehend mit Schwierigkeiten verbunden, weil sie aus der Kostenrechnung des herstellenden Unternehmens abgeleitet werden müssen. Diese verfolgt jedoch andere Ziele als die externe Rechnungslegung, wodurch Korrekturen an den Kostenrechnungswerten notwendig sind.

Hinweis

Der bilanzielle Herstellungskostenbegriff weicht in wesentlichen Punkten von dem Herstellkostenbegriff der Kostenrechnung ab, da er auf die aufwandsgleichen Kosten beschränkt ist. Kalkulatorische Kosten dürfen – soweit ihnen keine entsprechenden Aufwendungen gegenüberstehen – nicht in die handelsrechtlichen Herstellungskosten eingehen. Die Abschreibungen dürfen z.B. nicht auf den Wiederbeschaffungskosten basieren, sondern sind auf Grundlage der Anschaffungs- oder Herstellungskosten zu berechnen. Ebenso ist der Materialverbrauch zu historischen Einstandspreisen, und nicht etwa zu Wiederbeschaffungspreisen, anzusetzen.

[250] Siehe Baetge/Kirsch/Thiele, Bilanzen, 16. Aufl. 2021, S. 202.

Aufgrund des Realisationsprinzips sind Herstellungsvorgänge – ebenso wie Anschaffungsvorgänge – erfolgsneutral abzubilden, da sie lediglich zu einer bilanziellen Vermögensumschichtung führen. Im Rahmen der Folgebewertung bilden sie die Bewertungsobergrenzen.[251]

3.3.2.3.2 Umfang der Herstellungskosten

3.3.2.3.2.1 Pflicht- und Wahlbestandteile

Grundsatz der sachlichen Abgrenzung

Der Umfang der Herstellungskosten ergibt sich in erster Linie aus dem Grundsatz der sachlichen Abgrenzung, nach dem alle in der Periode hergestellten, aber noch nicht verkauften Gegenstände mit den ihnen zuzurechnenden Aufwendungen angesetzt werden müssen. Der Produktionsvorgang soll somit den Unternehmenserfolg nicht betreffen und lediglich eine Umschichtung des Vermögens darstellen. Da jedoch über die Zurechenbarkeit bestimmter Aufwendungen unterschiedliche Auffassungen bestehen können, bedarf der Grundsatz der sachlichen Abgrenzung in diesem Zusammenhang der gesetzlichen Konkretisierung. Aufgrund dessen enthält § 255 Abs. 2 HGB eine Aufzählung der einbeziehungspflichtigen und einbeziehungsfähigen Herstellungskostenbestandteile.[252]

Pflicht- und Wahlbestandteile

Nachfolgende Tabelle gibt einen Überblick über die handelsrechtlichen Pflicht- und Wahlbestandteile der Herstellungskosten:

Bestandteile	Eigenschaft
Materialeinzelkosten	Einbeziehungspflicht
Fertigungseinzelkosten	
Sondereinzelkosten der Fertigung	
Materialgemeinkosten	
Fertigungsgemeinkosten	
= **Wertuntergrenze**	
Allgemeine Verwaltungskosten (anteilig auf den Zeitraum der Herstellung entfallend)	Einbeziehungswahlrecht
Aufwendungen für soziale Einrichtungen etc. (anteilig auf den Zeitraum der Herstellung entfallend)	
Fremdkapitalzinsen (an bestimmte Bedingungen geknüpft und anteilig auf den Zeitraum der Herstellung entfallend)	
= **Wertobergrenze**	
Sondereinzelkosten des Vertriebs	Einbeziehungsverbot
Vertriebskosten	
Forschungskosten	

Tab. 15 Pflicht- und Wahlbestandteile der Herstellungskosten

---

[251] Vgl. Kahle, in: Baetge/Kirsch/Thiele, Bilanzrecht, § 255 HGB Rz. 131 (102. Erg.-Lfg./Dez. 2021).

[252] Hierzu sowie zu den vorangegangenen Ausführungen Coenenberg/Haller/Schultze, Jahresabschluss und Jahresabschlussanalyse, 26. Aufl. 2021, S. 103-104.

3.3.2.3.2.2 Materialeinzelkosten

Direkt zurechenbarer Materialverbrauch

Die Materialeinzelkosten umfassen den (mit Ausgaben) bewerteten Verbrauch von Roh- und Hilfsstoffen sowie an selbst geschaffenen und fremdbezogenen Fertigteilen. Sie zeichnen sich dadurch aus, dass sie den Produktionseinheiten direkt zurechenbar sind. Betriebsstoffe erfüllen i.d.R. nicht den Stückbezug und sind deshalb nicht Bestandteil der Materialeinzelkosten.[253]

3.3.2.3.2.3 Fertigungseinzelkosten

Direkt zurechenbare Fertigungskosten

Bei den Fertigungseinzelkosten handelt es sich um die direkt zurechenbaren Fertigungskosten. Sie umfassen insofern im Wesentlichen die Löhne und Lohnnebenkosten, die im Rahmen der Produktion anfallen.

Hierunter fallen alle bei der Fertigung des herzustellenden Gegenstands erfassbaren und direkt zurechenbaren Produktions-, Werkstatt- und Verarbeitungslöhne inklusive Nebenkosten, wie Zuschläge, Prämien, bezahlte Ausfallzeiten u.ä. Hierzu rechnen nicht nur die eigentlichen Arbeitslöhne, sondern auch die Aufwendungen für Werkmeister, Lohnbuchhalter, Techniker etc., soweit sie sich auf die einzelnen Erzeugnisse aufteilen lassen.[254]

3.3.2.3.2.4 Sondereinzelkosten der Fertigung

Pro Auftrag einzeln erfassbar

Hierbei handelt es sich um die Kosten, die zwar nicht pro Stück, aber pro Auftrag einzeln erfassbar sind. Konkret sind hierunter im Wesentlichen die unmittelbar der Fertigung des betreffenden Erzeugnisses zurechenbaren Kosten für Modelle, Spezialwerkzeuge, Vorrichtungen, Entwürfe, Lizenzen etc. zu subsumieren. Sie entstehen folglich, wenn für die Erfüllung von Kundenaufträgen Entwicklungen geleistet, Konstruktionen, Arbeitspläne und Sonderbetriebsmittel erstellt und zusätzliche Fertigungsschritte durchgeführt werden müssen.

Anfall vor Herstellungsprozessbeginn

I.d.R. fallen derartigen Kosten bei Unternehmen mit langfristiger Auftragsfertigung[255] vor Beginn des eigentlichen Herstellungsprozesses an. Soweit diese Kosten einem bereits erhaltenen Auftrag als Einzelkosten direkt zugeordnet werden können, sind sie als Sondereinzelkosten der Fertigung zu aktivieren.

Keine direkte Zuordnung

Ist eine direkte Zuordnung nicht möglich, so ist ihre Aktivierung als Fertigungsgemeinkosten geboten.

Aktivierungsverbot

Für Sondereinzelkosten des Vertriebs hingegen besteht als Unterkategorie der Vertriebskosten ein Aktivierungsverbot. Hier stellt sich allerdings die Frage, inwieweit bestimmte Aufwendungen, wie z.B. Aufwendungen der Auftragserlangung und -vorbereitung bei Auftragsfertigung, im

[253] Hierzu Baetge/Kirsch/Thiele, Bilanzen, 16. Aufl. 2021, S. 204.

[254] Hierzu IDW, WP Handbuch, 18. Aufl. 2023, Kap. F Tz. 134.

[255] Bilanziell handelt es sich hierbei um Fertigungsaufträge, die in einem Geschäftsjahr begonnen wurden, zum Abschlussstichtag aber noch nicht abgeschlossen sind, m. a. W. die Erfüllung des Fertigungsauftrags sich zumindest über zwei Geschäftsjahre erstreckt.

Einzelfall nicht als Sonderkosten des Vertriebs, sondern als aktivierungspflichtige Fertigungseinzel- oder -gemeinkosten zu qualifizieren sind.[256]

3.3.2.3.2.5 Materialgemeinkosten

Gemeinkostenzuschlag

Materialgemeinkosten sind ebenfalls zwingend in die Herstellungskosten einzubeziehen. Hierunter fallen sowohl beschäftigungsabhängige (variable) als auch beschäftigungsunabhängige (fixe) Kosten. Zu den Materialgemeinkosten zählen z.B. Personalkosten der Lagerverwaltung, soweit sie nicht einzeln, d.h. direkt den Produkteinheiten zurechenbar sind, oder Abschreibungen auf Lagerhallen. Die Materialgemeinkosten werden in der Praxis den Herstellungskosten i.d.R. durch einen prozentualen Zuschlag auf die Materialeinzelkosten zugerechnet (Gemeinkostenzuschlag).

3.3.2.3.2.6 Fertigungsgemeinkosten

Gemeinkostenzuschlag

Gleiches gilt für die Fertigungsgemeinkosten. Auch diese sind zwingend in die Herstellungskosten einzubeziehen und können sowohl variable als auch fixe Kosten umfassen. Bei den Fertigungsgemeinkosten handelt es sich um nicht direkt zurechenbare Kosten der Fertigung, wie z.B. Kosten der Werkstattverwaltung oder Abschreibungen der Produktionsanlagen.

3.3.2.3.2.7 Allgemeine Verwaltungskosten

Ansatzwahlrecht

Im Gegensatz zu den Verwaltungskosten, die im Material- oder Fertigungsbereich anfallen, wie z.B. Kosten der Arbeitsvorbereitung, welche entsprechend zu den Material- oder Fertigungsgemeinkosten gehören und insofern aktivierungspflichtig sind, besteht für auf den Zeitraum der Herstellung entfallende Kosten der allgemeinen Verwaltung nach § 255 Abs. 2 Satz 3 HGB ein Ansatzwahlrecht. Als allgemeine Verwaltungskosten sind bspw. Löhne und Gehälter des Verwaltungsbereichs sowie die Abschreibungen des Verwaltungsgebäudes ansatzfähig.

3.3.2.3.2.8 Freiwillige soziale Aufwendungen

Ansatzwahlrecht

Soweit sie auf den Zeitraum der Herstellung entfallen, besteht gemäß § 255 Abs. 2 Satz 3 HGB ein Ansatzwahlrecht für Aufwendungen für soziale Einrichtungen des Betriebs (z.B. Kantine, Ferienerholungsheime), für freiwillige soziale Leistungen (z.B. Jubiläumszuwendungen, Wohnungsbeihilfen) sowie für die betriebliche Altersversorgung (z.B. Beiträge zu Direktversicherungen, Zuwendungen an Pensions- und Unterstützungskassen).

3.3.2.3.2.9 Fremdkapitalzinsen

Ausnahme vom generellen Aktivierungsverbot

Als Ausnahme vom generellen Aktivierungsverbot für Geldbeschaffungskosten räumt § 255 Abs. 3 Satz 2 HGB die Möglichkeit ein, Zinsen für Fremdkapital, das konkret zur Finanzierung der Herstellung eines Vermögensgegenstandes verwendet wird, in die Herstellungskosten mit einzubeziehen, soweit sie auf den Zeitraum der Herstellung entfallen. Sofern hiervon Gebrauch gemacht wird, ist die Einbeziehung gemäß § 284 Abs. 2 HGB im Anhang anzugeben.

---

256 Hierzu Coenenberg/Haller/Schultze, Jahresabschluss und Jahresabschlussanalyse, 26. Aufl. 2021, S. 105.

3.3.2.3.2.10 Vertriebskosten

Generelles Aktivierungsverbot

§ 255 Abs. 2 Satz 4 HGB enthält ein generelles Aktivierungsverbot für Vertriebskosten. Diese umfassen die Kosten des Absatzbereichs, also die Kosten, die bei der Verteilung der produzierten Vermögensgegenstände anfallen. Anzuführen sind hier bspw. die Kosten des Verkaufspersonals oder Werbungskosten.

Das Aktivierungsverbot für derartige Aufwendungen wird damit begründet, dass die Vertriebskosten den Wert der hergestellten Erzeugnisse nicht erhöhen, auch wenn die Kosten direkt zurechenbar sind.

3.3.2.3.2.11 Forschungs- und Entwicklungskosten

Aktivierungsverbot für Forschungskosten

Gemäß § 255 Abs. 2 Satz 4 HGB besteht ein explizites Aktivierungsverbot für Forschungskosten. Forschung wird dabei definiert als eigenständige und planmäßige Suche nach neuen wissenschaftlichen oder technischen Kenntnissen bzw. Erfahrungen allgemeiner Art. Über die technische Verwertbarkeit und wirtschaftlichen Erfolgsaussichten können dabei grundsätzlich keine Aussagen getroffen werden.

Aktivierungswahlrecht für Entwicklungskosten

Von den Forschungskosten abzugrenzen sind die Entwicklungskosten. Unter Entwicklung wird die Anwendung von Forschungsergebnissen oder auch anderem Wissen verstanden, mit dem Ziel der Neu- oder Weiterentwicklung von Verfahren oder Gütern mittels wesentlicher Veränderungen (§ 255 Abs. 2a HGB). Eine Abgrenzung der beiden Arten von Kosten ist deshalb sehr wichtig, weil für die Entwicklungskosten von selbst geschaffenen immateriellen Vermögensgegenständen des Anlagevermögens ein Aktivierungswahlrecht besteht (§ 255 Abs. 2a i.V.m. § 248 Abs. 2 HGB).

3.3.2.3.3 Sonstige Besonderheiten der Herstellungskostenermittlung

Stetigkeitsgebot

Wie den vorangegangenen Ausführungen entnommen werden kann, gewährt das HGB dem Bilanzierenden bei der Ermittlung der Herstellungskosten einen gewissen bilanzpolitischen Spielraum, da prinzipiell jeder Bilanzansatz zwischen Wertunter- und Wertobergrenze gewählt werden kann und diese Entscheidung unmittelbar Auswirkung auf den Vermögens- und Erfolgsausweis hat. Dieser bilanzpolitische Spielraum wird allerdings durch das Stetigkeitsgebot des § 252 Abs. 1 Nr. 6 HGB eingeschränkt, welches ein Abweichen von den angewandten Bewertungsmethoden nur in Ausnahmefällen gestattet. Die im Zeitablauf abweichende Ausnutzung von Aktivierungswahlrechten bei der Bestimmung der Herstellungskosten ist insofern unter Berufung auf § 252 Abs. 2 HGB nur in sachlich begründeten Ausnahmefällen zulässig.

Angemessenheit

Weiterhin ist darauf hinzuweisen, dass aus der im HGB enthaltenen verbindlichen Forderung nach Angemessenheit aller dem einzelnen Erzeugnis nur mittelbar zurechenbaren Kosten (Gemeinkosten; § 255 Abs. 2 Satz 2 und Satz 3 HGB) folgt, dass Aufwendungen, die das normale Maß wesentlich übersteigen, nicht in die Herstellungskosten einzubeziehen sind. So ist es z.B. nicht zulässig, neben den normalen Abschreibungen auch noch besondere Abschreibungen für Katastrophenverschleiß oder die Kosten stillliegender Produktionsanlagen zu berücksichtigen. Dies ergibt sich bereits aus dem Grundsatz der sachlichen Abgrenzung, da zwischen diesen Kosten und den Erträgen der hergestellten Erzeugnisse eindeutig kein sachlicher Zusammenhang besteht. Darüber hinaus stellt § 255 Abs. 2 Satz 3 HGB klar, dass Kosten der allgemeinen Verwaltung, Aufwendungen für soziale Einrichtungen, für freiwillige soziale Leistungen sowie für betriebliche Altersversorgung nur insoweit bei der Herstellungskostenberechnung berücksichtigt werden dürfen, als sie auf den Zeitraum der Herstellung entfallen.

Vollkostenbewertung

Da nach HGB bereits bei der Ermittlung der Wertuntergrenze alle (variablen und fixen) Kosten des Material- und Fertigungsbereichs aktivierungspflichtig sind, können ausschließlich Verfahren der Vollkostenbewertung und keine Teilkostenverfahren zum Einsatz kommen.

Nutzkosten

Werden Fixkosten, die definitionsgemäß unabhängig von der tatsächlichen Kapazitätsauslastung anfallen, im Rahmen der Vollkostenbewertung einzelnen Produkten zugerechnet, so ergeben sich je nach Beschäftigungslage unterschiedliche (Material-)Gemeinkostenzuschläge. Ein bei Unterbeschäftigung erstellter Vermögensgegenstand würde dann mit einem höheren Wert angesetzt werden als ein gleichartiger bei Vollbeschäftigung. Aus dem Grundsatz der Angemessenheit folgt in diesem Zusammenhang, dass nur der Teil der Fixkosten, welcher der tatsächlich genutzten Kapazität zuzurechnen ist (Nutzkosten), in die Herstellungskosten einbezogen werden darf.

Leerkosten

Für den auf die nicht genutzte Kapazität entfallende Teil der Fixkosten (Leerkosten) gilt dagegen ein Einbeziehungsverbot. Die Aufteilung der fixen Kosten in Nutz- und Leerkosten setzt die Festlegung des Niveaus der Vollbeschäftigung voraus. Aufgrund der Schwierigkeiten, diese Beschäftigungsgrade in der Praxis exakt zu bestimmen, lässt sich i.d.R. nur eine betriebsindividuelle Bandbreite festlegen, innerhalb derer jedes Beschäftigungsniveau als Vollbeschäftigung gelten muss. Nur sofern dieses Beschäftigungsintervall unterschritten wird, sind handelsrechtlich nicht aktivierungsfähige Leerkosten zu eliminieren.[257] Wird dagegen das Beschäftigungsintervall überschritten, so ist für die Herstellungskostenermittlung die tatsächliche Kapazitätsauslastung maßgebend, da die bilanziellen Herstellungskosten grundsätzlich nur aufwandsgleiche Kosten enthalten dürfen.

Herstellungsaufwand

Gemäß der Definition des Herstellungsaufwands nach § 255 Abs. 2 Satz 1 HGB zählen zu den aktivierungspflichtigen Herstellungskosten auch die Aufwendungen für die Erweiterung oder für die über den ursprünglichen Zustand hinausgehende wesentliche Verbesserung eines Vermögensgegenstandes.[258]

3.3.2.4 Erfüllungsbetrag und Barwert

3.3.2.4.1 Allgemeines

Heutiger Zeitwert einer künftigen Zahlungsreihe

Im Bereich der Schulden erfolgt die Zugangsbewertung gemäß § 253 Abs. 1 Satz 2 und Abs. 2 HGB anhand des Erfüllungsbetrags bzw. des Barwerts. Beim Erfüllungsbetrag handelt es sich um den sicheren oder wahrscheinlichen Betrag, welchen der Schuldner zur Erfüllung der Verpflichtung aufwenden muss.[259] Als Barwert

---

[257] Hierzu ausführlich Schubert/Hutzler, in: Beck Bil-Komm., 13. Aufl. 2022, § 255 Anm. 381ff.

[258] Hierzu ausführlich Abschn. 3.2.3.

[259] Hierzu ausführlich Schubert, in: Beck Bil-Komm., 13. Aufl. 2022, § 253 Anm. 50ff.

bezeichnet man den heutigen Zeitwert einer zukünftigen Zahlungsreihe. Man erhält ihn durch Abzinsung der Zahlungsströme mit einem Diskontierungsfaktor auf den heutigen Zeitpunkt. Der Barwert wird also durch die zukünftigen Zahlungsströme, die Laufzeit und den Diskontierungssatz bestimmt.

3.3.2.4.2 Verbindlichkeiten

Erfüllungsbetrag

Gemäß § 253 Abs. 1 Satz 2 HGB sind Verbindlichkeiten mit ihrem Erfüllungsbetrag anzusetzen. Bei Geldleistungsverpflichtungen entspricht der Erfüllungsbetrag grundsätzlich dem Nennbetrag, bei Sachleistungsverpflichtungen[260] stellt der voraussichtlich aufzuwendende Geldbetrag den Erfüllungsbetrag dar.[261]

3.3.2.4.3 Rückstellungen

Vernünftige kaufmännische Beurteilung

Rückstellungen sind im Grundsatz nicht anders zu bewerten als Verbindlichkeiten. Gemäß § 253 Abs. 1 Satz 2 HGB bestimmt sich der Wert von Rückstellungen durch den Erfüllungsbetrag, der nach vernünftiger kaufmännischer Beurteilung benötigt wird, um die (mögliche) Verpflichtung zu begleichen. Der Gesetzgeber gibt damit lediglich einen allgemeinen Schätzmaßstab vor. Bei der Rückstellungsbewertung sind künftige Preis- und Kostensteigerungen – also die ggf. ungünstigeren Preis- und Kostenverhältnisse im Zeitpunkt des tatsächlichen Anfalls der Aufwendungen – zu berücksichtigen.

Abzinsung

Rückstellungen mit einer Restlaufzeit von mehr als einem Jahr sind nach § 253 Abs. 2 Satz 1 HGB mit dem ihrer Restlaufzeit entsprechenden Marktzinssatz abzuzinsen. Dabei ist für sonstigen Rückstellungen auf den durchschnittlichen Marktzinssatz der vergangenen sieben Geschäftsjahre und für Rückstellungen aufgrund von Altersversorgungsverpflichtungen auf den durchschnittlichen Marktzinssatz der vergangenen zehn Geschäftsjahre abzustellen. Für Altersversorgungsverpflichtungen oder vergleichbar langfristig fällige Verpflichtungen besteht gemäß § 253 Abs. 2 Satz 2 HGB ein vereinfachtes Wahlrecht: bei der Abzinsung dieser Verpflichtungen darf pauschal eine Restlaufzeit von 15 Jahren angenommen werden, so dass alle voraussichtlichen künftigen Ausgaben mit dem für diese Restlaufzeit geltenden Marktzinssatz abgezinst werden dürfen. Die anzuwendenden Abzinsungssätze werden monatlich von der deutschen Bundesbank bekannt gegeben.[262]

Drohverluste

Bei der Bewertung von Rückstellungen für drohende Verluste aus schwebenden Geschäften sind aufgrund der hervorgehobenen Stellung des Imparitätsprinzips Besonderheiten zu beachten.

3.3.2.5 Beizulegender Zeitwert

Auf aktivem Markt ermittelter Preis

Nach § 255 Abs. 4 HGB entspricht der beizulegende Zeitwert dem Marktpreis, der auf

[260] Sachleistungsverpflichtungen liegen vor, wenn das bilanzierende Unternehmen nicht einen Geldbetrag schuldet, sondern einen anderen Vermögensgegenstand zu liefern oder eine Dienstleistung zu erbringen hat.

[261] Hierzu bspw. Baetge/Kirsch/Thiele, Bilanzen, 16. Aufl. 2021, S. 218.

[262] Zur Abzinsung von Rückstellungen und den hierbei zu verwendenden Abzinsungssätzen ausführlich Abschn. 5.2.

einem aktiven Markt ermittelt wird. Wenn ein Marktpreis nicht ermittelt werden kann, ist der beizulegende Zeitwert mittels allgemein anerkannter Bewertungsmethoden zu bestimmen. Sofern auch dies nicht möglich ist, erfolgt der Rückgriff auf die Anschaffungs- oder Herstellungskosten.[263] In der handelsrechtlichen Kommentarliteratur wird der Begriff als Markt- oder Börsenpreis eines Vermögensgegenstands oder einer Schuld interpretiert. Er entspricht damit dem Betrag, zu dem zwei voneinander unabhängige Parteien mit Sachverstand und Abschlusswille bereit wären, einen Vermögensgegenstand zu tauschen oder eine Verbindlichkeit zu begleichen, was im Grundsatz als Äquivalent zum Veräußerungspreis des Vermögensgegenstands bzw. der Schuld betrachtet wird.[264]

Aktiver Markt

Der Marktpreis wird auf einem aktiven Markt bestimmt, wenn er an einer Börse, von einem Händler, von einem Broker, von einer Branchengruppe, von einer Preisberechnungsstelle oder einer Aufsichtsbehörde leicht und regelmäßig erhältlich ist und auf aktuellen und regelmäßig auftretenden Markttransaktionen zwischen unabhängigen Dritten beruht. Ein aktiver Markt liegt nicht vor, wenn nur kleine Volumina von Vermögensgegenständen im Verhältnis zu der gesamten Anzahl der entsprechenden Gegenstände gehandelt werden oder wenn keine aktuellen Marktpreise verfügbar sind.[265] Das Vorhandensein von öffentlich notierten Marktpreisen ist die bestmögliche Bestimmungsmethode des beizulegenden Zeitwerts. Daneben ist zu beachten, dass der notierte Marktpreis maßgebend ist. Paketzu- oder -abschläge oder Transaktionskosten dürfen nicht berücksichtigt werden.[266]

Andere Bewertungsmethoden

Wenn kein aktiver Markt vorliegt, kommen nach § 255 Abs. 4 Satz 2 HGB zur Ermittlung des beizulegenden Zeitwerts andere Bewertungsmethoden zum Einsatz. Dabei können entweder Vergleichsverfahren (Ableitung aus dem Marktpreis eines vergleichbaren Vermögensgegenstandes) oder betriebswirtschaftliche Bewertungsmodelle, wie z.B. Discounted-Cashflow-Verfahren (DCF-Verfahren) bzw. Optionspreismodelle, zur Anwendung kommen.[267]

Bewertungsmodelle

Der Einfluss von zahlreichen Parametern beim Einsatz von Bewertungsmodellen zur Bestimmung des beizulegenden Zeitwerts eröffnet erhebliche Ermessensspielräume. Darunter kann die Objektivität dieser Bewertungsmodelle leiden und eine handelsrechtlich geforderte vorsichtige Bewertung ist u.U. nicht mehr gewährleistet. Um dem entgegenzuwirken, fordert § 285 Nr. 25 i.V.m. Nr. 20 HGB, dass die grundlegenden Annahmen, die bei dem mit Hilfe von Bewertungsmethoden ermittelten beizulegenden Zeitwerts zugrunde gelegt wurden, im Anhang offenzulegen sind. Kann der beizulegende Zeitwert nicht verlässlich ermittelt werden, darf er nach dem Willen des deutschen Gesetzgebers als Bewertungsmaßstab nicht zum Einsatz kommen. So ist eine verlässliche Ermittlung z.B. dann nicht gegeben, wenn ein angewandtes Bewertungsverfahren eine Bandbreite möglicher

---

[263] Hierzu bspw. Coenenberg/Haller/Schultze, Jahresabschluss und Jahresabschlussanalyse, 26. Aufl. 2021, S. 109.

[264] Vgl. stellvertretend Schubert/Hutzler, in: Beck Bil-Komm., 13. Aufl. 2022, § 255 Anm. 513.

[265] Hierzu bspw. IDW, WP Handbuch, 18. Aufl. 2023, Kap. F Tz. 149.

[266] Vgl. Schubert/Hutzler, in: Beck Bil-Komm., 13. Aufl. 2022, § 255 Anm. 517.

[267] Siehe hierzu sowie zu den vorangegangenen Ausführungen Coenenberg/Haller/Schultze, Jahresabschluss und Jahresabschlussanalyse, 26. Aufl. 2021, S. 109.

Werte zulässt, die Werte voneinander stark abweichen und keine Gewichtung nach Eintrittswahrscheinlichkeit möglich ist.

Der beizulegende Zeitwert dient einerseits für spezifische Vermögensgegenstände – z.B. Planvermögen gemäß § 253 Abs. 1 Satz 4 HGB – sowie für bestimmte Schulden – z.B. wertpapiergebundene Pensionszusagen gemäß § 253 Abs. 1 Satz 5 HGB – als Ausgangswert sowie als regulärer Wertansatz im Rahmen der Folgebewertung. Der beizulegende Zeitwert tritt somit als Wertmaßstab auf der Aktiv- und auf der Passivseite in Erscheinung.

Planvermögen

Nach § 253 Abs. 1 Satz 4 HGB stellt der beizulegende Zeitwert den Bewertungsmaßstab für Vermögensgegenstände dar, die ausschließlich der Erfüllung von Schulden aus Altersversorgungsverpflichtungen oder vergleichbaren langfristigen Verpflichtungen dienen (sog. Planvermögen) und gemäß § 246 Abs. 2 Satz 2 HGB mit diesen Schulden zu verrechnen sind. Dies gilt sowohl für die Zugangs- als auch für Zwecke der Folgebewertung.

Ausschüttungssperre

Als Folge dieser Zeitbewertung sind nicht nur durch einen Umsatzakt realisierte Gewinne, sondern durch eine Erhöhung des Zeitwerts des Planvermögens zum Bilanzstichtag auch (lediglich) realisierbare Gewinne GuV-wirksam zu vereinnahmen. Zur Wahrung der „vorsichtigen" Kapitalerhaltung sieht der Gesetzgeber in solchen Fällen allerdings eine sog. Ausschüttungssperre[268] vor.

Vermögensbündel

Der beizulegende Zeitwert dient zudem als Wertmaßstab bei der Zugangsbewertung eines Vermögensbündels, d.h., wenn mehrere Vermögensgegenstände zusammen erworben werden.[269] Das Vermögensbündel ist dabei in seine selbstständig verkehrsfähigen Einzelteile aufzuspalten, die mit ihren jeweiligen beizulegenden Zeitwerten zu bewerten sind. Hierzu zählt auch der Erwerb ganzer Unternehmen. Deshalb findet der beizulegende Zeitwert bei der Kapitalkonsolidierung im Konzernabschluss nach der Erwerbsmethode Anwendung. Des Weiteren wird er im Rahmen der Erstkonsolidierung nach der Equity-Methode bei assoziierten Unternehmen herangezogen.[270]

Wertpapiergebundene Pensionszusagen

Ebenso kommt der beizulegende Zeitwert auf der Passivseite bei sog. wertpapiergebundenen Pensionszusagen sowohl als Ausgangswert als auch als regulärer Wertansatz im Rahmen der Folgebewertung zur Anwendung. Unter wertpapiergebundenen Pensionszusagen versteht man Altersversorgungsverpflichtungen, deren Höhe sich ausschließlich nach dem beizulegenden Zeitwert von bestimmten Wertpapieren bestimmt. Die Rückstellungen hierfür sind in Höhe des beizulegenden Zeitwerts dieser Wertpapiere anzusetzen, soweit dieser einen garantierten Mindestbetrag übersteigt (§ 253 Abs. 1 Satz 3 HGB).

Einschränkungen

Für die Anwendung des beizulegenden Zeitwerts stehen besondere Einschränkungen bei Kapitalgesellschaften. Nach

---

[268] So darf nach § 268 Abs. 8 HGB nur so viel Gewinn ausgeschüttet werden, wie auch ohne die Bewertung des Planvermögens zum beizulegenden Zeitwert möglich gewesen wäre.

[269] Hierzu Abschn. 3.3.2.

[270] Auf Fragen der Konzernrechnungslegung wird im Rahmen der nachfolgenden Ausführungen nicht weiter eingegangen. Hierzu stellvertretend Küting/Weber, Konzernabschluss, 14. Aufl. 2018; von Wysocki/Wohlgemuth/Brösel, Konzernrechnungslegung, 5. Aufl. 2014.

§ 253 Abs. 1 Satz 5 HGB dürfen sie eine Bewertung zum beizulegenden Zeitwert nur vornehmen, wenn sie von keiner der Erleichterungen gemäß § 264 Abs. 1 Satz 5 HGB, § 266 Abs. 1 Satz 4 HGB, § 275 Abs. 5 und § 326 Abs. 2 HGB Gebrauch machen.

3.3.2.6 Beizulegender Wert

Korrekturwert für die Folgebewertung

Vom beizulegenden Zeitwert abzugrenzen ist der beizulegende Wert des § 253 Abs. 3 und Abs. 4 HGB, welcher als Korrekturwert für die Folgebewertung von Vermögensgegenständen des Anlage- und des Umlaufvermögens dient. Im Gegensatz zum beizulegenden Zeitwert können bei der Ermittlung des beizulegenden Werts auch unternehmensspezifische Faktoren in Betracht kommen.

3.3.3 Grundlegende bilanzielle Wertbegriffe der handelsrechtlichen Folgebewertung

3.3.3.1 Allgemeines

Weiterführung der Erstbewertung

Im Rahmen der Folgebewertung werden die einzelnen Vermögensgegenstände und Schulden nach der jeweiligen Erstbewertung im Zugangszeitpunkt gemäß den für sie spezifischen Regelungen zu jedem Bilanzstichtag weitergeführt. So heißt dies bspw. für abnutzbare Vermögensgegenstände des Anlagevermögens, dass die planmäßige Abnutzung in Form von Abschreibungen berücksichtigt wird. Planmäßige Abschreibungen können dabei grundsätzlich jedoch nur bei denjenigen Vermögensgegenständen des Anlagevermögens vorgenommen werden, deren Nutzung zeitlich begrenzt ist. Die Abschreibungshöhe ist dabei abhängig vom sog. Abschreibungsplan, welcher die zu verteilenden Anschaffungs- oder Herstellungskosten, die voraussichtliche Nutzungsdauer des Anlagegegenstandes sowie die ausgewählte Abschreibungsmethode enthält. Bilanzposten, welche ursprünglich zum Barwert angesetzt wurden, werden dagegen i.d.R. um den Diskontierungsanteil des letzten Geschäftsjahres erhöht. Von diesen Wertkorrekturen abgesehen, gibt es für Schulden keine weiteren planmäßigen Korrekturen.

Außerplanmäßige Abschreibungen

Allerdings kann es neben den planmäßigen Veränderungen der Bilanzposten noch sog. außerplanmäßige Abschreibungen geben, welche auf einen unvorhergesehenen Wertverlust auf der Aktivseite bzw. einen Anstieg der Verpflichtungen auf der Passivseite zurückzuführen sind.

Wertaufholung

Um diese zu identifizieren, werden die fortgeführten Ausgangswerte mit bestimmten Korrekturwerten verglichen. Nach einer solchen außerplanmäßigen Abschreibung kann bei in Folgeperioden wieder steigenden Zeitwerten auch eine Wertzuschreibung – eine sog. Wertaufholung – in Betracht kommen.

Die grundlegende Vorgehensweise im Rahmen der Folgebewertung stellt sich wie folgt dar:

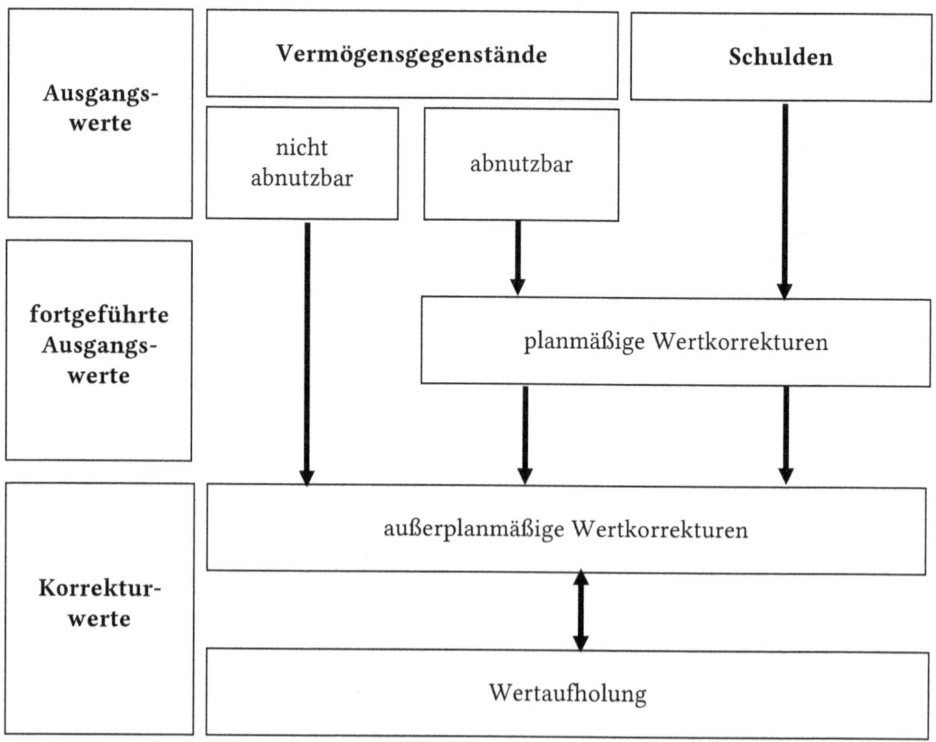

Abb. 12 Systematik der Folgebewertung

3.3.3.2 Korrekturwerte

Feststellung von Wertminderungen

Zur Feststellung von Wertminderungen sind handelsrechtlich zum Bilanzstichtag bestimmte Korrekturwerte zu ermitteln und mit den Buchwerten zu vergleichen. Diese werden nachfolgend kurz charakterisiert, ihre konkrete Anwendung wird hingegen im Zusammenhang mit der Bilanzierung der einzelnen Bilanzposten in den nachfolgenden Abschnitten erörtert.

Beizulegender Zeitwert

Wie bereits unter Abschn. 3.3.3.5. ausgeführt, kommt in der Handelsbilanz der beizulegende Zeitwert als Wertmaßstab nicht nur im Rahmen der Zugangsbewertung, sondern auch im Rahmen der Folgebewertung für besondere Gegenstände der Aktiv- und Passivseite zur Anwendung. Konkret zu nennen sind in diesem Zusammenhang das Planvermögen, wertpapiergebundene Pensionszusagen sowie zu Handelszwecken erworbene Finanzinstrumente. Für den Fall, dass der beizulegende Zeitwert weder als Marktpreis noch durch die Anwendung allgemein anerkannter Bewertungsmethoden verlässlich ermittelbar ist, sind nach § 255 Abs. 4 Satz 3 HGB die Anschaffungs- oder Herstellungskosten fortzuführen. Zur Feststellung von Wertminderungen sind handelsrechtlich zum Bilanzstichtag bestimmte Korrekturwerte zu ermitteln und mit den Buchwerten zu vergleichen. Indes erfolgt die Folgebewertung nicht nach § 253 HGB, sondern nach § 255 Abs. 4 Satz 3 und Satz 4 HGB. Danach gilt der zuletzt nach § 255 Abs. 4 Satz 1 oder Satz 2 HGB ermittelte beizulegende Zeitwert als Anschaffungs- oder Herstellungskosten i.S. des § 255 Abs. 4 Satz 3 HGB (sog. fiktive Anschaffungs- oder Herstellungskosten).[271]

Börsen- oder Marktpreis

Im Rahmen der Folgebewertung der Vermögensgegenstände des Umlaufvermögens stellt der Börsen- oder Marktpreis den primären Korrekturwert dar, soweit sich ein solcher feststellen lässt (§ 253 Abs. 4 Satz 1 HGB). Beim Börsenpreis handelt es sich um eine spezifische Form des Marktpreises. Er ist der an einer Börse bei tatsächlichen Umsätzen im regulierten Markt bzw. im Freiverkehr festgestellte Preis. Als Marktpreis gilt der zu einem bestimmten Zeitpunkt für Waren einer bestimmten Gattung von durchschnittlicher Qualität an einem Handelsplatz geforderte Betrag.

Beizulegender Wert

Fehlt ein Börsen- oder Marktpreis, verweist § 253 Abs. 4 HGB allgemein auf den beizulegenden Wert. Dieser fungiert als Korrekturwert sowohl im Anlage- als auch im Umlaufvermögen.[272]

3.3.3.3 Außerplanmäßige Abschreibungen des Anlagevermögens

Gemildertes Niederstwertprinzip

Nach § 253 Abs. 3 Satz 5 HGB müssen Vermögensgegenstände des Anlagevermögens außerplanmäßig auf den niedrigeren am Abschlussstichtag beizulegenden Wert abgeschrieben werden, falls die Wertminderung voraussichtlich von Dauer ist (gemildertes Niederstwertprinzip). Bei Finanzanlagen dürfen Abschreibungen gemäß § 253 Abs. 3 Satz 6 HGB auch bei voraussichtlich nicht dauernder Wertminderung vorgenommen werden.

Auslegung unbestimmter Rechtsbegriffe

Bei Abschreibung auf den niedrigeren am Abschlussstichtag beizulegenden Wert kommt es folglich auf die Auslegung zweier unbestimmter Rechtsbegriffe an:

- den niedrigeren beizulegenden Wert und
- die voraussichtlich dauernde Wertminderung.

Niedrigerer beizulegender Wert

Vom Gesetzgeber wird nicht näher geregelt, was unter dem niedrigeren, am Abschlussstichtag beizulegenden Wert zu verstehen ist. Die in § 253 Abs. 3 und Abs. 4 HGB kodifizierte Niederstwertvorschriften beruhen auf der Konzeption des Imparitätsprinzips. Der Zweck des Imparitätsprinzips besteht darin, durch Verlustantizipation die nominelle Kapitalerhaltung des Unternehmens sicherzustellen und damit einen Beitrag zum Gläubigerschutz zu leisten.

Als niedrigerer beizulegender Wert kommen folgende Maßstäbe in Frage:

- der Ertragswert,

---

[271] Hierzu IDW, WP Handbuch, 18. Aufl. 2023, Kap. F Tz. 153. Durch den ausschließlichen Verweis auf § 253 Abs. 4 HGB hat die Bewertung in diesen Fällen zwingend nach dem strengen Niederstwertprinzip zu erfolgen, d.h. es ist auch dann auf den niedrigeren beizulegenden Zeitwert außerplanmäßig abzuschreiben, wenn es sich bei den zu bewertenden Vermögensgegenständen um Gegenstände des Anlagevermögens handelt und die Wertminderung voraussichtlich nur vorübergehend ist. Außerdem sind im Fall abnutzbarer Anlagegegenstände ggf. nur außerplanmäßige Abschreibungen auf den niedrigeren beizulegenden Wert vorzunehmen und keine planmäßigen Abschreibungen nach § 253 Abs. 3 Satz 1 HGB.

[272] Hierzu sowie zu den vorangegangenen Ausführungen Coenenberg/Haller/Schultze, Jahresabschluss und Jahresabschlussanalyse, 26. Aufl. 2021, S. 124-126.

- der Einzelveräußerungspreis, oder
- der Wiederbeschaffungswert.

Ertragswert

Der Ertragswert – als Gegenwartswert der Einzahlungsüberschüsse – ist zwar das theoretisch exakte Konzept für die Bewertung von Vermögensgegenständen des Anlagevermögens, da diese auf Dauer zur Erzielung von Einzahlungsüberschüssen eingesetzt werden. Das Ertragswertkonzept ist aber in der Praxis im Allgemeinen nicht anwendbar, da sich die Erfolgsbeiträge eines Absatzgeschäfts nur selten einem einzelnen Anlagegegenstand zuordnen lassen. Lediglich bei einigen Finanzanlagen bzw. Beteiligungen, immateriellen Vermögensgegenständen (z.B. Patente und Lizenzen) sowie langfristig vermieteten oder verpachteten Anlagegegenständen wäre eine derartige Zurechnung möglich.[273] In diesen Fällen tritt aber das Problem auf, den ermittelten Einnahmeüberschüssen die entsprechenden Finanzierungsaufwendungen gegenüberzustellen. Da das Ertragswertkonzept bei der Bilanzierung wegen des Grundsatzes der Einzelbewertung nicht sinnvoll und kaum nachprüfbar angewendet werden kann, muss der beizulegende Wert auf andere Weise konkretisiert werden.[274]

Einzelveräußerungspreis

Grundsätzlich ließe sich der beizulegende Wert auch als Einzelveräußerungspreis interpretieren. Dagegen spricht allerdings folgendes: das den außerplanmäßigen Abschreibungen zugrunde liegende Imparitätsprinzip verlangt die Antizipation zukünftiger negativer Erfolgsbeiträge. Sofern Anlagevermögen nicht veräußert wird, sondern im Unternehmen weiter genutzt werden soll, entstehen durch einen gesunkenen Einzelveräußerungspreis keine negativen Erfolgsbeiträge. Solange eine Veräußerung nicht beabsichtigt ist, sind gesunkene Einzelveräußerungspreise für die Erfolgslage des Unternehmens nicht relevant. Daher sind sie auch grundsätzlich nicht zur Konkretisierung des beizulegenden Wertes von Anlagevermögen heranzuziehen. Eine Ausnahme gilt nur dann, wenn konkret die Veräußerung eines Vermögensgegenstands des Anlagevermögens beabsichtigt ist und der voraussichtlich erzielbare Einzelveräußerungspreis abzüglich aller nicht mit der Veräußerung in Verbindung stehenden Aufwendungen unterhalb des Buchwerts liegt.[275]

Wiederbeschaffungswert

Für den Wiederbeschaffungswert sind die Verhältnisse am Beschaffungsmarkt ausschlaggebend. Hierbei kann es sich um einen Wiederbeschaffungszeitwert, einen fortgeführten Wiederbeschaffungsneuwert oder um einen Reproduktionswert handeln. Bei der Bewertung des Anlagevermögens können gesunkene Beschaffungsmarktpreise dazu führen, dass die Konkurrenz die Maschinen und Anlagen später und damit günstiger beschafft als das bilanzierende Unternehmen und dadurch Kostenvorteile durch geringere Abschreibungen generiert und diesen Vorteil an den Absatzmarkt und damit an die Kunden weitergibt. Somit kann sich der Kostenvorteil in der Folgeperiode oder den Folgeperioden auf die Absatzmarktpreise der hergestellten Erzeugnisse niederschlagen. Obwohl der exakte Antizipationsbetrag in solchen Fällen schwierig zu ermitteln ist, muss bei weitergenutzten Anlagegegenständen aus den angeführten Gründen und dem Grundsatz der Vorsicht folgend eine Abschreibung auf den niedrigeren Beschaf-

---

273 Vgl. Schubert/Andrejewski, in: Beck Bil-Komm., 13. Aufl. 2022, § 253 Anm. 310.

274 Siehe Baetge/Kirsch/Thiele, Bilanzen, 16. Aufl. 2021, S. 214.

275 Hierzu Coenenberg/Haller/Schultze, Jahresabschluss und Jahresabschlussanalyse, 26. Aufl. 2021, S. 126.

fungsmarktpreis vorgenommen werden. Eine dabei auftretende Abweichung vom „richtigen Antizipationsbetrag" ist dabei tolerabel, da die richtige Tendenz bei der Bilanzierung eingeschlagen ist und ein objektiver Wert zugrunde gelegt wird. Ganz allgemein kann folgendes festgehalten werden: maßgeblich ist im Bereich Anlagevermögen der Beschaffungsmarkt. Und soweit es sich um abnutzbares Anlagevermögen handelt, ist der Wertermittlung der Wiederbeschaffungszeit – also der Wiederbeschaffungswert abzüglich planmäßiger Abschreibungen – zugrunde zu legen.[276]

Abschreibungspflicht

Die Abschreibungspflicht nach § 253 Abs. 3 Satz 5 HGB bei Sachanlagen und immateriellen Vermögensgegenständen des Anlagevermögens setzt voraus, dass es sich um eine voraussichtlich dauernde Wertminderung handelt. Bei Finanzanlagen hingegen sind außerplanmäßige Abschreibungen gemäß § 253 Abs. 3 Satz 6 HGB auch bei voraussichtlich nicht dauernder Wertminderung möglich.

Voraussichtlich dauernde Wertminderung

Fraglich ist in diesem Zusammenhang allerdings, unter welchen Voraussetzungen bei abnutzbaren Anlagegegenständen von einer voraussichtlich dauernden Wertminderung i.S. des § 253 Abs. 3 Satz 5 HGB auszugehen ist. Nach h.M. ist hiervon dann auszugehen, wenn der beizulegende Wert voraussichtlich während eines erheblichen Teils der Restnutzungsdauer unterhalb des planmäßigen Restbuchwerts liegt. Als zeitlicher Grenzwert für diesen „erheblichen Teil" kann die halbe Restnutzungsdauer zum Zeitpunkt der Wertminderung herangezogen werden, allerdings bilden auch bei langlebigen Vermögensgegenständen i.d.R. drei bis fünf Jahre die Obergrenze. Sachgerecht ist, die Beurteilung, ob und inwieweit sich der beizulegende Wert und der planmäßige Restbuchwert innerhalb dieses Zeitraums annähern und die Wertminderung deshalb voraussichtlich nur vorübergehend ist (voraussichtlich vorübergehende Wertminderung), anhand des künftigen beizulegenden Werts vorzunehmen, sofern dieser verlässlich geschätzt werden kann. Aus Vorsichtsgründen ist im Zweifel von einer voraussichtlich dauernden Wertminderung auszugehen.[277]

Vorübergehende Wertminderung

Für den Fall, dass der beizulegende Wert beim abnutzbaren Anlagenvermögen nur vorübergehend unter dem Buchwert liegt, bedarf es keiner außerplanmäßigen Abschreibung, da die Wertminderung in den nächsten Jahren durch die planmäßige Abschreibung ausgeglichen wird.

Nicht abnutzbares Anlagevermögen

Auch beim nicht abnutzbaren Anlagevermögen muss zur Beantwortung der Frage, ob es sich um eine dauernde Wertminderung handelt, der künftige beizulegende Wert vorausgesagt werden. Bei einer dauernden Wertminderung ist stets außerplanmäßig abzuschreiben, da dauerhafte Wertminderungen bei nicht abnutzbaren Anlagevermögen in den Folgeperioden nicht durch planmäßige Abschreibungen ausgeglichen werden.

Wertminderungen aus besonderem Anlass

Es ist noch darauf hinzuweisen, dass erhebliche Wertminderungen aus besonderem Anlass – z.B. physische Schäden aufgrund von Katastrophen, technischer Fortschritt, gesunkener Ertragswert oder mangelnde Bonität des Schuldners – regelmäßig als dauernd einzustufen sind.

---

[276] Siehe Baetge/Kirsch/Thiele, Bilanzen, 16. Aufl. 2021, S. 214.

[277] Hierzu IDW, WP Handbuch, 18. Aufl. 2023, Kap. F Tz. 183.

3.3.3.4 Außerplanmäßige Abschreibungen des Umlaufvermögens

Strenges Niederstwertprinzip

Beim Umlaufvermögen ist eine Abschreibung auf den sich aus dem niedrigeren Börsen- oder Marktpreis ergebenden Wert nach § 253 Abs. 4 Satz 1 HGB zwingend vorzunehmen. Ist kein Börsen- oder Marktpreis festzustellen und übersteigen die Anschaffungs- oder Herstellungskosten den Wert, der dem Vermögensgegenstand am Abschlussstichtag beizulegen ist, ist gemäß § 253 Abs. 4 Satz 2 HGB auf den niedrigeren beizulegenden Wert abzuschreiben, unabhängig davon, ob es sich um eine dauernde oder lediglich vorübergehende Wertminderung handelt (strenges Niederstwertprinzip).

§ 253 Abs. 4 HGB enthält für das Umlaufvermögen demnach drei Wertmaßstäbe, nach denen außerplanmäßige Abschreibungen bemessen werden können:

- den sich aus dem Börsenpreis, oder
- aus dem Marktpreis ergebenden Wert, und[278]
- den beizulegenden Wert.

Wiederbeschaffungskosten

Der beizulegende Wert ergibt sich für Vermögensgegenstände des Umlaufvermögens aus den Wiederbeschaffungs- oder Reproduktionskosten, falls die Gegenstände noch nicht in die Produktion eingegangen sind (Roh-, Hilfs- und Betriebsstoffe sowie Handelsware):

Beschaffungsmarkt

Hierbei ist der Beschaffungsmarkt immer dann maßgeblich, wenn es sich um Roh-, Hilfs- und Betriebsstoffe oder um unfertige und fertige Erzeugnisse handelt, die auch von anderen Firmen bezogen werden können.

Absatzmarkt

Der Absatzmarkt ist maßgeblich für die übrigen unfertigen und fertigen Erzeugnisse, für Überbestände an Roh-, Hilfs- und Betriebsstoffen sowie für Wertpapiere.

Fertige und unfertige Erzeugnisse

Insbesondere für unfertige und fertige Erzeugnisse ergibt sich der Wert aus dem vorsichtig geschätzten Veräußerungserlös abzüglich der noch entstehenden Kosten, wie z.B. für Verpackung, Vertrieb, Verwaltung und weitere Bearbeitung.

Handelswaren und Überbestände

Bei Handelswaren und Überbeständen an unfertigen und fertigen Erzeugnissen ermittelt sich der beizulegende Wert – aufgrund der dominanten Stellung des Vorsichtsprinzips im Rahmen der handelsrechtlichen Rechnungslegung – aus dem niedrigeren abgeleiteten Wert von Beschaffungs- oder Absatzmarkt.[279]

---

278 Zum Börsen- und Marktpreis ausführlich Baetge/Kirsch/Thiele, Bilanzen, 16. Aufl. 2021, S. 216-217.

279 Insbesondere bei Handelswaren gilt die sog. doppelte Maßgeblichkeit. Allerdings wird auch die Auffassung vertreten, dass die beschaffungsseitige Wertfindung unterbleiben darf, wenn die zu bewertenden Vermögensgegenstände aus rechtlichen oder tatsächlichen Gründen mit an Sicherheit grenzender Wahrscheinlichkeit zu einem Preis über den Anschaffungskosten veräußert werden können. So bspw. IDW, WP Handbuch, 18. Aufl. 2023, Kap. F Tz. 188. Dies gilt bei bestehenden Abnahmeverpflichtungen durch Dritte, bei denen die Preisvereinbarungen den Wertansatz decken und das Entstehen von Verlusten ausgeschlossen ist (sog. Deckungsgeschäfte). Dies kommt insbesondere in Frage bei Handelswaren und Fertigerzeugnissen mit

Eingeschränkte Verwertbarkeit

Ist die Verwertbarkeit der Gegenstände bspw. in Folge von Veralterung eingeschränkt, so liegt der beizulegende Wert noch niedriger, evtl. sogar bei Schrottpreis.

Sonderproblem Fremdwährung

Ein Sonderproblem ergibt sich für den am Bilanzstichtag beizulegenden Wert sowie für den aus dem Börsen- oder Marktpreis abgeleiteten Wert dann, wenn die Gegenstände in Fremdwährung beschafft wurden. Können diese auch im Inland wiederbeschafft werden, sind die Inlandspreise für den Korrekturwert maßgebend. Ist eine Wiederbeschaffung jedoch nur im Ausland möglich oder befinden sie sich im Ausland und werden normalerweise nur dort realisiert bzw. wiederbeschafft, so ist als Korrekturwert der Auslandspreis durch Umrechnung zum Stichtagskurs (Devisenkassamittelkurs) zu ermitteln.

3.3.3.5 Zusammenhänge bei der außerplanmäßigen Abschreibung

Nachfolgende Abbildung stellt die Zusammenhänge bei einer außerplanmäßigen Abschreibung zusammenfassend dar:

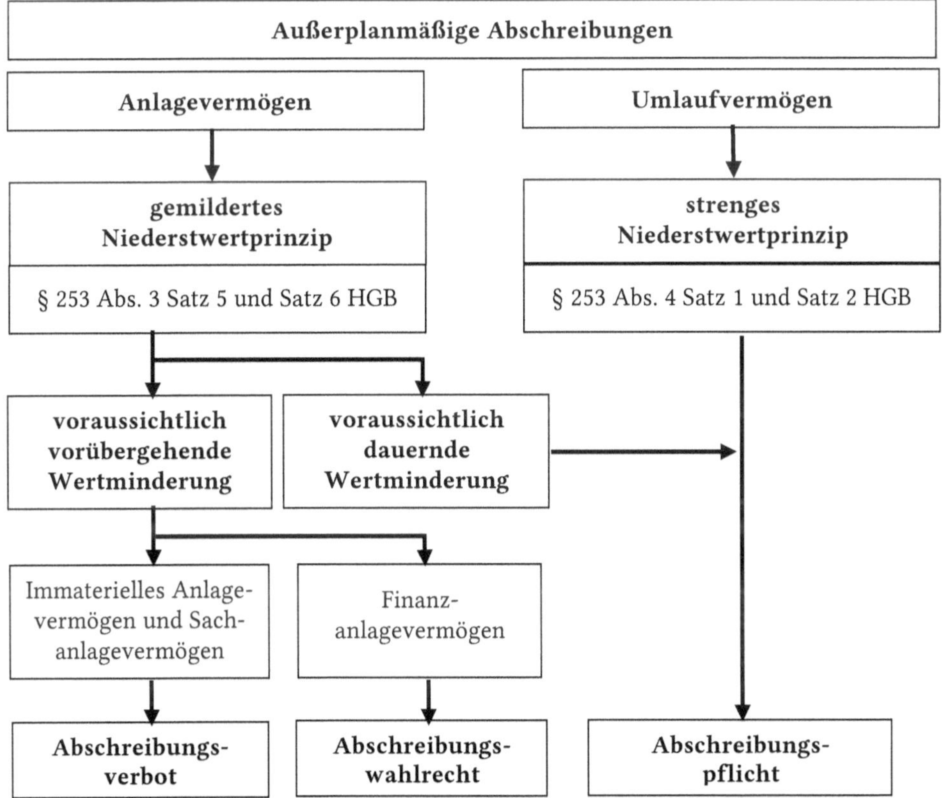

Abb. 13 Außerplanmäßige Abschreibungen[280]

entsprechenden Verkaufsvereinbarungen oder bei sog. Werthaltigkeitsgarantien durch Dritte, bei denen es dann zum Ersatz eines Mindestwerts kommt. Hierzu Schubert/Berberich, in: Beck Bil-Komm., 13. Aufl. 2022, § 253 Anm. 519.

280 Übernommen aus Baetge/Kirsch/Thiele, Bilanzen, 16. Aufl. 2021, S. 213.

3.3.3.6 Wertaufholung

3.3.3.6.1 Wertaufholungsgebot und Wertaufholungsverbot

Wegfall der Gründe

Stellt sich nach einer vorgenommenen Wertkorrektur durch eine außerplanmäßige Abschreibung in späteren Jahren heraus, dass die Gründe dafür entfallen sind, so stellt sich die Frage, ob der niedrigere Buchwert beibehalten oder ob wieder zugeschrieben werden darf bzw. muss.

Wertaufholungsgebot

Nach § 253 Abs. 5 Satz 1 HGB besteht ein rechtsformunabhängiges Wertaufholungsgebot, d.h., die Buchwerte sind um den Betrag der in früheren Jahren vorgenommenen außerplanmäßigen Abschreibung zu erhöhen, falls die Gründe für diese nicht mehr bestehen und folglich der relevante Korrekturwert wieder gestiegen ist. Die Zuschreibungsobergrenze bilden dabei die ggf. um planmäßige Abschreibungen verminderten Anschaffungs- oder Herstellungskosten (sog. fortgeführten Anschaffungs- oder Herstellungskosten) bzw. der aktuelle Korrekturwert, soweit dieser niedriger ist. Eine über die (fortgeführten) Anschaffungs- oder Herstellungskosten hinausgehende Wertzuschreibung ist konzeptionsbedingt – aufgrund des Anschaffungskosten- sowie des Vorsichtsprinzips – nicht möglich.

Ausnahme

Von dieser verpflichtenden Wertaufholung gibt es allerdings eine Ausnahme: ein niedrigerer Wertansatz eines entgeltlich erworbenen Geschäfts- oder Firmenwerts ist gemäß § 253 Abs. 5 Satz 2 HGB zwingend beizubehalten. Es besteht insofern ein Wertaufholungsverbot.[281]

3.3.3.6.2 Wertaufholungsrücklage

Ausschüttungssperre

Im Falle von Zuschreibungen sieht das Gesetz die Möglichkeit einer Ausschüttungssperre vor, indem den Verwaltungsorganen der Kapitalgesellschaft ein Wahlrecht zur Bildung einer Rücklage in Höhe des Eigenkapitalanteils der Zuschreibung gewährt wird. Der Eigenkapitalanteil der Zuschreibung ergibt sich dabei aus dem Zuschreibungsbetrag abzüglich dem darauf entfallenden Steueraufwand.

3.3.3.6.3 Höchstwertprinzip für Schulden

Außerplanmäßige Folgebewertung von Schulden

Da der Gesetzgeber davon absieht, analog zu § 253 Abs. 3 und Abs. 4 HGB die außerplanmäßige Folgebewertung von Schulden explizit zu regeln, bezieht sich diese primär auf die allgemeinen Bewertungsvorschriften des § 252 Abs. 1 HGB. Aus diesen lässt sich in Analogie zu dem (strengen) Niederstwertprinzip, welches bei der Bewertung der Vermögensgegenstände Gültigkeit besitzt, ein „Höchstwertprinzip" ableiten.

Höchstwertprinzip

Demnach ist eine Schuld mit dem höheren Wertansatz anzusetzen (hierfür existiert allerdings kein konkreter Wertbegriff), falls der Wert, der aus ihr resultierenden Belastung am Bilanzstichtag über dem bisher angesetzten Buchwert liegt. Somit soll sichergestellt werden, dass das

---

[281] Begründet wird dieses Wertaufholungsverbot damit, dass eine eintretende Werterholung beim Geschäfts- oder Firmenwert nach vorheriger außerplanmäßiger Abschreibung einen selbst geschaffenen Geschäfts- oder Firmenwert darstellt, für welchen ein Aktivierungsverbot besteht.

Unternehmen seine höheren Verpflichtungen zu Zeitpunkt der Fälligkeit auch begleichen kann. Die Bilanzierung eines Passivpostens unterhalb seines Zugangswerts ist nicht zulässig, da dies die Erfassung eines nicht realisierten Ertrages zur Folge hätte. Dies widerspräche dem Realisationsprinzip, welches durch den Gesetzgeber auf der Passivseite konsequenter Anwendung findet als auf der Aktivseite. Eine Verminderung der „aufgewerteten“ Schuld kommt daher, analog der Wertminderung der Vermögenswerte, nur in Frage, falls die Gründe der früheren Aufwertung entfallen sind, und dann auch nur bis zur Höhe des ursprünglichen Zugangswerts.

3.4 Bilanzausweis

3.4.1 Allgemeines

Bilanzgliederung

Steht fest, welche Posten zu welchem Wert in die Bilanz aufzunehmen sind, ist der Ort des Ausweises innerhalb der Bilanz festzulegen. Welche Posten auf der Aktiv- und welche auf der Passivseite auszuweisen sind, ergibt sich aus dem Wesen der Posten (Investition oder Finanzierung) und aus dem System der doppelten Buchführung. Für den Ausweis innerhalb der Aktiv- bzw. Passivseite ist eine Gliederung der Posten vorzunehmen.[282] Die Bilanzgliederung dient der Strukturierung und übersichtlichen Darstellung aller in der Bilanz enthaltenen Informationen. Alle aufzunehmenden Posten sollen in eine sinnvolle Abfolge gebracht werden.

Gemäß der allgemeinen Systematik der Vorschriften des dritten Buchs des HGB gibt es auch im Bereich der Gliederung allgemeine Vorschriften, die für alle Kaufleute (§ 243 HGB) – mit Ausnahme von Einzelkaufleuten, die nach § 242 Abs. 4 HGB von der Pflicht zur Aufstellung eines handelsrechtlichen Jahresabschlusses befreit sind – gelten, sowie Bestimmungen, die sich darüber hinaus speziell auf Kapitalgesellschaften (§ 266 HGB) bzw. auf Kreditinstitute (§ 340a Abs. 2 HGB) oder Versicherungsunternehmen (§ 341a Abs. 2 HGB) beziehen. Auf Bestimmungen, die Kreditinstitute oder Versicherungsunternehmen betreffen, wird im weiteren Verlauf nicht eingegangen.

Allen handelsrechtlichen Gliederungsvorschriften gemein ist, dass Anlage- und Umlaufvermögen getrennt auszuweisen sind:

Anlagevermögen

Unter den Posten des Anlagevermögens sind gemäß § 247 Abs. 2 HGB nur die Gegenstände auszuweisen, die dazu bestimmt sind, dauernde dem Geschäftsbetrieb des Unternehmens zu dienen.

Umlaufvermögen

Im Umkehrschluss werden als Umlaufvermögen all die Vermögensgegenstände klassifiziert, die nicht zum Anlagevermögen gehören und keinen Posten der Rechnungsabgrenzung darstellen.

Zweckbestimmung

Den Ausschlag für die Zuordnung eines Gegenstandes zum Anlage- bzw. Umlaufvermögen gibt seine Zweckbestimmung. Diese ergibt sich zum einen aus der Art des Vermögensgegenstandes (objektives Kriterium) und zum anderen aus dem Willen des Kaufmanns (subjektives Kriterium).

Objektives Kriterium

Nach dem objektiven Kriterium ist zu prüfen, ob der Vermögensgegenstand von seiner Funktion uns seinen Nut-

---

[282] Zur handelsrechtlichen Gliederung siehe Abschn. 3.1.

zungseigenschaften her dem Anlage- oder dem Umlaufvermögen zuzuordnen ist. Gegenstände, die ihrer Natur nach im Rahmen des Produktionsprozesses weiterverarbeitet oder verkauft werden sollen, dürfen nicht dem Anlagevermögen zugeordnet werden.

Subjektives Kriterium

Bei vielen Vermögensgegenständen ist durch ihre Art nicht festgelegt, ob sie im Produktionsprozess dauernd genutzt oder verarbeitet oder verkauft werden. In diesem Fall ist das subjektive Kriterium maßgebend, wie der Kaufmann den Vermögensgegenstand künftig in seinem Unternehmen einsetzten will.

Grundstücke sind z.B. aufgrund ihrer Eigenart i.d.R. dem Anlagevermögen zuzurechnen. Hat ein Grundstückshändler aber bspw. ein Grundstück in der Absicht gekauft, es weiter zu veräußern, so ist das Grundstück dem Umlaufvermögen zuzurechnen. Dieselbe Überlegung ist bei Maschinen anzustellen: Die Maschine, die in einer Maschinenfabrik hergestellt wird, um sie selbst in der Produktion zu verwenden, gehört zum Anlagevermögen, die gleiche für den Verkauf produzierte Maschine gehört hingegen zum Umlaufvermögen.

Nutzungsbestimmung

Für die Zuordnung zum Anlage- oder Umlaufvermögen ist es unerheblich, ob der Vermögensgegenstand nach der Beendigung der Nutzung veräußert werden soll. Vielmehr ist für die Einordnung eines Vermögensgegenstandes als Anlagevermögen der subjektive Wille des Kaufmanns zum Bilanzstichtag entscheidend, wie er den entsprechenden Vermögensgegenstand im kommenden Geschäftsjahr in seinem Unternehmen nutzen will.

Dauerhaftigkeit

Das Tatbestandsmerkmal „dauernd" bedeutet, dass der Vermögensgegenstand dem Unternehmen über eine gewisse Zeit – i.d.R. mehr als ein Jahr – ununterbrochen oder zumindest mehrfach Nutzen stiftet. Bei Vermögensgegenständen, die in keiner Verbindung zum Produktionsprozess stehen – z.B. Wertpapiere – ist allein die beabsichtigte Haltedauer entscheidend. Liegt diese zum Erwerbszeitpunkt bei mehr als einem Jahr, sind die Wertpapiere dem Anlagevermögen zuzuordnen.

Materielle Konsequenzen der Zuordnung

Die Zuordnung von Vermögensgegenständen zum Anlagevermögen – anstelle eines Ausweises im Umlaufvermögen – hat neben der Festlegung des formalen Bilanzausweises auch materielle Konsequenzen für die Bilanzierung der Vermögensgegenstände. Zum einen hängt die Folgebewertung eines Vermögensgegenstands von dessen Zuordnung zum Anlage- oder Umlaufvermögen ab. Beispielsweise werden Vermögensgegenstände des Umlaufvermögens nicht planmäßig abgeschrieben. Zum anderen hat die Zuordnung auch Auswirkungen auf die Darstellung der Vermögens- und Finanzlage des bilanzierenden Unternehmens. Die Höhe einzelner Vermögensstruktur- sowie Bilanzkennzahlen hängt wesentlichen von der jeweiligen Höhe des Anlage- und des Umlaufvermögens ab. Externe Bilanzadressaten können dementsprechend durch die Zuordnung von Vermögensgegenständen zum Anlage- oder zum Umlaufvermögen bei ihrer Beurteilung der wirtschaftlichen Lage des bilanzierenden Unternehmens beeinflusst werden.[283]

---

[283] Hierzu Baetge/Kirsch/Thiele, Bilanzen, 16. Aufl. 2021, S. 239-240. Zur Abgrenzung von Anlage- und Umlaufvermögen siehe auch Roos, DB 2015, S. 813-814.

Fremdkapital

Im Rahmen des Fremdkapitals ist nach HGB keine strikte Trennung zwischen lang- und kurzfristigen Schulden in der Bilanz vorzunehmen. Für Verbindlichkeiten wird i.d.R. eine gesonderte Angabe der Beträge mit einer Restlaufzeit bis zu einem Jahr bzw. von mehr als einem Jahr in der Bilanz gefordert (§ 268 Abs. 5 HGB).

3.4.2 Einzelkaufleute und Personengesellschaften

Für Einzelkaufleute und „echte" Personengesellschaften sind die GoB – insbesondere der Grundsatz der Klarheit – die Richtschnur der Bilanzgliederung (§ 243 Abs. 1 HGB). Die Aufzählung in § 247 Abs. 1 HGB zeigt dabei nur auf, welche Posten hier grundsätzlich für einen Bilanzausweis in Betracht kommen, nämlich Anlage- und Umlaufvermögen, Rechnungsabgrenzungsposten sowie Schulden und Eigenkapital. Als Gliederungsvorschrift ist sie streng genommen allerdings nicht zu verstehen. Vielmehr wird eine Bilanzgliederung, die nur diese Posten gesondert enthält, i.d.R. den GoB nicht entsprechen. Um dies klarzustellen, wird in § 247 Abs. 1 HGB zusätzlich eine hinreichende Aufgliederung der Posten gefordert.[284]

3.4.3 Kapitalgesellschaften

Detaillierte Mindestgliederung in Kontoform

Über die allgemein für alle Kaufleute geltende, nur auf den GoB basierende Gliederung hinaus, sieht das Handelsrecht in § 266 HGB für alle Kapitalgesellschaften (AG, SE, KGaA, GmbH) sowie Genossenschaften und über § 5 Abs. 1 PublG auch für alle nach PublG rechnungslegungspflichtigen Unternehmen eine wesentlich detailliertere Mindestgliederung in Kontoform vor.[285]

Bilanzgliederung abhängig von Größenklassen

Die Tiefe der Bilanzgliederung hängt dabei jedoch noch davon ab, ob das Unternehmen als große, mittelgroße, kleine oder kleinste Kapitalgesellschaft einzustufen ist. Für große und mittelgroße Kapitalgesellschaften gilt die ausführliche Gliederung des § 266 Abs. 2 und Abs. 3 HGB als Mindestgliederung. Für kleine Kapitalgesellschaften beschränkt sich die Gliederungstiefe gemäß § 266 Abs. 1 HGB auf den Ausweis der im Gliederungsschema des § 266 Abs. 2 und Abs. 3 HGB mit Buchstaben und römischen Ziffern bezeichneten Posten, wobei aus dem Wortlaut dieser Vorschrift zu schließen ist, dass außerhalb des Gliederungsschemas nach § 266 im HGB vorgeschriebene zusätzliche Posten auch von kleinen Kapitalgesellschaften getrennt auszuweisen sind.

Kleinstkapitalgesellschaften

Den sog. Kleinstkapitalgesellschaften ist es gestattet, eine verkürzte Bilanz aufzustellen. Die Mindestgliederung beschränkt sich auf die im Gliederungsschema des § 266 Abs. 2 und Abs. 3 HGB mit Buchstaben bezeichneten Posten. Für kleine und kleinste Kapitalgesellschaften gewährt § 274a HGB Bilanzierungserleichterungen – wie z.B. die Befreiung von der Bilanzierung latenter Steuern oder kein gesonderter Ausweis eines Disagios –, die zudem Einfluss auf den Bilanzausweis haben.

---

[284] Hierzu Coenenberg/Haller/Schultze, Jahresabschluss und Jahresabschlussanalyse, 26. Aufl. 2021, S. 144.

[285] Hierzu ausführlich Abschn. 3.1.1.2.2. und Abschn. 3.1.1.2.3.

3.4.4 Unechte Personenhandelsgesellschaften

Gemäß § 264a HGB gelten die Vorschriften der Kapitalgesellschaften zudem auch für alle (unechten) Personenhandelsgesellschaften, bei denen keine natürliche Person persönlich haftender Gesellschafter ist (KapCoGes). Daher müssen diese „besonderen" Personenhandelsgesellschaften auch die Gliederungsvorschriften der Kapitalgesellschaften beachten. Diese werden in § 264c HGB noch rechtsformspezifisch ergänzt.

3.4.5 Mindestgliederung

Prinzipiell ist die Gliederung nach § 266 Abs. 2 und Abs. 3 HGB eine zwingende Mindestgliederung: getrennt aufgeführte Posten dürfen daher nicht zusammengefasst werden. Als Ausnahme hierzu ist allerdings § 265 Abs. 7 HGB zu nennen, der es unter bestimmten Umständen ermöglicht, die mit arabischen Ziffern versehenen Bilanzposten zusammenzufassen. Eine über die Mindestgliederung hinausgehende weitere Aufspaltung bereits vorgesehener und die Aufnahme zusätzlicher Posten und Zwischensummen – soweit deren Inhalt durch die Mindestgliederung nicht abgedeckt ist – ist jedoch zulässig, solange dies nicht zulasten der Klarheit und Übersichtlichkeit geht (§ 265 Abs. 5 HGB).

3.4.6 Mehrfache Zugehörigkeit

Mitzugehörigkeitsvermerk

Fällt ein Vermögensgegenstand oder eine Schuld unter mehrere Bilanzposten, so ist bei demjenigen Posten, unter dem der Ausweis erfolgt, die Mitzugehörigkeit zu anderen Posten zu vermerken, soweit dies die Klarheit und Übersichtlichkeit fördert (§ 265 Abs. 3 Satz 1 HGB). Man spricht hier vom sog. Mitzugehörigkeitsvermerk. In unwesentlichen Fällen ist daher kein Vermerk erforderlich. Statt des Vermerks ist auch eine entsprechende Angabe im Anhang möglich.

Vorrang von Unternehmensverbindungen

Liegt ein Fall der Mitzugehörigkeit zu verschiedenen Posten der Bilanz vor, so steht es dem Unternehmen in dem durch § 264 Abs. 2 Satz 1 HGB gezogenen Rahmen grundsätzlich frei, an welcher Stelle es den Ausweis vornimmt. Allerdings sollte i.d.R. den Posten, die im Zusammenhang mit Unternehmensverbindungen stehen, der Vorrang eingeräumt werden.[286]

3.4.7 Vorliegen mehrerer Geschäftszweige

Ist eine Kapitalgesellschaft oder haftungsbeschränkte Personenhandelsgesellschaft in mehreren Geschäftszweigen tätig, für die unterschiedliche Gliederungsvorschriften bestehen, ist unter Beachtung des Grundsatzes der Klarheit und Übersichtlichkeit der Jahresabschluss nach der für einen Geschäftszweig vorgeschriebenen Grundgliederung aufzustellen und nach der für die anderen Geschäftszweige vorgeschriebenen Gliederung zu ergänzen. Die Ergänzung ist im Anhang anzugeben und zu begründen (§ 265 Abs. 4 Satz 2 HGB).

---

[286] Hierzu IDW, WP Handbuch, 18. Aufl. 2023, Kap. F Tz. 293.

3.4.8 Änderung der Gliederung und der Bezeichnung von Posten

Abweichungen von der gesetzlichen Gliederung und den Bezeichnungen der in den §§ 266, 275 HGB mit arabischen Ziffern versehenen Posten des Jahresabschlusses kommen insoweit in Betracht, als dies wegen Besonderheiten einer Gesellschaft zur Aufstellung eines klaren und übersichtlichen Jahresabschlusses erforderlich ist (§ 265 Abs. 6 HGB). Die Vorschrift ist insoweit, als es sich um eine Änderung der Gliederung (hinsichtlich der Reihenfolge) handelt, im Interesse der Vergleichbarkeit des Jahresabschlusses mit anderen Unternehmen eng auszulegen. Es müssen bei der Gesellschaft sachlich begründete Besonderheiten vorliegen, die eine Anwendung der grundsätzlich auf die Gegebenheiten von Industrie- und Handelsunternehmen abgestellten Gliederungsschemata als unzweckmäßig erscheinen lassen.

Beispiel
Gesonderter Ausweis des Vermietvermögens bei Leasinggesellschaften

Abweichungen von der gesetzlichen Bezeichnung von Posten dürften immer dann in Betracht kommen, wenn die neue Bezeichnung den Posteninhalt konkreter umfasst. Die Anpassung muss vorgenommen werden, wenn eine gesetzliche Bezeichnung irreführend wäre. Von den gesetzlichen Begriffen abweichende Bezeichnungen, die nicht zu einer zutreffenderen Bestimmung des Posteninhalts führen, sind unzulässig.

Beispiel
Falls keine Anzahlungen auf Anlagen im Bau vorliegen, ist die Postenbezeichnung von § 266 Abs. 2 A.II.4. HGB in „Anlagen im Bau" zu ändern. Ebenso ist die Bezeichnung des Postens „Kassenbestand, Bundesbankguthaben, Guthaben bei Kreditinstituten und Schecks" (§ 266 Abs. 2 B.IV. HGB an seinen tatsächlichen Inhalt anzupassen.

Weder die Buchstaben noch die römischen und arabischen Zahlen, mit denen die Posten der Bilanz und GuV in den §§ 266, 275 HGB versehen sind, sind als Teil der Bezeichnung der Posten i.S. der Vorschrift aufzufassen. Sie können daher, soweit dies nicht die Klarheit und Übersichtlichkeit beeinträchtigt, im konkreten Fall entfallen. Gruppenbezeichnungen mit Zwischensummen können auch durch Fett- oder Halbfettdruck hervorgehoben werden. Soll es grundsätzlich bei Buchstaben sowie römischen und arabischen Zahlen bleiben, sind diese der tatsächlichen Reihenfolge der Posten anzupassen.[287]

3.4.9 Zusammenfassung von Posten

Der zusammengefasste Ausweis von mit arabischen Zahlen versehenen Posten der Bilanz und der GuV ist in zwei Fällen zulässig:

- die Posten enthalten keinen für die Vermittlung des in § 264 Abs. 2 HGB geforderten Bildes erheblichen Betrag (§ 265 Abs. 7 Nr. 1 HGB) oder
- die Klarheit der Darstellung wird dadurch vergrößert (§ 265 Abs. 7 Nr. 2 HGB). In diesem Fall müssen die zusammengefassten Posten allerdings gesondert im Anhang angegeben werden.

[287] Hierzu IDW, WP Handbuch, 18. Aufl. 2023, Kap. F Tz. 296ff.

> **Hinweis**
>
> Eine Zusammenfassung von unerheblichen Posten i.S. des § 265 Abs. 7 Nr. 1 HGB kommt jedoch nicht generell in Betracht. So dürfen z.B. die verschiedenen Formen der Gewinnrücklagen[288] nicht zusammengefasst werden, sondern sind stets als solche gesondert auszuweisen, sofern nicht von der zweiten Alternative – d.h. gesonderter Ausweis in Anhang gemäß § 265 Abs. 7 Nr. 2 HGB – Gebrauch gemacht wird.

Für die GuV sind Zusammenfassungen, die sich auf die zweite Alternative stützen, nur in begrenztem Umfang möglich, z.B. beim GKV die Posten nach § 275 Abs. 2 Nr. 5 a und Nr. 5 b HGB, desgleichen Nr. 6 a und Nr. 6 b, desgleichen Nr. 7 a und Nr. 7 b. Weitere zulässige Zusammenfassungen in der Praxis großer Unternehmen betreffen das „Beteiligungsergebnis“ (Posten Nr. 9 und einschlägige Sonderposten gemäß § 277 Abs. 3 Satz 2 HGB), das „Zinsergebnis“ (Posten Nr. 10, 11 und 13) und das „Finanzergebnis“ (vorstehende Einzelposten, z.T. unter Einbeziehung von Nr. 12).

3.4.10 Leerposten

Leerposten brauchen nicht gezeigt werden, es sei denn, dass im Vorjahr ein Betrag unter dem Posten ausgewiesen wurde. Dann ist für den Posten der Vorjahresbetrag anzugeben (§ 265 Abs. 8 HGB). Bei unwesentlichen Vorjahresbeträgen der mit arabischen Zahlen versehenen Posten kommt allerdings auch eine nachträgliche Zusammenfassung in Betracht.[289]

3.4.11 Bilanzvermerke

Eventualverbindlichkeiten

Unter der Bilanz müssen alle Kaufleute nach § 251 HGB Verbindlichkeiten aus der Begebung und Übertragung von Wechseln, aus Bürgschaften, Wechsel- und Scheckbürgschaften und aus Gewährleistungsverträgen sowie Haftungsverhältnisse aus der Bestellung von Sicherheiten für fremde Verbindlichkeiten vermerken. Man spricht hier von den sog. Eventualverbindlichkeiten.

Angabe nicht in einer Summe

Für Kapitalgesellschaften (und haftungsbeschränkte Personenhandelsgesellschaften) wird diese Regelung durch § 268 Abs. 7 HGB dahin gehend erweitert, dass sie diese Angaben nicht – wie in § 251 HGB vorgesehen – in einer Summe, sondern jeweils gesondert unter Angabe der gewährten Pfandrechte und sonstigen Sicherheiten anzugeben haben. Im Gegensatz zu anderen Kaufleuten müssen Kapitalgesellschaften (und haftungsbeschränkte Personenhandelsgesellschaften) diese Angaben im Anhang machen. Bestehen Haftungsverhältnisse aus Verpflichtungen, die die Altersversorgung betreffen, oder aus solchen gegenüber verbundenen Unternehmen, so sind diese ebenfalls gesondert zu vermerken.

---

[288] Hierzu ausführlich Abschn. 5.1.3.3.

[289] Hierzu IDW, WP Handbuch, 18. Aufl. 2023, Kap. F Tz. 301.

3.4.12 Eigenkapitalausweis

Vollständige oder teilweise Ergebnisverwendung

Zusätzlich eröffnet das HGB dem Bilanzierenden Gestaltungsvarianten bezüglich des Eigenkapitals. Neben der im Gliederungsschema von § 266 Abs. 3 A. HGB vorgesehenen Darstellung des Eigenkapitals vor Gewinnverwendung (im Posten Passiva A. V. ist der unverteilte Jahresüberschuss bzw. -fehlbetrag aufgeführt) ermöglicht § 268 Abs. 1 HGB auch eine Darstellung nach sog. vollständiger oder teilweise Ergebnisverwendung.[290]

3.4.13 Ausstehende Einlagen

Die nicht eingeforderten ausstehenden Einlagen auf das gezeichnete Kapital sind offen, d.h. in der Vorspalte der Bilanz, vom Posten „Gezeichnetes Kapital" abzusetzen (§ 272 Abs. 1 HGB). An die Stelle des Postens „Gezeichnetes Kapital" tritt dann der Posten „Eingefordertes Kapital" als Saldo, während auf der Aktivseite der eingeforderte, aber noch nicht eingezahlte Betrag mit entsprechender Bezeichnung unter den Forderungen auszuweisen ist.

3.4.14 Rechtsformspezifische Erweiterungen

Ausweispflichten über die Anforderungen des HGB hinaus ergeben sich für Unternehmen unterschiedlicher Rechtsform aus den jeweiligen Spezialgesetzen:

Aktiengesellschaften

So müssen Aktiengesellschaften nach § 152 AktG beim gezeichneten Kapital den auf jede Aktiengattung entfallenden Betrag des Grundkapitals und die Verteilung der Stimmenzahl auf Mehrstimmrechts- und andere Aktien sowie die Entwicklung der Kapital- und Gewinnrücklagen während des abgelaufenen Geschäftsjahres darstellen.

GmbH

Die GmbH hat zusätzlich zu den Vorschriften des HGB gemäß § 42 Abs. 2 GmbHG ihr Recht auf Nachschüsse der Gesellschafter zu aktivieren, soweit deren Einziehung beschlossen ist und dem keine Einrede entgegensteht. Der Ausweis erfolgt als „Eingeforderte Nachschüsse" gesondert unter den Forderungen, wobei im Gegenzug ein entsprechender Betrag innerhalb der Kapitalrücklage separat auszuweisen ist. Ausleihungen, Forderungen und Verbindlichkeiten gegenüber Gesellschaftern sind i.d.R. gesondert auszuweisen oder im Anhang anzugeben.

---

290 Hierzu ausführlich Abschn. 5.1.3.4.

4 Aktivpostenbezogene Detailbetrachtungen

Die Lernfragen zu diesem Kapitel finden Sie unter: https://narr/kwaest.io/s1219

4.1 Bilanzierung des immateriellen Anlagevermögens

4.1.1 Begriff, Arten und Ausweis des immateriellen Anlagevermögens

Immaterielle Vermögensgegenstände

Immaterielle Vermögensgegenstände sind i.d.R. alle Vermögensgegenstände, die nicht körperlich fassbar, d.h. ohne physische Substanz sind. Sie sind nach § 247 Abs. 2 HGB dem Anlagevermögen zuzurechnen, wenn sie dazu bestimmt sind, dauernd dem Geschäftsbetrieb zu dienen.

Fehlende physische Substanz

Aufgrund der fehlenden physischen Substanz besteht bei immateriellen Vermögensgegenständen ein erhöhtes Maß an Unsicherheit über das Vorhandensein eines bilanziell greifbaren Vorteils sowie eine schwere Schätzbarkeit bezüglich der Werthaltigkeit des Vorteils. Hinzu kommt, dass für immaterielle Vermögensgegenstände des Anlagevermögens häufig kein Marktpreis als Korrekturwert vorliegt und letzterer deshalb nur geschätzt werden könnte.

Nach der Gliederungssystematik des § 266 Abs. 2 A. I. HGB ergeben sich vier Arten immaterieller Vermögensgegenstände des Anlagevermögens:[291]

A. Anlagevermögen

I. Immaterielle Vermögensgegenstände:

1. Selbst geschaffene gewerbliche Schutzrechte und ähnliche Rechte und Werte;
2. entgeltlich erworbene Konzessionen, gewerbliche Schutzrechte und ähnliche Rechte und Werte sowie Lizenzen an solchen Rechten und Werten;
3. Geschäfts- oder Firmenwert;
4. geleistete Anzahlungen;

Tab. 16 Arten immaterieller Vermögensgegenstände

Gewerbliche Schutzrechte

Diese schützen die technisch verwertbare geistige Leistung. Zu den gewerblichen Schutzrechten gehören Patente, Gebrauchs- und Geschmacksmuster, Markenrechte, Urheberrechte, Verlagsrechte und Warenzeichen.[292]

Ähnliche Rechte

Hierbei handelt es sich um die Rechte, die keine Konzessionen oder gewerbliche Schutzrechte sind. Als Beispiele lassen sich Zuteilungsquoten, Syndikatsrechte, Nutzungs-, Bezugs- und Nießbrauchsrechte anführen.

---

[291] Kleine Gesellschaften müssen nach dem Gliederungspunkt „I. Immaterielle Vermögensgegenstände" keine weitere Untergliederung vornehmen. Kleinstkapitalgesellschaften müssen nach dem Gliederungspunkt „A. Anlagevermögen" keine weitere Untergliederung vornehmen.

[292] Hierzu bspw. IDW, WP Handbuch, 18. Aufl. 2023, Kap. F Tz. 51.

Wirtschaftliche Werte Diese werden nicht durch eine entsprechende Rechtsposition geschützt. Beispiele hierfür sind ungeschützte Erfindungen, Rezepte, Verfahren und Know-how.

Lizenzen Hierbei handelt es sich um eine Berechtigung, das Recht eines anderen gegen Entgelt auf vertraglicher Basis zu nutzen. Lizenzverträge werden i.d.R. über Patente und gewerbliche Schutzrechte abgeschlossen. Gegenstand von Lizenzverträgen können aber auch ähnliche Rechte oder Werte sein. Eine gegen ein einmaliges Entgelt erworbene Lizenz ist zu aktivieren. Lizenzverträge mit laufenden Lizenzgebühren sind indes direkt erfolgswirksam zu verrechnen.

Konzessionen Hierunter sind befristete Genehmigungen einer öffentlichen Behörde zur Ausübung einer wirtschaftlichen Tätigkeit zu verstehen. Zur Ausübung einer solchen wirtschaftlichen Tätigkeit wird die Genehmigung dieser Tätigkeit durch eine öffentliche Behörde vorausgesetzt. Beispiele hierfür sind Lkw- oder Taxi-Konzessionen, Güterfernverkehrsgenehmigungen, Energieversorgungsrechte, Wege- und Wassernutzungsrechte sowie Schankkonzessionen.

Geschäfts- oder Firmenwert (Goodwill) Dieser setzt sich aus unterschiedlichen wirtschaftlichen Wertkomponenten zusammen. Beispiele für diese Komponenten sind der wirtschaftliche Wert der Organisationsstruktur, der Managementqualität, des Kundenstamms, besonderer Fertigungs- und Verfahrenstechniken, des Know-hows der Mitarbeiter, des Vertriebsnetzes und sonstiger Wettbewerbsvorteile. Ein entgeltlich erworbener, sog. derivativer Geschäfts- oder Firmenwert gilt gemäß § 246 Abs. 1 Satz 4 HGB als zeitlich begrenzt nutzbarer Vermögensgegenstand. Ein solcher entsteht im handelsrechtlichen Einzelabschluss bei einer entgeltlichen Unternehmensübernahme in Form des Erwerbs der Vermögensgegenstände und Schulden eines Unternehmens (sog. *asset deal*) sowie bei einer Verschmelzung von Unternehmen. Als Vermögensgegenstand qua Fiktion ist der derivative Geschäfts- oder Firmenwert aktivierungspflichtig und muss planmäßig abgeschrieben werden.

Dagegen entsteht ein selbst geschaffener, sog. originärer Geschäfts- oder Firmenwert im Laufe der Unternehmenstätigkeit durch den stetigen unternehmensinternen Auf- und Ausbau oben beispielhaft angeführter wirtschaftlicher Werte. Der Nachweis der Existenz dieser Werte und ihrer Bewertung sind schwierig, da sie nicht durch eine Markttransaktion objektiviert worden sind. Der originäre Geschäfts- oder Firmenwert wird, anders als der derivative Geschäfts- oder Firmenwert, nicht qua Fiktion zum Vermögensgegenstand erhoben und darf insofern nicht in der Bilanz erfasst werden.

Geleistete Anzahlungen Geleistete Anzahlungen auf immaterielle Vermögensgegenstände sind gesondert als solche zu zeigen. Obwohl es sich bei geleisteten Anzahlungen bilanziell um Forderungen gegenüber dem Lieferanten der immateriellen Vermögensgegenstände handelt, werden diese gemäß dem Grundsatz der Klarheit und Übersichtlichkeit den immateriellen Vermögensgegenständen, auf die sie sich beziehen, zugeordnet.

Hinweis

Es ist allerdings darauf hinzuweisen, dass sich die Abgrenzung der immateriellen Vermögensgegenstände des Anlagevermögens in der Praxis oftmals als sehr schwierig herausstellen kann.[293]

---

[293] Hierzu ausführlich sowie zu den vorangegangenen Ausführungen Baetge/Kirsch/Thiele, Bilanzen, 16. Aufl. 2021, S. 244-249.

4.1.2 Ansatz des immateriellen Anlagevermögens

4.1.2.1 Ansatz erworbener immaterieller Vermögensgegenstände des Anlagevermögens

Aktivierungspflicht

Nach dem Aktivierungsgrundsatz und dem Vollständigkeitsgebot des § 246 Abs. 1 HGB müssen sämtliche immaterielle Güter aktiviert werden, die selbständig verwertbar sind, also das Kriterium der abstrakten Aktivierungsfähigkeit erfüllen. Da keine gesetzlichen Regelungen bestehen, die den Ansatz erworbener immaterieller Vermögensgegenstände des Anlagevermögens verbietet, d.h. wenn die konkrete Aktivierungsfähigkeit erfüllt ist, sind erworbene immaterielle Vermögensgegenstände des Anlagevermögens stets aktivierungspflichtig.[294] Der Gesetzgeber geht davon aus, dass die bei den immateriellen Vermögensgegenständen schwierige Wertmessung durch einen Erwerb hinreichend objektiviert wird. Die für den Erwerb des immateriellen Vermögensgegenstands hingegebene Gegenleistung wird als hinreichend genaue Bewertungsgrundlage für die erworbenen immateriellen Vermögensgegenstände angesehen.

Erwerb

Ein Erwerb liegt grundsätzlich vor, wenn Ausgaben oder Ausgabenäquivalente (z.B. Tausch oder Sacheinlage) als Gegenleistung für den Übergang des immateriellen Vermögensgegenstands aus dem Vermögen eines Dritten in das Vermögen des bilanzierenden Unternehmens geleistet wurden. Ein Erwerb liegt demnach noch nicht vor, wenn lediglich (innerbetriebliche) Aufwendungen im Zusammenhang mit der Beschaffung des Anlageguts entstanden sind. Vielmehr liegt dieser dann vor, wenn der erworbene immaterielle Vermögensgegenstand aus dem Vermögen Dritter in das Vermögen des Erwerbers übergeht.

Es kommen insbesondere folgende Formen des Erwerbs in Betracht:

- Kauf,
- Tausch,
- Erwerb gegen Erbringung einer Dienstleistung,
- Schenkung und
- Einbringung einer Sacheinlage.

Ein Erwerb liegt insofern noch nicht vor, wenn das bilanzierende Unternehmen Zahlungen an seine Mitarbeiter, z.B. für die Erbringung eigener Forschungstätigkeiten, leistet.

4.1.2.2 Ansatz selbstgeschaffener immaterieller Vermögensgegenstände des Anlagevermögens

Aktivierungswahlrecht

Für die nicht entgeltlich erworbenen, sondern vom Unternehmen selbst geschaffenen immateriellen Vermögensgegenstände des Anlagevermögens sieht § 248 Abs. 2 Satz 1 HGB ein Aktivierungswahlrecht vor.[295] Somit können selbst geschaffene immaterielle Vermögens-

---

[294] Hierzu Coenenberg/Haller/Schultze, Jahresabschluss und Jahresabschlussanalyse, 26. Aufl. 2021, S. 189-190.

[295] Vorab ist allerdings noch zu prüfen, ob überhaupt ein selbst geschaffener immaterieller Vermögensgegenstand vorliegt. Nach DRS 24.27 ist hierfür ausschlaggebend, ob das Unternehmen

gegenstände wie gewerbliche Schutzrechte, ähnliche Rechte und wirtschaftliche Werte aktiviert werden. Der Ansatz eines selbst geschaffenen immateriellen Vermögensgegenstands darf damit unterbleiben, obwohl das entsprechende Gut abstrakt aktivierungsfähig ist. Eine einmal gewählte Ansatzmethode ist gemäß § 246 Abs. 3 HGB in künftigen Perioden beizubehalten.

Aktivierungsverbot

Für selbst geschaffene Marken, Drucktitel, Verlagsrechte, Kundenlisten und vergleichbare immaterielle Vermögensgegenstände des Anlagevermögens enthält § 248 Abs. 2 Satz 2 HGB ein Aktivierungsverbot. Diese Güter sind zwar abstrakt aktivierungsfähig, da sie das Kriterium der selbständigen Verwertbarkeit erfüllen, dürfen aufgrund eines Aktivierungsverbots indes nicht in der Bilanz angesetzt werden. Diesen immateriellen Vermögensgegenständen ist gemein, dass deren Herstellungskosten nicht zweifelsfrei von den Ausgaben abgrenzbar sind, die für die Entwicklung des Unternehmens in seiner Gesamtheit notwendig sind und somit regelmäßig auf den originären Geschäfts- oder Firmenwert entfallen. Um einer willkürlichen Zuordnung der Ausgaben auf einen immateriellen Vermögensgegenstand oder den originären Geschäfts- oder Firmenwert vorzubeugen, wird der Ansatz der in § 248 Abs. 2 Satz 2 HGB genannten immateriellen Vermögensgegenstände des Anlagevermögens verboten. Dieses Aktivierungsverbot durchbricht das Vollständigkeitsgebot des § 246 Abs. 1 Satz 1 HGB zugunsten des Vorsichtsprinzips.

Ausschüttungssperre

Immateriellen Gütern kann aufgrund ihrer speziellen Eigenschaften (fehlende physische Substanz, vergleichsweise hohe Unsicherheit der künftigen Nutzenabgabe) häufig nur schwierig ein objektiver, intersubjektiv nachprüfbarer Wert beigemessen werden. Der bestehenden Bewertungsunsicherheit und einer damit verbundenen Gefahr der Einschränkung des Gläubigerschutzes soll zum einen mit dem Aktivierungsverbot für selbst geschaffene Marken, Drucktitel, Verlagsrechte, Kundenlisten und vergleichbare immaterielle Vermögensgegenstände des Anlagevermögens und zum anderen mit einer Ausschüttungssperre begegnet werden.[296] Demnach dürfen Kapitalgesellschaften gemäß § 268 Abs. 8 HGB Erträge aus der Aktivierung selbst geschaffener immaterieller Vermögensgegenstände des Anlagevermögens nur dann ausschütten, wenn die nach der Ausschüttung verbleibenden frei verfügbaren Rücklagen abzüglich eines Verlustvortrags oder zuzüglich eines Gewinnvortrags dem aus der Aktivierung resultierenden Ertrag mindestens entsprechen.[297]

4.1.2.3 Ansatz eines derivativen Geschäfts- oder Firmenwerts

Aktivierungspflicht

Nach § 246 Abs. 1 Satz 4 HGB gilt die Differenz zwischen den Anschaffungskosten und dem Saldo der Zeitwerte der Vermögensgegenstände und Schulden eines übernommenen Unternehmens (*asset deal*)[298] als

---

das Herstellungsrisiko selbst trägt. Dieses besteht maßgeblich in der Unsicherheit, ob der Entwicklungs- bzw. Herstellungsprozess zu einem einzelnen verwertbaren immateriellen Vermögensgegenstand führt.

[296] Hierzu Coenenberg/Haller/Schultze, Jahresabschluss und Jahresabschlussanalyse, 26. Aufl. 2021, S. 189.

[297] Hierzu sowie zu den vorangegangenen Ausführungen Baetge/Kirsch/Thiele, Bilanzen, 16. Aufl. 2021, S. 250-251

[298] Bei einem *asset deal* wird das Unternehmen erworben, indem sämtliche Vermögensgegenstände und Schulden durch Einzelrechtsnachfolge auf den Käufer übertragen werden. Dadurch

zeitlich begrenzt nutzbarer Vermögensgegenstand. Dieser derivative Geschäfts- oder Firmenwert wird – wie bereits dargestellt – qua gesetzlicher Fiktion zu einem Vermögensgegenstand erhoben und muss somit aktiviert und in den Folgejahren abgeschrieben werden.

Residualgröße

Der Geschäfts- oder Firmenwert ist jener Bestandteil des Kaufpreises eines Unternehmens, der über den Saldo der Zeitwerte aller gemäß dem Aktivierungs- und Passivierungsgrundsatz abstrakt sowie konkret bilanzierungsfähigen Vermögensgegenständen und Schulden (Reinvermögenszeitwert des Unternehmens) hinausgeht. Insofern handelt es sich um eine Residualgröße.[299] Er drückt zum einen die gemäß dem Aktivierungsgrundsatz nicht bilanzierungsfähigen Werte eines Unternehmens aus, z.B. die Qualität der Organisation, der Vertriebskanäle und des Kundenstamms sowie die Qualität des Managements und der anderen Mitarbeiter. Zum anderen enthält der Geschäfts- oder Firmenwert synergetische Wertbestandteile der Vermögensgegenstände und Schulden, die über deren Zeitwert hinaus den Kaufpreis beeinflusst haben. Der derivative Geschäfts- oder Firmenwert ermittelt sich wie folgt:

Kaufpreis für das Unternehmen
- Reinvermögenszeitwert
+ Summe der Zeitwerte aller zu aktivierenden Vermögensgegenstände
- Summe der Zeitwerte aller zu passivierenden Schulden
= **derivativer Geschäfts- oder Firmenwert**

Tab. 17 Wertkomponenten des derivativen Geschäfts- oder Firmenwerts

Objektivierung

Seine Aktivierung setzt voraus, dass für den Geschäfts- oder Firmenwert bei der Übernahme eines Unternehmens eine Gegenleistung erbracht wurde. Durch diese Gegenleistung wird der ansonsten schwierig zu quantifizierende Geschäfts- oder Firmenwert i.S. der Nachprüfbarkeit objektiviert. Aus diesem Grund ist nur die Aktivierung des derivativen, d.h. des aus einer Gegenleistung abgeleiteten, entgeltlich erworbenen Geschäfts- oder Firmenwerts zulässig. Ein originärer Geschäfts- oder Firmenwert darf – wie bereits dargestellt – in Ermangelung sowohl der abstrakten als auch der konkreten Aktivierungsfähigkeit nicht in der Bilanz erfasst werden.

Negativer Geschäfts- oder Firmenwert

Die aus der Gegenüberstellung des Kaufpreises mit dem Zeitwert des Reinvermögens resultierende Differenz darf nur angesetzt werden, wenn sie einen positiven Wert aufweist. Somit muss für das Unternehmen mehr als der Reinvermögenszeitwert bezahlt worden sein. Ein negativer Geschäfts- oder Firmenwert ist im Einzelabschluss grundsätzlich nicht aktivierungsfähig. Aufgrund des Anschaffungskostenprinzips müssen in

---

kommt es bei einem derartigen Erwerb auch zum Ansatz aller durch den Zusammenschluss erworbenen immateriellen Vermögensgegenstände. Dies umfasst auch selbst geschaffene immaterielle Güter des erworbenen Unternehmens, die bis dahin nach den Regeln des § 248 Abs. 2 Satz 2 HGB einem Aktivierungsverbot unterlagen.

299 Hierzu Hoffmann/Lüdenbach, NWB Kommentar Bilanzierung, 14. Aufl. 2022, § 246 Rz. 382.

diesem Fall – d.h., wenn weniger als der Reinvermögenszeitwert gezahlt wurde – vielmehr die Zeitwerte der übernommenen Aktiva so weit gekürzt werden, dass der Saldo der übernommenen Aktiva und Passiva dem gezahlten Kaufpreis entspricht (sog. Abstockung der Aktiva). Diese Abstockung kann z.B. proportional nach dem Verhältnis der Zeitwerte der einzelnen Posten zueinander oder vorrangig durch eine Verminderung der mit höheren Risiken behafteten Vermögensgegenständen erfolgen. Dabei ist zu beachten, dass die liquiden Mittel nicht abgestockt werden dürfen, so dass u.U. der negative Unterschiedsbetrag durch Abstockung nicht vollständig ausgeglichen werden kann. So erscheint es sachgerecht, einen verbleibenden Betrag auf der Passivseite der Bilanz nach dem Eigenkapital gesondert als negativen Geschäfts- oder Firmenwert oder als passiven Ausgleichsposten auszuweisen und diesen nach Maßgabe der zukünftig eintretenden Verluste/Aufwendungen aufzulösen.

4.1.3 Bewertung des immateriellen Anlagevermögens

4.1.3.1 Zugangsbewertung

Entgeltlich erworbene immaterielle Vermögensgegenstände des Anlagevermögens sind im Zeitpunkt des Zugangs gemäß § 253 Abs. 1 Satz 1 i.V.m. § 255 Abs. 1 HGB mit ihren Anschaffungskosten zu bewerten. Sofern das Wahlrecht des § 248 Abs. 2 Satz 1 HGB dahingehend ausgeübt wird, dass selbst geschaffene immaterielle Vermögensgegenstände des Anlagevermögens aktiviert werden, sind diese im Zugangszeitpunkt mit ihren Herstellungskosten gemäß § 255 Abs. 1 Satz 1 i.V.m. § 255 Abs. 2 und Abs. 2a HGB zu bewerten.

Forschung

Im Zusammenhang mit den Herstellungskosten ist hier folgende Besonderheit zu beachten: Gemäß § 255 Abs. 2 Satz 4 HGB dürfen Forschungskosten – im Gegensatz zu den Entwicklungskosten – nicht in die Herstellungskosten eines selbst geschaffenen immateriellen Vermögensgegenstands einbezogen werden. Demnach ist für die Ermittlung der Herstellungskosten zwischen Forschungs- und Entwicklungskosten zu differenzieren. In diesem Zusammenhang ist zu klären, wie Entwicklung von Forschung abzugrenzen ist und ab wann angefallene Entwicklungskosten zu aktivieren sind.

Gemäß § 255 Abs. 2a Satz 3 HGB ist Forschung die eigenständige und planmäßige Suche nach neuen wissenschaftlichen oder technischen Erkenntnissen oder Erfahrungen allgemeiner Art, bei denen noch nicht abzusehen ist, ob die Forschungsergebnisse technisch verwertbar und wirtschaftlich erfolgsversprechend sind. Forschung weist keinen unmittelbaren Bezug zu einem konkreten Produkt oder einen konkreten Produktionsverfahren auf. Eine marktorientierte Bewertung ist daher ausgeschlossen. Typische Forschungstätigkeiten sind u.a. die Suche nach Alternativen für Materialien, Vorrichtungen, Produkte, Verfahren, Systeme oder Dienstleistungen.

Entwicklung

Entwicklung ist gemäß § 255 Abs. 2a Satz 2 HGB die Anwendung von Forschungsergebnissen, um Güter oder Verfahren neu zu entwickeln bzw. wesentlich zu verbessern. Somit führen Entwicklungskosten zu Produkten oder Verfahren, die dem Unternehmen zukünftig nützlich sein werden und sind folglich dem Begriff des Vermögensgegenstands entsprechend selbstständig verwertbar.

Typische Entwicklungstätigkeiten sind bspw.

- der Entwurf, die Konstruktion und der Test eines gewählten alternativen Materials, Verfahrens, Systems, Produkts oder einer gewählten Dienstleistung,
- der Entwurf, die Konstruktion und der Betrieb einer Pilotanlage, die für die kommerzielle Nutzung ungeeignet ist und nur als Prototyp dient oder
- der Entwurf von Werkzeugen, Spannvorrichtungen, Prägestempeln oder Gussformen unter Verwendung neuer Technologien.

Ein eindeutiges Kriterium, nach dem sich die Frage des zeitlichen Übergangs von Forschung zu Entwicklung beantworten lässt, ist aus der Definition von Forschung und Entwicklung nicht ableitbar. Ganz allgemein lässt sich sagen, dass dabei auf den Zeitpunkt des Übergangs vom systematischen Suchen (Forschung) zum Erproben und Testen der gewonnenen Erkenntnisse und Fertigkeiten (Entwicklung) abzustellen ist, man insofern davon ausgeht, dass die Entwicklungsphase der Forschungsphase folgt. Man spricht hier von einem sequenziellen Verlauf. Als Musterbeispiel lässt sich die Pharma-Industrie anführen. Eine verlässliche Trennung von Forschung und Entwicklung ist hier gegeben. Spätestens nach Abschluss der Tierversuche, wenn also die klinischen Tests anlaufen, beginnt die Produktentwicklung.[300] Inwiefern Forschung und Entwicklung bei einem nicht sequenziellen, d.h. abwechselnden Verlauf abgegrenzt werden sollen, ist indes offen.[301]

Verlässliche Trennung als Aktivierungskriterium

Gemäß § 255 Abs. 2a Satz 4 HGB dürfen die Herstellungskosten eines immateriellen Vermögensgegenstands des Anlagevermögens nur dann aktiviert werden, wenn die Entwicklungskosten verlässlich von den Forschungskosten getrennt werden können. Anderenfalls ist eine Aktivierung der Entwicklungskosten des immateriellen Vermögensgegenstands ausgeschlossen.[302]

Derivativer Geschäfts- oder Firmenwert

Die Bewertung des derivativen Geschäfts- oder Firmenwerts bestimmt sich – wie unter Abschn. 4.1.2.3. dargestellt – als Differenz zwischen der Gegenleistung und dem Zeitwert der übernommenen Vermögensgegenstände abzüglich der Zeitwerte der Schulden.[303] Die Gegenleistung ist dabei in aller Regel der um Anschaffungsnebenkosten und Anschaffungspreisminderungen korrigierte Kaufpreis. Von ihm sind – unabhängig von den tatsächlich beim Veräußerer bilanzierten Buchwerten – die Zeitwerte der Vermögensgegenstände und Schulden des übernommenen Unternehmens abzusetzen. Bei diesem Abzug sind also zur Ermittlung des derivativen Geschäfts- oder Firmenwerts bestimmte Bilanzposten des übernommenen Unternehmens außer Acht zu lassen, die keine Vermögensgegenstände oder Schulden sind. Bei den Rechnungsabgrenzungs-

---

300 Hierzu Hoffmann/Lüdenbach, NWB Kommentar Bilanzierung, 14. Aufl. 2022, § 255 Rz. 206.

301 Hierzu Ruhnke/Sievers/Simons, Rechnungslegung nach IFRS und HGB, 5. Aufl. 2023, S. 450-451.

302 Hierzu Coenenberg/Haller/Schultze, Jahresabschluss und Jahresabschlussanalyse, 26. Aufl. 2021, S. 186. Regelmäßig wird es in der Praxis indes objektiv unmöglich sein, die Forschung zweifelsfrei von der Entwicklung zu trennen. Zudem wird eine solche von einem bilanzierenden Unternehmen vorgenommene Trennung für den Abschlussprüfer nur schwierig zu beurteilen sein. Bezüglich der Abgrenzung von Forschung und Entwicklung und der damit einhergehenden Diskussion ausführlich bspw. Baetge/Kirsch/Thiele, Bilanzen, 16. Aufl. 2021, S. 255-256.

303 Vgl. Ruhnke/Sievers/Simons, Rechnungslegung nach IFRS und HGB, 5. Aufl. 2023, S. 463.

posten ist wie folgt zu differenzieren: soweit aktiven Rechnungsabgrenzungsposten ein Anspruch auf Gegenleistung zugrunde liegt, hat das erwerbende Unternehmen diesen Anspruch mit erworben, und die betreffenden aktiven Rechnungsabgrenzungsposten müssen wie Vermögensgegenstände bei der Wertermittlung berücksichtigt werden. Analog ist dies bei passiven Rechnungsabgrenzungsposten der Fall. Soweit diesen eine Leistungsverpflichtung des erworbenen Unternehmens zugrunde liegt, sind die passiven Rechnungsabgrenzungsposten bei der Berechnung des derivativen Geschäfts- oder Firmenwerts wie Schulden zu behandeln. Die Zeitwerte müssen für den Zeitpunkt der Übernahme und dürfen nicht für den Zeitpunkt der erstmaligen Bilanzierung beim übernehmenden Unternehmen ermittelt werden. Ein nach Abstockung der Aktiva verbleibender negativer Geschäfts- oder Firmenwert ist analog zur Abschreibung des positiven Geschäftswerts aufzulösen.[304]

4.1.3.2 Folgebewertung

4.1.3.2.1 Allgemeines

Grundsätzlich ist bei der Folgebewertung von Vermögensgegenständen das Anlagevermögens zu berücksichtigen, ob die Nutzung des jeweiligen Vermögensgegenstands zeitlich begrenzt ist oder nicht, um die Vermögens- und Ertragslage des Unternehmens im Jahresabschluss den tatsächlichen Verhältnissen entsprechend darzustellen.

Abnutzbare Vermögensgegenstände

Abnutzbare Vermögensgegenstände des Anlagevermögens unterliegen während ihrer Nutzung Wertminderungen, z.B. aufgrund von Abnutzung oder technischem Fortschritt. Von den abnutzbaren Vermögensgegenständen sind die nicht abnutzbaren Vermögensgegenstände des Anlagevermögens abzugrenzen, die im Zeitablauf keinem planmäßigen Wertverzehr unterliegen.

Planmäßige Abschreibungen

Bei Vermögensgegenständen des Anlagevermögens, deren Nutzung zeitlich begrenzt ist, sind die Anschaffungs- oder Herstellungskosten gemäß § 253 Abs. 3 Satz 1 HGB um planmäßige Abschreibungen zu vermindern. Der um planmäßige Abschreibungen verminderte Wertansatz wird als fortgeführte Anschaffungs- oder Herstellungskosten bezeichnet.

Die Höhe der planmäßigen Abschreibungen wird durch drei Determinanten bestimmt:

- den Abschreibungsausgangswert,
- die zugrunde gelegte Nutzungsdauer und
- die gewählte Abschreibungsmethode.

Abschreibungsplan

Diese drei Determinanten sind beim Zugang eines Anlagegegenstands, dessen Nutzung zeitlich begrenzt ist, in einem Abschreibungsplan festzulegen, der für die gesamte Nutzungsdauer gültig ist, vorausgesetzt eine Korrektur wird nicht notwendig. Im Rahmen des Abschreibungsplans werden die Anschaffungs- oder Herstellungskosten auf die Perioden der Nutzung des abnutzbaren Vermögensgegenstands verteilt. Die planmäßigen Abschreibungen gehen dann in die Herstellungskosten der mit dem abnutzbaren Vermögensgegenstand produzierten Güter

---

[304] Hierzu Baetge/Kirsch/Thiele, Bilanzen, 16. Aufl. 2021, S. 256-257.

ein und werden bei der Realisation des Umsatzes diesem entsprechend dem Grundsatz der Abgrenzung der Sache nach gegenübergestellt. Die nicht den produzierten Gütern zuzuordnenden Teile der planmäßigen Abschreibungen verteilen sich entsprechend dem Grundsatz der Abgrenzung der Zeit nach auf die Perioden der (Ab-)Nutzung des Vermögensgegenstands.

Zeitliche begrenzte Nutzung

Die meisten immateriellen Vermögensgegenstände des Anlagevermögens sind nur zeitlich begrenzt nutzbar. Ihr Wert verringert sich daher planmäßig im Zeitablauf aufgrund bestimmter wirtschaftlicher oder rechtlicher Faktoren.

Verlängerung der Nutzung auf unbegrenzte Zeit

Kann indes damit gerechnet werden, dass formal zeitlich begrenzte Rechte im Zeitablauf immer wieder auf unbegrenzte Zeit verlängert werden – z.B. Verkehrs- oder Transportkonzessionen – oder sind diese aus anderen Gründen in ihrer Nutzungsdauer unbeschränkt, gelten sie als zeitlich unbegrenzt nutzbar und dürfen folglich nicht planmäßig abgeschrieben werden.

Schätzung der Nutzungsdauer

Für planmäßig abzuschreibende immaterielle Vermögensgegenstände des Anlagevermögens, deren Nutzungsdauer nicht rechtlich determiniert ist, muss die Nutzungsdauer geschätzt werden.

Abschreibungsmethoden

Als planmäßige Abschreibungsmethoden kommen die lineare und ggf. die degressive Abschreibung in Frage.

4.1.3.2.2 Planmäßige Abschreibung zeitlich begrenzt nutzbarer immaterieller Vermögensgegenstände des Anlagevermögens

4.1.3.2.2.1 Abschreibungsausgangswert

Anschaffungs- oder Herstellungskosten

Der Abschreibungsausgangswert entspricht i.d.R. den Anschaffungs- oder Herstellungskosten. Erwartet der Bilanzierende für den Anlagegegenstand am Ende der Nutzungsdauer mit ausreichender Sicherheit noch einen erheblichen Restwert (Veräußerungserlös oder Schrottwert), so sind die Anschaffungs- oder Herstellungskosten zur Ermittlung des Abschreibungsausgangswerts um den Restwert zu korrigieren.[305] Dies gilt allerdings nur für einen Restwert von erheblicher Bedeutung, welcher sich hinreichend sicher beziffern lässt. Nach dem Wortlaut des § 253 Abs. 3 Satz 2 HGB scheint die Berücksichtigung eines Restwerts nach dem Ende der Nutzung ansonsten ausgeschlossen, d.h. der Abschreibungswert muss dann i.H. der Anschaffungs- oder Herstellungskosten angesetzt werden.

Grundsatz der Pagatorik

Durch den Grundsatz der Pagatorik nach § 252 Abs. 1 Nr. 5 HGB, welcher sämtliche Vorgänge im handelsrechtlichen Jahresabschluss an die damit verbundenen Zahlungsvorgänge knüpft, wird z.B. eine bilanzielle Abschreibung auf Basis gestiegener Wiederbeschaffungspreise zum Zwecke der Substanzerhaltung ausgeschlossen, denn der Abschreibungsausgangswert darf ausschließlich auf Zahlungen basieren.

[305] Hierzu u.a. Schubert/Andrejewski, in: Beck Bil-Komm., 13. Aufl. 2022, § 253 Anm. 223; IDW, WP Handbuch, 18. Aufl. 2023, Kap. F Tz. 176.

Nachträgliche Anschaffungskosten Nachträgliche Anschaffungskosten sind ab dem Jahr ihres Anfalls zusammen mit den fortgeführten Anschaffungs- oder Herstellungskosten zu verteilen.

4.1.3.2.2.2 Nutzungsdauer

Geplante Nutzungsdauer In Abhängigkeit von der angewandten Abschreibungsmethode wird der Abschreibungsausgangswert auf die geplante Nutzungsdauer verteilt. Wird der Abschreibungsplan nicht nachträglich korrigiert, entspricht die geplante Nutzungsdauer dem Abschreibungszeitraum.

Abschreibungsbeginn Der Abschreibungszeitraum beginnt mit der Lieferung, Fertigstellung oder Überlassung des zeitlich begrenzt nutzbaren Vermögensgegenstands. Der Zeitpunkt der tatsächlichen Ingebrauchnahme des Vermögensgegenstands hat keine Bedeutung für den Beginn der Abschreibung.[306]

Pro rata temporis Wird ein Vermögensgegenstand unterjährig angeschafft oder scheidet unterjährig aus dem Unternehmen aus, ist die Abschreibung grundsätzlich zeitanteilig (pro rata temporis) zu ermitteln. Die Ermittlung der Abschreibung für volle Monate wird dabei aus Vereinfachungsgründen als zulässig angesehen.

Abschreibungsende Das Ende des Abschreibungszeitraums und somit die Länge der Nutzungsdauer wird durch technische, wirtschaftliche und/oder rechtliche Abschreibungsursachen bzw. -einflüsse determiniert.

Technische oder verbrauchsbedingte Ursachen Technische oder verbrauchsbedingte Ursachen sind bei maschinellen Anlagen der Gebrauchsverschleiß oder beim Bergbau die Substanzverringerung. Daneben kann es aber auch einen Zeitverschleiß geben, der z.B. auf äußere Ursachen, wie Witterungseinflüssen bei Maschinen und Gebäuden beruht.

Wirtschaftliche Ursachen Wirtschaftliche Ursachen sind der technische Fortschritt, Fehlinvestitionen, Nachfrageverschiebungen oder Preisänderungen. Bei unveränderter technischer Leistungsfähigkeit kann der Vermögensgegenstand an Wert verlieren, wenn z.B. bei maschinellen Anlagen der technische Fortschritt kostengünstigere Produktionsverfahren ermöglicht, die auf den alten Anlagen nicht realisierbar sind. Allgemein ist die wirtschaftliche Nutzungsdauer als gewinnmaximale Investitionsdauer einer Anlage definiert. Die so definierte wirtschaftliche Nutzungsdauer ist wesentlich schwieriger zu ermitteln als die technische Nutzungsdauer, da hierfür künftige wirtschaftliche Entwicklungen, z.B. auch die Preise der mit der Anlage hergestellten Erzeugnisse, berücksichtigt werden müssen. Die Unsicherheit bei der Ermittlung der wirtschaftlichen Nutzungsdauer eröffnet einen großen bilanziellen Ermessensspielraum. Es wurde deshalb verschiedentlich vorgeschlagen, Nutzungsdauertabellen zwecks Normierung der wirtschaftlichen Nut-

[306] Dies gilt auch dann, wenn der Vermögensgegenstand eindeutig auf Vorrat oder aus Vorsorge angeschafft wurde und damit gegenwärtig (noch) nicht genutzt wird. Auch in diesem Fall unterliegt der Vermögensgegenstand i.d.R. der wirtschaftlichen Abnutzung. Längere Stillstandzeiten vor der eigentlichen Nutzung können durch eine Abschreibungsmethode berücksichtigt werden, die den Schwerpunkt der Abschreibung auf den Nutzungsbeginn legt. Hierzu Schubert/Andrejewski, in: Beck Bil-Komm., 13. Aufl. 2022, § 253 Anm. 224.

zungsdauer verbindlich vorzugeben, etwa analog den steuerlichen Afa-Tabellen. Die steuerlichen Afa-Tabellen sind allerdings selbst für die Steuerbilanz nicht verbindlich, sondern dienen den Steuerbehörden lediglich als Anhaltspunkt zur Beurteilung der Angemessenheit der Absetzungen für Abnutzung in der Steuerbilanz. Abweichungen von den Afa-Tabellen bei der Aufstellung der Steuerbilanz sind insofern grundsätzlich möglich, dann aber entsprechend zu begründen. Im Handelsrecht sind bisher – abgesehen von der Ausnahmeregelung für selbsterstellte immaterielle Vermögensgegenstände und den derivativen Geschäfts- oder Firmenwert – keine konkreten Vorschläge zur Normierung der Nutzungsdauer vorgelegt worden. Da die Afa-Tabellen indes als vorsichtige Schätzung anerkannt sind, können sie auch in der Handelsbilanz zur Schätzung der Nutzungsdauer herangezogen werden. Im Einzelfall ist allerdings zu prüfen, ob die betrieblichen Umstände nicht eine abweichende Nutzungsdauer gebieten. Da viele – vor allen kleinere – Unternehmen die Unterschiede zwischen Handels- und Steuerbilanz möglichst auf ein Minimum reduzieren möchten, wird im Regelfall ohnehin auf die steuerlichen Afa-Tabellen zurückgegriffen.

Rechtliche Ursachen

Rechtliche Ursachen können sich durch öffentlich-rechtliche oder privatrechtliche Nutzungsbeschränkungen ergeben. Wird die Nutzung eines Vermögensgegenstands z.B. durch eine zeitlich beschränkte öffentlich-rechtliche Betriebserlaubnis beschränkt, oder kann eine auf gemietetem Grund und Boden errichtete Anlage wegen eines nicht verlängerbaren privatrechtlichen Mietvertrags nicht bis zum Ablauf der technischen oder wirtschaftlichen Nutzungsdauer genutzt werden, ist eine entsprechend kürzere Nutzungsdauer zugrunde zu legen.

Individueller Nutzungsplan

Der in § 253 Abs. 3 HGB verwendete Begriff „Voraussichtliche Nutzungsdauer“ macht deutlich, dass der Bilanzierende bei der Festlegung der Nutzungsdauer seiner abnutzbaren Anlagen seinen individuellen Plan zugrunde legen darf, um eine betriebsindividuelle Nutzungsdauer zu bestimmen. In der Regel wird hierzu auf Erfahrungswerte abgestellt, Herstellerangaben oder die steuerlichen Afa-Tabellen herangezogen.

Zehnjährige Nutzungsdauer

Für selbst geschaffene immaterielle Vermögensgegenstände, deren Nutzungsdauer ausnahmsweise nicht verlässlich geschätzt werden kann, ist nach § 253 Abs. 3 Satz 3 HGB eine Nutzungsdauer von zehn Jahren zugrunde zu legen. Gleiches gilt gemäß § 253 Abs. 3 Satz 4 HGB auch für einen derivativen Geschäfts- oder Firmenwert.

Verlässliche Schätzung

Die Regelung ermöglicht, in den Abschreibungsfällen, in denen die Nutzungsdauer nicht verlässlich geschätzt werden kann, eine einheitliche Vorgehensweise. Die Frage, wodurch sich eine verlässliche Schätzung auszeichnet, adressiert der Gesetzgeber nicht. Nach DRS 24.100 kann die Nutzungsdauer nicht verlässlich geschätzt werden, wenn die der Schätzung zugrunde liegenden Faktoren nicht plausibel, nachvollziehbar und willkürfrei bestimmt werden können. Dies ist z.B. der Fall, wenn mehrere Basistechnologien, wie Elektro-, Hybrid- und Wasserstoffantrieb für Autos entwickelt wurden, es allerdings unklar ist, welche dieser Technologien sich durchsetzen wird (DRS 24.101). Unabhängig davon, welche Nutzungsdauer für den derivativen Geschäfts- oder Firmenwert unterstellt wird, ist der Zeitraum über den die planmäßige Abschreibung erfolgt, gemäß § 285 Nr. 13 HGB im Anhang zu erläutern. Eine entsprechende Erläuterung für selbst geschaffene immaterielle Vermögensgegenstände wird hingegen nicht gefordert.

4.1.3.2.2.3 Abschreibungsmethoden

4.1.3.2.2.3.1 Überblick über handelsrechtlich zulässige Methoden

Wahl der Abschreibungsmethode

Das bilanzierende Unternehmen ist in der Wahl der Abschreibungsmethode grundsätzlich frei, da der Gesetzgeber lediglich eine planmäßige Abschreibung fordert. Es ist aber zwingend erforderlich, dass die gewählte Abschreibungsmethode den Grundsätzen ordnungsmäßiger Buchführung entspricht. Dies ist bspw. dann nicht der Fall, wenn die Abschreibungsmethoden alleine zum Zweck der Bildung stiller Reserven, zum Zweck der Substanzerhaltung oder zum Zweck der Abdeckung des allgemeinen Unternehmensrisikos gewählt werden, da in diesen Fällen der betriebswirtschaftliche Nutzungsverlauf des Anlageguts keine Berücksichtigung findet. Die gewählte Abschreibungsmethode darf den wirtschaftlichen Gegebenheiten nicht völlig widersprechen. Planmäßige, den Grundsätzen ordnungsmäßiger Buchführung entsprechende Abschreibungsmethoden sind die Zeitabschreibung und die Leistungsabschreibung.

Zeitabschreibung

Bei den Verfahren der Zeitabschreibung werden den einzelnen Geschäftsjahren Abschreibungsbeträge zugerechnet, die im Zeitablauf sinken (degressive Abschreibungen), gleich bleiben (lineare Abschreibungen) oder steigen (progressive Abschreibungen).

Leistungsabschreibung

Bei der Leistungsabschreibung berechnen sich die jährlichen Abschreibungsbeträge nach Maßgabe der Inanspruchnahme des Vermögensgegenstands im Zeitablauf, also entsprechend dem Nutzungsverlauf.

Mischformen

Mischformen und Verbindungen dieser Verfahren sowie die Verwendung verschiedener Verfahren nebeneinander, wenn sie sich auf unterschiedliche Vermögensgegenstände beziehen, sind ebenfalls zulässig und je nach den tatsächlichen Verhältnissen u.U. auch geboten. Nach dem Grundsatz der Klarheit darf aber die Nachvollziehbarkeit des Abschreibungsverfahrens nicht beeinträchtigt werden.

Methodenwechsel

Ein Methodenwechsel ist nach dem Grundsatz der Bewertungsstetigkeit (§ 252 Abs. 1 Nr. 6 HGB) nur in begründeten Ausnahmefällen zulässig (§ 252 Abs. 2 HGB).[307] Ein Methodenwechsel liegt indes dann nicht vor, wenn im Abschreibungsplan von vornherein in bestimmter Weise ein Abschreibungsmethodenwechsel – z.B. ein Übergang von der degressiven auf die lineare Abschreibung – vorgesehen ist.

4.1.3.2.2.3.2 Lineare Abschreibung

Konstante Abschreibungsbeträge

Die lineare Abschreibung ist die in der Praxis am häufigsten verwendete Methode. Sie führt im Zeitablauf zu gleichen, d.h. konstanten Abschreibungsbeträgen (a_t). Die jährliche Abschreibung wird berechnet, indem der Abschreibungsausgangswert (AHK) durch die geplante Nutzungsdauer (N) dividiert wird. Unter Berücksichtigung eines Restwerts (R_N) ermittelt sich der jährliche Abschreibungsbetrag a_t wie folgt:

---

[307] Kapitalgesellschaften und haftungsbeschränkte Personenhandelsgesellschaften haben nach § 284 Abs. 2 Nr. 2 HGB Änderungen der Abschreibungsmethoden im Anhang anzugeben und zu begründen sowie deren Einfluss auf die Vermögens-, Finanz- und Ertragslage gesondert darzustellen.

$$a_t = \frac{(AHK - R_N)}{N} \qquad \text{mit } t = 1, \ldots, N$$

Der Vorteil der linearen Abschreibung liegt in der einfachen Berechnung und in der gleichbleibenden Aufwandsbelastung der Perioden, welche die Vergleichbarkeit der Periodenergebnisse erleichtert. Sie ist sinnvoll einzusetzen bei einer vermuteten gleichmäßigen Nutzung. Diese gleichbleibende Nutzung ist indes oft mit im Zeitablauf steigenden Wartungs- und Instandhaltungskosten verbunden. Die gleichbleibende Periodenbelastung liegt in diesen Fällen insofern nur bei isolierter Betrachtung der Abschreibung vor.[308]

4.1.3.2.2.3.3 Degressive Abschreibung

Fallende Abschreibungsbeträge

Bei der degressiven Abschreibung wird der Abschreibungsausgangswert (AHK) im Zeitablauf mit fallenden Beträgen abgeschrieben. Zu Beginn der Nutzungsdauer werden die Perioden mit relativ hohen jährlichen Abschreibungsbeträgen a_t belastet, die bis zum Ende des Abschreibungszeitraums stetig sinken.

Unterschieden wird zwischen der arithmetisch-degressiven und der geometrisch-degressiven Abschreibung. Die arithmetisch-degressive Abschreibung ist dadurch gekennzeichnet, dass die jährlichen Abschreibungsbeträge um den gleichen Betrag (Degressionsbetrag) vermindert werden (arithmetische Folge). Bei der geometrisch-degressiven Abschreibung sinken die jährlichen Abschreibungsbeträge hingegen um einen gleichbleibenden Prozentsatz und bilden damit eine geometrische Folge.

Für die degressive Abschreibung gilt somit stets:

$$a_t > a_{t+1} \qquad \text{mit } t = 1, \ldots, (N-1)$$

Damit wird implizit unterstellt, dass das Anlagegut in den ersten Jahren der Nutzung mehr, dann weniger (ab-)genutzt und entwertet wird.

Buchwertabschreibung

Bei der Buchwertabschreibung als Sonderform der geometrisch-degressiven Abschreibung wird der Abschreibungsbetrag im ersten Jahr der Abschreibung durch Multiplikation des konstanten Prozentsatzes s mit den AHK des Anlagegegenstands errechnet. In den Folgeperioden errechnet sich der Abschreibungsbetrag durch Multiplikation des Prozentsatzes s mit dem Restbuchwert (fortgeführte AHK (RBW)) des Anlagegegenstands. Mit anderen Worten: der Restbuchwert vermindert sich jährlich um einen konstanten Faktor s. Es gilt:

$$a_1 = s * AHK$$

und

$$a_t = s * RBW_{t-1} \qquad \text{mit } s = \text{konstant und } t = 2, \ldots, N$$

Soll auf den Restwert R_N abgeschrieben werden, so ist der Prozentsatz s nach folgender Formel zu errechnen:

$$s = 1 - \sqrt[N]{R_N / AHK}$$

308 Hierzu Baetge/Kirsch/Thiele, Bilanzen, 16. Aufl. 2021, S. 267.

Keine Abschreibung aus Restwert

Im Zusammenhang mit der Buchwertabschreibung gilt es zu beachten, dass sofern der Prozentsatz s vorgegeben ist, d.h. nicht exakt ermittelt wird, nicht genau auf den Restwert R_N abgeschrieben werden kann.

Wechsel der Abschreibungsmethode

Damit ein Vermögensgegenstand innerhalb der voraussichtlichen Nutzungsdauer vollständig abgeschrieben werden kann, ist ein Wechsel der Abschreibungsmethode von der degressiven auf die lineare Abschreibung notwendig. Der Abschreibungssatz ist dann so zu wählen, dass der zunächst verbliebene Restbuchwert innerhalb der verbleibenden Nutzungsdauer oder auf den gewünschten endgültigen Restwert abgeschrieben wird. Der Wechsel ist dann sinnvoll vorzunehmen, sobald die linearen Abschreibungsbeträge bezogen auf die Restnutzungsdauer größer (oder mindestens gleich) den geometrisch-degressiven Abschreibungsbeträgen sind. Im Zeitpunkt des Übergangs bemisst sich die lineare Abschreibung nach dem Restbuchwert und der Restnutzungsdauer des Anlagegegenstands. Die Berechnung des Zeitpunkts des Methodenwechsels zeigt folgende Formel:

$$s * RBW_{t-1} \leq \frac{RBW_{t-1}}{N-t+1} \quad \rightarrow \quad \text{Wechsel im Zeitpunkt t}$$

Der verbleibende Restbuchwert bei strikter Anwendung der geometrisch-degressiven Abschreibung muss im letzten Jahr der zugrunde gelegten Nutzungsdauer voll abgeschrieben werden. Bei Anwendung der geometrisch-degressiven Abschreibung ist es daher zweckmäßig, bereits vor dem letzten Jahr der Nutzung des Vermögensgegenstands den Wechsel auf die lineare Abschreibungsmethode vorzunehmen.

Hinweis

Die geometrisch-degressive Abschreibung ist die in der Praxis verbreitetste Form der degressiven Abschreibung. Dies beruht darauf, dass sie für bewegliche Wirtschaftsgüter lange Zeit in der Steuerbilanz zulässig war. Bereits 2008 wurde sie wieder befristet für die Steuerbilanz zugelassen. Die Anwendung war beschränkt auf zwei Jahre und damit ab 2011 nicht mehr möglich. Mit dem Zweiten Corona-Steuerhilfegesetz wurde sie erneut eingeführt. Ziel der Bundesregierung ist, damit einen zusätzlichen Investitionsanreiz zu setzen und somit die Wirtschaft anzukurbeln. Die degressive Abschreibung kann bei beweglichen Wirtschaftsgütern des Anlagevermögens angewendet werden, die nach dem 31.12. 2019 und vor dem 1.1.2022 angeschafft oder hergestellt werden. Der Abschreibungssatz beträgt das 2,5-fache des linearen Abschreibungssatzes und darf 25 % nicht übersteigen.

Die degressive Abschreibung unterscheidet sich von der linearen Abschreibungsmethode dadurch, dass in den ersten Jahren mehr als in späteren Jahren abgeschrieben wird, wodurch das Vorsichtsprinzip stärker Berücksichtigung findet. Auf diese Weise werden die Auswirkungen einer etwaigen technisch-wirtschaftlichen Überholung, einer Fehlinvestition oder einer zu langen Nutzungsdauerschätzung, die in den ersten Jahren am höchsten sind, verringert. Aufgrund dessen sind außerplanmäßige Abschreibungen seltener vorzunehmen. Sofern die Nutzungsabgabe während der Nutzungsdauer konstant ist, bewirkt die degressive Abschreibung – im Vergleich zur linearen – eine Gewinnverlagerung in die Zukunft.

Realistischerer Nutzungsverlauf

Als weiteres Argument für die degressive Abschreibungsmethode kann angeführt werden, dass der Nutzungsverlauf eher der degressiven als der linearen Abschreibung entspricht. Die Ermittlung des tatsächlichen Nutzungsverlaufs ist in der Praxis indes regelmäßig nicht möglich. Hierzu bleibt festzuhalten, dass mit der degressiven Abschreibung der Gesamtaufwand einer Anlage gleichmäßiger über die Jahre der Nutzung verteilt wird, da sinkende Abschreibungsbeträge in späteren Jahren durch erhöhte Reparaturaufwendungen ausgeglichen werden.[309]

4.1.3.2.2.3.4 Progressive Abschreibung

Die progressive Abschreibung ist eine Abschreibung mit im Zeitablauf steigenden Beträgen. Im Gegensatz zur degressiven Abschreibung werden bei diesem Verfahren die ersten Jahre der Nutzung eines Vermögensgegenstands mit den geringsten Abschreibungen belastet. Analog zur degressiven Abschreibung können die jährlichen Abschreibungsbeträge in geometrischer oder arithmetischer Folge steigen. Die progressive Abschreibung ist zwar prinzipiell handelsrechtlich zulässig, aber in der Praxis nur selten vorzufinden, da ihre Anwendung voraussetzt, dass die progressiv abzuschreibenden Anlagen erst langsam in ihre volle Nutzung hineinwachsen. Diese kann z.B. bei Großkraftwerken, Verkehrsunternehmen oder Erdgasleitungen der Fall sein. Problematisch ist die progressive Abschreibung insofern, als die Gefahr einer technisch-wirtschaftlichen Überalterung in den Anfangsjahren nicht in angemessener Weise in den Abschreibungen berücksichtigt wird und ggf. gegen das Vorsichtsprinzip verstoßen würde. Steuerlich ist die progressive Abschreibung hingegen nicht zulässig.

Für die progressive Abschreibung gilt indes:

$$a_{t-1} < a_t \qquad \text{mit t = 2, ..., N}$$

Damit wird unterstellt, dass das Anlagegut in den ersten Jahren der Nutzungsdauer weniger, dann mehr (ab-)genutzt und entwertet wird.

4.1.3.2.2.3.5 Leistungsabschreibung

Abschreibung nach Maßgabe der Inanspruchnahme

Bei der Leistungsabschreibung werden die jährlichen Abschreibungsbeträge nach Maßgabe der Inanspruchnahme berechnet. Sie kommt somit dann in Betracht, wenn die Abschreibungsursachen weitgehend zeitunabhängig sind. Es ist insofern nicht die Nutzungsdauer, sondern die mögliche Leistungs- oder Nutzungsabgabe zu schätzen Zur Berechnung der jährlichen Abschreibung wird der Ausgangswert (AHK) durch die voraussichtlich erzielbaren Gesamtleistungseinheiten (L) dividiert und mit der tatsächlichen Leistungsabgabe (I_t) im jeweiligen Geschäftsjahr multipliziert. Der Abschreibungsbetrag a_t einer jeden Periode t berechnet sich wie folgt:

$$a_t = \frac{(AHK - R_N) * I_t}{L} \qquad \text{mit t = 1, ..., N}$$

Wertminderung durch Beanspruchung

Der Leistungsabschreibung liegt die Annahme zugrunde, dass die Wert-

[309] Hierzu sowie zu den vorangegangenen Ausführungen Baetge/Kirsch/Thiele, Bilanzen, 16. Aufl. 2021, S. 267-271.

minderung des Anlagegegenstands primär durch die Beanspruchung der Anlage verursacht wird. Diese Abschreibungsmethode wird deshalb häufig in der Kostenrechnung angewandt, ist aber sowohl handels- als auch steuerrechtlich zulässig. Steigt im Zeitablauf die Inanspruchnahme, so kommt es zu einer progressiven Abschreibungsverrechnung. Angewendet wird dieses Verfahren z.B. bei Rohstoffgewinnungsbetrieben, die ihr gesamtes Rohstoffvorkommen abschätzen können und es nach Maßgabe des Abbaus abschreiben. Die Leistungsabschreibung hat den Vorteil, dass die einzelnen Perioden entsprechend der Beschäftigungslage periodengerecht mit Abschreibungsaufwand belastet werden bzw. die anteiligen Abschreibungen verursachungsgerecht in die Herstellungskosten der erstellten Güter eingerechnet werden. Der Nachteil besteht allerdings darin, dass natürlicher Verschleiß sowie die wirtschaftliche Entwertung keine Berücksichtigung finden.

4.1.3.2.2.4 Nachträgliche Änderung des Abschreibungsplans

Verbindlich wird ein Abschreibungsplan mit Aufstellung der Bilanz, in der er erstmals berücksichtigt ist. Ab diesem Zeitpunkt ist zwischen notwendigen Änderungen (Berichtigungen) und nur zulässigen Änderungen (Sonstige Änderungen)[310] zu unterscheiden.[311]

Korrekturen

Berichtigungen des Abschreibungsplans haben grundsätzlich eine periodengerechte Verteilung der noch nicht abgeschriebenen Anschaffungs- oder Herstellungskosten auf zukünftige Zeiträume unter Beachtung des Vorsichtsprinzips zum Ziel, die zukünftige außerplanmäßige Abschreibungen voraussichtlich nicht notwendig werden lässt.[312] Stellt sich in späteren Jahren also heraus, dass der Abschreibungsplan nicht dem tatsächlichen Wertminderungsverlauf entspricht, kommt eine nachträgliche Berichtigung des Abschreibungsplans in Betracht, die sich auf drei Größen beziehen kann:

- Korrektur des Abschreibungsausgangswerts,
- Korrektur der Abschreibungsmethode oder
- Korrektur der Nutzungsdauer.

Änderung des Ausgangswerts

Der Abschreibungsausgangswert wird geändert, wenn sich die Anschaffungs- oder Herstellungskosten nachträglich ändern. Der veränderte Abschreibungsausgangs-wert ist dann planmäßig nach Maßgabe der gewählten Abschreibungsmethode auf die geplante (Rest-)Nutzungsdauer zu verteilen. Eine Korrektur ist ebenfalls geboten, wenn eine außerplanmäßige Abschreibung oder eine Zuschreibung vorgenommen wird.

Fehleinschätzung der Nutzungsdauer

Bei einer Fehleinschätzung der Nutzungsdauer gilt die Regel, dass bei einer zu kurz geschätzten Nutzungsdauer die Planänderung als zulässig gilt, bei einer zu

---

310 Sonstige Änderungen des Abschreibungsplans für denselben Vermögensgegenstand sind – im Gegensatz zu Berichtigungen – nur hinsichtlich der Abschreibungsmethode denkbar, da allein bei der Festlegung der Abschreibungsmethode ein Wahlrecht besteht.

311 Unzulässig wäre z.B. eine willkürliche Planänderung oder ein zeitweises Aussetzen der planmäßigen Abschreibung, selbst wenn dadurch ein weiteres Absinken des im Vergleich zum beizulegenden Wert zu niedrigen Restbuchwerts verhindert werden soll.

312 Hierzu Schubert/Andrejewski, in: Beck Bil-Komm., 13. Aufl. 2022, § 253 Anm. 260.

lang geschätzten Nutzungsdauer die Planänderung aber zwingend geboten ist.[313] Welche Konsequenzen aus der Änderung der geplanten Nutzungsdauer zu ziehen sind, ist noch zu konkretisieren. Bei einer Fehleinschätzung der Nutzungsdauer wird bei unterbleibender Planänderung gegen den Grundsatz der Richtigkeit verstoßen, da bei zu kurz geschätzter Nutzungsdauer das Vermögen zu niedrig und bei einer zu lang geschätzten Nutzungsdauer zu hoch bewertet wird. Aus Gründen der Bewertungsstetigkeit kann aber eine nur zeitweise Unterbewertung – sofern sie nicht wesentlich ist – in Kauf genommen werden, während bei einer Überbewertung nach dem Imparitäts- und dem Vorsichtsprinzip eine Korrektur zwingend erforderlich ist, denn der Kaufmann darf sich nicht reicher rechnen als er ist. Ist die tatsächliche Nutzungsdauer signifikant länger als die geschätzte Nutzungsdauer, ist eine Änderung des Abschreibungsplans ebenfalls geboten, da der Jahresabschluss anderenfalls das Bild der wirtschaftlichen Lage des Unternehmens verzerrt darstellen würde. Eine Plananpassung im Fall der zu kurz geschätzten Nutzungsdauer führt indes – wie im Folgenden erläutert wird – nicht automatisch zu einer Zuschreibung. Grundsätzlich unzulässig ist es, die Abschreibung vorübergehend auszusetzen.[314]

Die Korrekturmöglichkeiten bei einer zu kurz geschätzten Nutzungsdauer werden anhand des folgenden Beispiels erläutert:

Beispiel

Ein Gegenstand des abnutzbaren Anlagevermögens, dessen Anschaffungskosten GE 1.200 betragen haben, wird über zehn Jahre linear abgeschrieben (ursprünglicher Plan). Die jährliche Abschreibung beträgt damit GE 120/Jahr. Nach fünf Jahren stellt sich heraus, dass die Nutzungsdauer nicht – wie ursprünglich geplant – zehn, sondern 15 Jahre betragen wird. In dieser Situation bieten sich grundsätzlich vier Möglichkeiten, den Abschreibungsplan zu korrigieren:

Die erste Möglichkeit besteht darin, so weiter zu verfahren wie bisher, also entsprechend dem ursprünglichen Abschreibungsplan. Bei dieser Möglichkeit wird weder das Vermögen in der Bilanz noch der Aufwand in der GuV richtig dargestellt. Das Vermögen wird nicht richtig ausgewiesen, da der Anlagegegenstand in Folge einer zu hohen Abschreibung unterbewertet wird und damit stille Rücklagen gebildet werden. In der GuV wird der Aufwand nicht periodengerecht erfasst, weil als jährliche Abschreibung nicht der Betrag verrechnet wird, der sich ergeben hätte, wenn vom Jahre 0 an auf 15 Jahre lineare abgeschrieben worden wäre (GE 1.200 / 15 Jahre = GE 80/Jahr). Ab dem elften Jahr steht der Vermögensgegenstand mit einem Wert von GE 0 in den Büchern, obwohl er noch genutzt wird. In der GuV darf dann ab diesem Jahr kein Aufwand mehr verrechnet werden, denn es gilt im Handelsrecht – anders als in der Kostenrechnung – die Forderung nach Einmaligkeit der Abschreibung, die auch als Regel „keine Abschreibung unter Null" bezeichnet wird, d.h., die Summe der kumulierten Abschreibungsbeträge darf die Anschaffungs- oder Herstellungskosten nicht überschreiten. Mit der Abschreibung von GE 0 werden die Jahresergebnisse in den Jahren 11 bis 15 zu gut ausgewiesen.

---

313 Hierzu IDW, WP Handbuch, 18. Aufl. 2023, Kap. F Tz. 179; Hoffmann/Lüdenbach, NWB Kommentar Bilanzierung, 14. Aufl. 2022, § 253 Rz. 171.

314 Siehe Schubert/Andrejewski, in: Beck Bil-Komm., 13. Aufl. 2022, § 253 Anm. 260.

Bei der zweiten Möglichkeit wird der verbliebene Restbuchwert i.H. von GE 600 am Ende des fünften Jahres linear auf die zehn noch folgenden Jahre der Nutzung abgeschrieben (GE 600 / 10 Jahre = GE 60/Jahr). Auch bei dieser Möglichkeit wird weder das Vermögen in der Bilanz noch der Aufwand in der GuV zutreffend ausgewiesen. Die zweite Möglichkeit erlaubt aber einen tendenziell besseren Einblick in der Vermögens- und Ertragslage als die erste Möglichkeit, da über den gesamten Zeitraum Abschreibungen – wenn auch nicht in der richtigen Höhe – in der GuV ausgewiesen werden.

Nach der dritten Möglichkeit wird ab dem sechsten Jahr der verbliebene Restbuchwert um denjenigen jährlichen Abschreibungsbetrag vermindert, der sich ergeben hätte, wenn vom Jahr 0 an auf 15 Jahre linear abgeschrieben worden wäre (GE 1.200 / 15 Jahre = GE 80/Jahr). Aufgrund des relativ zu niedrigen Restbuchwerts nach dem fünften Jahr ist der Gegenstand schon am Ende des Jahres 13 voll abgeschrieben. Diese Möglichkeit führ zwar vom Jahr 6 bis zum Jahr 12 zu einer richtigen Aufwandsbelastung, aber im 13., 14. und 15. Jahr kann die richtige Abschreibung von GE 80 nicht mehr verrechnet werden, weil im Handelsrecht – wie bereits erläutert – die Forderung nach „Einmaligkeit der Abschreibung" gilt, bzw. „keine Abschreibung unter null" vorgenommen werden darf. Daher kann im 13. Jahr nur noch der Restbuchwert von GE 40 abgeschrieben werden, und im 14. und 15. Jahr kann überhaupt nicht mehr abgeschrieben werden. Das Vermögen wird bei dieser Möglichkeit vom sechsten bis zum 15. Jahr nicht zutreffend ausgewiesen.

Bei der vierten Möglichkeit wird – wie bei der dritten – als jährliche Abschreibung der Betrag herangezogen, der sich ergeben hätte, wenn vom Jahr 0 an über 15 Jahre abgeschrieben worden wäre. Zusätzlich wird hier im fünften Jahr eine Zuschreibung i.H. von GE 200 auf den Betrag vorgenommen, der sich als Restbuchwert am Ende des fünften Jahres ergeben hätte, wenn von Anfang an die Nutzungsdauer von 15 Jahren zugrunde gelegt worden wäre, nämlich GE 800. Ab dem sechsten Jahr entspricht diese Möglichkeit dem Abschreibungsplan, der sich ergeben hätte, wenn von Anfang an die richtigen Nutzungsdauer bekannt gewesen wäre. Diese Möglichkeit führt deshalb ab dem Jahr 6 sowohl zu einem richtigen Vermögensausweis als auch zu einem richtigen Erfolgsausweis. Allerdings wird das Jahresergebnis des fünften Jahres durch die Zuschreibung verzerrt. Die Zulässigkeit einer Zuschreibung auf planmäßig abgeschriebene Vermögensgegenstände ist handelsrechtlich umstritten. Hier wird die Meinung vertreten, dass die vierte Möglichkeit handelsrechtlich nicht zulässig ist, weil das HGB eine Zuschreibung bei planmäßig abgeschriebenen Vermögensgegenständen bei zweckgerechter Auslegung der Zuschreibungspflicht des § 253 Abs. 5 HGB untersagt. § 253 Abs. 5 HGB erlaubt Zuschreibungen explizit nur nach vorangegangenen außerplanmäßigen Abschreibungen.[315]

[315] Hierzu Moxter, Bilanzlehre – Band II, 3. Aufl. 1986, S. 60 sowie Schubert/Andrejewski, in: Beck Bil-Komm., 13. Aufl. 2022, § 253 Anm. 260 und IDW, WP Handbuch, 18. Aufl. 2023, Kap. F Tz. 179, wobei hier der Hinweis gegeben wird, dass Zuschreibungen zur Rückgängigmachung von planmäßigen Abschreibungen grundsätzlich nur nach den Grundsätzen zur Änderung fehlerhafter Jahresabschlüsse zulässig sind. Weiterführend Baetge/Kirsch/Thiele, Bilanzen, 16. Aufl. 2021, S. 276-277.

Zusammenfassend bleibt festzuhalten, dass die vierte Möglichkeit als unzulässig zu erachten ist, wohingegen die anderen drei genannten Möglichkeiten wohl als zulässig anzusehen sind.

4.1.3.2.2.5 Abschreibung geringwertiger Wirtschaftsgüter

Anschaffungs- oder Herstellungskosten kleiner EUR 1.000

Unter geringwertigen Wirtschaftsgütern (GWG) sind Güter des abnutzbaren Anlagevermögens zu verstehen, die selbständig nutzbar sind und deren Anschaffungs- oder Herstellungskosten EUR 1.000 nicht überschreiten. GWG, die die in § 6 Abs. 2 Satz 1 EStG festgesetzte Obergrenze von EUR 800 nicht überschreiten, sind nach § 6 Abs. 2 Satz 1 EStG im Jahr der Anschaffung als Betriebsausgabe abzugsfähig. Im Handelsrecht gibt es keine entsprechende Vorschrift, indes dürften auch Vermögensgegenstände mit Anschaffungs- oder Herstellungskosten bis zu EUR 250 wegen des Grundsatzes der Wirtschaftlichkeit bei Zugang aufwandswirksam erfasst werden.

Sammelposten

Alle Wirtschaftsgüter, deren Zugangswert zwischen EUR 250 und EUR 1.000 liegt, können in der Steuerbilanz gemäß § 6 Abs. 2a EStG in einem Sammelposten erfasst werden. Dieser ist in den folgenden fünf Wirtschaftsjahren um jeweils 20% abzuschreiben (sog. Poolabschreibung). Das Wahlrecht ist für alle entsprechenden Wirtschaftsgüter des Wirtschaftsjahres einheitlich auszuüben. Scheidet ein im Sammelposten erfasstes Wirtschaftsgut aus dem Betrieb aus, wird der Sammelposten nicht gemindert. In der Handelsbilanz darf dieser Posten nur dann übernommen werden, wenn er insgesamt von untergeordneter Bedeutung ist.[316]

> **Hinweis**
>
> Mit Schreiben vom 26.2.2021 hat das BMF geregelt, dass für Computerhardware sowie Betriebs- und Anwendersoftware nunmehr eine betriebsgewöhnliche Nutzungsdauer im Sinne des § 7 Abs. 1 EStG von einem Jahr zugrunde gelegt werden kann. Die Anschaffungs- oder Herstellungskosten unterjährig angeschaffter oder hergestellter Wirtschaftsgüter sind danach wohl pro rata temporis als Betriebsausgaben nach § 4 Abs. 4 EStG oder Werbungskosten nach § 9 Abs. 1 Satz 1 EStG abzuziehen. Das neue BMF-Schreiben findet erstmals Anwendung für alle Wirtschaftsjahre, die nach dem 31.12.2020 enden. Soweit die im Schreiben angeführten Wirtschaftsgüter in früheren Wirtschaftsjahren angeschafft oder hergestellt wurden, können die vorhandenen Restbuchwerte vollständig im Jahr 2021 abgeschrieben werden.
>
> Handelsrechtlich wird man dem für die Wirtschaftsgüter nicht folgen können, deren tatsächliche durchschnittliche Nutzungsdauer im Unternehmen erfahrungsgemäß zwei oder mehr Jahre beträgt. Ein Teil dieser Wirtschaftsgüter – etwa einfache Drucker und Notebooks, Tastaturen, Netzteile, Standardsoftware usw. - wird aber die Wertgrenzen für die sofortige GWG-Abschreibung nicht überschreiten, so dass sich die Frage einer tatsächlichen längeren Nutzungsdauer hier unter Wesentlichkeitsgesichtspunkten nicht stellt.
>
> Im Februar 2022 ist das BMF-Schreiben zur Abschreibung digitaler Wirtschafts-

[316] Hierzu ausführlich Roos, in: FS Lüdenbach, 2020, S. 189ff.

güter mit dem Ziel der Schaffung von mehr Rechtssicherheit aktualisiert worden. Praktisch bedeutsam sind insbesondere folgende Bestimmungen:

Tz. 1.1: „Die Anwendung der kürzeren Nutzungsdauer stellt kein Wahlrecht im Sinne des § 5 Absatz 1 EStG dar", d. h., es gilt keine Maßgeblichkeit der Handelsbilanz.

Tz. 1.4: „Es wird nicht beanstandet, wenn abweichend zu § 7 Absatz 1 Satz 4 EStG die Abschreibung im Jahr der Anschaffung oder Herstellung in voller Höhe vorgenommen wird", wobei ohnehin fraglich ist, ob die Abschreibung der digitalen Wirtschaftsgüter überhaupt § 7 Abs. 1 EStG unterliegt, da dort in Satz 1 nur Wirtschaftsgüter angesprochen sind, deren Nutzung sich „erfahrungsgemäß auf einen Zeitraum von mehr als einem Jahr erstreckt."

Das IDW hat anlässlich des geänderten BMF-Schreibens seine Auffassung bekräftigt, dass die steuerlichen Nutzungsdauern regelmäßig nicht in der Handelsbilanz zugrunde gelegt werden können.[317]

4.1.3.2.3 Außerplanmäßige Abschreibungen

Niedrigerer beizulegender Zeitwert

Neben planmäßigen Wertminderungen können im Zeitablauf auch sog. außerplanmäßige Wertminderungen bei den abnutzbaren, aber auch bei den nicht abnutzbaren Vermögensgegenständen des Anlagevermögens – auch des immateriellen – auftreten. Außerplanmäßige Wertminderungen erfordern gemäß § 253 Abs. 3 Satz 5 HGB eine außerplanmäßige Abschreibung auf den niedrigeren beizulegenden Wert des betreffenden Vermögensgegenstands.[318]

Beschaffungsmarkt

Bei der Ermittlung des niedrigen beizulegenden Zeitwerts von Vermögensgegenständen des Anlagevermögens sind grundsätzlich die Verhältnisse am Beschaffungsmarkt (Käufersicht) maßgebend.[319]

Wiederbeschaffungskosten

Wie bereits unter Abschn. 3.3.3.3. dargestellt, ist für Vermögensgegenstände des abnutzbaren Anlagevermögens auf den Wiederbeschaffungszeitwert abzustellen. Sofern sich dieser nicht ermitteln lässt, ist ein fortgeführter Wiederbeschaffungsneuwert zu berechnen. Für selbst geschaffene Vermögensgegenstände ist der aus dem originären Bewertungsmaßstab der Herstellungskosten abgeleitete Reproduktionswert anzuwenden. Der Ertragswert ist nur anzuwenden, wenn sich der niedrigere beizulegenden Wert nicht auf andere Weise bestimmen lässt.[320]

Dauerhaftigkeit der Wertminderung

Bei einer voraussichtlich dauernden Wertminderung eines Vermögensgegenstands des Anlagevermögens besteht eine Abschreibungspflicht.[321] Bei einer voraussichtlich vorübergehenden Wertminderung besteht hingegen ein grundsätzliches Abschreibungsverbot.

---

[317] Hierzu Hoffmann/Lüdenbach, NWB Kommentar Bilanzierung, 14. Aufl. 2022, § 253 Rz. 146a.

[318] Siehe IDW, WP Handbuch, 18. Aufl. 2023, Kap. F Tz. 180.

[319] Hierzu Schubert/Andrejewski, in: Beck Bil-Komm., 13. Aufl. 2022, § 253 Anm. 260.

[320] Hierzu ausführlich Baetge/Kirsch/Thiele, Bilanzen, 16. Aufl. 2021, S. 280.

[321] Zur Definition des Begriffs der voraussichtlich dauernden Wertminderung siehe Abschn. 3.3.3.3.

4.1.3.2.4 Zuschreibungen

Wertaufholungs- bzw. Zuschreibungsgebot

Sofern sich nach einer außerplanmäßigen Abschreibung in späteren Jahren herausstellt, dass die Gründe für die außerplanmäßige Abschreibung entfallen sind, so dürfen gemäß § 253 Abs. 5 HGB diese niedrigeren Wertansätze nicht beibehalten werden. § 253 Abs. 5 Satz 1 HGB ist als Wertaufholungs- bzw. Zuschreibungsgebot auf die fortgeführten Anschaffungs- oder Herstellungskosten zu verstehen, welches – mit Ausnahme des derivativen Geschäfts- oder Firmenwerts – für sämtliche immaterielle Vermögensgegenstände das Anlagevermögens gilt.[322]

4.1.4 Beispielsachverhalte - Immaterielle Vermögensgegenstände

a. Die Franconian Wool AG (FWA), ein Hersteller von Garn, hat im Geschäftsjahr t0 ein revolutionäres Verfahren zum Spinnen von Garnen entwickelt. Bis zur Erteilung des Patents waren aktivierungsfähige Aufwendungen von EUR 250.000,00 angefallen. Hierbei handelt es sich um die Gehälter der Mitarbeiter aus der Entwicklungsabteilung. Das europäische Patentamt erteilt am 31.12.t0 das Patent für 5 Jahre. Mit der Erteilung des Patents erhielt der CFO Herr Raubold ein Angebot der Northwest Spinning Inc. i.H. von EUR 520.000,00 für den Kauf desselben.

Gemäß den handelsrechtlichen Vorgaben ist für dieses Patent die Regelung für selbst geschaffene immaterielle Vermögensgegenstände des Anlagevermögens nach § 248 Abs. 2 HGB einschlägig, welche ein Aktivierungswahlrecht gewährt. Lediglich die in § 248 Abs. 2 Satz 2 HGB angeführten immateriellen Vermögensgegenstände unterliegen einem Aktivierungsverbot. Im vorliegenden Fall stellt das Patent einen selbst geschaffenen Vermögensgegenstand dar, der nach Verkehrsauffassung einzeln verwertbar ist und kann somit aktiviert werden. Bei Inanspruchnahme des Aktivierungswahlrechts sind die Herstellungskosten zu aktivieren. Vorliegend können somit Entwicklungskosten i.H. von EUR 250.000,00 aktiviert werden. Nach § 255 Abs. 2a HGB sind dies die Aufwendungen, die bei dessen Entwicklung anfallen. Der selbst geschaffene Vermögensgegenstand ist in den Folgejahren gemäß § 253 Abs. 3 HGB über eine Nutzungsdauer von fünf Jahren, die durch das Patentamt vorgegeben ist, planmäßig abzuschreiben. Die FWA macht zum 31.12.t0 von dem Aktivierungswahlrecht Gebrauch und schreibt den Vermögensgegenstand linear über die Nutzungsdauer ab.

Der Abschreibungsplan sieht dann wie folgt aus:

t	N	a_t (EUR)	RBW_t (EUR)
0	0	50.000,00	250.000,00
1	1	50.000,00	200.000,00
2	2	50.000,00	150.000,00
3	3	50.000,00	100.000,00
4	4	50.000,00	50.000,00
5	5	50.000,00	0,00

322 Hierzu ausführlich Abschn. 3.3.3.6.1.

Sofern vom Aktivierungswahlrecht hingegen kein Gebrauch gemacht werden würde, sind die Aufwendungen i.H. von EUR 250.000,00 in t0 komplett ergebniswirksam zu erfassen.

b. Um die durch das Patent eröffneten Möglichkeiten optimal nutzen zu können, investiert die FWA im Geschäftsjahr t1 nochmals EUR 250.000,00 in den Aufbau einer eigenen Marke. Werbung in Fachmedien hat dazu beigetragen, den Bekanntheitsgrad im Bereich B-2-B in kürzester Zeit von 0 auf 90% zu steigern. Ein bei einem Wirtschaftsprüfer in Auftrag gegebenes Gutachten bewertet den Wert dieser einzeln veräußerbaren Marke mit ca. EUR 1.500.000,00.

Auch wenn einige durch Werbung selbst geschaffene Marken erhebliche Werte darstellen, untersagt § 248 Abs. 2 Satz 2 HGB explizit die Aktivierung selbst geschaffener Marken. Die Ausgaben, die in t1 in den Aufbau einer eigenen Marke investiert wurden, sind komplett aufwandswirksam zu erfassen.

c. In der Forschungs- und Entwicklungsabteilung wird in t2 zudem an der Entwicklung einer neuen, einzigartigen Kunstwollfaser gearbeitet. Aufgrund der erfolgreichen Projektarbeit des Teams kommt die Faser bereits in t3 zum Einsatz. An Personalkosten fielen im Rahmen der Entwicklung EUR 500.000,00 an. Die Material- und die Verwaltungskosten, welche direkt dem Entwicklungsprojekt zurechenbar sind, betrugen jeweils EUR 150.000,00.

Analog zu Teilaufgabe a. kann hier ein selbst geschaffener immaterieller Vermögensgegenstand des Anlagevermögens nach § 248 Abs. 2 HGB aktiviert werden. Die Personal-, Material- und direkt dem Entwicklungsprojekt zurechenbaren Verwaltungskosten tragen zu dem hochinnovativen Produkt bei, welches der FWA zukünftig nützlich sein wird. Daher können die Entwicklungskosten i.H. von EUR 500.000,00 aktiviert werden. In den Folgeperioden ist der selbst geschaffene immaterielle Vermögensgegenstand planmäßig über seine Nutzungsdauer abzuschreiben. Sollte diese nicht verlässlich bestimmbar sein, sind selbst geschaffene immaterielle Vermögensgegenstände gemäß § 253 Abs. 3 HGB über einen Zeitraum von 10 Jahren abzuschreiben. Die FWA macht zum 31.12.t2 wiederum von dem Aktivierungswahlrecht Gebrauch und schreibt den Vermögensgegenstand linear über die Nutzungsdauer ab.

d. Um den in finanzielle Schwierigkeiten geratenen Konkurrenten FiberTech Corp. aus dem Marktsegment Kunstfasern drängen zu können, erwirbt die FWA im Geschäftsjahr t4 die bereits in dem Bereich Kunstwollfaser gut eingeführte Marke „Artificial Fiber“ für EUR 650.000,00.

Da die Marke „Artificial Fiber“ nicht selbst geschaffen, sondern von einem Dritten entgeltlich erworben wurden, besteht für diese Marke gemäß dem Vollständigkeitsgebot des § 246 Abs. 1 HGB in der Handelsbilanz ein Aktivierungsgebot für die Anschaffungskosten i.H. von EUR 650.000,00. Unterliegt die Marke einer Abnutzung, wäre sie in den Folgeperioden planmäßig über die Nutzungsdauer abzuschreiben. Vorliegend wird unterstellt, dass eine Abnutzung nicht gegeben ist.

e. Um die Bedürfnisse der neuen Kunden im Kunstfasersegment zu bestimmen und das Produkt dort richtig zu platzieren, führt die FWA im Geschäftsjahr t5 eine Marktstudie durch. Die Aufwendungen für Personal beliefen sich dafür auf EUR 65.000,00.

Klassische Aufwendungen der Ingangsetzung und Erweiterung stellen Organisationsberatung, Marktstudien und Werbung dar. Nach HGB dürfen Aufwendungen zur Erweiterung des Geschäftsbetriebs allerdings nicht aktiviert werden. Somit sind die angefallenen Personalkosten zur Durchführung der Marktstudie in t5 direkt als Aufwand zu erfassen.

f. Zum 31.12.t5 übernimmt die FWA die FiberTech Corp. im Zuge eines *asset deals*. Der Kaufpreis beträgt EUR 200.000,00. Übernommen wird eine Maschine mit einem Zeitwert i.H. von EUR 180.000,00 sowie ein langfristiges Bankdarlehen mit einem Zeitwert i.H. von EUR 60.000,00.

Gemäß § 246 Abs. 1 Satz 4 HGB gilt die Differenz zwischen den Anschaffungskosten und dem Saldo der Zeitwerte der übernommenen Vermögensgegenstände und Schulden als zeitlich begrenzt nutzbarer Vermögensgegenstand. Dieser derivative Geschäfts- oder Firmenwert muss aktiviert und in den Folgeperioden abgeschrieben werden.

Unter Berücksichtigung sämtlicher Geschäftsvorfälle stellen sich die Jahresabschlüsse der FWA für die Geschäftsjahre t0 bis t5 wie folgt dar:

I. Aktivierung

Bilanz		31.12.					
	Ref.	0	1	2	3	4	5
Aktiva							
A. Anlagevermögen							
I. Immaterielle Vermögensgegenstände:							
1. Selbst geschaffene gewerbliche Schutzrechte und ähnliche Rechte und Werte	a.	250.000,00	200.000,00	150.000,00	100.000,00	50.000,00	0,00
	c.			800.000,00	720.000,00	640.000,00	560.000,00
2. entgeltlich erworbene Konzessionen, gewerbliche Schutzrechte und ähnliche Rechte und Werte sowie Lizenzen an solchen Rechten und Werten	d.					650.000,00	
3. Geschäfts- oder Firmenwert	f.						80.000,00
II. Sachanlagen:							
…							
2. technische Anlagen und Maschinen	f.						180.000,00
…							
B. Umlaufvermögen							
…							
IV. Kassenbestand, Bundesbankguthaben, Guthaben bei Kreditinstituten und Schecks	a.	-250.000,00					
	b.		-250.000,00				
	c.			-800.000,00			
	d.					-650.000,00	
	e.						-65.000,00
	f.						-200.000,00
Passiva							
A. Eigenkapital							
…							
V. Jahresüberschuß/Jahresfehlbetrag		0,00	-300.000,00	-50.000,00	-130.000,00	-130.000,00	-195.000,00
…							
C. Verbindlichkeiten							
…							
2. Verbindlichkeiten gegenüber Kreditinstituten	f.						60.000,00

Gewinn- und Verlustrechnung nach GKV		1.1. - 31.12.					
	Ref.	0	1	2	3	4	5
…							
3. andere aktivierte Eigenleistungen	a.	250.000,00					
	c.			800.000,00			
…							
5. Materialaufwand: a) Aufwendungen für Roh-, Hilfs- und Betriebsstoffe und für bezogene Waren	c.			-150.000,00			
6. Personalaufwand: a) Löhne und Gehälter	a.	-250.000,00					
	c.			-500.000,00			
7. Abschreibungen: a) auf immaterielle Vermögensgegenstände des Anlagevermögens und Sachanlagen	a.		-50.000,00	-50.000,00	-50.000,00	-50.000,00	-50.000,00
	c.				-80.000,00	-80.000,00	-80.000,00
8. sonstige betriebliche Aufwendungen	b.		-250.000,00				
	c.			-150.000,00			
	e.						-65.000,00
…							
17. Jahresüberschuss/Jahresfehlbetrag		0,00	-300.000,00	-50.000,00	-130.000,00	-130.000,00	-195.000,00

Gewinn- und Verlustrechnung nach UKV		1.1. - 31.12.					
	Ref.	0	1	2	3	4	5
…							
2. Herstellungskosten der zur Erzielung der Umsatzerlöse erbrachten Leistungen	a.	-250.000,00					
		250.000,00					
			-50.000,00	-50.000,00	-50.000,00	-50.000,00	-50.000,00
	c.			-150.000,00			
				-500.000,00			
				800.000,00			
					-80.000,00	-80.000,00	-80.000,00
…							
5. allgemeine Verwaltungskosten	c.			-150.000,00			
…							
7. sonstige betriebliche Aufwendungen	b.		-250.000,00				
	e.						-65.000,00
…							
16. Jahresüberschuss/Jahresfehlbetrag		0,00	-300.000,00	-50.000,00	-130.000,00	-130.000,00	-195.000,00

4.2 Bilanzierung der Sachanlagen

4.2.1 Begriff, Arten und Ausweis von Sachanlagen

Dauernd dem Geschäftsbetrieb dienend

Vermögensgegenstände des Sachanlagevermögens sind i.d.R. alle Vermögensgegenstände, die körperlich fassbar und damit beweglich oder unbeweglich sind und im bilanzierenden Unternehmen selbst genutzt werden. Sie sind nach § 247 Abs. 2 HGB dazu bestimmt, dauernd dem Geschäftsbetrieb zu dienen. Eine exakte Definition des Begriffs „Sachanlagen" bereitet indes gewisse Schwierigkeiten. So lässt sich das Definitionsmerkmal „körperlich" z.B. nicht auf die unter den Sachanlagen auszuweisenden grundstücksgleichen Rechte und die geleisteten Anzahlungen anwenden. Erstere stellen im Prinzip immaterielle Vermögensgegenstände dar, während letztere als Forderungen zu qualifizieren sind.[323]

Arten

Die Gliederungssystematik des § 266 Abs. 2 A. II. HGB sieht vier Arten von Sachanlagevermögen vor:

A. Anlagevermögen

II. Sachanlagen:
1. Grundstücke, grundstücksgleiche Rechte und Bauten einschließlich der Bauten auf fremden Grundstücken;
2. technische Anlagen und Maschinen;
3. andere Anlagen, Betriebs- und Geschäftsausstattung;
4. geleistete Anzahlungen und Anlagen im Bau;

Tab. 18 Arten von Sachanlagen

[323] Hierzu Baetge/Kirsch/Thiele, Bilanzen, 16. Aufl. 2021, S. 280.

Grundstücke

Grundstücke stellen rechtlich begrenzte, durch Vermessung abgegrenzte Teile der Erdoberfläche dar, die im Grundbuch jeweils als selbständige Grundstücke vermerkt sind. Grundstücke können bebaut – mit Geschäfts-, Fabrik-, Wohn- oder anderen Bauten – oder unbebaut – Reservegrundstücke, Wälder, Seen, Wiesen, Äcker – sein. Obwohl Grundstücke und Gebäude bei bebauten Grundstücken zivilrechtlich häufig eine rechtliche Einheit bilden, sind Gebäude und Grundstücke bilanzrechtlich getrennt zu behandeln.

Grundstücksgleiche Rechte

Grundstücksgleiche Rechte – wie Erbbaurechte, Teileigentum, bestimmte dauerhafte Wohn- und Nutzungsrechte, Bergwerkeigentum – sind dingliche Rechte, die im BGB den Vorschriften über Grundstücke unterliegen. Sie werden bilanzrechtlich wie Grundstücke behandelt, weil sie diesen wirtschaftlich und in weiteren Punkten rechtlich gleichen.

Bauten

Als Bauten werden Gebäude und andere selbständige Bauten bezeichnet. Die Gebäude werden je nach Zweckbestimmung in Geschäfts-, Fabrik- und Wohnbauten unterschieden. Die Gebäude umfassen auch die der Benutzung dienenden Einrichtungen wie Heizungs-, Beleuchtungsanlagen, Personenaufzüge etc. In der Abgrenzung gegenüber dem Posten „Technische Anlagen und Maschinen" entscheidet primär die Zweckbestimmung, d.h., was direkt der Fabrikation dient, wird unter den Technischen Anlagen und Maschinen ausgewiesen, unabhängig davon, ob es sich um bewegliche Vermögensgegenstände[324] handelt oder um solche, die fest mit dem Gebäude oder Grundstück verbunden und damit rechtlich wesentlicher Bestandteil des Grundstücks sind (§ 94 BGB). Diese Unterscheidung ist insofern von Bedeutung, als die zum Gebäude gehörenden Teile zusammen mit diesem und entsprechend dessen Nutzungsdauer abgeschrieben werden. Andere selbständige Bauten sind Einrichtungen, die keine Gebäude sind und auch nicht unmittelbar dem betrieblichen Leistungserstellungsprozess dienen, wie Kanalbauten, Dämme, Parkplätze, Schachtanlagen und Einfriedungen.

Bauten auf fremden Grundstücken

Hierbei handelt es sich um Gebäude und andere selbständige Bauten auf z.B. gepachteten Grundstücken. Obwohl diese Bauten zivilrechtlich nach den §§ 93, 94 BGB regelmäßig zu wesentlichen Bestandteilen des fremden Grundstücks werden, sind sie wirtschaftlich dem bilanzierenden Unternehmen zuzurechnen. Bauten auf fremden Grundstücken, die aufgrund eines grundstücksgleichen Rechts – z.B. Erbbaurecht – erstellt worden sind, gehören indes nicht zu den Bauten auf fremden Grundstücken, sondern zu den Bauten auf eigenen Grundstücken. Der erste Posten des Sachanlagevermögens fasst also das gesamte Grundvermögen in einem Bilanzposten zusammen.[325]

Hinweis

Grundstücke und grundstücksgleiche Rechte werden handelsrechtlich unabhängig von ihrer Bebauung in einem Sammelposten ausgewiesen. Insbesondere die Zusammenfassung von bebauten und unbebauten Grundstücken sowie Bauten auf fremden Grundstücken ist mit einem erheblichen Nachteil für den externen

[324] Zum beweglichen Anlagevermögen gehören Maschinen einschließlich großer Spezialreserveteile, Betriebs- und Geschäftsausstattung.

[325] Durch diese Zusammenfassung werden einerseits Abgrenzungsschwierigkeiten zwischen den einzelnen Bestandteilen des Grundvermögens vermieden. Andererseits gehen aber auch Informationen für den externen Bilanzadressaten verloren.

Bilanzleser verbunden. Der Bilanzwert setzt sich aus dem Wert der Grundstücke, die keiner Abnutzung unterliegen, und dem der Gebäude, die der Abnutzung unterliegen, zusammen. Ein freiwilliger getrennter Ausweis von Grundstücks- und Gebäudewerten zur Steigerung des Informationsnutzens ist deshalb als zulässig zu erachten.[326]

Technische Anlagen und Maschinen

Hierzu gehören diejenigen Vermögensgegenstände des Anlagevermögens, die unmittelbar dem betrieblichen Leistungserstellungsprozess dienen. Dabei werden unter Maschinen die technischen Geräte verstanden, die der Energieumwandlung sowie der Substitution oder der Unterstützung der menschlichen Arbeitsleistung dienen. Beispiele für Maschinen sind Werkzeugmaschinen, Bagger, Arbeitsbühnen und Transformatoren. Technische Anlagen sind diejenigen technischen Geräte, die keine Maschinen sind, sowie Kombinationen mehrerer Maschinen. Hierzu gehören Krananlagen, Rohrleitungen, chemische Produktionsanlagen, Umspannwerke, Förderbänder, Kokereien und Hochöfen. In Einzelfällen kann – wie bei Kombinationen mehrerer Maschinen – die Abgrenzung, was noch Maschine und was schon technische Anlage ist, schwierig sein. Dem Posten „technische Anlagen und Maschinen" werden i.d.R. auch Spezialreserveteile, die Erstausstattung an Ersatzteilen für Maschinen und technische Anlagen[327] sowie unmittelbar im betrieblichen Leistungsprozess genutzte Werkzeuge zugerechnet. Maschinen und technische Anlagen, die nach der allgemeinen Verkehrsauffassung unselbständig sind und dem betrieblichen Leistungserstellungsprozess nicht unmittelbar dienen, sondern Teil eines Gebäudes sind – z.B. Heizungs- und Beleuchtungsanlagen oder Rohrleitungssysteme – sind zusammen mit dem Gebäude zu bilanzieren.

Andere Anlagen, Betriebs- und Geschäftsausstattung

Diesem Posten ist der Charakter eines Sammelpostens beizumessen. Er umfasst sämtliche Anlagen und betriebliche Einrichtungen, die nicht unmittelbar dem betrieblichen Leistungserstellungsprozess dienen, sondern dem allgemeinen Unternehmensbetrieb und der Geschäftsverwaltung sowie dem Vertrieb zuzurechnen sind. Unter die anderen Anlagen sind alle Vermögensgegenstände des Sachanlagevermögens zu subsumieren, die nicht eindeutig einem anderen Posten des Sachanlagevermögens zugewiesen werden können. Als Beispiele für andere Anlagen lassen sich allgemeine Transportanlagen wie Drahtseilbahnen, Gleisanlagen und Verteilungsanlagen anführen. Die Betriebs- und Geschäftsausstattung setzt sich aus Vermögensgegenständen zusammen, die hauptsächlich für den allgemeinen Unternehmensbetrieb sowie die Verwaltung und den Vertrieb erforderlich sind. Dazu zählen Einrichtungen für Werkstätten, Labore, Kantinen, Läger, Modelle, Muster, Zeichnungen, Waagen, Fuhrpark, Lokomotiven, Transportbehälter, Baustellencontainer, Einrichtungen des Werkschutzes, Büro-, Ausstellungs- und Ladeneinrichtungen, EDV- sowie Telekommunikationsanlagen. Unter dem Posten „andere Anlagen, Betriebs- und Geschäftsausstattung" fällt auch der Großteil der sofort abschreibbaren geringwertigen Wirtschaftsgüter. Im Einzelnen kann die Zuordnung dieser geringwertigen Wirtschaftsgüter zum Sachanlagevermögen oder zu den Roh-, Hilfs-

---

[326] Hierzu Coenenberg/Haller/Schultze, Jahresabschluss und Jahresabschlussanalyse, 26. Aufl. 2021, S. 157-159.

[327] Zur bilanziellen Behandlung von Ersatzteilen nach HGB ausführlich Roos, DB 2015, S. 813ff.

und Betriebsstoffen im Vorratsvermögen schwierig sein. In der Praxis werden i.d.R. aus steuerlichen und Praktikabilitätsgründen alle geringwertigen Wirtschaftsgüter in einem separaten Posten im Sachanlagevermögen ausgewiesen.[328]

Geleistete Anzahlungen und Anlagen im Bau

Unter geleisteten Anzahlungen auf Sachanlagen versteht man die an einem Vertragspartner auf ein ansonsten noch schwebendes Geschäft erbrachten Vorleistungen. Das schwebende Geschäft dient dabei dem Erwerb eines Vermögensgegenstands des Sachanlagevermögens. Da die Anzahlungen als erste Stufe einer dauerhaften Investition zu interpretieren sind, werden sie dem Anlagevermögen zugerechnet. Durch den dortigen Ausweis der Anzahlungen wird das zugrunde liegende schwebende Geschäft erfolgsneutral abgebildet. Wird das ursprünglich vereinbarte Lieferungs- oder Leistungsgeschäft nicht erfüllt, ist die Anzahlung als Rückzahlungsanspruch in die sonstigen Vermögensgegenstände umzubuchen. Anlagen im Bau stellen die Anschaffungs- oder Herstellungskosten der noch nicht fertig gestellten Sachanlagen dar. Hierdurch soll eine erfolgsmäßige Neutralisierung der bis dato angefallen Aufwendungen erreicht werden. Dabei ist nicht relevant, ob die Kosten für Eigen- oder Fremdleistungen angefallen sind.[329] Entscheidend ist vielmehr, ob diese Kosten nach Fertigstellung der Anlagen zu deren Anschaffungs- oder Herstellungskosten zählen. Den Anlagen im Bau sind alle zu aktivierenden Anschaffungs- oder Herstellungskosten für die verschiedenen Posten des Sachanlagevermögens zuzurechnen. Ein gesonderter betragsmäßiger Ausweis für die einzelnen Posten des Sachanlagevermögens ist nicht erforderlich. Der Ausweis im Anlagevermögen trägt dem Umstand Rechnung, dass die Mittel durch die Investitionsentscheidung langfristig gebunden sind. Nach ihrer Fertigstellung sind die Anlagen im Bau in die entsprechenden Posten des Sachanlagevermögens umzugliedern. Allerdings kann es in bestimmten Fällen zu Abgrenzungsproblemen bei den Vermögensgegenständen des Sachanlagevermögens kommen:[330]

- Für die Zurechnung eines Vermögensgegenstands zum bilanzierenden Unternehmen ist gemäß § 246 Abs. 1 Satz 2 HGB die wirtschaftliche Betrachtungsweise entscheidend. Danach muss derjenige, der die Risiken und Chancen aus der Nutzung eines Vermögensgegenstands trägt, diesen auch bilanzieren (wirtschaftliches Eigentum). Regelmäßig fallen wirtschaftliches und rechtliches Eigentum zusammen. Bei einigen Vermögensgegenständen des Sachanlagevermögens kann es indes zu Abgrenzungsschwierigkeiten kommen. Errichtet ein Unternehmer z.B. ein Gebäude auf einem gepachteten, d.h. fremden Grundstück, geht dieses Gebäude zumeist als wesentlicher Bestandteil des Grundstücks gemäß § 94 BGB in das rechtliche Eigentum des Verpächters über. Dennoch muss der Pächter das Gebäude als sein (wirtschaftliches) Eigentum bilanzieren, da er die Risiken und Chancen aus dessen Nutzung trägt. Im Gegenzug bilanziert der Verpächter nur ein unbebautes Grundstück, da ihm ausschließlich das wirtschaftliche Eigentum an dem Grundstück, nicht aber an dem vom Pächter errichteten Gebäude zusteht.
- Darüber hinaus spielt die wirtschaftliche Betrachtungsweise bei bebauten Grundstücken auch für die Bilanzbewertung eine Rolle. Während ein bebautes Grundstück nach § 94 BGB i.d.R. eine zivilrechtliche Einheit bildet, wird es wirtschaftlich

---

[328] Hierzu Baetge/Kirsch/Thiele, Bilanzen, 16. Aufl. 2021, S. 243.

[329] Hierzu Coenenberg/Haller/Schultze, Jahresabschluss und Jahresabschlussanalyse, 26. Aufl. 2021, S. 158.

[330] Hierzu Baetge/Kirsch/Thiele, Bilanzen, 16. Aufl. 2021, S. 244.

in zwei bilanziell getrennt zu behandelnde Vermögensgegenstände, nämlich ein Grundstück und ein Gebäude, aufgeteilt. Diese Aufteilung ist erforderlich, da die beiden genannten Vermögensgegenstände des Sachanlagevermögens in der Folgebewertung unterschiedlich behandelt werden. Im Gegensatz zu Gebäuden werden Grundstücke nämlich nicht planmäßig abgeschrieben.

- Ein weiteres Abgrenzungsproblem stellen die sog. Mietereinbauten und Mieterumbauten dar. Dabei handelt es sich um Baumaßnahmen, die ein Mieter in den von ihm angemieteten Räumen oder Gebäuden auf eigene Rechnung durchführt. Fraglich ist, ob diese Baumaßnahmen zu beim Mieter eigenständig aktivbaren Vermögensgegenständen führen. Die Frage der bilanziellen Behandlung von Mieterein- und -umbauten ist in der Praxis – z.B. bei der Bilanzierung von Ladeneinrichtungen in angemieteten Gebäuden – von großer Bedeutung. In Anlehnung an die steuerliche Bilanzierungspraxis wird handelsrechtlich wie folgt vorgegangen: zum einen werden Scheinbestandteile[331] und Betriebsvorrichtungen[332] als selbständige materielle und bewegliche Vermögensgegenstände behandelt. Je nach wirtschaftlichem Charakter sind diese dann unter den technischen Anlagen oder den anderen Anlagen bzw. der Betriebs- und Geschäftsausstattung auszuweisen. Zum anderen werden Mieterein- und -umbauten, die in einem besonderen – vom Gebäude abweichenden – Nutzungs- und Funktionszusammenhang mit dem Wirtschaftsbetrieb des Mieters stehen, sowie solche Mieterein- und -umbauten, die als Gebäudeteile im wirtschaftlichen Eigentum des Mieters stehen, als selbständige materielle und unbewegliche Vermögensgegenstände behandelt. Letztgenannte Mieterein- und -umbauten sind wirtschaftlich den Bauten auf fremden Grundstücken gleichzustellen. Sie sind demnach dem Grundvermögen zuzuordnen. Bei wesentlichem Umfang der Mieterein- und -umbauten sollten diese in einem selbständigen Bilanzposten separat ausgewiesen werden.[333]

4.2.2 Ansatz des Sachanlagevermögens

Aktivierungspflicht

Die Aktivierung von Vermögensgegenständen des Sachanlagevermögens richtet sich nach den allgemeinen handelsrechtlichen Ansatzvorschriften.[334] Demnach sind alle Güter des Sachanlagevermögens aktivierungspflichtig, sofern sie selbständig verwertbar sind und keine gesetzliche Vorschrift etwas anderes bestimmt. Im derzeit gültigen HGB existieren keine gesetzlichen Vorschriften bzgl. des Ansatzes von Vermögensgegenständen des Sach-

---

331 Diese sind nach § 95 BGB Mieterein- oder -umbauten, die entweder nur zu einem vorübergehenden Zweck in ein Gebäude eingefügt worden sind oder die in Ausübung eines dinglichen Rechts an einem fremden Grundstück mit dem Gebäude verbunden worden sind. Scheinbestandteile bilden keine zivilrechtliche Einheit mit dem Grundstück oder dem Gebäude.

332 Hierbei handelt es sich nach § 68 Abs. 2 BewG um Maschinen und sonstige Vorrichtungen aller Art, die zu einer Betriebsanlage gehören, auch wenn sie wesentliche Bestandteile sind. Betriebsvorrichtungen weisen keinen einheitlichen Nutzungs- und Funktionszusammenhang mit dem Gebäude auf und müssen daher als selbständiger, nicht zum Gebäude gehörender Vermögensgegenstand aktiviert werden.

333 Hierzu sowie zu den vorangegangenen Ausführungen Baetge/Kirsch/Thiele, Bilanzen, 16. Aufl. 2021, S. 245.

334 Hierzu ausführlich Abschn. 3.2.

anlagevermögens. Somit sind alle Vermögensgegenstände des Sachanlagevermögens aktivierungspflichtig.

4.2.3 Bewertung des Sachanlagevermögens

4.2.3.1 Zugangsbewertung

Anschaffungs- oder Herstellungskosten

Beim Zugang von Vermögensgegenständen des Sachanlagevermögens sind die Anschaffungs- oder Herstellungskosten gemäß § 253 Abs. 1 Satz 1 HGB i.V.m. § 255 HGB der relevante Wertmaßstab. Die Anschaffungs- oder Herstellungskosten beruhen auf den für die Anschaffung geleisteten Entgelten bzw. auf den der Herstellung eines Vermögensgegenstands zurechenbaren Herstellungskosten. Von besonderer Bedeutung ist indes, den Umfang der Anschaffungs- oder Herstellungskosten korrekt abzugrenzen: so sind beim Erwerb von Grundstücken oder Gebäuden neben dem eigentlichen Anschaffungspreis häufig noch weitere Zahlungen an Notare, Gerichte, Makler, Sachverständige, den Fiskus etc. zu leisten. Diese Zahlungen sind regelmäßig als Anschaffungsnebenkosten zu aktivieren. Darüber hinaus ist es z.B. im Falle des Erwerbs eines bebauten Grundstücks erforderlich, die Anschaffungskosten auf das Grundstück und das Gebäude aufzuteilen. Das Handelsrecht schreibt hierfür keine konkrete Methode vor. Die gewählte Methode muss lediglich dem Grundsatz der Willkürfreiheit entsprechen. Steuerlich werden die Anschaffungskosten nach dem Verhältnis der für die beiden Vermögensgegenstände ermittelten Teilwerte aufgeteilt.[335]

Abgrenzung von Herstellungs- und Erhaltungsaufwand

Eng verzahnt mit der Ermittlung der Herstellungskosten für Vermögensgegenstände des Sachanlagevermögens ist die Abgrenzung von Herstellungsausgaben (nachträgliche Herstellungskosten) und Erhaltungsaufwand. Fallen z.B. bei Gebäuden oder Gebäudeteilen im Laufe der Zeit Instandhaltungs- und Modernisierungsausgaben an, können diese sowohl den Charakter von nachträglichen aktivierungspflichtigen Herstellungskosten als auch von laufendem Erhaltungsaufwand haben. Aktivierungspflichtige Herstellungsausgaben liegen zum einen vor, wenn durch die Generalüberholung eines Gebäudes oder Gebäudeteils faktisch ein neuer Vermögensgegenstand geschaffen wird. Zum anderen liegen Herstellungsausgaben vor, wenn durch die Instandhaltungs- bzw. Modernisierungstätigkeiten der ursprüngliche Vermögensgegenstand wesentlich verbessert oder erweitert worden ist. Wird indes lediglich die vorhandene Substanz erneuert, handelt es sich um sofort erfolgswirksam zu erfassenden Erhaltungsaufwand.

Nachträgliche Herstellungskosten

Nachträgliche aktivierungspflichtige Herstellungskosten können unterteilt werden in anschaffungsnahe und anschaffungsferne Herstellungsausgaben. Erstere liegen vor, wenn zeitnah zur Anschaffung – innerhalb der ersten drei Jahre – im Vergleich zu den ursprünglichen Anschaffungskosten hohe Instandhaltungs- oder Modernisierungsausgaben anfallen, die nicht für die Erhaltung, sondern für eine Verbesserung des Vermögensgegenstands erforderlich sind. Letztere sind gegeben, wenn sich durch die spätere Instandhaltung bzw. Modernisierung eine wesentliche Verbesserung des ursprünglichen Vermögensgegenstands ergibt. Ein Anzeichen für eine solche wesent-

---

[335] Zur Aufteilung der Anschaffungskosten auf mehrere Vermögensgegenstände bspw. Schubert/Gadek, in: Beck Bil-Komm., 12. Aufl. 2020, § 255 Anm. 72ff.

liche Verbesserung liegt in einer deutlichen Erhöhung des Nutzungswerts, der sich an einer stark verlängerten Nutzungsdauer oder einem deutlich gestiegenen Mietwert eines Gebäudes festmachen lässt.[336]

4.2.3.2 Folgebewertung

4.2.3.2.1 Allgemeines

Planmäßige Abschreibung

Die meisten Vermögensgegenstände des Sachanlagevermögens sind nur zeitlich begrenzt nutzbar und müssen daher planmäßig über die Nutzungsdauer abgeschrieben werden. Grundstücksgleiche Rechte und Bauten einschließlich der Bauten auf fremden Grundstücken werden i.d.R. nur linear[337] abgeschrieben. Für die Anlagen, die Maschinen und die Betriebs- und Geschäftsausstattung kommen neben der linearen auch die degressive[338] und die leistungsabhängige[339] Abschreibungsmethode in Betracht. Grundstücke sind i.d.R. nicht abnutzbar und dürfen folglich nicht planmäßig abgeschrieben werden. Hier wird auch deutlich, warum bei bebauten Grundstücken die Anschaffungskosten auf das Grundstück und das Gebäude aufgeteilt werden müssen. Der für das Gebäude ermittelte Teil der Anschaffungskosten bildet den Abschreibungsausgangsbetrag für dessen planmäßige Abschreibung in den Folgejahren. Wesentliche Parameter des Abschreibungsplans, wie die Nutzungsdauer und der Abschreibungssatz, die für die Gebäude gelten, gelten auch für die unselbständigen Gebäudeteile. Ausnahmen bilden alle in das Gebäude eingefügten, selbständigen Bestandteile, wie die technischen Anlagen und Maschinen, die Mieterein- und -umbauten und die anderen Anlagen sowie die Betriebs- und Geschäftsausstattung. Die selbständigen Bestandteile teilen nicht das Schicksal der Abschreibung mit dem Gebäude, sondern werden nach dem für sie charakteristischen wirtschaftlichen Nutzenverlauf planmäßig abgeschrieben.[340]

Bezüglich der konzeptionellen Vorgehensweise im Rahmen der Folgebewertung von Vermögensgegenständen des Sachanlagevermögens kann auf die Ausführungen unter Abschn. 4.1.3. verwiesen werden. Etwaige Besonderheiten bei der Folgebewertung von Sachanlagen werden im Rahmen der nachfolgenden Ausführungen unter Abschn. 4.2.3.2.2. behandelt.

4.2.3.2.2 Bewertungsvereinfachungen

4.2.3.2.2.1 Festbewertung

§ 240 Abs. 3 HGB

Einige der handelsrechtlichen Bewertungsvereinfachungsverfahren dürfen auch auf die Vermögensgegenstände des Sachanlagevermögens angewendet werden. Nach § 240 Abs. 3 HGB können Vermögensgegenstände des Sachanlagevermögens, wenn sie regelmäßig ersetzt werden und ihr Gesamtwert für das Unternehmen von nachrangiger Bedeutung ist, mit einer gleichbleibenden Menge und einem gleichbleibenden Wert angesetzt werden, sofern ihr Bestand in seiner Größe, seinem Wert und seiner Zusammensetzung nur geringen

---

[336] Hierzu Schubert/Hutzler, in: Beck Bil-Komm., 12. Aufl. 2020, § 255 Anm. 318ff.; Hoffmann/Lüdenbach, NWB Kommentar Bilanzierung, 14. Aufl. 2022, § 255 Rz. 156-165.

[337] Hierzu Abschn. 4.1.3.2.2.3.2.

[338] Hierzu Abschn. 4.1.3.2.2.3.3.

[339] Hierzu Abschn. 4.1.3.2.2.3.5.

[340] Hierzu Baetge/Kirsch/Thiele, Bilanzen, 16. Aufl. 2021, S. 258-259.

Veränderungen unterliegt. Eine körperliche Inventur ist dann nur alle drei Jahre erforderlich.[341] Liegen die Voraussetzungen des § 240 Abs. 3 HGB vor, dürfen die Vermögensgegenstände des Sachanlagevermögens mit einem Festwert angesetzt werden. Typische Anwendungsfälle für die Festbewertung sind bei Sachanlagevermögen z.B. in der chemischen Industrie, Bahn- und Gleisanlagen, Laboreinrichtungen sowie Mess- und Prüfeinrichtungen und in der Bauindustrie die Gerüst- und Schalungsteile.

Regelmäßiger Ersatz

Durch die Forderung des regelmäßigen Ersatzes von abgehenden Vermögensgegenständen des Anlagevermögens wird die Festbewertung auf abnutzbare Vermögensgegenstände des Sachanlagevermögens beschränkt, da beim nicht abnutzbaren Anlagevermögen i.d.R. kein regelmäßig zu ersetzender Verbrauch gegeben ist.[342] Abnutzbare Anlagegegenstände erfüllen diese Vorausaussetzungen nur, wenn sie etwa gleiche Nutzungsdauern haben und sich auf die einzelnen Anschaffungsjahre in etwa gleichmäßig verteilen.

Kriterium der geringen Veränderungen

Orientierungsgröße für die Festbewertung sind die um Abschreibungen gekürzten Anschaffungs- oder Herstellungskosten. Der Festwert darf so lange beibehalten werden, wie die in ihm zusammengefassten Gütermengen ihrer Zahl oder ihrem Maß oder Gewicht nach nur geringe Veränderungen aufweisen.

Messung der Festwertgröße

Die Messung der Festwertgröße erfolgt in der Praxis häufig über Schlüsselgrößen (Belegschaftsstärke, Länge des Gleisnetzes usw.). Da sich diese u.a. durch Rationalisierung ändern können, sind ggf. Kontrollrechnungen in Betracht zu ziehen (z.B. Gegenüberstellung von Jahreszugängen und dem rechnerischen Abschreibungsbetrag).[343]

4.2.3.2.2.2 Gruppenbewertung

§ 240 Abs. 4 HGB

Gemäß § 240 Abs. 4 HGB darf die Gruppenbewertung angewendet werden auf gleichartige Vermögensgegenstände des Vorratsvermögens und andere gleichartige oder annähernd gleichwertige Vermögensgegenstände des Anlage- oder Umlaufvermögens sowie auf Schulden.

Gleichartigkeit

Der Begriff der Gleichartigkeit besagt, dass es sich nicht um gleiche Vermögensgegenstände handeln muss. Nach h.M. wird die Gleichartigkeit der Vermögensgegenstände durch die Merkmale Zugehörigkeit zur gleichen Warengattung oder Gleichheit der Verwendbarkeit oder Funktion (Funktionsgleichheit) bestimmt. Außerdem dürfen keine wesentlichen Qualitätsunterschiede bestehen. Annähernde Preisgleichheit ist nach dem Wortlaut von § 240 Abs. 4 HGB nicht zwingend erforderlich.

---

[341] Es geht dabei v.a. darum, den mengenmäßigen Bestand festzustellen. Werden dabei Mehrmengen ermittelt, braucht der Festwert nicht angepasst werden, wenn der ermittelte Wert den bisherigen Festwert nicht um mehr als 10% übersteigt. Bei Mindermengen sind hingegen immer Anpassungen erforderlich.

[342] Nicht abnutzbares Anlagevermögen wird zwar auch mit fester Menge und festem Wert angesetzt, materiell liegt indes eine Bewertung zu Anschaffungs- oder Herstellungskosten bzw. nach der Niederstwertvorschrift vor, während beim Festwertverfahren das abnutzbare Sachanlagevermögen mir rund 50% der Anschaffungs- oder Herstellungskosten bewertet wird. Hierzu Baetge/Kirsch/Thiele, Bilanzen, 16. Aufl. 2021, S. 283.

[343] Hierzu IDW, WP Handbuch, 18. Aufl. 2023, Kap. F Tz. 196-198.

Gleichwertigkeit

Das für andere bewegliche Vermögensgegenstände[344] alternativ zur Gleichartigkeit maßgebliche Kriterium der Gleichwertigkeit impliziert, dass die Preise der in der Gruppenbewertung zusammengefassten Vermögensgegenstände nicht wesentlich voneinander abweichen dürfen. Hierbei wird ein Spielraum von 20% zwischen höchstem und niedrigstem Preis bei geringem Wert der einzelnen Vermögensgegenstände in der Gruppe noch als vertretbar angesehen.[345] Der generelle Maßstab muss sein, dass der Bilanzwert der Gruppenbewertung nicht wesentlich höher oder niedriger sein darf, als er sich bei einer Bewertung zu Einzelpreisen ergeben würde. Annähernde Preisgleichheit setzt insbesondere voraus, dass die Preise zeitlich miteinander verglichen werden können, also auf den gleichen Zeitpunkt bezogen sind. Weiterhin besagt annähernde Gleichwertigkeit auch, dass nicht nur gleichartige Vermögensgegenstände zusammengefasst werden dürfen. Die Gruppenbewertung setzt jedoch auch bei ungleichen Vermögensgegenständen weitere gemeinsame Merkmale außer annähernd gleichen Preisen voraus, z.B. gleiches Sortiment.[346]

Die zu einer Gruppe zusammengefassten Vermögensgegenstände sind mit dem gewogenen Durchschnittswert anzusetzen. Der Zweck einer Gruppenbewertung wird entweder durch einen sog. einfach gewogenen oder durch einen gleitend gewogenen Durchschnitt erreicht.

Zur Ermittlung des einfach gewogenen Durchschnittspreises wird die Summe der mit den Mengen multiplizierten Preise des Anfangsbestands und der mit den tatsächlichen Preisen bewerteten Zugänge während des Geschäftsjahres durch die Summe der Menge von Anfangsbestand und Zugang des Zeitraums dividiert. Mit diesem Ergebnis wird der Endbestand zum Bilanzstichtag bewertet:

Beispiel 1

	Menge	Preis je Einheit GE	Gesamtpreis GE
Anfangsbestand	50	5,00	250,00
Zugang 1	100	6,00	600,00
Zugang 2	200	7,00	1.400,00
Zugang 3	50	7,00	350,00
	400	6,50	2.600,00
Endbestand	100	6,50	650,00

Tab. 19 Einfach gewogener Durchschnittspreis

Bei einem Endbestand von 100 und einem Verbrauch von 300 Einheiten ergibt sich ein Inventurwert von GE 650,00.

[344] Zum beweglichen Anlagevermögen gehören Maschinen einschließlich großer Spezialreserveteile, Betriebs- und Geschäftsausstattung. Insofern kommt die Gruppenbewertung für immaterielle Vermögensgegenstände des Anlagevermögens nicht in Betracht.

[345] Hierüber besteht in der Literatur Uneinigkeit. So werden an anderer Stelle Preisunterschiede von 25% oder mehr als Argument gegen die Gleichartigkeit angeführt. Vgl. Hoffmann/Lüdenbach, NWB Kommentar Bilanzierung, 14. Aufl. 2022, § 240 Rz. 34.

[346] Hierzu Störk/Lewe, in: Beck Bil-Komm., 13. Aufl. 2022, § 240 Anm. 135-137; IDW, WP Handbuch, 18. Aufl. 2023, Kap. F Tz. 199 sowie Hoffmann/Lüdenbach, NWB Kommentar Bilanzierung, 14. Aufl. 2022, § 240 Rz. 34-36.

Gleitend gewogener Durchschnittspreis

Bei der Ermittlung des gleitend gewogenen Durchschnittspreises wird der Bestand laufend zu gewogenen Durchschnittspreisen bewertet und jeder Abgang zu den jeweils neu ermittelten Durchschnittspreisen angesetzt. Mit der laufenden Berücksichtigung der Abgänge und der laufenden Fortschreibung der Durchschnittspreise wird eine den tatsächlichen Anschaffungskosten näherkommende Bewertung des Inventurwerts erreicht:

Beispiel 2

	Menge	Preis je Einheit	Gesamtpreis	Durchschnitts-preis
		GE	GE	GE
Anfangsbestand	50	5,00	250,00	-
Zugnang 1	100	6,00	600,00	-
Summe	150		850,00	5,67
Abgang	50	5,67	283,33	-
Bestand	100	5,67	566,67	5,67
Zugang 2	200	7,00	1.400,00	-
Summe	300	-	1.966,67	6,56
Abgang	150	6,56	983,33	-
Bestand	150	6,56	983,33	6,56
Zugang 3	50	7,00	350,00	-
Summe	200		1.333,33	6,67
Abgang	100	6,67	666,67	-
Endbestand	100	6,67	666,67	6,67

Tab. 20 Gleitend gewogener Durchschnittspreis

4.2.4 Beispielsachverhalte - Sachanlagevermögen

a. Die FWA kauft am 2.1.t0 eine neue Färbemaschine zu Anschaffungskosten i.H. von EUR 150.000,00. Es wird mit einer Nutzungsdauer (N) von fünf Jahren und einem Schrottwert (R) von EUR 15.000,00 gerechnet. Die Maschine soll linear abgeschrieben werden. Das Kalenderjahr entspricht dem Wirtschaftsjahr der FWA.

Die Anschaffungskosten werden unter Berücksichtigung des Schrottwerts gemäß folgender Formel gleichmäßig auf die Nutzungsdauer verteilt:

$$a_t = \frac{(AHK - R_N)}{N} = \frac{EUR\ 150.000 - EUR\ 15.000}{5\ Jahre} = \text{EUR } 27.000{,}00$$

Es ergibt sich folgender Abschreibungsplan:

Jahr	Buchwert 1.1. EUR	Restwert EUR	Abschreibungs-satz auf AHK	Abschreibungs-betrag in EUR	Buchwert 31.12. EUR
	(AHK)	(R)	(1/N)	(a)	
0	150.000,00	15.000,00	20%	27.000,00	123.000,00
1	123.000,00		20%	27.000,00	96.000,00
2	96.000,00		20%	27.000,00	69.000,00
3	69.000,00		20%	27.000,00	42.000,00
4	42.000,00		20%	27.000,00	15.000,00

b. Zum 2.1.t0 kauft die FWA eine Hohlspindelmaschine für EUR 1.200.000,00, welche eigens nach den Plänen des Ingenieurs Alt konstruiert wurde. Die Nutzungsdauer (N) soll sechs Jahre betragen und die Maschine soll linear abgeschrieben werden. Am Ende von t1 macht sich ein schwerwiegender Konstruktionsfehler bemerkbar, sodass die Maschine nur mehr zu 50% belastbar ist. Die erwarteten künftigen, aus der Maschine resultierenden Netto-Zahlungsströme werden auf EUR 500.000,00 geschätzt, wenn die Kapazitätsreduktion berücksichtigt wird. Da Alt nicht damit rechnet den Fehler beheben zu können, wird die Kapazität der Maschine weiterhin nur 50% der ursprünglich angenommenen betragen. Völlig unerwartet kann Alt den Fehler jedoch zum Ende des Jahres t3 beheben, sodass die Maschine wieder voll einsatzbereit ist.

Im Zeitpunkt der Anschaffung ergibt sich folgender Abschreibungsplan:

Jahr	Buchwert 1.1. EUR	Restwert EUR	Abschreibungs- satz auf AHK	Abschreibungs- betrag in EUR	Buchwert 31.12. EUR
	(AHK)	(R)	(1/N)	(a)	
0	1.200.000,00		17%	200.000,00	1.000.000,00
1	1.000.000,00		17%	200.000,00	800.000,00
2	800.000,00		17%	200.000,00	600.000,00
3	600.000,00		17%	200.000,00	400.000,00
4	400.000,00		17%	200.000,00	200.000,00
5	200.000,00		17%	200.000,00	0,00

Aufgrund der voraussichtlich dauernden Wertminderung muss in t1 eine außerplanmäßige Abschreibung vorgenommen werden. Der sich unter Berücksichtigung der planmäßigen Abschreibung zum 31.12.t1 ergebende Buchwert der Maschine von EUR 800.000,00 wird um 50% gekürzt, um so der auf 50% der ursprünglichen Kapazität gesunkenen Leistungsabgabe Rechnung zu tragen. Die planmäßigen Abschreibungen bemessen sich nach dem Restbuchwert von EUR 400.000,00 und der Restnutzungsdauer von vier Jahren. Damit ergibt sich nach Vornahme der außerplanmäßigen Abschreibung folgender angepasster Abschreibungsplan:

Jahr	Buchwert 1.1. EUR	Restwert EUR	Abschreibungs- satz auf AHK	Abschreibungs- betrag in EUR	Buchwert 31.12. EUR
	(AHK)	(R)	(1/N)	(a)	
1					400.000,00
2	400.000,00		25%	100.000,00	300.000,00
3	300.000,00		25%	100.000,00	200.000,00

Da in t4 der Grund für die außerplanmäßige Abschreibung entfallen ist, muss die FWA bis zu den fortgeführten Anschaffungskosten, die sich ohne außerplanmäßige Abschreibung ergeben hätten, zuschreiben. Der Wert der Maschine beträgt zum 31.12.t3 EUR 400.000,00.

In der Perioden t4 und t5 ist die Maschine wieder entsprechend dem ursprünglichen Abschreibungsplan zu behandeln.

c. Zum 2.1.t1 kauft die FWA weiterhin eine neue Rotorspinnmaschine für EUR 400.000,00. Es wird mit einer Nutzungsdauer (N) von acht Jahren uns einem Schrottwert (R) von EUR 40.000,00 gerechnet. Die Maschine soll degressiv abgeschrieben werden.

Es wird mit einem gleichbleibenden Prozentsatz vom jeweiligen Restbuchwert abgeschrieben. Der Prozentsatz ermittelt sich wie folgt:

$$s = 1 - \sqrt[N]{R_N / AHK} = 1 - \sqrt[8]{40.000/400.000} = 25{,}01\%$$

Damit ergibt sich folgender Abschreibungsplan:

Jahr	Buchwert 1.1. EUR (AHK)	Restwert EUR (R)	Abschreibungs- satz auf AHK (s)	Abschreibungs- betrag in EUR (a)	Buchwert 31.12. EUR
1	400.000,00	40.000,00	25,0%	100.042,32	299.957,68
2	299.957,68		25,0%	75.021,15	224.936,53
3	224.936,53		25,0%	56.257,93	168.678,60
4	168.678,60		25,0%	42.187,49	126.491,11
5	126.491,11		25,0%	31.636,16	94.854,95
6	94.854,95		25,0%	23.723,77	71.131,18
7	71.131,18		25,0%	17.790,32	53.340,86
8	53.340,86		25,0%	13.340,86	40.000,00
			Summe	**360.000,00**	

d. Des Weiteren wird zum 2.1.t2 für EUR 300.000,00 eine sog. Kämmmaschine angeschafft. Die Nutzungsdauer (N) soll fünf Jahre betragen. Ein Schrottwert ist nicht zu berücksichtigen. Die Maschine ist innerhalb der Nutzungsdauer auf EUR 0,00 abzuschreiben, wobei zunächst die degressive Methode zur Anwendung kommen soll.

Sobald der degressive Abschreibungsbetrag unter den der lineare sinkt, ist auf die lineare Abschreibung überzugehen. Im Zeitpunkt des Übergangs berechnet sich die lineare Abschreibung nach dem Restbuchwert und der Restnutzungsdauer. Die Berechnung des Zeitpunkts des Methodenwechsels erfolgt nach folgender Formel:

$$s * RBW_{t-1} \leq \frac{RBW_{t-1}}{N - t + 1} \rightarrow 25\% * EUR\ 225.000 \leq \frac{EUR\ 225.000}{5 - 2 + 1}$$

Es ergibt sich folgender Abschreibungsplan:

			Degressiv			Linear		
Jahr	Periode (t)	Buchwert 1.1. EUR (AHK)	Abschreibungs- satz auf AHK (s)	Abschreibungs- betrag in EUR (a)	Buchwert 31.12. EUR	Abschreibungs- satz auf AHK (1/N)	Abschreibungs- betrag in EUR (a)	Buchwert 31.12. EUR
2	1	300.000,00	25,0%	75.000,00	225.000,00	20,0%	60.000,00	240.000,00
3	2	225.000,00	25,0%	56.250,00	168.750,00	25,0%	56.250,00	168.750,00
4	3	168.750,00	25,0%	42.187,50	126.562,50	25,0%	56.250,00	112.500,00
5	4	126.562,50	25,0%	31.640,63	94.921,88	25,0%	56.250,00	56.250,00
6	5	94.921,88	25,0%	23.730,47	71.191,41	25,0%	56.250,00	0,00

e. Zum 31.12.t2 kauft die FWA einen PKW für EUR 40.000,00. Die Gesamtleistungsmenge (L) soll bei 150.000 km liegen, die Leistungsmenge pro Periode (l_t) bei 50.000 km. Mit einem Restwert ist nicht zu rechnen. Für den Pkw sollen die jährlichen Abschreibungsbeträge nach Maßgaben der Inanspruchnahme (Leistungsabschreibung) berechnet werden.

Der Abschreibungsbetrag a_t einer jeden Periode t berechnet sich wie folgt:

$$a_t = \frac{(AHK - R_N) * I_t}{L} = \frac{EUR\ 40.000 * 25.000\ \frac{km}{Jahr}}{150.000\ km} = 13.333\ \frac{EUR}{Jahr}$$

f. Die FWA erwirbt Ende t4 ein bebautes Nachbargrundstück. Der Vorbesitzer lässt sich den Grund und Boden mit EUR 600.000,00 und das darauf stehende Geschäftsgebäude mit EUR 200.000,00 vergüten. Die FWA lässt nach Auszug der Vormieter das Gebäude zum 2.1.t5 für EUR 50.000,00 abreißen und errichtet für EUR 1.000.000,00 einen Erweiterungsbau, der ab dem 2.1.t6 genutzt werden kann. Von den Baukosten fallen in t5 EUR 500.000,00 an.

Wenn mit dem Abbruch eines Gebäudes seine Nutzung endet, dann müssen der noch nicht als Aufwand verrechnete Teil der Anschaffungskosten (= Restbuchwert) und die Abbruchkosten ergebniswirksam erfassen werden. In t4 und t5 schlägt sich der Sachverhalt wie folgt nieder:

Zum 31.12.t4 ist zunächst das bebaute Grundstück zu Anschaffungskosten i.H. von EUR 800.000,00 zu aktivieren. In t5 ist der Restbuchwert des Gebäudes i.H. von EUR 600.000,00 sowie die angefallenen Abbruchkosten i.H. von EUR 50.000,00 aufwandswirksam zu erfassen. Erstere als Abschreibungen auf Sachanlagen, letztere als sonstige betriebliche Aufwendungen. Die Kosten für den Erweiterungsbau sind in t5 unter den Anlagen im Bau zu aktivieren.[347]

Unter Berücksichtigung sämtlicher Geschäftsvorfälle, stellen sich die Jahresabschlüsse der FWA für die Geschäftsjahre t0 bis t5 wie folgt dar:

Bilanz		31.12.					
	Ref.	0	1	2	3	4	5
Aktiva							
A. Anlagevermögen							
…							
II. Sachanlagen							
1. Grundstücke, grundstücksgleiche Rechte und Bauten einschließlich der Bauten auf fremden Grundstücken	f.					800.000	200.000
2. technische Anlagen und Maschinen	a.	123.000,00	96.000,00	69.000,00	42.000,00	15.000,00	
	b.	1.000.000,00	400.000,00	300.000,00	400.000,00	200.000,00	0,00
	c.		299.957,68	224.936,53	168.678,60	126.491,11	94.854,95
	d.			225.000,00	168.750,00	112.500,00	56.250,00
3. andere Anlagen, Betriebs- und Geschäftsausstattung	e.				26.666,67	13.333,33	0,00
4. geleistete Anzahlungen und Anlagen im Bau	f.						500.000,00
…							
B. Umlaufvermögen							
…							
IV. Kassenbestand, Bundesbankguthaben, Guthaben bei Kreditinstituten und Schecks	a.	-150.000,00					
	b.	-1.200.000,00					
	c.		-400.000,00				
	d.			-300.000,00			

347 Nach Fertigstellung des Erweiterungsbaus in Periode t_6 ist eine Umbuchung von Anlagen im Bau in Gebäude vorzunehmen und der einsetzende Wertverzehr mittels Abschreibung zu erfassen.

	Ref.	0	1	2	3	4	5
	e.			-40.000,00			
	f					-800.000,00	-50.000,00
							-500.000,00

Passiva

A. Eigenkapital

...

	0	1	2	3	4	5
V. Jahresüberschuß/Jahresfehlbetrag	-227.000,00	-727.042,32	-277.021,15	-52.841,26	-338.770,83	-951.219,49

...

Gewinn- und Verlustrechnung nach UKV

	Ref.	1.1. - 31.12. 0	1	2	3	4	5
...							
2. Herstellungskosten der zur Erzielung der Umsatzerlose erbrachten Leistungen	a.	-27.000,00	-27.000,00	-27.000,00	-27.000,00	-27.000,00	
*	b.	-200.000,00	-200.000,00	-100.000,00	-100.000,00	-200.000,00	-200.000,00
			-400.000,00				
	c.		-100.042,32	-75.021,15	-56.257,93	-42.187,49	-31.636,16
	d.			-75.000,00	-56.250,00	-56.250,00	-56.250,00
	e.				-13.333,33	-13.333,33	-13.333,33
	f.						-600.000,00
...							
6. sonstige betriebliche Erträge	b.				200.000,00		
7. sonstige betriebliche Aufwendungen	f.						-50.000,00
...							
16. Jahresüberschuss/Jahresfehlbetrag		-227.000,00	-727.042,32	-277.021,15	-52.841,26	-338.770,83	-951.219,49

* Außerplanmäßige Abschreibungen auf Vermögensgegenstände des Anlagevermögens

Gewinn- und Verlustrechnung nach GKV

	Ref.	1.1. - 31.12. 0	1	2	3	4	5
...							
4. sonstige betriebliche Erträge	b.				200.000,00		
...							
7. Abschreibungen							
a) auf immaterielle Vermögensgegenstände des Anlagevermögens und Sachanlagen	a.	-27.000,00	-27.000,00	-27.000,00	-27.000,00	-27.000,00	
*	b.	-200.000,00	-200.000,00	-100.000,00	-100.000,00	-200.000,00	-200.000,00
			-400.000,00				
	c.		-100.042,32	-75.021,15	-56.257,93	-42.187,49	-31.636,16
	d.			-75.000,00	-56.250,00	-56.250,00	-56.250,00
	e.				-13.333,33	-13.333,33	-13.333,33
	f.						-600.000,00
8. sonstige betriebliche Aufwendungen	f.						-50.000,00
...							
17. Jahresüberschuss/Jahresfehlbetrag		-227.000,00	-727.042,32	-277.021,15	-52.841,26	-338.770,83	-951.219,49

* Außerplanmäßige Abschreibungen auf Vermögensgegenstände des Anlagevermögens

4.3 Bilanzierung der Finanzanlagen

4.3.1 Begriff, Arten und Ausweis von finanziellen Vermögensgegenständen

Unterschied zu anderen Vermögensgegenständen

Die finanziellen Vermögensgegenstände unterscheiden sich von den immateriellen Vermögensgegenständen des Anlagevermögens und dem Sachanlagevermögen grundsätzlich dadurch, dass das in ihnen gebundene Vermögen anderen Unternehmen überlassen worden ist und bei diesen entweder Eigenkapital oder Fremdkapital darstellt.[348]

Finanzinstrumente

Den finanziellen Vermögensgegenständen liegen Finanzinstrumente zugrunde. Der Begriff des Finanzinstruments wird im HGB nicht ausdrücklich geregelt bzw. nur sehr unscharf umrissen. Allerdings orientiert sich die Begriffsdefinition an den IFRS. So wird in IAS 32.11 ein Finanzinstrument als ein Vertrag definiert, durch den der einen Vertragspartei ein finanzieller Vermögenswert erwächst, während bei der anderen Vertragspartei spiegelbildlich eine finanzielle Verbindlichkeit entsteht.

348 Hierzu Baetge/Kirsch/Thiele, Bilanzen, 16. Aufl. 2021, S. 323.

Abhängig von den zeitlichen Verhältnissen zwischen dem Verpflichtungs- und dem Erfüllungsgeschäft lassen sich Finanzinstrumente in originäre Finanzinstrumente und derivative Finanzinstrumente unterscheiden:

Originäre Finanzinstrumente

Charakteristisch für originäre Finanzinstrumente, wie Aktien, ist, dass das Verpflichtungs- und das Erfüllungsgeschäft zeitlich eng zusammenfallen. Verpflichten sich zwei Parteien zu dem Geschäft, ein Finanzinstrument gegen Geld zu tauschen, wird dieses auch zeitgleich oder sehr zeitnah erfüllt.

Derivative Finanzinstrumente

Im Unterschied zu den originären Finanzinstrumenten sind das Verpflichtungs- und das Erfüllungsgeschäft bei derivativen Finanzinstrumenten zeitlich getrennt. Bei einem zweiseitig verpflichtenden Geschäft wird also ein verbindlicher Vertrag geschlossen, nicht sofort, sondern erst zu einem in der Zukunft liegenden Zeitpunkt Leistungen gegen Geld zu tauschen. Bei den derivativen Finanzinstrumenten handelt es sich um schwebende Vertragsverhältnisse, deren Wert sich in Folge der Änderung eines bestimmten Basiswerts verändert. Dieser Basiswert kann z.B. ein Aktienkurs, ein Zinssatz, ein Devisenkurs oder der Preis einer Handelsware sein. Charakteristisch für ein derivatives Finanzinstrument ist darüber hinaus, dass es im Gegensatz zu anderen Instrumenten – wenn überhaupt – nur einer geringen Anschaffungsauszahlung bedarf, um an den Marktwertveränderungen des zugrunde liegenden Basisobjekts zu partizipieren. Ein derivatives Finanzinstrument hat zudem immer eine begrenzte Laufzeit.

Ausweis

Die Unterscheidung zwischen originären und derivativen Finanzinstrumenten hat indes keine Bedeutung für den Ausweis im handelsrechtlichen Jahresabschluss. Maßgeblich für den Ausweis der Finanzinstrumente ist vielmehr der Verwendungszweck des jeweiligen Finanzinstruments.

Arten

Nachfolgend wird zunächst die bilanzielle Abbildung der Finanzinstrumente in ihrer Ausprägung als finanzielle Vermögensgegenstände des Anlagevermögens dargestellt. Auf die Besonderheiten der Bilanzierung derivativer Finanzinstrumente wird im Rahmen des vorliegenden Werks nicht eingegangen. Das Gliederungsschema des § 266 Abs. 2 A. III. HGB nennt als Finanzanlagen[349]:

A. Anlagevermögen

III. Finanzanlagen:
1. Anteile an verbundenen Unternehmen;
2. Ausleihungen an verbundene Unternehmen;
3. Beteiligungen;
4. Ausleihungen an Unternehmen, mit denen ein Beteiligungsverhältnis besteht;
5. Wertpapiere des Anlagevermögens;
6. sonstige Ausleihungen.

Tab. 21 Arten von Finanzanlagen

[349] Finanzinvestitionen, d.h. Investitionen in andere Unternehmen bzw. Institutionen in der Rolle als Eigenkapital- (z.B. Erwerb von Anteilen) oder als Fremdkapitalgeber (z.B. durch die Gewährung von Darlehen oder anderen Ausleihungen), die dazu bestimmt sind, dauernd dem Unternehmen zu dienen, werden als Finanzanlagen im Anlagevermögen ausgewiesen.

Anteile an verbundenen Unternehmen Hierunter sind alle Anteile an Kapital- oder Personengesellschaften zu bilanzieren, wenn es sich bei dem Unternehmen um verbundene Unternehmen i.S. des § 271 Abs. 2 HGB handelt. Die Art der Anteile ist hierbei nicht von Bedeutung. Es kann sich z.B. um Aktien, GmbH-Anteile, Komplementär- oder Kommanditeinlagen handeln. Verbundene Unternehmen sind Unternehmen, die als Mutter- oder Tochterunternehmen (§ 290 HGB) in den Konzernabschluss des Mutterunternehmens nach den Regeln der Vollkonsolidierung einzubeziehen sind (§ 271 Abs. 2 HGB). Entscheidend ist dabei das Vorliegen bestimmter Merkmale, z.B. ein beherrschender Einfluss aufgrund eines Beherrschungsvertrags.

Beteiligungen Sind Anteile nicht unter dem Posten „Anteile an verbundenen Unternehmen" auszuweisen, kommt ein Ausweis der Anteile als Beteiligung im dritten Posten der Finanzanlagen in Betracht. Eine solche liegt nach § 271 Abs. 1 HGB vor, wenn die Anteile an anderen Unternehmen dazu bestimmt sind, dem eigenen Geschäftsbetrieb durch Herstellung einer dauernden Verbindung zu jenem Unternehmen zu dienen. Entscheidend ist damit die Beteiligungsabsicht und nicht die Beteiligungshöhe, allerdings wird eine Beteiligung vermutet, wenn der Nennbetrag der Anteile mehr als 20% des Nennkapitals oder, falls ein Nennkapital nicht vorhanden ist, mehr als 20% der Summe aller Kapitalanteile an diesem Unternehmen beträgt (§ 271 Abs. 1 Satz 3 HGB).[350]

Wertpapiere des Anlagevermögens Hierunter sind Wertpapiere auszuweisen, die weder Anteile an verbundenen Unternehmen noch Beteiligungen darstellen. Entsprechend handelt es sich bei diesem Posten um einen Auffangtatbestand. Unter den Wertpapieren des Anlagevermögens sind übertragbare Inhaber- und Orderpapiere auszuweisen, die der langfristigen Kapitalanlage dienen, jedoch entweder die Beteiligungsabsicht fehlt oder die Beteiligungsvermutung nach § 271 Abs. 1 Satz 1 HGB widerlegt wurde. Von einer langfristigen Kapitalanlage ist dabei mangels objektiver Abgrenzungskriterien dann auszugehen, wenn sich die Haltedauer des Wertpapiers über mehr als ein Jahr, eher aber mehr als vier Jahre erstreckt. Bei Kapitalanlagen mit einer Haltedauer von weniger als einem Jahr ist das Wertpapier dem Umlaufvermögen zuzuordnen.[351] Demnach sind Wertpapiere, die eine Geldforderung (Scheck, Wechsel) oder eine Warenforderung (Ladeschein, Konnossement) verbriefen, aufgrund ihrer Funktion im Umlaufvermögen auszuweisen. Im Einzelnen sind unter den Wertpapieren des Anlagevermögens z.B. Aktien, Bundesanleihen, Obligationen und Schuldverschreibungen zu zeigen.

Ausleihungen Hierbei handelt es sich um Finanzforderungen, die durch Hingabe von Kapital erworben wurden. Ob eine Ausleihung im Anlage- oder im Umlaufvermögen (als Forderung oder als sonstiger Vermögensgegenstand) auszuweisen ist, hängt von der Gesamtlaufzeit der Ausleihung ab. Eine dem Anlagevermögen zuzuordnende Daueranlage liegt vor, wenn die Gesamtlaufzeit der Ausleihung mindestens ein Jahr beträgt.[352] Als Ausleihungen des Anlagevermögens

---

350 Hierzu ausführlich Coenenberg/Haller/Schultze, Jahresabschluss und Jahresabschlussanalyse, 26. Aufl. 2021, S. 276-277.

351 Hierzu Schubert/Kreher, in: Beck Bil-Komm., 13. Aufl. 2022, § 247 Anm. 357 sowie Hoffmann/Lüdenbach, NWB Kommentar Bilanzierung, 14. Aufl. 2022, § 247 Rz. 31.

352 Hierzu Schubert/Kreher, in: Beck Bil-Komm., 13. Aufl. 2022, § 247 Anm. 357.

kommen z.B. Schuldscheindarlehen oder Hypothekenforderungen in Betracht. Zu beachten ist, dass als Ausleihungen grundsätzlich nur Finanzforderungen auszuweisen sind, Waren- oder Leistungsforderungen sind dagegen, unabhängig von ihrer Laufzeit, keine Ausleihungen.

Die Ausleihungen sind zu untergliedern in solche an verbundene Unternehmen, an Unternehmen, mit denen ein Beteiligungsverhältnis besteht und in sonstige Ausleihungen. Der Grund für diese Unterteilung ist darin zu sehen, dass bei Unternehmen, mit denen ein Beteiligungsverhältnis besteht, andere Überlegungen hinsichtlich gewährter Konditionen und zukünftiger Verwertungsabsichten der Ausleihungen ausschlaggebend sein können als bei anderen Unternehmen. Insbesondere beim Spezialfall der verbundenen Unternehmen können übergeordnete Konzerninteressen maßgebenden Einfluss auf die zu treffenden Entscheidungen ausüben. Unter dem Posten der Ausleihungen an Unternehmen, mit denen ein Beteiligungsverhältnis besteht, sind nicht nur Ausleihungen an Unternehmen auszuweisen, an denen das bilanzierende Unternehmen Anteile hält, sondern auch solche an Unternehmen, die Anteile des bilanzierenden Unternehmens halten. Ausleihungen an Gesellschafter einer GmbH sind nach § 42 Abs. 3 GmbHG in der Bilanz gesondert auszuweisen oder im Anhang anzugeben bzw. durch einen Vermerk kenntlich zu machen, wenn ein gesonderter Ausweis nicht erfolgt.

4.3.2 Ansatz der Finanzanlagen

Sämtliche originäre Finanzinstrumente müssen, soweit sie die Eigenschaften eines Vermögensgegenstands erfüllen und im wirtschaftlichen Eigentum des bilanzierenden Unternehmens stehen, nach dem Vollständigkeitsgebot angesetzt werden.

4.3.3 Bewertung der Finanzanlagen

4.3.3.1 Zugangsbewertung

Anschaffungskosten

Die Zugangsbewertung von Finanzanlagen erfolgt grundsätzlich zu Anschaffungskosten. Bei der Bewertung von Anteilen, die durch Einlage bei der Gründung eines Unternehmens oder bei einer Kapitalerhöhung erworben werden (sog. originärer Erwerb), werden allerdings auch die Herstellungskosten als Bewertungsmaßstab diskutiert.[353]

Neugründung oder Kapitalerhöhung

Wird eine Unternehmen neu gegründet oder dessen Kapital erhöht und werden in diesem Zusammenhang Anteile an dem Unternehmen erworben, ergeben sich die Anschaffungskosten aus dem Betrag der Einlage zzgl. der Anschaffungsnebenkosten, wie z.B. Eintragungskosten und Kosten einer Gründungsprüfung. Anteile, die durch eine Sacheinlage erworben werden, dürfen nach der im Schrifttum überwiegend vertretenen Auffassung beim Gesellschafter wahlweise mit dem Buchwert oder mit dem Zeitwert des als Sacheinlage hingegebenen Vermögensgegenstands bewertet werden.[354]

---

[353] Hierzu Schubert/Hutzler, in: Beck Bil-Komm., 13. Aufl. 2022, § 255 Anm. 130.

[354] Der Anteilserwerb gegen Sacheinlage kann wirtschaftlich als tauschähnlicher Vorgang angesehen werden. Hierzu Abschn. 3.3.3.2.7.1.

Der gewählte Wert bestimmt die Anschaffungskosten und somit bei der Folgebewertung die Bewertungsobergrenze der erhaltenen Anteile.

Einlagen

Die vom Gesellschafter beim originären Anteilserwerb erbrachten Einlagen, z.B. in Form von Barzahlungen oder Sachleistungen, werden als offene Einlagen bezeichnet. Davon abzugrenzen sind die stillen Einlagen. Während die offene Einlage zu einem Anteilserwerb führt, gewährt der Gesellschafter der Gesellschaft bei einer stillen Einlage einen wirtschaftlichen Vorteil, ohne dass er eine Gegenleistung erhält. Bei der stillen Einlage handelt es sich entweder um Zuwendungen des Gesellschafters an das Beteiligungsunternehmen (Barzuschüsse, Forderungsverzichte), um Lieferungen oder Leistungen des Gesellschafters an die Gesellschaft zu unangemessen niedrigen Preisen oder um Lieferungen oder Leistungen der Gesellschaft an den Gesellschafter zu unangemessen hohen Preisen. Eine Aktivierung der stillen Einlage ist nur dann zulässig, wenn sie zu einer nachhaltigen Werterhöhung der originär oder derivativ erworbenen Anteile führt, also der Ertragswert der originär oder derivativ erworbenen Anteile aufgrund der stillen Einlage erhöht wird. Zu berücksichtigen ist, dass der leistende Gesellschafter nur anteilig an der Werterhöhung durch seine stille Einlage partizipiert.

Erwerb bereits vorhandener Anteile

Beim Erwerb bereits vorhandener Anteile an einem Unternehmen (derivativer Erwerb) gelten als Anschaffungskosten der Kaufpreis zzgl. Anschaffungsnebenkosten, wie Notarkosten, Maklergebühren und Provisionen. Nicht zu den Anschaffungskosten zählen Ausgaben für die Vorbereitung der Entscheidung für einen Erwerb, z.B. Ausgaben für die Erstellung eines Bewertungsgutachtens.

4.3.3.2 Folgebewertung

Prüfung der Werthaltigkeit

Für die Folgebewertung ist an jedem Bilanzstichtag die Werthaltigkeit der Finanzanlagen zu prüfen. Dabei sind die Finanzanlagen nach § 253 Abs. 3 Satz 5 HGB auf den niedrigeren beizulegenden Wert außerplanmäßig abzuschreiben, wenn eine voraussichtlich dauernde Wertminderung vorliegt. Von einer voraussichtlich dauernden Wertminderung ist z.B. auszugehen, wenn der Zeitwert der Finanzanlage in den sechs Monaten vor dem Bilanzstichtag ständig um mehr als 20% unter dem Buchwert dieser Finanzanlage liegt.

Dauerhafte Wertminderung

Bei der Prüfung, ob eine Finanzanlage dauerhaft im Wert gemindert ist, ist besondere Sorgfalt geboten, da ein Bewertungsfehler im Zeitablauf nicht automatisch durch planmäßige Abschreibungen vermindert wird. Gemäß § 253 Abs. 3 Satz 6 HGB dürfen bei Finanzanlagen außerplanmäßige Abschreibungen auch bei voraussichtlich nicht dauerhaften Wertminderungen vorgenommen werden.[355] Von einer vorübergehenden Wertminderung darf allerdings nur dann ausgegangen werden, wenn eindeutige Indizien vorliegen, die eine künftige Wertaufholung sicher erscheinen lassen. Im Zweifelsfall ist wegen des Grundsatzes der Vorsicht bei einer nur vorübergehenden Wertminderung von einer dauernden Wertminderung auszugehen.

---

[355] In diesem Fall besteht keine Abschreibungspflicht, wie sie gemäß § 253 Abs. 4 Satz 1 HGB für Wertpapiere des Umlaufvermögens vorgeschrieben ist.

Niedrigerer beizulegender Zeitwert

Bei Anteilen an einem Unternehmen ist als niedrigerer beizulegender Wert grundsätzlich der Ertragswert des Kapitalengagements maßgeblich. Der Ertragswert ist definiert als Barwert der künftig erzielbaren Einzahlungsüberschüsse zzgl. der Einnahmen aus der Veräußerung nicht betriebsnotwendiger Vermögensgegenstände. Darüber hinaus sind im Ertragswert sämtliche positive und negative Synergieeffekte, die aus der Beteiligung resultieren, zu berücksichtigen. Anhaltspunkte für ein Absinken des Ertragswerts von Anteilen unter deren Anschaffungskosten ergeben sich z.B. aus der Verschlechterung der Vermögens-, Finanz- und Ertragslage des Beteiligungsunternehmens, dem sinkenden Erfolgspotential (Konkurrenzfähigkeit der Produkte, Wettbewerbsvorteile, Marktposition) oder des Nichteintretens erwarteter Synergieeffekte. Bei börsennotierten Anteilen (Aktien) ist der Börsenkurs ein wichtiges Indiz für einen niedrigeren beizulegenden Wert, sofern eine spekulative Kursbeeinflussung und Zufallskurse durch einen engen Markt ausgeschlossen sind.

Zuschreibungsgebot

Ist der Grund für eine außerplanmäßige Abschreibung ganz oder teilweise entfallen, besteht gemäß § 253 Abs. 5 Satz 1 HGB ein Zuschreibungsgebot.[356]

4.3.4 Beispielsachverhalte – Finanzanlagen

Die FWA hat zum 31.12.t0 800 Aktien der Sheep Farm SE zum Preis von EUR 420,00/Aktie erworben, um diese langfristig zu halten. Am 1.9.t1 war der Kurs auf EUR 330,00/Aktie gesunken, lag am 31.3.t1 allerdings bereits wieder bei EUR 450,00/Aktie. Da die FWA einen möglichst niedrigen Gewinn ausweisen möchte, soll – soweit möglich – eine Abschreibung vorgenommen werden.

Bei den Aktien der Sheep Farm SE handelt es sich um Finanzanlagevermögen, da diese dauerhaft dem Unternehmen dienen sollen. Vorliegend besteht am Bilanzstichtag 31.12.t1 eine Wertminderung i.H. von EUR 90,00/Aktie. Da diese Wertminderung erst am 1.9.t1 eingetreten ist, ist sie als vorübergehend einzustufen, da der Zeitwert der Sheep Farm-Aktien lediglich vier Monate vor dem Bilanzstichtag um mehr als 20% unter dem Buchwert der Finanzanlage lag. Im Finanzanlagevermögen ist eine Abschreibung bei einer voraussichtlich vorübergehenden Wertminderung grundsätzlich zulässig. Die FWA kann insofern zum 31.12.t0 eine außerplanmäßige Abschreibung vornehmen. Da zum 31.12.t1 der Grund für die außerplanmäßige Abschreibung entfallen ist, besteht gemäß § 253 Abs. 5 Satz 1 HGB ein Zuschreibungsgebot.

Unter Berücksichtigung sämtlicher Geschäftsvorfälle stellen sich die Jahresabschlüsse der FWA für die Geschäftsjahre t0 bis t2 wie folgt dar:

---

[356] Hierzu sowie zu den vorangegangenen Ausführungen Baetge/Kirsch/Thiele, Bilanzen, 16. Aufl. 2021, S. 325ff.

Bilanz		31.12.		
	Ref.	0	1	2
Aktiva				
A. Anlagevermögen				
III. Finanzanlagen:				
5. Wertpapiere des Anlagevermögens	a.	336.000,00	264.000,00	336.000,00
B. Umlaufvermögen				
…				
IV. Kassenbestand, Bundesbankguthaben, Guthaben bei Kreditinstituten und Schecks	a.	-336.000,00		
	b.			
	c.			
	d.			
	e.			
	f.			
Passiva				
A. Eigenkapital				
…				
V. Jahresüberschuß/Jahresfehlbetrag		0,00	-72.000,00	72.000,00

Gewinn- und Verlustrechnung nach GKV		1.1. - 31.12.		
	Ref.	0	1	2
…				
4. sonstige betriebliche Erträge	a.			72.000,00
…				
12. Abschreibungen auf Finanzanlagen und auf Wertpapiere des Umlaufvermögens	a.		-72.000,00	
…				
17. Jahresüberschuss/Jahresfehlbetrag		0,00	-72.000,00	72.000,00

Gewinn- und Verlustrechnung nach UKV		1.1. - 31.12.		
	Ref.	0	1	2
…				
6. sonstige betriebliche Erträge	a.			72.000,00
…				
11. Abschreibungen auf Finanzanlagen und auf Wertpapiere des Umlaufvermögens	a.		-72.000,00	
…				
16. Jahresüberschuss/Jahresfehlbetrag		0,00	-72.000,00	72.000,00

4.4 Bilanzierung der Vorräte

4.4.1 Begriff, Arten und Ausweis der Vorräte

Betrieblicher Leistungserstellungsprozess

Unter den Vorräten werden in der Bilanz die Vermögensgegenstände erfasst, die im betrieblichen Leistungserstellungsprozess erworben, ggf. be- oder verarbeitet und veräußert werden. Innerhalb der Vorräte – die dem Umlaufvermögen zuzuordnen sind – wird in § 266 Abs. 2 B. I. HGB zwischen den folgenden vier Posten unterschieden:

B. Umlaufvermögen

I. Vorräte:
1. Roh-, Hilfs- und Betriebsstoffe;
2. unfertige Erzeugnisse, unfertige Leistungen;
3. fertige Erzeugnisse und Waren;
4. geleistete Anzahlungen;

Tab. 22 Arten von Vorräten

Roh-, Hilfs- und Betriebsstoffe Hierbei handelt es sich um die Vorräte, die unmittelbar der Produktion dienen. Rohstoffe sind sämtliche Grundstoffe, die als wesentlicher Bestandteil in die unfertigen und fertigen Erzeugnisse eingehen. Als Beispiele lassen sich anführen: Eisen in der Stahlproduktion, Holz in der Möbelindustrie, Schafs- oder Baumwolle in der Textilindustrie.[357] Hilfsstoffe gehen ebenso wie Rohstoffe unmittelbar in das Produkt ein, sind im Vergleich zu den Rohstoffen allerdings nur von untergeordneter Bedeutung. Als Beispiele hierfür können Schrauben, Leim oder Farben angeführt werden. Betriebsstoffe gehen nicht unmittelbar in das Erzeugnis ein, unterstützen aber den Produktionsprozess. Beispiele hierfür sind Brenn- oder Schmierstoffe.

Unfertige Erzeugnisse Zu den unfertigen Erzeugnissen zählen die Vermögensgegenstände, die zum Abschlussstichtag im Betrieb be- oder verarbeitet wurden, indes ihrer Zwecksetzung entsprechend allerdings noch nicht den verkaufsfähigen Zustand erreicht haben.[358] Anders als bei den Roh-, Hilfs- und Betriebsstoffen sind hier am Bilanzstichtag Herstellungskosten, insbesondere Fertigungslöhne, aber auch Materialkosten für die eingesetzten Rohstoffe angefallen.

Unfertige Leistungen Als unfertige Leistungen werden Dienstleistungen in Arbeit bezeichnet. Diese sind grundsätzlich zusammen mit den unfertigen Erzeugnissen auszuweisen.[359] Dies erscheint prinzipiell auch gerechtfertigt, da eine unfertige Leistung selbständig verwertbar und somit gemäß § 246 Abs. 1 HGB ein aktivierungspflichtiger Vermögensgegenstand ist, soweit ihr ein Vertrag zugrunde liegt oder mit ihrer Fertigstellung mit Sicherheit zu rechnen ist. Zu den unfertigen Leistungen gehören die in Ausführung befindlichen Aufträge von Dienstleistungsunternehmen – wie z.B. Unternehmens- oder Steuerberatungsunternehmen – sowie die von Bauunternehmen auf fremdem Grund und Boden errichteten Bauten.

Fertige Erzeugnisse Fertige Erzeugnisse sind selbst hergestellte, verkaufsfertige Vermögensgegenstände, bei denen lediglich noch Versandarbeiten anfallen können. Zu den fertigen Erzeugnissen gehören auch selbst erzeugte Ersatzteile für Verkaufsprodukte.

Waren Waren sind angeschaffte Vermögensgegenstände, die ohne oder mit nur noch geringfügiger Be- oder Verarbeitung verkauft werden sollen. Unterwegs befindliche Waren (bereits erworben, aber noch nicht geliefert) sind ab dem

---

[357] Rohstoffe können auch Fertigerzeugnisse vorgelagerter Produktionsstufen sein, die vom bilanzierenden Unternehmen zur weiteren Be- oder Verarbeitung erworben wurden (z.B. Stahl beim Maschinenbau oder Zement, Kalk und Gips in der Bauwirtschaft). Dies gilt auch für Produkte, die nur noch in Erzeugnisse eingebaut werden sollen (in fertigen Erzeugnissen nachweisbare „Einbauteile“ der Automobilzulieferindustrie wie z.B. Getriebe, Reifen, Pumpen, Batterien, Ventile, Elektromotoren).

[358] Erzeugnisse, die diesen Zustand nur noch durch Lagerung – z.B. biologischer Reifeprozess – erreichen, gehören ebenfalls zu den unfertigen Erzeugnissen.

[359] Der Ausweis unfertiger Leistungen unter den Vorräten bzw. zusammen mit den unfertigen Erzeugnissen wird in der Literatur z.T. allerdings nicht als selbstverständlich betrachtet, da es sich bei unfertigen Leistungen im juristischen Sinne um in Entstehung befindliche Forderungen handelt, die i.d.R. vertraglich noch nicht durchsetzbar sind, solange die Leistung nicht vollständig erbracht wurde. Hierzu Schubert/Waubke, in: Beck Bil-Komm., 13. Aufl. 2022, § 266 Anm. 93ff. m.w.N.

Zeitpunkt des Gefahrenübergangs beim Erwerber bilanziell zu erfassen. In Kommission gegebene Waren sind unter den Vorräten und nicht als Forderungen auszuweisen.[360]

Geleistete Anzahlungen

Anzahlungen stellen Vorleistungen eines Vertragspartners auf schwebende Geschäfte dar. Die unter den Vorräten auszuweisenden „geleisteten Anzahlungen" sind Anzahlungen des bilanzierenden Unternehmens auf Gegenstände des Vorratsvermögens aufgrund abgeschlossener Lieferungs- oder Leistungsverträge, für die die Lieferung oder Leistung noch ausstehen.[361]

4.4.2 Bilanzielle Zuordnung bei Auseinanderfallen von rechtlichem und wirtschaftlichem Eigentum

Verfügungsmacht

Vermögensgegenstände sind grundsätzlich beim rechtlichen Eigentümer zu bilanzieren, da dieser die Verfügungsmacht über die Vermögensgegenstände besitzt. Folglich sind die Vermögensgegenstände für den rechtlichen Eigentümer selbständig verwertbar. Fraglich ist die Zuordnung von Vermögensgegenständen allerdings dann, wenn das rechtliche und das wirtschaftliche Eigentum an einem Vermögensgegenstand auseinanderfallen. Dies ist z.B. beim Eigentumsvorbehalt gemäß § 449 BGB oder bei einer Sicherungsübereignung der Fall.[362]

Zurechnung zum Sicherungsgeber

Obgleich beim Eigentumsvorbehalt oder bei einer Sicherungsübereignung das rechtliche Eigentum an dem Vermögensgegenstand beim Sicherungsnehmer liegt, sind die Vermögensgegenstände dem Sicherungsgeber zuzurechnen, da dieser, abgesehen von der Sicherung, frei über die Vermögensgegenstände verfügen kann. Der Sicherungsnehmer verfügt hingegen nicht über das notwendige wirtschaftliche Eigentum an den Vermögensgegenständen nach § 246 Abs. 1 Satz 2 HGB. Die unter Eigentumsvorbehalt stehenden oder sicherungsübereigneten Vermögensgegenstände sind lediglich dann beim rechtlichen Eigentümer zu bilanzieren, wenn der Eigentumsvorbehalt (voraussichtlich) geltend gemacht wird oder die Rechte aus der Sicherungsübereignung (voraussichtlich) beansprucht werden.

Das bedeutet, dass bei (gekauften und verkauften) Vorräten der Eigentumsvorbehalt so lange unberücksichtigt bleibt wie er nicht – z.B. bei Zahlungsverzug – geltend gemacht wird. Entsprechendes gilt auch für den verlängerten Eigentumsvorbehalt, der dem Lieferanten ein Eigentumsrecht an solchen Forderungen gewährt, die durch Weiterverkauf der gelieferten Waren erworben werden. Auch eine Sicherungsübereignung schließt den Ausweis des betreffenden Gegenstands unter den Vorräten nicht aus. Trotz Lagerung bei der Gesellschaft sind jedoch solche Waren nicht mehr auszuweisen, die nicht zur Sicherheit, sondern z.B. durch Konnossement (= Seefrachtbrief)

---

[360] Hierzu Coenenberg/Haller/Schultze, Jahresabschluss und Jahresabschlussanalyse, 26. Aufl. 2021, S. 241-242.

[361] Hierzu ausführlich Roos, DStR 2017, S. 1282. Geleistete Anzahlungen sind wie Forderungen – d.h. mit ihrem Nennbetrag, welcher mit dem Wert der hergegebenen Gegenleistung gleichzusetzen ist – zu bewerten.

[362] Hierzu Abschn. 2.2.2.5.

oder Lagerschein bereits endgültig übereignet sind.[363]

Bauten auf fremden Grund und Boden

Ähnliche Überlegungen gelten, wenn ein Bauunternehmen auf fremden Grund und Boden ein Gebäude errichtet. Gemäß § 94 BGB sind Bauten auf fremden Grund und Boden wesentlicher Bestandteil des Grundstücks und somit zivilrechtlich Eigentum des Grundstückseigentümers. Bei rein rechtlicher Betrachtungsweise dürfte ein Bauunternehmen somit unfertige Bauprojekte auf fremden Grund und Boden nicht unter seinen Vorräten bilanzieren. Auch ein Ausweis unter den Forderungen wäre rechtlich gesehen nicht zulässig, da das Bauunternehmen einen Anspruch gegenüber dem Leistungsempfänger erst dann erwirbt, wenn die Arbeiten abgeschlossen sind. Eine Nichtaktivierung unfertiger Baumaßnahmen würde allerdings die wirtschaftliche Lage des Bauunternehmens unzutreffend wiedergeben. Zudem sind nach dem Gliederungsschema des § 266 Abs. 2 HGB im Anlagevermögen auch „Bauten auf fremden Grundstücken“ auszuweisen. Das Bilanzrecht löst sich in dieser Hinsicht von der zivilrechtlichen Eigentumszuordnung. Entsprechend sind auch unfertige Baumaßnahmen auf fremden Grund und Boden in der Bilanz des Bauunternehmens als Teil der Vorräte zu aktivieren. Gemäß § 265 Abs. 5 HGB sollte in diesem Fall für den Ausweis unfertiger Bauten auf fremden Grundstücken ein Posten „Unfertige Bauten auf fremden Grundstücken“ oder „in Arbeit befindliche Bauaufträge“ unter den Vorräten aufgenommen werden.[364]

4.4.3 Ansatz der Vorräte

Aktivierungspflicht

Hinsichtlich des Ansatzes bestehen für das Vorratsvermögen keine Besonderheiten in Form von Wahlrechten oder Verboten. So gilt auch für selbst geschaffene (unentgeltlich erworbene) immaterielle Vermögensgegenstände – z.B. selbst erstellte Software, Musikproduktionen, Filme – die zur Weiterveräußerung bestimmt und deshalb dem Umlaufvermögen zuzurechnen sind, die generelle Aktivierungspflicht von Vermögensgegenständen.[365]

4.4.4 Bewertung der Vorräte

4.4.4.1 Zugangsbewertung

4.4.4.1.1 Überblick

Anschaffungs- oder Herstellungskosten

Die Vorräte sind gemäß § 253 Abs. 1 Satz 1 HGB zu Anschaffungs- oder Herstellungskosten, vermindert um außerplanmäßige Abschreibungen, anzusetzen. Demnach sind angeschaffte Vorräte auf Basis der gezahlten Anschaffungspreise und hergestellte Vorräte auf Basis der für die Produktionsfaktoren aufgewendeten Herstellungskosten zu aktivieren.[366]

---

[363] Hierzu Coenenberg/Haller/Schultze, Jahresabschluss und Jahresabschlussanalyse, 26. Aufl. 2021, S. 241.

[364] Hierzu Schubert/Berberich, in: Beck Bil-Komm., 13. Aufl. 2022, § 247 Anm. 65.

[365] Hierzu Coenenberg/Haller/Schultze, Jahresabschluss und Jahresabschlussanalyse, 26. Aufl. 2021, S. 239.

[366] Zum Umfang der Anschaffungs- und Herstellungskosten siehe Abschn. 3.3.2.

Einzelbewertung

Grundsätzlich sind gemäß § 252 Abs. 1 Nr. 3 HGB sämtliche Vermögensgegenstände einzeln zu bewerten. Da Vermögensgegenstände des Vorratsvermögens üblicherweise aber in großer Zahl im Unternehmen vorhanden sind und – anders als das Sachanlagevermögen – zumeist nur kurze Zeit im Unternehmen verbleiben, lässt der Gesetzgeber aus Gründen der Wirtschaftlichkeit bestimmte Ausnahmen vom Grundsatz der Einzelbewertung zu.

Bewertungsvereinfachungsverfahren

Man spricht hier von den sog. Bewertungsvereinfachungsverfahren. Von diesen werden im Folgenden

[1] die retrograde Ermittlung der Anschaffungskosten,

[2] die Gruppenbewertung

[3] die Sammelbewertung und

[4] die Festbewertung

als zulässige Vereinfachungsverfahren erläutert.

Bewertungsmethodenstetigkeit

Gemäß dem Grundsatz der sachlichen Stetigkeit sind art- und funktionsgleiche Vermögensgegenstände nach den gleichen Methoden zu bewerten. Gleichartige Vermögensgegenstände dürfen nur in Ausnahmefällen mit verschiedenen Vereinfachungsmethoden bewertet werden, wenn sachlich gerechtfertigte Gründe gegeben sind und ein Missbrauch ausgeschlossen ist. Gemäß dem Grundsatz der Bewertungsmethodenstetigkeit ist eine gewählte Methode beizubehalten und ein Wechsel nur in begründeten Ausnahmefällen zulässig.[367]

4.4.4.1.2 Retrograde Ermittlung der Anschaffungskosten

Indirekte Ermittlung der Anschaffungskosten

Bei Einzelhandelsunternehmen, bei denen die Waren bereits beim Einkauf durch Aufschlag der Bruttogewinnspanne[368] mit den Verkaufspreisen ausgezeichnet werden, wird zur Ermittlung der Anschaffungskosten von Vorräten regelmäßig die retrograde Wertermittlung[369] angewendet, sofern große Stückzahlen von Vorräten mit ähnlichen Bruttogewinnspannen – sog. Margen – und mit hoher Umschlaghäufigkeit zu bewerten sind. Mit Hilfe der retrograden Wertermittlung werden für jede Warengruppe die Anschaffungskosten indirekt durch den Abzug einer prozentualen Bruttogewinnspanne von den Verkaufspreisen ermittelt.

Preisnachlässe

Die so ermittelten Anschaffungskosten sind ggf. noch um erhaltene Preisnachlässe (Skonti, Boni, Rabatte) zu mindern. Die retrograde Wertermittlung ist zwar nicht ausdrücklich gesetzlich geregelt, wird aber sowohl handelsrechtlich als auch steuerrechtlich als zulässig angesehen.

---

[367] Hierzu Grottel/Huber, in: Beck Bil-Komm., 13. Aufl. 2022, § 256 Anm. 56.

[368] Der Bruttogewinn ist der Gewinn, bei dem keine fixen Kosten abgezogen werden. Er ist die Differenz zwischen Verkaufspreis- und Einkaufspreis. Bei Anwendung des UKV lässt sich der Bruttogewinn direkt der GuV entnehmen. Er ergibt sich als Differenz zwischen den Umsatzerlösen der Periode abzüglich der Herstellungskosten des Umsatzes.

[369] Das Verfahren ist zu unterscheiden von der retrograden Wertermittlung zur Ermittlung des niedrigeren beizulegenden Werts zur Beachtung des strengen Niederstwertprinzips am Bilanzstichtags.

Der Vorteil der retrograden Wertermittlung liegt darin, dass vom bilanzierenden Unternehmen nicht genau nachgehalten werden muss, welche Waren zu welchem Preis gekauft respektive bereits verkauft worden sind.[370]

4.4.4.1.3 Gruppenbewertungsverfahren

4.4.4.1.3.1 Gewogener Durchschnitt

Gemäß § 240 Abs. 4 i.V.m. § 256 Satz 2 HGB dürfen Vermögensgegenstände unter bestimmten Voraussetzungen jeweils zu einer Gruppe zusammengefasst und mit dem gewogenen Durchschnitt angesetzt werden (Gruppenbewertung). Der einfache gewogene Durchschnitt setzt aber die Kenntnis der Einzelwerte voraus. Deshalb wird der mit der Gruppenbewertung angestrebte Vereinfachungszweck nur dann erreicht, wenn der gewogene Durchschnitt geschätzt werden darf, z.B. indem Wertklassen gebildet werden. Das Gesetz erlaubt die Gruppenbewertung im Vorratsvermögen gemäß § 240 Abs. 4 i.V.m. § 256 Satz 2 HGB lediglich unter der Voraussetzung, dass es sich um gleichartige Vermögensgegenstände des Vorratsvermögens handelt.

Kriterium der Gleichartigkeit

Das Kriterium der Gleichartigkeit bedeutet, dass die Vermögensgegenstände Merkmale aufweisen müssen, die eine Gleichartigkeit herstellen, wie die Zugehörigkeit zu einer Warengattung oder die gleiche Verwertbarkeit bzw. eine Funktionsgleichheit. Aufgrund des Erfordernisses der Gleichartigkeit ist zwangsläufig auch eine gewisse Wertgleichheit geboten. Ein zwingender Zusammenhang zwischen Gleichartigkeit und Gleichwertigkeit der Vermögensgegenstände besteht indes nicht. Die in einer Gruppe zusammengefassten gleichartigen Vermögensgegenstände dürfen sich allerdings in ihrem Wesen nicht wesentlich unterscheiden.

Ein Durchschnittspreis

Bei der Methode des gewogenen Durchschnitts wird aus dem Anfangsbestand und allen Zugängen während einer Periode ein einziger Durchschnittspreis berechnet, mit dem sowohl die Abgänge als auch der Endbestand zu bewerten sind.

4.4.4.1.3.2 Gleitender Durchschnitt

Mehrere Durchschnittspreise

Bei der Methode des gleitenden Durchschnitts wird nach jedem Zugang während einer Periode jeweils ein neuer Durchschnittspreis ermittelt, mit dem anschließend jeder Abgang bis zum nächsten Zugang innerhalb einer Periode bewertet wird.

Strenges Niederstwertprinzip

Unabhängig davon, ob der gewogene oder der gleitende Durchschnitt verwendet wird, muss am Bilanzstichtag geprüft werden, ob entweder der aktuelle Börsen- oder Marktpreis oder – falls ein aktueller Börsen- oder Marktpreis nicht feststellbar ist – der aktuelle beizulegende Wert niedriger ist als der mit Hilfe der Durchschnittsmethode ermittelte Wert. In einem solchen Fall ist die strenge Niederstwertvorschrift des § 253 Abs. 4 HGB anzuwenden, welche die Abschreibung auf den niedrigeren Börsen- oder Marktpreis oder – falls ein Börsen- oder Marktpreis nicht feststellbar ist – auf den niedrigeren beizulegenden Wert vorschreibt.[371]

---

[370] Hierzu Baetge/Kirsch/Thiele, Bilanzen, 16. Aufl. 2021, S. 374.

[371] Wird die Gruppenbewertung gemäß § 240 Abs. 4 i.Vm. § 256 Satz 2 HGB im Jahresabschluss angewendet, sind gemäß § 284 Abs. 2 Nr. 3 HGB von Kapitalgesellschaften die Unterschieds-

4.4.4.1.4 Sammelbewertungsverfahren

4.4.4.1.4.1 Arten und Anwendungsvoraussetzungen

Bewertungsvereinfachungsverfahren nach § 256 Satz 1 HGB

Als Sammelbewertung werden die Bewertungsvereinfachungsverfahren nach § 256 Satz 1 HGB bezeichnet. Hierunter versteht man die Bewertungsverfahren für gleichartige Vermögensgegenstände des Vorratsvermögens, für die unterstellt wird, dass die zuerst oder dass die zuletzt angeschafften oder hergestellten Vermögensgegenstände zuerst verbraucht oder veräußert worden sind.

Verbrauchs- bzw. Veräußerungsfolgeverfahren

Man spricht hier auch von den Verbrauchs- bzw. Veräußerungsfolgeverfahren.[372] Die nach Handelsrecht grundsätzlich zulässigen Sammelbewertungsmethoden – siehe hierzu ausführlich weiter unten – dürfen immer angewendet werden. Eine Ausnahme besteht nur dann, wenn sie gegen die GoB verstoßen, da z.B. keine Vereinfachung erfolgt, sondern die Verfahren gezielt für niedrigere Wertansätze eingesetzt werden, oder sie im Vergleich zum tatsächlichen Verbrauch als undenkbar erscheinen.[373]

Grundsatz der Wirtschaftlichkeit

Die Sammel- bzw. Verbrauchsfolgebewertung wird i.d.R. aufgrund des Grundsatzes der Wirtschaftlichkeit angewendet, da eine Einzelbewertung von Vorräten in einigen Fällen mit einem nicht zu rechtfertigenden Aufwand verbunden sein kann. Dies ist z.B. der Fall, wenn Vorräte häufig in großen Mengen angeschafft oder hergestellt werden.

Zeitliche Zu- und Abgangsfolgen

Nach dem Wortlaut des § 256 Satz 1 HGB sind die Sammelbewertungsverfahren an eine bestimmte zeitliche Zugangs- und Abgangsfolge gebunden. Folgende Sammelbewertungs- bzw. Verbrauchsfolgeverfahren sind nach den handelsrechtlichen Vorschriften zulässig:[374]

- Bei dem sog. Fifo-Verfahren („**f**irst **in** – **f**irst **out**") wird unterstellt, dass die zuerst angeschafften oder hergestellten Vermögensgegenstände zuerst verbraucht oder veräußert und dementsprechend in der GuV als Aufwand gebucht werden.
- Bei dem sog. Lifo-Verfahren („**l**ast **in** – **f**irst **out**") wird unterstellt, dass die zuletzt angeschafften oder hergestellten Vermögensgegenstände zuerst verbraucht oder veräußert und dementsprechend in der GuV als Aufwand gebucht werden.

---

beträge pauschal für jede Gruppe im Anhang auszuweisen, falls die Bewertung im Vergleich zu dem letzten vor dem Bilanzstichtag bekannten Börsen- oder Marktpreis einen wesentlichen Unterschied aufweist. Kleine Kapitalgesellschaften sind gemäß § 288 Abs. 1 HGB von dieser Pflicht befreit.

[372] Hierzu Grottel/ Huber, in: Beck Bil-Komm., 13. Aufl. 2022, § 256 Anm. 59; Hoffmann/ Lüdenbach, NWB Kommentar Bilanzierung, 14. Aufl. 2022, § 256 Rz. 18.

[373] Hierzu Coenenberg/Haller/Schultze, Jahresabschluss und Jahresabschlussanalyse, 26. Aufl. 2021, S. 248.

[374] Die unterstellte Verbrauchsfolge ist von Kapitalgesellschaften und haftungsbeschränkten Personenhandelsgesellschaften gemäß § 284 Abs. 2 Nr. 1 HGB im Anhang anzugeben. Ferner ist bei der Anwendung der Verbrauchsfolgeverfahren der Grundsatz der Stetigkeit zu beachten.

Anwendungsvoraussetzungen Die Anwendung der beiden genannten Verfahren ist gemäß § 256 HGB an die folgenden kumulativ zu erfüllenden Bedingungen geknüpft:

[1] das Verfahren muss den Grundsätzen ordnungsmäßiger Buchführung entsprechen, und

[2] es muss sich um gleichartige Vermögensgegenstände des Vorratsvermögens handeln.

GoB-Konformität Die Forderung nach GoB-Konformität ist in diesem Zusammenhang großzügig auszulegen, da eine Sammelbewertung zwangsläufig zu einem Verstoß gegen einzelne Grundsätze der GoB – z.B. den Grundsatz der Richtigkeit – führt und ansonsten die Anwendung dieser Vereinfachungen ausgeschlossen wäre. Mit dem Hinweis auf die GoB soll vielmehr eine missbräuchliche Anwendung der Sammelbewertungsverfahren unterbunden werden.[375]

Gleichartigkeit Das Kriterium der Gleichartigkeit der mit der Sammelbewertung zu bewertenden Vermögensgegenstände wurde bereits im Rahmen der Gruppenbewertung – unter Abschn. 4.4.4.1.3.1 – erläutert. Es bedeutet, dass die zusammengefassten Gegenstände einer einheitlichen Warengattung angehören oder zumindest die gleiche Funktion erfüllen müssen. Eine annähernde Preisgleichheit ist ebenfalls zu fordern, da anderenfalls von unterschiedlichen Produkten ausgegangen werden muss.

4.4.4.1.4.2 Fifo-Verfahren

Da beim Fifo-Verfahren unterstellt wird, dass die jeweils ältesten Bestände an Vorratsgegenständen zuerst verbraucht oder veräußert werden, befinden sich am Jahresende entsprechend dieser Fiktion nur noch die Bestände der zuletzt eingetroffenen Lieferungen auf Lager, die mit ihren Einstandspreisen bewertet werden. Wird die unterstellte Verbrauchsfolge eingehalten, so entspricht das Fifo-Verfahren dem Prinzip der Einzelbewertung zu Anschaffungskosten:

Anfangsbestand	300 kg	à	20,00 GE						
+ Zugang	500 kg	à	21,00 GE						
+ Zugang	400 kg	à	19,00 GE						
+ Zugang	300 kg	à	21,50 GE						
	1500 kg								
- Verbrauch	1100 kg								
Endbestand	400 kg		300 kg	à	21,50 GE	=	6.450 GE		
			100 kg	à	19,00 GE	=	1.900 GE		
	400 kg					**=**	**8.350 GE**	**(20,88 GE/kg)**	

Tab. 23 Fifo-Verfahren

Steuerlich ist die Anwendung des Fifo-Verfahrens grundsätzlich verboten.

4.4.4.1.4.3 Lifo-Verfahren

Im Gegensatz zum Fifo-Verfahren geht das Lifo-Verfahren davon aus, dass die zuletzt beschafften Waren oder Bestände als erste das Unternehmen wieder verlassen. Der Bestand am Jahresende wird insofern mit den Preisen der zuerst beschafften Mengen bewertet.

375 Hierzu ausführlich Baetge/Kirsch/Thiele, Bilanzen, 16. Aufl. 2021, S. 367-368.

Man unterscheidet dabei zwei Formen des Lifo-Verfahrens: Perioden-Lifo und permanentes Lifo.

Permanentes Lifo

Beim permanenten Lifo-Verfahren wird der Materialverbrauch fortlaufend mengen- und wertmäßig während des ganzen Jahres erfasst und nach der Methode *last in – first out* bewertet.

Perioden-Lifo

Dagegen bewertet man beim Perioden-Lifo den Bestand lediglich zum Ende des jeweiligen Geschäftsjahres. Für das Perioden-Lifo-Verfahren bedeutet dies, dass die verbrauchte Menge nur pauschal bekannt sein muss.[376]

Das folgende Beispiel veranschaulicht die Vorgehensweise beim permanenten Lifo-Verfahren:

1.1.		Anfangsbestand	300 kg	à	20,00 GE	=	6.000 GE	
19.1.	+	Zugang	500 kg	à	21,00 GE	=	10.500 GE	
						=	16.500 GE	
1.2.	-	Abgang	200 kg	à	21,00 GE	=	4.200 GE	
						=	12.300 GE	
5.7.	+	Zugang	400 kg	à	19,00 GE	=	7.600 GE	
							19.900 GE	
25.7.	-	Abgang	400 kg	à	19,00 GE	=	7.600 GE	
			300 kg	à	21,00 GE	=	6.300 GE	
			100 kg	à	20,00 GE	=	2.000 GE	
						=	4.000 GE	
12.9.	+	Zugang	300 kg	à	21,50 GE	=	6.450 GE	
						=	10.450 GE	
22.11.	-	Abgang	100 kg	à	21,50 GE	=	2.150 GE	
31.12.		**Enbestand**	**400 kg**	**à**		=	**8.300 GE**	(20,75 GE/kg)

Tab. 24 Permanentes Lifo-Verfahren

In der Praxis wird aufgrund des mit dem permanenten Verfahren einhergehenden rechentechnischen Aufwands regelmäßig das Perioden-Lifo angewandt. Aus diesem Grund wird im Folgenden das Perioden-Lifo detailliert erläutert. Beim Perioden-Lifo erfolgt die Bewertung der Vermögensgegenstände jeweils zum Periodenende. Die Periode kann dabei das Geschäftsjahr, aber auch ein Quartal oder ein Monat sein.

Keine Bestandsveränderungen

Werden die Zugänge in voller Höhe verbraucht und liegen darüber hinaus keine Abgänge vor, so stimmen Anfangs- und Endbestand überein und es ergeben sich demzufolge keine Bestandsveränderungen. In diesem Fall hat der Preis der Zugänge keinen Einfluss auf den Bestandswert, sondern beeinflusst nur den Materialaufwand und damit den Periodenerfolg, da die Abgänge zum aktuellen Einkaufspreis bewertet und als Aufwand gebucht werden.

Bestandserhöhungen

Ist dagegen der Endbestand höher als der Anfangsbestand, liegen Bestandserhöhungen vor. Dabei muss der Endbestand so in Schichten gegliedert werden, dass die einzelnen Schichten mit den zugehörigen Anschaffungskosten bewertet werden können. Auf diese Weise können im Zeitablauf mehrere Schichten – sog. *layer* – gebildet werden, die im Falle sinkender Bestände aufgelöst werden, und zwar dem Lifo-Prinzip folgend beginnend mit der zuletzt gebildeten Schicht:

376 Hierzu Coenenberg/Haller/Schultze, Jahresabschluss und Jahresabschlussanalyse, 26. Aufl. 2021, S. 249-250.

Anfangsbestand	300 kg	à	20,00 GE					
+ Zugang	500 kg	à	21,00 GE					
+ Zugang	400 kg	à	19,00 GE					
+ Zugang	300 kg	à	21,50 GE					
	1500 kg							
- Verbrauch	1100 kg							
Endbestand	400 kg	300 kg	à	20,00 GE	=	6.000 GE		
		100 kg	à	21,00 GE	=	2.100 GE		
	400 kg				**=**	**8.100 GE**		(**20,25 GE/kg**)

Tab. 25 Perioden-Lifo-Verfahren bei Bestandserhöhung

Bestandsminderungen

Übersteigen indes die Abgänge die Zugänge, so liegt eine Bestandsminderung vor. In diesem Fall werden zunächst die letzten Zugänge mit ihrem Wert als Abgänge gebucht. Genügt dies nicht, um die Abgänge zu decken, so wird ein Teil des ursprünglichen Bestands mit dessen historischen Anschaffungs- oder Herstellungskosten als Abgang gebucht, und es werden Teile der stillen Rücklagen „still" aufgelöst, sofern die Abgänge teils mit den Anschaffungskosten des Anfangsbestands (20,00 GE) unter dem aktuellen Wert (21,00 GE) bewertet werden:

Anfangsbestand	300 kg	à	20,00 GE				
+ Zugang	500 kg	à	21,00 GE				
+ Zugang	400 kg	à	19,00 GE				
+ Zugang	300 kg	à	21,50 GE				
	1500 kg						
- Verbrauch	1300 kg						
Endbestand	200 kg	200 kg	à	20,00 GE	=	4.000 GE	
	200 kg				=	**4.000 GE**	(**20 GE/kg**)

Tab. 26 Perioden-Lifo-Verfahren bei Bestandsminderung

Bei sinkenden Preisen kann das Lifo-Verfahren prinzipiell zu Überbewertungen führen, da zum Bilanzstichtag angenommen wird, dass früher (zu höheren Preisen) erworbene Vermögensgegenstände auf Lager liegen. In diesem Fall greift allerdings das strenge Niederstwertprinzip des § 253 Abs. 4 HGB, welches Abschreibungen auf den niedrigeren Börsen- oder Marktpreis – oder falls ein Börsen- oder Marktpreis nicht feststellbar ist – auf den niedrigeren beizulegenden Wert zwingend vorschreibt. Setzt sich der Bestand aus mehreren Schichten zusammen, so ist jede Schicht einzeln auf eine etwaige Überbewertung hin zu prüfen.[377]

Exkurs – Einfluss des Lifo-Verfahrens auf die Darstellung der Vermögens- und Ertragslage

Bei der Anwendung des Lifo-Verfahrens werden die verbrauchten oder veräußerten Vorräte annähernd zu aktuellen Preisen bewertet, so dass bei steigenden Preisen keine Scheingewinne entstehen. Ein solcher Scheingewinn entsteht immer dann, wenn die abgehenden Vermögensgegenstände niedriger als mit dem aktuellen Preis bewertet werden. Dies ist bei Preissteigerungen der Fall, wenn das Unternehmen die Vorräte mit dem Fifo-Verfahren oder zu gewogenen Durchschnittspreisen bewertet. Die Bedeutung des Lifo-Verfahrens geht somit

[377] Hierzu Baetge/Kirsch/Thiele, Bilanzen, 16. Aufl. 2021, S. 367-369.

über die alleinige Bewertungsvereinfachung hinaus, da mit diesem Verfahren bei steigenden Preisen eine Scheingewinnrealisierung verhindert werden kann und so über die nominelle Kapitalerhaltung hinaus Kapital im Unternehmen gebunden wird.

Da die steigenden Preise beim Lifo-Verfahren keinen Einfluss auf die Bestandsbewertung – konstante Bestandsmenge vorausgesetzt – haben, sondern den Aufwand erhöhen, entstehen indes stille Reserven. Diese stillen Reserven stehen mit dem Jahresabschlusszweck der Rechenschaft in Konflikt, da der Einblick sowohl in die Vermögens- als auch in die Ertragslage beeinträchtigt wird. Der Einblick in die Vermögenslage wird verschlechtert, weil die Anschaffungskosten der Vorräte nicht mehr ersichtlich sind. Der Einblick in die Ertragslage wird durch Anwendung des Lifo-Verfahrens verschlechtert, weil der Aufwand bei Preissteigerungen höher ist als bei einer strengen Abgrenzung der Sache nach und weil sich die auf diese Weise gebildeten stillen Reserven bei Preissenkungen oder bei Bestandsminderungen in den folgenden Jahren auch wieder „still" auflösen können, womit die Indikatorfunktion des Jahreserfolgs negativ beeinträchtig wird.

Nachteil des Lifo-Verfahrens ist weiterhin, dass durch Sachverhaltsgestaltung variierbare Werte entstehen, denn die stillen Reserven können durch sachverhaltsgestaltenden (bilanzpolitisch motivierten) Abbau der Lagerbestände zum Bilanzstichtag (und erneuten Lageraufbau kurz nach dem Bilanzstichtag) bewusst still aufgelöst werden.[378]

4.4.4.1.5 Festbewertung

§ 240 Abs. 3 HGB i.V.m. § 256 Satz 2 HGB erlaubt unter bestimmten Voraussetzungen die Bewertung von Roh-, Hilfs- und Betriebsstoffen mit Festwerten. Durch die Voraussetzung des regelmäßigen Ersatzes der Abgänge und geringer wertmäßiger Schwankungen des Bestands wird sichergestellt, dass sich Zu- und Abgänge ungefähr ausgleichen. Daneben muss der Gesamtwert des Bestands für das Unternehmen von nachrangiger Bedeutung sein, wovon ausgegangen werden kann, wenn der einzelne Festwertansatz 5% der Bilanzsumme nicht übersteigt.[379] Ein solches Vorgehen ist auch in der Steuerbilanz unter den oben genannten Voraussetzungen zulässig.[380]

Durchbrechung des Einzelbewertungsgrundsatzes

Da mit der Festbewertung der Einzelbewertungsgrundsatz durchbrochen wird, ist gemäß § 240 Abs. 3 Satz 2 HGB spätestens alle drei Jahre eine körperliche Bestandsaufnahme erforderlich. Im Übrigen bleibt der Wertansatz insofern unverändert, während die Zugänge als Materialaufwand verbucht werden. Der Festwert ist in der Bilanz dann ggf. entsprechend den Inventurergebnissen zu korrigieren. Deuten Anzeichen darauf hin, dass sich die dem Festwert zugrunde

---

378 Hierzu ausführlich Baetge/Kirsch/Thiele, Bilanzen, 16. Aufl. 2021, S. 371-372.

379 Hierzu Störk/Lewe, in: Beck Bil-Komm., 13. Aufl. 2022, § 240 Anm. 87. Hier wird die Forderung aufgestellt, dass bei der Bewertung der Nachrangigkeit die Summe aller in das Festwertverfahren einbezogenen Vermögensgegenstände herangezogen werden sollten.

380 Hierzu Coenenberg/Haller/Schultze, Jahresabschluss und Jahresabschlussanalyse, 26. Aufl. 2021, S. 248.

liegenden Determinanten geändert haben bzw. dass die anderen Voraussetzungen für den Festwert nicht mehr vollständig erfüllt sind, ist der Bestand entsprechend früher durch eine Inventur aufzunehmen. Sind die Voraussetzungen der Festbewertung dauerhaft nicht erfüllt, müssen die Vermögensgegenstände wieder einzeln bewertet werden.

4.4.4.2 Folgebewertung

Strenges Niederstwertprinzip

Gemäß § 253 Abs. 4 HGB sind Vermögensgegenstände des Umlaufvermögens am Abschlussstichtag auf den sich aus dem niedrigeren Börsen- oder Marktpreis ergebenden Wert – oder falls dieser nicht feststellbar ist – auf den am Abschlussstichtag niedrigeren beizulegenden Wert abzuschreiben. Für die Bewertung der Vorräte gilt somit das aus dem Imparitätsprinzip resultierende strenge Niederstwertprinzip. Dieses lässt sich damit begründen, dass Vermögensgegenstände des Umlaufvermögens kurzfristig, d.h. für gewöhnlich innerhalb eines Zeitraums von zwölf Monaten, veräußert werden können und somit die am Markt eingetretenen Wertminderungen – dem Jahresabschlusszweck der Kapitalerhaltung folgend – bereits am Abschlussstichtag zu antizipieren sind. Planmäßige Abschreibungen sind bei Vermögensgegenständen des Umlaufvermögens nicht vorzunehmen.

Absatz- oder Beschaffungsmarkt

Bei der Prüfung, ob am Abschlussstichtag eine außerplanmäßige Abschreibung vorzunehmen ist, ist bezugnehmend auf die Zwecksetzung des aus dem Imparitätsprinzip resultierenden Niederstwertprinzip zu klären, ob für die Bewertung von Vorräten der Beschaffungsmarkt (Wiederbeschaffungskosten) oder der Absatzmarkt (Einzelveräußerungspreis) heranzuziehen ist. Grundsätzlich gilt, dass alle Wertminderungen am Abschlussstichtag durch außerplanmäßige Abschreibungen berücksichtigt werden müssen, auch dann, wenn diese voraussichtlich nicht von Dauer sind. Zur Erfassung der Wertminderung dient dabei der aus dem Börsen- oder Marktpreis abgeleitete Wert oder – falls ein solcher nicht feststellbar ist – der beizulegende Wert, der sich aus dem Wiederbeschaffungswert oder dem Einzelveräußerungspreis ergibt. Dieser Korrekturwert ist nach § 253 Abs. 4 HGB zwingend anzusetzen, falls er am Bilanzstichtag unter den Anschaffungs- oder Herstellungskosten liegt. Zusätzliche Abschreibungen im Rahmen vernünftiger kaufmännischer Beurteilung bzw. zur Vorwegnahme künftiger Wertschwankungen (Verlustantizipation) sind nicht zulässig.

Grundsatz der verlustfreien Bewertung

Für Roh-, Hilfs- und Betriebsstoffe sowie für unfertige und fertige Erzeugnisse, für die auch Fremdbezug möglich ist, ist der relevante Markt für die Bestimmung des beizulegenden Werts der Beschaffungsmarkt. Handelt es sich hingegen um Überbestände an Roh-, Hilfs- und Betriebsstoffen oder um unfertige und fertige Erzeugnisse, für die kein Fremdbezug möglich ist, so ist für deren beizulegenden Wert der Absatzmarkt maßgeblich. Eine niedrigere Bewertung ist demnach dann geboten, wenn die voraussichtlichen Verkaufserlöse abzüglich der Erlösminderungen und aller noch anfallenden Aufwendungen (z.B. Verwaltungs-, Verpackungs- oder Vertriebskosten) unter den Herstellungskosten liegen (Grundsatz der verlustfreien Bewertung).[381]

---

[381] Hierzu Coenenberg/Haller/Schultze, Jahresabschluss und Jahresabschlussanalyse, 26. Aufl. 2021, S. 242-243 sowie weiterführend Baetge/Kirsch/Thiele, Bilanzen, 16. Aufl. 20121, S. 374ff.

	RHB-Stoffe (Normalbestand), unfertige und fertige Erzeugnisse (Fremdbezug möglich)	RHB-Stoffe (Überbestand), unfertige und fertige Erzeugnisse (Fremdbezug nicht möglich)	Handelswaren, unfertige und fertige Erzeugnisse (Überbestand)
Relevanter Markt	Beschaffungsmarkt	Absatzmarkt	Beschaffungs- und Absatzmarkt
Wertuntergrenze, beizulegender Wert	Wiederbeschaffungskosten	Nettoveräußerungserlös	niedrigerer Wert aus Wiederbeschaffungskosten und Nettoveräußerungserlös

Tab. 27 Wertmaßstäbe zur Folgebewertung des Vorratsvermögens

Wenn sich in späteren Jahren herausstellt, dass die Gründe für die außerplanmäßige Abschreibung nicht mehr bestehen, ist die außerplanmäßige Abschreibung gemäß § 253 Abs. 5 HGB zurückzunehmen (Zuschreibungsgebot). Die Zuschreibung hat maximal bis zu den Anschaffungs- oder Herstellungskosten zu erfolgen.

4.4.5 Beispielsachverhalte – Vorratsvermögen

a. Die FWA verkauft T-Shirts vom Typ „Merino" zu einem Preis von EUR 30,00 netto. Da sich die Shirts sehr gut verkaufen, werden diese während des Geschäftsjahres häufig und in großen Stückzahlen vom Lieferanten bezogen. Dafür erhält die FWA vom Lieferanten einen Rabatt von 5%. Die durchschnittliche Bruttogewinnspanne für Shirts liegt bei ca. 40% vom Nettoverkaufspreis. Zum 31.12.t0 hat die FWA 100.000 Stück auf Lager. Der Endbestand ist mithilfe der retrograden Methode zu ermitteln.

Die FWA ermittelt den retrograden Wert wie folgt:

	Aktueller Nettoverkaufspreis des Hemdes "Merino"	30,00
-	durchschnitteliche Brutttogewinnspanne	12,00
=	retrograd ermittelter Wert (vor Rabatt)	18,00
-	Lieferantenrabatt	0,90
=	retrograd ermittelter Wert (nach Rabatt)	17,10
	Endbestand	1.710.000,00

b. Am 31.12.t0 befanden sich im Lager der FWA 11.500 kg der berühmten mittelfränkischen Merinowolle mit Anschaffungskosten in Höhe von EUR 22,20/kg. Aus den Unterlagen der Buchhaltung können zum Bilanzstichtag 31.12.t1 die im nachfolgenden angeführten Lagerzu- und -abgänge für das vorangegangene Geschäftsjahr ermittelt werden. Der Endbestand ist mit dem gewogenen Durchschnitt zu bewerten.

Monat	1	2	3	4	5	6	7	8	9	10	11	12	Summe
Zugang (kg)	-	6.000	-	4.000	3.500	-	-	8.000	-	6.500	-	-	28.000
Abgang (kg)	-	-	6.500	-	-	6.500	-	-	7.000	-	-	7.000	27.000
Preis (EUR/kg)	-	22,00	-	21,90	22,60	-	-	22,10	-	22,70	-	-	

	kg		AK		
Anfangsbestand	11.500	x	22,20	=	255.300,00
+ Zugänge					
	6.000	x	22,00	=	132.000,00
	4.000	x	21,90	=	87.600,00
	3.500	x	22,60	=	79.100,00
	8.000	x	22,10	=	176.800,00
	6.500	x	22,70	=	147.550,00
=	39.500				878.350,00
	Durchschnittspreis pro kg		22,24		
- Abgänge	27.000	x	22,24	=	600.391,14
= Endbestand	12.500	x	22,24	=	277.958,86

c. Am 31.12.t1 befanden sich im Lager der FWA 11.500 kg der nicht minder berühmten oberfränkischen Merinowolle mit Anschaffungskosten in Höhe von EUR 19,20/kg. Aus den Unterlagen der Buchhaltung können zum Bilanzstichtag 31.12.t2 die im nachfolgenden angeführten Lagerzu- und -abgänge für das vorangegangene Geschäftsjahr ermittelt werden. Der Endbestand ist mit dem gleitenden Durchschnitt zu bewerten.

Monat	1	2	3	4	5	6	7	8	9	10	11	12	Summe
Zugang (kg)	-	6.000	-	4.000	3.500	-	-	8.000	-	6.500	-	-	28.000
Abgang (kg)	-	-	6.500	-	-	6.500	-	-	7.000	-	-	7.000	27.000
Preis (EUR/kg)	-	22,00	-	21,90	22,60	-	-	22,10	-	22,70	-	-	

	kg		AK		
Anfangsbestand	11.500	x	19,20	=	220.800,00
+ Zugang	6.000	x	22,00	=	132.000,00
=	17.500				352.800,00
- Abgang	6.500	x	20,16	=	131.040,00
=	11.000	x	20,16	=	221.760,00
+ Zugang	4.000	x	21,90	=	87.600,00
+ Zugang	3.500	x	22,60	=	79.100,00
=	18.500				388.460,00
- Abgang	6.500	x	20,998	=	136.485,95
=	12.000	x	20,998	=	251.974,05
+ Zugang	8.000	x	22,10	=	176.800,00
=	20.000				428.774,05
- Abgang	7.000	x	21,439	=	150.070,92
=	13.000	x	21,439	=	278.703,14
+ Zugang	6.500	x	22,70	=	147.550,00
=	19.500				426.253,14
- Abgang	7.000	x	21,859	=	153.013,95
= Endbestand	12.500	x	21,859	=	273.239,19

Summe Abgänge	570.610,81
Summe Zugänge	623.050,00

d. Am 31.12.t2 befanden sich im Lager der FWA weiterhin 11.500 kg australischer Merinowolle mit Anschaffungskosten in Höhe von EUR 23,20/kg. Aus den Unterlagen der Buchhaltung können zum Bilanzstichtag 31.12.t3 die im nachfolgenden angeführten Lagerzu- und -abgänge für das vorangegangene Geschäftsjahr ermittelt werden. Die Abgänge werden mit dem gewogenen Durchschnittspreis bewertet. Der Endbestand ist mit dem Fifo-Verfahren zu bewerten.

Monat	1	2	3	4	5	6	7	8	9	10	11	12	Summe
Zugang (kg)	-	6.000	-	4.000	3.500	-	-	8.000	-	6.500	-	-	28.000
Abgang (kg)	-	-	6.500	-	-	6.500	-	-	7.000	-	-	7.000	27.000
Preis (EUR/kg)	-	22,00	-	21,90	22,60	-	-	22,10	-	22,70	-	-	

Auf Lager befinden sich die zuletzt eingegangenen Lieferungen:

		kg		AK		
Anfangsbestand		11.500	x	23,20	=	266.800,00
Zugänge		28.000				623.050,00
Abgänge		27.000	x	22,24		600.391,14
Endbestand		12.500				
		6.500	x	22,70	=	147.550,00
	+	6.000	x	22,10	=	132.600,00
	=	12.500			=	280.150,00

e. Am 31.12.t3 befanden sich im Lager der FWA zudem 11.500 kg südafrikanischer Merinowolle mit Anschaffungskosten in Höhe von EUR 22,95/kg. Aus den Unterlagen der Buchhaltung können zum Bilanzstichtag 31.12.t4 die im nachfolgenden angeführten Lagerzu- und -abgänge für das vorangegangene Geschäftsjahr ermittelt werden. Die Abgänge werden analog zu (d.) mit dem gewogenen Durchschnittspreis bewertet. Der Endbestand ist mit dem Perioden-Lifo zu bewerten.

Monat	1	2	3	4	5	6	7	8	9	10	11	12	Summe
Zugang (kg)	-	6.000	-	4.000	3.500	-	-	8.000	-	6.500	-	-	28.000
Abgang (kg)	-	-	6.500	-	-	6.500	-	-	7.000	-	-	7.000	27.000
Preis (EUR/kg)	-	22,00	-	21,90	22,60	-	-	22,10	-	22,70	-	-	

Auf Lager befinden sich die zuerst eingegangenen Lieferungen:

	11.500	x	22,95	=	263.925,00
+	1.000	x	22,00	=	22.000,00
=	12.500			=	285.925,00

f. Gegenstand der Prüfung des Jahresabschlusses der FWA für das Geschäftsjahr t4 ist u.a. die Bewertung der unfertigen Erzeugnisse. Zum Bilanzstichtag 31.12.t4 waren diese mit EUR 540.000,00 ausgewiesen. Hier wurde nur das

Fertigungsmaterial berücksichtigt. Direkte Fertigungslöhne und Fertigungsgemeinkosten wurden nicht angesetzt. Aus den Kalkulationsunterlagen ist zu entnehmen, dass die Fertigungslöhne 50% des Werts des verwendeten Fertigungsmaterials ausmachen. Die variablen Fertigungsgemeinkosten betragen 10% der Fertigungsmaterial- und Fertigungseinzelkosten. Die fixen Fertigungsgemeinkosten – hier Abschreibungen auf die Produktionsanlagen – belaufen sich auf EUR 300.000,00. Für die Dienste der allgemeinen Verwaltung wäre über die betroffenen Kostenstellen den unfertigen Erzeugnissen ein Betrag von EUR 12.000,00 anzulasten, wobei EUR 7.000,00 auf den Produktionsbereich entfallen. Die FWA möchte nicht mehr aktivieren als unbedingt erforderlich.

Originärer Wertmaßstab für die unfertigen Erzeugnisse sind nach § 255 Abs. 2 HGB die Herstellungskosten. Der bisher von der FWA gewählte Wertansatz ist nach HGB unzulässig, da eine Reihe von handelsrechtlich aktivierungspflichtigen Herstellungskostenbestandteilen nicht angesetzt wurde. Unter Berücksichtigung des Aktivierungswahlrechts für anteilige allgemeine Verwaltungskosten ergeben sich zwei nach HGB zulässige Wertansätze für die Herstellungskosten der unfertigen Erzeugnisse:

	Untergrenze	Obergrenze
bisheriger Ansatz (Fertigungsmaterial)	540.000,00	540.000,00
+ Fertigungslöhne (50% des Fertigungsmaterials)	270.000,00	270.000,00
+ variable Fertigungsgemeinkosten (10%. von 810.000)	81.000,00	81.000,00
+ fixe Fertigungsgemeinkosten	300.000,00	300.000,00
+ allgemeine Verwaltungskosten	-	12.000,00
= zutreffender Bilanzansatz	1.191.000,00	1.203.000,00

g. Zum 31.12.t5 stellt sich das Vorratsvermögen der FWA entsprechend der nachfolgenden Tabelle dar.[382] Die Buchwerte sind dabei die Anschaffungs- oder Herstellungskosten der einzelnen Vorratsgruppen. Lediglich der Preisverfall im Bereich der Waren wird als dauerhaft eingestuft. Im t6 stellt sich überraschender Weise heraus, dass Nettoveräußerungserlös der fertigen Erzeugnisse, für die kein Fremdbezug möglich ist, auf EUR 860.000,00 gestiegen ist.

	Rohstoffe	**Fertige Erzeugnisse (Fremdbezug nicht möglich)**	**Waren**
Buchwert	2.124.098,05	855.000,00	855.000,00
Wiederbeschaffungskosten	2.000.000,00	800.000,00	790.000,00
Verkaufspreis	2.250.000,00	855.000,00	810.000,00
Kosten des Verkaufs bzw. der noch anfallenden Produktionsschritte	60.000,00	30.000,00	15.000,00

[382] Es wird angenommen, dass sich die unter (a.) beschriebenen T-Shirts in Fertigerzeugnisse für die kein Fremdbezug möglich ist sowie Waren im Verhältnis 50:50 aufteilen lassen.

Nach § 253 Abs. 4 HGB sind im Bereich des Vorratsvermögens sowohl voraussichtlich dauerhafte als auch voraussichtlich vorübergehende Wertminderungen zwingend zu erfassen. Als Korrekturwert dienen im Bereich der Rohstoffe die Wiederbeschaffungskosten, im Bereich der Fertigerzeugnisse (kein Fremdbezug möglich) der Nettoveräußerungswert und im Bereich der Waren der niedrigere Wert aus Wiederbeschaffungskosten und Nettoveräußerungswert. Der Nettoveräußerungswert ermittelt sich dabei als Verkaufspreis abzüglich der Kosten, die bis zum Verkauf des Vermögensgegenstands noch anfallen. Eine Zuschreibung über die Anschaffungs- oder Herstellungskosten hinaus ist nicht zulässig. Demnach ergeben sich zum 31.12.t5 folgende handelsrechtliche Wertansätze:

	Rohstoffe	**Fertige Erzeugnisse (Fremdbezug nicht möglich)**	**Waren**
Buchwert	2.124.098,05	855.000,00	855.000,00
Korrekturwert	2.000.000,00	825.000,00	790.000,00
Wertansatz	2.000.000,00	825.000,00	790.000,00
Ergebniswirkdung	-124.098,05	-30.000,00	-65.000,00

Entfallen zwischenzeitlich die Gründe für eine in früheren Perioden vorgenommene außerplanmäßige Abschreibung, so ist gemäß § 253 Abs. 5 HGB im Umfang der Werterhöhung bis maximal zu den Anschaffungs- oder Herstellungskosten eine Zuschreibung vorzunehmen. Vorliegend würde die FWA die fertigen Erzeugnisse in t6 mit den ursprünglichen Anschaffungskosten von EUR 855.000,00 ansetzen. Der höhere Nettoveräußerungserlös darf hingegen nicht berücksichtigt werden. Der Jahresüberschuss in t6 erhöht sich durch diese Zuschreibung um EUR 30.000,00 die im GKV über den Posten „Bestandserhöhungen" und im UKV über die Minderung des Postens „umsatzbezogene Herstellungskosten" erfasst wird.

Unter Berücksichtigung sämtlicher Geschäftsvorfälle, stellen sich die Jahresabschlüsse der FWA für die Geschäftsjahre t0 bis t5 wie folgt dar:

Bilanz		**31.12.**					
	Ref.	0	1	2	3	4	5
Aktiva							
B. Umlaufvermögen							
I. Vorräte:							
1. Roh-, Hilfs- und Betriebsstoffe	b.	255.300,00	277.958,86				
	c.		220.800,00	273.239,19			
	d.			266.800,00	280.150,00		
	e.				263.925,00	285.925,00	
	g.						2.000.000,00
2. unfertige Erzeugnisse, unfertige Leistungen	f.					1.191.000,00	
3. fertige Erzeugnisse und Waren	a.	1.710.000,00					
	g.						1.615.000,00
…							
IV. Kassenbestand, Bundesbankguthaben, Guthaben bei Kreditinstituten und Schecks	a.	-1.710.000,00					
	b.	-255.300,00	-623.050,00				
	c.		-220.800,00	-623.050,00			
	d.			-266.800,00	-623.050,00		
	e.				-263.925,00	-623.050,00	
	f.					-1.203.000,00	
Passiva							
A. Eigenkapital							
…							
V. Jahresüberschuß/Jahresfehlbetrag		0,00	-600.391,14	-570.610,81	-600.391,14	-612.391,14	-219.098,05

Gewinn- und Verlustrechnung nach GKV		**1.1. - 31.12.**					
	Ref.	0	1	2	3	4	5
…							
5. Materialaufwand:							
a) Aufwendungen für Roh-, Hilfs- und Betriebsstoffe und für bezogene Waren	b.		-600.391,14				
	c.			-570.610,81			
	d.				-600.391,14		
	e.					-600.391,14	
…							
7. Abschreibungen:							
…							
b) auf Vermögensgegenstände des Umlaufvermögens, soweit diese die in der Kapitalgesellschaft üblichen Abschreibungen überschreiten	g.						-219.098,05
8. sonstige betriebliche Aufwendungen	f.					-12.000,00	
…							
17. Jahresüberschuss/Jahresfehlbetrag		0,00	-600.391,14	-570.610,81	-600.391,14	-612.391,14	-219.098,05

Gewinn- und Verlustrechnung nach UKV		1.1. - 31.12.					
	Ref.	0	1	2	3	4	5
…							
2. Herstellungskosten der zur Erzielung der Umsatzerlöse erbrachten Leistungen	b.		-600.391,14				
	c.			-570.610,81			
	d.				-600.391,14		
	e.					-600.391,14	
	g.						-219.098,05
…							
7. sonstige betriebliche Aufwendungen	f.					-12.000,00	
…							
16. Jahresüberschuss/Jahresfehlbetrag		0,00	-600.391,14	-570.610,81	-600.391,14	-612.391,14	-219.098,05

4.5 Bilanzierung der Forderungen und sonstiger Vermögensgegenstände

4.5.1 Begriff, Arten und Ausweis der Forderungen und der sonstigen Vermögensgegenstände

Innerhalb der zweiten Hauptkategorie des Umlaufvermögens, bei den Forderungen und sonstigen Vermögensgegenständen, werden gemäß § 266 Abs. 2 B. II. HGB vier Posten unterschieden:

B. Umlaufvermögen

II. Forderungen und sonstige Vermögensgegenstände:
1. Forderungen aus Lieferungen und Leistungen;
2. Forderungen gegen verbundene Unternehmen;
3. Forderungen gegen Unternehmen, mit denen ein Beteiligungsverhältnis besteht;
4. sonstige Vermögensgegenstände;

Tab. 28 Forderungen und sonstige Vermögensgegenständen

Forderungen aus Lieferungen und Leistungen

Hierbei handelt es sich um Ansprüche aus gegenseitigen Verträgen (Lieferungs-, Werks- oder Dienstleistungsverträge), bei denen das bilanzierende Unternehmen seine Lieferung oder Leistung erbracht hat, die Leistung des Vertragspartners (Zahlung des Kaufpreises) allerdings noch aussteht. Als Forderungen aus Lieferungen und Leistungen sind nur solche Forderungen auszuweisen, die aus der Haupttätigkeit des Unternehmens resultieren.

Forderungen gegen verbundene Unternehmen und Forderungen gegen Unternehmen, mit denen ein Beteiligungsverhältnis besteht

Hierunter sind alle Forderungen gegen diese Unternehmen auszuweisen, unabhängig davon, woraus sie entstanden sind. Somit sind unter diesen Posten sowohl Forderungen aus Lieferungen und Leistungen als auch bspw. Darlehensforderungen auszuweisen. Für die Klassifizierung als Forderung gegen ein verbundenes Unternehmen[383] oder ein Beteiligungsunternehmen[384] sind

---

[383] Die Definition des verbundenen Unternehmens für Zwecke der handelsrechtlichen Rechnungslegung erfolgt in § 271 Abs. 2 HGB. Entsprechend dieser Definition stellen alle Mutter- und Tochterunternehmen, die grundsätzlich in den Konzernabschluss einzubeziehen sind, verbundene Unternehmen dar, unabhängig davon, ob ein Einbeziehungswahlrecht oder eine Befreiung vorliegt. Hierzu ausführlich Coenenberg/Haller/Schultze, Jahresabschluss und Jahresabschlussanalyse, 26. Aufl. 2021, S. 650.

[384] Beteiligungen werden in § 271 Abs. 1 Satz 1 HGB als Anteile an anderen Unternehmen

allein die Verhältnisse am Bilanzstichtag maßgeblich. Eine Forderung gegen ein verbundenes Unternehmen ist hier auch dann auszuweisen, wenn es erst nach Begründung der Forderung aber vor dem Bilanzstichtag zu einem Beteiligungsunternehmen geworden ist.

Sonstige Vermögensgegenstände

Hierbei handelt es sich um einen Sammelposten für alle Vermögensgegenstände des Umlaufvermögens, die sich keinem anderen Posten zuordnen lassen. Soweit keinem anderen Posten zuordenbar, werden hier z.B. Darlehen, Guthaben bei Bausparkassen, Gehaltsvorschüsse, Steuererstattungsansprüche, Schadenersatzansprüche, Kautionen und GmbH- oder Genossenschaftsanteile, die nicht dauerhaft gehalten werden sollen, ausgewiesen.

4.5.2 Zeitpunkt des Ansatzes von Dividendenforderungen

Phasenverschobene Beteiligungserträge

Dividendenforderungen von Muttergesellschaften entstehen erst dann, wenn die Hauptversammlung des Beteiligungsunternehmens gemäß § 172 AktG über die Verwendung des Bilanzgewinns und über den an die Aktionäre auszuschüttenden Betrag entschieden hat. Die Beteiligungserträge können somit grundsätzlich erst im Folgejahr (phasenverschoben) beim Anteilseigner vereinnahmt werden, was insbesondere bei mehrstufigen Konzernen ein Problem darstellt.

Phasengleiche Aktivierung

Allerdings ist nach den Urteilen des EuGH aus dem Jahr 1996 und des BGH aus dem Jahr 1998 eine phasengleiche Aktivierung von Dividendenansprüchen unter bestimmten Voraussetzungen verpflichtend. Dabei muss die Muttergesellschaft Alleingesellschafterin des Tochterunternehmens in der Rechtsform einer Kapitalgesellschaft sein, beide Gesellschaften nach nationalem Recht einen Konzern bilden und es müssen die Geschäftsjahre der Gesellschaft deckungsgleich sein. Ferner muss die Gesellschafterversammlung der Tochtergesellschaft den Jahresabschluss vor Prüfung des Jahresabschlusses der Muttergesellschaft festgestellt und einer Zuweisung des Gewinns an die Muttergesellschaft zugestimmt haben (Gewinnverwendungsbeschluss). Zuletzt wird vorausgesetzt, dass der Jahresabschluss für das fragliche Geschäftsjahr ein den tatsächlichen Verhältnissen entsprechendes Bild ihrer Vermögens-, Finanz- und Ertragslage vermittelt.

Ausschüttungssperre

Allgemein gilt für in der GuV phasengleich ausgewiesene Beteiligungserträge, die noch nicht als Dividende oder Gewinnanteil eingegangen sind oder auf deren Zahlung (noch) kein Anspruch besteht, nach § 272 Abs. 5 HGB eine Ausschüttungssperre.

Gewinne aus der Beteiligung an Personenhandelsgesellschaften stehen den Gesellschaftern nach dem gesetzlichen Normalstatut ohne Gewinnverwendungsbeschluss zu. Abweichungen hiervon können sich durch gesellschaftsvertragliche Regelungen ergeben.[385]

---

definiert, die bestimmt sind, dem eigenen Geschäftsbetrieb durch Herstellung einer dauerhaften Verbindung zu jenen Unternehmen dienen. Voraussetzung für das Vorliegen einer Beteiligung ist insofern neben der Zweckbestimmung als Daueranlage die Beteiligungsabsicht der Gesellschaft. Die Form der Beteiligung ist hingegen unerheblich. Hierzu ausführlich Coenenberg/ Haller/Schultze, Jahresabschluss und Jahresabschlussanalyse, 26. Aufl. 2021, S. 276-277.

[385] Hierzu IDW, WP Handbuch, 18. Aufl. 2023, Kap. F Tz. 850.

4.5.3 Bewertung der Forderungen

4.5.3.1 Allgemeine Regelungen zur Bewertung der Forderungen

Nennbetrag

Die Forderungen des Umlaufvermögens sind gemäß § 253 Abs. 1 Satz 1 HGB zum Zeitpunkt ihres Erwerbs oder ihrer Entstehung mit ihren Anschaffungs- oder Herstellungskosten zu bewerten. Die Anschaffungs- oder Herstellungskosten einer Forderung sind regelmäßig der auf der Rechnung ausgewiesene Betrag (Nennbetrag).

Niedrigerer beizulegender Wert

Sollte sich im Zeitablauf herausstellen, dass nicht damit zu rechnen ist, dass der zur Zahlung Verpflichtete die Forderung des Kaufmanns erfüllt, ist die Forderung gemäß § 253 Abs. 4 HGB auf ihren niedrigeren beizulegenden Wert abzuschreiben. Der niedrigere beizulegende Wert einer Forderung ist der Betrag, mit dessen Eingang der Kaufmann rechnet.

4.5.3.2 Wertberichtigung von Forderungen

Forderungsrisiken

Jede Forderung ist eine Art Kreditgewährung, denn das leistende Unternehmen räumt dem verpflichteten Unternehmen ein, die Verpflichtung erst zu einem Zeitpunkt, der nach der Erfüllung der Verpflichtung durch das leistende Unternehmen liegt, zu begleichen. Zu den Forderungsrisiken zählen deshalb alle Risiken, die sich aus der Kreditgewährung ergeben. Risiken, die sich aus dem der Forderung zugrundeliegenden Grundgeschäft ergeben, wie Gewährleistungsverpflichtungen, zählen zu den sog. Forderungsrisiken. Diese lassen sich wie folgt systematisieren:

- Das Ausfallrisiko, welches z.B. in einem vollständigen Ausfall der Forderung bei Zahlungsunfähigkeit des Schuldners oder in einer nur teilweisen Begleichung der Forderung bei einer Insolvenz des Schuldners bestehen kann.
- Das Risiko aus Forderungsverkäufen besteht in möglichen negativen Erfolgsbeiträgen, wenn Forderungen vor ihrem Eingang unter ihrem Buchwert verkauft werden (z.B. beim Factoring[386]).
- Das Wechselkursrisiko liegt in evtl. negativen Entwicklungen des Wechselkurses bei Fremdwährungsforderungen.
- Das Risiko aus Zinsänderungen, welches bei einer Erhöhung des Sollzinssatzes zu einem zu berücksichtigenden negativen Erfolgsbeitrag führt, wenn man unterstellt, dass die mit den Forderungen vereinbarten Zinsen zumindest die Refinanzierungskosten abdecken.
- Das Eintreibungsrisiko liegt in den möglicherweise nötigen Mahn-, Gerichts- und Anwaltskosten.

Einzelwertberichtigung

Der Grundsatz der Einzelbewertung schreibt vor, die Risiken gesondert für jede einzelne Forderung festzustellen. Sind bei einer Forderung Risiken feststellbar, so ist gemäß dem strengen Niederstwertprinzip eine Abschreibung (Einzelwertberichtigung) zwingend vorgeschrieben. Bestehen mehrwertige Erwartungen hinsichtlich der Höhe der Wertminderung, so ist nach im Schrifttum überwiegend vorherrschender Meinung gemäß dem Vorsichts-

---

[386] Zum Factoring ausführlich bspw. Roos, BBK 2019, S. 732-741.

prinzip der Wert am unteren, also ungünstigeren Ende der Bandbreite möglicher Werte zu wählen. Bei Vorliegen einer Delkredereversicherung[387] für eine Forderung aus Lieferungen und Leistungen dürfen die Höhe eines Forderungsausfalls und die Leistung der Delkredereversicherung saldiert werden, d.h., der Forderungsfall und die Delkredereversicherung dürfen zu einer Bewertungseinheit zusammengefasst werden, ohne dass hierdurch dem Grundsatz der Einzelbewertung zuwidergehandelt wird.

Bonität des Verpflichteten

Grundsätzlich gilt, dass der Wert einer Forderung maßgeblich von der Bonität des Verpflichteten abhängt. Unter Berücksichtigung der Bonität des Verpflichteten werden die Forderungen für die Folgebewertung in drei Kategorien unterteilt:

Einwandfreie Forderungen

Eine Forderung ist dann als einwandfrei zu klassifizieren, wenn mit ihrem Zahlungseingang in voller Höhe gerechnet werden kann. Der Ansatz einer einwandfreien Forderung hat mit dem Nennbetrag (Anschaffungswert) zu erfolgen.

Zweifelhafte Forderungen

Zweifelhaft ist eine Forderung dann, wenn der Zahlungseingang unsicher ist, d.h. ein vollständiger oder teilweiser Forderungsausfall zu erwarten ist. Dies ist z.B. dann der Fall, wenn ein Insolvenzverfahren eröffnet wurde, der Kunde trotz Mahnung nicht gezahlt hat oder sich erkennbar in wirtschaftlichen und/oder finanziellen Schwierigkeiten befindet. Zweifelhafte Forderungen sind mit ihrem wahrscheinlichen Wert zu bilanzieren.

Uneinbringliche Forderungen

Eine Klassifizierung als uneinbringlich hat dann zu erfolgen, wenn der Forderungsausfall endgültig feststeht. Davon ist bspw. dann auszugehen, wenn ein Insolvenzverfahren mangels Masse abgewiesen wurde, fruchtlos gepfändet oder die Forderung verjährt ist. Uneinbringliche Forderungen sind in voller Höhe abzuschreiben.

Pauschalwertberichtigungen

Neben der Einzelwertberichtigung ist es zulässig, das Risiko des Bestands der nicht einzelwertberichtigten und nicht durch eine Delkredereversicherung gesicherten Forderungen durch eine Pauschalwertberichtigung zu berücksichtigen. Hat sich in vergangenen Jahren gezeigt, dass über die zuvor berücksichtigten Einzelwertberichtigungen hinaus ein bestimmter Teil des Wertes des gesamten Forderungsbestands uneinbringlich war und damit auch künftig zu rechnen ist, so ist der Forderungsbestand in Höhe des zu erwartenden Ausfalls pauschal abzuschreiben. Mit der Pauschalwertberichtigung wird insofern das nicht vorhersehbare allgemeine Ausfall- bzw. Kreditrisiko des Forderungsbestands berücksichtigt. Auf Grundlage der betrieblichen Erfahrungen aus der Vergangenheit (Forderungsausfälle der letzten drei bis fünf Jahre) wird ein Prozentsatz ermittelt und auf den Bestand der nicht im Wert berichtigten Forderungen angewendet. Der zugrunde gelegt Prozentsatz muss rechnerisch nachweisbar sein.

Berechnung der Nettoforderung

Die Einzelwertberichtigung – sofern der Forderungsausfall nicht endgültig feststeht und insofern das vereinbarte Entgelt nicht uneinbringlich geworden ist – und die Pauschalwertberichtigung werden auf Grundlage der Nettoforderungen berechnet. Die Umsatzsteuer

---

387 Die Delkredereversicherung bietet dem Versicherungsnehmer Versicherungsschutz für Vermögensschäden, die aus dem Forderungsausfall aufgrund wirtschaftlich bedingter Zahlungsunfähigkeit des Geschäftspartners resultieren.

darf dabei nicht berücksichtigt werden, da sie – ihrem Charakter nach als durchlaufender Posten[388] entsprechend – nicht den Forderungsrisiken unterliegt.

4.5.3.3 Sonderfragen

4.5.3.3.1 Bewertung von Fremdwährungsforderungen

Briefkurs oder Devisenkassamittelkurs

Forderungen, die auf fremde Währung lauten (sog. Fremdwährungsforderungen), werden mit dem Briefkurs[389] oder, soweit die Auswirkung auf die Darstellung der Vermögens-, Finanz- und Ertragslage unwesentlich ist, mit dem Devisenkassamittelkurs[390] im Zeitpunkt des Zugangs der Forderung bewertet. Dabei ist es gleichgültig, ob der Forderung eine Lieferung oder Leistung oder eine Kreditgewährung zugrunde liegt. Der maßgebliche Umrechnungskurs der Forderung an den folgenden Abschlussstichtagen ist gemäß § 256a HGB der jeweilige Devisenkassamittelkurs. Dieser ergibt sich als Mittelwert aus Geld[391]- und Briefkurs. Insofern entfällt bei der Folgebewertung die Unterscheidung zwischen Geld- und Briefkurs.

Strenges Niederstwertprinzip

Liegt der mit dem Devisenkassamittelkurs ermittelte Wert der Forderung zum Abschlussstichtag unter dem Buchwert, ist aufgrund des strengen Niederstwertprinzips gemäß § 253 Abs. 4 HGB eine außerplanmäßige Abschreibung vorzunehmen. Liegt der mit dem Devisenkassamittelkurs ermittelte Wert der Forderung zum Abschlussstichtag hingegen über dem Buchwert, hängt der Wertansatz von der Restlaufzeit der Fremdwährungsforderung ab. Zwar müssen weiterhin die grundlegenden Bewertungsprinzipen – also das Realisations- und das Imparitätsprinzip sowie das Anschaffungskostenprinzip – beachtet werden, weshalb eine Bewertung über die Anschaffungskosten hinaus nicht zulässig ist. Bei Fremdwährungsforderungen mit einer Restlaufzeit von einem Jahr oder weniger muss allerdings von dieser vorsichtigen Bewertung abgesehen werden und somit nach § 256a Abs. 2 HGB auch – entsprechender der Kursentwicklung – eine Bewertung oberhalb der Anschaffungskosten erfolgen.[392]

4.5.3.3.2 Bewertung von unverzinslichen und niedrigverzinslichen Forderungen

Darlehensforderungen

Bei Darlehensforderungen ist grundsätzlich der Nennbetrag – i.d.R. der Auszahlungsbetrag – als Forderung zu buchen. Wird bei Vergabe eines Darlehens ein Auszahlungsdisagio bei entsprechend niedriger Verzinsung vereinbart, so ist in Höhe des Disagios ein passiver Rech-

---

[388] Zum Thema „Durchlaufende Posten“ ausführlich bspw. Roos, BBK 2017, S. 1049-1057.

[389] Briefkurse sind die Kurse auf der Angebotsseite. Die Inhaber von Wertpapieren als verbrieften Rechten bestimmen den Preis. Im englischsprachigen Raum wird dazu das Wort „ask“ („nachfragen“) genutzt.

[390] Um den Devisenkassamittelkurs zu berechnen, ist Geld- und Briefkurs zu addieren und das Ergebnis anschließend durch zwei zu dividieren.

[391] Geldkurse stellen die Kurse auf der Nachfrageseite dar. Hier wirken die Käufer, die für den Wertpapiererwerb Geld bieten, preisbildend. Das englische Pendant dafür lautet „bid“ („bieten“).

[392] Hierzu ausführlich Baetge/Kirsch/Thiele, Bilanzen, 16. Aufl. 2021, S. 333-334.

nungsabgrenzungsposten[393] zu bilden, der über die Laufzeit des Darlehens aufzulösen ist.

Außerplanmäßige Abschreibungen

Bei Darlehen, die nicht verzinst werden oder die im Vergleich mit marktüblichen Konditionen niedrig verzinslich sind, ist dieser wertmindernde Umstand durch eine außerplanmäßige Abschreibung auf den niedrigeren Wert, in diesem Fall den Barwert, zu berücksichtigen. Über die Laufzeit des Darlehens müssen Kapitalgesellschaften und haftungsbeschränkte Personenhandelsgesellschaften eine Zuschreibung bis zur Höhe des Nennbetrags zwingend vornehmen.

Abzinsung mit fristadäquatem Marktzins

Handelt es sich bei der unverzinslichen oder niedrig verzinslichen Forderung hingegen um eine langfristige Forderung aus Lieferungen und Leistungen, so ist die Forderung sofort zum niedrigen Barwert (Abzinsung mit einem fristadäquaten Marktzins) zu bewerten. Der Nennbetrag der Forderung enthält in diesem Fall einen verdeckten Zinsanteil, da davon auszugehen ist, dass ein höherer Kaufpreis vereinbart wurde als bei einem vergleichbaren Bargeschäft. Dieser Zinsanteil darf nicht zu dem Zeitpunkt realisiert werden, an dem die Forderung entsteht, da sonst dem Realisationsprinzip widersprochen würde. Der Zinsanteil stellt ein Entgelt für ein Kreditgeschäft dar, das erst während der Laufzeit realisiert wird. Der Zinsertrag darf also erst über die Laufzeit der Forderung durch Aufzinsung des Barwerts realisiert werden. Soweit es sich um kurzfristig fällig Forderungen mit einer Restlaufzeit bis zu einem Jahr handelt, kann die Abzinsung aus Vereinfachungsgründen unterbleiben.[394]

Sonstiger betrieblicher Aufwand

Abschreibungen und Abzinsungen von Forderungen des Umlaufvermögens werden unter den sonstigen betrieblichen Aufwendungen erfasst, soweit sie nicht das unternehmensübliche Maß überschreiten. In diesem Fall sind sie im GKV unter den Abschreibungen (Nr. 7b) zu erfassen

4.5.4 Beispielsachverhalte - Forderungsbewertung

a. Am 31.12.t0 hat die FWA eine Forderung aus Lieferung in Höhe von EUR 15.000,00 an die Weberei Schneider & Töchter, Schweinfurt, vom 31.10.t0 mit einem Zahlungsziel von drei Monaten.

Grundsätzlich müssen unverzinsliche oder niedrig verzinsliche Forderungen mit ihrem Barwert bilanziert werden. Allerdings kann bei unverzinslichen Forderungen mit einer Restlaufzeit von bis zu einem Jahr aus Vereinfachungsgründen, die mit der Bilanzierung zum Barwert einhergehende Abzinsung unterbleiben. Der Betrag ist unter den Forderungen aus Lieferungen und Leistungen auszuweisen.

---

[393] Hierzu ausführlich Abschn. 5.4.

[394] Hierzu Coenenberg/Haller/Schultze, Jahresabschluss und Jahresabschlussanalyse, 26. Aufl. 2021, S. 286-287.

b. Am 31.12.t1 hat die FWA eine Forderung aus Warenlieferung in Höhe von USD 14.000,00 an die Textile Distribution Ltd., Atlanta, mit einer Restlaufzeit von weniger als einem Jahr. Die Wechselkurse am Tag der Lieferung lauten wie folgt: Geldkurs → EUR 1 = USD 1,28 / Briefkurs → EUR 1 = USD 1,32. Die Wechselkurse zum 31.12.t1 lauten wie folgt: Geldkurs → EUR 1 = USD 1,19 / Briefkurs → EUR 1 = USD 1,21.

Fremdwährungsforderungen sind gemäß § 256a HGB am Bilanzstichtag mit dem Devisenkassamittelkurs – dem Mittelkurs aus Geld- und Briefkurs – umzurechnen. Der Devisenkassamittelkurs am Bilanzstichtag errechnet sich wie folgt: EUR 1 = (USD 1,19 + USD 1,21) : 2 = USD 1,20. Da es sich um eine Forderung mit einer Restlaufzeit unter einem Jahr handelt, dürfen das Realisations-, Imparitäts- sowie das Anschaffungskostenprinzip unbeachtet bleiben. Die Forderung ist am 31.12.t1 mit einem Betrag von USD 14.000,00 : EUR/USD 1,20 = EUR 11.666,67 zu bilanzieren. Die Einbuchung im Transaktionszeitpunkt erfolgt ebenfalls mit dem Devisenkassamittelkurs. Dieser Einbuchungskurs beträgt EUR 1 = USD 1,30. Damit ergibt sich zunächst eine Forderung in Höhe von EUR 10.769,23. Die Differenz zwischen dem Forderungsbetrag im Transaktionszeitpunkt bewertet mit dem Einbuchungskurs und am Bilanzstichtag bewertet mit dem Stichtagskurs ist als Währungsgewinn unter den sonstigen betrieblichen Erträgen auszuweisen.

c. Am 31.12.t2 hat die FWA eine Forderung aus Warenlieferung in Höhe von EUR 15.400,00 gegenüber der Strick GmbH, welche ein Insolvenzverfahren beantragt hat. Die wahrscheinliche Insolvenzquote liegt bei 60%.

Es handelt sich hierbei um eine zweifelhafte Forderung. Diese sind mit ihrem wahrscheinlichen Wert anzusetzen. Vorliegend ist die Forderung auf ihren wahrscheinlichen Wert (= Insolvenzquote) abzuschreiben und unter den Forderungen aus Lieferungen und Leistungen mit einem Betrag von EUR 9.240,00 auszuweisen.

d. Am 31.12.t3 hat die FWA eine unverzinsliche Forderung aus Warenlieferung in Höhe von EUR 100.400,00 gegenüber der Näh KG mit einem Zahlungsziel von zwei Jahren. Der marktübliche Zins beträgt 5%.

Unverzinsliche oder niedrig verzinsliche Forderungen müssen mit ihrem Barwert bilanziert werden. Vorliegend hat die Abzinsung mit dem marktüblichen Zinssatz von 5% (= EUR 100.000,00 / $1{,}05^2$) zu erfolgen. Die Forderung ist mit einem Betrag von EUR 90.702,95 unter den Forderungen aus Lieferungen und Leistungen auszuweisen. Die Abzinsung wird in Höhe von EUR 9.297,05 ist unter den sonstigen betrieblichen Aufwendungen zu erfassen.

c. Am 31.12.t4 hat die FWA eine Forderung aus Warenlieferung in Höhe von EUR 20.000,00 gegenüber der Socke GmbH. Diese hat jedoch Mangelrüge eingereicht, sodass mit einem Preisnachlass von 40% zu rechnen ist.

Die Forderungen des Umlaufvermögens sind unter Beachtung des strengen Niederstwertprinzips nach § 253 Abs. 4 HGB mit dem Nennbetrag abzüglich evtl. Preisnachlässe zu bilanzieren. Folglich ist unter den Forderungen aus Lieferungen und Leistungen zum 31.12.t4 ein Betrag von EUR 12.000,00 auszuweisen. Der Preisnachlass ist umsatzmindernd zu berücksichtigen.

d. Am 31.12.t5 hat die FWA eine Forderung in Höhe von EUR 5.000,00 gegenüber der Strumpf GmbH. Diese ist allerdings verjährt und es ist damit zu rechnen, dass die Strumpf GmbH Einrede gegen die Verjährung erheben wird.

Uneinbringliche Forderungen sind vollständig abzuschreiben. Da vorliegend die Forderung bereits verjährt und damit uneinbringlich ist, hat kein Wertansatz zu erfolgen.

e. Am 31.12.t5 hat die FWA eine Forderung in Höhe von EUR 9.000,00 gegenüber der Rheinischen Färberei GmbH, an der sie mit 40% am Grundkapital beteiligt ist. Die FWA hat diese Forderung an ihre Hausbank zur Sicherung eines Kontokorrentkredits abgetreten.

Da die FWA trotz der Abtretung wirtschaftlicher Eigentümer der Forderung ist, hat sie diese auch weiterhin unter den Forderungen gegen Unternehmen, mit denen ein Beteiligungsverhältnis besteht, zu bilanzieren. Sofern die Beteiligungsabsicht widerlegt werden kann, erfolgt ein Ausweis unter den Forderungen aus Lieferungen und Leistungen. Zusätzlich ist der Betrag, der zur Sicherung übergeben wurde, nach § 285 Nr. 1b HGB im Anhang offenzulegen.

Unter Berücksichtigung sämtlicher Geschäftsvorfälle, stellen sich die Jahresabschlüsse der FWA für die Geschäftsjahre t0 bis t5 wie folgt dar:

Bilanz		31.12.					
	Ref.	0	1	2	3	4	5
Aktiva							
B. Umlaufvermögen							
…							
II. Forderungen und sonstige Vermögensgegenstände:							
1. Forderungen aus Lieferungen und Leistungen	a.	15.000,00					
	b.		11.666,67				
	c.			9.240,00			
	d.				90.702,95		
	e.					12.000,00	
	f.						0,00
3. Forderungen gegen Unternehmen, mit denen ein Beteiligungsverhältnis besteht	g.						9.000,00
Passiva							
A. Eigenkapital							
…							
V. Jahresüberschuß/Jahresfehlbetrag		15.000,00	11.666,67	9.240,00	90.702,95	12.000,00	4.000,00

Gewinn- und Verlustrechnung nach GKV				1.1. - 31.12.			
	Ref.	0	1	2	3	4	5
1. Umsatzerlöse	a.	15.000,00					
	b.		10.769,23				
	c.			15.400,00			
	d.				100.000,00		
	e.					20.000,00	
						-8.000,00	
	g.						9.000,00
…							
4. sonstige betriebliche Erträge	b.		897,44				
…							
8. sonstige betriebliche Aufwendungen	c.			-6.160,00			
	d.				-9.297,05		
	f.						-5.000,00
…							
17. Jahresüberschuss/Jahresfehlbetrag		15.000,00	11.666,67	9.210,00	90.702,95	12.000,00	1.000,00

Gewinn- und Verlustrechnung nach UKV				1.1. - 31.12.			
	Ref.	0	1	2	3	4	5
1. Umsatzerlöse	a.	15.000,00					
	b.		10.769,23				
	c.			15.400,00			
	d.				100.000,00		
	e.					20.000,00	
						-8.000,00	
	g.						9.000,00
…							
6. sonstige betriebliche Erträge	b.		897,44				
7. sonstige betriebliche Aufwendungen	c.			-6.160,00			
	d.				-9.297,05		
	f.						-5.000,00
…							
16. Jahresüberschuss/Jahresfehlbetrag		15.000,00	11.666,67	9.240,00	90.702,95	12.000,00	4.000,00

4.6 Bilanzierung der Wertpapiere des Umlaufvermögens

4.6.1 Ausweis der Wertpapiere des Umlaufvermögens

Im Gliederungsschema[395] nach § 266 werden Wertpapiere des Umlaufvermögens auf der Aktivseite unter dem Posten B. III. ausgewiesen. Es ist eine Untergliederung in folgende Unterposten vorgesehen:

B. Umlaufvermögen

III. Wertpapiere:
1. Anteile an verbundenen Unternehmen;
2. sonstige Wertpapiere;

Tab. 29 Arten der Wertpapiere des Umlaufvermögens

Kann im Ausnahmefall die dauerhafte Besitzabsicht bei Anteilen an verbundenen Unternehmen widerlegt werden, so sind die Anteile an verbundenen Unternehmen im Umlaufvermögen unter gleichlautendem Posten auszuweisen.

Unter dem Posten „Sonstige Wertpapiere" sind die Wertpapiere zu erfassen, die zur vorübergehenden Anlage liquider Mittel bestimmt sind und die nicht als Anteile an verbundenen Unternehmen auszuweisen sind. Im Einzelnen kann es sich dabei um öffentliche Anleihen, Pfandbriefe, Industrieobligationen, Aktien, Zins- und Dividendenscheine etc. handeln.

395 Zum Gliederungsschema für Wertpapiere des Umlaufvermögens in der offenzulegenden Bilanz von Kapitalgesellschaften ausführlich Baetge/Kirsch/Thiele, Bilanzen, 16. Aufl. 2021, S. 338-339.

4.6.2 Ansatz und Bewertung der Wertpapiere des Umlaufvermögens

Vollständigkeitsgebot

Der Ansatz von Wertpapieren des Umlaufvermögens richtet sich nach dem in § 246 Abs. 1 HGB kodifizierten Vollständigkeitsgebot. Danach sind Vermögensgegenstände in der Bilanz des Unternehmens anzusetzen, in dessen wirtschaftlichem Eigentum sie sich befinden. Bei Wertpapieren wird das wirtschaftliche Eigentum i.d.R. dann erlangt, wenn eine Abrechnung über den Kauf des Wertpapiers, z.B. von einer Bank, vorliegt.

Bewertung

Die Zugangsbewertung von Wertpapieren des Umlaufvermögens erfolgt gemäß § 253 Abs. 1 HGB zu Anschaffungskosten inkl. der Nebenkosten wie Maklergebühren, Courtage oder Provision.[396] Die Folgebewertung ist im HGB hingegen nicht ausdrücklich geregelt. Die gesetzlichen Vorgaben ergeben sich indes aus § 253 Abs. 4 HGB. Hier ist die Folgebewertung für Vermögensgegenstände des Umlaufvermögens kodifiziert. Das bilanzierende Unternehmen muss gemäß dem strengen Niederstwertprinzip immer dann außerplanmäßige Abschreibungen vornehmen, wenn der niedrigere beizulegende Wert der Wertpapiere, der sich aus einem Börsen- oder Marktpreis ergibt, am Bilanzstichtag unter den Anschaffungskosten liegt. Sofern Gründe für eine in früheren Jahren vorgenommene außerplanmäßige Abschreibung zwischenzeitlich entfallen, ist nach § 253 Abs. 5 HGB im Umfang der Werterhöhung – jedoch maximal bis zu den Anschaffungskosten – eine Zuschreibung vorzunehmen.[397]

4.7 Bilanzierung der flüssigen Mittel

4.7.1 Ausweis der flüssigen Mittel

Im Gliederungsschema nach § 266 werden die sog. flüssigen Mittel auf der Aktivseite unter dem Posten B. IV. ausgewiesen. Es ist eine Untergliederung in folgende Unterposten vorgesehen:

B. Umlaufvermögen

IV. Kassenbestand, Bundesbankguthaben, Guthaben bei Kreditinstituten und Schecks.

Tab. 30 Flüssige Mittel

Kassenbestand

Zum Kassenbestand zählen neben dem am Bilanzstichtag in Haupt- und Nebenkassen vorhandenen Bargeld einschließlich ausländischer Sorten auch Postwertzeichen und nicht verbrauchte Wertstreifen für Frankiermaschinen.

Guthaben bei Kreditinstituten

Als Guthaben bei Kreditinstituten gelten alle Guthaben oder Forderungen in Form von täglich

---

396 Wertpapiere der gleichen Art werden handelsrechtlich im Allgemeinen zu Durchschnittsanschaffungskosten bewertet.

397 Hierzu Coenenberg/Haller/Schultze, Jahresabschluss und Jahresabschlussanalyse, 26. Aufl. 2021, S. 283.

fälligen Geldern oder Festgeldern (Bankeinlagen mit fest vereinbarter Laufzeit) bei Kreditinstituten im In- und Ausland.[398]

4.7.2 Bewertung der flüssigen Mittel

Nennwert

Die Bewertung der flüssigen Mittel erfolgt zum Nennwert, solange das strenge Niederstwertprinzip nicht einen niedrigeren Wertansatz verlangt. Dies kann z.B. bei Schecks oder Bankguthaben aufgrund mangelnder Zahlungsfähigkeit des Schuldners der Fall sein.

Devisenkassamittelkurs

Täglich fällige Fremdwährungsguthaben bei ausländischen Kreditinstituten sind gemäß § 256a HGB zum Devisenkassamittelkurs zum Bilanzstichtag umzurechnen.

Sortenbriefkurs

Sorten (ausländische Zahlungsmittel) sind mit dem Sortenbriefkurs am Bilanzstichtag zu bewerten. Vereinfachend kann bei der Umrechnung auch der Sortenmittelkurs herangezogen werden. Im Rahmen der Umrechnung ist bei Fremdwährungsguthaben nach § 256a Satz 2 HGB und bei Sorten aufgrund ihrer zumeist vernachlässigbaren Bedeutung das Anschaffungskostenprinzip nach § 253 Abs. 1 HGB nicht zu beachten.[399]

4.8 Bilanzierung der aktiven Rechnungsabgrenzungsposten

4.8.1 Aufgaben und Arten von Rechnungsabgrenzungsposten

Gewährleistung einer periodengerechten Erfolgsermittlung

Rechnungsabgrenzungsposten sind in die Bilanz aufzunehmende Korrekturposten, die den Ansatz von Vermögensgegenständen und Schulden ergänzen. Ihre Aufgabe besteht darin, bestimmte Zahlungsgrößen zu periodisieren und eine dem Realisationsprinzip sowie dem Grundsatz der Abgrenzung der Sache und der Zeit nach entsprechende periodengerechte Erfolgsermittlung zu gewährleisten. Die Notwendigkeit der Rechnungsabgrenzung ergibt sich, wenn ein zeitraumbezogener Aufwand oder Ertrag und die jeweils zugehörigen Zahlungen in unterschiedliche Rechnungsperioden fallen.

Bei der Rechnungsabgrenzung sind folgende vier Fälle zu unterscheiden:

[1] Für eine bestimme Zeit innerhalb der abgelaufenen Rechnungsperiode wurde Aufwand verursacht, der erst nach dem Abschlussstichtag zu einer Auszahlung führt – d.h. Aufwand aktuelle Periode, damit verbundene Auszahlung nachfolgende Periode – z.B. nachschüssig zu zahlende Zinsen oder Gehälter.

[2] Für eine bestimmte Zeit innerhalb der abgelaufenen Rechnungsperiode wurde Ertrag erzielt, der erst nach dem Abschlussstichtag zu (einer) Einzahlung(en) führt/führen – d.h. Ertrag aktuelle Periode, damit verbundene Einzahlung(en) nachfolgende Periode – z.B. noch zu erhaltende Miete.

---

398 Hierzu Coenenberg/Haller/Schultze, Jahresabschluss und Jahresabschlussanalyse, 26. Aufl. 2021, S. 282.

399 Hierzu Coenenberg/Haller/Schultze, Jahresabschluss und Jahresabschlussanalyse, 26. Aufl. 2021, S. 288-289.

[3] In der abgelaufenen Rechnungsperiode wurde eine Ausgabe getätigt, die Aufwand für eine bestimmte Zeit nach dem Abschlussstichtag darstellt, z.B. im Voraus bezahlte Versicherungsprämien.

[4] In der abgelaufenen Rechnungsperiode wurde eine Einnahme erzielt, die Ertrag für einen bestimmten Zeitraum nach dem Abschlussstichtag darstellt, z.B. vom Vermieter vereinnahmte Mietvorauszahlungen.

Antizipative Rechnungsabgrenzungsposten

Den Fällen [1] und [2] ist gemeinsam, dass ein bestimmter Aufwand bzw. Ertrag der abgelaufenen Periode zuzurechnen ist, während der Zeitpunkt der Zahlung erst in der folgenden Periode liegt. Es handelt sich um sog. antizipative Rechnungsabgrenzungsposten. Diese sind gemäß dem Aktivierungsgrundsatz als Vermögensgegenstand bzw. gemäß dem Passivierungsgrundsatz als Verbindlichkeit zu bilanzieren und unter den sonstigen Vermögensgegenständen bzw. unter den sonstigen Verbindlichkeiten auszuweisen.

Transitorische Rechnungsabgrenzungsposten

In den Fällen [3] und [4] wurden Ausgaben bzw. Einnahmen in der abgelaufenen Periode getätigt bzw. erhalten, die erst einem bestimmten Zeitraum nach dem Abschlussstichtag erfolgswirksam zuzurechnen sind. Solche Ausgaben bzw. Einnahmen sind keine Vermögensgegenstände bzw. Schulden, sondern Bilanzposten eigener Art und werden als transitorische Rechnungsabgrenzungsposten bezeichnet. § 250 Abs. 1 und Abs. 2 HGB fordern eine Aktivierung bzw. Passivierung dieser Posten als aktive bzw. passive Rechnungsabgrenzungsposten.[400]

Bestimmter künftiger Zeitraum

Transitorische Rechnungsabgrenzungsposten sind dadurch gekennzeichnet, dass sich die Ausgabe bzw. Einnahme der abgeschlossenen Rechnungsperiode konkret auf einen bestimmten künftigen Zeitraum bezieht. Die Bindung der Erfolgswirksamkeit an eine bestimmte Zeit nach dem Abschlussstichtag wird in § 250 Abs. 1 und Abs. 2 HGB ausdrücklich verlangt. Der bestimmte Zeitraum muss dabei nicht in dem auf dem Abschlussstichtag folgenden Geschäftsjahr liegen, sondern kann sich auch auf einen späteren Zeitraum beziehen oder mehrere Geschäftsjahre umfassen.

Indes gibt es auch Ausgaben bzw. Einnahmen der abgeschlossenen Rechnungsperiode, die sich ebenfalls auf einen in der Zukunft liegenden Zeitraum beziehen, bei denen der konkrete Bezug zu einem bestimmten Zeitraum aber nicht gegeben und die Erfolgswirksamkeit ungewiss ist, z.B. bei geleisteten Zahlungen für eine Werbekampagne in der abgeschlossenen Rechnungsperiode. Eine Bilanzierung solcher Ausgaben als transitorische Rechnungsabgrenzungsposten kommt weder nach der handelsrechtlichen Vorschrift des § 250 HGB noch gemäß dem Grundsatz der Abgrenzung der Sache nach in Frage.[401]

Geleistete bzw. erhaltene Anzahlungen

Geleistete bzw. erhaltene Anzahlungen werden für den Erwerb bzw. die Veräußerung von Vermögensgegenständen in der Zukunft verausgabt bzw. vereinnahmt und haben den Charakter eines in Anspruch genommenen bzw. gewährten Kredits. Hier liegt – ähnlich wie im Fall transitorischer Rechnungsabgrenzungsposten – die

---

400 Zum Thema „Rechnungsabgrenzungsposten" bspw. Roos, DStR 2015, S. 440.

401 Hierzu ausführlich Baetge/Kirsch/Thiele, Bilanzen, 16. Aufl. 2021, S. 543.

Zahlung in einer Periode, die vor der Entstehung von Ertrag oder Aufwand liegt. Anzahlungen fallen indes nicht unter die transitorischen Rechnungsabgrenzungsposten, da bei Anzahlungen der für die Rechnungsabgrenzung geforderte Zeitraumbezug bzgl. des Ertrags bzw. des Aufwands nicht vorliegt.[402] Geleistete und erhaltene Anzahlungen werden folglich separat bilanziert und ausgewiesen.

Disagio

In § 250 Abs. 3 Satz 1 HGB hat der Gesetzgeber einen Sonderfall der Rechnungsabgrenzung geregelt und ein Wahlrecht eingeräumt, einen Rechnungsabgrenzungsposten zu aktivieren, wenn der Erfüllungsbetrag (= Rückzahlungsbetrag) einer Verbindlichkeit höher ist als der entsprechende Ausgabebetrag, also ein Disagio vorliegt. Der Unterschied zwischen Auszahlungs- und Erfüllungsbetrag einer Verbindlichkeit stellt aus betriebswirtschaftlicher Perspektive einen aktiven transitorischen Rechnungsabgrenzungsposten dar, der indes gemäß § 250 Abs. 3 Satz 1 HGB nicht als Rechnungsabgrenzungsposten aktiviert werden muss, sondern als Rechnungsabgrenzungsposten aktiviert werden darf. Insofern besteht hier ein Bilanzierungswahlrecht.

4.8.2 Transitorische Rechnungsabgrenzungsposten

4.8.2.1 Ansatzhöhe

Anwendungsbereich

Wie bereits dargelegt, stellen die gesetzlichen Regelungen klar, dass nur transitorische, nicht jedoch antizipative Posten unter den Rechnungsabgrenzungsposten bilanziert werden dürfen. Der Anwendungsbereich der transitorischen Rechnungsabgrenzungsposten betrifft insbesondere Verträge, bei denen in der abgelaufenen Rechnungsperiode Einnahmen oder Ausgaben als Vorleistungen angefallen sind und die eine zeitraumbezogene Gegenleistung nach dem Abschlussstichtag erfordern.

Bilanzposten eigener Art

Da es sich bei Rechnungsabgrenzungsposten nicht um Vermögensgegenstände bzw. Schulden handelt, sondern um Bilanzposten eigener Art, werden diese auch nicht nach den §§ 252-256a HGB bewertet. Die Ansatzhöhe bemisst sich vielmehr nach der künftigen, rechtlich zu erbringenden Leistung des Bilanzierenden im Verhältnis zur Gesamtleistung, für welche die Einnahme vor dem Abschlussstichtag geleistet worden ist bzw. umgekehrt zwischen dem Verhältnis des künftigen Aufwands zur Ausgabe der laufenden Periode.

4.8.2.2 Kriterium der bestimmten Zeit

Das Kriterium der bestimmten Zeit, innerhalb derer die Ausgabe bzw. Einnahme Aufwand bzw. Ertrag nach dem Bilanzstichtag darstellen muss, ist grundsätzlich als Zeitraum auszulegen. Typisches Beispiel hierfür ist die Vorauszahlung einer Versicherungsprämie für einen bestimmten Zeitraum in der folgenden Rechnungsperiode.

Verrechnungszeitraum

Der Ansatz eines Rechnungsabgrenzungspostens kommt damit nur dann in Betracht, wenn die Gegenleistung im Folgejahr oder in einem das Folgejahr überschreitenden, aber doch eindeutig bestimmten Zeitraum erbracht wird. Der Verrechnungszeitraum für Aufwand bzw. Ertrag kann bereits in der abzuschließenden Rechnungsperiode begonnen haben, er kann aber auch erst

---

402 Hierzu auch Coenenberg/Haller/Schultze, Jahresabschluss und Jahresabschlussanalyse, 26. Aufl. 2021, S. 507.

in einer künftigen Rechnungsperiode beginnen. Die Bestimmtheit der Zeit bedeutet bei enger Auslegung des Wortlauts, dass ein kalendarisch exakt festgelegter Zeitraum von der Ausgabe bzw. Einnahme betroffen sein muss, wie es z.B. bei der Mietzahlung der Fall ist.[403] Nach einer großzügigeren Auslegung bzw. Interpretation des Kriteriums reicht es hingegen aus, den Zeitraum durch eine mathematisch zuverlässige Methode schätzen zu können. Das Kriterium der bestimmten Zeit ist dann allerdings unter strikter Berücksichtigung des Vorsichts- und des Realisationsprinzips anzuwenden.[404]

4.8.2.3 Imparitätische Vorgehensweise

Die Kriterien des § 250 Abs. 1 und Abs. 2 HGB lassen abhängig vom Sachverhalt einen nicht unerheblichen Spielraum bei der Beantwortung der Frage zu, ob ein transitorischer Rechnungsabgrenzungsposten bilanziert werden muss. Dies betrifft vor allem die Konkretisierung des Kriteriums „bestimmte Zeit". Hier ist i.S. des Vorsichts- und des Realisationsprinzips imparitätisch vorzugehen, d.h. die Aktivierung eines Rechnungsabgrenzungspostens hat im Zweifel zu unterbleiben, während die Passivierung im Zweifel zu erfolgen hat.

Neben der Voraussetzung, dass die Ausgaben oder Einnahmen vor dem Abschlussstichtag in einer bestimmten Zeit nach dem Abschlussstichtag zu Aufwendungen bzw. Erträgen führen, muss ein unmittelbarer inhaltlicher Zusammenhang zwischen den Vorgängen vor und nach dem Abschlussstichtag bestehen. Zum Beispiel sind Gebühren der allgemeinen laufenden Kreditverwaltung, die zu Beginn der Kreditlaufzeit entrichtet werden müssen, als Aufwand für die gesamte Kreditlaufzeit zu behandeln, und daher abzugrenzen. Kein unmittelbarer Zusammenhang zwischen Ausgabe und Aufwand besteht hingegen z.B. bei einer Maklerprovision für einen Mietvertrag, bei dem die für die Fälligkeit ausschlaggebende Leistung der Abschluss eines Mietvertrags und nicht das laufende Mietverhältnis ist. Hier ist von einer Abgrenzung abzusehen.[405]

Hinweis

Im Rahmen des Jahressteuergesetzes 2022 (JStG 2022) vom 16.12.2022 wurde die bisher bestehende Regelung zur steuerlichen Behandlung von Rechnungsabgrenzungsposten signifikant geändert: es wurde in Höhe des Schwellenwerts für geringwerte Wirtschaftsgüter – die gemäß § 6 Abs. 2 Satz 1 EStG bei 800 EUR liegt[406] – eine Wesentlichkeitsgrenze eingeführt. Sofern dieser Schwellenwert nicht über-schritten wird, kann nach § 5 Abs. 5 Satz 2 EStG n.F. nunmehr der Ansatz eines Rechnungsabgrenzungspostens unterbleiben.

---

[403] Hierzu IDW, WP Handbuch, 18. Aufl. 2023, Kap. F Tz. 441.

[404] Zur Auslegung des Begriffs des Zeitraums sowie zu dessen Bestimmung ausführlich Baetge/Kirsch/Thiele, Bilanzen, 16. Aufl. 2021, S. 546-547.

[405] Hierzu Baetge/Kirsch/Thiele, Bilanzen, 16. Aufl. 2021, S. 548.

[406] Im Rahmen des Referentenentwurfs eines Gesetzes zur Stärkung von Wachstumschancen, Investitionen und Innovationen sowie Steuervereinfachung und Steuerfairness (Wachstumschancengesetz) ist vorgesehen, die GWG-Grenze auf 1.000 EUR zu erhöhen. Der Referentenentwurf ist abrufbar unter: https://www.bundesfinanzministerium.de/Content/DE/Gesetzestexte/Gesetze_Gesetzesvorhaben/Abteilungen/Abteilung_IV/20_Legislaturperiode/2023-07-17-Wachstumschancengesetz/1-Referentenentwurf.pdf?__blob=publicationFile&v=2.

Als Begründung für die Bestimmung dieser gesetzlichen Wesentlichkeitsgrenze führt der Gesetzgeber das Erfordernis zur weiteren Steuervereinfachung und zum Bürokratieabbau an. So wird im Gleichklang mit den geringwertigen Wirtschaftsgütern auf die periodengerechten Gewinnabgrenzung zugunsten von Vereinfachung und Bürokratieabbau verzichtet.

Damit einher geht nun die Frage, welche Konsequenzen sich hieraus für die Handelsbilanz einstellen. So wurde die gemäß § 250 Abs. 1 und Abs. 2 HGB bestehende handelsrechtliche Verpflichtung zur Bildung von Rechnungsabgrenzungsposten im Rahmen des JStG 2022 nicht geändert, so dass handelsrechtlich die Verpflichtung zur Rechnungsabgrenzung weiterhin uneingeschränkt besteht. Der Gesetzgeber ist sich dieser Tatsache bewusst und weist darauf hin, dass durch einen Übereinstimmungsvorbehalt für die Gewinnermittlung nach § 5 EStG – ähnlich § 6 Abs. 1 Nr. 1b Satz 2 EStG – ein einheitlicher Ansatz in Handels- und Steuerbilanz erreicht und damit sichergestellt werden könnte, dass die Ausübung des steuerlichen Ansatzwahlrechts nicht allein steuerlich motiviert ist. Es wird aber auch klargestellt, dass handelsrechtlich keine abschließende Klärung darüber besteht, in welchen Fällen entsprechend dem Grundsatz der Wesentlichkeit von der Bilanzierung geringfügiger Rechnungsabgrenzungsposten abgesehen werden kann, weshalb eine zwingende Übereinstimmung zwischen Handels- und Steuerbilanz mit Rechtsunsicherheit behaftet wäre. Vor diesem Hintergrund wurde darauf verzichtet, eine übereinstimmende handelsrechtliche Regelung in den Gesetzesentwurf aufzunehmen.[407]

4.8.3 Charakter des Unterschiedsbetrags zwischen Auszahlungs- und Erfüllungsbetrag einer Verbindlichkeit

Disagio

Gemäß § 250 Abs. 3 Satz 1 HGB darf der Unterschiedsbetrag zwischen dem Auszahlungs- und dem Erfüllungsbetrag einer Verbindlichkeit als aktiver Rechnungsabgrenzungsposten aktiviert werden. Ein solcher Unterschiedsbetrag, z.B. in Form eines Disagios – bei Hypothekenverbindlichkeiten auch als Damnum bezeichnet – ergibt sich, wenn bei einer vereinbarten Kreditsumme von bspw. GE 100.000 nur GE 95.000 ausgezahlt werden, aber GE 100.000 zurückzuzahlen sind. Das (Auszahlungs-)Disagio beträgt vorliegend GE 5.000.

Auflösung

Die Auflösung des Disagios erfolgt grundsätzlich planmäßig über die Laufzeit der zugrunde liegenden Verbindlichkeit. Eine außerplanmäßige Abschreibung ist geboten, wenn die Verbindlichkeit vorzeitig getilgt wird oder aus sonstigen Gründen entfällt.[408]

Vorzeitige Kredittilgung

Das vertraglich vereinbarte Disagio unterscheidet sich von den üblichen Darlehenszinsen insofern, als bei vorzeitiger Kredittilgung keine anteilige Rückerstattung des Betrags erfolgt. Dennoch ist der Unterschiedsbetrag unbestritten laufzeitabhängig. Aus diesem Grund muss das

---

[407] Hierzu ausführlich Roos, BBK 2023, S. 356-363.

[408] Hierzu Coenenberg/Haller/Schultze, Jahresabschluss und Jahresabschlussanalyse, 26. Aufl. 2021, S. 507.

Disagio – im Gegensatz zu einmaligen laufzeitunabhängigen Abschluss- oder Bearbeitungsprovisionen – wirtschaftlich als vorweggezahlter Zins qualifiziert werden.

Aktivierungswahlrecht

Da der Unterschiedsbetrag bereits bei Vertragsschluss in der abgelaufenen Periode rechtlich entstanden ist, erfüllt er die Bedingungen eines aktiven transitorischen Rechnungsabgrenzungspostens. Entgegen der grundsätzlichen Ansatzpflicht für transitorische Aktiva hat der Gesetzgeber für den Unterschiedsbetrag aber ein Aktivierungswahlrecht eingeräumt.

Keine Nachholung der Abgrenzung zu einem späteren Zeitpunkt

Das Aktivierungswahlrecht kann nach dem Wortlaut der Vorschrift für jedes Disagio neu ausgeübt werden, muss jedoch im Jahr der Ausgabe der Verbindlichkeit ausgeübt werden. Eine einheitliche Vorgehensweise in einem Geschäftsjahr ist gemäß § 246 Abs. 3 HGB zumindest zu empfehlen. Wird in dem Geschäftsjahr, in dem die Verbindlichkeit passiviert wird, das Disagio nicht abgegrenzt, ist eine Nachholung der Abgrenzung in einem späteren Geschäftsjahr nicht mehr zulässig, weil das Wahlrecht verwirkt ist.[409]

4.8.4 Sondersachverhalte

4.8.4.1 Kreditbeschaffungskosten

Kreditbeschaffungskosten, wie Abschluss-, Bearbeitungs- oder Verwaltungsgebühren, sind kein Unterschiedsbetrag i.S. von § 250 Abs. 3 Satz 1 HGB, da sie (nur einmal) unabhängig von der Laufzeit der Verbindlichkeit anfallen. Kreditbeschaffungskosten sind daher handelsrechtlich als Periodenaufwand zu buchen.[410]

4.8.4.2 Außerplanmäßige Abschreibungen

Außerplanmäßige Abschreibungen kommen für das aktivierte Disagio dann in Betracht, wenn die Verbindlichkeit (insgesamt oder teilweise) vorzeitig zurückgezahlt wird oder wenn sich das Zinsniveau gegenüber dem Vertragsbeginn erheblich reduziert hat.

4.8.5 Beispielsachverhalte - Aktive Rechnungsabgrenzungsposten

a. Die FWA tätigt zum 30.9.t0 eine Mietvorauszahlung für sechs Monate i.H. von EUR 12.000,00.

   Die Ausgabe ist in t0 angefallen, ein Teil des Aufwands ist jedoch t1 zuzurechnen. Aufgrund des strengen Zeitraumbezugs ist zum 31.12.t0 für die auf die Periode t1 entfallende Miete ein aktiver Rechnungsabgrenzungsposten i.H. von EUR 6.000,00 zu bilanzieren. In t1 ist dieser aufwandswirksam aufzulösen.

b. Am 1.10.t1 wird ein neuer Firmen-Pkw angemeldet. Die Kfz-Steuer von EUR 1.200,00 ist jährlich im Voraus zu entrichten.

---

[409] Hierzu Schubert/Waubke in: Beck Bil-Komm., 12. Aufl. 2020, § 250 Anm. 38-40.

[410] Hierzu Schubert/Waubke in: Beck Bil-Komm., 12. Aufl. 2020, § 250 Anm. 43.

Die Ausgabe ist in t1 angefallen, ein Teil des Aufwands ist jedoch t2 zuzurechnen. Aufgrund des strengen Zeitraumbezugs ist zum 31.12.t1 für die auf die Periode t1 entfallende Kfz-Steuer ein aktiver Rechnungsabgrenzungsposten i.H. von EUR 600,00 zu bilanzieren. In t2 ist dieser aufwandswirksam aufzulösen.

c. Am 1.10.t2 wird ein Kredit i.H. von EUR 100.000,00 mit einer Laufzeit von zehn Jahren aufgenommen (Endfälligkeitsdarlehn). Die Auszahlungsquote beträgt 90%. Es sind jährlich 5% Zinsen im Nachhinein zu entrichten. Die FWA möchte in t2 ein möglichst gutes Ergebnis ausweisen.

Das Disagio i.H. von EUR 10.000,00 ist unter Ausnutzung des handelsrechtlichen Aktivierungswahlrechts zum 31.12.t2 unter den aktiven Rechnungsabgrenzungsposten auszuweisen. In den Folgeperiode ist es ratierlich über die Laufzeit des Kredits aufwandswirksam aufzulösen.

Unter Berücksichtigung sämtlicher Geschäftsvorfälle, stellen sich die Jahresabschlüsse der FWA für die Geschäftsjahre t0 bis t5 wie folgt dar:

Bilanz	Ref.	31.12. 0	1	2	3	4	5
Aktiva							
B. Umlaufvermögen							
…							
IV. Kassenbestand, Bundesbankguthaben, Guthaben bei Kreditinstituten und Schecks	a.	-12.000,00					
	b.		-1.200,00				
	c.			90.000,00			
C. Rechnungsabgrenzungsposten.	a.	6.000,00	0,00				
	b.		600,00	0,00			
	c.			10.000,00	9.000,00	8.000,00	7.000,00
Passiva							
A. Eigenkapital							
…							
V. Jahresüberschuß/Jahresfehlbetrag		-6.000,00	-6.600,00	-600,00	-6.000,00	-6.000,00	-6.000,00
C. Verbindlichkeiten							
2. Verbindlichkeiten gegenüber Kreditinstituten	c.			100.000,00			

Gewinn- und Verlustrechnung nach GKV	Ref.	1.1. - 31.12. 0	1	2	3	4	5
…							
8. sonstige betriebliche Aufwendungen	a.	-12.000,00					
		6.000,00					
			-6.000,00				
	b.		-1.200,00				
			600,00				
				-600,00			
13. Zinsen und ähnliche Aufwendungen	c.				-5.000,00	-5.000,00	-5.000,00
					-1.000,00	-1.000,00	-1.000,00
…							
17. Jahresüberschuss/Jahresfehlbetrag		-6.000,00	-6.600,00	-600,00	-6.000,00	-6.000,00	-6.000,00

Gewinn- und Verlustrechnung nach UKV	Ref.	1.1. - 31.12. 0	1	2	3	4	5
…							
7. sonstige betriebliche Aufwendungen	a.	-12.000,00					
		6.000,00					
			-6.000,00				
	b.		-1.200,00				
			600,00				
				-600,00			

	Ref.	0	1	2	3	4	5
13. Zinsen und ähnliche Aufwendungen	c.				-5.000,00	-5.000,00	-5.000,00
					-1.000,00	-1.000,00	-1.000,00
…							
17. Jahresüberschuss/Jahresfehlbetrag		-6.000,00	-6.600,00	-600,00	-6.000,00	-6.000,00	-6.000,00

Gewinn- und Verlustrechnung nach UKV				1.1. - 31.12.			
	Ref.	0	1	2	3	4	5
…							
7. sonstige betriebliche Aufwendungen	a.	-12.000,00					
		6.000,00					
			-6.000,00				
	b.		-1.200,00				
			600,00				
				-600,00			
…							
12. Zinsen und ähnliche Aufwendungen	c.				-5.000,00	-5.000,00	-5.000,00
					-1.000,00	-1.000,00	-1.000,00
…							
16. Jahresüberschuss/Jahresfehlbetrag		-6.000,00	-6.600,00	-600,00	-6.000,00	-6.000,00	-6.000,00

4.9 Bilanzierung der latenten Steuern

4.9.1 Überblick und gesetzliche Regelungen

Zweck

Zum einen dienen latente Steuern – ähnlich den Rechnungsabgrenzungsposten – der Zielsetzung der periodengerechten Erfolgsermittlung. Dadurch sollen zukünftige Ertragsteuerbe- bzw. -entlastungen, die auf der unterschiedlichen Behandlung von Sachverhalten in der Handels- und Steuerbilanz beruhen, in der Periode ihrer wirtschaftlichen Verursachung erfasst werden. Durch den Ansatz latenter Steuern kommt es zur periodengerechten Verrechnung des Ertragsteueraufwands. Zum anderen werden latente Steuern bilanziert, um einen „korrekten" Vermögensausweis zu erreichen. Hierfür werden künftige Steuerzahlungsverpflichtungen, die bei einer Besteuerung auf Basis der Handelsbilanz bereits eingetreten wären, in der Bilanz in Form einer passiven latenten Steuer als „Steuerschuld" erfasst. Analog spiegelt eine aktive latente Steuer ein Steuerguthaben gegenüber dem Fiskus wider. Eine aktivierte latente Steuer hat somit den Charakter einer ungewissen Forderung gegenüber dem Fiskus. Bei der Bildung latenter Steuern sind sämtliche vom Unternehmen zu tragenden Ertragsteuern zu berücksichtigen, also Gewerbesteuer sowie bei Kapitalgesellschaften zusätzlich die Körperschaftsteuer einschließlich des Solidaritätszuschlags.

Aktivierungswahlrecht und Passivierungspflicht

Die gesetzlichen Regelungen zur Bilanzierung latenter Steuern im handelsrechtlichen Einzelabschluss finden sich in § 274 HGB. Gemäß § 274 Abs. 1 Satz 1 HGB müssen passive latente Steuern in der Bilanz angesetzt werden (Passivierungspflicht). Entsteht ein Überhang aktiver latenter Steuern, so darf dieser gemäß § 274 Abs. 1 Satz 2 HGB im Jahresabschluss angesetzt werden (Aktivierungswahlrecht). Wird das Wahlrecht ausgeübt, muss der gesamte Überhang der aktiven latenten Steuern angesetzt werden. Eine Ausübung des Wahlrechts für lediglich einen Teil der aktiven latenten Steuern ist nicht zulässig.

Saldierung

Des weiteren dürfen aktive und passive latente Steuern miteinander saldiert werden. Steuerliche Verlustvorträge sind nach § 274 Abs. 1 Satz 4 HGB bei der Berechnung aktiver latenter Steuern grundsätzlich nur zu berücksichtigen, wenn die Verlustvorträge voraussichtlich innerhalb der nächsten fünf Jahre verrechnet werden.

Befreiung für kleine Kapitalgesellschaften

Die Regelungen des § 274 HGB gelten nur für den handelsrechtlichen Jahresabschluss von mittelgroßen und großen Kapitalgesellschaften oder haftungsbeschränkten Personengesellschaften. Kleine Gesellschaften sind dagegen gemäß § 274a Nr. 4 HGB von dem Erfordernis zur Abgrenzung von latenten Steuern befreit.

Ermittlungskonzeptionen

Für die Ermittlung latenter Steuern gibt es im Wesentlichen zwei unterschiedliche Konzeptionen: das Timing- und das Temporary-Konzept. Bis 2009 erfolgte die Abgrenzung latenter Ertragsteuern in der deutschen Bilanzierungspraxis nach dem Timing-Konzept. Im Rahmen des BilMoG wurde die handelsrechtliche Bilanzierung auf das Temporary-Konzept umgestellt.

4.9.2 Konzeptionen der Bildung latenter Steuern

4.9.2.1 Timing-Konzept

GuV-Orientierung

Das GuV-orientierte Timing-Konzept hat die periodengerechte Erfolgsermittlung und den Ausweis des korrekten korrespondierenden Steueraufwands zum Ziel. Hierfür wird das handelsrechtliche Ergebnis der steuerrechtlichen Gewinnermittlung gegenübergestellt und zeitliche Ergebnisunterschiede werden durch einen latenten Steueraufwand bzw. -ertrag in der GuV sowie eine korrespondierende passive bzw. aktive latente Steuer in der Bilanz ausgeglichen. Somit wird ein höheres (niedrigeres) handelsrechtliches Ergebnis durch einen latenten Steueraufwand (Steuerertrag) verringert (erhöht).

Die Gesamtdifferenz zwischen dem Ergebnis der Handelsbilanz und dem Gewinn der Steuerbilanz setzt sich aus einer Vielzahl einzelner Differenzen zusammen, die aus verschiedenen Sachverhalten resultieren. Für die Bilanzierung latenter Steuern nach dem Timing-Konzept sind die verschiedenen Einzeldifferenzen dahingehend zu beurteilen, ob sie zum einen erfolgswirksam entstehen und sich zum anderen auch künftig erfolgswirksam umkehren. Nach dem Timing-Konzept wird unterschieden zwischen

- permanenten Ergebnisdifferenzen,
- quasi-permanenten Ergebnisdifferenzen und
- zeitlich begrenzten Ergebnisdifferenzen.

Permanente Ergebnisdifferenzen

Unter permanenten Ergebnisdifferenzen fasst man die Erfolgskomponenten zusammen, die entweder nur in der Handelsbilanz oder nur bei der steuerlichen Gewinnermittlung auftreten. Dadurch können sich die Ergebnisse im Zeitablauf nicht ausgleichen, d.h. permanente Ergebnisdifferenzen entstehen zwar erfolgswirksam, sie kehren sich indes aber künftig nicht erfolgswirksam um. Folglich werden sie bei der Abgrenzung von Steuerlatenzen nach dem Timing-Konzept nicht berücksichtigt. Je nachdem, ob der entsprechende positive oder negative Erfolgsbeitrag in der Handelsbilanz oder in der Steuerbilanz anfällt, sind zwei Arten permanenter Ergebnisdifferenzen zu unterscheiden:

- Zum einen entstehen permanente Ergebnisdifferenzen, wenn Erfolgskomponenten bei der Ermittlung des Handelsbilanzergebnisses einbezogen werden, die später nicht rückgängig gemacht werden, da sie bei der steuerlichen Gewinnermittlung grundsätzlich den steuerpflichtigen Gewinn nie beeinflussen. Hierbei kann es sich bspw. um nicht-abzugsfähige Betriebsausgaben handeln (wie verdeckte Gewinnausschüttungen in Form überhöhter Geschäftsführergehälter oder steuerlich nur zur Hälfte abzugsfähige Aufsichtsratsvergütungen), die aus steuerrechtlicher Sicht Gewinnbestandteile bleiben, aus Sicht der Handelsbilanz aber Aufwand darstellen.
- Zum anderen treten permanente Ergebnisdifferenzen im umgekehrten Fall auf, wenn bestimmte Erfolgskomponenten bei der steuerlichen Gewinnermittlung einbezogen werden, die in der Handelsbilanz nicht erfolgswirksam werden. Bspw. dürfen 1,2% des Einheitswerts des zum Betriebsvermögen des Unternehmens gehörenden Grundbesitzes bei der Ermittlung der Bemessungsgrundlage der Gewerbesteuer gekürzt werden. Diese Kürzung stellt aus Sicht der Handelsbilanz indes keinen Ertrag dar.

Quasi-permanente Ergebnisdifferenzen

So genannte quasi-permanente Ergebnisdifferenzen sind dadurch gekennzeichnet, dass sie sich zwar künftig ausgleichen, indes erst zu einem späteren – nicht absehbaren – Zeitpunkt. Solche Unterschiede zwischen Handels- und Steuerbilanzergebnis lösen sich erst bei einer speziellen unternehmerischen Disposition, wie der Veräußerung einer Vermögensposition, oder zum Ende der Lebenszeit des Unternehmens, z.B. mit dem Zeitpunkt der Liquidation, ergebniswirksam auf. Wird etwa in der Handelsbilanz eine Abschreibung auf einen Gegenstand des nicht abnutzbaren Anlagevermögens vorgenommen, die steuerlich nicht geltend gemacht werden kann, so ist in dieser Periode das Jahresergebnis der Handelsbilanz um den Abschreibungsaufwand geringer als das steuerliche Ergebnis. Ein Ausgleich der Differenz fände erst statt, wenn das Anlagegut veräußert würde. Da das nicht abnutzbare Anlagevermögen aber nach seiner Zweckbestimmung dauernd dem Geschäftsbetrieb dienen soll und zweitens nicht abgenutzt wird, ist mit dem Ausgleich des Ergebnisunterschieds nicht, wie es das Timing-Konzept fordert, voraussichtlich zu rechnen. Bezüglich des Charakters quasi-permanenter Ergebnisdifferenzen herrscht in der Literatur Uneinigkeit.[411] Folgt man der Auffassung, dass es sich um zeitlich begrenzte Differenzen handelt, wären sie bei der Bilanzierung latenter Steuern nach dem Timing-Konzept grundsätzlich zu berücksichtigen. Allerdings widerspräche diese Vorgehensweise dem Prinzip der Unternehmensfortführung[412], da sich diese Differenzen im Extremfall erst bei der Liquidation des Unternehmens erfolgswirksam umkehren. Aus diesem Grund wird es nach der überwiegend vertretenen Ansicht abgelehnt, quasi-permanente Ergebnisdifferenzen bei Anwendung des Timing-Konzepts zu berücksichtigen.

---

[411] So vertreten *Baetge/Kirsch/Thiele* die Auffassung, dass es sich streng genommen um zeitlich begrenzte Ergebnisdifferenzen handelt, wenn man davon ausgeht, dass der betrachtete Zeitraum, in dem sich die Differenz umkehren muss, der Totalperiode – d.h. der Lebensdauer des Unternehmens – entspricht. Siehe Baetge/Kirsch/Thiele, Bilanzen, 16. Aufl. 2021, S. 553. *Coenenberg/Haller/Schultze* interpretieren sie hingegen bspw. als zeitlich unbegrenzt. Siehe Coenenberg/Haller/Schultze, Jahresabschluss und Jahresabschlussanalyse, 26. Aufl. 2021, S. 511.

[412] Hierzu ausführlich Abschn. 2.2.2.9.

Zeitlich begrenzte Ergebnisdifferenzen

Die – nach dem Timing-Konzept für die Bilanzierung latenter Steuern allein relevanten – zeitlich begrenzten Ergebnisdifferenzen entstehen, wenn sowohl bei der Ermittlung des Handelsbilanzergebnisses als auch bei der steuerlichen Gewinnermittlung zwar die gleichen Arten von Erfolgskomponenten über einen betrachteten Zeitraum von mehreren Perioden in insgesamt gleicher Höhe einbezogen werden, diese Erfolgskomponenten allerdings in unterschiedlichen Geschäftsjahren berücksichtigt werden. Dabei entstehen in einzelnen Perioden Differenzen, die sich im Zeitablauf wieder ausgleichen. Zeitlich begrenzte Ergebnisdifferenzen können auftreten, wenn das Handelsbilanzergebnis kleiner (größer) als das Ergebnis der steuerlichen Gewinnermittlung ist, weil ein Ertrag in der Handelsbilanz später (früher) berücksichtigt wird als in der Steuerbilanz bzw. weil ein Aufwand in der Handelsbilanz früher (später) erfasst wird als in der Steuerbilanz.

Allerdings können aus quasi zeitlich unbegrenzten Differenzen zeitlich begrenzte Differenz werden. Sie sind deshalb jährlich daraufhin zu überprüfen, ob sie sich aufgrund der gesetzlichen Regelungen, etwa eintretender veränderter Verhältnisse oder der geplanten unternehmerischen Disposition in der überschaubaren Zukunft nicht noch ausgleichen werden. Dabei ist von den am Bilanzstichtag erkennbaren Entwicklungen auszugehen.

Die folgenden Beispiele sollen die Auswirkungen von zeitlich begrenzten Differenzen auf den Jahresabschluss veranschaulichen. Die Erträge abzüglich der übrigen Aufwendungen betragen in jeder Periode GE 2.000,00. Es wird ein Ertragsteuersatz von 40% unterstellt.

Beispiel 1 – Steuerergebnis > handelsrechtliches Ergebnis

Zu Beginn der Geschäftsperiode wurde eine Anleihe mit einer Gesamtlaufzeit von fünf Jahren ausgegeben. Das Disagio beträgt GE 1.000,00. In der Handelsbilanz wird auf die Ausübung des Aktivierungswahlrechts verzichtet und das Disagio bei Ausgabe der Anleihe als Aufwand erfasst. In der Steuerbilanz wird das Disagio hingegen über die Laufzeit von fünf Jahren planmäßig abgeschrieben. Ohne latente Steuerabgrenzung stellt sich der Fall wie folgt dar:

	Steuerliche Gewinnermittlung	Handelsrechtliche Gewinnermittlung		
Periode 01				
Erträge abzgl. übrige Aufwendungen	2.000,00	2.000,00		
Disagioabschreibung	-200,00	-1.000,00		
Ergebnis vor Steuern	1.800,00	1.000,00		
Ertragsteuern	-720,00	-720,00	*-400,00*	*320,00*
Ergebnis nach Steuern	1.080,00	280,00		
Periode 02-05				
Erträge abzgl. übrige Aufwendungen	2.000,00	2.000,00		
Disagioabschreibung	-200,00	0,00		
Ergebnis vor Steuern	1.800,00	2.000,00		
Ertragsteuern	-720,00	-720,00	*-800,00*	*-80,00*
Ergebnis nach Steuern	1.080,00	1.280,00		

Tab. 31 Timing-Konzept: Beispiel 1 – ohne latente Steuern

Bezogen auf den handelsbilanziellen Gewinn wurden in der ersten Periode GE 320,00 (= (GE 1.800,00 * 40%) - (GE 1.000,00 * 40%)) zu hohe Steuern verrechnet.

In den Perioden 02 bis 05 gleicht sich diese Differenz wieder aus, indem jährlich ein um GE 80,00 zu niedriger Steuerbetrag ausgewiesen wird.

Mit latenter Steuerabgrenzung stellt sich der Fall wie folgt dar:

	Steuerliche Gewinnermittlung	**Handelsrechtliche Gewinnermittlung**
Periode 01		
Erträge abzgl. übrige Aufwendungen	2.000,00	2.000,00
Disagioabschreibung	-200,00	-1.000,00
Ergebnis vor Steuern	1.800,00	1.000,00
Ertragsteuern		
davon zahlbar	*-720,00*	*-720,00*
davon latent	*0,00*	*320,00*
Ergebnis nach Steuern	1.080,00	600,00
Periode 02-05		
Erträge abzgl. übrige Aufwendungen	2.000,00	2.000,00
Disagioabschreibung	-200,00	0,00
Ergebnis vor Steuern	1.800,00	2.000,00
Ertragsteuern		
davon zahlbar	*-720,00*	*-720,00*
davon latent	*0,00*	*-80,00*
Ergebnis nach Steuern	1.080,00	1.200,00

Tab. 32 Timing-Konzept: Beispiel 1 – mit latenten Steuern

Der im handelsrechtlichen Abschluss ausgewiesene Steueraufwand entspricht dem Saldo aus zahlbaren und latenten Ertragsteuern. In der Handelsbilanz ist eine aktive Steuerabgrenzung von GE 320,00 in der ersten Periode erforderlich, die in den Periode 02 bis 05 wieder aufgelöst wird.

Beispiel 2 – Steuerergebnis < handelsrechtliches Ergebnis

Im Rahmen eines Investitionsprojekts für selbst geschaffene immaterielle Vermögensgegenstände des Anlagevermögens entstehen zum 31.12.01 Kosten i.H. von GE 1.000,00, die steuerlich in Periode 01 noch in voller Höhe als Aufwand erfasst werden müssen. Im handelsrechtlichen Abschluss wird hingegen vom Wahlrecht zur Aktivierung gemäß § 248 Abs. 2 Satz 1 HGB Gebrauch gemacht und linear über die geplante Nutzungsdauer von vier Jahren abgeschrieben. Ohne latente Steuerabgrenzung stellt sich der Fall wie folgt dar:

	Steuerliche Gewinnermittlung	**Handelsrechtliche Gewinnermittlung**		
Periode 01				
Erträge abzgl. übrige Aufwendungen	2.000,00	2.000,00		
Abschreibung	-1.000,00	0,00		
Ergebnis vor Steuern	1.000,00	2.000,00		
Ertragsteuern	-400,00	-400,00	*-800,00*	*-400,00*
Ergebnis nach Steuern	600,00	1.600,00		

Periode 02-05				
Erträge abzgl. übrige Aufwendungen	2.000,00	2.000,00		
Abschreibung	0,00	-250,00		
Ergebnis vor Steuern	2.000,00	1.750,00		
Ertragsteuern	-800,00	-800,00	*-700,00*	*100,00*
Ergebnis nach Steuern	1.200,00	950,00		

Tab. 33 Timing-Konzept: Beispiel 2 – ohne latente Steuern

Im Vergleich zu Beispiel 1 wirkt sich die Differenz umgekehrt aus: In der Periode 01 wird der effektive Steueraufwand bezogen auf das Handelsbilanzergebnis um GE 400,00 zu niedrig ausgewiesen. Diese Differenz gleicht sich in den vier Folgeperioden gleichmäßig wieder aus.

Mit latenter Steuerabgrenzung stellt sich der Fall wie folgt dar:

	Steuerliche Gewinnermittlung	**Handelsrechtliche Gewinnermittlung**
Periode 01		
Erträge abzgl. übrige Aufwendungen	2.000,00	2.000,00
Abschreibung	-1.000,00	0,00
Ergebnis vor Steuern	1.000,00	2.000,00
Ertragsteuern		
davon zahlbar	*-400,00*	*-400,00*
davon latent	*0,00*	*-400,00*
Ergebnis nach Steuern	600,00	1.200,00
Periode 02-05		
Erträge abzgl. übrige Aufwendungen	2.000,00	2.000,00
Abschreibung	0,00	-250,00
Ergebnis vor Steuern	2.000,00	1.750,00
Ertragsteuern		
davon zahlbar	*-800,00*	*-800,00*
davon latent	*0,00*	*100,00*
Ergebnis nach Steuern	1.200,00	1.050,00

Tab. 34 Timing-Konzept: Beispiel 2 – mit latenten Steuern

In der ersten Periode ist eine passive latente Steuerabgrenzung von GE 400,00 vorzunehmen, die in den folgenden vier Perioden aufgelöst wird.

4.9.2.2 Temporary-Konzept

Bilanzorientierung

Wie eingangs bereits erwähnt basieren die Regelungen zur Bilanzierung latenter Steuern im HGB konzeptionell auf dem bilanzorientierten Temporary-Konzept. Es verfolgt das Ziel, in der Bilanz künftige steuerliche Belastungen und Entlastungen darzustellen, um so einen möglichst „richtigen" Vermögensausweis zu gewährleisten. Dementsprechend werden die latenten Steuern auf temporäre Differenzen ermittelt, indem die handelsrechtlichen Wertansätze von Vermögensgegenständen, Schulden und Rechnungsabgrenzungsposten auf der einen Seite den steuerlichen Wertansätzen der jeweiligen Bilanzpositionen auf der anderen Seite gegenübergestellt werden. Dabei unterscheidet das Temporary-Konzept lediglich zwischen temporären und anderen Differenzen.

Temporäre Bilanzdifferenzen

Temporäre Bilanzdifferenzen umfassen zum einen sämtliche Differenzen, die aus unterschiedlichen Wertansätzen von Vermögensgegenständen, Schulden und Rechnungsabgrenzungsposten zwischen Handels- und Steuerbilanzen resultieren und künftig zu Steuerent- bzw. -belastungen führen. Zum anderen können Bilanzdifferenzen auch dadurch entstehen, dass einzelne Vermögensgegenstände, Abgrenzungsposten oder Schulden entweder in der Handelsbilanz oder in der der Steuerbilanz nicht angesetzt werden. Künftige Steuerzahlungsverpflichtungen werden in der Bilanz in Form einer passiven latenten Steuer erfasst. Analog dazu spiegelt eine aktive latente Steuer ein Steuerguthaben gegenüber dem Fiskus wider.

Quasi-permanente Wertunterschiede

Nach dem Temporary-Konzept sind für alle temporären Bilanzdifferenzen latente Steuern abzugrenzen, unabhängig davon, ob sie erfolgswirksam oder erfolgsneutral entstanden sind. Das heißt, dass auch für solche Bilanzdifferenzen latente Steuern abzugrenzen sind, die im Zusammenhang mit erstmalig anzusetzenden Vermögensgegenständen bzw. erstmalig anzusetzenden Schulden stehen und bei denen sich die Entstehung der Wertunterschiede weder auf das handelsrechtliche Jahresergebnis noch auf den steuerrechtlichen Gewinn ausgewirkt haben. Ebenso ist für die Bilanzierung nicht ausschlaggebend, wann sich die temporären Differenzen voraussichtlich ausgleichen werden. Damit sind nach dem Temporary-Konzept quasi-permanente Wertunterschiede bei der Bilanzierung latenter Steuern einzubeziehen.

Andere Differenzen

Einzig auf sog. andere Differenzen sind nach dem Temporary-Konzept keine latenten Steuern zu bilden. Hierbei handelt es sich um Differenzen, die auf steuerfreien Erträgen oder auf steuerrechtlich nicht abzugsfähigen Aufwendungen beruhen. Diese Differenzen führen bei ihrer Auflösung nicht zu steuerlichen Be- oder Entlastungen. Andere Differenzen können z.B. durch steuerfreie Zuschüsse oder durch das hälftige Abzugsverbot von Aufsichtsratsvergütungen verursacht werden.

Hinweis

Dem Timing-Konzept und dem Temporary-Konzept liegen unterschiedliche Ansätze zugrunde: Während das Timing-Konzept bei der Bilanzierung latenter Steuern auf zeitliche Ergebnisdifferenzen, d.h. auf die unterschiedliche Periodisierung der Steuerzahlungen in der GuV abstellt, bezieht sich das Temporary-Konzept auf die Bilanz, da nach diesem Konzept für sämtliche vorübergehenden Differenzen zwischen Handels- und Steuerbilanz latente Steuern abzugrenzen sind.

Abzugrenzende Sachverhalte

Vor diesem Hintergrund wird im Folgenden dargestellt, dass der Begriff „Temporäre Differenz" umfassender ist als der Begriff „Zeitlich begrenzte Ergebnisdifferenz" und dass demzufolge die Zahl der Sachverhalte, für die Steuerlatenzen gebildet werden, beim Temporary-Konzept größer ist als beim Timing-Konzept:

- Zu den temporären Bilanzdifferenzen gehören neben den zeitlichen Ergebnisdifferenzen auch die quasi-permanenten Ergebnisdifferenzen, d.h. die Differenzen, die sich im normalen Geschäftsverlauf nicht automatisch auflösen, sondern deren Auflösung an eine unternehmerische Disposition oder die Unternehmensliquidation zu einem späteren Zeitpunkt geknüpft ist. Ein Beispiel für quasi-permanente Ergebnisdifferenzen, die vom Temporary-Konzept erfasst werden, ist die Abschreibung eines nicht abnutzbaren Vermögensgegenstands des Anlagevermögens in der Handelsbilanz, die steuerrechtlich nicht anerkannt wird. Die dadurch entstehende Differenz zwischen dem Buchwert in der Handelsbilanz und dem Steuerwert kehrt sich bei einer Veräußerung des Gegenstands bzw. spätestens bei der Unternehmensliquidation um. Da latente Steuern nach dem Temporary-Konzept unabhängig vom Zeitpunkt gebildet werden, zu dem sich die Bilanzierungs- und Bewertungsunterschiede voraussichtlich ausgleichen werden, ist diese quasi-permanente Differenz in die Bilanzierung latenter Steuern einzubeziehen.

- Nach dem Temporary-Konzept sind auf alle temporären Bilanzdifferenzen latente Steuern abzugrenzen, auch wenn sie erfolgsneutral entstanden sind und sich erst bei ihrer Auflösung in der GuV niederschlagen. Folglich werden nach dem Temporary-Konzept latente Steuern auch auf temporäre Bilanzdifferenzen gebildet, die nach dem Timing-Konzept zu permanenten Ergebnisdifferenzen führen können.[413]
- Nach dem Temporary-Konzept werden grundsätzlich nur solche Differenzen zwischen der handels- und steuerbilanziellen Rechnungslegung nicht einbezogen, die sich in Zukunft niemals umkehren, worunter z.B. außerbilanzielle Hinzurechnungen oder Kürzungen bei der steuerlichen Einkommensermittlung fallen.

Liability-Methode

Dem handelsrechtlich bei der Abgrenzung latenter Steuern zur Anwendung kommenden bilanzorientierten Temporary-Konzept liegt die sog. Liability-Methode als Abgrenzungskonzept zugrunde. Hierbei steht die zutreffende Darstellung der Forderungen und Verbindlichkeiten – d.h. der richtige Vermögens- und Schuldenausweis in der Bilanz – im Vordergrund. Latente Steuern werden entweder als Verbindlichkeit für zukünftig zu zahlende Steuern oder als Vermögensgegenstand, der auf Steuervorauszahlungen beruht, betrachtet. Da die Höhe der Verbindlichkeit bzw. der Forderung gegenüber dem Fiskus vom zukünftigen Steuersatz abhängig ist, sieht die Liability-Methode auch die Berücksichtigung zukünftiger Steuersätze für die Bemessung des Steuereffekts vor. Bei nachträglichen Steuersatzänderungen müssen die latenten Steuern angepasst werden. In der GuV wird der angepasste Steueraufwand ausgewiesen.

Beispiel 1 – Liability-Methode mit konstantem Steuersatz

Es wird unterstellt, dass ein Wirtschaftsgut im Wert von GE 1.600,00 in der Periode 01 steuerlich voll abgeschrieben werden kann, während handelsrechtlich eine Abschreibung über zwei Jahre (Periode 01 und Periode 02) erfolgt. Die Erträge abzüglich der übrigen Aufwendungen sollen GE 2.000,00 betragen. Der Steuersatz wird konstant mit 40% angenommen:

[413] Hierzu ausführlich Baetge/Kirsch/Thiele, Bilanzen, 16. Aufl. 2021, S. 557.

	Periode 01		Periode 02	
	Steuerlich	**Handelsrechtlich**	**Steuerlich**	**Handelsrechtlich**
Aktiva				
Vermögensgegenstand	1.600,00	1.600,00	1.600,00	1.600,00
Abschreibungen (kumuliert)	-1.600,00	-800,00	-1.600,00	-1.600,00
Buchwert	0,00	800,00	0,00	0,00
Passiva				
Verbindlichkeiten für latente Steuern	0,00	320,00	0,00	0,00
Erträge abzgl. übrige Aufwendungen	2.000,00	2.000,00	2.000,00	2.000,00
Abschreibungen (kumuliert)	-1.600,00	-800,00	0,00	-800,00
Ergebnis vor Steuern	400,00	1.200,00	2.000,00	1.200,00
Ertragsteuern	-160,00	-480,00	-800,00	-480,00
Ergebnis nach Steuern	240,00	720,00	1.200,00	720,00

Tab. 35 Steuerabgrenzung nach der Liability-Methode bei konstantem Steuersatz

Die Liability-Methode weist als Steueraufwand nur den aus handelsbilanzieller Sicht entstandenen Steuerbetrag in einer Summe aus.

Beispiel 2 – Liability-Methode mit verändertem Steuersatz

In Periode 02 wird eine Steuersatzänderung von 40% auf 30% angenommen, die bereits in Periode 01 bekannt ist:

	Periode 01	Periode 02
	Handelsrechtlich	**Handelsrechtlich**
Aktiva		
Vermögensgegenstand	1.600,00	800,00
Abschreibungen (kumuliert)	-800,00	-800,00
Buchwert	400,00	0,00
Passiva		
Verbindlichkeiten für latente Steuern	240,00	0,00
Erträge abzgl. übrige Aufwendungen	2.000,00	2.000,00
Abschreibungen (kumuliert)	-800,00	-800,00
Ergebnis vor Steuern	1.200,00	1.200,00
Ertragsteuern	-400,00	-360,00
Ergebnis nach Steuern	800,00	840,00

Tab. 36 Steuerabgrenzung nach der Liability-Methode bei verändertem Steuersatz

Die Liability-Methode führt in Periode 01 zu einer Steuerbelastung von 33,3% des handelsrechtlichen Ergebnisses vor Steuern, die sich als Mischsatz aus der 40%igen Belastung des steuerlichen Ergebnisses und der 30%igen Belastung (= zukünftiger Steuersatz) der Timing-Differenz ergibt. Dadurch stellt sich die steuerliche Aufwandsbelastung des handelsrechtlichen Ergebnisses vor Steuern in Periode 02 mit 30% dar:

	Periode 01 Steuerlich	Periode 01 Handelsrechtlich			Periode 02 Handelsrechtlich
Aktiva					
Vermögensgegenstand	800,00	800,00			800,00
Abschreibungen (kumuliert)	-800,00	-400,00			-400,00
Buchwert	0,00	400,00			400,00
Erträge abzgl. übrige Aufwendungen	2.000,00	2.000,00			1.000,00
Abschreibungen (kumuliert)	-1.600,00	-800,00			-400,00
Ergebnis vor Steuern	400,00	1.200,00			600,00
Ertragsteuern	-120,00	-360,00	*33,3%*	*240,00*	-180,00
Ergebnis nach Steuern	280,00	840,00			420,00

Tab. 37 Ermittlung Mischsatz und Passive latente Steuer

4.9.3 Voraussetzungen für den Ansatz latenter Steuern

4.9.3.1 Latente Steuern auf temporäre Differenzen

Voraussichtliche Abzugsfähigkeit

Temporäre Differenzen resultieren aus unterschiedlichen Wertansätzen von Vermögensgegenständen und Schulden in der Handels- und Steuerbilanz und führen im Zeitpunkt ihres Abbaus zu Steuerbe- oder -entlastungen. Latente Steuern dürfen dem Wortlaut des § 274 HGB folgend ausschließlich für solche Unterschiede zwischen dem handels- und steuerrechtlichen Wertansatz gebildet werden, die sich in den folgenden Geschäftsjahren voraussichtlich wieder abbauen. Die Frage des voraussichtlichen Abbaus ist mit Hilfe von Wahrscheinlichkeitsüberlegungen unter Beachtung des Vorsichtsprinzips zu beurteilen.

Die Frage, ob aktive oder passive latente Steuern vorliegen, richtet sich nach der Art der Differenz:

Aktive latente Steuern entstehen, wenn

- Vermögensgegenstände, aktive Rechnungsabgrenzungsposten oder derivative Geschäfts- oder Firmenwerte in der Handelsbilanz nicht angesetzt oder niedriger bewertet werden als in der Steuerbilanz, oder
- Schulden oder passive Rechnungsabgrenzungsposten in der Handelsbilanz höher bewertet werden als in der Steuerbilanz oder in der Steuerbilanz nicht angesetzt werden.

Steuerentlastung

Diese Differenzen führen, wenn sie sich auflösen, zu einer Steuerentlastung. In diesen Fällen können gemäß § 274 Abs. 1 Satz 2 HGB aktive latente Steuern in der Handelsbilanz für den die passiven latenten Steuern übersteigenden Betrag (Aktivüberhang) gebildet werden (Aktivierungswahlrecht).

Für die Inanspruchnahme des Aktivierungswahlrechts ist die Summe der aktiven latenten Steuern unter Berücksichtigung der Beträge, die auf steuerliche Verlustvorträge entfallen, der Summe der passiven latenten Steuern gegenüberzustellen. Das Aktivierungswahlrecht kann nur für den gesamten Aktivüberhang ausgeübt werden.

Eine partielle Ausübung des Wahlrechts ist ausgeschlossen.[414]

Passive latente Steuern entstehen, wenn

- Vermögensgegenstände oder aktive Rechnungsabgrenzungsposten in der Steuerbilanz nicht angesetzt oder niedriger bewertet werden als in der Handelsbilanz, oder
- Schulden oder passive Rechnungsabgrenzungsposten in der Steuerbilanz höher bewertet werden als in der Handelsbilanz oder in der Handelsbilanz nicht angesetzt werden.

Steuerbelastung

Diese zu versteuernden temporären Bilanzdifferenzen führen, wenn sie aufgelöst werden, zu einer Steuerbelastung. In diesem Fall sind passive latente Steuern gemäß § 274 Abs. 1 Satz 1 HGB in der Handelsbilanz zu bilden (Passivierungspflicht).

Auflösung

Tritt die Steuerbe- oder -entlastung ein oder ist mit ihrem Eintritt voraussichtlich nicht mehr zu rechnen, hat gemäß § 274 Abs. 2 Satz 2 HGB eine Auflösung der ausgewiesenen Posten zu erfolgen.

Nachfolgende Abbildung gibt einen zusammenfassenden Überblick über den Abgrenzungsbedarf, der aus temporären Bilanzdifferenzen zwischen Handels- und Steuerbilanz resultiert:

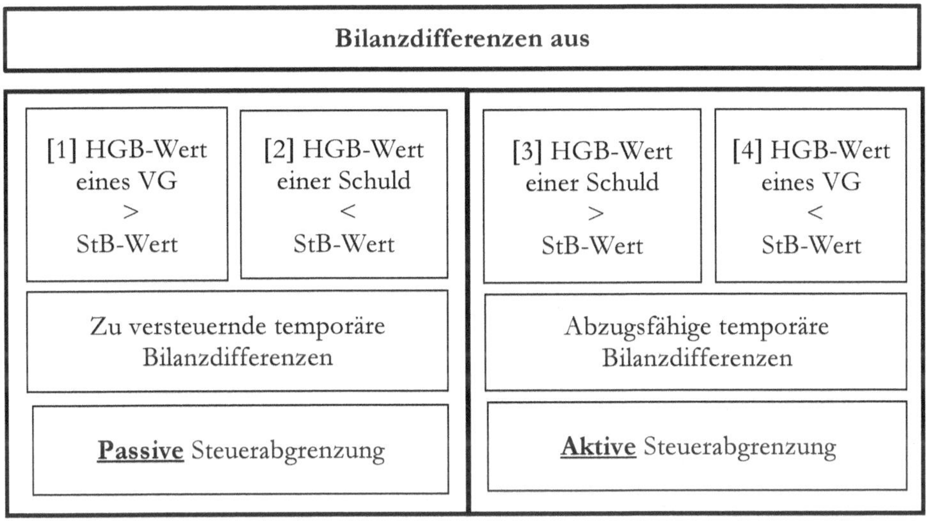

Bilanzdifferenzen aus

[1] HGB-Wert eines VG > StB-Wert

[2] HGB-Wert einer Schuld < StB-Wert

[3] HGB-Wert einer Schuld > StB-Wert

[4] HGB-Wert eines VG < StB-Wert

Zu versteuernde temporäre Bilanzdifferenzen

Abzugsfähige temporäre Bilanzdifferenzen

Passive Steuerabgrenzung

Aktive Steuerabgrenzung

Abb. 14 Temporäre Bilanzdifferenzen[415]

---

[414] Kapitalgesellschaften dürfen Gewinne im Falle der Aktivierung eines Überhangs aktiver latenter Steuern gemäß § 268 Abs. 8 Satz 2 HGB nur ausschütten, wenn die nach der Ausschüttung verbleibenden frei verfügbaren Rücklagen abzüglich eines Verlustvortrags und zuzüglich eines Gewinnvortrags mindestens den insgesamt angesetzten Beträgen entsprechen (Ausschüttungssperre). Die Aktivierung eines Überhangs aktiver latenter Steuern führt daher entsprechend dem Charakter latenter Steuern als Sonderposten eigener Art nicht zu einem höheren Ausschüttungsvolumen. Der ausschüttungsgesperrte Betrag ist gemäß § 285 Nr. 28 HGB im Anhang anzugeben.

[415] Übernommen aus Baetge/Kirsch/Thiele, Bilanzen, 16. Aufl. 2021, S. 560.

Konkret ergeben sich die folgenden Beispiele für Unterschiede zwischen Handels- und Steuerbilanz:

[1] Ansatz aktiver latenter Steuern, da Vermögensgegenstände in der Handelsbilanz niedriger bewertet werden als in der Steuerbilanz:

- Nichtaktivierung des Disagios nach § 250 Abs. 3 HGB in der Handelsbilanz (Wahlrecht) und Aktivierungspflicht in der Steuerbilanz nach R 6.10 EStR;
- Aktivierung eines Gewinnausschüttungsanspruchs aus einer Minderheitsbeteiligung an einer Personenhandelsgesellschaft, die handelsrechtlich u.U. (je nach gesellschaftsvertraglicher Regelung) erst nach Vorliegen eines entsprechenden Gewinnverwendungsbeschlusses zulässig ist, während der Beteiligungsertrag steuerrechtlich phasengleich vereinnahmt wird;
- Ansatz höherer planmäßiger Abschreibungen in der Handelsbilanz als nach steuerrechtlichen Afa-Tabellen (andere Abschreibungsmethode, kürzere Nutzungsdauer);
- schnellere handelsrechtliche Abschreibung eines Geschäfts- oder Firmenwerts in der Handels- als in der Steuerbilanz.

[2] Ansatz aktiver latenter Steuern, da Schulden in der Handelsbilanz höher bewertet werden als in der Steuerbilanz:

- Ansatz einer steuerrechtlich gemäß § 5 Abs. 4a EStG nicht ansatzfähigen Rückstellung für drohende Verluste aus schwebenden Geschäften in der Handelsbilanz;
- Abzinsung von Pensionsrückstellungen in der Handelsbilanz mit einem Zinssatz, der unter dem nach § 6a Abs. 3 Satz 3 EStG anzuwendenden Zinssatz von 6% liegt.

[3] Ansatz passiver latenter Steuern, da Vermögensgegenstände in der Handelsbilanz höher bewertet werden als in der Steuerbilanz:

- Aktivierung eines selbstgeschaffenen immateriellen Vermögensgegenstands des Anlagevermögens in der Handelsbilanz, während eine Aktivierung in der Steuerbilanz gemäß § 5 Abs. 2 EStG nicht zulässig ist;
- Handelsrechtliche Bewertung von Vorräten bei steigenden Preisen nach der Fifo-Methode bei gleichzeitiger Verwendung des steuerrechtlich verlangten Durchschnittsverfahrens in der Steuerbilanz;
- Kürzere steuerrechtliche Nutzungsdauer von Gebäuden nach § 7 Abs. 4 EStG, längere handelsrechtliche Nutzungsdauer;
- Aktivierung von Fremdkapitalzinsen bei den Herstellungskosten in der Handelsbilanz gemäß § 255 Abs. 3 Satz 2 HGB, während das Wahlrecht in der Steuerbilanz nicht ausgeübt wird.

[4] Ansatz passiver latenter Steuern, da Schulden in der Handelsbilanz niedriger bewertet werden als in der Handelsbilanz:

- Handelsrechtlich niedrigere langfristige Rückstellungen aufgrund eines höheren Zinssatzes als 5,5% in der Steuerbilanz.

4.9.3.2 Behandlung steuerlicher Verlustvorträge

Bei der Bestimmung der Höhe der Körperschaftssteuer darf gemäß § 8 Abs. 1 Satz 1 KStG i.V.m. § 10d Abs. 1 EStG ein Verlust bis zu einem Gesamtbetrag von EUR 1 Mio. mit dem Gewinn der vorangegangenen Periode verrechnet werden. Ist ein derartiger Verlustrücktrag nicht oder nur teilweise genutzt worden, so darf der verbleidende Verlust grundsätzlich zeitlich unbegrenzt vorgetragen werden. In jedem künftigen Wirtschaftsjahr dürfen gemäß § 8 Abs. 1 Satz 1 KStG i.V.m. § 10d Abs. 2 Satz 1 EStG Einkünfte bis zu einer Höhe von EUR 1 Mio. unbeschränkt mit den vorgetragenen Verlusten verrechnet werden, während Einkünfte oberhalb der Grenze von EUR 1 Mio. nur zu 60% mit vorgetragenen Verlusten verrechnet werden dürfen (Mindestbesteuerung). Aufgrund dieser Mindestbesteuerung können Unternehmen ihre künftigen Ergebnisse nur teilweise mit Verlustvorträgen verrechnen. Die zeitlich unbegrenzte Abzugsfähigkeit ist indes trotz der Mindestbesteuerung gegeben. Bei der Gewerbesteuer ist gemäß § 10a GewStG lediglich ein Verlustvortrag zulässig.

Nachfolgend wird der Frage nachgegangen, wie sich steuerliche Verlustvorträge bzw. Verlustrückträge auf die Bildung latenter Steuern auswirken:

Verlustrücktrag

Ein Verlustrücktrag stellt einen Steuererstattungsanspruch auf in der vorangegangenen Periode gezahlte Steuern dar, der dadurch entsteht, dass im abzuschließenden laufenden Geschäftsjahr ein steuerlicher Verlust realisiert wurde. Dieser Steuererstattungsanspruch ist dem Grunde und der Höhe nach genau bestimmt und als Forderung gegenüber dem Finanzamt unter den „Sonstigen Forderungen" zu aktivieren. Aus einem Verlustrücktrag können demnach weder latente Steuern entstehen, noch besitzt er Einfluss auf bereits bestehende latente Steuern.

Verlustvortrag

Ein Verlustvortrag hingegen ist die Basis für eine wirtschaftlich bereits verursachte, aber erst in künftigen Perioden eintretende Steuerminderung. In Höhe des Verlustvortrags werden Gewinne künftiger Perioden nicht besteuert, da der Verlustvortrag den steuerlichen Gewinn – die Bemessungsgrundlage für künftige Steuerzahlungen – mindert. Indes ist er nicht selbständig verwertbar und erfüllt somit nicht die Ansatzvoraussetzungen eines Vermögensgegenstandes. Der Ansatz aktiver latenter Steuern ist in § 274 Abs. 1 Satz 4 HGB geregelt. Danach sind steuerliche Verlustvorträge in der Höhe der innerhalb der nächsten fünf Jahre zu erwartenden Verlustverrechnungen bei der Berechnung aktiver latenter Steuern zu berücksichtigen.[416]

4.9.3.3 Ansatz aktiver latenter Steuern

Wahrscheinlichkeit eines künftigen Ausgleichs

Der Ansatz aktiver latenter Steuern ist unter Berücksichtigung des Vorsichtsprinzips zu beurteilen. An den Nachweis einer hohen Wahrscheinlichkeit eines künftigen Ausgleichs sind vor allem dann hohe Anforderungen zu stellen, wenn das

---

[416] Auch nach DRS 18.18 sind steuerliche Verlustvorträge bei der Berechnung aktiver latenter Steuern grundsätzlich nur zu berücksichtigen, soweit die Realisierung der Steuerentlastung aus dem Verlustvortrag innerhalb der nächsten fünf Jahre erwartet werden kann. Indes ist nach DRS 18.21 bei Vorliegen eines Überhangs passiver latenter Steuern ein Ansatz aktiver latenter Steuern auf Verlustvorträge auch dann vorgesehen, wenn von einer Verlustverrechnung erst nach dem fünfjährigen Planungszeitraum auszugehen ist.

Unternehmen bereits in der Vergangenheit nicht ausreichend nachhaltige Gewinne erzielt hat. Damit die Wahrscheinlichkeitsüberlegungen für Dritte nachvollziehbar sind, ist der Planungshorizont für die Berücksichtigung latenter Steuern auf Verlustvorträge auf fünf Geschäftsjahre begrenzt. Für den vorgegebenen fünfjährigen Planungshorizont ist von den Unternehmen eine Prognose der künftigen steuerlichen Ergebnisse auf der Basis einer übergeordneten Unternehmensplanung zu erstellen.

Steuergutschriften und Zinsvorträge

Die Vorschrift des § 274 Abs. 1 Satz 2 HGB ist entsprechend auf Steuergutschriften und Zinsvorträge anzuwenden. Steuergutschriften sind in der deutschen Bilanzierungspraxis von untergeordneter Bedeutung und werden insofern nicht näher beleuchtet. Ein Zinsvortrag ist der Zinsanteil, der aufgrund der steuerlichen Beschränkung des Abzugs von Zinsaufwendungen – sog. Zinsschranke gemäß § 4h EStG – im Jahr der Entstehung nicht abzugsfähig ist und daher in die Folgejahre vorgetragen wird. Dieser Zinsvortrag stellt weder nach Handels- noch nach Steuerrecht einen Bilanzposten dar, so dass keine temporären Differenzen i.S. des Temporary-Konzepts entstehen können. Ein Zinsvortrag hat indes ähnliche steuerliche Folgewirkungen wie ein Verlustvortrag, da beide Vorträge bei ihrer späteren (teilweisen) Auflösung zu einer niedrigeren steuerlichen Bemessungsgrundlage führen. Ein bestehender Zinsvortrag führt allerdings nicht zwangsläufig zur Bilanzierung latenter Steuern, sondern es muss genauso wie bei einem Verlustvortrag untersucht werden, ob die spätere steuerliche Entlastung mit hoher Wahrscheinlichkeit realisiert werden kann. Für den Ansatz aktiver latenter Steuern auf Zinsvorträge genügt es indes nicht, dass künftige Gewinne erwirtschaftet werden. Vielmehr muss in den Folgejahren nach Entstehung des Zinsvortrags ein höheres EBITDA[417] erzielt werden, da die steuerliche Abzugsfähigkeit von Zinsaufwendungen durch die Höhe des EBITDA begrenzt wird. Daher ist auch für die Bilanzierung aktiver latenter Steuern auf Zinsvorträge eine detaillierte Planungsrechnung erforderlich, bei der die Zinsschranke nach Maßgabe des § 4h EStG und des § 8a KStG in Höhe von 30% des EBITDA – bei Überschreiten der Freigrenze – zu berücksichtigen ist. Hierbei greift die Zinsschranke auf der Ebene der Einkommensermittlung, während sich der Verlustvortrag – der Ermittlung der Zinsschranke nachgelagert – als Residualgröße aus einem negativen zu versteuernden Einkommen ergibt.

Steuerliche Planungsrechnung

Treten Verlust- und Zinsvorträge gemeinsam auf, können sich die aus ihnen resultierenden steuerlichen Entlastungen ergänzen oder auch teilweise aufheben. In der steuerlichen Planungsrechnung sind somit die Interdependenzen zwischen Verlust- und Zinsvorträgen detailliert zu analysieren.

4.9.4 Ermittlung und Bewertung latenter Steuern

§ 274 Abs. 2 Satz 1 HGB

Die Bilanzierung latenter Steuern nach HGB erfolgt – wie bereits unter 4.9.2.2. dargelegt – nach der Liability-Methode, da das bilanzorientierte Temporary-Konzept ausschließlich mit der ebenfalls bilanzorientierten Liability-Methode vereinbar ist. Bei der Bilanzierung latenter Steuern nach der Liability-Methode werden wahrscheinliche spätere Einnahme oder Ausgaben in der Bilanz abgebildet. Aus diesem Grund sind bei der Bewertung der

[417] Zum EBITDA siehe bspw. Roos, BBK 2016, S. 650-651.

latenten Steuern die zugrunde liegenden Bilanzdifferenzen mit denjenigen Steuersätzen zu multiplizieren, die im späteren Zeitpunkt der Auflösung der Bilanzdifferenzen gelten. Gemäß § 274 Abs. 2 Satz 1 HGB sind die latenten Steuern daher mit den unternehmensindividuellen Steuersätzen im Zeitpunkt des Abbaus der Differenzen zu bewerten. Bei Änderungen der Steuersätze im Zeitablauf müssen bei der Liability-Methode auch die latenten Steuern an diese Änderungen angepasst werden, damit das Vermögen und die Schulden in der Bilanz zutreffend ausgewiesen werden.

Einzel- oder Gesamtdifferenzenbetrachtung

Sind in der abgelaufenen Periode mehrere temporäre Bilanzdifferenzen aufgetreten, können die hierauf entfallenden latenten Steuern grundsätzlich nach der Einzeldifferenzenbetrachtung oder nach der Gesamtdifferenzenbetrachtung berechnet werden:

Einzeldifferenzenbetrachtung

Bei der Einzeldifferenzenbetrachtung werden die latenten Steuern für jeden einzelnen Geschäftsvorfall des abzuschließenden Geschäftsjahres, bei dem eine temporäre Bilanzdifferenz aufgetreten ist, errechnet. Durch Summierung aller berechneten aktiven oder passiven Einzel-Bildungen bzw. Einzel-Auflösungen von latenten Steuern der abzuschließenden Periode mit den in früheren Perioden in der Bilanz erfassten aktiven bzw. passiven latenten Steuern lassen sich sowohl die aktiven als auch die passiven latenten Steuern, die in der Bilanz der aktuellen Periode zu zeigen sind, getrennt ermitteln. Die einzelnen Differenzen müssen dabei bis zu ihrer voraussichtlichen Auflösung in einer Nebenbuchhaltung festgehalten werden, damit sie entsprechend fortgeführt werden können. Diese Differenzierung ist z.B. sinnvoll, wenn bei im Zeitablauf schwankenden Steuersätzen unterschiedliche Steuersätze berücksichtigt werden müssen. Indes erfordert die Einzeldifferenzenbetrachtung u.U. einen sehr hohen Schätz- und Berechnungsaufwand.[418]

Gesamtdifferenzenbetrachtung

Bei der Gesamtdifferenzenbetrachtung wird entweder das steuerrechtliche Ergebnis dem handelsrechtlichen Ergebnis oder die Handelsbilanz der Steuerbilanz gegenübergestellt. Die ermittelte Gesamtdifferenz wird um permanente Differenzen des abgelaufenen Geschäftsjahres vermindert, so dass die verbleibende Restdifferenz nur noch auf temporäre Differenzen zurückzuführen ist. Diese Vorgehensweise impliziert eine Saldierung der einzelnen aktiven und passiven Latenzen.

Unternehmensindividuelle Steuersätze

Da bei der Bewertung der latenten Steueransprüche und -verpflichtungen gemäß § 274 HGB die Liability-Methode anzuwenden ist, sind gemäß § 274 Abs. 2 Satz 1 HGB die latenten Steuern grundsätzlich mit den künftigen unternehmensindividuellen Steuersätzen im Zeitpunkt des Abbaus der Differenz zu bewerten. Sind diese nicht bekannt, sind die am Bilanzstichtag gültigen unternehmensindividuellen Steuersätze anzuwenden. Hierbei sind die unternehmensindividuellen Steuersätze steuersubjektbezogen zu ermitteln. Somit hängt der anzuwendende Steuersatz von den steuerrechtlichen Gegebenheiten ab, da latente Steuern antizipierte Steuerzahlungen

---

418 Werden zur Ermittlung latenter Steuern alle Vermögensgegenstände und Schulden nach Handels- und Steuerrecht gegenübergestellt, ist eine Überleitungsrechnung nach § 60 Abs. 2 Satz 1 EStDV nicht ausreichend, so dass die Aufstellung einer Steuerbilanz für die Ermittlung latenter Steuern erforderlich wird.

bzw. -erstattungen darstellen. Aus Objektivierungsgründen ist allerdings nur der am Bilanzstichtag hinreichend konkretisierte Steuersatz zu beachten. Sich im Zeitablauf ändernde Steuersätze sind ungeachtet ihrer Änderungsrichtung zu berücksichtigen, wenn die gesetzgebenden Organe einem Steuergesetz vor oder am Bilanzstichtag zugestimmt haben. Der Effekt aus der Steuersatzänderung ist erfolgswirksam zu erfassen.

Zur Bewertung latenter Steuern sind bei Kapitalgesellschaften die Körperschaftsteuer, die Gewerbesteuer und der Solidaritätszuschlag heranzuziehen. In Deutschland besteht ein einheitlicher Steuersatz sowohl für einbehaltene als auch für ausgeschüttete Gewinne i.H. von 15% (§ 23 Abs. 1 KStG). Die Gewerbesteuer wird einerseits durch die Steuermesszahl (m), die nach § 11 Abs. 2 GewStG für Kapitalgesellschaft bei einheitlich 3,5% liegt, und andererseits durch den jeweiligen Hebesatz (h) der Gemeinde bestimmt. Geht man von einem durchschnittlichen Hebesatz von 400% aus und vernachlässigt die gewerbesteuerlichen Hinzurechnungen und Kürzungen, ergibt sich bei Anwendung eines einheitlichen Körperschaftssteuersatzes von 15% und dem zusätzlich einzubeziehenden Solidaritätszuschlag ein Gesamtsteuersatz (s) von 29,83%. Gemäß § 4 Satz 1 SolZG beträgt der Solidaritätszuschlag 5,5%. Der Solidaritätszuschlag selbst wird als Zuschlag auf die Körperschaftsteuer erhoben. Da dieser als Personensteuer eine nicht abzugsfähige Ausgabe darstellt, wirkt es sich nicht auf die Körperschaft- oder Gewerbesteuer aus. Der für die Bewertung latenter Steuern bei Kapitalgesellschaften maßgebliche Gesamtsteuersatz (s) ermittelt sich wie folgt:[419]

$$s = s_{KSt} * (1 + s_{SolZ}) + s_{GewSt}$$
$$= 0{,}15 * (1 + 0{,}055) + 0{,}14$$
$$= 0{,}2983$$
$$\text{mit} \quad s_{GewSt} = m * h$$
$$= 0{,}035 * 4$$
$$= 0{,}14$$

Sonderposten eigener Art

Sowohl den aktiven als auch den passiven latenten Steuern kommt der Charakter von Sonderposten eigener Art zu. Die Abzinsung latenter Steuern ist daher nach § 274 Abs. 2 HGB nicht zulässig. Eine Abzinsung aktiver latenter Steuern wäre weder mit dem Vorsichtsprinzip noch mit dem Niederstwertprinzip begründbar. Da passive latente Steuern teilweise Rückstellungselemente enthalten können, schreibt § 274 Abs. 2 Satz 1 HGB ein ausdrückliches Abzinsungsverbot vor.

4.9.5 Ausweis latenter Steuern

4.9.5.1 Saldierung aktiver und passiver latenter Steuern

In einer Periode entstehen aus verschiedenen einzelnen Geschäftsvorfällen in aller Regel sowohl aktive als auch passive latente Steuern. Der Gesetzgeber geht hier grundsätzlich von einer Saldierung der passiven und aktiven latenten Steuern unter

---

[419] Für Einzelunternehmer und Personenhandelsgesellschaften kommt im Allgemeinen nur die Gewerbesteuer in Betracht, da sie Einkommensteuer dem Privatbereich des Eigners oder der Gesellschafter betrifft und deshalb ihre Berücksichtigung in der Handelsbilanz nicht zwingend ist.

Berücksichtigung aktiver latenter Steuern auf steuerliche Verlustvorträge aus. Diese Saldierung ermöglicht die Anwendung der Gesamtdifferenzenbetrachtung, welche den Ermittlungsaufwand reduziert. Verbunden ist die Saldierung gemäß § 268 Abs. 8 HGB mit einer Ausschüttungssperre hinsichtlich des Betrags, um welchen die aktiven latenten Steuern die passiven latenten Steuern übersteigen.

Saldierungswahlrecht

Gemäß § 274 Abs. 1 Satz 3 HGB i.V.m. § 266 Abs. 2 D. bzw. Abs. 3 E. HGB dürfen die aktiven und passiven latenten Steuern indes auch unter gesonderten Posten ausgewiesen werden (Saldierungswahlrecht). Hier wird grundsätzlich eine bessere Information der Jahresabschlussadressaten erreicht. Als Argument gegen die Saldierung kann angeführt werden, dass sie dem Vorsichtsprinzip zuwiderläuft, wenn sich die zu erwartenden Steuerbe- und -entlastungen zeitlich nicht entsprechen.

Insgesamt eröffnen sich durch die Möglichkeit der Saldierung i.V.m. dem Ansatzwahlrecht für aktive latente Steuern die folgenden fünf Varianten für die Ermittlung und den Ausweis latenter Steuern:

[1] Unabhängig von ihrer Höhe werden die aktiven und passiven latenten Steuern jeweils gesondert, d.h. unsaldiert ausgewiesen.

[2] Die passiven latenten Steuern übersteigen die Aktiven. Die beiden Beträge werden saldiert. Zum Ausweis kommt der passive Überhang.

[3] Die aktiven latenten Steuern übersteigen die Passiven. Die beiden Beträge werden saldiert. Zum Ausweis kommt der aktive Überhang.

[4] Die aktiven latenten Steuern übersteigen die Passiven. Die beiden Beträge werden saldiert. Für den aktiven Überhang wird vom Ansatzwahlrecht des § 274 Abs. 1 Satz 2 HGB in der Weise Gebrauch gemacht, dass keine latenten Steuern ausgewiesen werden.

[5] Die aktiven latenten Steuern übersteigen die Passiven. Die beiden Beträge werden unsaldiert ausgewiesen. Vom Ansatzwahlrecht des § 274 Abs. 1 Satz 2 HGB wird in der Weise Gebrauch gemacht, dass der aktive Überhang nicht ausgewiesen wird.

Die Wirkungsweise der Ermittlungsmethoden werden im Folgenden anhand von Beispielsachverhalten verdeutlich:

Beispiel 1 – Nichtaktivierung eines Aktivüberhangs

In der Periode 01 wird ein handelsrechtliches Wahlrecht für die Aktivierung eines selbst geschaffenen immateriellen Vermögensgegenstands ausgeübt, die Abschreibung erfolgt in Periode 02 und Periode 03. In Periode 01 wird in der Handelsbilanz zudem eine steuerlich nicht anerkannte Rückstellung passiviert, welche in Periode 03 in Anspruch genommen wird. Der Steuersatz beträgt 50%:

	Periode 01	Periode 02	Periode 03
Temporäre Differenz			
(a) Ausübung handelrechtliches Aktivierungswahlrecht	600,00	-300,00	-300,00
(b) Rückstellung - steurlich nicht anerkannt	-1.500,00	0,00	1.500,00
Änderung	-900,00	-300,00	1.200,00
Stand	-900,00	-1.200,00	0,00

Einzeldifferenzenbetrachtung

(a)	GuV			
	Latenter Steueraufwand	-300,00	0,00	0,00
	Latenter Steuerertrag	0,00	150,00	150,00
	Bilanz			
	Passive latente Steuer	300,00	150,00	0,00

(b)	GuV			
	Latenter Steueraufwand	0,00	0,00	-750,00
	Latenter Steuerertrag	750,00	0,00	0,00
	Bilanz			
	Aktive latente Steuer	750,00	750,00	0,00

Tab. 38 Gesamtdifferenzenbetrachtung ohne Aktivierung latenter Steuern

In Periode 01 und Perioden 02 kommt es zu keinem Ausweis latenter Steuern, weil es zu einem aktiven Überhang kommt. In Periode 03 kann kein latenter Steueraufwand gezeigt werden, weil bei Entstehung der Differenz keine aktive latente Steuer abgegrenzt wurde.

Beispiel 2 – Kompensation Passivüberhang durch Aktivüberhang

Die Daten entsprechen Beispiel 1, allerdings wird die Rückstellung erst in Periode 02 passiviert:

		Periode 01	Periode 02	Periode 03
Temporäre Differenz				
(a)	Ausübung handelrechtliches Aktivierungswahlrecht	600,00	-300,00	-300,00
(b)	Rückstellung - steurlich nicht anerkannt	0,00	-1.500,00	1.500,00
	Änderung	600,00	-1.800,00	1.200,00
	Stand	600,00	-1.200,00	0,00

Einzeldifferenzenbetrachtung

(a)	GuV			
	Latenter Steueraufwand	-300,00	0,00	0,00
	Latenter Steuerertrag	0,00	150,00	150,00
	Bilanz			
	Aktive latente Steuer	0,00	0,00	0,00
	Passive latente Steuer	300,00	150,00	0,00

(b)	GuV			
	Latenter Steueraufwand	0,00	0,00	-750,00
	Latenter Steuerertrag	0,00	750,00	0,00
	Bilanz			
	Aktive latente Steuer	0,00	750,00	0,00

Gesamtdifferenzenbetrachtung mit Aktivierung

	GuV			
	Latenter Steueraufwand	-300,00	0,00	-600,00
	Latenter Steuerertrag	0,00	900,00	0,00
	Bilanz			
	Passive latente Steuer	300,00	0,00	0,00
	Aktive latente Steuer	0,00	600,00	0,00

Gesamtdifferenzenbetrachtung ohne Aktivierung

	GuV			
	Latenter Steueraufwand	-300,00	0,00	0,00
	Latenter Steuerertrag	0,00	300,00	0,00
	Bilanz			
	Passive latente Steuer	300,00	0,00	0,00
	Aktive latente Steuer	0,00	0,00	0,00

Tab. 39 Gesamtdifferenzenbetrachtung mit saldiertem Ausweis eines aktiven oder passiven latenten Steuerpostens

Es kommt in Periode 02 zu einem Aktivüberhang. Wird keine aktive latente Steuer gebildet, so bedeutet dies, dass die passive latente Steuer aus Periode 01 und Periode 02 in vollem Umfang als durch die aktive latente Steuer kompensiert gilt.

Beispiel 3 – Passive latente Steuern > Aktive latente Steuern

Die Daten entsprechen wiederum Beispiel 1, allerdings wird nur eine Rückstellung i.H. von EUR 150,00 passiviert:

		Periode 01	Periode 02	Periode 03
Temporäre Differenz				
(a)	Ausübung handelrechtliches Aktivierungswahlrecht	600,00	-300,00	-300,00
(b)	Rückstellung - steurlich nicht anerkannt	-150,00	0,00	150,00
	Änderung	450,00	-300,00	-150,00
	Stand	450,00	150,00	0,00

Einzeldifferenzenbetrachtung

	GuV			
	Latenter Steueraufwand	-300,00	0,00	0,00
(a)	Latenter Steuerertrag	0,00	150,00	150,00
	Bilanz			
	Passive latente Steuer	300,00	150,00	0,00

	GuV			
	Latenter Steueraufwand	0,00	0,00	-75,00
(b)	Latenter Steuerertrag	75,00	0,00	0,00
	Bilanz			
	Aktive latente Steuer	75,00	75,00	0,00

Gesamtdifferenzenbetrachtung mit Aktivierung

	GuV			
	Latenter Steueraufwand	-225,00	0,00	
	Latenter Steuerertrag	0,00	150,00	75,00
	Bilanz			
	Passive latente Steuer	225,00	75,00	0,00
	Aktive latente Steuer	0,00	0,00	0,00

Gesamtdifferenzenbetrachtung ohne Aktivierung

	GuV			
	Latenter Steueraufwand	-225,00	0,00	0,00
	Latenter Steuerertrag	0,00	150,00	75,00
	Bilanz			
	Passive latente Steuer	225,00	75,00	0,00
	Aktive latente Steuer	0,00	0,00	0,00

Tab. 40 Gesamtdifferenzenbetrachtung mit saldiertem Ausweis ggf. eines passiven, nicht aber eines aktiven latenten Steuerpostens

Beide Varianten der Gesamtdifferenzenbetrachtung führen zum selben Ergebnis, weil die Entstehung der passiven latenten Steuern überwiegt.

Die aufgezeigten Varianten sind wie folgt zu würdigen: Die Variante (1) liefert den besten Einblick in die Vermögens- und Ertragslage und das rechnerisch genauste Ergebnis. Die Varianten (2) und (3), bei denen die latenten Steuern saldiert werden und der Überhang stets ausgewiesen wird, sind der Variante (1) geringfügig unterlegen, auf die Saldierung sollte hingewiesen werden. Hier fehlt dem Abschlussadressaten lediglich die Information über die genaue Höhe der beiden Posten. Bei den Varianten (4) und (5) wird das Ansatzwahlrecht für den aktiven Überhang nicht in Anspruch genommen. Sie sind nur dann akzeptabel, wenn auf die unterbliebene Aktivierung des Aktivüberhangs im Anhang hingewiesen wird, da der Abschlussadressat ansonsten keine bzw. unvollständige Informationen über die Existenz von latenten Steuern erhalten würden.[420]

4.9.5.2 Sonstige Ausweisfragen

Sonderposten eigener Art

Den latenten Steuern kommt sowohl auf der Aktiv- als auch auf der Passivseite der Charakter von Sonderposten eigener Art zu. Die allgemeinen handelsrechtlichen Bilanzierungs- und Bewertungsregeln sind daher auf die latenten Steuern nicht anzuwenden.

Steuern vom Einkommen und vom Ertrag

In der GuV sind die Erträge und Aufwendungen im Zusammenhang mit der Bildung und Auflösung sowie Berichtigung der latenten Steuern aufgrund Steuertarifänderungen unter dem Posten „Steuern vom Einkommen und vom Ertrag“ auszuweisen. Die Bildung aktiver latenter Steuern führt in der GuV dazu, dass der Posten „Steuern vom Einkommen und vom Ertrag“ gekürzt wird. Bei Passivierung latenter Steuern ist der Posten „Steuern vom Einkommen und vom Ertrag“ um den entsprechenden Aufwand zu erhöhen. Der Posten „Steuern vom Einkommen und vom Ertrag“ umfasst sämtliche Aufwendungen und Erträge aus der Bildung und Auflösung latenter Steuern.

Gemäß § 274 Abs. 2 Satz 3 HGB sind Erträge und Aufwendungen aus der Veränderung bilanzierter latenter Steuern unter dem „Steuern vom Einkommen und vom Ertrag“ gesondert auszuweisen.

4.9.6 Beispielsachverhalte - Latente Steuern

a. In t0 passiviert die FWA eine Rückstellung für drohende Verluste aus schwebenden Geschäften nach § 249 Abs. 1 Satz 1 HGB i.H. von EUR 100.000,00.

Diese Rückstellung wird steuerlich aufgrund § 5 Abs. 4a EStG nicht anerkannt. Es entsteht somit eine temporäre Differenz zwischen dem handels- und dem steuerrechtlichen Wertansatz, die sich mit Eintritt des Verlustgeschäfts (oder

[420] Hierzu sowie zum gesamten vorangegangenen Kapitel Baetge/Kirsch/Thiele, Bilanzen, 16. Aufl. 2021, S. 551-571; Coenenberg/Haller/Schultze, Jahresabschluss und Jahresabschlussanalyse, 26. Aufl. 2021, S. 508-527.

aber mit Auflösung der Rückstellung) in den Folgejahren wieder umkehrt. Da in der Handelsbilanz eine Schuld höher als in der Steuerbilanz angesetzt wird, handelt es sich um einen Anwendungsfall aktiver latenter Steuern. Bei einem unterstellten Steuersatz von 30% ermitteln sich diese wie folgt:

EUR 100.000,00 * 30% = EUR 30.000,00.

b. Weiterhin hat die FWA in t0 eine Software zur Steuerung von Produktionsprozessen selbst entwickelt und die Entwicklungskosten hierfür unter Inanspruchnahme des Aktivierungswahlrechts nach § 248 Abs. 2 HGB i.H. von EUR 200.000,00 aktiviert. Die Betriebsbereitschaft und der Nutzungsbeginn der Software liegen im Geschäftsjahr t1, so dass in t0 keine Abschreibung zu erfassen war.

Vor dem Hintergrund des steuerlichen Aktivierungsverbots für selbst geschaffene immaterielle Wirtschaftsgüter des Anlagevermögens resultiert eine zu versteuernde temporäre Differenz von EUR 200.000,00. Diese Differenz kehrt sich in den Folgejahren aufgrund der Abschreibung der aktivierten Software wieder um. Da bei einem Vermögensgegenstand in der Handelsbilanz der Wert höher angesetzt wird als in der Steuerbilanz, handelt es sich um einen Anwendungsfall passiver latenter Steuern. Bei einem unterstellten Steuersatz von 30% ermitteln sich diese wie folgt:

EUR 200.000,00 * 30% = EUR 60.000,00.

c. Eine zum 1.1.t0 erworbene Spinnmaschine (Anschaffungskosten EUR 600.000,00) wird handelsrechtlich linear über zehn Jahre abgeschrieben. Steuerlich wird hingegen eine lineare Abschreibung über 15 Jahre anerkannt.

Nach Berücksichtigung der planmäßigen Abschreibung i.H.v. EUR 60.000,00 verbleibt in der Handelsbilanz zum 31.12.t0 ein Restbuchwert von EUR 540.000,00. Die steuerliche Abschreibung beträgt lediglich EUR 40.000,00, weshalb sich der Restbuchwert der Maschine in der Steuerbilanz zum 31.12.t0 auf EUR 560.000,00 beläuft. Es resultiert hieraus eine temporäre Differenz von EUR 20.000,00, die aktive latente Steuern (Wert eines Vermögensgegenstands in der Handelsbilanz geringer als in der Steuerbilanz) von EUR 6.000,00 nach sich zieht. Die temporäre Differenz wird sich in den Folgejahren zunächst jeweils um EUR 20.000,00 (jährlicher Abschreibungsunterschied) erhöhen und dann nach erfolgter vollständiger Abschreibung in der Handelsbilanz und nach verbleibender Abschreibung in der Steuerbilanz umkehren.

d. Die Bewertung der Pensionsrückstellungen im handelsrechtlichen Jahresabschluss führt zu einem Wert von EUR 80.000,00 (betrifft ausschließlich in t0 erteilte Zusagen). Der steuerliche Wertansatz nach § 6a EStG beläuft sich auf EUR 60.000,00.

Die unterschiedliche Bewertung der Pensionsrückstellungen führt zu einer temporären Differenz i.H.v. EUR 20.000,00. Da in der Handelsbilanz eine Schuld höher als in der Steuerbilanz angesetzt wird, handelt es sich um einen Anwendungsfall aktiver latenter Steuern. Bei einem unterstellten Steuersatz von 30% ermitteln sich diese wie folgt:

EUR 20.000,00 * 30% = EUR 6.000,00.

e. In t0 wurde insbesondere aufgrund der Corona-Pandemie ein steuerlicher Verlust i.H.v. EUR 500.000,00 erwirtschaftet. Da dieser aus einer Sondersituation resultiert, geht die FWA davon aus, den Verlust in den nächsten drei Jahren in voller Höhe nutzen zu können.

Nach § 274 Abs. 1 Satz 4 HGB sind steuerliche Verlustvorträge bei der Berechnung aktiver latenter Steuern i.H. der innerhalb der nächsten fünf Jahre zu erwartenden Verlustverrechnung zu berücksichtigen. Vorliegend beträgt der als aktive latente Steuer zu berücksichtigende Steuervorteil

EUR 500.000,00 * 30% = EUR 150.000,00.

In t0 ergeben sich damit folgende Effekte:

Ref.	Bilanzposition	HB-Wert	StB-Wert	Differenz	Latente Steuer				
a.	Sonstige Rückstellungen	100.000,00	0,00	100.000,00	30.000,00				
b.	Immaterielle Vermögensgegenstände	200.000,00	0,00	-200.000,00	-60.000,00				
c.	Sachanlagevermögen	540.000,00	560.000,00	20.000,00	6.000,00	AK	600.000,00	10	60000
d.	Pensionsrückstellungen	80.000,00	60.000,00	20.000,00	6.000,00				
	Latente Steuern aus temporären Differenzen				*-18.000,00*				
	Steuerlicher Verlustvortrag	500.000,00	0,00	500.000,00	150.000,00				
	Summe				**132.000,00**				

In der Gesamtbetrachtung resultieren passive latente Steuern von EUR 60.000,00 und aktive latente Steuern von EUR 192.000,00, die Gesamtdifferenz beträgt damit EUR 132.000,00. Nach § 274 Abs. 1 Satz 2 HGB besteht für diesen Aktivüberhang ein Aktivierungswahlrecht, welches von der FWA ausgeübt wird. Nach § 274 Abs. 1 Satz 3 HGB können die aktiven und die passiven latenten Steuern auch unsaldiert gezeigt werden, d.h. entweder sind aktive latente Steuern von EUR 132.000,00 anzusetzen oder bei unsaldiertem Ausweis aktive latente Steuern von EUR 192.000,00 und passive latente Steuern von EUR 60.000,00. Je nach Ausweisalternative wäre wie folgt zu buchen:

Saldierter Ausweis

Aktive latente Steuern	an	Steuern vom Einkommen und vom Ertrag	132.000,00

Unsaldierter Ausweis

Aktive latente Steuern	192.000,00	an	Passive latente Steuern	60.000,00
			Steuern vom Einkommen und vom Ertrag	132.000,00

§ 268 Abs. 8 HGB sieht eine Ausschüttungssperre für das infolge der Aktivierung latenter Steuern im Jahresabschluss erfasste Mehrvermögen vor. Bei der FWA dürfen Gewinne insofern nur ausgeschüttet werden, wenn die nach der Ausschüttung verbleibenden frei verfügbaren Rücklagen zuzüglich eines Gewinnvortrags und abzüglich eines Verlustvortrags mindestens den Betrag entsprechen, um den die aktiven latenten Steuern die passiven latenten Steuern übersteigen, hier also um die EUR 132.000,00.

Die FWA entscheidet sich für den unsaldierten Ausweis. Unter Berücksichtigung sämtlicher Geschäftsvorfälle, stellt sich der Jahresabschluss der FWA für das Geschäftsjahr t0 wie folgt dar:

Bilanz	Ref.	**31.12.** 0
Aktiva		
A. Anlagevermögen		
I. Immaterielle Vermögensgegenstände:		
1. Selbst geschaffene gewerbliche Schutzrechte und ähnliche Rechte und Werte	b.	200.000,00
…		
II. Sachanlagen:		
2. technische Anlagen und Maschinen	c.	540.000,00
…		
B. Umlaufvermögen		
…		
IV. Kassenbestand, Bundesbankguthaben, Guthaben bei Kreditinstituten und Schecks	b.	-200.000,00
	c.	-600.000,00
	c.	
…		
D. Aktive latente Steuern		**192.000,00**
Passiva		
A. Eigenkapital		
…		
V. Jahresüberschuß/Jahresfehlbetrag		-108.000,00
B. Rückstellungen		
1. Rückstellungen für Pensionen und ähnliche Verpflichtungen	d.	80.000,00
3. sonstige Rückstellungen	a.	100.000,00
E. Passive latente Steuern		**60.000,00**

Gewinn- und Verlustrechnung nach GKV	Ref.	**1.1. - 31.12.** 0
…		
6. Personalaufwand:		
a) Löhne und Gehälter		
b) soziale Abgaben und Aufwendungen für Altersversorgung und für Unterstützung	d.	-80.000,00
7. Abschreibungen:		
a) auf immaterielle Vermögensgegenstände des Anlagevermögens und Sachanlagen	c.	-60.000,00
8. sonstige betriebliche Aufwendungen	a.	-100.000,00
…		
14. Steuern vom Einkommen und vom Ertrag		**132.000,00**
…		
17. Jahresüberschuss/Jahresfehlbetrag		-108.000,00

Gewinn- und Verlustrechnung nach UKV	Ref.	**1.1. - 31.12.** 0
…		
2. Herstellungskosten der zur Erzielung der Umsatzerlöse erbrachten Leistungen	d.	-80.000,00
	c.	-60.000,00
…		
7. sonstige betriebliche Aufwendungen	a.	-100.000,00
…		
13. Steuern vom Einkommen und vom Ertrag		**132.000,00**
…		
16. Jahresüberschuss/Jahresfehlbetrag.		-108.000,00

4.10 Aktiver Unterschiedsbetrag aus der Vermögensverrechnung

Verrechnungsposten

Ein Ausweis unter diesem Posten kommt bei Anwendung des § 246 Abs. 2 Satz 2 HGB dann in Frage, wenn der beizulegende Zeitwert des Deckungsvermögens[421] den Betrag der zu verrechnenden Schulden übersteigt. Der übersteigende Betrag stellt im handelsrechtlichen Sinne keinen Vermögensgegenstand, sondern einen Verrechnungsposten dar, der nicht dem ausschüttungsgesperrten Betrag nach § 268 Abs. 8 Satz 3 HGB entsprechen muss, da die Ausschüttungssperre auf die Differenz zwischen beizulegendem Zeitwert des Deckungsvermögens und dessen (historische) Anschaffungskosten abzüglich hierfür gebildeter passiver latenter Steuern anzuwenden ist.[422]

[421] Hierbei handelt es sich definitionsgemäß um Vermögensgegenstände, die dem Zugriff aller übrigen Gläubiger entzogen sind und ausschließlich der Erfüllung von Schulden aus Altersversorgungsverpflichtungen oder vergleichbaren langfristig fälligen Verpflichtungen dienen. Hierzu ausführlich Abschn. 5.2.6.3.

[422] Hierzu Schubert/Larenz/Waubke, in: Beck Bil-Komm., 12. Aufl. 2020, § 266 Anm. 162; IDW, WP Handbuch, 18. Aufl. 2023, Kap. F Tz. 447.

5 Passivpostenbezogene Detailbetrachtungen

Die Lernfragen zu diesem Kapitel finden Sie unter: https://narr/kwaest.io/s/1220

5.1 Bilanzierung des Eigenkapitals

5.1.1 Begriffsdefinition und bilanzielle Charakter

Verlustdeckungspotential

Das Eigenkapital umfasst die dem Unternehmen von seinen Eigentümern ohne zeitliche Begrenzung zur Verfügung gestellten Mittel, die dem Unternehmen durch Zuführung von außen oder durch Verzicht auf Gewinnausschüttung von innen zufließen. Bilanziell lässt es sich als Differenz zwischen der Summe der Aktiva und der Summe der Schulden abzüglich der passiven Rechnungsabgrenzungsposten definieren. Die Höhe des Eigenkapitals ergibt sich damit erst nach Ansatz und Bewertung der übrigen Bilanzposten. Für das Eigenkapital (= Reinvermögen) als Saldogröße finden die Basiselemente der Bilanzierung – d.h. Ansatz und Bewertung – primär nur indirekt über die Bemessung des Vermögens und der Schulden und sekundär – in spezifischen Fällen – direkt Anwendung. Seine große Bedeutung resultiert insbesondere aus der Tatsache, dass das Eigenkapital als Verlustdeckungspotential zur Verfügung steht.[423]

5.1.2 Darstellungsform des Eigenkapitals in der Bilanz

5.1.2.1 Ausprägungsformen

Darstellung abhängig von Rechtsform

Die Darstellungsform des Eigenkapitals in der Bilanz hängt aufgrund bürgerlich-, handels- und gesellschaftsrechtlicher Bestimmungen von der Rechtsform des Unternehmens ab. Nach der Veränderlichkeit der Kapitalkonten und damit der Form des Bilanzausweises lassen sich variable und konstante Eigenkapitalkonten unterscheiden.

Variables Eigenkapital

Das variable Eigenkapital(-konten) ist im Wesentlichen gekennzeichnet durch die von Jahr zu Jahr auftretende Schwankung seines Bestands. Ausschlaggebend dafür ist, dass auf dieses Konto i.d.R. alle in einem Geschäftsjahr vorgenommenen Einlagen und Entnahmen sowie die erwirtschafteten Gewinne und Verluste verbucht werden. Diese Art der Eigenkapitalverbuchung auf einem Konto und – damit verbunden – des Bilanzausweises in einem Gliederungsposten findet vor allem bei Einzelkaufleuten und Personenhandelsgesellschaften Anwendung.

Konstantes Eigenkapital

Das konstante Eigenkapital tritt grundsätzlich bei sämtlichen Unternehmensformen mit Haftungsbeschränkung auf und besitzt primär die Funktion, Haftungsvermögen in der in Gesetz, Gesellschaftsvertrag oder Satzung vereinbarten Höhe zu binden. Konstante Kapitalkonten finden sich deshalb vor allem bei Kapitalgesellschaften, vereinzelt jedoch auch bei anderen Rechtsformen mit Haftungsbeschränkungen.

---

423 Hierzu Roos, DStR 2015, S. 842.

Regelungen für Kapitalgesellschaften

Da die Bilanzierung des Eigenkapitals nach deutschem Handelsrecht grundsätzlich lediglich für Kapitalgesellschaften gesetzlich geregelt ist, wird im Folgenden auf diese Unternehmensformen ausführlich eingegangen.[424]

5.1.2.2 Eigenkapital bei Kapitalgesellschaften

Gezeichnetes Kapital

Das konstante Eigenkapital der Kapitalgesellschaft heißt gemäß § 266 Abs. 3 A. I. HGB „Gezeichnetes Kapital". Bei der Aktiengesellschaft trägt es den Namen „Grundkapital", während es bei der GmbH als „Stammkapital" bezeichnet wird. Es ist dadurch charakterisiert, dass es aufgrund gesetzlicher Vorschriften – konkret § 272 Abs. 1 Satz 2 HGB, §§ 6ff., 152 Abs. 1 AktG, §§ 5, 42 Abs. 1 GmbHG – in seiner Höhe stets voll ausgewiesen wird und solange unverändert bleibt, wie nicht durch die Hauptversammlung (bei Aktiengesellschaften) oder die Gesellschafterversammlung (bei GmbH's) eine Erhöhung oder Herabsetzung beschlossen wird.

Rücklagen, Gewinn- bzw. Verlustvorträge

Veränderungen des Eigenkapitals, die von innen durch Verluste und nicht ausgeschüttete Gewinne bewirkt werden, müssen offen gesondert auf variablen Eigenkapitalkonten (Rücklagen, Gewinn- bzw. Verlustvortrag) in der Bilanz ausgewiesen werden. Entsprechend der Höhe des einbehaltenen Gewinns bzw. der Höhe des erlittenen Verlusts ändert sich der Bestand der variablen Eigenkapitalkonten einer Kapitalgesellschaft mit jedem neuen Jahresabschluss, während die Höhe des gezeichneten Kapitals – falls keine Kapitalerhöhung oder -herabsetzung durchgeführt wurde – konstant bleibt.

Je nach Zusammensetzung der unterschiedlichen Eigenkapitalkomponenten in der Bilanz unterscheidet man bei Kapitalgesellschaften folgende Begriffe, die größtenteils analog auch auf andere Unternehmensformen angewendet werden können:

- Nominalkapital

  Das konstante Eigenkapital bezeichnet man auch als „Nominalkapital".

- Rechnerisches Eigenkapital

  Die Zusammenfassung des Nominalkapitals mit sämtlichen variablen Eigenkapitalkonten stellt das sog. „rechnerische Eigenkapital" eines Unternehmens dar.

- Effektives Eigenkapital

  Werden zum rechnerischen Eigenkapital die aus der Bilanz nicht unmittelbar ersichtlichen Teile des Eigenkapitals, die sog. stillen Reserven, addiert, so erhält man das „effektive Eigenkapital".

Nominalkapital, rechnerisches und effektives Eigenkapital entsprechen sich i.d.R. der Höhe nach nicht. Das rechnerische Eigenkapital ist im Allgemeinen größer als das Nominalkapital, es sei denn, dass erlittene Verluste sämtliche Rücklagen kompensieren oder übersteigen. Da die gesetzlichen Bilanzierungsvorschriften die Bildung stiller Reserven nicht ausschließen, übersteigt das effektive Eigenkapital in den meisten Fällen auch das rechnerische Eigenkapital.

---

[424] Zur Bilanzierung des Eigenkapitals bei Personenhandelsgesellschaft ausführlich bspw. Baetge/Kirsch/Thiele, Bilanzen, 16. Aufl. 2021, S. 522ff.

Bilanzielles Eigenkapital

Einen weiteren Eigenkapitalbegriff, der vor allem in der Bilanzanalyse Verwendung findet, ist das „bilanzielle Eigenkapital“. Es ergibt sich, wenn man vom rechnerischen Eigenkapital die eingeforderten ausstehenden Einlagen auf das Nominalkapital sowie den Ausschüttungsbetrag auf Basis des Gewinnverwendungsvorschlags bzw. -beschlusses subtrahiert.

5.1.3 Ausweis des Eigenkapitals in der Bilanz

5.1.3.1 Handelsrechtliche Gliederung

Die Hauptgliederungsposten des Eigenkapitals ergeben sich aus § 266 Abs. 3 A. HGB:

A. Eigenkapital

- I. Gezeichnetes Kapital;
- II. Kapitalrücklage;
- III. Gewinnrücklagen:
  1. gesetzliche Rücklage;
  2. Rücklage für Anteile an einem herrschenden oder mehrheitlich beteiligten Unternehmen;
  3. satzungsmäßige Rücklagen;
  4. andere Gewinnrücklagen;
- IV. Gewinnvortrag / Verlustvortrag;
- V. Jahresüberschuss / Jahresfehlbetrag.

Tab. 41 Hauptkomponenten des Eigenkapitals

Teilweise Ergebnisverwendung

Wie bereits unter Abschn. 3.1.1.2.3. dargestellt, ist gemäß § 268 Abs. 1 Satz 2 HGB – bei Berücksichtigung der teilweisen Ergebnisverwendung – anstelle der Posten „Gewinnvortrag/Verlustvortrag“ und Jahresüberschuss/Jahresfehlbetrag“ der Posten „Bilanzgewinn/Bilanzverlust“ des abzuschließenden Geschäftsjahres auszuweisen.

5.1.3.2 Gezeichnetes Kapital

5.1.3.2.1 Begriff und Bilanzierung des gezeichneten Kapitals

Nennbetrag

Beim gezeichneten Kapital handelt es sich um eine abstrakte und formelle Rechengröße, die durch den Nennbetrag oder rechnerischen Wert der Aktien oder Geschäftsanteile festgelegt wird, und nicht mit dem Gesamtwert bzw. Vermögen einer Gesellschaft zu verwechseln ist. Zur Haftung der Gesellschaft gegenüber ihren Gläubigern und zur Ermittlung der Beteiligungswerte der Gesellschafter ist folglich, statt dem gezeichneten Kapital vielmehr das Reinvermögen der Gesellschaft heranzuziehen, unabhängig von der Höhe des gezeichneten Kapitals. Nach § 272 Abs. 1 Satz 2 HGB ist das gezeichnete Kapital mit dem zum Bilanzstichtag im Handelsregister eingetragenen Nennbetrag des Nominalkapitals anzusetzen. Es darf, von ausstehenden Einlagen und eigenen Anteilen abgesehen, nicht mit anderen Größen saldiert werden.

Nominalkapital

Der Posten „Gezeichnetes Kapital“ repräsentiert das konstante Eigenkapital (Nominalkapital) einer Kapitalgesellschaft. In der

Bilanz einer AG oder KGaA steht hierfür das Grundkapital (§ 152 Abs. 1 Satz 1 AktG) und in der Bilanz einer GmbH das Stammkapital (§ 42 Abs. 1 GmbHG).

Grundkapital einer Aktiengesellschaft

Das Grundkapital einer Aktiengesellschaft wird durch die Nennbeträge aller ausgegebenen Aktien bestimmt. Nach § 7 AktG beträgt das Grundkapital mindestens EUR 50.000. Seine Höhe kann verändert werden. Da eine Änderung der Höhe des Grundkapitals allerdings eine Satzungsänderung darstellt, ist hierzu, wie bei jeder Satzungsänderung, eine ¾-Mehrheit der in der Hauptversammlung anwesenden Stimmen notwendig (§§ 182 Abs. 1 und 222 Abs. 1 AktG). Nach Art des verbrieften Anteils am Grundkapital kann zwischen den folgenden Aktiengattungen unterschieden werden:

Nennbetragsaktien

Das Grundkapital ist in Aktien unterteilt, deren kleinster Nennbetrag sich nach § 8 AktG, soweit es sich um Nennbetragsaktien handelt, auf EUR 1 beläuft. Höhere Nennbeträge müssen auf volle Euro lauten. Sofern verschiedene Aktiengattungen ausgegeben wurden, sind nach § 152 Abs. 1 Satz 2 AktG die Gesamtnennbeträge jeder Aktiengattung in der Bilanz gesondert auszuweisen und die Zahl der Aktien jeder Gattung gemäß § 160 Abs. 1 Nr. 3 AktG wahlweise in Bilanz oder Anhang anzugeben.

Nennwertlose Stückaktien

Außer der üblichen Nennbetragsaktie ist nach § 8 Abs. 1 AktG auch die Zulassung von nennwertlosen Aktien (in Form von Stückaktien, nicht aber als Quotenaktien) möglich, allerdings nur anstelle von Nennbetragsaktien und nicht daneben. Die Gesellschaft verfügt dabei über ein nennbetragsmäßig festgelegtes Grundkapital, das in Aktien zerlegt ist. Es handelt sich um sog. unechte nennwertlose Aktien. Bei echten, in Deutschland nicht zugelassenen, nennwertlosen Aktien verfügt die Gesellschaft entweder nicht über ein Grundkapital oder hat zwar ein solches, dieses ist aber nicht in Aktien zerlegt. Eine „Stückaktie" verkörpert zwar auch einen Anteil am Grundkapital, lautet aber nicht auf einen Nennbetrag. Die Berechnung des fiktiven Nennbetrags ist dennoch möglich (Grundkapital dividiert durch die Anzahl ausgegebener Aktien). Dieser fiktive (bzw. rechnerische) Nennbetrag darf nach § 8 Abs. 3 Satz 3 AktG den Wert von EUR 1 nicht unterschreiten.

Nach dem Umfang der mit der Aktie verbundenen Rechte des Aktieninhabers unterscheidet man wie folgt:

Stammaktien

Die Stammaktie ist die gewöhnliche Form der Aktie. Sie gewährt ihrem Inhaber die normalen im AktG vorgesehenen Mitgliedschaftsrechte (Stimm- und Dividendenrecht, Recht auf Teilnahme an der Hauptversammlung, Bezugsrecht, Recht auf Anfechtung der Beschlüsse der Hauptversammlung, Anteil am Liquidationserlös).

Vorzugsaktien

Mit besonderen Rechten ausgestattet sind dagegen die Vorzugsaktien. Als Vorzug kommt dabei i.d.R. ein zusätzlicher Anspruch auf Dividende, Bezugsrecht oder Liquidationserlös in Betracht. Die Vorzüge hinsichtlich der Gewinnverteilung können sein:

- Die Inhaber von Vorzugsaktien erhalten eine bestimmte Dividende vorweg, der verbleibende Rest entfällt auf die Stammaktien.
- Die Inhaber von Vorzugsaktien erhalten nach Verteilung einer gleichen Dividende an sämtliche Aktieninhaber eine zusätzliche Ausschüttung aus dem verbleibenden Gewinn.

- Die Inhaber von Vorzugsaktien erhalten ein Nachbezugsrecht, das eine spätere Nachzahlung von Dividenden bewirkt, falls in einem Jahr keine Dividenden bzw. ein die vereinbarte Mindestdividende unterschreitender Betrag ausgeschüttet wurde.

Stimmrechtslose Vorzugsaktien

Stimmrechtslose Vorzugsaktien gewähren dem Aktionär mit Ausnahme des Stimmrechts jedes aus der Aktie zustehende Recht und darüber hinaus ein Nachbezugsrecht für Dividenden. Für die emittierende Gesellschaft stellen sie eine Quelle zur Aufnahme zusätzlichen Eigenkapitals dar, ohne dass die bestehenden Mehrheitsverhältnisse verändert werden. Stimmrechtslose Vorzugsaktien können nach § 139 Abs. 2 AktG bis zur Hälfte des gesamten Grundkapitals ausgegeben werden.

Nach dem Grad der Übertragbarkeit der Aktien unterscheidet man wie folgt:

Inhaberaktien

Bei Inhaberaktien, der in Deutschland vorherrschenden Aktienform, wird der Aktionär nicht namentlich auf dem Wertpapier oder bei der Gesellschaft vermerkt. Wer im Besitz der Aktie ist, kann die damit verbundenen Aktionärsrechte geltend machen. Inhaberaktien werden formlos durch Einigung und Übergabe übereignet.

Namensaktien

Bei der Namensaktie ist dagegen der Name des Aktionärs bei der Gesellschaft, ggf. sogar auf der Aktie, eingetragen. Sie stellt ein Orderpapier dar. Ihre Übereignung erfolgt dementsprechend durch Indossament (Übereignungsvermerk, i.d.R. auf der Rückseite des Orderpapiers, zur Übertragung des Eigentums und der Rechte aus diesem Papier) und Umschreibung im Aktienbuch. Eine Sonderform ist die vinkulierte Namensaktie. Dabei wird die Übertragung der Namensaktie an die Zustimmung der Gesellschaft gebunden.

KGaA

Die Kommanditgesellschaft auf Aktien (KGaA) stellt aus rechtlicher Sicht eine Mischform zwischen einer Kommandit- und einer Aktiengesellschaft dar. Ihrem Wesen nach ist sie jedoch zu den Kapitalgesellschaften zu rechnen. Sie ist dadurch gekennzeichnet, dass mindestens ein Gesellschafter den Gläubigern der Gesellschaft unbeschränkt haftet (Komplementär) und die übrigen Gesellschafter an dem in Aktien zerlegten Grundkapital beteiligt sind, ohne jedoch persönlich für die Verbindlichkeiten der Gesellschaft zu haften (Kommanditisten). Im Grundkapital der Kommanditaktionäre verfügt die KGaA über konstantes Eigenkapital. Für den Komplementär besteht nach § 278 Abs. 2 AktG jedoch keine ausdrückliche Verpflichtung, sich mit einer Einlage an der KGaA zu beteiligen. Der Kapitalanteil des Komplementärs ist in der Bilanz nach dem gezeichneten Kapital gesondert auszuweisen und stellt variables Eigenkapital dar. So verlangt § 286 Abs. 2 Satz 2 AktG, dass ein auf den Komplementär entfallender Verlust direkt von dessen Kapitalanteil abgebucht wird.

Stammkapital der GmbH

Das Stammkapital der GmbH setzt sich aus den Anteilen – den sog. Stammeinlagen – der Gesellschafter zusammen, deren Nennbeträge auf volle Euro lauten müssen. Die Höhe der Nennbeträge der einzelnen Geschäftsanteile kann verschieden bestimmt werden, wobei jedoch die Summe der Nennbeträge aller Geschäftsanteile mit dem Stammkapital übereinstimmen muss. Die Mindesthöhe des Stammkapitals wird durch § 5 Abs. 1 GmbHG auf EUR 25.000 festgelegt. Ein Gesellschafter kann bei Errichtung der Gesellschaft gemäß § 5 Abs. 2 GmbHG mehrere Geschäftsanteile übernehmen. Die Anmeldung zur Eintragung in das Handelsregister darf gemäß § 7 Abs. 2 GmbHG erst erfolgen, wenn auf jeden Geschäftsanteil, soweit nicht Sacheinlagen vereinbart sind, ein Viertel des Nennbetrags eingezahlt ist. Insgesamt muss auf das Stammkapital mindestens so viel eingezahlt sein, dass der Gesamtbetrag der eingezahlten Geldeinlagen zuzüglich des Gesamtnennbetrags der Geschäftsanteile, für die Sacheinlagen zu leisten sind, die Hälfte des Mindeststammkapitals gemäß § 5 Abs. 1 GmbHG erreicht. Wie auch bei der Aktiengesellschaft kann die Höhe des Stammkapitals nur dann geändert werden, wenn diese Änderung von mindestens ¾ der in der Gesellschafterversammlung anwesenden Stimmen beschlossen wurde.

Unternehmergesellschaft (haftungsbeschränkt)

Die sog. Unternehmergesellschaft (haftungsbeschränkt) nach § 5a GmbHG bildet eine weitere Erscheinungsform der GmbH, jedoch keine eigenständige Rechtsform. Wesentliches Merkmal der Unternehmergesellschaft (haftungsbeschränkt) ist, dass sie schon mit einem Stammkapital von EUR 1 gegründet werden kann. Im Unterschied zur GmbH darf die Anmeldung zur Eintragung in das Handelsregister gemäß § 5a Abs. 2 GmbHG erst nach voller Einzahlung des Stammkapitals erfolgen. Sacheinlagen sind nicht zulässig. Die Höhe des Stammkapitals bei Gründung ist begrenzt auf EUR 24.999, kann nach der Gründung aber darüber hinaus erhöht werden. In diesem Fall sind die Vorschriften des § 5a GmbHG jedoch nicht mehr anzuwenden. Es besteht aber nach § 5a Abs. 5 GmbHG ein Wahlrecht zur Beibehaltung der Firma. Auf die Unternehmergesellschaft (haftungsbeschränkt) sind grundsätzlich alle Regelungen des GmbH-Rechts anzuwenden, sofern sich aus § 5a GmbHG nichts Abweichendes ergibt.

5.1.3.2.2 Ausstehende Einlagen auf das gezeichnete Kapital

Differenz zwischen gezeichnetem und eingezahltem Kapital

Nach § 272 Abs. 1 Satz 1 HGB ist das gezeichnete Kapital zum Nennbetrag anzusetzen. Die gesetzlichen Vorschriften verlangen in § 36a Abs. 1 AktG bzw. in § 7 Abs. 2 GmbHG, dass lediglich mindestens ein Viertel des gezeichneten Kapitalbetrags in bar eingezahlt sein muss. Bei der GmbH verlangt das Gesetz zusätzlich, dass die Bareinlage und ggf. die erbrachte Sacheinlage (eingezahltes Kapital) – im Rahmen der vorangegangenen Ausführungen bereits dargestellt – zusammen mindestens EUR 12.500 betragen. Daher kann es zu einer Differenz zwischen dem gezeichneten Kapital und dem eingezahlten Kapital kommen. Diese Differenz wird als „Ausstehende Einlagen auf das gezeichnete Kapital“ bezeichnet und ist gesondert in der Bilanz auszuweisen.

Forderungen an Gesellschafter

Die ausstehenden Einlagen sind nach ihrer Rechtsnatur Forderungen der Gesellschaft an die Gesellschafter, zumindest dann, wenn sie eingefordert sind. Wirtschaftlich betrachtet stellen die ausstehenden Einlagen indes einen Korrekturposten zum gezeichneten Kapital dar, denn sie lassen – solange sie noch nicht eingefordert sind – lediglich das Haftungspotential der Gesellschaft erkennen.

Nettoausweis

Um den wirtschaftlichen Gehalt dieses Sachverhalts gerecht zu werden, sieht § 272 Abs. 1 Satz 2 HGB vor, dass die nicht eingeforderten ausstehenden Einlagen offen vom gezeichneten Kapital in der Vorspalte der Bilanz abzusetzen und in der Hauptspalte der Saldo als „Eingefordertes Kapital“ auszuweisen ist. Nur der eingeforderte Teil der ausstehenden Einlagen ist gesondert unter den Forderungen zu aktivieren (Nettoausweis). Es kommt insofern zu einer Saldierung von gezeichnetem Kapital und ausstehender Einlagen.

Beispiel – Bilanzierung ausstehender Einlagen

In einer Kapitalgesellschaft ergibt sich folgende Konstellation:

Gezeichnetes Kapital	1.000.000
Eingezahltes Kapital	750.000
Eingeforderte, aber noch nicht eingezahlte Einlagen	150.000

Die bilanzielle Abbildung der ausstehenden Einlagen stellt sich wie folgt dar:

Eigenkaptialausweis gemäß § 272 Abs. 1 Satz 2 HGB (Nettoausweis)				
B. Umlaufvermögen		**A. Eigenkapital**		
II. Forderungen und sonstige Vermögensgegenstände:		I. Gezeichnetes Kapital	1.000.000	
5. Eingefordertes, aber noch nicht eingezahltes Kapital	150.000	- nich eingeforderte Einlagen	100.000	
		Eingefordertes Kapital		900.000

Abb. 15 Nettoausweis Ausstehende Einlagen

5.1.3.2.3 Eigene Anteile

Rückzahlung von Eigenkapital an Anteilseigner

Kapitalgesellschaften können unter Beachtung der gesetzlichen Restriktionen (§§ 71 – 71e AktG und § 33 GmbHG) Anteile an sich selbst erwerben. Eigene Anteile können einerseits als Vermögensgegenstand angesehen werden, da bspw. die Möglichkeit zur Wiederveräußerung besteht, und andererseits einen Korrekturposten zum Eigenkapital darstellen, da die eigenen Anteile im Falle einer Liquidation wertlos sind. Wirtschaftlich betrachtet handelt es sich beim Erwerb eigener Anteile – unabhängig vom subjektiv verfolgten Ziel – um eine Rückzahlung von Eigenkapital an die Anteilseigner. Der Erwerb eigener Anteile ist demnach kein gewöhnliches Umsatzgeschäft, sondern eine Transaktion mit den Anteilseignern, aus der sich keine erfolgswirksamen Effekte ergeben sollten, um eine Durchbrechung des Kongruenzprinzips[425] zu vermeiden.

Offene Absetzung vom gezeichneten Kapital

Die handelsrechtliche Abbildung des Erwerbs erfolgt rechtsformunabhängig. Grundsätzlich haben die Gründe für den Erwerb der Anteile keinen Einfluss auf die bilanzielle Behandlung. Nach § 272 Abs. 1a Satz 1 HGB ist beim Erwerb eigener Anteile der Nennwert der Anteile oder bei Stückaktien der rechnerische Nennwert in der Vorspalte der Bilanz offen vom gezeichneten Kapital abzusetzen. Die Differenz zwischen den Anschaffungskosten der Anteile und dem (rechnerischen) Nennwert ist mit den frei verfügbaren Rücklagen zu verrechnen (§ 272 Abs. 1a Satz 2 HGB) und damit erfolgsneutral zu behandeln. Reichen die frei verfügbaren Rücklagen nicht für die Verrechnung aus, mindert der verbleibende Betrag des Kaufpreises das Bilanzergebnis. Der Gesetzgeber macht keine abweichenden Vorgaben für die bilanzielle Behandlung von unter dem Nennwert erworbenen eigenen Anteilen. Der positive Differenzbetrag wird deshalb ebenso mit den frei verfügbaren Rücklagen verrechnet,

[425] Das Kongruenzprinzip stellt einen zentralen Grundsatz ordnungsmäßiger Buchführung dar. Man kann das Kongruenzprinzip deshalb auch als einen Fundamentalgrundsatz der kaufmännischen Buchführung und Bilanzierung bezeichnen. Danach ist es zwingend erforderlich, dass die Summe der Periodenerfolge dem Totalerfolg während der gesamten Existenz bzw. Lebensdauer – gemessen an der Gesamtsumme aller nicht eigentümerbezogenen Ein- und Auszahlungen – entspricht. Soweit im Rahmen der Rechnungslegung dagegen verstoßen wird, liegt kein geschlossenes System mehr vor. Es bildet insofern eine Grundlage der auf Zahlungen beruhenden kaufmännischen Buchhaltung und Bilanzierung (Pagatorik). Hierzu ausführlich Roos, Rechnungslegung bei Strukturänderung, 2009, S. 182ff.

wodurch diese erhöht werden und ausschüttbares Eigenkapital generiert wird. Beim Erwerb eigener Anteile sind ausschließlich die Anschaffungsnebenkosten erfolgswirksam zu behandeln (§ 272 Abs. 1a Satz 3 HGB).

Wiederveräußerung eigener Anteile

Die Wiederveräußerung eigener Anteile ist in § 272 Abs. 1b HGB geregelt. Der (rechnerische) Nennwert der wiederveräußerten Anteile ist demnach nicht mehr vom gezeichneten Kapital abzusetzen (§ 272 Abs. 1b Satz 1 HGB). Übersteigt der Verkaufserlös den (rechnerischen) Nennwert, ist diese Differenz bis zur Höhe der ursprünglichen Anschaffungskosten wieder in die frei verfügbaren Rücklagen einzustellen (§ 272 Abs. 1b Satz 2 HGB). Ein über die ursprünglichen Anschaffungskosten hinausgehender Verkaufserlös ist als Agio in die Kapitalrücklage einzustellen (§ 272 Abs. 1b Satz 3 HGB). Nebenkosten der Veräußerung sind stets als Aufwendungen der Periode zu behandeln (§ 272 Abs. 1b Satz 4 HGB).

Veräußerungsverlust

Nicht eindeutig gesetzlich geregelt ist der Fall eines Veräußerungsverlusts, d.h. wenn der Veräußerungserlös unterhalb der ursprünglichen Anschaffungskosten liegt. Da durch die Regelung beabsichtigt ist, die Transaktion wirtschaftlich als Kapitalerhöhung und damit erfolgsneutral abzubilden, ist es sachgerecht bei einem Veräußerungsverlust die zuvor geminderten frei verfügbaren Rücklagen lediglich in Höhe des Betrags zu korrigieren, um den der Veräußerungserlös den (rechnerischen) Nennwert der Anteile übersteigt. Werden die eigenen Anteile unter deren Nennwert wieder veräußert, muss auch hier der Kürzungsbetrag des gezeichneten Kapitals (Nennwert der eigenen Anteile) in voller Höhe aufgelöst werden. Die verbleibende Differenz durch den unter dem Nennwert liegenden Verkaufserlös ist an anderer Stelle zu erfassen. Hierfür werden zwei Möglichkeiten diskutiert, die sich auch ergänzen können. Entweder sind die frei verfügbaren Rücklagen zum Ausgleich zu mindern, oder es ist eine zweckgebundene Rücklage zu Lasten des Bilanzgewinns zu bilden.[426]

Beispiel – Bilanzierung eigener Anteile

Das gezeichnete Kapital eines Unternehmens beträgt zum 31.12.t0 EUR 200.000. Das Kapital ist voll eingezahlt und besteht ausschließlich aus Stückaktien zu je EUR 50. Zu Beginn des Geschäftsjahres betragen die frei verfügbaren Rücklagen EUR 50.000 (hier Gewinnrücklagen und Kapitalrücklage von jeweils EUR 25.000). Das Unternehmen erwirbt im laufenden Geschäftsjahr 200 eigene Anteile zu Anschaffungskosten von insgesamt EUR 20.000. Der Nennbetrag i.H. von EUR 10.000 (= 200 * EUR 50) ist vom gezeichneten Kapital abzusetzen und die den Nennbetrag übersteigenden Anschaffungskosten i.H. von EUR 10.000 (= EUR 20.000 - EUR 10.000) sind von den frei verfügbaren Rücklagen abzuziehen. Der Bilanzausweis zum Ende des Geschäftsjahres stellt sich wie folgt dar:

A. Eigenkapital		
I. Gezeichnetes Kapital	200.000	
- Nennbetrag eigener Anteile	10.000	190.000
II. Kapitalrücklage		25.000
III. Gewinnrücklagen		15.000

Abb. 16 Eigenkapitalausweis gemäß § 272 Abs. 1a HGB

[426] Hierzu Störk/Kliem/Meyer, in: Beck Bil-Komm., 13. Aufl. 2022, § 272 Anm. 145.

Werden die eigenen Anteile wieder veräußert, können drei mögliche Fälle unterschieden werden:

- Im ersten Fall werden die Anteile mit einem Gewinn veräußert. Z.B. beträgt bei einem Veräußerungserlös von EUR 30.000 der Veräußerungsgewinn EUR 10.000. Dann sind neben dem Wegfall des Vorjahresausweises zunächst die Gewinnrücklagen um EUR 10.000 auf EUR 25.000 aufzufüllen und der Veräußerungsgewinn nach § 272 Abs. 2 Nr. 1 HGB in die Kapitalrücklage einzustellen.
- Im zweiten Fall werden die Anteile zu EUR 15.000 verkauft und es entsteht ein Veräußerungsverlust i.H. von EUR 5.000. Nachdem der Vorspaltenausweis korrigiert wurde, sind die Gewinnrücklagen nur in Höhe des den Nennwert übersteigenden Betrags (EUR 15.000 – EUR 10.000) wieder aufzufüllen.
- Im dritten Fall werden die Anteile zu EUR 8.000 verkauft und es entsteht ein Veräußerungsverlust. Da der Verkaufserlös geringer ist als der Nennbetrag der Anteile, kann der zu korrigierende Vorspaltenausweis nicht vollständig rückgängig gemacht werden. Dies ist aber gemäß dem Wortlaut des § 272 Abs. 1b Satz 1 HGB zwingend erforderlich. Zum Ausgleich ist deshalb die verbleibende Differenz von EUR 2.000 den frei verfügbaren Rücklagen zu entnehmen, wodurch diese auf EUR 13.000 sinken.[427]

5.1.3.2.4 Kapitalerhöhung

5.1.3.2.4.1 Allgemeines

Erhöhung des gezeichneten Kapitals

Das gezeichnete Kapital (Grundkapital) einer AG bzw. KGaA erhöht sich in der Bilanz erst dann, wenn durch die Hauptversammlung mit ¾-Mehrheit der anwesenden Stimmen eine Kapitalerhöhung beschlossen wurde, der Vorstand sie durchgeführt hat und im Handelsregister eine entsprechende Eintragung vorgenommen wurde. Die Satzung kann allerdings eine andere zur Kapitalerhöhung notwendige Stimmenmehrheit bestimmen.

Agio

§ 9 Abs. 1 AktG verbietet, Aktien zu einem geringeren Betrag als dem Nennwert auszugeben (Unterpari-Emission). Überpari-Emissionen sind jedoch möglich. Der den Nennbetrag übersteigende Betrag, das sog. Agio oder Aufgeld, ist ungekürzt in die Kapitalrücklage einzustellen und immer voll einzubezahlen (§ 272 Abs. 2 Nr. 1 HGB i.V.m. § 36a Abs. 1 AktG).

Emssionskosten

Die mit der Kapitalerhöhung verbundenen Emissionskosten (Kosten der Aktienherstellung, Gerichts- und Notariatskosten u.Ä.) sind nach § 248 Abs. 1 Nr. 2 HGB unmittelbar als Aufwand zu verrechnen.

5.1.3.2.4.2 Arten der Kapitalerhöhung

Für Aktiengesellschaften sind gemäß Aktiengesetz vier Formen der satzungsmäßigen Grundkapitalerhöhung durch Ausgabe neuer Aktien möglich:

Ordentliche Kapitalerhöhung

Bei der Kapitalerhöhung gegen Einlagen, der sog. ordentlichen Kapitalerhöhung, werden der Aktiengesellschaft neue Mittel in Form von Geld- oder Sacheinlagen zugeführt. Das bedeu-

---

[427] Hierzu Coenenberg/Haller/Schultze, Jahresabschluss und Jahresabschlussanalyse, 26. Aufl. 2021, S. 385.

tet, dass der Nennwert des Grundkapitals durch die Ausgabe neuer Aktien erhöht wird. Erst nach Zeichnung sämtlicher neuer Aktien (§ 185 AktG) und Leistung der geforderten Einlagen kann die Durchführung der Kapitalerhöhung im Handelsregister zur Eintragung gemeldet werden. Mit der Eintragung der durchgeführten Kapitalerhöhung in das Handelsregister wird die Kapitalerhöhung gegen Einlagen wirksam und muss deshalb zu diesem Zeitpunkt bilanziert werden.

Bedingte Kapitalerhöhung

Bei der bedingten Kapitalerhöhung beschließt die Hauptversammlung, dass das Grundkapital nur insoweit gegen Einlagen erhöht werden soll, wie von einem Umtausch- oder Bezugsrecht, welches die Gesellschaft auf neue Aktien (Bezugsaktien) einräumt, Gebrauch gemacht wird (§ 192 Abs. 1 AktG). Die bedingte Kapitalerhöhung soll nach § 192 Abs. 2 AktG nur für die folgenden Zwecke beschlossen werden:

[1] zur Gewährung von Umtausch- oder Bezugsrechten an Gläubiger von Wandelschuldverschreibungen,

[2] zur Vorbereitung des Zusammenschlusses mehrere Unternehmen,

[3] zur Gewährung von Bezugsrechten an Arbeitnehmer und Mitglieder der Geschäftsführung der Gesellschaft oder eines verbundenen Unternehmens im Wege des Zustimmungs- oder Ermächtigungsbeschlusses.

Die Regelung des § 192 Abs. 2 AktG ist der h.M. folgend grundsätzlich als abschließend zu betrachten, sodass eine bedingte Kapitalerhöhung nicht zu anderen als in § 192 Abs. 2 AktG genannten Zwecken durchgeführt werden darf.

Der Nennbetrag des bedingten Kapitals darf dabei für die Sachverhalte [1] und [2] die Hälfte und für den Sachverhalt [3] 10% des Grundkapitals nicht übersteigen (§ 192 Abs. 3 AktG). Die Zahl der Aktien jeder Gattung, bei Nennbetragsaktien der Nennbetrag und bei Stückaktien der rechnerische Wert der Aktien, die im Rahmen einer bedingten Kapitalerhöhung im Geschäftsjahr ausgegeben wurden, sind im Anhang gesondert anzugeben. Da bei einer bedingten Kapitalerhöhung Zeitpunkt und Höhe der Kapitalerhöhung ungewiss sind, ist ab dem Zeitpunkt der Beschlussfassung der Nennbetrag des bedingten Kapitals nach § 152 Abs. 1 Satz 3 AktG in der Bilanz beim gezeichneten Kapital anzugeben, soweit die Aktien noch nicht begeben sind. Nachdem die Beschlussfassung in das Handelsregister eingetragen wurde und die Aktien ausgegeben wurden, erhöht sich das gezeichnete Kapital um den Nennbetrag bzw. den rechnerischen Wert der ausgegebenen Aktien,

Kapitalerhöhung aus genehmigtem Kapital

Beim genehmigten Kapital handelt es sich um eine satzungsmäßige Ermächtigung des Vorstands, das Grundkapital um einen bestimmten Nennbetrag (= genehmigtes Kapital) durch Ausgabe neuer Aktien gegen Einlagen zu erhöhen. Das grundsätzlich auf die Hauptversammlung beschränkte Recht, über eine Kapitalerhöhung zu entscheiden, wird damit auf die Geschäftsleitung übertragen. Die Ermächtigung, die für höchstens fünf Jahre erteilt werden kann, soll dem Vorstand mehr Dispositionsfreiheit bei der Kapitalbeschaffung durch Ausgabe neuer Aktien geben. Das genehmigte Kapital darf nach § 202 Abs. 3 AktG die Hälfte des Grundkapitals nicht überschreiten. Es stellt noch kein Grundkapital dar und ist deshalb nur im Anhang zu vermerken. Zudem sieht § 202 Abs. 4 AktG vor, dass das genehmigte Kapital auch zur Ausgabe neuer Aktien an Belegschaftsmitglieder verwendet werden kann. Macht der Vorstand von seiner Ermächtigung Gebrauch, dann ist mit der Eintragung in das Handelsregister das erhöhte Grundkapital in der Bilanz auszuweisen.

Kapitalerhöhung aus Gesellschaftsmitteln

Bei der Kapitalerhöhung aus Gesellschaftsmitteln wird das Grundkapital nicht durch Einlagen, sondern durch Umwandlung von Kapital- und/oder Gewinnrücklagen in Grundkapital und Ausgabe neuer Aktien an die Altaktionäre erhöht. Durch eine Kapitalerhöhung aus Gesellschaftsmitteln nimmt der Börsenkurs der Aktie ab, da die Anzahl der sich im Umlauf befindlichen Anteile zunimmt und keine finanziellen Mittel zugeführt werden. Hierdurch verbessert sich die Fungibilität der Aktien. Eine Umwandlung der Rücklagen ist nur möglich, soweit in der zugrunde liegenden Bilanz kein Verlust ausgewiesen wird (§ 208 Abs. 2 Satz 1 AktG). Die Kapitalrücklage und die gesetzliche Rücklage können nur insoweit in das Grundkapital überführt werden, wie sie zusammen den zehnten oder den in der Satzung bestimmten höheren Teil des bisherigen Grundkapitals überschreiten (§§ 150 Abs. 4 Satz 1 Nr. 3, 208 Abs. 1 Satz 2 AktG). Sind die anderen Gewinnrücklagen nicht für einen definierten Zweck bestimmt, so dürfen sie vollständig umgewandelt werden. Mit der Eintragung des Kapitalerhöhungsbeschlusses in das Handelsregister müssen das erhöhte Grundkapital und die verminderten Rücklagen in der Bilanz ausgewiesen werden.

Hinweis

Wie bei der AG bedarf auch bei der GmbH eine Erhöhung des gezeichneten Kapitals (= Stammkapital) einer ¾-Mehrheit der abgegebenen Stimmen der Gesellschafter und einer Eintragung im Handelsregister, da sie eine Satzungsänderung darstellen (§ 53 Abs. 2 GmbHG bzw. § 54 Abs. 1 GmbHG). Der GmbH bieten sich für die Erhöhung ihrer Stammeinlagen lediglich drei Möglichkeiten, nämlich die Kapitalerhöhung gegen Einlagen, die Kapitalerhöhung durch die Verwendung genehmigten Kapitals und die Kapitalerhöhung aus Gesellschaftsmitteln.

5.1.3.2.5 Kapitalherabsetzung

5.1.3.2.5.1 Allgemeines

Satzungsänderung

Eine Herabsetzung des Grundkapitals (gezeichneten Kapitals) einer AG bzw. KGaA ist nur nach den vom Aktiengesetz ausdrücklich vorgesehenen Vorschriften möglich. Wie die Kapitalerhöhung stellt auch die Kapitalherabsetzung eine Satzungsänderung dar und kann deshalb nur mit ¾-Mehrheit der auf der Hauptversammlung vertretenen Stimmen beschlossen werden.[428] Es ist jedoch möglich, dass die Satzung eine größere Mehrheit und weitere Erfordernisse bestimmt. Im Beschluss der Hauptversammlung ist jeweils der mit der Kapitalherabsetzung verfolgte Zweck anzugeben.

Zweck

Zweck einer Kapitalherabsetzung ist i.d.R. der Ausgleich von Verlusten oder die Einstellung von Beträgen in die Kapitalrücklage. Bisweilen wird eine Kapitalherabsetzung auch dafür genutzt, Teile des Grundkapitals an die Anteilseigner zurückzuzahlen.

Nominelle und effektive Kapitalherabsetzung

Mithilfe einer Kapitalherabsetzung kann sowohl ein bestehender Bilanzverlust beseitigt als auch überflüssiges Kapital verteilt werden. Während die Beseitigung

---

[428] Eine Ausnahme ergibt sich aus § 237 Abs. 3-5 AktG, wonach die einfache Stimmrechtsmehrheit ausreichend ist.

des Verlusts meist durch eine rein buchmäßige Herabsetzung des Grundkapitals – durch die sog. nominelle Kapitalherabsetzung – erfolgt, ist die zweite Möglichkeit der Kapitalherabsetzung – die sog. effektive Kapitalherabsetzung – mit der Ausschüttung liquider Mittel an die Aktionäre verbunden. Aufgrund des unmittelbaren Vermögensabflusses sind die Interessen der Gläubiger bei der effektiven Kapitalherabsetzung besonders zu schützen.

Bilanzielle Erfassung

Die bilanzielle Erfassung einer Kapitalherabsetzung richtet sich nach deren Zweck. Der aus der Kapitalherabsetzung gewonnene Betrag ist bei einer AG gemäß § 240 Satz 1 AktG in dem Posten „Ertrag aus der Kapitalherabsetzung" im Anschluss an die „Entnahmen aus den Gewinnrücklagen" in der Ergebnisverwendungsrechnung auszuweisen.[429]

> **Hinweis**
> Dies gilt für die GmbH analog, wenn sie freiwillig eine Ergebnisverwendung erstellt.

Ein „Ertrag aus der Kapitalherabsetzung" ist nach § 240 AktG im Anhang unter Angabe von Zweck und Höhe der Kapitalherabsetzung zu erläutern.

Ausgleich von Verlusten

Werden Beträge aus der Kapitalherabsetzung zum Ausgleich von Verlusten genutzt, ist folgende Buchung vorzunehmen, die innerhalb der Ergebnisverwendungsrechnung zu einer Verringerung des vorhandenen Verlusts führt:

Durch die Kapitalherabsetzung sinkt das gezeichnete Kapital

Gezeichnetes Kapital	an	Ertrag aus der Kapitalherabsetzung

Zuführung zur Kapitalrücklage

Erfolgt eine Zuführung der freigesetzten Beträge zur Kapitalrücklage, ist die Zuführung ebenfalls in der Ergebnisverwendungsrechnung aufzunehmen. In diesem Fall wird die Buchung [1] zur Erhöhung des Bilanzgewinns ergänzt um eine Buchung [2]:

[1] Durch die Kapitalherabsetzung sinkt das gezeichnete Kapital

Gezeichnetes Kapital	an	Ertrag aus der Kapitalherabsetzung

[2] Zugleich ist die Zuführung zur Kapitalrücklage zu erfassen

Ertrag aus der Kapitalherabsetzung[430]	an	Kapitalrücklage

---

[429] Hierzu Abschn. 3.1.2.3.3. Zur Ergebnisverwendungsrechnung ausführlich bspw. Coenenberg/Haller/Schultze, Jahresabschluss und Jahresabschlussanalyse, 26. Aufl. 2021, S. 630.

[430] Bzw. Einstellung in die Kapitalrücklage nach den Vorschriften über die vereinfachte Kapitalherabsetzung.

Rückzahlung an Anteilseigner Werden Beträge aus einer Kapitalherabsetzung an die Anteilseigner zurückgezahlt, ist eine andere bilanzielle Darstellung erforderlich. Da die Anteilseigner mit der Eintragung des Herabsetzungsbeschlusses in das Handelsregister einen Gläubigeranspruch gegen das Unternehmen erwerben, der Betrag aber zum Schutz der Gläubiger erst nach einer Sperrfrist ausgeschüttet werden darf, ist der entsprechende Betrag nicht mehr im Eigenkapital, sondern bei den Verbindlichkeiten auszuweisen. In der Ergebnisverwendungsrechnung ist neben dem Posten „Ertrag aus der Kapitalherabsetzung" ein weiterer Posten aufzunehmen, der dokumentiert, dass es zu keiner Erhöhung des Bilanzgewinns kommt. Die Beträge aus der Kapitalherabsetzung unterliegen nämlich nicht der Ergebnisverwendung gemäß § 58 AktG. Buchung [1] ändert sich nicht, Buchung [2] ist in einem solchen Fall folgendermaßen abzuwandeln:

[1] Durch die Kapitalherabsetzung sinkt das gezeichnete Kapital

Gezeichnetes Kapital	an	Ertrag aus der Kapitalherabsetzung

[2] Zugleich ist die Passivierung der Verbindlichkeit zu erfassen

Ertrag aus der Kapitalherabsetzung[431]	an	Verbindlichkeiten

5.1.3.2.5.2 Arten der Kapitalherabsetzung

Das Aktienrecht kennt drei Arten der Kapitalherabsetzung:

Ordentliche Kapitalherabsetzung Die ordentliche Kapitalherabsetzung kann für jeden Zweck einer Kapitalherabsetzung – d.h. zur Beseitigung von Verlusten, zur Rückzahlung von überflüssigem Kapital oder zur Einstellung von Beträgen in die Kapitalrücklage – verwendet werden. Da bei einer eventuellen Kapitalrückzahlung die Interessen von Gläubigern tangiert werden, sind Gläubigern von bestimmten Forderungen auf Verlangen bis zu sechs Monate nach Bekanntmachung des Herabsetzungsbeschlusses Sicherheiten zu leisten. Bevor diese Forderungen nicht beglichen sind bzw. entsprechende Sicherheiten nicht geleistet wurden und sechs Monate seit Bekanntmachung der Eintragung verstrichen sind, darf eine Rückzahlung von Kapital an die Aktionäre nicht durchgeführt werden. Der Ausweis des reduzierten Grundkapitals erfolgt nach Eintragung des Herabsetzungsbeschlusses in das Handelsregister.

Vereinfachte Kapitalherabsetzung Die vereinfachte Kapitalherabsetzung kann nur für die im AktG ausdrücklich genannten Zwecke wie z.B. die Deckung von Verlusten verwendet werden (§ 229 Abs. 2 AktG). Im Gegensatz zu den anderen Formen der Kapitalherabsetzung ist die vereinfachte Kapitalherabsetzung nur dann zulässig, wenn die Gewinnrücklage vollständig verbraucht ist und Kapitalrücklage und gesetzliche Rücklage zusammen nicht 10% des nach der Herabsetzung verbleibenden Betrags des Grundkapitals übersteigen (§ 229 Abs. 1 AktG). Zudem darf kein Gewinnvortrag bestehen. Da es bei dieser Form zu keiner Kapitalrückzahlung an die Aktionäre kommt, sind bei Durchführung dieser Kapitalherabsetzung nur vergleichsweise gemäßigte Bestimmungen des Gläubiger-

[431] Bzw. Ausschüttung an die Aktionäre aufgrund der Kapitalherabsetzung.

schutzes zu beachten. Abweichend von den beiden anderen Formen der Kapitalherabsetzung ist es gemäß § 234 Abs. 1 AktG möglich, bereits in dem letzten Jahresabschluss vor Beschlussfassung über die Kapitalherabsetzung das gezeichnete Kapital sowie Kapital- und Gewinnrücklagen in der Höhe so auszuweisen, wie sie nach der Herabsetzung bestehen sollen. Diese Rückwirkung gilt auch für eine gleichzeitig durchgeführte Kapitalerhöhung (§ 235 Abs. 1 AktG). Ansonsten erfolgt der Ausweis des reduzierten Grundkapitals nach Eintragung des Herabsetzungsbeschlusses in das Handelsregister.

Kapitalherabsetzung durch Einziehung eigener Aktien

Die Kapitalherabsetzung durch Einziehen eigener Aktien ist sowohl zur Beseitigung von Verlusten als auch zur Rückzahlung von Kapital verwendbar. Eigene Aktien können zwangsweise oder nach Erwerb durch die Gesellschaft eingezogen werden. Das zwangsweise Einziehen eigener Aktien ist nur zulässig, wenn dies in der ursprünglichen Satzung oder durch eine Satzungsänderung vor Übernahme oder Zeichnung angeordnet oder gestattet war. Von der Gesellschaft erworbene eigene Aktien können immer zu einer Kapitalherabsetzung verwendet werden (= Aktienrückkauf[432]). Die für den Erwerb von eigenen Aktien bestehende Höchstgrenze von 10% des Grundkapitals hat keine Gültigkeit. Die Rücksichtnahme auf die Gläubigerschutzinteressen ist aufgrund der Vorschriften über die ordentliche Kapitalherabsetzung, die hier im Wesentlichen greifen, sichergestellt. Die bilanzielle Darstellung der Kapitalherabsetzung in der Bilanz erfolgt bei bereits erworbenen Aktien mit der Eintragung des Herabsetzungsbeschlusses der Hauptversammlung in das Handelsregister. Wenn die Aktien erst nach der Eintragung des Herabsetzungsbeschlusses erworben werden, erfolgt der Ausweis in der Bilanz mit ihrer Einziehung, bei Zwangseinziehung aufgrund von Satzungsvorschriften mit der Zwangseinziehung der Aktien.

Hinweis

Bei einer GmbH kann die Herabsetzung des gezeichneten Kapitals durch ordentliche oder vereinfachte Kapitalherabsetzung erfolgen. Auch die Kapitalherabsetzung einer GmbH kann nur mit einer ¾-Mehrheit der in der Gesellschafterversammlung anwesenden Stimmen sowie einer Eintragung in das Handelsregister wirksam durchgeführt werden und dient i.d.R. zur Beseitigung einer Unterbilanz[433], kann aber auch zur Rückzahlung von Einlagen an die Gesellschafter durchgeführt werden. Das Mindestkapital von EUR 25.000 darf bei einer Stammkapitalminderung nicht unterschritten werden. Zum Schutz der Gläubiger sind bei der ordentlichen Kapitalherabsetzung die besonderen Bestimmungen des § 58 GmbHG zu beachten, die unter anderem eine Sperrfrist von einem Jahr für die Anmeldung des Herabsetzungsbeschlusses zur Eintragung in das Handelsregister vorsehen und dadurch die Verwendbarkeit der Kapitalherabsetzung als Instrument der Abwendung einer Überschuldung für eine GmbH stark beeinträchtigen.

---

[432] Hierzu Abschn. 5.1.3.2.3.

[433] Wenn in der Bilanz der Verlust inkl. Verlustvortrag nicht mehr durch offene Rücklagen abzudecken ist, so liegt eine Unterbilanz vor. Übersteigt der Verlust sogar das gesamte, in der Bilanz ausgewiesene Eigenkapital, so handelt es sich um eine bilanzielle Überschuldung.

5.1.3.3 Rücklagen

5.1.3.3.1 Funktion und Arten von Rücklagen

Variable Eigenkapitalkonten

Während das gezeichnete Kapital das (bedingt) feste Eigenkapital einer Kapitalgesellschaft zeigt, gehören die Rücklagen zu den variablen Eigenkapitalkonten. Bei Kapitalgesellschaften erscheinen die Rücklagen neben dem erwirtschafteten Jahresergebnis (Jahresüberschuss/-fehlbetrag) bzw. dem Gewinn-/Verlustvortrag oder dem Bilanzgewinn/-verlust (bei einer Bilanzerstellung nach teilweiser Ergebnisverwendung).

Zweck

Zum einen dienen Rücklagen dazu, auftretende Verluste ausgleichen zu können, ohne dass das konstante Nominalkapital angegriffen wird. Zum anderen wird durch die Bildung die Eigenkapitalbasis der Gesellschaft über das Nominalkapital hinaus verstärkt und somit die Widerstandsfähigkeit des Unternehmens gegenüber wirtschaftlichen Krisen verbessert, was zur Sicherung des Unternehmensbestands maßgeblich beiträgt. Darüber hinaus bewirken Rücklagen, die zumeist im Rahmen der Ergebnisverwendung gebildet werden und somit bei ihrer Dotierung den an die Anteilseigner ausschüttbaren Gewinn verringern, eine Erhöhung der Haftungsbasis (Gläubigerschutz) und verbessern die Unternehmensliquidität.

Wie alle Kapitalposten der Passivseite verfügen auch die Rücklagen über keinen gesonderten Gegenposten auf der Aktivseite der Bilanz. Sie werden deshalb durch sämtliche Vermögensgegenstände gedeckt. Rücklagen zeigen an, dass das Eigenkapital (Reinvermögen) aufgrund gesetzlicher, statutarischer oder freiwilliger Ausschüttungssperren bzw. wegen Sonderzahlungen von Anteilseignern oder Dritten größer ist als das Grundkapital.

Offene und stille Rücklagen

Entsprechend ihrer Ersichtlichkeit in der Bilanz lassen sich Rücklagen in offene Rücklagen und stille Rücklagen (stille Reserven) unterteilen. Obwohl die Rücklagen gemäß § 266 Abs. 3 HGB unterteilt in Kapital- und Gewinnrücklagen ausgewiesen werden und somit der Begriff „offene“ Rücklagen in der handelsrechtlichen Bilanz ausdrücklich keine Verwendung findet, gilt er dennoch als Fachausdruck, vor allem bei der Bilanzanalyse, um einerseits die Gesamtheit der in der Bilanz offen ersichtlichen Rücklagen zu bezeichnen und diese andererseits von den nicht offen in der Bilanz gezeigten und damit für einen externen Bilanzleser nicht ersichtlichen stillen Rücklagen begrifflich abzugrenzen. Die Trennung der offenen Rücklagen in Kapitalrücklage und Gewinnrücklagen wurde vom Gesetzgeber vorgeschrieben, um für einen externen Bilanzleser den Einblick in die Eigenkapitalstruktur einer Kapitalgesellschaft zu erhöhen. Denn dadurch ist aus der Bilanz jederzeit ersichtlich, welcher Teil des Eigenkapitals durch über die Jahre hinweg erwirtschaftete Gewinne – sprich von innen – und welcher Teil durch Einzahlungen der Anteilseigner dem Unternehmen von außen zugeführt wurde.

5.1.3.3.2 Kapitalrücklage

Von außen zugeführte Eigenkapitalanteile

Die Kapitalrücklage umfasst die einer Kapitalgesellschaft von ihren Eignern neben dem Nominalkapital von außen zugeführten Eigenkapitalanteile. Hierin unterscheidet sich die Kapitalrücklage von den Gewinnrücklagen, die durch im Unternehmen einbehaltene Teile des Jahresüberschusses gebildet werden. Welche Beträge in die Kapitalrücklagen einzustellen sind, bestimmt sich nach § 272 Abs. 2 und Abs. 1b HGB. Darüber hinaus bestehen rechtsformspezifische Sondervorschriften.

Gläubigerschutz- und Verlustauffangfunktion

Aufgrund der Tatsache, dass durch die Dotierung der Kapitalrücklage das Eigenkapital gestärkt wird, hat sie sowohl Gläubigerschutz- als auch Verlustauffangfunktion. Die einzelnen Fälle der Verlustabdeckung, d.h. die Möglichkeiten zur Verwendung der Kapitalrücklage regelt § 150 Abs. 3 und Abs. 4 AktG; ihre Verwendung richtet sich also nach rechtsformspezifischen Sondervorschriften.

Zuführung

Gemäß § 272 Abs. 2 Nr. 1 bis Nr. 4 HGB sind der Kapitalrücklage folgende Beträge zuzuführen:

[1] der Betrag, der bei der Ausgabe von Anteilen einschließlich von Bezugsanteilen über den Nennbetrag oder, falls ein Nennbetrag nicht vorhanden ist, über den rechnerischen Wert erzielt wird;

[2] der Betrag, der bei der Ausgabe von Schuldverschreibungen für Wandlungs- und Optionsrechte zum Erwerb von Anteilen erzielt wird;

[3] der Betrag von Zuzahlungen, die Gesellschafter gegen Gewährung eines Vorzugs für ihre Anteile leisten;

[4] der Betrag von anderen Zuzahlungen, die Gesellschafter in das Eigenkapital leisten.

Agio

In die Kapitalrücklage nach § 272 Abs. 2 Nr. 1 HGB ist das sich bei der Ausgabe von Anteilen einschließlich von Bezugsanteilen ergebende Agio (Aufgeld) einzustellen. Das Agio aus der Ausgabe von Anteilen umfasst bei der AG/KGaA sowie bei der GmbH die vereinbarten Aufgelder aus der Ausgabe von Aktien bzw. aus der Übernahme von Stammeinlagen bei Gründung oder Kapitalerhöhung (Bar- und Sacheinlagen) sowie das Aufgeld bei Verschmelzung.

Hinweis

Das Aufgeld umfasst insofern den gesamten Erlös aus der Ausgabe von Anteilen, der den Nennbetrag dieser Anteile übersteigt. Die Ausgabekosten sind unmittelbar zulasten des jeweiligen Jahresergebnisses zu verrechnen.

Die Kapitalrücklage nach § 272 Abs. 2 Nr. 2 HGB umfasst die bei der Ausgabe von Schuldverschreibungen für Wandlungs- bzw. Optionsrechte erzielten Aufgelder. Da die GmbH zur Finanzierung keine Wandel- oder Optionsanleihen ausgeben kann, hat die Vorschrift nur Bedeutung für die AG, die KGaA und die SE.

Zahlungen an Gesellschafter

Gemäß § 272 Abs. 2 Nr. 3 HGB sind sämtliche Zuzahlungen der Gesellschafter in Form von Barzahlungen oder Sachleistungen für zum Zeitpunkt der Zuzahlung zulässige (gesellschaftsrechtliche) Vorzugsrechte (z.B. nach §§ 11 AktG, 29 Abs. 3 Satz 2 GmbHG) hinsichtlich ihrer Anteilsrechte (z.B. Stimm- oder Gewinnverteilungsrechte) ebenfalls als Kapitalrücklage zu erfassen. Damit soll verhindert werden, dass derartige Zuzahlungen als Bestandteil des Jahresüberschusses zur Verteilung gelangen.

Freiwillige Leistungen

Nach § 272 Abs. 2 Nr. 4 HGB sind in die Kapitalrücklage andere Zuzahlungen der Gesellschafter in das Eigenkapital einzustellen. Hierunter sind freiwillige Leistungen zu verstehen, die Gesellschafter ohne Gewährung von Vorzügen seitens der Kapitalgesellschaft erbringen, wie z.B. Zu- bzw. Nachschüsse als Bar- oder Sachleistungen, auch Erlass von Forderungen.

Wichtig in diesem Zusammenhang ist der Wille des Gesellschafters, dass die ohne Gegenleistung erbrachte Zuzahlung nicht zu einem Ertrag bei der empfangenden Gesellschaft führen soll. So darf der Gesellschafter bspw. bei einem Forderungsverzicht die Einstellung des Nominalbetrags der erloschenen Verbindlichkeit in die Kapitalrücklage verlangen. Weiterhin erscheint es im Zusammenhang mit Verschmelzungsvorgängen – insbesondere bei *down-stream-mergers* – sachgerecht, bestimmte Beträge in die Kapitalrücklage nach § 272 Abs. 2 Nr. 4 HGB einzustellen.

Hinweis

Im Zusammenhang mit den vier Komponenten der Kapitalrücklage bleibt folgendes festzuhalten: bei § 272 Abs. 2 Nr. 1 bis 3 handelt es sich um Beträge, die im Zusammenhang mit (möglichen) neuen Anteilen (Nr. 1 und 2) oder mit der Veränderung der Rechtsposition bisheriger Anteile stehen (Nr. 3). Der unter § 272 Abs. 2 Nr. 4 HGB genannte Betrag von anderen Zuzahlungen, die Gesellschafter in das Eigenkapital leisten, ist als eine Art Auffangposition für sonstige Zuzahlungen der Gesellschafter zu verstehen, die in keinem (direkten) Zusammenhang mit der Ausgabe neuer Anteile oder der Veränderung der Rechte bisheriger Anteile stehen. Zudem können unter § 272 Abs. 2 Nr. 4 HGB auch Einzahlungen erfasst werden, die nicht (mehr) als Fremdkapital klassifiziert werden sollen; als Beispiel lässt sich ein *dept-equity-swap* anführen.

Weiterhin ist darauf hinzuweisen, dass die Aufzählung des § 272 Abs. 2 HGB nicht als abschließend zu betrachten ist, da z.B. Beträge, die aufgrund einer vereinfachten Kapitalherabsetzung nach §§ 229 – 236 AktG bzw. § 58a Abs. 2 i.V.m. § 58b Abs. 2 HGB entstehen, ebenfalls in die Kapitalrücklage einzustellen sind.

Verwendungsmöglichkeiten

Für die AG/KGaA sind die Verwendungsmöglichkeiten und damit die Auflösung in § 150 AktG geregelt. Nach § 150 Abs. 3 und Abs. 4 AktG besteht für die gesetzliche Rücklage und die Kapitalrücklage nach § 272 Abs. 2 Nr. 1 bis Nr. 3 HGB zusammen eine beschränkte Verwendungsmöglichkeit. Dagegen dürfen die nach § 272 Abs. 2 Nr. 4 HGB in die Kapitalrücklage eingestellten Beträge jederzeit aufgelöst werden.[434]

Hinweis

Gesellschaften mit beschränkter Haftung unterliegen bezüglich der Auflösung ihrer Kapitalrücklage keinen rechtlichen Beschränkungen. Abgesehen von dem durch Nachschüsse angesammelten Kapital, das nur zur Rückzahlung an die Gesellschafter (§ 30 Abs. 2 GmbHG), zur Tilgung eines Bilanzverlusts bzw. zur Kapitalerhöhung aus Gesellschaftsmitteln verwendet werden kann, dürfen die Gesellschafter über die Verwendung der Kapitalrücklage frei bestimmen.[435]

---

434 Zur Kapitalrücklage Roos, DStR 2015, S. 842-847.

435 Zur Auflösung ausführlich Coenenberg/Haller/Schultze, Jahresabschluss und Jahresabschlussanalyse, 26. Aufl. 2021, S. 372-373.

5.1.3.3.3 Gewinnrücklagen

Einbehalt von Teilen des Unternehmensergebnisses

Im Gegensatz zur Kapitalrücklage, die sich aus Mitteln zusammensetzt, die dem Unternehmen von außen zufließen, enthalten die Gewinnrücklagen Beträge, die im Unternehmen, d.h. durch Einbehalten von Teilen des Unternehmensergebnisses, gebildet werden. Unter dem Posten „Gewinnrücklagen" sind nach § 266 Abs. 3 HGB folgenden Komponenten auszuweisen:

III. Gewinnrücklagen:
1. gesetzliche Rücklage;
2. Rücklage für Anteile an einem herrschenden oder mehrheitlich beteiligten Unternehmen;
3. satzungsmäßige Rücklagen;
4. andere Gewinnrücklagen;

Tab. 42 Gewinnrücklagen

Gesetzliche Rücklage

Bildung aufgrund gesetzlicher Vorschriften

Unter der gesetzlichen Rücklage ist der Teil der Gewinnrücklagen zu verstehen, der aufgrund gesetzlicher Vorschriften gebildet wurde. Dieser Bilanzposten tritt demnach bei der AG und der KGaA auf, da das AktG durch § 150 Abs. 1 die Bildung einer solchen Rücklage vorsieht. Zudem ist der Posten in der Bilanz einer „Unternehmergesellschaft (haftungsbeschränkt)" gemäß § 5a Abs. 3 GmbHG zu bilden.[436] Eine GmbH hat keine gesetzliche Rücklage in die Bilanz aufzunehmen, da eine dem § 150 Abs. 1 AktG korrespondierende Vorschrift im GmbHG nicht enthalten ist.

Minderung des ausschüttungsfähigen Gewinns

Gemäß § 150 Abs. 1 AktG sind so lange 5% des Jahresüberschusses in die gesetzliche Rücklage einzustellen, bis diese zusammen mit den Beträgen, die nach § 272 Abs. 2 Nr. 1-3 HGB in die Kapitalrücklage eingestellt wurden, 10% des Grundkapitals oder einen von der Satzung bestimmten höheren Prozentsatz erreicht hat. Besteht ein Verlustvortrag aus dem Vorjahr, so ist der Jahresüberschuss vorher entsprechend zu kürzen. Der der gesetzlichen Rücklage zuzuweisende Betrag mindert den zur Ausschüttung an die Gesellschafter zur Verfügung stehenden Gewinn und schmälert somit den Bilanzgewinn.

---

[436] Für die Dotierung ist § 5a Abs. 3 Satz 1 GmbHG maßgebend. Danach ist in die Rücklage ein Viertel des um einen Verlustvortrag aus dem Vorjahr geminderten Jahresüberschuss einzustellen. Es ist keine betragsmäßige Obergrenze analog zu § 150 Abs. 2 AktG vorgesehen. Eine Verpflichtung zur Dotierung der Rücklage besteht nach § 5 Abs. 5 GmbHG erst dann nicht mehr, wenn die Gesellschaft ihr Stammkapital auf einen Betrag von mindestens EUR 25.000 erhöht hat. Die Möglichkeit der Verwendung und damit Auflösung der gesetzlichen Rücklage sind in § 5a Abs. 3 Satz 2 GmbHG abschließend geregelt. Sie darf zum einen für eine Kapitalerhöhung aus Gesellschaftsmitteln verwendet werden und zum anderen kann sie auch zum Ausgleich eines Jahresfehlbetrags, soweit er nicht durch einen Gewinnvortrag aus dem Vorjahr gedeckt ist, und zum Ausgleich eines Verlustvortrags aus dem Vorjahr, soweit er nicht durch einen Jahresüberschuss gedeckt ist, verwendet werden.

Auflösung Nicht nur die Bildung, sondern auch die Auflösung der gesetzlichen Rücklage ist gesetzlich kodifiziert. Die § 150 Abs. 3 und Abs. 4 AktG bestimmen, unter welchen Bedingungen und in welcher Höhe eine Auflösung der gesetzlichen Rücklage möglich ist. Die Auflösung der gesetzlichen Rücklage unterliegt den gleichen Vorschriften wie die der Kapitalrücklage, weshalb auf die Ausführungen unter Abschn. 5.1.3.3.2 verwiesen wird. Bei der Frage, ob Teile einer dieser beiden Rücklagen verwendet werden können, wird nicht auf die Höhe der einzelnen Rücklagen, sondern auf die Summe der Kapitalrücklage und der gesetzlichen Rücklage abgestellt.

Vollständige oder teilweise Ergebnisverwendung Wird die Bilanz unter Berücksichtigung der vollständigen oder teilweisen Verwendung des Jahresergebnisses aufgestellt, so sind sowohl Einstellung in die gesetzliche Rücklage als auch deren Auflösung bereits bei der Aufstellung der Bilanz zu berücksichtigen (§ 270 Abs. 2 HGB).

Nichtigkeit des Jahresabschlusses Die Vorschriften über die Bildung und Auflösung der gesetzlichen Rücklage nach § 150 AktG sind zwingend einzuhalten. Ihre Nichtbeachtung führt nach § 256 Abs. 1 Nr. 4 AktG zur Nichtigkeit des Jahresabschlusses. Die gesetzlichen Regelungen können auch durch entsprechende Satzungsbestimmungen nicht eingeschränkt, sondern allenfalls erweitert werden.

Die Beträge, die aus dem Jahresüberschuss des Geschäftsjahres oder dem Bilanzgewinn des Vorjahres in die gesetzliche Rücklage eingestellt bzw. im Geschäftsjahr aus der gesetzlichen Rücklage entnommen wurden, sind nach § 152 Abs. 3 AktG in der Bilanz oder im Anhang anzugeben.

- **Rücklage für Anteile an einem herrschenden oder mehrheitlich beteiligten Unternehmen**

Werden Anteile an einem herrschenden oder mehrheitlich beteiligten Unternehmen erworben, so ist gemäß § 272 Abs. 4 HGB eine entsprechende Rücklage zu bilden. Nach § 272 Abs. 4 Satz 2 HGB ist in die Rücklage ein Betrag, der dem auf der Aktivseite der Bilanz für die Anteile an dem herrschenden oder mehrheitlich beteiligten Unternehmen angesetzten Betrag entspricht, einzustellen. Die Rücklage ist bereits bei Aufstellung der Bilanz, unabhängig davon, ob ein Jahresüberschuss erwirtschaftet wurde, zu bilden und darf aus den frei verfügbaren Rücklagen[437] gebildet werden.

Auflösung Eine Auflösung der Rücklage ist nach § 272 Abs. 4 Satz 4 HGB nur bei Veräußerung, Ausgabe oder Einziehung der Anteile an dem herrschenden oder mehrheitlich beteiligten Unternehmen oder wenn auf der Aktivseite ein niedrigerer Betrag angesetzt wird, vorzunehmen. In Höhe der gebildeten Rücklage liegt folglich eine Ausschüttungssperre vor.

Die Regelung des § 272 Abs. 4 HGB trägt der Tatsache Rechnung, dass ein Unternehmen auch Anteile an einem Unternehmen erwerben kann, welches das (erwerbende) Unternehmen beherrscht oder an diesem die Mehrheitsbeteiligung hält. Dies kommt

---

[437] Der Begriff „frei verfügbare Rücklagen“ umfasst dabei die Beträge aller Kapital- und Gewinnrücklagen, die weder durch Gesetz noch durch Satzung zweckgebunden sind bzw. einer Ausschüttungssperre unterliegen. Diese Voraussetzungen erfüllen neben den „anderen Gewinnrücklagen“ auch die „Kapitalrücklage“ gemäß § 272 Abs. 2 Nr. 4 HGB.

wirtschaftlich dem Fall gleich, dass das herrschende Unternehmen eigene Anteile erwirbt. Tatsächlich findet eine Reduktion des Eigenkapitals um die erworbenen Anteile zunächst aber nicht statt. Denn für Zwecke der Bilanzierung müssen diese erworbenen Anteile vom beherrschten bzw. im Mehrheitsbesitz stehenden Unternehmen als Vermögensgegenstand zu Anschaffungskosten aktiviert werden, falls sich die Anteile nicht bereits im wirtschaftlichen Eigentum des herrschenden oder mit Mehrheit beteiligten Unternehmen befinden. Die zu bildende Rücklage hat eine Ausschüttungssperrfunktion und dient damit dem Gläubigerschutz.

Ausweis

Der Ausweis der zu aktivierenden Anteile hat grundsätzlich unter dem Posten „Anteile an verbundenen Unternehmen" im Umlaufvermögen zu erfolgen, vorausgesetzt die Bedingungen des § 271 Abs. 2 HGB sind erfüllt, sonst unter dem Posten „Sonstige Wertpapiere" im Umlaufvermögen. Fraglich ist die Möglichkeit eines Ausweises im Anlagevermögen. Kann das herrschende oder mehrheitlich beteiligte Unternehmen zu jeder Zeit die Übertragung der Anteile verlangen, so ist ein Ausweis unter den Finanzanlagen nur möglich, wenn ausreichende Anhaltspunkte dafür bestehen, dass dieses Recht nicht wahrgenommen wird.

Satzungsmäßige Rücklagen

Statutarische Rücklagen

Satzungsmäßige Rücklagen – häufig auch statutarische Rücklagen bezeichnet – umfassen all diejenigen Gewinnrücklagen, zu deren Bildung eine Kapitalgesellschaft aufgrund des Gesellschaftsvertrags bzw. ihrer Satzung verpflichtet ist. Satzungs- oder Gesellschaftsvertragsbestimmungen, die lediglich eine Ermächtigung zur Bildung von Gewinnrücklagen enthalten, führen nicht zur Dotierung der satzungsmäßigen, sondern der anderen Gewinnrücklagen. Sofern sich die Satzungsbestimmungen auf die gesetzliche Rücklage nach § 150 AktG beziehen, sind auch die Beträge, die 10% des Grundkapitals übersteigen, Bestandteil der gesetzlichen Rücklage und zählen nicht zu den satzungsmäßigen Rücklagen, obwohl ihre Bildung auch auf eine verpflichtende Satzungsbestimmung zurückzuführen sein kann. Satzungsmäßige Rücklagen sind somit sämtliche aufgrund der Satzung (bzw. des Gesellschaftsvertrags) obligatorisch einzustellende Gewinnrücklagen mit Ausnahme der satzungsmäßig festgelegten höheren Zuführungen zu den gesetzlichen Rücklagen.

Zweckgebundene oder zweckfreie Bildung

Die satzungsmäßigen Rücklagen können zweckgebunden oder zweckfrei gebildet werden. Zweckgebunden sind Rücklagen dann, wenn sie gemäß einem in der Satzung festgelegten Zweck dotiert werden. Hierzu zählen u.a. Substanzerhaltungs- und Werkerneuerungsrücklagen, Rücklagen für Rationalisierungsarbeiten sowie Rücklagen für den Ausbau der Vertriebsorganisation und Werbung.

Auflösung

Die Auflösung der satzungsmäßigen Rücklagen bestimmt sich wie deren Bildung nach den jeweiligen Vorschriften der Satzung. Es bestehen hierzu weder für die AG noch für die GmbH gesetzliche Regelungen. Die Satzungsbestimmungen sind jedoch für Vorstand und Aufsichtsrat einer AG zwingend. Wird nämlich bei der Feststellung des Jahresabschlusses gegen die Vorschriften der Satzung bezüglich der satzungsmäßigen Rücklagen verstoßen, so hat dies nach § 256 Abs. 1 Nr. 4 AktG die Nichtigkeit des Jahresabschlusses zur Folge. Für die GmbH fehlt eine entsprechende Nichtigkeitsvorschrift.

Andere Gewinnrücklagen

Sammelposten

Der Posten „andere Gewinnrücklagen" umfasst, abgesehen von der Rücklage gemäß § 272 Abs. 5 HBG, all diejenigen Rücklagen, die aus dem Jahresüberschuss eingestellt werden, die jedoch gemäß § 266 Abs. 3 HGB nicht gesondert auszuweisen sind. Er bildet somit einen Sammelposten.

Mit und ohne Zweckbindung

Wie bei den satzungsmäßigen, so unterscheidet man auch bei den anderen Rücklagen solche mit und solche ohne Zweckbindung. Zu den anderen Rücklagen mit Zweckbindung zählen z.B. die Erneuerungsrücklage und die Dividendenergänzungsrücklage.

GmbH-Gesellschafter

Die Gesellschafter einer GmbH unterliegen bezüglich der Höhe der Zuführung und der Auflösung anderer Gewinnrücklagen keiner gesetzlichen Regelung. Sie können folglich den Jahresüberschuss ganz, nur teilweise oder gar nicht in die anderen Gewinnrücklagen einstellen (§ 29 Abs. 2 GmbHG).

AG bzw. KGaA

Für AGs bzw. KGaAs existiert dagegen in § 58 AktG eine explizite gesetzliche Vorschrift, welche die Einstellung von Teilen des Jahresüberschusses in die anderen Gewinnrücklagen regelt. Demnach können andere Gewinnrücklagen sowohl durch die Hauptversammlung als auch durch den Vorstand und Aufsichtsrat gebildet werden. Stellt die Hauptversammlung den Jahresabschluss fest, dann kann die Satzung vorsehen, dass bis zu 50% des Jahresüberschusses in andere Gewinnrücklagen einzustellen sind. Der Jahresüberschuss ist jedoch vorab um einen bestehenden Verlustvortrag (ein Gewinnvortrag bleibt unberücksichtigt) und um die Beträge zu kürzen, die in die gesetzliche Rücklage einzustellen sind. Werden andere Rücklagen für Anteile an einem herrschenden oder mehrheitlich beteiligten Unternehmen bzw. satzungsmäßige Rücklagen aus dem Jahresüberschuss dotiert, so dürfen diese den Bemessungsbetrag für die Ermittlung des maximal in die anderen Gewinnrücklagen einzustellenden Betrags nicht mindern.

Stellen Vorstand und Aufsichtsrat den Jahresabschluss fest, dann können diese einen Teil des Jahresüberschusses, höchstens jedoch dessen Hälfte, den andern Gewinnrücklagen zuführen. Die Satzung kann Vorstand und Aufsichtsrat allerdings ermächtigen, mehr oder weniger als die Hälfte des Jahresüberschusses in die anderen Gewinnrücklagen einzustellen. Von dieser Ermächtigung können sie nur insoweit Gebrauch machen, wie die anderen Gewinnrücklagen weder vor noch nach Einstellung die Hälfte des Grundkapitals übersteigen. Die Möglichkeit von Vorstand und Aufsichtsrat, maximal die Hälfte des Jahresüberschusses in die anderen Gewinnrücklagen einzustellen, wird dadurch allerdings nicht eingeschränkt. Wie bereits erwähnt, muss der Jahresüberschuss vor Erreichung des den anderen Gewinnrücklagen zuführbaren Teils um die Pflichtzuführungen zu der gesetzlichen Rücklage und um einen etwaigen Verlustvortrag gekürzt werden.

Eigenkapitalanteile von Wertaufholungen

Unabhängig davon, ob Hauptversammlung oder Vorstand und Aufsichtsrat den Jahresabschluss feststellen, können Vorstand und Aufsichtsrat aufgrund § 58 Abs. 2a AktG einen gesetzlich genau definierten Betrag, ohne von der Satzung oder der Hauptversammlung dazu ermächtigt zu sein, in die anderen Gewinnrücklagen einstellen. Dabei handelt es sich um den Eigenkapitalanteil von Wertaufholungen im Bereich des Anlage- und Umlaufvermögens. Durch Wertzuschreibungen, die bei

Wegfall des Grundes für den Ansatz eines niedrigeren Buchwerts vom Unternehmen aufgrund der gesetzlichen Verpflichtung des Wertaufholungsgebots gemäß § 253 Abs. 5 HGB erfolgen, wird das Jahresergebnis erhöht. Stille Reserven werden aufgedeckt, die Gefahr laufen, im Zuge der Gewinnausschüttung aus dem Unternehmen abzufließen. Durch die mit § 58 Abs. 2a AktG eingeräumte Möglichkeit, den auf der Aktivseite zugeschriebenen Betrag (unter Abzug der darauf entfallenden Ertragsteuern) im Rahmen der Ergebnisverwendung den Gewinnrücklagen zuzuführen, können Vorstand und Aufsichtsrat den Zuschreibungsbetrag von der Ausschüttung sperren (Ausschüttungssperre). § 29 Abs. 4 Satz 1 GmbHG enthält eine analoge Regelung für die Geschäftsführer der GmbH.

Verwendung des Bilanzgewinns

Zusätzlich zu den nach § 58 Abs. 1-3 AktG aus dem Jahresüberschuss gebildeten anderen Gewinnrücklagen kann die Hauptversammlung mit einfacher Stimmrechtsmehrheit beim Beschluss über die Verwendung des Bilanzgewinns weitere Beträge, ggf. auch den gesamten Bilanzgewinn, in die anderen Gewinnrücklagen einstellen. Eine Beschränkung ergibt sich allerdings durch § 254 Abs. 1 AktG, wonach ein entsprechender Hauptversammlungsbeschluss angefochten werden kann, sofern die Rücklageneinstellung übermäßig hoch ist und keine Mindestdividende i.H. von 4% des eingeforderten Grundkapitals ausgeschüttet wurde.

Auflösung

Andere Gewinnrücklagen können nur bei Aufstellung des Jahresabschlusses von dem für die Feststellung jeweils zuständigen Organ – Vorstand und Aufsichtsrat (§ 172 AktG) bzw. Hauptversammlung (§ 173 AktG) – aufgelöst werden. Sofern Vorstand und Aufsichtsrat den Jahresabschluss feststellen, liegt es in deren freiem Ermessen – soweit keine Zweckbindung vorliegt – andere Gewinnrücklagen aufzulösen. Auch die Hauptversammlung ist – sofern sie den Jahresabschluss feststellt – grundsätzlich in ihrer Entscheidung über andere Gewinnrücklagen frei, soweit keine besonderen Satzungsbestimmungen vorliegen. Diese grundsätzliche Freiheit bei der Auflösung der anderen Gewinnrücklagen bezieht sich auch auf jene Beträge, die aufgrund von § 58 Abs. 2a AktG eingestellt wurden.

Kapitalerhöhung aus Gesellschaftsmitteln

Unabhängig von der Feststellung des Jahresabschlusses durch den Vorstand und Aufsichtsrat ist der Hauptversammlung das Recht vorbehalten, andere Gewinnrücklagen im Wege der Kapitalerhöhung aus Gesellschaftsmitteln in Grundkapital umzuwandeln.

Zudem gibt es eine weitere, nicht im Gliederungsschema des § 266 Abs. 3 HGB aufgeführte Rücklagenart für Kapitalgesellschaften:

Rücklage für noch nicht realisierte Beteiligungserträge

Ausschüttungsgesperrte Rücklage

Gemäß § 272 Abs. 5 HGB ist eine ausschüttungsgesperrte Rücklage für den auf eine Beteiligung entfallenden Teil des Jahresüberschusses in der GuV zu bilden, der die Beträge, die bereits als Dividende oder Gewinnanteil eingegangen sind oder auf deren Zahlung ein Anspruch besteht, übersteigt. Die Rücklage ist wieder aufzulösen, sobald die Kapitalgesellschaft die entsprechenden Beteiligungserträge vereinnahmt bzw. einen Zahlungsanspruch auf die Beträge erwirbt.

Phasengleiche Gewinnvereinnahmung Als Anwendungsfall kommt die phasengleiche Gewinnvereinnahmung[438] in Frage. Die Regelung greift allerdings nur in den Mitgliedsstaaten, in denen die phasengleiche Gewinnvereinnahmung an einen Gewinnverwendungsbeschluss gekoppelt ist (zivilrechtlicher Anspruch). Nach Auffassung des Ausschusses für Recht und Verbraucherschutz ist es ausreichend, dass der Anspruch „so gut wie sicher" vereinnahmt wird, selbst wenn der Gewinnverwendungsbeschluss des Beteiligungsunternehmens noch aussteht (bilanzrechtlicher Anspruch). Dies entspricht der im deutschen Handelsbilanzrecht vorherrschenden wirtschaftlichen Betrachtungsweise. Danach gibt es bei der phasengleichen Gewinnvereinnahmung keine Erträge, die nicht bereits als Dividende eingegangen sind oder auf deren Zahlung kein Anspruch besteht. Somit besteht zumindest in Deutschland kein Anwendungsfall für die Rücklagendotierung.[439]

5.1.3.3.4 Stille Rücklagen

Die im Rahmen der vorangegangenen Ausführungen dargestellten Rücklagen stellen allesamt offene Rücklagen dar. Daneben gibt es auch die sog. stillen Rücklagen.

Stille Reserven Diese, auch stille Reserven bezeichnet, sind Teile des Eigenkapitals, deren Höhe jedoch aus der Bilanz nicht ersichtlich ist. Neben dieser Eigenschaft unterscheiden sich die stillen von den offenen Rücklagen durch zwei weitere Merkmale: zum einen unterliegen sie bei ihrer Auflösung im Allgemeinen der Besteuerung, zum anderen sind sie sowohl auf der Aktiv- als auch auf der Passivseite enthalten. Auf der Aktivseite entstehen sie durch zu niedrig bewertete bzw. nicht aktivierte Vermögensgegenstände, auf der Passivseite durch das Ausüben von Passivierungswahlrechten bzw. zu hohen Wertansätzen von Fremdkapital.

Höhe Die Höhe der stillen Reserven eines Unternehmens ergibt sich aus der Differenz zwischen den Buchwerten und den höheren „tatsächlichen" Werten von Aktivposten bzw. aus der Differenz zwischen den Buchwerten und niedrigen „tatsächlichen" Werten von Passivposten.

Nach ihrer Entstehungsursache lassen sich stille Reserven in gesetzliche Zwangsreserven, Dispositions- und Ermessensreserven sowie Willkürreserven einteilen:

- **Zwangsreserven**

Beachtung gesetzlicher Vorschriften Gesetzliche Zwangsreserven entstehen zwangsläufig bei Beachtung der gesetzlichen Bilanzierungs- und Bewertungsvorschriften. Dies zeigt sich besonders bei langfristigen Investitionen wie Grundstücken, Beteiligungen und Wertpapieren des Anlagevermögens, die bei Wertsteigerungen über die Anschaffungskosten hinaus aufgrund des Anschaffungskostenprinzips nicht höher bewertet werden können. Ferner entstehen sie z.B. durch das Aktivierungsverbot für Marken, Drucktitel und andere in § 248 Abs. 2 Satz 2 HGB genannten nicht entgeltlich erworbene immaterielle Vermögensgegenstände des Anlagevermögens.

- **Dispositions- und Ermessensreserven**

Beachtung des Vorsichtsprinzips Die Beachtung des Vorsichtsprinzips, dem in der handelsrechtlichen Rechnungslegung eine

[438] Zur phasengleichen Gewinnvereinnahmung siehe Abschn. 4.5.2.

[439] Hierzu IDW, WP Handbuch, 18. Aufl. 2023, Kap. F Tz. 522-523.

sehr bedeutende Rolle zukommt, führt zum Entstehen von Dispositions- und Ermessensreserven. Die Ursachen für Ermessensreserven liegen in der Ungewissheit von Schätzungen, die Ursachen von Dispositionsreserven in den eingeräumten Wahlrechten für Ansatz und Bewertung.

Schätzungsunsicherheiten

Beispiele für Schätzungsunsicherheiten, die zu Ermessensreserven führen können, sind z.B. die Schätzung der Nutzungsdauer des abnutzbaren Anlagevermögens, die Bemessung von Beteiligungsabschreibungen oder die Bemessung von Rückstellungen.

Bilanzierungs- und Bewertungswahlrechte

Beispiele für handelsrechtliche Bilanzierungs- und Bewertungswahlrechte, die zu Dispositionsreserven führen können, sind z.B. die Behandlung von selbst geschaffenen immateriellen Vermögensgegenständen des Anlagevermögens, die Verfahren der Vorratsbewertung, das gemilderte Niederstwertprinzip bei Finanzanlagen, die Behandlung eines Disagios oder die Höhe der Herstellungskosten.

- **Willkürreserven**

Verbot

Willkürreserven sind unzulässig. Sie entstehen bei Verstößen gegen zwingende Bilanzierungsvorschriften, z.B. durch völliges oder teilweises Unterlassen der Aktivierung von aktivierungspflichtigen Vermögensgegenständen, durch Verbuchung von Anlagenzugängen als Aufwand oder durch Bildung fiktiver Rückstellungen.

Durch die im Gesetz verankerte Androhung von Sonderprüfungen und die bei unzulässiger Über- oder Unterbewertung eintretende Nichtigkeit des Jahresabschlusses (§§ 256, 258ff. AktG) wird der Bildung von Willkürreserven durch den Gesetzgeber entgegengewirkt.

Auflösung

Stille Reserven, die durch Unterbewertung im Umlaufvermögen entstanden sind, lösen sich automatisch bei Veräußerung der unterbewerteten Gegenstände auf. Die Auflösung stiller Reserven im abnutzbaren Anlagevermögen erfolgt von dem Augenblick an, an dem der durch die Nutzung eintretende Werteverzehr die bilanziellen Abschreibungen übersteigt. Bei Gegenständen des Anlagevermögens, die vorzeitig verkauft werden und deren Verkaufspreis über dem Buchwert liegt, kommt es ebenfalls zu einer (bewussten) Auflösung stiller Reserven. In Verbindlichkeiten bzw. Rückstellungen ruhende stille Reserven lösen sich auf, wenn der entsprechende Bilanzposten ausgebucht oder in seinem Wert nach unten korrigiert wird.

Steuerrechtliche Einschränkungen

Das Bilden von stillen Reserven bewirkt, dass der Jahresüberschuss bzw. das Eigenkapital geringer erscheint, als es der Wirklichkeit entspricht. Abgesehen von einigen Ausnahmen, bemüht sich der Steuergesetzgeber um eine weitgehende Einschränkung der Möglichkeit zur Bildung stiller Reserven. Diese wirken bei ihrer Auflösung ergebniserhöhend. Sie stellen daher, soweit sie steuerlich überhaupt zulässig sind, keine Steuerersparnis, sondern lediglich eine Steuerstundung dar.

5.1.3.4 Ausweis des Jahresergebnisses

5.1.3.4.1 Darstellung der Ergebnisverwendung

Ausweisvarianten des Jahresergebnisses

Die Bilanz darf nach § 266 Abs. 3 HGB ohne Berücksichtigung der Verwendung des Jahresergebnisses oder nach § 268 Abs. 1 Satz 1 HGB auch unter Berücksichtigung der vollständigen oder teilweisen Verwendung des Jahresergebnisses aufgestellt werden. Unter Ergebnisverwendung versteht man die Auflösung der Kapitalrücklage, die Einstellung in bzw. Auflösung von Gewinnrücklagen und die Ausschüttung an Gesellschafter, sofern sie vor Bilanzaufstellung beschlossen werden.[440] Damit ergeben sich die folgenden drei möglichen Ausweisvarianten des Jahresergebnisses in der Bilanz:

[1] Ausweis des Jahresergebnisses in der Bilanz ohne Berücksichtigung der Ergebnisverwendung.
[2] Ausweis des Jahresergebnisses in der Bilanz mit Berücksichtigung der teilweisen Ergebnisverwendung.
[3] Ausweis des Jahresergebnisses in der Bilanz mit Berücksichtigung der vollständigen Ergebnisverwendung.

Zu [1] Ausweis des Jahresergebnisses ohne Berücksichtigung der Ergebnisverwendung

Das Gliederungsschema für die Passivseite der Bilanz von Kapitalgesellschaften nach § 266 Abs. 3 HGB unterstellt, dass die Bilanz ohne Ergebnisverwendung aufgestellt wird. In diesem Fall müssen nach den Bilanzposten „Gezeichnetes Kapital", „Kapitalrücklage" und „Gewinnrücklagen" die Posten A. IV. „Gewinnvortrag/Verlustvortrag" und A. V. „Jahresüberschuss/Jahresfehlbetrag" ausgewiesen werden. Ein Gewinnvortrag bzw. Verlustvortrag resultiert aus dem Vorjahr, wenn ein positives Vorjahresergebnis nicht vollständig verwendet wurde bzw. wenn ein negatives Vorjahresergebnis nicht ausgeglichen wurde.

Zu beachten ist, dass bei AG und KGaA der Betrag der Gewinnrücklagen im Berichtsjahr auch bei Aufstellung der Bilanz ohne Ergebnisverwendung nicht mit den Gewinnrücklagen des Vorjahres übereinstimmen muss. Wenn nämlich die Hauptversammlung durch ihren im Laufe des abzuschließenden Geschäftsjahres getroffenen Beschluss über die Verwendung des Bilanzgewinns des Vorjahres Beträge in die Gewinnrücklagen eingestellt hat, dann betrifft dieser Gewinnverwendungsbeschluss gemäß § 174 Abs. 3 AktG nicht mehr die zuvor festgestellte Schlussbilanz des Vorjahres. Die Einstellungen in die Gewinnrücklagen sind im abzuschließenden Geschäftsjahr zu buchen und erhöhen die Gewinnrücklagen in der Schlussbilanz des Geschäftsjahres. Allerdings ist der Betrag, den die Hauptversammlung aus dem Bilanzgewinn des Vorjahres in die Gewinnrücklagen eingestellt hat, gemäß § 152 Abs. 3 Nr. 1 AktG entweder in der Bilanz oder im Anhang anzugeben, wodurch die Rücklagenveränderung gegenüber dem Vorjahr nachvollziehbar wird.

In einigen Fällen ist – obwohl der Wortlaut des § 268 Abs. 1 HGB ein Wahlrecht vorsieht – die Aufstellung der Bilanz ohne Berücksichtigung der Ergebnisverwendung unmöglich. Dies gilt dann, wenn eine zumindest teilweise Ergebnisverwendung durch gesetzliche oder satzungsmäßige Bestimmungen bei der Aufstellung oder Feststellung des Jahresabschlusses geboten ist (z.B. Dotierung der gesetzlichen Rücklage oder Einstellung aus dem Jahresüberschuss in die Rücklage für eigene Anteile). In diesen Fällen muss der Jahresabschluss unter Berücksichtigung der (teilweisen oder vollständigen) Ergebnisverwendung aufgestellt werden.

---

[440] Zur Definition des Begriffs „Ergebnisverwendung" ausführlich Grottel/Waubke, in: Beck Bil-Komm., 13. Aufl. 2022, § 268 Anm. 1-2.

Beispiel

Der Ausweis des Jahresergebnisses ohne Berücksichtigung der Ergebnisverwendung soll anhand des nachfolgenden Beispiels dargestellt werden:

Ein Unternehmen verfügt über:

Aktiva		EUR	20000
Passiva			
Eigenkapital			
	Gezeichnetes Kapital	EUR	2000
	Kapitalrücklage	EUR	600
	Gewinnrücklagen	EUR	2.400
	Jahresüberschuss	EUR	600
	Gewinnvortrag	EUR	400
Fremdkapital		EUR	14.000

Bilanz vor Ergebnisverwendung

		A. Eigenkapital	
Aktiva	20.000	I. Gezeichnetes Kapital	2.000
		II. Kapitalrücklage	600
		III. Gewinnrücklagen	2.400
		IV. Gewinnvortrag/Verlustvortrag	400
		V. Jahresüberschuß/Jahresfehlbetrag	600
		Frendkapital	14.000
	20.000		20.000

Abb. 17 Bilanz ohne Ergebnisverwendung

Zu [2] Ausweis des Jahresergebnisses mit Berücksichtigung der teilweisen Ergebnisverwendung

Wird die Bilanz unter Berücksichtigung der teilweisen Ergebnisverwendung aufgestellt, tritt an die Stelle der Posten „Gewinnvortrag/Verlustvortrag" und „Jahresüberschuss/Jahresfehlbetrag" der Posten A. IV. „Bilanzgewinn/Bilanzverlust" (§ 268 Abs. 1 Satz 2 Hs. 1 HGB). Die Rücklagenveränderung wird dann in der Bilanz offensichtlich. Der im Bilanzgewinn/Bilanzverlust enthaltene Gewinnvortrag/Verlustvortrag ist gesondert in der Bilanz anzugeben (§ 268 Abs. 1 Satz 2 Hs. 2 HGB). Alternativ kann die Angabe auch im Anhang gemacht werden (§ 268 Abs. 1 Satz 3 HGB). Die Aufstellung der Bilanz nach teilweiser Ergebnisverwendung ist bei der AG und KGaA der Regelfall. Sie kommt für die GmbH in Betracht, wenn – was der Regelfall ist – der Gesellschaftsvertrag die Geschäftsführer ermächtigt, Teile des Jahresergebnisses den Rücklagen zuzuführen oder wenn eine Vorabausschüttung von Gewinnen bei der Aufstellung der Bilanz bereits vollzogen wurde.

Beispiel

Der Ausweis des Jahresergebnisses unter Berücksichtigung der teilweisen Ergebnisverwendung soll anhand des nachfolgenden Beispiels dargestellt werden. Zusätzlich zu den Prämissen aus [1] gilt folgendes: Vorstand und Aufsichtsrat stellen EUR 200 in die Gewinnrücklagen ein. Der verbleibende Jahresüberschuss und Gewinnvortrag sollen als Bilanzgewinn der Beschlussfassung durch die Hauptversammlung unterliegen:

Bilanz bei teilweiser Ergebnisverwendung			
		A. Eigenkapital	
Aktiva	20.000	I. Gezeichnetes Kapital	2.000
		II. Kapitalrücklage	600
		III. Gewinnrücklagen	2.600
		IV. Bilanzgewinn	800
		Frendkapital	14.000
	20.000		20.000

Abb. 18 Bilanz bei teilweiser Ergebnisverwendung

Zu [3] **Ausweis des Jahresergebnisses mit Berücksichtigung der vollständigen Ergebnisverwendung**

Manchmal wird die Bilanz auch unter Berücksichtigung der vollständigen Ergebnisverwendung aufgestellt. Dies kommt zum einen dann vor, wenn sich ein Bilanzgewinn/Bilanzverlust von Null ergibt, weil entweder ein vorhandener Gewinn (Jahresergebnis + Ergebnisvortrag aus dem Vorjahr) von den bilanzaufstellenden Organen der Kapitalgesellschaft aufgrund gesetzlicher oder satzungsmäßiger bzw. gesellschaftsvertraglicher Verpflichtungen in voller Höhe den Rücklagen zugeführt oder einer anderen Gesellschaft aufgrund eines Gewinnabführungsvertrags abgeführt werden muss, oder weil ein vorhandener Verlust durch Auflösung von Rücklagen ausgeglichen wird. Der Posten „Bilanzgewinn/Bilanzverlust" in der Bilanz entfällt in diesem Fall. Eine vollständige Ergebnisverwendung tritt zum anderen auch dann ein, wenn nur Teile des Jahresüberschusses in die Rücklagen eingestellt werden und gleichzeitig der Beschluss über die Ausschüttung des restlichen Gewinns schon vor der Bilanzaufstellung gefasst ist. Der Ausschüttungsbetrag wäre dann bereits bei der Aufstellung der Bilanz als Verbindlichkeit gegenüber Gesellschafter zu passivieren. Dies ist bei der AG und KGaA indes nicht möglich, da die Hauptversammlung über ggf. aus dem Bilanzgewinn auszuschüttende Beträge beschließt und bei einem solchen Gewinnverwendungsbeschluss nach § 174 Abs. 1 AktG einen bereits festgestellten Jahresabschluss zugrunde legen muss. Für die GmbH verlangt § 42a Abs. 2 GmbHG lediglich, dass die Gesellschafter innerhalb einer bestimmten Frist nach Ablauf des Geschäftsjahres über die Feststellung des Jahresabschlusses und die Ergebnisverwendung beschließen. Damit kann vor Feststellung des Jahresabschlusses der Ausschüttungsbetrag bestimmt und als Verbindlichkeit passiviert werden.

Beispiel

Der Ausweis des Jahresergebnisses unter Berücksichtigung der vollständigen Ergebnisverwendung soll anhand des nachfolgenden Beispiels dargestellt werden. Zusätzlich zu den Prämissen aus [1] gilt folgendes: Vorstand und Aufsichtsrat müssen aufgrund gesetzlicher Verpflichtungen EUR 1.000 in die Gewinnrücklagen einstellen:

Bilanz bei vollständiger Ergebnisverwendung			
		A. Eigenkapital	
Aktiva	20.000	I. Gezeichnetes Kapital	2.000
		II. Kapitalrücklage	600
		III. Gewinnrücklagen	3.400
		Frendkapital	14.000
	20.000		20.000

Abb. 19 Bilanz bei vollständiger Ergebnisverwendung

5.1.3.4.2 Ergänzung der GuV

Ergebnisverwendungsrechnung

Für die AG und KGaA ist die Überleitung vom Jahresüberschuss/Jahresfehlbetrag zum Bilanzgewinn/Bilanzverlust in der GuV zwingend in der in § 158 Abs. 1 Satz 1 AktG dargestellten Form vorgeschrieben.[441] Diese sog. Ergebnisverwendungsrechnung schließt unmittelbar an die GuV an und führt deren Nummerierung fort. Die Angaben der Ergebnisverwendungsrechnung können gemäß § 158 Abs. 1 Satz 2 AktG indes auch im Anhang gemacht werden. Bei AG und KGaA ist folglich die Rücklagenveränderung, sofern sie das Jahresergebnis betrifft, immer aus der Ergebnisverwendungsrechnung ersichtlich. Daher macht es bei der AG und KGaA wenig Sinn, die Ergebnisverwendung nicht in der Bilanz zu zeigen. Auf diese Weise kann eine missverständliche Darstellung der Ergebnisverwendung in der Ergebnisverwendungsrechnung einerseits und in der Bilanz andererseits verhindert werden.

Rücklagenspiegel

Sofern also bereits bei der Aufstellung des Jahresabschlusses von AG und KGaA Rücklagenbewegungen vorgenommen werden, ist die Bilanz unter teilweiser bzw. vollständiger Ergebnisverwendung aufzustellen. Die Veränderungen der Rücklagen sind gemäß § 152 Abs. 2 und Abs. 3 AktG in der Bilanz oder im Anhang darzustellen. Am besten eignet sich dazu der sog. Rücklagenspiegel, mit dem die Entwicklung der Rücklagenposten von der Schlussbilanz des vorangehenden Geschäftsjahres bis zur Schlussbilanz des laufenden Geschäftsjahres lückenlos verfolgt werden kann.

Hinweis

Für die GmbH besteht keine zwingende Vorschrift für die Ergebnisverwendungsrechnung, die vom Jahresüberschuss/Jahresfehlbetrag zum Bilanzgewinn/Bilanzverlust überleitet. § 275 Abs. 4 HGB besagt lediglich, dass Veränderungen der Kapital- und Gewinnrücklagen in der GuV – für den Fall, dass die Veränderungen dort gezeigt werden sollen – erst nach dem Posten „Jahresüberschuss/Jahresfehlbetrag" ausgewiesen werden dürfen. Allerdings müssen die gesetzlichen Vertreter der GmbH zumindest den Vorschlag für und den Beschluss über die Verwendung des Ergebnisses als Teil des Jahresabschlusses elektronisch beim Handelsregister einreichen. Ist es der Gesellschaft nicht möglich den Beschluss über die Ergebnisverwendung zeitgleich mit dem Jahresabschluss einzureichen, ist er gemäß § 325 Abs. 1b Satz 2 HGB nach seinem Vorliegen unverzüglich nachzureichen. Die Überleitung vom Jahresüberschuss bzw. Jahresfehlbetrag laut GuV zum Bilanzgewinn bzw. Bilanzverlust ist daher mit diesen Angaben und dem Vergleich mit dem Ausweis der Rücklagen im Vorjahr zwar nachvollziehbar, der Gewinnverwendungsbeschluss ist indes aus dem Jahresabschluss allein nicht immer unmittelbar ersichtlich. Deshalb wird auch für die GmbH die Darstellung der Ergebnisverwendung nach den Vorschriften für AG und KGaA empfohlen.

5.1.3.4.3 Nicht durch Eigenkapital gedeckter Fehlbetrag

Überschuss der Passiv- über die Aktivposten

Grundsätzlich wird ein negatives Bilanzergebnis, also ein Bilanzver-

---

[441] Hierzu Abschn. 3.1.2.

lust, oder ein Verlust, der sich aus der Addition von Gewinnvortrag/Verlustvortrag und Jahresüberschuss/Jahresfehlbetrag ergibt, als Abgrenzungsposten beim Eigenkapital auf der Passivseite der Bilanz ausgewiesen. Ist das (bilanzielle) Eigenkapital indes durch im abgelaufenen Geschäftsjahr oder in vorherigen Geschäftsjahren angesammelte Verluste aufgebraucht und ergibt sich ein Überschuss der Passivposten der Bilanz über die Aktivposten, so ist dieser Betrag nach § 268 Abs. 3 HGB am Schluss der Bilanz auf der Aktivseite gesondert unter der Bezeichnung „Nicht durch Eigenkapital gedeckter Fehlbetrag" auszuweisen. Dieser Aktivposten in Höhe der Differenz von Verlust und Eigenkapital soll verhindern, dass auf der Passivseite unter dem Posten „Eigenkapital" ein Negativposten ausgewiesen wird. In der Bilanz des Folgejahres ist das Eigenkapital (Gezeichnetes Kapital) erneut mit dem Nennbetrag anzusetzen. Außerdem ist ein Verlustvortrag in Höhe des im Vorjahr ausgewiesenen Verlustvortrags und des Jahresfehlbetrags des vergangenen Geschäftsjahres zu bilanzieren.

Bilanzielle Überschuldung

Der Fehlbetrag spiegelt die bilanzielle bzw. buchmäßige Überschuldung eines Unternehmens wider und kann allenfalls als ein Indiz für eine insolvenzrechtliche Überschuldung i.S. des § 92 Abs. 2 AktG oder § 64 Abs. 3 GmbHG angesehen werden.[442]

Kein Wegfall des Postens „Eigenkapital"

Für den Fall eines aktivischen Ausweises des negativen Eigenkapitals geht nicht der Wegfall des Postens „Eigenkapital" auf der Passivseite einher. An der bilanziellen Darstellung des Eigenkapitals ändert sich grundsätzlich nichts. Vielmehr bleiben das gezeichnete Kapital und die anderen Eigenkapitalpositionen wie Kapitalrücklage, Gewinnrücklagen, Gewinnvortrag/Verlustvortrag und Jahresüberschuss/ Jahresfehlbetrag auch dann bestehen und sind gesondert auszuweisen, wenn durch Kürzung eines Verlustvortrags und/oder Jahresfehlbetrags bzw. eines Bilanzverlusts das Eigenkapital aufgebraucht wurde. Das Unterlassen einer Gliederung des Eigenkapitals auf der Passivseite würde nach h.M. vielmehr einen Verstoß gegen das Vollständigkeitsgebot des § 246 Abs. 1 HGB und gegen das Saldierungsverbot des § 246 Abs. 2 HGB darstellen. Im Folgejahr ist dann unabhängig vom aktivischen Ausweis des Vorjahres der Passivposten „Eigenkapital" neu aufzustellen.

Als Darstellungsform kommt etwa eine Vorspalte auf der Passivseite in Betracht:

		Aktivseite Hauptspalte
A.	....	
F.	Nicht durch Eigenkapital gedeckter Fehlbetrag	8.000

		Vorspalte	Passivseite Hauptspalte
A.	Eigenkapital		
	I. Gezeichnetes Kapital	100.000	
	II. Kapitalrücklage	10.000	
	III. Gewinnrücklagen	2000	
	IV. Verlustvortrag	-40.000	
	V. Jahresfehlbetrag	-80.000	
		-8.000	/

[442] Zur Überschuldung ausführlich Baetge/Kirsch/Thiele, Bilanzen, 16. Aufl. 2021, S. 521-522.

B.	....	....
....		....

Abb. 20 Variante 1 – Bilanzausweis des negativen Eigenkapitals

Es wird auch als zulässig erachtet, den Posten, der zu einem negativen Eigenkapital führt, nur insoweit betragsmäßig nicht in der Hauptspalte der Bilanz auszuweisen, als er die übrigen Eigenkapitalposten übersteigt:

		Aktivseite Hauptspalte
A.	....	
F.	Nicht durch Eigenkapital gedeckter Fehlbetrag	8.000

			Passivseite Hauptspalte
A.	Eigenkapital		
	I. Gezeichnetes Kapital		100.000
	II. Kapitalrücklage		10.000
	III. Gewinnrücklagen		2.000
	IV. Verlustvortrag		-40.000
	V. Jahresfehlbetrag		-72.000
	davon nicht gedeckt	-8.000	
			0
B.	....		....
....			....

Abb. 21 Variante 2 – Bilanzausweis des negativen Eigenkapitals

Weiterhin denkbar wäre es, den Ausweis eines Nullsaldos für das Eigenkapital durch Ergänzung des durch § 266 HGB vorgegeben Eigenkapital-Gliederungsschemas um einen zusätzlichen Posten zu erreichen:[443]

		Aktivseite Hauptspalte
A.	....	
F.	Nicht durch Eigenkapital gedeckter Fehlbetrag	8.000

[443] Hierzu auch Hoffmann/Lüdenbach, NWB Kommentar Bilanzierung, 14. Aufl. 2022, § 268 Rz. 129.

		Passivseite Hauptspalte
A.	Eigenkapital	
	I. Gezeichnetes Kapital	100.000
	II. Kapitalrücklage	10.000
	III. Gewinnrücklagen	2.000
	IV. Verlustvortrag	-40.000
	V. Jahresfehlbetrag	-80.000
	VI. Ausweis unter Aktiva	8.000
		0
B.	....	....
....		....

Abb. 22 Variante 3 – Bilanzausweis des negativen Eigenkapitals

Lediglich Variante 1 und Variante 3 führen dazu, dass die Zusammensetzung des bilanziellen Eigenkapitals mit den entsprechenden Beträgen unmittelbar der Bilanz – entweder aus der Vor- oder der Hauptspalte – zu entnehmen ist. Die Sicherstellung der Erhaltung sämtlicher Teilkomponenten des Eigenkapitals eines Tochterunternehmens in voller Höhe ist auch eine wesentliche Voraussetzung für dessen Einbeziehung in den Konzernabschluss. Insofern wäre, Variante 1 oder Variante 3 zu präferieren.

Hinweis

Im Zusammenhang mit dem Posten „Nicht durch Eigenkapital gedeckter Fehlbetrag“ bleibt folgendes festzuhalten: Es handelt sich hierbei um eine rein rechnerische Korrekturgröße zum Eigenkapital, die sich dann ergibt, wenn die Summe sämtlicher Eigenkapitalposten i.S.v. § 266 Abs. 3 A. HGB einen negativen Wert aufweist. Dem Posten ist weder der Charakter eines Vermögensgegenstands beizumessen, noch ist er als Bilanzierungshilfe anzusehen und ist keinesfalls mit dem Jahresfehlbetrag bzw. dem Bilanzverlust zu verwechseln. Mit dem zwingenden Ausweis dieses gerade nicht den Charakter eines Aktivums aufweisenden Postens auf der Aktivseite der Bilanz wird der Ausweis eines Negativbetrags für das Eigenkapital in der Hauptspalte der Passivseite vermieden.[444]

5.1.4 Beispielsachverhalte - Eigenkapital

a. Die FWA erwirtschaftet im abgelaufenen Geschäftsjahr t1 einen Jahresüberschuss von EUR 20.500.000,00. Der Geschäftsleitung ist bekannt, dass eine bestimmte Aktionärsgruppe wieder die volle Ausschüttung des Jahresergebnisses fordern wird. Vorstand und Aufsichtsrat aber, die den Jahresabschluss

---

[444] Hierzu Roos, StuB 2015, S. 788-790.

feststellen, möchten die Rücklagen der Gesellschaft stärken, da in der näheren Zukunft größere Investitionen geplant sind und der Finanzierungsspielraum aufgrund der derzeitigen Kapitalstruktur der Gesellschaft stark eingeschränkt ist. Laut Satzung sind Vorstand und Aufsichtsrat ermächtigt, bis zu 60% des um einen Verlustvortrag und Zuführung zu den gesetzlichen Rücklagen bereinigten Jahresüberschusses in die anderen Gewinnrücklagen einzustellen. Da der Grund für eine in Vorjahren vorgenommene außerplanmäßige Abschreibung im Sachanlagevermögen entfallen ist, führt die FWA eine Wertaufholung i.H. von EUR 2.000.000,00 durch. Der kumulierte Ertragssteuersatz liegt bei 30%. Welchen Betrag werden Vorstand und Aufsichtsrat unter diesen Umständen der Hauptversammlung zur Ausschüttung vorschlagen, wenn am Bilanzstichtag des letzten Geschäftsjahres das Grundkapital der FWA EUR 100.000.000,00, die gesetzlichen Rücklagen EUR 6.000.000, die Kapitalrücklage EUR 2.000.000,00, die anderen Gewinnrücklagen EUR 47.000.000,00 und die satzungsmäßigen Rücklagen EUR 5.000.000,00 betragen haben, ein Verlustvortrag von EUR 500.000,00 besteht und im abgelaufenen Geschäftsjahr für Anschaffungskosten von insgesamt EUR 2.000.000,00 10.000 eigene Aktien (Nennbetrag EUR 10,00) erworben wurden (es wird unterstellt, dass die aktienrechtlichen Voraussetzungen für den Erwerb eigener Aktien vorliegen)? Es ist die Gliederung des Eigenkapitals darzustellen, wobei davon auszugehen ist, dass eine Bilanzerstellung vor Ergebnisverwendung stattfindet. Steuerliche Konsequenzen aus der Gewinnverwendung sind zu vernachlässigen.

Da Vorstand und Aufsichtsrat den Jahresabschluss feststellen, ist § 58 Abs. 2 AktG einschlägig. Vorstand und Aufsichtsrat können demnach einen Teil des Jahresüberschusses, höchstens jedoch die Hälfte, den anderen Gewinnrücklagen zuführen. Daneben können Vorstand und Aufsichtsrat per Satzung ermächtigt werden, weitere Einstellungen in die anderen Gewinnrücklagen vorzunehmen. Diese Ermächtigung gilt jedoch nur insoweit, als die anderen Gewinnrücklagen weder vor noch nach der Einstellung die Hälfte des Grundkapitals übersteigen.

Bei der Bemessung der Zuführung sind allerdings ein etwaiger Verlustvortrag und die in die gesetzliche Rücklage einzustellenden Beträge abzuziehen.

Vorweg ist nun zu prüfen, inwieweit Pflichtzuführungen zur gesetzlichen Rücklage erforderlich sind. Die Zuführung zur gesetzlichen Rücklage bestimmt sich nach § 150 Abs. 2 AktG. Da die gesetzliche Rücklage (= EUR 6.000.000,00) der FWA in Summe mit der Kapitalrücklage (= EUR 2.000.000,00) noch nicht die geforderte Höhe von 10% des Grundkapitals (= EUR 100.000.000,00 x 10% = EUR 10.000.000,00) entspricht, müssen ihr 5% des Jahresüberschusses zugeführt werden, nachdem dieser um den Verlustvortrag aus dem Vorjahr gemindert wurde (§ 150 Abs. 2 AktG).

Hinweis

Würde ein Gewinnvortrag bestehen, so würde dieser die Bemessungsgrundlage der gesetzlichen Rücklage nicht erhöhen. Ein Gewinnvortrag steht nämlich grundsätzlich der Verwaltung nicht zur Verfügung. Er erhöht den Bilanzgewinn und damit den Betrag, der der Hauptversammlung zur Disposition steht.

Gemäß § 58 Abs. 1 Satz 3 AktG ist zur Berechnung der Zuführung zu den anderen Gewinnrücklagen der Jahresüberschuss um den Verlustvortrag und den in die gesetzlichen Rücklagen einzustellenden Betrag zu kürzen.

Da Vorstand und Aufsichtsrat einen möglichst hohen Teil des Jahresüberschusses einbehalten möchten, werden sie EUR 9.500.000,00, die Hälfte der Bemessungsgrundlage (korrigierter Jahresüberschuss: EUR 19.000.000,00 = EUR 20.500.000,00 - EUR 500.000,00 - EUR 1.000.000,00 (= EUR 20.000.000,00 x 5%)), den anderen Gewinnrücklagen zuzuführen.

Dass mit der Einstellung von EUR 9.500.000,00 die anderen Gewinnrücklagen die Hälfte des Grundkapitals übersteigen, ist nicht von Bedeutung, da Vorstand und Aufsichtsrat, falls sie den Jahresabschluss feststellen, in jedem Fall 50% des Bemessungsbetrags in die anderen Gewinnrücklagen einstellen dürfen. Allerdings scheidet die Ausübung der Satzungsoption, 60% in die anderen Gewinnrücklagen einzustellen, aufgrund der Höhe dieser Rücklage (> 50% des Grundkapitals) aus.

Des Weiteren ist es Vorstand und Aufsichtsrat nach § 58 Abs. 2a AktG, unabhängig davon, ob Hauptversammlung oder Vorstand und Aufsichtsrat den Jahresabschluss feststellt bzw. feststellen, immer möglich, den Eigenkapitalanteil von Wertaufholungen bei Vermögensgegenständen des Anlage- und Umlaufvermögens in die anderen Gewinnrücklagen einzustellen. Im Geschäftsjahr erfolgt eine Wertaufholung in Höhe von EUR 2.000.000,00. Der Eigenkapitalanteil beträgt EUR 1.400.000,00, also der auf der Aktivseite zugeschriebene Betrag, verringert um die darauf entfallende Ertragsteuer. Diesen Betrag werden Vorstand und Aufsichtsrat zusätzlich in die anderen Gewinnrücklagen einstellen, da sie einen möglichst hohen Teil des Jahresüberschusses für die Ausschüttung sperren wollen.

Über die Verwendung des Restbetrags in Höhe von EUR 8.100.000,00 (= Bilanzgewinn) entscheidet die Hauptversammlung.

Vorstand und Aufsichtsrat können zusätzlich der Hauptversammlung vorschlagen, weitere Beträge in die Gewinnrücklage einzustellen oder als Gewinn vorzutragen (§ 58 Abs. 3 AktG):

Es ergibt sich somit folgende Reihenfolge bei der Dotierung der Rücklagen:

Jahresüberschuss	20.500.000,00
Verlustvortrag	-500.000,00
Bemessungsgrundlage I	**20.000.000,00**
Pflichtdotierung der gesetzlichen Rücklage	-1.000.000,00
Bemessungsgrundlage II	**19.000.000,00**
Einstellung von max. 50% des korrigierten Jahresüberschusses in die anderen Gewinnrücklagen immer möglich	-9.500.000,00
Laut Satzung mögliche zusätzliche Einstellung von mehr als 50% des korrigierten Jahresüberschusses in die anderen Gewinnrücklagen so lange zulässig, bis diese 50% des Grundkapitals erreicht haben	0,00
Bemessungsgrundlage III	**9.500.000,00**

Einstellung in die Rücklagen für Anteile an einem herrschenden oder mehrheitlich beteiligten Unternehmen	0,00
Einstellung in die Rücklagen für Erträge aus Beteiligungen in der GuV, die bereits eingegangene Dividendenzahlungen oder -ansprüche übersteigen	0,00
Einstellung in die satzungsmäßigen Rücklagen	0,00
Einstellung des Eigenkapitalanteils von Wertaufholungen im Anlage- und Umlaufvermögen in die anderen Gewinnrücklagen	-1.400.000,00
Bemessungsgrundlage IV	**8.100.000,00**
Gewinnvortrag	0,00
Bemessungsgrundlage für den Ergebnisverwendungsbeschluss der Hauptversammlung (Bilanzgewinn)	**8.100.000,00**

Die Gliederung des Eigenkapitals vor Ergebnisverwendung zeichnet sich dadurch aus, dass der Jahresüberschuss bzw. der Jahresfehlbetrag und der etwaige Gewinn- bzw. Verlustvortrag explizit in der Hauptspalte der Bilanz ausgewiesen werden:

Eigenkapital vor Ergebnisverwendng		
A. Eigenkapital		
I. Gezeichnetes Kapital	100.000.000,00	
- eigene Anteile	-100.000,00	
Ausgegebenes Kapital		99.900.000,00
II. Kapitalrücklage		2.000.000,00
III. Gewinnrücklagen		
1. gesetzliche Rücklage		6.000.000,00
2. satzungsmäßige Rücklagen		5.000.000,00
3. andere Gewinnrücklagen*		45.100.000,00
IV. Gewinnvortrag/Verlustvortrag		-500.000,00
V. Jahresüberschuß/Jahresfehlbetrag		20.500.000,00
		178.000.000,00
* *andere Gewinnrücklage gemäß Angabe*		*47.000.000,00*
Eigene Anteile Differenz Nennbetrag zu AK		*-1.900.000,00*
		45.100.000,00

Es ist zu beachten, dass gemäß § 272 Abs. 1a HGB der Nennbetrag der erworbenen eigenen Anteile in der Vorspalte offen vom Posten „Gezeichnetes Kapital" abzusetzen ist. Der verbleibende Betrag in der Hauptspalte kann dann als „Ausgegebenes Kapital" bezeichnet werden. Ein Unterschiedsbetrag zwischen dem Nennbetrag und den Anschaffungskosten der eigenen Anteile ist mit den frei verfügbaren Rücklagen zu verrechnen. Zu den frei verfügbaren Rücklagen zählen die „anderen Gewinnrücklagen" sowie die „Kapitalrücklage". Somit erfolgt vom gezeichneten Kapital eine offene Absetzung des Nennbetrags der erworbenen eigenen Anteile. Die Differenz zu den Anschaffungskosten vermindert die anderen Gewinnrücklagen.

Hinweis

Allerdings ist fraglich, ob vorliegend der Ausweis vor Ergebnisverwendung zulässig ist. Hier wird die Auffassung vertreten, dass die Möglichkeit, die Bilanz vor Ergebnisverwendung zu erstellen, nur dann besteht, wenn zum Zeitpunkt der Bilanzfeststellung keine Verpflichtung zur Rücklagendotierung sei es per Gesetz, per Gesellschaftsvertrag oder per Satzung, besteht.

b. Es ist die Gliederung des Eigenkapitals darzustellen, wobei davon auszugehen ist, dass eine Bilanzerstellung unter Berücksichtigung einer teilweisen Ergebnisverwendung stattfindet.

Danach gliedert sich das Eigenkapital wie folgt:

Eigenkapital bei teilweiser Ergebnisverwendng		
A. Eigenkapital		
I. Gezeichnetes Kapital	100.000.000,00	
- eigene Anteile	-100.000,00	
Ausgegebenes Kapital		99.900.000,00
II. Kapitalrücklage		2.000.000,00
III. Gewinnrücklagen		
1. gesetzliche Rücklage		7.000.000,00
2. satzungsmäßige Rücklagen		5.000.000,00
3. andere Gewinnrücklagen*		56.000.000,00
IV. Bilanzgewinn		8.100.000,00
		178.000.000,00
* *andere Gewinnrücklage gemäß Angabe*		*47.000.000,00*
Einstellung in andere Gewinnrücklagen I		*9.500.000,00*
Einstellung in andere Gewinnrücklagen II		*1.400.000,00*
Eigene Anteile Differenz Nennbetrag zu AK		*-1.900.000,00*
		56.000.000,00

c. (i) Die FWA gibt am 1.3.t0 insgesamt 1.000.000 Aktien zum Nennwert von je EUR 5 zu je EUR 10,00 aus, die in voller Höhe eingezahlt werden. (ii) Am 1.9.t0 kauft sie 90.000,00 Aktien zum Zweck der Ausgabe an die Belegschaft zu einem Preis von je EUR 15,00 zurück. Dabei treten direkt mit dem Erwerb in Verbindung stehende Kosten in Höhe von EUR 4.000,00 auf. Die FWA hatte bisher noch keine eigenen Anteile erworben. (iii) Da die FWA allerdings am 1.11.t0 feststellt, dass sie für die Ausgabe an die Belegschaft nur 80.000 Aktien benötigt und der aktuelle Kurs der Aktie bei EUR 20,00 liegt, veräußert sie 10.000 Aktien zu je EUR 20,00 (direkt zurechenbare Kosten der Veräußerung: EUR 440,00). Die FWA hat „andere Gewinnrücklagen" von EUR 56.000.000,00.

(i)

Durch die Ausgabe von Aktien am 1.3.t0 erhöht sich das Grundkapital der FWA um die Summe der Nennbeträge der ausgegebenen Aktien. Das gezeichnete Kapital nimmt somit um EUR 5.000.000,00 zu. Weiterhin ist das Aufgeld in Höhe von EUR 5.000.000 nach § 272 Abs. 2 Nr. 1 HGB in die Kapitalrücklage einzustellen.

(ii)

Die am 1.9.t0 zurückerworbenen Anteile wurden zum Zwecke der Ausgabe an die Belegschaft der FWA erworben. Allerdings ist dieser Erwerb nach § 71 Abs. 2 Satz 1 AktG mengenmäßig auf insgesamt maximal 10% des Grundkapitals beschränkt. Durch den Erwerb von 90.000 Aktien besitzt die FWA 9% (= 90.000/ 1.000.000,00) des Grundkapitals. Weitere Bestände an eigenen Aktien bestehen nicht. Die Voraussetzung ist daher erfüllt. Außerdem ist der Erwerb gemäß § 71 Abs. 2 Satz 2 AktG nur zulässig, wenn die Gesellschaft im Zeitpunkt des Erwerbs eine Rücklage in Höhe der Aufwendungen für den Erwerb bilden könnte, ohne das Grundkapital oder eine nach Gesetz oder Satzung zu bildende Rücklage zu mindern, die nicht zur Zahlung an die Aktionäre verwendet werden darf. Dies Ausgaben für den Erwerb betragen EUR 1.350.000,00 (= 90.000 x EUR 15,00). Da andere Gewinnrücklagen in ausreichender Höhe vorhanden sind, um eine Rücklage zu bilden, ist auch dieses Kriterium erfüllt. Der Erwerb kann somit erfolgen.

Der Nennbetrag der erworbenen eigenen Anteile ist nach § 272 Abs. 1a HGB in der Vorspalte der Bilanz offen vom Posten „Gezeichnetes Kapital“ abzusetzen. Ein Unterschiedsbetrag zwischen dem Nennbetrag und den Anschaffungskosten der eigenen Anteile ist mit den frei verfügbaren Rücklagen zu verrechnen. Zu den frei verfügbaren Rücklagen zählen die „anderen Gewinnrücklagen“ sowie die „Kapitalrücklage“ gemäß § 272 Abs. 2 Nr. 4 HGB. Aufwendungen, die Anschaffungsnebenkosten darstellen, sind als Aufwand des Geschäftsjahres zu erfassen. Da der Erwerb direkt zurechenbare Kosten in Höhe von EUR 4.000 verursacht, ist in dieser Höhe ein Aufwand zu erfassen.

Die erworbenen Anteile sind in Höhe von 90.000 x EUR 5,00 = EUR 450.000,00 vom gezeichneten Kapital abzusetzen. Die anderen Gewinnrücklagen sind um 90.000 x EUR 10,00 = EUR 900.000,00 zu vermindern. Insgesamt fließen der FWA liquide Mittel in Höhe von EUR 1.350.000,00 (zzgl. Transaktionskosten von EUR 4.000,00) ab.

(iii)

Zum 1.11.t0 veräußert die FWA 10.000 der zuvor erworbenen eigenen Aktien zu einem Preis von EUR 20. Gemäß § 272 Abs. 1b HGB ist die offene Absetzung des Nennbetrags der erworbenen Anteile rückgängig zu machen (10.000 x EUR 5,00 = EUR 50.000,00). Zudem muss ein den Nennbetrag übersteigender Differenzbetrag aus dem Veräußerungserlös bis zur Höhe des mit den frei verfügbaren Rücklagen verrechneten Betrags in die jeweiligen Rücklagen eingestellt werden (10.000 x EUR 10,00 = 100.000,00). Ein darüber hinaus gehender Differenzbetrag (EUR 20,00 - EUR 15,00 = EUR 5,00) ist in die Kapitalrücklage einzustellen (10.000 x EUR 5,00 = EUR 50.000,00). Des Weiteren sind Nebenkosten der Veräußerung wieder als Aufwand zu erfassen.

Unter Berücksichtigung sämtlicher Transkationen stellt sich der Jahresabschluss der FWA für das Geschäftsjahr t0 wie folgt dar:

Bilanz **31.12.**

Ref. 0

Aktiva

...

B Umlaufvermögen

...

IV. Kassenbestand, Bundesbankguthaben, Guthaben bei Kreditinstituten und Schecks	(i)		10.000.000,00
	(ii)		-4.000,00

Passiva

A Eigenkapital

		Vorspalte	
I. Gezeichnetes Kapital	(i)		5.000.000,00
Gezeichnetes Kapital	(ii)	*5.000.000,00*	
- Eigene Anteile		*-450.000,00*	
Ausgegebenes Kapital			4.550.000,00
- Eigene Anteile	(iii)	*-400.000,00*	
Ausgegebenes Kapital			4.600.000,00

II. Kapitalrücklage	(i)		5.000.000,00
	(ii)		4.100.000,00
	(iii)		4.250.000,00
III. Gewinnrücklagen			
4. andere Gewinnrücklagen			56.000.000,00
IV. Gewinnvortrag/Verlustvortrag			
V. Jahresüberschuß/Jahresfehlbetrag			-4.440,00
	(ii)		-4.000,00
	(iii)		-440,00

Gewinn- und Verlustrechnung nach GKV **1.1. - 31.12.**

	Ref.	0	
...			
8. sonstige betriebliche Aufwendungen	(ii)		-4.000,00
	(iii)		-440,00
...			
17. Jahresüberschuss/Jahresfehlbetrag			**-4.440,00**

Gewinn- und Verlustrechnung nach UKV **1.1. - 31.12.**

	Ref.	0	
...			
7. sonstige betriebliche Aufwendungen	(ii)		-4.000,00
	(iii)		-440,00
...			
16. Jahresüberschuss/Jahresfehlbetrag			**-4.440,00**

c. Die FWA erwirtschaftet im Jahr t1 einen Jahresüberschuss von EUR 30.000.000,00. Ihr Grundkapital beträgt EUR 100.000.000,00. Der Jahresabschluss wird von Vorstand und Aufsichtsrat festgestellt. Die gesetzliche Rücklage beträgt EUR 7.000.000,00, die Kapitalrücklage EUR 2.000.000,00 (davon fallen EUR 1.500.000,00 unter § 272 Abs. 2 Nr. 4 HGB) und die anderen Gewinnrücklagen betragen EUR 56.000.000,00. Aus dem Vorjahr besteht ein Verlustvortrag von EUR 40.000.000,00. Welchen Betrag können Vorstand und Aufsichtsrat der Hauptversammlung maximal zur Ausschüttung vorschlagen? Die steuerlichen Auswirkungen der Ausschüttung sind zu vernachlässigen.

§ 150 Abs. 2 AktG schreibt vor, dass 5% des um einen Verlustvortrag geminderten Jahresüberschusses in die gesetzliche Rücklage einzustellen sind, bis die Summe aus gesetzlicher Rücklage und Kapitalrücklage 10% des Grundkapitals beträgt.

Der Jahresüberschuss ist somit um den Verlustvortrag aus dem Vorjahr zu vermindern:

Jahresüberschuss laufendes Jahr	30.000.000,00
- Verlustvortrag	-40.000.000,00
= verbleibender, nicht durch Jahresüberschuss gedeckter Verlustvortrag	-10.000.000,00

Obwohl die gesetzliche Rücklage und die Kapitalrücklage (ohne den Anteil, der unter § 272 Abs. 2 Nr. 4 HGB fällt) zusammen mit EUR 7.500.000,00 (= EUR 7.000.000,00 + EUR 500.000,00) 10% des Grundkapitals (EUR 10.000.000,00 x 10% = EUR 10.000.000,00) nicht erreichen, ist keine Zuführung zur gesetzlichen Rücklage vorzunehmen, da der Jahresüberschuss durch die Verrechnung des Verlustvortrags aufgezehrt ist.

Dieser Fehlbetrag von EUR 10.000.000,00 kann nicht nach § 150 Abs. 3 Nr. 2 AktG durch Auflösung der gesetzlichen Rücklage egalisiert werden, da der verbleibende Verlustvortrag durch Auflösung anderer Gewinnrücklagen ausgeglichen werden kann. Deshalb sind zur Erzielung des maximalen Ausschüttungsvolumens die anderen Gewinnrücklagen um EUR 10.000.000,00 zu verringern. Des Weiteren darf über Beträge, die nicht unter die Kapitalrücklage nach § 272 Abs. 2 Nr. 1-3 HGB fallen, ohne Einschränkung verfügt werden. Der maximale Ausschüttungsbetrag erhöht sich damit um EUR 1.500.000,00:

andere Gewinnrücklagen	56.000.000,00
- verbleibender Verlustvortrag	-10.000.000,00
= ausschüttungsfähige andere Gewinnrücklagen	46.000.000,00
+ Kapitalrücklage i.S.v. § 272 Abs. 2 Nr. 4 HGB	1.500.000,00
= maximal ausschüttungsfähiger Betrag	47.500.000,00

d. Zwei Konkurrenten der FWA, die Bayrische Wollmanufaktur AG und die Badische Spinnerei KGaA, schlossen sich am 1.3.t1 zusammen, um die Wollspinnerei Süd AG zu gründen. Sie vereinbarten ein Grundkapital von EUR 500.000,00 mit einem Nennwert von EUR 1 je Aktie. Die Aktien wurden von beiden Gründern zu einem Kurs von EUR 10,00 je Aktie und einer Einzahlungsquote von 40% übernommen. Am Jahresende hat die Wollspinnerei Süd AG einen Jahresüberschuss von EUR 40.000,00. Es ist die Eigenkapitalsituation der Wollspinnerei Süd AG zum 31.12.t1 darzustellen.

Das gezeichnete Kapital muss bei einer AG nicht immer in voller Höhe einbezahlt sein. Der Teil, der nicht eingefordert wurde, wird als „ausstehende Einlagen" bezeichnet. Bei Bareinlagen muss der eingeforderte Betrag nach § 36a Abs. 1 AktG mindestens 25% betragen. Für den Fall, dass der Ausgabebetrag über dem Nennwert liegt, also ein Agio vorliegt, muss der eingeforderte Betrag auch das gesamte Agio umfassen.

Die Bilanzierung der ausstehenden Einlagen ist in § 272 Abs. 1 Satz 3 HGB geregelt. Danach sind die nicht eingeforderten ausstehenden Einlagen auf das gezeichnete Kapital vom Posten „Gezeichnetes Kapital" offen – in der Vorspalte – abzusetzen. Der verbleibende Betrag ist als Posten „Eingefordertes Kapital in der Hauptspalte der Passiva auszuweisen.

Das eingeforderte Kapital berechnet sich wie folgt:

40% x EUR 500.000 = EUR 200.000,00.

Die ausstehenden Einlagen berechnen sich wie folgt:

60% x EUR 500.000 = EUR 300.000,00.

Folgender Betrag ist der Kapitalrücklage zuzuführen:

	Ausgabebetrag je Aktie	EUR	10,00
-	Nennbetrag je Aktie	EUR/Aktie	1,00
=	Agio	EUR	9,00

Vom Grundkapital wurden 40% = 200.000 Aktien eingezahlt. Das hierauf entfallende Agio ist in voller Höhe in die Kapitalrücklage einzubezahlen:

200.000 Aktien x EUR 9/Aktie = EUR 1.800.000,00.

Am Geschäftsjahresende ist zu prüfen, ob die Wollspinnerei Süd AG eine gesetzliche Rücklage zu bilden hat. Nach § 150 Abs. 2 AktG sind so lange 5% des um einen Verlustvortrag aus dem Vorjahr geminderten Jahresüberschusses einzustellen, bis die gesetzliche Rücklage und die Kapitalrücklage zusammen 10% des Grundkapitals erreichen. Dies entspricht vorliegend EUR 50.000,00 (= EUR 500.000,00 x 10%).

Da die Kapitalrücklage mit EUR 1.800.000,00 bereits deutlich über dem geforderten Betrag liegt, ist eine weitere Dotierung der gesetzlichen Rücklage nicht erforderlich. Das Eigenkapital stellt sich zum 31.12.t1 wie folgt dar:

A.	**Eigenkapital**		
I.	Gezeichnetes Kapital	500.000,00	
	- nicht eingeforderte Einlage	300.000,00	
	Eingefordertes Kapital		200.000,00
II.	Kapitalrücklage		1.800.000,00
III.	Gewinnrücklagen		0,00
IV.	Gewinnvortrag/Verlustvortrag		0,00
V.	Jahresüberschuss/Jahresfehlbetrag		40.000,00
			2.040.000,00

e. Die FWA hat zum 31.12.t0 ein Grundkapital von EUR 100.000.000,00, welches in Aktien mit einem Nennwert von EUR 5 gestückelt ist. Die Kapitalrücklage beträgt EUR 2.000.000,00, die Gewinnrücklagen EUR 68.000.000,00 und einem Bilanzgewinn von EUR 8.100.000,00. Zur Verbesserung der Liquidität soll im ersten Quartal t1 eine ordentliche Kapitalerhöhung durchgeführt werden. Hierzu wurde ein Bankenkonsortium mit der Ausgabe von 2.000.000 jungen Aktien mit einem Nennwert von EUR 5,00 pro Aktie beauftragt. Das Konsortium verkauft die Aktien für EUR 20,00 je Aktie. Der Bilanzgewinn des Vorjahres wurde vollständig an die Gesellschafter ausgeschüttet. Der Jahresüberschuss des laufenden Jahres t2 beträgt EUR 10.000.000,00. Es ist der Bilanzausweis des Eigenkapitals vor Ergebnisverwendung zum 31.12.t2 darzustellen.

Ausgangspunkt ist die Eigenkapitalsituation zum 31.12.t1:

		Periode 01
A.	**Eigenkapital**	
I.	Gezeichnetes Kapital	100.000.000,00
II.	Kapitalrücklage	2.000.000,00
III.	Gewinnrücklagen	
	1. gesetzliche Rücklage	7.000.000,00
	2. satzungsmäßige Rücklagen	5.000.000,00
	3. andere Gewinnrücklagen	56.000.000,00

IV. Bilanzgewinn		8.100.000,00
		178.100.000,00

Durch die Kapitalerhöhung in t2 erhält die FWA liquide Mittel in Höhe von EUR 40.000.000,00. Dieser Betrag ermittelt sich wie folgt:

	Anzahl junge Aktien	EUR	2.000.000,00
x	Nennwert	EUR/Aktie	5,00
=	Erhöhung Grundkapital	EUR	10.000.000,00

	Ausgabebetrag je Aktie	EUR	20,00
-	Nennbetrag je Aktie	EUR	5,00
=	Agio	EUR	15,00

	Anzahl junge Aktien	EUR	2.000.000,00
x	Agio	EUR/Aktie	15,00
=	Erhöhung Kapitalrücklage	EUR	30.000.000,00

Das bilanzielle Eigenkapital für t2 stellt sich nach der Kapitalerhöhung wie folgt dar:

A.	**Eigenkapital**		**Periode 02**
	I. Gezeichnetes Kapital		110.000.000,00
	II. Kapitalrücklage		32.000.000,00
	III. Gewinnrücklagen		
	1.	gesetzliche Rücklage	7.000.000,00
	2.	satzungsmäßige Rücklagen	5.000.000,00
	3.	andere Gewinnrücklagen	56.000.000,00
	IV. Bilanzgewinn		8.100.000,00
			218.100.000,00

5.2 Bilanzierung der Rückstellungen

5.2.1 Begriff und Zweck der Rückstellungen

Dem Grund und / oder der Höhe nach ungewisse Verpflichtungen

Rückstellungen sind Passivposten für bestimmte Verpflichtungen eines Unternehmens, die zu künftigen Ausgaben führen. Rückstellungen unterscheiden sich von den Verbindlichkeiten dadurch, dass die Verpflichtung zu künftigen Ausgaben dem Grunde und/oder der betragsmäßigen Höhe nach ungewiss ist. Sind sowohl Höhe als auch Fälligkeitszeitpunkt konkret bestimmt, wird die Verpflichtung bzw. Schuld als Verbindlichkeit ausgewiesen.[445]

[445] Hierzu Melcher/David/Skowronek, Rückstellungen, 2013, S. 33.

Verbindlichkeiten und Rückstellungen ergeben zusammen die bilanzrechtlichen Schulden eines Unternehmens.

Bei keinem anderen Bilanzposten kommen die Unterschiede zwischen der statischen und der dynamischen Bilanztheorie so deutlich zum Ausdruck wie bei den Rückstellungen. Der Umfang des Begriffs „Rückstellung" hängt dabei unmittelbar davon ab, welchem Zweck eine Bilanz erfüllen soll:

Statische Bilanztheorie

Aus statischer Sicht dürfen Rückstellungen nur dann gebildet werden, wenn die zu antizipierenden Verpflichtungen gegenüber Dritten bestehen. Solche Verpflichtungen werden als Außenverpflichtungen bezeichnet. Ziel des Jahresabschlusses aus statischer Sicht ist es, die Schuldendeckungsfähigkeit des Unternehmens durch eine Gegenüberstellung des Vermögens und der Schulden darzustellen. Diese Gegenüberstellung setzt den vollständigen Ausweis der Schulden im Jahresabschluss voraus.

Außenverpflichtungen

Außenverpflichtungen lassen sich zunächst danach unterscheiden, ob sie mit vergangenen oder mit künftigen Erträgen im Zusammenhang stehen. Verpflichtungen, die mit vergangenen Erträgen zusammenhängen, sind nach den Grundsätzen der Abgrenzung der Sache und der Zeit durch die Bildung eines bilanziellen Schuldpostens zu berücksichtigen. Stehen künftige Ausgaben hingegen im Zusammenhang mit künftigen Erträgen, so erlauben die Abgrenzungsgrundsätze keine bilanzielle Erfassung der Verpflichtung. Nur wenn die künftigen Ausgaben für ein bereits eingeleitetes (schwebendes) Geschäft die erwarteten künftigen Einnahmen aus dem Geschäft übersteigen, ist der drohende negative Erfolgsbeitrag nach dem Imparitätsprinzip bereits im Jahresabschluss des abgelaufenen Geschäftsjahres zu berücksichtigen.

Weiterhin sind Außenverpflichtungen danach zu unterscheiden, ob sie aus rechtlichen oder aus faktischen Zwängen des Unternehmens resultieren:

Rechtliche Außenverpflichtungen

Rechtliche Außenverpflichtungen können dabei zivil-rechtlich – z.B. aufgrund eines Vertrags – oder öffentlich-rechtlich – z.B. durch einen Verwaltungsakt – begründet werden. Eine nur an formalrechtlichen Kriterien orientierte Betrachtung wird indes den Zwecken der Rechnungslegung nicht gerecht. Zu den rechtlichen Verpflichtungen im bilanziellen Sinne gehören daher auch solche Verpflichtungen, die rechtlich bislang noch nicht vollständig entstanden sind, d.h., bei denen noch nicht alle Tatbestandsmerkmale erfüllt sind, die eine rechtliche Verpflichtung erst begründen. Für diese rechtlich noch nicht voll entstandenen Verpflichtungen sind Voraussetzungen zu formulieren, ab welchem rechtlichen Entstehungsfortschritt eine solche Verpflichtung bilanziell in Form einer Rückstellung zu erfassen ist.

Faktische Außenverpflichtungen

Faktische Außenverpflichtungen ergeben sich aus sittlichen, sozialen und/oder betriebswirtschaftlichen Handlungszwängen, denen sich das Unternehmen nicht entziehen kann, ohne künftig wirtschaftliche Nachteile zu erleiden. Analog zu den rechtlichen Außenverpflichtungen ist auch für faktische Verpflichtungen der früheste Zeitpunkt zu bestimmen, ab dem eine bilanzielle Verpflichtung vorliegt. Unzweifelhaft zählen Außenverpflichtungen nach der statischen Bilanztheorie zu den Schulden eines Unternehmens, da sie im Falle ihrer Konkretisierung das zur Befriedigung der Gläubiger zur Verfügung stehende Vermögen mindern.

Dynamische Bilanztheorie

Aus dynamischer Sicht steht die periodengerechte Erfolgsermittlung im Vordergrund der Jahresabschlusserstellung. Dies bedeutet, dass das erzielte Jahresergebnis ein Maßstab für die Ertragslage eines Unternehmens im Zeitablauf sein soll. Unabdingbare Voraussetzung hierfür ist die Abgrenzung der künftigen Ausgaben der Sache nach, also eine Zuordnung des Aufwands zum entsprechenden Ertrag. Bei dynamischer Betrachtung sind Rückstellungen deshalb auch für jegliche eigentlich notwendige, aber unterlassene betriebliche Ausgaben zu bilden, die im abgelaufenen Geschäftsjahr zur Erzielung von Erträgen erforderlich waren und die deshalb zur periodengerechten Erfolgsermittlung den Erträgen des abgelaufenen Geschäftsjahres als Aufwand gegenüberzustellen sind. Typisches Beispiel für derartige Aufwendungen sind die künftigen Ausgaben für unterlassene Instandhaltung, die kurz nach dem Bilanzstichtag nachgeholt werden. Der Instandhaltungsaufwand ist i.S. einer periodengerechten Erfolgsermittlung im selben Jahr zu erfassen, wie die mit der Maschine erzielten Erträge. Bei der erfolgsorientierten Sicht der dynamischen Bilanztheorie steht nicht die Frage im Vordergrund, was als Vermögensgegenstand oder Schuld anzusetzen ist, sondern vielmehr die Frage danach, wann Ausgaben erfolgswirksam zu verrechnen sind. An dieser Stelle wird deutlich, dass der Rückstellungsbegriff nach der dynamischen Sicht die nach der statischen Sicht zu bildenden Rückstellungen einschließt. Neben dem Zweck eines zutreffenden Ausweises des Vermögens und der Schulden dienen die nach der statischen Sicht zu bildenden Rückstellungen nämlich auch der Periodisierung der künftigen Ausgaben. Indes ist der dynamische Rückstellungsbegriff weiter gefasst als der statische, da hierunter auch Sachverhalte fallen, die keine Außenverpflichtungen darstellen.

Innenverpflichtungen

Z.B. führen die o.g. künftigen Ausgaben für unterlassene Instandhaltung zu Verpflichtungen des Unternehmens gegenüber sich selbst. Solche Verpflichtungen werden als Innenverpflichtungen bezeichnet. Diese zählen nicht zu den bilanzrechtlichen Schulden des Unternehmens, da sie im Falle einer Unternehmenskrise wegfallen und somit die zur Befriedigung der Gläubiger zur Verfügung stehende Haftungsmasse nicht schmälern. In gesetzlich klar definierten Ausnahmefällen (§ 249 Abs. 1 Satz 2 Nr. 1 HGB) sind Innenverpflichtungen allerdings dennoch durch Bildung von Rückstellungen bilanziell zu berücksichtigen.

Abgrenzung zu Rücklagen

Begriffliche Verwechslungen der Rückstellungen können sich insbesondere mit den Rücklagen ergeben, bei denen es sich um Bestandteile des Eigenkapitals handelt, wohingegen Rückstellungen Fremdkapitalcharakter aufweisen. Wie bereits dargestellt, werden bei den Rücklagen in Abhängigkeit von der Mittelherkunft die Kapitalrücklage und die Gewinnrücklagen unterschieden. Während in der Kapitalrücklage die Eigenkapitalbestandteile ausgewiesen werden, welche die Anteilseigner dem Unternehmen von außen zugeführt haben (Außenfinanzierung), wurden die Gewinnrücklagen hingegen im Laufe der Jahre aus den Gewinnen des Unternehmens gebildet (Innenfinanzierung). Ebenso wie die Gewinnrücklagen stellen Rückstellungen ein Mittel der Innenfinanzierung dar. Von den Gewinnrücklagen unterscheiden sich die Rückstellungen allerdings schon dadurch, dass Rückstellungen stets aufwandswirksam gebildet werden. Die Gewinnrücklagen werden hingegen erst im Zuge der Ergebnisverwendung dotiert. Dieser Vorgang ist stets ergebnisneutral und setzt einen entsprechenden Gewinnverwendungsbeschluss voraus. Grundsätzlich kann festgehalten werden, dass beide Instrumente zwar im weitesten Sinne der bilanziellen Risikovorsorge dienen, sich aber dennoch fundamental unterscheiden. Während Rückstellungen zur Abdeckung von Risiken, die vor dem Bilanzstichtag verursacht worden sind, gebildet werden, dienen Rücklagen der allgemeinen Stärkung der Eigenkapitalbasis eines Unternehmens.[446]

5.2.2 Rückstellungskategorien

§ 249 HGB

Im Hinblick auf die Passivierung von Rückstellungen ergänzt die Vorschrift des § 249 HGB die allgemeinen Kriterien des Passivierungsgrundsatzes. § 249 Abs. 1 HGB enthält eine abschließende Aufzählung von Sachverhalten, die eine Pflicht zur Bildung von Rückstellungen auslösen:

[1] Rückstellungen für ungewisse Verbindlichkeiten (§ 249 Abs. 1 Satz 1 HGB),

[2] Rückstellungen für drohende Verluste aus schwebenden Geschäften (§ 249 Abs. 1 Satz 1 HGB),

[3] Rückstellungen für Gewährleistungen, die ohne rechtliche Verpflichtung erbracht werden (§ 249 Abs. 1 Satz 2 Nr. 2 HGB), und

[4] Aufwandsrückstellungen für die Nachholung von bestimmten Instandhaltungsaufwendungen und für bestimmte Aufwendungen der Abraumbeseitigung (§ 249 Abs. 1 Satz 2 Nr. 1 HGB).

Statische Bilanztheorie

Die in § 249 Abs. 1 HGB vorgenommene Kategorisierung der Rückstellungen macht deutlich, dass der Gesetzgeber bei der Rückstellungsbilanzierung in erster Linie der statischen Bilanzauffassung gefolgt ist. Die Bilanzierung von Aufwandsrückstellungen ist nämlich auf die in § 249 Abs. 1 Satz 2 Nr. 1 HGB genannten Sachverhalte beschränkt. Aufwandsrückstellungen erfüllen nicht die Kriterien des handelsrechtlichen Passivierungsgrundsatzes. Nach § 249 Abs. 2 HGB dürfen für andere als die in Abs. 1 bezeichneten Zwecke keine Rückstellungen gebildet werden.

Verbindlichkeitsrückstellungen

Bei den nach § 249 Abs. 1 Satz 1 HGB zu bildenden Rückstellungen für ungewisse Verbindlichkeiten (sog. Verbindlichkeitsrückstellungen) handelt es sich um Schulden des Unternehmens, die noch nicht endgültig konkretisiert worden sind. Die Bildung von Verbindlichkeitsrückstellungen erfolgt auf Basis der handelsrechtlichen Abgrenzungsgrundsätze. In der Praxis gibt es eine Vielzahl von Sachverhalten, für die nach § 249 Abs. 1 Satz 1 HGB eine Rückstellung für ungewisse Verbindlichkeiten gebildet werden muss, sofern die Ansatzvoraussetzungen erfüllt sind. Beispiele für Rückstellungen aufgrund von zivilrechtlichen Außenverpflichtungen sind:

- Verpflichtungen aufgrund von Gewährleistungen,
- Verpflichtungen zur Produkthaftung,
- Pensionen und ähnliche Verpflichtungen,
- Abrechnungsaufwendungen von Bauaufträgen nach § 14 VOB/B,
- drohende Inanspruchnahmen aus Bürgschaften und Wechselobligo,

---

446 Hierzu Melcher/David/Skowronek, Rückstellungen, 2013, S. 38; Maus, Rückstellungen, 2. Aufl. 2002, S. 6.

- Haftungsansprüche Dritter,
- Prozessaufwendungen sowie
- ausstehende Urlaubsansprüche von Arbeitnehmern.

Zu den Rückstellungen aufgrund von öffentlich-rechtlichen Außenverpflichtungen gehören z.B.:

- Beiträge zur Berufsgenossenschaft, soweit sie gesetzlich vorgeschrieben sind,
- Aufwendungen der Betriebsprüfung,
- Gewerbe-, Körperschaft- und sonstige Steuerschulden,
- Aufwendungen der handelsrechtlich vorgeschriebenen Jahresabschlusserstellung und -prüfung,
- Aufwendungen vorgeschriebener Sicherheitsinspektionen sowie
- Aufwendungen für Umweltschutz, z.B. für Umweltschutzauflagen oder Altlastensanierung.

Drohverlustrückstellungen

Darüber hinaus sind nach § 249 Abs. 1 Satz 1 HGB Rückstellungen für drohende Verluste aus schwebenden Geschäften (sog. Drohverlustrückstellungen) zu bilden. Die Pflicht zu deren Bildung ergibt sich aus dem Imparitätsprinzip. Danach sind unrealisierte künftige negative Erfolgsbeiträge, soweit sie im abzuschließenden Geschäftsjahr verursacht worden sind, bereits in der abzuschließenden Periode zu antizipieren. Negative Erfolgsbeiträge aus schwebenden Geschäften können z.B. aus Kauf- oder Mietverträgen resultieren, wenn die Ausgaben die erwarteten Einnahmen aufgrund einer Änderung der Marktverhältnisse oder der Verhältnisse im Unternehmen selbst übersteigen. Wenn ein Unternehmen etwa eine gemietete Immobilie vor Ablauf des Mietvertrags nicht mehr länger nutzen möchte und es keine alternative Verwendung für die Immobilie gibt, so drohen bis zum Ende der Mietlaufzeit negative Erfolgsbeiträge, die durch die Bildung einer Drohverlustrückstellung im Jahresabschluss zu antizipieren sind.

Gewährleistungsverpflichtungen

Ein Unternehmen ist gewöhnlich aufgrund gesetzlicher Vorschriften, etwa §§ 434-442 BGB oder §§ 633-638 BGB, oder aufgrund einzelvertraglicher Vereinbarungen dazu verpflichtet, für seine Produkte oder Leistungen Gewährleistung, bspw. für die Nachbesserung, die Wandlung oder die Minderung, zu erbringen. Einzelvertragliche Vereinbarungen, in denen bestimmte Eigenschaften des Produkts zugesichert werden, werden auch als Garantien bezeichnet. Bei diesen Gewährleistungsverpflichtungen handelt es sich zweifelsfrei um ungewisse Verbindlichkeiten, für die nach § 249 Abs. 1 Satz 1 HGB eine Rückstellung zu bilden ist. Neben einer rechtlichen Verpflichtung kann auch eine wirtschaftliche Verpflichtung gegenüber einem Dritten vorliegen, für die eine Verbindlichkeitsrückstellung zu passivieren ist. Dies ist z.B. der Fall, wenn die vereinbarten Gewährleistungsfristen abgelaufen sind, der Mangel nicht unter die vereinbarten Gewährleistungstatbestände fällt und der Kunde bei einem Wettbewerber eine Kulanzleistung erwarten bzw. erhalten würde. Der Bilanzierende ist also aus wirtschaftlichen Gründen gezwungen, die Kulanz ebenfalls zu leisten. Anderenfalls wird er den Kunden verlieren. Die Kulanzleistung ist aber von reinen „Gefälligkeiten" abzugrenzen. Merkmal einer Kulanzleistung ist, dass sie zum Erhalt der Kundenbeziehung notwendig ist. Zwischen dem Mangel an dem gelieferten Produkt und der

Kulanzleistung muss ein direkter Zusammenhang bestehen und die Kulanzleistung muss wirtschaftlich zwingend sein.[447]

Aufwandsrückstellungen

Neben den o.g. Rückstellungen, die für Verpflichtungen des Unternehmens gegenüber Dritten (Außenverpflichtungen) zu bilden sind, müssen nach § 249 Abs. 1 Satz 2 Nr. 1 HGB Rückstellungen für im Geschäftsjahr unterlassene Aufwendungen

- für Instandhaltung, die im folgenden Geschäftsjahr innerhalb von drei Monaten oder
- für Abraumbeseitigung, die im folgenden Geschäftsjahr nachgeholt werden,

gebildet werden (sog. Aufwandsrückstellungen).

Bei den o.g. Sachverhalten handelt es sich um Verpflichtungen des Unternehmens gegenüber sich selbst (Innenverpflichtung).

Grundsätzlich ergibt sich folgende Systematisierung:[448]

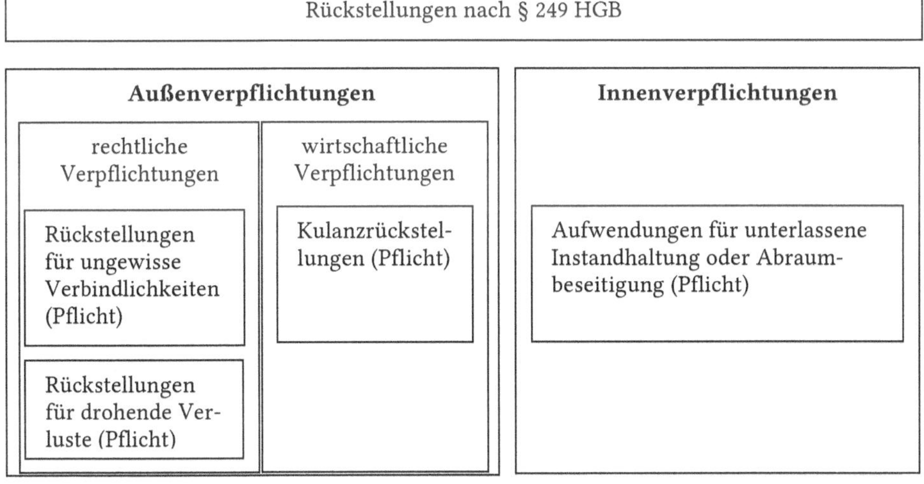

Abb. 23 Systematisierung der handelsrechtlichen Rückstellungen

5.2.3 Ausweis von Rückstellungen

Vorschriften zum Ausweis und zur Erläuterung von Rückstellungen enthält das HGB lediglich für Kapitalgesellschaften und haftungsbeschränkte Personenhandelsgesellschaften. § 266 Abs. 1 und Abs. 3 HGB sehen vor, dass mittelgroße und große Gesellschaften i.S. des § 267 Abs. 2 und Abs. 3 HGB ihre Rückstellungen wie folgt auszuweisen haben:

---

[447] Die Kulanzleistungen stellen eine Unterkategorie der Rückstellungen für ungewisse Verbindlichkeiten dar.

[448] In Anlehnung an Ruhnke/Sievers/Simons, Rechnungslegung nach IFRS und HGB, 5. Aufl. 2023, S. 543.

B. Rückstellungen
1. Rückstellungen für Pensionen und ähnliche Verpflichtungen
2. Steuerrückstellungen
3. sonstige Rückstellungen

Tab. 43 Ausweis Rückstellungen

Die sonstigen Rückstellungen sind gemäß § 285 Nr. 12 HGB im Anhang zu erläutern, falls sie einen wesentlichen Umfang haben und in der Bilanz nicht aufgegliedert werden.

Rückstellungsspiegel

Besonders aussagekräftig in Bezug auf die Bilanzierung von Rückstellungen ist der sog. Rückstellungsspiegel, der die Auflösungen (Verpflichtungsgrund entfallen), Inanspruchnahmen (Verpflichtungsgrund eingetreten) und die Zuführungen zu den einzelnen Rückstellungsarten darstellt.[449]

5.2.4 Ansatz von Rückstellungen

5.2.4.1 Rückstellungen für ungewisse Verbindlichkeiten

Abstrakte Passivierungsfähigkeit

Der Ansatz einer Rückstellung richtet sich grundsätzlich danach, ob die zugrunde liegende Verpflichtung abstrakt passivierungsfähig ist. Die drei Kriterien der abstrakten Passivierungsfähigkeit sind:

[1] Die Verpflichtung des bilanzierenden Unternehmens besteht gegenüber einem Dritten (Außenverpflichtung).

[2] Die Verpflichtung führt zu einer wirtschaftlichen Belastung für das bilanzierende Unternehmen.

[3] Die Verpflichtung ist quantifizierbar.

Zu [1]

Außenverpflichtung

Es muss eine hinreichend konkretisierte rechtliche oder faktische Verpflichtung gegenüber einem Dritten vorliegen. Die Verpflichtung muss unabwendbar sein, d.h., das bilanzierende Unternehmen kann sich der Verpflichtung nicht entziehen. Der BFH geht in Bezug auf die Konkretisierung der ungewissen Verbindlichkeit davon aus, dass mehr Gründe für als gegen die Inanspruchnahme sprechen müssen. Dies könnte bedeuten, dass eine Rückstellung erst dann zu bilden ist, wenn die subjektive Wahrscheinlichkeit für eine Inanspruchnahme 50% übersteigt.

Hinreichende Konkretisierung

Eine solche Interpretation ist allerdings nicht mit dem Vorsichtsprinzip deutscher Prägung vereinbar. Vielmehr ist eine Rückstellung danach bereits dann anzusetzen, wenn sich diese hinreichend konkretisiert hat. Demnach müssen gute (stichhaltige) Gründe dafür vorliegen, dass das Unternehmen voraussichtlich in Anspruch genommen wird. Nicht erforderlich ist, dass die Inanspruchnahme wahrscheinlicher als die Nichtinanspruchnahme sein muss. Demnach sind Verbindlichkeitsrückstellungen auch dann zu

---

[449] Hierzu Baetge/Kirsch/Thiele, Bilanzen, 16. Aufl. 2021, S. 463-466.

bilden, wenn die Wahrscheinlichkeit der Inanspruchnahme mathematisch unter 50% liegt. Das Bestehen der Verpflichtung darf sich allerdings nicht nur auf die subjektive Einschätzung des Bilanzierenden gründen, vielmehr müssen objektiv nachvollziehbare Anhaltspunkte vorliegen.

Komparative Hypothesenwahrscheinlichkeit

Der hier dargestellte Wahrscheinlichkeitsbegriff stellte insofern weniger eine subjektive Wahrscheinlichkeit, sondern eher eine komparative Hypothesenwahrscheinlichkeit dar, welche davon ausgeht, dass eine Quantifizierung der Wahrscheinlichkeit unmöglich ist und es auf die Würdigung und die Qualität der stichhaltigen Gründe ankommt. Ein Indiz dafür, dass eine Verpflichtung entstanden ist (und demnach das Wahrscheinlichkeitskriterium erfüllt ist), könnte sein, dass ein gedachter Erwerber des Unternehmens als Ganzes die Verpflichtung in seinem Kaufpreiskalkül berücksichtigen würde.[450]

Zu [2]

Wirtschaftliche Belastung

Mit der Verpflichtung muss eine wirtschaftliche Belastung verbunden sein. Dies ist dann der Fall, wenn es in Zukunft bei der Erfüllung der Verpflichtung zu einer Minderung des Eigenkapitals bzw. des Reinvermögens kommen würde, welche durch die Rückstellungsbildung antizipiert wird. Verbindlichkeitsrückstellungen zeichnen sich dadurch aus, dass die zu erwartende Vermögensminderung entweder Erträgen vergangener Perioden zuzuordnen ist, oder dass es sich um künftige Vermögensminderungen handelt, denen kein Ertrag gegenübersteht.

Keine wirtschaftliche Belastung

An einer wirtschaftlichen Belastung fehlt es hingegen, wenn die künftige Vermögensminderung aktivierungsfähig ist, also keine Minderung des Reinvermögens vorliegt. Dies ist z.B. dann der Fall, wenn durch die Ausgabe ein neuer entsprechend werthaltiger Vermögensgegenstand entsteht oder zugeht.

Zu [3]

Quantifizierbarkeit

Die Verpflichtung muss ihrer Höhe nach quantifizierbar sein und zumindest im Rahmen einer Bandbreite angegeben werden können. Bei Gewährleistungsrückstellungen kann man sich z.B. an den Erfahrungswerten der Vergangenheit orientieren. Betrug der Gewährleistungsaufwand in der Vergangenheit bspw. 1% des entsprechenden Umsatzes, so wäre bei gleicher Produktionsweise im abgelaufenen Geschäftsjahr die Rückstellung für Gewährleistungen mit 1% des Jahresumsatzes anzusetzen.

Sachliche Abgrenzung

Dient eine Rückstellung für ungewisse Verbindlichkeiten der sachlichen Abgrenzung künftig anfallender Ausgaben, so muss diese Rückstellung zu dem Zeitpunkt gebildet werden, in dem die entsprechenden Erträge realisiert werden. So werden den Erträgen des abzuschließenden Geschäftsjahres die zugehörigen künftigen Ausgaben periodengerecht gegenübergestellt. Da Erträge nach dem Realisationsprinzip im Jahresabschluss zu erfassen sind, ist das Realisationsprinzip indirekt auch für die Bildung der Rückstellungen ausschlaggebend, die auf der Basis des Grundsatzes der Abgrenzung der Sache nach der

[450] Hierzu Schubert, in: Beck Bil-Komm., 13. Aufl. 2022, § 249 Anm. 77.

periodengerechten Erfolgsermittlung dienen. Eine Gewährleistungsrückstellung ist z.B. zu dem Zeitpunkt zu bilden, zu dem der Umsatz aus dem Verkauf der Fertigerzeugnisse gemäß den Kriterien für den Realisationszeitpunkt erfolgswirksam vereinnahmt werden muss.

Nachholung von Rückstellungen

Werden Rückstellungen für ungewisse Verbindlichkeiten nach dem Grundsatz der zeitlichen Abgrenzung gebildet, weil eine künftige Auszahlungsverpflichtung den Erträgen oder einem bestimmten Sachverhalt früherer Geschäftsjahre zuzuordnen ist, so sind die Voraussetzungen zur Bildung der Rückstellung erfüllt, sobald das Unternehmen von der drohenden Verpflichtung erfährt. Dies gilt bspw. bei der Verletzung einer Vertragspflicht oder auch für Gewährleistungsverpflichtungen, wenn die Verpflichtung erst ein Jahr oder mehrere Jahre nach dem Verkauf der Produkte bekannt geworden ist. Wurde also in einem früheren Geschäftsjahr eine entsprechend dem Grundsatz der Abgrenzung der Sache nach gebotene Rückstellung unterlassen, so muss diese Rückstellung entsprechend dem Grundsatz der Abgrenzung der Zeit nach nachgeholt werden, sobald die rückstellungsbegründenden Tatsachen bekannt werden.

Erkenntnisse nach dem Abschlussstichtag

Für die Bildung einer Rückstellung müssen auch Erkenntnisse über Risiken berücksichtigt werden, die das Unternehmen erst nach dem Abschlussstichtag, aber noch vor der Aufstellung des Jahresabschlusses erlangt, sofern die Risiken bis zum Abschlussstichtag entstanden sind. Wird das Unternehmen z.B. am 3.1.t1 in einem gerichtlichen Prozess völlig unerwartet zu einer Geldbuße verurteilt und liegt die Entscheidungsursache für die Verurteilung im abzuschließenden Geschäftsjahr oder früher, so ist dies eine wertaufhellende Tatsache, die bei der Rückstellungsbildung zu berücksichtigen ist.[451]

5.2.4.2 Rückstellungen für drohende Verluste aus schwebenden Geschäften

Kriterien der abstrakten Passivierungsfähigkeit

Im Rahmen der Rückstellungen für drohende Verluste aus schwebenden Geschäften werden noch nicht realisierte künftige negative Erfolgsbeiträge antizipiert. Diese Art der Rückstellung lässt sich insbesondere durch das in § 252 Abs. 1 Nr. 4 HGB manifestierte Imparitätsprinzip begründen. Wie auch bei den Verbindlichkeitsrückstellungen müssen die drei Kriterien der abstrakten Passivierungsfähigkeit gegeben sein.

Schwebendes Geschäft

Ein schwebendes Geschäft im bilanziellen Sinne liegt vor, wenn bei einem zweiseitig verpflichtenden Vertrag noch keiner der Vertragspartner die vereinbarte Lieferung oder Leistung vollständig erbracht hat. Das schwebende Geschäft beginnt demnach mit dem Abschluss des Vertrags und endet mit dem Zeitpunkt der Lieferung oder Leistung durch mindestens einen Vertragspartner.

Verpflichtungsüberschuss

Schwebende Geschäfte werden grundsätzlich nicht bilanziell erfasst, da die Gegenleistung regelmäßig zumindest der Leistungsverpflichtung des Bilanzierenden entspricht. Liegen indes

---

[451] Hierzu Baetge/Kirsch/Thiele, Bilanzen, 16. Aufl. 2021, S. 431-432.

konkrete Anzeichen dafür vor, dass aus dem Geschäft ein Verlust droht, muss das Unternehmen den drohenden Verlust antizipieren und eine Rückstellung bilden. Dabei muss es nicht nur möglich sein, dass der Eintritt eines Verlustes droht. Vielmehr muss dieser aufgrund konkreter Tatsachen vorhersehbar sein, d.h. es muss ernsthaft mit einem Verpflichtungsüberschuss (Wert der Leistungsverpflichtung > Wert des Gegenleistungsanspruchs) zu rechnen sein.

Bestimmung des Saldierungsbereichs

Die Frage, ob ein zu antizipierender Verlust droht, lässt sich nur schwer trennen von der Frage, welche Verluste aus schwebenden Geschäften überhaupt zu berücksichtigen sind (Bestimmung des Saldierungsbereichs). Rückstellungsansatz und -bewertung laufen hier parallel. Unstrittig ist, dass die wechselseitig vereinbarten Hauptleistungen in den Saldierungsbereich einzubeziehen sind. Hier haben die Vertragspartner einen auf die Erfüllung der vertraglich vereinbarten Leistung einklagbaren Rechtsanspruch. Die Einbeziehung von künftigen Aufwendungen und Erträgen in den Saldierungsbereich ist nicht auf die Hauptleistung beschränkt. Bei wirtschaftlicher Betrachtungsweise sind auch mittelbar aus dem Vertrag resultierende Vorteile mit in die Betrachtung einzubeziehen.

Aus Sicht des Bilanzierenden lassen sich zwei Arten von schwebenden Geschäften unterscheiden:

- Bei einem schwebenden Beschaffungsgeschäft ist der Bilanzierende Empfänger einer Sache oder Dienstleistung.
- Bei einem Absatzgeschäft ist der Bilanzierende zu einer Sach- oder Dienstleistung verpflichtet.

Schwebende Beschaffungsgeschäfte

Anhand des nachfolgenden Beispiels wird verdeutlicht, dass eine Drohverlustrückstellung bei schwebenden Beschaffungsgeschäften grundsätzlich eine vorweggenommene außerplanmäßige Abschreibung darstellt:

Beispiel

Die FWA kauft am 20.11.t1 eine Maschine zu Anschaffungskosten von EUR 900.000 zuzüglich 19% USt. Lieferung und Kaufpreiszahlung sollen vereinbarungsgemäß im Januar t2 erfolgen. Der Wert der Maschine sinkt am Bilanzstichtag 31.12.t1 auf EUR 700.000.

Am Bilanzstichtag ist eine Rückstellung für drohende Verluste aus schwebenden Geschäften gemäß § 249 Abs. 1 Satz 1 HGB zu bilden. Ein schwebendes Geschäft liegt vor, da noch keine der beiden Vertragsparteien ihrer Pflicht nachgekommen ist. Es ist wie folgt zu buchen:

Sonstige betriebliche Aufwendungen		an	Sonstige Rückstellungen	200.000

Bei Lieferung und zeitgleicher Zahlung per Banküberweisung am 16.1.t2 ist wie folgt zu buchen:

Sonstige Rückstellungen	200.000	an	Bank	1.071.000
Maschine	700.000			
Vorsteuer	171.000			

Schwebende Absatzgeschäfte

Drohverlustrückstellungen kommen auch für schwebende Absatzgeschäfte in Betracht. Dies ist z.B. der Fall, wenn ein Absatzgeschäft abgeschlossen wurde und der vereinbarte Kaufpreis aus unvorhersehbaren Gründen den Wert der zu erbringenden Leistung unterschreitet. Mögliche Gründe sind unerwartete Faktorpreissteigerungen – z.B. bei Rohstoffen – oder ein unerwartet hoher Faktorverbrauch für die Produktion des Produkts. Der drohende Verlust aus dem schwebenden Absatzgeschäft berechnet sich wie folgt:

	Wert der vereinbarten Gegenleistung
-	bereits aktivierte Anschaffungs- oder Herstellungskosten
-	voraussichtlich noch anfallende Aufwendungen
=	zu antizipierender drohender Verlust

Tab. 44 Berechnung des drohenden Verlusts aus einem schwebenden Absatzgeschäft

Vollkostenansatz

Dabei sind die voraussichtlich noch anfallenden Aufwendungen stets zu Vollkosten anzusetzen, da die Einbeziehung von Teilkosten allein nicht ausreicht, um die Kapitalerhaltung des Unternehmens zu gewährleisten.

Abgrenzung zur außerplanmäßigen Abschreibung

Sind im Rahmen eines schwebenden Absatzgeschäfts schon Vermögensgegenstände erworben, aber noch nicht geliefert worden, ist die Erfassung des drohenden Verlusts durch die Bildung einer Drohverlustrückstellung oder durch eine außerplanmäßige Abschreibung auf den Vermögenswert möglich. Die Abgrenzung zur außerplanmäßigen Abschreibung ist hauptsächlich im Rahmen von Absatzgeschäften bei der Bewertung unfertiger Erzeugnisse und Leistungen von Bedeutung. Soweit z.B. ein insgesamt verlustbringender Kaufvertrag abgeschlossen wurde, stellt sich für den Verkäufer die Frage, ob eine Drohverlustrückstellung zu bilden ist oder die unfertigen Erzeugnisse, auf die sich der Kaufvertrag bezieht, auf den niedrigeren beizulegenden Wert abzuschreiben sind (verlustfreie Bewertung). Grundsätzlich haben außerplanmäßige Abschreibungen Vorrang vor der Bildung der Drohverlustrückstellung. Bei Aktivierung von Herstellungskosten aus einem schwebenden Geschäft ist in Höhe des drohenden Verlusts zunächst der Aktivwert zu kürzen, und nur für den übersteigenden Verlustanteil ist eine Drohverlustrückstellung zu bilden.

Miet-, Leasing- und Pachtverträge

Vermögensgegenstände, die nur mittelbar Gegenstand eines schwebenden Absatzgeschäfts sind – z.B. Miet-, Leasing- und Pachtverträge –, sind aufgrund ihrer Zweckbestimmung typischerweise dem Anlagevermögen zuzuordnen. Eine außerplanmäßige Abschreibung erfolgt nur bei einer dauerhaften Wertminderung. Wird außerplanmäßig abgeschrieben, ist wiederum nur für einen darüberhinausgehenden Verlustanteil eine Drohverlustrückstellung zu bilden. Wird indes nicht außerplanmäßig abgeschrieben, ist der drohende Verlust in voller Höhe passivisch zu berücksichtigen. Begründen lässt sich dieser Vorrang damit, dass der Abschlussadressat bei einer fehlenden außerplanmäßigen Abschreibung nicht zutreffend über den Wert der ausgewiesenen Aktivposten informiert würde.

5.2.4.3 Rückstellungen für Gewährleistungen ohne rechtliche Verpflichtung

Kulanzrückstellungen

Bei den sog. Kulanzrückstellungen nach § 249 Abs. 1 Satz 2 Nr. 2 HGB handelt es sich – wie bereits dargestellt – nicht um Rückstellungen, die aufgrund einer rechtlichen Verpflichtung zu bilden sind. Diese werden bereits durch die Verbindlichkeitsrückstellungen des § 249 Abs. 1 Satz 1 HGB erfasst. Vielmehr handelt es sich um Rückstellungen aufgrund einer faktischen Verpflichtung.

Ausgleichsleistungen

Kulanzleistungen umfassen Ausgleichsleistungen für schadhafte Produkte außerhalb der Gewährleistungspflicht oder für Produkte, die objektiv fehlerfrei, nach dem subjektiven Empfinden des Kunden jedoch mangelhaft sind. Diese Ausgleichsleistungen werden von Unternehmen gewährt, weil sie sich davon einen Wettbewerbsvorteil oder die Vermeidung eines Wettbewerbsnachteils erhoffen.

Auch für Kulanzrückstellungen müssen die drei Kriterien der abstrakten Passivierungsfähigkeit gegeben sein.

5.2.4.4 Aufwandsrückstellungen

Innenverpflichtung

Aufwandsrückstellungen haben keinen Verbindlichkeits-, sondern ausschließlich Aufwandscharakter. Wie bereits erläutert, besteht keine Verpflichtung gegenüber einem Dritten, sondern gegenüber sich selbst. Diese Rückstellungen werden gebildet, um bestimmte Aufwendungen der richtigen Verursachungsperiode zuzuordnen. Insofern steht das Periodisierungserfordernis im Vordergrund.

Unterlassene Instandhaltungen

Die Bildung von Aufwandsrückstellungen ist gesetzlich stark eingeschränkt. Für unterlassene Instandhaltungen besteht nach § 249 Abs. 1 Satz 2 Nr. 1 HGB eine Pflicht zur Passivierung, wenn die Instandhaltung binnen drei Monaten im neuen Geschäftsjahr nachgeholt wird. Unter einer Instandhaltung sind wiederkehrende Instandsetzungsmaßnahmen, Wartungen und Inspektionen von Vermögensgegenständen des Anlagevermögens zu verstehen. Als Gründe für eine unterlassene Instandhaltung kommt z.B. die Aufrechterhaltung der Produktion aufgrund eingegangener Lieferverpflichtungen oder fehlender Arbeitskräfte zur Durchführung der Instandhaltung oder widriger äußerer Einflüsse – z.B. Wetter – in Betracht.

Unterlassene Abraumbeseitigung

Eine Pflicht zur Passivierung gilt nach § 249 Abs. 1 Satz 2 Nr. 1 HGB auch für eine unterlassene Abraumbeseitigung, die im folgenden Geschäftsjahr nachgeholt wird.

Beispiel

Die FWA muss im Dezember t1 eine dringend notwendige Instandhaltung einer Maschine durchführen. Am 13.12.t1 geht ein Auftrag ein, der bis zum 30.12.t1 ausgeführt werden muss. Für die Auftragsabwicklung wird die zur Rede stehende Maschine zwingend benötigt. Aus diesem Grund werden die Instandhaltungsmaßnahmen, welche die Stilllegung der Maschine für mindestens eine Woche zu Folge haben, erst im Januar t2 durchgeführt. Die Instandhaltung erfolgt durch eigenes Personal. Die entsprechenden Aufwendungen werden auf EUR 29.000 geschätzt. In diesem Fall ergäbe sich in Bezug auf t1 eine unzutreffende Periodisierung. Der Grundsatz der Abgrenzung der Sache nach erfordert es, den nachzuholenden Instandhaltungsaufwand der Periode t1 zuzurechnen:

Sonstige betriebliche Aufwendungen	an	Sonstige Rückstellungen	29.000

Kriterien der abstrakten Passivierungsfähigkeit

Auch bei den Aufwandsrückstellungen müssen die Kriterien „Wirtschaftliche Belastung" und „Quantifizierbarkeit" erfüllt sein. Neben diesen beiden Kriterien der abstrakten Passivierungsfähigkeit ist das dritte Kriterium der abstrakten Passivierungsfähigkeit, die „Außenverpflichtung", bei einer Aufwandsrückstellung nicht gegeben. Allerdings gibt der Gesetzgeber in den in § 249 Abs. 1 Satz 2 Nr. 1 HGB genannten Fällen gleichwohl auch bei einer Innenverpflichtung den Ansatz einer Rückstellung vor.[452]

Objektivierungserfordernisse

Um dem Erfordernis einer willkürfreien Abschlusserstellung Rechnung zu tragen, setzen die im Gesetz genannten Fälle strenge Objektivierungserfordernisse voraus:

- Zum einen wird bei den pflichtweise zu bildenden Rückstellungen für Instandhaltung gefordert, dass diese binnen drei Monaten nachzuholen sind (zeitliches Objektivierungserfordernis).
- Zum anderen wird die Passivierungspflicht auf bestimmte Sachverhalte – unterlassene Instandhaltung und Abraumbeseitigung – begrenzt (sachliches Objektivierungserfordernis).

Für andere Sachverhalte, die den zuvor genannten Objektivierungserfordernissen nicht genügen, dürfen keine Rückstellungen gebildet werden.[453]

5.2.4.5 Inanspruchnahme und Auflösung von Rückstellungen

Inanspruchnahme

Die Inanspruchnahme einer in früheren Jahren gebildeten Rückstellung kann aus unterschiedlichen Gründen geboten sein. Tritt die durch eine Rückstellung für ungewisse Verbindlichkeiten berücksichtigte Verpflichtung tatsächlich ein, so ist die dafür gebildete Rückstellung in Anspruch zu nehmen, d.h. sie wird verbraucht. Wurde die Rückstellung in ihrer Höhe richtig bemessen, ist sie bei Eintritt des Ereignisses erfolgsneutral aufzulösen. War die Rückstellung zu hoch bemessen, ist der nicht benötigte Teil aufzulösen und in der GuV als Ertrag auszuweisen. War die Rückstellung zu niedrig bemessen, stellt der fehlende Teil Aufwand dar.

Auflösung

Eine in früheren Jahren gebildete Rückstellung ist nach § 249 Abs. 2 Satz 2 HGB erfolgswirksam als sonstiger betrieblicher Ertrag aufzulösen, soweit der Grund hierfür entfallen ist. Die vollständige erfolgswirksame Auflösung einer in früheren Jahren gebildeten Rückstellung ist dann geboten, wenn der Verpflichtungsgrund entfallen ist. Gewinnt das Unternehmen z.B. unerwartet einen Prozess, so entsteht für das Unternehmen ein Ertrag in Höhe des für die Möglichkeit einer Prozessniederlage zurückgestellten Betrags. Gleiches gilt, wenn der Kaufmann

---

[452] Es handelt sich hierbei insofern um eine grundsatzwidrige Annahme, d.h., es wird gegen den GoB, dass es einer Außenverpflichtung bedarf, verstoßen.

[453] Hierzu Ruhnke/Sievers/Simons, Rechnungslegung nach IFRS und HGB, 5. Aufl. 2023, S. 549.

aufgrund neuer Informationen die Verpflichtung für ganz unwahrscheinlich hält, also erheblich mehr gegen als für den Eintritt der Verpflichtung spricht.

Umbuchung Im Übrigen ist eine Rückstellung in eine Verbindlichkeit umzubuchen, wenn eine ursprünglich ungewisse Verpflichtung dem Grunde und der Höhe nach sicher geworden ist.

5.2.5 Bewertung von Rückstellungen

5.2.5.1 Begriff des Erfüllungsbetrags

Erfüllungsbetrag Rückstellungen sind gemäß § 253 Abs. 1 Satz 2 HGB in Höhe des nach vernünftiger kaufmännischer Beurteilung (künftig) notwendigen Erfüllungsbetrags anzusetzen.[454] Demnach sind sie in Höhe der wahrscheinlichen Inanspruchnahme des Unternehmens – d.h. mit dem Betrag, für den die größte Wahrscheinlichkeit besteht – und unter Berücksichtigung aller bestehenden Risiken zu bilanzieren. Bei der Rückstellungsbewertung sind künftige Preis- und Kostensteigerungen zu berücksichtigen. Für die Berücksichtigung künftiger Preis- und Kostensteigerungen bzw. -senkungen ist erforderlich, dass ausreichende objektive Hinweise existieren, dass diese Änderungen auch tatsächlich eintreten. Unzulässig ist es daher, künftige Entwicklungen bei der Rückstellungsbewertung zu antizipieren, für deren Eintritt keine intersubjektiv nachvollziehbaren Fakten sprechen. Prinzipiell hat die Bewertung von Rückstellungen zukunftsgerichtet zu erfolgen. Der Wertansatz einer Rückstellung wird dementsprechend von den Preis- und Kostenverhältnissen im Zeitpunkt des tatsächlichen Anfalls der Aufwendungen – mithin bei der Erfüllung der Verpflichtung – determiniert. Hieraus ergeben sich erhebliche Ermessensspielräume, da zukünftige Entwicklungen zu prognostizieren sind.

Tatsächliche wirtschaftliche Verhältnisse Eine Bewertung nach vernünftiger kaufmännischer Bewertung bedeutet auch, dass das Vorsichtsprinzip zu beachten ist, wobei jedoch die Bemessung der Rückstellungen trotz des Vorsichtsgrundsatzes immer den tatsächlichen wirtschaftlichen Verhältnissen entsprechen muss. Eine über die tatsächlich zu erwartende wirtschaftliche Belastung hinausgehende Rückstellungsbildung, etwa zur Bildung stiller Rücklagen oder aus Finanzierungsaspekten, ist grundsätzlich nicht zulässig.

Wertpapiergebundene Pensionszusagen Bei bestimmten Versorgungsverträgen richtet sich die Höhe von Altersversorgungsverpflichtungen nach dem beizulegenden Zeitwert bestimmter Wertpapiere (sog. wertpapiergebundene Pensionszusagen). § 253 Abs. 1 Satz 3 HGB sieht vor, dass entsprechende Rückstellungen zum beizulegenden Zeitwert dieser Wertpapiere anzusetzen sind, soweit dieser einen garantierten Mindestbetrag übersteigt.

Schätzungen Falls der Betrag einer Rückstellung unbekannt ist, muss – unter Beachtung des Grundsatzes der Vorsicht gemäß § 252 Abs. 1 Nr. 4 HGB – durch Schätzungen möglichst genau festgestellt werden, wie hoch die künftige Belastung sein wird. Wenn annähernd sichere Werte (vertrauenswürdige Daten) ermittelt werden können, sind diese anzusetzen. Das ist z.B. bei Steuerrückstellungen der Fall, die aufgrund der steuerlichen Vorschriften eindeutig berechnet werden

[454] Hierzu Roos, BBK 2023, S. xxx.

können. Die Unsicherheit besteht hier im Risiko, dass das Finanzamt oder die Betriebsprüfung Zweifelsfälle anders behandelt als der Bilanzierende.

Statistische Wahrscheinlichkeiten

Können aufgrund bestehender Erfahrungen und Daten statistische Wahrscheinlichkeiten ermittelt werden, so sind die daraus resultierenden Erwartungswerte anzusetzen. Dies tritt unter anderem bei den Pensionsrückstellungen und den Rückstellungen für Garantie- und Kulanzleistungen auf.

Individuelle Gegebenheiten des Einzelfalls

Soweit weder vertrauenswürdige noch statistische Werte bestimmt werden können, muss nach den individuellen Gegebenheiten des Einzelfalls die zukünftige Belastung möglichst genau geschätzt werden. So ist ein Unternehmen hinsichtlich der Rückstellungen für Garantieverpflichtungen und Kulanzleistungen bei neu eingeführten Produkten lediglich auf Vermutungen angewiesen, die sich insbesondere an dem konstruktiven und fertigungstechnischen Ausreifungsgrad des betreffenden Produkts orientieren können. Demzufolge sind solche Rückstellungen für neu eingeführte Produkte im Allgemeinen höher zu bemessen als entsprechende Rückstellungen für bereits jahrelang verkaufte Produkte.

Schätzintervall

Kann bei den zuletzt genannten Fällen die erwartete zukünftige Belastung nicht mit einem einzigen Wert, sondern nur mit einem Schätzintervall bestimmt werden, so ist nach dem Grundsatz der Vorsicht i.d.R. der höchste Wert anzusetzen.[455] Werden aber mehrere Risiken gleicher Beschaffenheit durch derartige Rückstellungen abgedeckt, so würde die bloße Addition der Höchstbeträge zu einer überhöhten Rückstellung führen, da im Allgemeinen nicht angenommen werden kann, dass bei jedem Risiko der betrachteten Art die ungünstigste Alternative eintritt.

Ausnahme vom Einzelbewertungsgrundsatz

Rückstellungen können sowohl zur Abdeckung einzelner Risiken wie auch zur pauschalen Deckung einer Gruppe gleichartiger Risiken gebildet werden. Insoweit besteht also eine Ausnahme vom allgemeinen Grundsatz der Einzelbewertung. Dies ist z.B. bei gleichartigen Rückstellungen der Fall, die mithilfe statistischer Methoden gebildet werden. Diese Methoden erlauben nämliche eine weitgehend sichere Aussage nur bei Gruppen gleichartiger Fälle (z.B. Garantie- und Kulanzrückstellungen).

Rückgriffsansprüche

Bei der Bewertung von Schulden, vor allem bei der Bewertung von Rückstellungen für ungewisse Verbindlichkeiten, stellt sich die Frage der Berücksichtigung von Rückgriffsansprüchen, z.B. Rückgriffsansprüche gegenüber Lieferanten bei Gewährleistungsansprüchen. Rückgriffsansprüche sind als bedingte Forderungen grundsätzlich nicht selbständig verwertbar und damit nicht aktivierungsfähig. Tritt die eine Rückstellung begründende ungewisse Verpflichtung ein und besteht gleichzeitig für das Unternehmen ein Rückgriffsanspruch, so wird das Unternehmen wirtschaftlich nur in der Höhe des ursprüng-

---

[455] Hierzu Coenenberg/Haller/Schultze, Jahresabschluss und Jahresabschlussanalyse, 26. Aufl. 2021, S. 461. Sofern der zu antizipierende Rückstellungsbetrag auf unsicheren Daten aufbaut, kann weiterhin aus den möglichen Werten der wahrscheinlichste Wert oder ein Mittelwert ausgewählt werden.

lichen Erfüllungsbetrags abzüglich der nicht selbständig aktivierbaren Rückgriffsansprüche belastet. Eine Saldierung der nicht selbständig aktivierbaren Rückgriffsansprüche mit dem ursprünglichen Erfüllungsbetrag ist zulässig und geboten, wenn folgende drei Kriterien kumulativ erfüllt sind:

- Die Rückgriffsansprüche stehen in einem unmittelbaren Zusammenhang mit der drohenden Inanspruchnahme und entsprechen dieser wenigstens teilweise spiegelbildlich.
- Die Rückgriffsansprüche folgen der Entstehung oder der Erfüllung der Verbindlichkeit in rechtlich verbindlicher Weise zwangsläufig nach.
- Die Rückgriffsansprüche sind vollwertig, d.h. sie werden vom Rückgriffsschuldner, der über eine zweifelsfreie Bonität verfügt, nicht bestritten.[456]

5.2.5.2 Abzinsung

Laufzeitkongruenter durchschnittlicher Marktzinssatz

Rückstellungen, deren Restlaufzeit mehr als ein Jahr beträgt, sind gemäß § 253 Abs. 2 Satz 1 HGB mit dem laufzeitkongruenten durchschnittlichen Marktzinssatz der vergangenen sieben Geschäftsjahre auf den Abschlussstichtag abzuzinsen. Im Falle von Rückstellungen für Pensionen und ähnliche Verpflichtungen ist ein laufzeitkongruenter Marktzins der vergangenen zehn Jahre heranzuziehen. Es besteht also ein generelles Diskontierungsgebot für sämtliche Rückstellungen, die aller Voraussicht nach erst in mindestens einem Jahr fällig werden. Rückstellungen mit einer Restlaufzeit von einem Jahr oder weniger sind hingegen nicht abzuzinsen.

Diskontierungsgebot

Das generelle Diskontierungsgebot für Rückstellungen wird vom Gesetzgeber damit begründet, dass die zur Erfüllung der den jeweiligen Rückstellungen zugrunde liegenden Verpflichtungen benötigten Finanzmittel vom Bilanzierenden bis zum Erfüllungszeitpunkt der Verpflichtung ertragswirksam angelegt werden können. Die tatsächliche wirtschaftliche Lage des Bilanzierenden würde folglich durch einen diskontierten Bilanzausweis passivierter Rückstellungen besser im Jahresabschluss des Bilanzierenden abgebildet, als wenn diese bzw. die sich aus ihnen ergebenden künftigen Belastungen undiskontiert in der Bilanz dargestellt würden.

Durchschnittlicher Marktzinssatz

Der Diskontierung ist ein durchschnittlicher Marktzinssatz zugrunde zu legen, der die Zinsentwicklung der vergangenen sieben Geschäftsjahre berücksichtigt. Dieser durchschnittliche Marktzinssatz wird von der Deutschen Bundesbank vorgegeben. Die Bundesbank ermittelt auf Basis einer Zinsstrukturkurve Diskontierungszinssätze für Verpflichtungen mit Restlaufzeiten zwischen einem Jahr und fünfzig Jahren.

Restlaufzeit der Verpflichtung

Für jede zu bewertende Verpflichtung hat der Bilanzierende in einem ersten Schritt die jeweilige Restlaufzeit der Verpflichtung bis zum Erfüllungszeitpunkt zu ermitteln bzw. zu schätzen. Anschließend sind die korrespondierenden Rückstellungen unter Berücksichtigung der von der Deutschen Bundesbank ermittelten und veröffentlichten durchschnittlichen Marktzinssätze laufzeitäquivalent auf den Abschlussstichtag

[456] Hierzu Baetge/Kirsch/Thiele, Bilanzen, 16. Aufl. 2021, S. 434.

abzuzinsen. Dies gilt grundsätzlich auch für Verpflichtungen, die in fremder Währung zu erfüllen sind, sofern die wirtschaftliche Lage des Bilanzierenden hierdurch nicht unzutreffend dargestellt wird.

Individuelles Bonitätsrisiko

Das individuelle Bonitätsrisiko des Bilanzierenden darf bei der Abzinsung hingegen nicht berücksichtigt werden. Die Diskontierung mit einem unternehmensindividuellen Zinssatz würde dazu führen, dass eine Bonitätsverschlechterung des Bilanzierenden einen höheren Abzinsungssatz und einen entsprechend erfolgswirksam zu buchenden niedrigeren Rückstellungsansatz zur Folge hätte, was wiederum mit einem handelsrechtlichen Vorsichts- und Höchstwertprinzip nicht zu vereinbaren ist.

Abzinsungserträge

Erträge aus der Abzinsung der passivierten Rückstellungen sind in der GuV gesondert unter dem Posten „sonstige Zinsen und ähnliche Erträge“ und Aufwendungen gesondert unter dem Posten „Zinsen und ähnliche Aufwendungen“ auszuweisen (§ 277 Abs. 5 Satz 1 HGB). Mit der Abzinsung der Rückstellungen verbundene Erträge und Aufwendungen sind somit zwingend im Finanzergebnis zu zeigen.

Anhand des nachfolgenden Beispiels soll die Abzinsung einer Verbindlichkeitsrückstellung verdeutlicht werden:

Beispiel

Die FWA betreibt eine Färberei. Diese lagert Teile ihre Vorräte an Farbstoffen und anderen Chemikalien in unterirdischen Behälteranlagen. In der Periode t1 lässt die FWA die Behälteranlage begutachten. Als Ergebnis ergibt sich, dass diese im Erdbereich befindlichen Anlagen voraussichtlich in fünf Jahren entfernt werden müssen. Die Entsorgung wird von einem Dienstleister übernommen, wofür Ausgaben in Höhe von schätzungsweise EUR 100.000 anfallen werden. Der laufzeitadäquate Marktzinssatz, der aus Vereinfachungsgründen als im Zeitablauf konstant angesehen wird, wird hier mit 5% angenommen. Am 1.1.t1 muss die FWA eine Rückstellung für die künftigen Ausgaben passiveren, die nach § 266 Abs. 3 B.3. HGB unter dem Posten „sonstige Rückstellungen auszuweisen ist. Es ist wie folgt zu buchen:

Sonstige betriebliche Aufwendungen an Sonstige Rückstellungen 78.352,62

Zum 31.12. der Perioden t1 bis t5 ist die Zuführung zu der Rückstellung als Zinsaufwand des jeweiligen Jahres zu erfassen. Dies ist in t1 z.B. wie folgt zu buchen:

Zinsen und ähnliche Aufwendungen an Sonstige Rückstellungen 3.917,63

Die Inanspruchnahme der Rückstellung am Anfang der Periode t6 ist erfolgsneutral zu buchen:

Sonstig Rückstellungen an Bank 100.000,00

Die Entwicklung der Rückstellung im Zeitablauf ist folgender Tabelle zu entnehmen:

Periode	Rückstellung 1.1.	Rückstellung 31.12.	Zinsaufwand
1	78.352,62 *	82.270,25 **	3.917,63
2	82.270,25	86.383,76	4.113,51
3	86.383,76	90.702,95	4.319,19
4	90.702,95	95.238,10	4.535,15
5	95.238,10	100.000,00	4.761,90

* = 100.000 * $1{,}05^{-5}$
** = 100.000 * $1{,}05^{-4}$ usw.

5.2.5.3 Verteilungs- und Ansammlungsrückstellungen

Verteilungsrückstellungen

Verteilungsrückstellungen sind Verpflichtungen, die bereits im Zeitpunkt des die Verpflichtung auslösenden Ereignisses rechtlich entstehen, allerdings erst wirtschaftlich in der Zukunft verursacht werden. So besteht z.B. bei Mietereinbauten in ein angemietetes Bürogebäude bereits zum Zeitpunkt des Abschlusses des Mietvertrags die Verpflichtung, diese bei Beendigung des Mietvertrags zurückzubauen. Notwendige Aufwendungen hierfür wären somit bereits zu diesem Zeitpunkt vollständig zurückzustellen. Wirtschaftlich sind allerdings die Aufwendungen für den Rückbau durch die gesamte Mietdauer verursacht. Für Verteilungsrückstellungen besteht somit das Wahlrecht, diese entweder sofort vollständig zurückzustellen oder über einen Zeitraum zu verteilen.[457]

Verteilungsperiode

Der Zeitraum, die sog. Verteilungsperiode, beginnt mit der Entstehung der rechtlichen Verpflichtung – z.B. dem Einbau der Mietereinbauten – und endet mit der voraussichtlichen Fälligkeit bzw. dem anzunehmenden Erfüllungszeitpunkt. Bei Mietverträgen wird der Zeitraum grundsätzlich über die Mietvertragsdauer bestimmt. Hier gelten dieselben Anforderungen wie für die Bestimmung der Restlaufzeit von vertraglichen Verpflichtungen.

Beispiel

Die FWA hat auf fremdem Grund und Boden ein Gebäude errichtet, mit der Verpflichtung, dieses nach 15 Jahren wieder abzureißen. Obwohl die Verpflichtung erst ab dem Tag der Errichtung in vollem Umfang besteht, das Grundstück wieder in den ursprünglichen Zustand zu versetzen, kann die Abbruchverpflichtung über die Nutzungsdauer von 15 Jahren zu jeweils 1/15 pro Jahr verteilt werden.

Nominaler Verpflichtungsbetrag

Der nominale Verpflichtungsbetrag[458] einer solchen Verteilungsrückstellung darf über die Verteilungsperiode nach einem pauschalierten Verfahren erfasst werden. Da die wirtschaftlichen Vorteile bei Verteilungsrückstellungen grundsätzlich gleichmäßig über die Verteilungsperiode anfallen, ist eine lineare Verteilung der Aufwendungen als sachgerecht zu erachten. Sofern die wirtschaftlichen Vorteile ungleichmäßig über die Verteilungsperiode auftreten, ist die Verteilung entsprechend zu modifizieren. Liegen keine wirtschaftlichen Vorteile in der Zukunft mehr vor, muss die Rückstellung sofort in voller Höhe erfasst werden. Auch Verteilungsrückstellungen unterliegen gemäß § 253 Abs. 2 Satz 1 HGB der Abzinsungspflicht.

Ansammlungsrückstellungen

Ansammlungsrückstellungen, wie z.B. die notwendige Rekultivierung einer Kiesgrube, sind anders zu behandeln als Verteilungsrückstellungen. Die Verpflichtung erhöht sich in diesem Fall nicht nur wirtschaftlich, sondern tatsächlich in jedem Wirtschaftsjahr sukzessive. Die wirtschaftliche Verursachung der Verpflichtung ist dabei in dem Umfang in der Vergangenheit erfolgt, wie der Abbau fortgeschritten ist. Eine Verteilung

---

457 A.A. Baetge/Kirsch/Thiele, Bilanzen, 16. Aufl. 2021, S. 441.

458 Hierunter ist z.B. der gesamte Verpflichtungsbetrag aus einem Mietvertrag zu verstehen.

des zukünftig geschätzten nominalen Verpflichtungsbetrags bis zur erwarteten Inanspruchnahme ist somit nicht möglich, da das die Verpflichtung auslösende Ereignis – z.B. der Abbau von Kies – in der Vergangenheit liegt.

Berücksichtigung von Preis- und Kostenänderungen

Auch bei Ansammlungsrückstellungen sind Preis- und Kostenänderungen bei der Bestimmung des nominalen Verpflichtungsbetrags mit zu berücksichtigen. Die Restlaufzeit einer solchen Rückstellung wird dabei von der erwarteten Durchführung der Rekultivierungsmaßnahme bestimmt.

Beispiel

Auf dem Gelände der Färberei der FWA befindet sich eine Deponie. Bei Stilllegung der Deponie muss eine aufgrund von gesetzlichen Regelungen vorgeschriebene Rekultivierung vorgenommen werden. Mit einer Stilllegung wird in fünf Jahren (Anfang Periode t6) gerechnet. Bis zum 31.12.t0 hat die FWA lediglich 30% der Deponiefläche genutzt.

Die Kosten für die Anfang Periode t6 durchzuführende Rekultivierung der gesamten Deponiefläche belaufen sich auf EUR 1.000.000. In diesem Betrag sind bereits Preis- und Kostensteigerungen über die nächsten fünf Jahre berücksichtigt. Der Abzinsungssatz für eine Rückstellung mit einer entsprechenden Restlaufzeit beträgt 4,5%.

Am 31.12.t0 muss die FWA ermitteln, in welchem Maße die Verpflichtung der Vergangenheit zuzuordnen ist. Durch die Nutzung von 30% der Fläche ist nur ein Anteil von 30% der zukünftigen Rekultivierungsaufwendungen zurückzustellen.

Damit ergibt sich zum 31.12.t0 folgender Wert für die Rückstellung:

(EUR 1.000.000 x 30%) / $1{,}045^5$ = EUR 240.735,31.[459]

5.2.6 Besonderheiten des Ansatzes und der Bewertung einzelner Verbindlichkeitsrückstellungen

5.2.6.1 Gewährleistungs- und Kulanzrückstellungen

Wahrscheinlichkeit der Inanspruchnahme

Wie bereits dargestellt, handelt es sich bei Gewährleistungsverpflichtungen unzweifelhaft um ungewisse Verbindlichkeiten, für die nach § 249 Abs. 1 Satz 1 HGB eine Rückstellung zu bilden ist. Die Pflicht zur Bildung von Gewährleistungsrückstellungen setzt indes nicht voraus, dass die Gewährleistungsansprüche bereits vom Kunden geltend gemacht wurden. Die bloße Wahrscheinlichkeit einer Inanspruchnahme ist für deren Bildung ausreichend.

Gewährleistungsrückstellungen können sich auf Gewährleistungspflichten bei einem einzelnen Produkt oder bei einer einzelnen Leistung sowie auf Gewährleistungspflichten bei einer Gruppe gleichartiger Produkte beziehen. Dementsprechend wird zwischen Einzel- und Pauschalrückstellungen unterschieden.

Einzelrückstellungen

Verfügt das Unternehmen über Anhaltspunkte dafür, dass bei einem einzelnen Produkt ein Mangel auftreten wird, so hat es dafür eine Einzelrückstellung zu bilden. Die Höhe dieser Rückstellung bemisst sich nach den zu erwartenden Gewährleistungsaufwendungen, z.B. Nachbesse-

[459] Hierzu sowie zu den vorangegangenen Ausführungen Melcher/David/Skowronek, Rückstellungen, 2013, S. 151ff.

rungsaufwendungen oder etwaigen Minderungsansprüchen des Kunden. Darüber hinaus sind in die Rückstellung auch sog. Mängelfolgeschäden einzubeziehen, sofern sich diese hinreichend konkretisiert haben.

Pauschalrückstellungen

Gewöhnlich wird die Bildung einer Einzelrückstellung für jeden einzelnen Gewährleistungsfall nicht möglich sein, da sich die Mängel i.d.R. nicht für einzelne Produkte vorhersehen lassen. Bei der Bildung einer Pauschalrückstellung wird nicht gegen den Grundsatz der Einzelbewertung nach § 252 Abs. 1 Nr. 3 HGB verstoßen. Denn wenn z.B. damit zu rechnen ist, dass bei Serienprodukten Mängel latent vorhanden sind, ist hierfür eine pauschale Gewährleistungsrückstellung geboten, um einen periodengerechten Erfolg ermitteln zu können. Die Bildung einer pauschalen Gewährleistungsrückstellung setzt allerdings die Gleichartigkeit sowie eine große Zahl der zu antizipierenden Gewährleistungsrisiken voraus. Liegen diese Voraussetzungen vor, lässt sich die Gewährleistungsrückstellung mit Hilfe statistischer Methoden ermitteln. Dabei wird grundsätzlich von den Erfahrungen und Daten der Vergangenheit ausgegangen.

Gewährleistungspauschale

Gewöhnlich wird aus der Relation von Gewährleistungsaufwand zu Umsatz der Vergangenheit eine auf den neuen Jahresumsatz bezogene Gewährleistungspauschale berechnet. Bei der Ermittlung der Rückstellungspauschale sind darüber hinaus aber auch künftige Änderungen der Einflussfaktoren auftretender Mängel, etwa die Steigerung der Produktionsqualität, sowie künftige Änderungen der daraus erwachsenden Gewährleistungsaufwendungen, z.B. geringere Nachbesserungskosten, zu beachten. Derartige Änderungen machen eine Korrektur der an reinen Vergangenheitszahlen orientierten Gewährleistungspauschalen erforderlich.

Wirtschaftliche Verpflichtung

Neben einer rechtlichen Verpflichtung kann auch eine wirtschaftliche Verpflichtung gegenüber einem Dritten vorliegen, für die eine Verbindlichkeitsrückstellung zu bilden ist. Dies ist z.B. der Fall, wenn die vereinbarten Gewährleistungspflichten abgelaufen sind, der Mangel nicht unter die vereinbarten Gewährleistungstatbestände fällt und der Kunde bei einem Wettbewerber eine Kulanzleistung erwarten bzw. erhalten würde. Der Bilanzierende ist also aus wirtschaftlichen Gründen gezwungen, die Kulanz ebenfalls zu leisten. Anderenfalls wird er den Kunden verlieren. Die Kulanzleistung unterscheidet sich aber von reinen „Gefälligkeiten“. Merkmal einer Kulanzleistung ist, dass sie zum Erhalt der Kundenbeziehung erforderlich ist. Zwischen dem Mangel an den gelieferten Produkten und der Kulanz muss ein direkter Zusammenhang bestehen und die Kulanzleistung muss wirtschaftlich zwingend sein.[460] Wie bereits dargestellt, sind derartige Kulanzleistungen, soweit sie die drei Kriterien des Passivierungsgrundsatzes erfüllen, nach § 249 Abs. 1 Satz 2 Nr. 2 HGB als Kulanzrückstellungen zu passivieren.

5.2.6.2 Steuerrückstellungen

Ungewisse Verbindlichkeiten aus Steuern

Steuerrückstellungen werden für sämtliche Steuern und Abgaben gebildet, die dem vergangenen Geschäftsjahr zuzurechnen sind, deren Höhe aber noch nicht eindeutig sicher ist. Die separat auszuweisenden Steuerrückstellungen umfassen alle

[460] Hierzu Schubert, in: Beck Bil-Komm., 13. Aufl. 2022, § 249 Anm. 153-156.

ungewissen Verbindlichkeiten aus Steuern, für die das Unternehmen selbst Steuerschuldner ist, für die indes die Steuerschuld noch nicht mit einem Steuerbescheid festgesetzt wurde.

Zu berücksichtigen sind sowohl die laufend veranlagten Steuern wie die Körperschaftsteuer, die Gewerbesteuer und die Grundsteuer für Betriebsgrundstücke als auch die Verbrauchssteuer. Daneben sind Steuerrückstellungen für das Betriebsprüfungsrisiko zu bilden, d.h. für Steuern, die aufgrund einer erwarteten Nachveranlagung nach einer Betriebsprüfung wahrscheinlich geschuldet werden. Der nach Abzug etwaiger Vorauszahlungen verbleibende Betrag ist bis zum Erlass eines Steuerbescheids als Rückstellung auszuweisen, danach wird der Betrag – ggf. unter erfolgswirksamer Berücksichtigung eines Differenzbetrags – in die sonstigen Verbindlichkeiten gebucht.

5.2.6.3 Pensionsrückstellungen

5.2.6.3.1 Ansatz von Pensionsrückstellungen

Betriebliche Versorgungsleistungen

Wenn ein Unternehmen seinen Mitarbeitern als Ergänzung zu den regelmäßigen Gehaltszahlungen betriebliche Versorgungsleistungen – z.B. zur Alters- oder Hinterbliebenenversorgung – zusagt, kann es diese bei Eintritt des Versorgungsfalls selbst erbringen (unmittelbare Versorgungszusage) oder von einem Dritten erbringen lassen (mittelbare Versorgungszusage):

Mittelbare Versorgungszusage

Eine mittelbare Versorgungszusage liegt vor, wenn die Versorgungsleistungen durch einen selbständigen Versorgungsträger erbracht werden, bspw. durch ein Versicherungsunternehmen, eine Unterstützungskasse oder eine Pensionskasse. Bei der Finanzierung einer Versorgungsleistung im Wege der Direktversicherung[461] schließt der Arbeitgeber einen Versicherungsvertrag für seinen Arbeitnehmer mit einem externen Versicherungsunternehmen ab. Die periodisch entrichteten Beiträge stellen beim Arbeitgeber Aufwand der jeweiligen Periode dar. Tritt der Versorgungsfall ein, werden die Versorgungsleistungen durch das Versicherungsunternehmen erbracht. Die Ansprüche des versicherten Arbeitnehmers gegenüber dem Arbeitgeber erlöschen zu diesem Zeitpunkt. Alternativ zum Abschluss einer Direktversicherung, kann der Arbeitgeber einen rechtlich selbständigen Versorgungsträger gründen oder sich an einem solchen beteiligen. Bei dem Versorgungsträger kann es sich bspw. um ein Versicherungsunternehmen, eine Unterstützungskasse oder eine Pensionskasse handeln.[462] Der Versorgungsträger, der durch die periodischen Beitragszahlungen der an ihm beteiligten Unternehmen finanziert wird, erfüllt bei Eintritt des Versorgungsfalls die Ansprüche des Arbeitnehmers. Die an die Versorgungseinrichtung entrichteten Beiträge stellen beim Arbeitgeber wiederum Aufwand der jeweiligen Periode dar. Für mittelbare Pensionszusagen besteht nach Art. 28 Abs. 1 Satz 2 EGHGB ein Passivierungswahlrecht. Danach braucht eine Rückstellung hier in keinem Fall gebildet zu werden. Dies gilt auch bei mit Sicherheit bevorstehender Inanspruchnahme.

---

[461] Hierzu ausführlich Derbort/Herrmann/Mehlinger/Seeger, Bilanzierung von Pensionsverpflichtungen, 2. Aufl. 2016, S. 33-35.

[462] Hierzu ausführlich Derbort/Herrmann/Mehlinger/Seeger, Bilanzierung von Pensionsverpflichtungen, 2. Aufl. 2016, S. 28-32.

Unmittelbare Versorgungszusage

Erteilt das Unternehmen einem Mitarbeiter hingegen eine unmittelbare Versorgungszusage (sog. Direktzusage)[463], so verpflichtet es sich – im Gegensatz zum erstgenannten Durchführungsweg – selbst dazu, dem Mitarbeiter bei Eintritt des Versorgungsfalls die vereinbarten Leistungen zu zahlen, d.h. der Arbeitgeber schaltet zur Finanzierung der Versorgungsverbindlichkeit keinen externen Versorgungsträger ein.

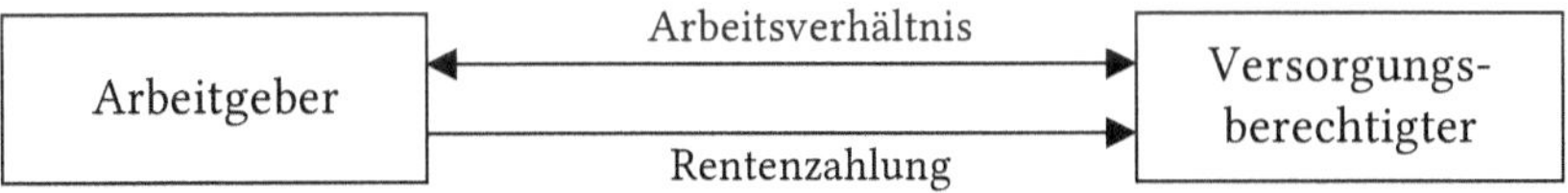

Abb. 24 Direktzusage

In diesem Fall entsteht beim Unternehmen selbst im Zeitpunkt der Erteilung der Zusage eine Verpflichtung, die hinsichtlich Höhe und Fälligkeit ungewiss ist. Bei dieser Versorgungsverpflichtung handelt es sich um eine ungewisse Verbindlichkeit des Unternehmens, für die nach § 249 Abs. 1 Satz 1 HGB eine Rückstellung zu bilden ist. Bei einer unmittelbaren Versorgungszusage wird unterstellt, dass sich der Arbeitnehmer die vom Unternehmen gewährten Leistungen über den Zeitraum der Tätigkeit im Unternehmen erdient. Die künftigen Zahlungen des Unternehmens an den Arbeitnehmer sind Ausgaben, die dem Grundsatz der Abgrenzung der Sache nach den Perioden zuzuordnen sind, während derer der Mitarbeiter seine Arbeitsleistung erbringt.

Alt- und Neuzusagen

Art. 28 EGHGB unterscheidet hierbei zwischen Neuzusagen (nach dem 31.12.1986) und Altzusagen (vor dem 1.1.1987) und formuliert i.V.m. §§ 246 Abs. 1 und 249 HGB ein Passivierungswahlrecht für Altzusagen und eine Passivierungspflicht für Neuzusagen.

5.2.6.3.2 Ausweis von Pensionsrückstellungen

Pensionsrückstellungen sind von Kapitalgesellschaften und haftungsbeschränkten Personengesellschaften nach § 264a HGB (mit Ausnahme der kleinen Gesellschaften) in der Bilanz nach § 266 Abs. 3 HGB gesondert unter Posten B. I. auszuweisen:

B. Rückstellungen
1. Rückstellungen für Pensionen und ähnliche Verpflichtungen

Tab. 45 Ausweis Pensionsrückstellungen

Saldierung mit Deckungsvermögen

§ 246 Abs. 2 Satz 2 HGB sieht hierbei eine Saldierung von Vermögensgegenständen, die ausschließlich der Erfüllung von Schulden aus Altersversorgungsverpflichtungen oder vergleichbaren langfristig fälligen Verpflichtungen dienen (sog. Planvermögen bzw. Deckungsvermögen), mit diesen Schulden vor. Damit betrifft das Verrechnungsgebot Pensionsverpflichtungen, Altersteilzeitverpflichtungen, Verpflichtungen aus Lebensarbeitszeitmodellen und andere vergleichbare Verpflichtungen, die langfristig fällig sind.

---

463 Hierzu ausführlich Derbort/Herrmann/Mehlinger/Seeger, Bilanzierung von Pensionsverpflichtungen, 2. Aufl. 2016, S. 25-26.

Ausweis der Nettoverpflichtung

In der Bilanz erfolgt in diesen Fällen nur noch ein Ausweis der Nettoverpflichtung, also der Belastung, die das Unternehmen tatsächlich wirtschaftlich trifft. § 253 Abs. 1 Satz 4 HGB schreibt die Bewertung des Deckungsvermögens zum beizulegenden Zeitwert vor.[464]

Ausschüttungssperre

Nach der Saldierung des Deckungsvermögens mit den entsprechenden Schulden kann sich u.U. auch ein positiver Nettobetrag ergeben. Dieser Betrag, für den nach § 268 Abs. 8 HGB eine Ausschüttungssperre vorgesehen ist, ist dann unter dem gesonderten Posten „Aktiver Unterschiedsbetrag aus der Vermögensverrechnung“ zu aktivieren.[465]

Grundvoraussetzung für Deckungsvermögen

Verrechnet werden dürfen allerdings nur diejenigen Vermögensgegenstände, die dem Zugriff aller Gläubiger – z.B. im Wege einer Einzelvollstreckung oder Insolvenz – entzogen sind. Zudem müssen die Vermögensgegenstände jederzeit zur Erfüllung der Schulden verwendet werden können. Insofern muss das Deckungsvermögen zwei Grundvoraussetzungen zu erfüllen:

- Zugriffsfreiheit und
- Zweckexklusivität.[466]

5.2.6.3.3 Bewertung von Pensionsrückstellungen

Erfüllungsbetrag

Hinsichtlich der Bewertung von Rückstellungen für laufende Pensionen oder Anwartschaften auf Pensionen sind § 253 Abs. 1 und 2 HGB einschlägig. Auch Pensionsrückstellungen sind folglich gemäß § 253 Abs. 1 Satz 2 HGB in Höhe des nach vernünftiger kaufmännischer Beurteilung notwendigen Erfüllungsbetrags anzusetzen.[467] Dies bedeutet, dass Kostenveränderungen – z.B. Rentenanpassungen oder Gehaltsänderungen bei gehaltsabhängigen Zusagen – im Wertansatz der zu passivierenden Pensionsrückstellungen berücksichtigt werden müssen. Zum Bilanzstichtag muss es (objektiv) wahrscheinlich sein, dass die bei der Rückstellungsbewertung angenommenen Kostenveränderungen künftig auch tatsächlich eintreten werden.

Wertpapiergebundene Zusagen

Über die in § 253 Abs. 1 Satz 2 HGB aufgeführten allgemeinen Bewertungsregelungen für Rückstellungen hinaus sind für Altersversorgungsverpflichtungen zudem die speziellen Bewertungsregelungen des § 253 Abs. 1 Satz 3 und 4 HGB zu beachten. Diese speziellen Bewertungsregelungen für Altersversorgungsverpflichtungen wurden vor dem Hintergrund aufgestellt, dass heutzutage oftmals Altersversorgungsverträge abgeschlossen werden, bei denen sich der Umfang der Altersversorgungsverpflichtung nach dem beizulegenden Zeitwert bzw. der Entwicklung bestimmter Wertpapiere – z.B. Aktien, Fondsanteile oder Schuldverschreibungen – richtet (sog. Wertpapiergebundene Pensionszusagen). Sofern sich die Höhe der Altersversorgungsverpflichtun-

---

[464] Hierzu ausführlich Derbort/Herrmann/Mehlinger/Seeger, Bilanzierung von Pensionsverpflichtungen, 2. Aufl. 2016, S. 94-96.

[465] Hierzu Abschn. 5.2.6.3.2.

[466] Hierzu ausführlich Derbort/Herrmann/Mehlinger/Seeger, Bilanzierung von Pensionsverpflichtungen, 2. Aufl. 2016, S. 97-98.

[467] Hierzu ausführlich Abschn. 5.2.4.

gen bzw. vergleichbarer fälliger Verpflichtungen ausschließlich nach dem beizulegenden Zeitwert von Wertpapieren i.S. des § 266 Abs. 2 A. III. 5 HGB (Wertpapiere des Anlagevermögens) bestimmt, sind Rückstellungen für diese Altersversorgungsverpflichtungen in Höhe des beizulegenden Zeitwerts dieser Wertpapiere anzusetzen, soweit dieser beizulegende Zeitwert einen garantierten Mindestbetrag übersteigt (§ 253 Abs. 1 Satz 3 HGB). Durch § 253 Abs. 1 Satz 4 i.V.m. § 246 Abs. 2 Satz 2 HGB wird zudem klargestellt, dass die hierbei zu verrechnenden Vermögensgegenstände mit ihrem beizulegenden Zeitwert zu bewerten sind.

Diskontierungsgebot

Analog zu den allgemeinen Verbindlichkeitsrückstellungen gilt auch für Pensionsrückstellungen das in § 253 Abs. 2 Satz 1 HGB verankerte generelle Diskontierungsgebot, wonach Rückstellungen mit einer Restlaufzeit von mehr als einem Jahr – diese Voraussetzung wird bei Pensionsrückstellungen regelmäßig erfüllt sein – mit dem ihrer Restlaufzeit entsprechenden durchschnittlichen Marktzinssatz der vergangenen zehn Geschäftsjahre abzuzinsen sind.

Diese gesonderten Vorschriften für Pensionsrückstellungen sind auf das andauernd niedrige Zinsniveau zurückzuführen. Diese hat dazu geführt, dass Pensionsrückstellungen – aufgrund des deutlich niedrigeren Diskontierungszinssatzes – deutlich höher bewerten wurden, wodurch diese Schuldposten das Bilanzbild zusätzlich belastet haben. Diese Belastung hatte zur Folge, dass vor allem Direktzusagen von Betriebsrenten für Unternehmen weniger attraktiv wurden.

Durchschnittlicher Marktzinssatz

Abweichend von diesem Diskontierungsgebot dürfen Rückstellungen für Altersversorgungsverpflichtungen oder vergleichbare langfristig fällige Verpflichtungen gemäß § 253 Abs. 2 Satz 5 HGB allerdings alternativ auch pauschal mit dem durchschnittlichen Marktzinssatz abgezinst werden, der sich bei einer angenommenen Restlaufzeit von 15 Jahren ergibt. Diese alternative Bewertungsregelung für Rückstellungen für Altersversorgungsverpflichtungen oder vergleichbare langfristig fällige Verpflichtungen dient der Vereinfachung, da das generelle Diskontierungsgebot in § 253 Abs. 2 Satz 1 HGB vorsieht, dass jede Pensionsverpflichtung grundsätzlich einzeln unter Berücksichtigung ihrer individuellen Restlaufzeit zu bewerten und zu diskontieren ist. Unzulässig ist die Anwendung dieser Vereinfachungsvorschrift allerdings dann, wenn die Restlaufzeit der Pensionsrückstellung des Bilanzierenden deutlich von der in § 253 Abs. 2 Satz 2 HGB angenommenen durchschnittlichen Restlaufzeit von 15 Jahren abweicht und wenn die Anwendung der Vereinfachungsvorschrift dazu führen würde, dass die wirtschaftliche Lage des Bilanzierenden im Jahresabschluss nicht wahrheitsgetreu abgebildet würde. Übt der Bilanzierende das Wahlrecht aus, Rückstellungen für Altersversorgungsverpflichtungen oder vergleichbare langfristig fällige Verpflichtungen vereinfachend mit dem durchschnittlichen Marktzinssatz für eine Laufzeit von 15 Jahren abzuzinsen, ist in den Folgeperioden der Grundsatz der Bewertungsstetigkeit zu beachten. Die Aufwendungen und Erträge aus der Abzinsung und aus dem zu verrechnenden Vermögen sind gemäß § 277 Abs. 5 HGB zwingend innerhalb des Finanzergebnisses zu verrechnen.

Hinweis

Das soeben erläuterte Diskontierungsgebot für Pensionsrückstellungen nach BilMoG wird regelmäßig dazu führen, dass die Rückstellungsbewertung für diese Verpflichtungen vor und nach Inkrafttreten der Regelungen des BilMoG voneinander abweichen. Mangels eigener handelsrechtlicher Regelungen orientierten sich viele Unternehmen bis zum Inkrafttreten des BilMoG bei der Diskontierung ihrer Pensionsrückstellungen an den steuerlichen Vorgaben. Da die Wertansätze passivierter Pensionsrückstellungen vor und nach Inkrafttreten des BilMoG i.d.R. differieren, sind bestimme Übergangsvorschriften zu beachten. Wenn die geänderte Rückstellungsbewertung nach BilMoG zu einem höheren Wertansatz der passivierten Rückstellung für laufende Pensionen[468] oder Anwartschaften auf Pensionen[469] führt, darf die sich aus der geänderten Rückstellungsbewertung ergebende Differenz bis spätestens zum 31.12.2024 in Jahresraten angesammelt werden, wobei in jedem Geschäftsjahr mindestens ein Fünfzehntel des aufgrund der Neuregelung zuzuführenden Betrags angesammelt werden muss (Art. 67 Abs. 1 Satz 1 EGHGB).

Führt die geänderte Rückstellungsbewertung hingegen dazu, dass die passivierten Rückstellungen für laufende Pensionen oder Anwartschaften auf Pensionen mit einem niedrigeren Wert anzusetzen sind – mithin also eine Auflösung der bereits gebildeten Rückstellungen notwendig ist – so darf der bisherige Wertansatz beibehalten werden, soweit der aufzulösende Betrag bis spätestens 31.12.2024 wieder zugeführt werden müsste (Art. 67 Abs. 1 Satz 2 EGHGB).

Versicherungsmathematisches Verfahren

Obgleich ein spezielles Bewertungsverfahren für Pensionsrückstellungen und Anwartschaften auf Pensionen nicht vorgeschrieben ist, muss der Bilanzierende gemäß § 264 Abs. 2 Satz 1 HGB bei der Rückstellungsbewertung ein versicherungsmathematisches Verfahren anwenden, mit dem die wirtschaftliche Lage des Bilanzierenden zutreffend dargestellt wird. Grundsätzlich ist eine Pensionsrückstellung ratierlich so anzusammeln, dass bei Rentenbeginn der Barwert der erwarteten Rentenzahlungen in die Rückstellung eingestellt wurde. Für die Bemessung der ratierlichen, also am Ende eines jeden Geschäftsjahres einzustellenden Betrags kommen das Teilwertverfahren[470] und das Gesamtwertverfahren sowie die Methode der laufenden Einmalprämien in Frage.

---

[468] Eine Rückstellung für eine bereits laufende Rente, d.h. der Versorgungsfall ist bereits eingetreten, ist mit dem nach versicherungsmathematischen Grundsätzen ermittelten Barwert zu bewerten, wobei der Barwert hier dem Wert der diskontierten zu erwartenden Pensionsleistungen entspricht.

[469] Handelt es sich um Versorgungsverträge, bei denen der Versorgungsfall noch nicht eingetreten ist, so ist bei der Bewertung zu beachten, dass die Rückstellung in dem Jahr, in dem die Altersgrenze erreicht wird, dem kapitalisierten Wert der zu erwartenden Pensionsleistungen zu entsprechen hat. Dieser Betrag ist in der Zeit von der Entstehung der Versorgungsverpflichtung bis zum vertraglichen Eintritt des Versorgungsfalls, versicherungsmathematisch gleichverteilt, über entsprechende Rückstellungszuführungen anzusammeln. Der zu bilanzierende Rückstellungswert ergibt sich somit aus dem Anwartschaftsbarwert – dieser entspricht dem versicherungsmathematisch ermittelten Wert der gesamten Pensionszahlung zum Zeitpunkt der Rückstellungsbildung – abzüglich der auf die restliche Vertragslaufzeit entfallenden Annuitäten. Hierzu sowie zu vorangehender Fußnote Coenenberg/Haller/Schultze, Jahresabschluss und Jahresabschlussanalyse, 26. Aufl. 2021, S. 467-468.

[470] Kennzeichen des Teilwertverfahrens ist es, den Jahresaufwand so zu kalkulieren, dass unter den Bedingungen am Bewertungsstichtag der Jahresaufwand bzw. die Prämie während der

Teil- und Gesamtwertverfahren

Die beiden zuerst genannten Verfahren berechnen die Höhe der an einem bestimmten Bilanzstichtag in der Bilanz auszuweisenden Pensionsrückstellung als Differenz zwischen dem auf diesen Bilanzstichtag abgezinsten Barwert der künftigen Pensionsleistungen und dem auf den Bilanzstichtag bezogenen Barwert der im Zeitraum vom betrachteten Bilanzstichtag bis zum Eintritt des Versorgungsfalls noch ausstehenden Gegenleistung, der sog. fiktiven Nettoprämien. Bei der Bewertung der Pensionsrückstellungen wird unterstellt, dass durch die im Zeitraum zwischen Pensionszusage bzw. Diensteintritt und Rentenbeginn zu erbringende Gegenleistung (Arbeitsleistung) des Pensionsberichtigten dieser die Pensionsleistung kontinuierlich erdient und auf diese Weise einen Anspruch auf die gleichmäßige (jährliche) Ansammlung der Versorgungsmittel erwirbt.

Während beim Gesamtwertverfahren die Pensionsrückstellungen ab dem Zeitpunkt der Pensionszusage berechnet werden, geht man bei der Berechnung der Pensionsrückstellung nach dem Teilwertverfahren vom Zeitpunkt des Diensteintritts aus. Der Barwert der Pensionsleistungen wird beim Gesamtwertverfahren insofern ratierlich im Zeitraum zwischen Pensionszusage und Rentenbeginn aufgestockt. Beim Teilwertverfahren beginnt man mit der Rückstellungsbildung ebenfalls erst im Zeitpunkt der Pensionszusage, allerdings muss im Jahr der Zusage zusätzlich eine Einmalrückstellung für den Zeitraum zwischen Diensteintritt und Zeitpunkt der Zusage gebildet werden.

Künftige Gehalts- und Rentenentwicklungen

Das Handelsrecht schreibt kein bestimmtes versicherungsmathematisches Bewertungsverfahren vor. Da Rückstellungen gemäß § 253 Abs. 1 Satz 2 HGB mit ihrem nach vernünftiger kaufmännischer Beurteilung notwendigen Erfüllungsbetrag zu bewerten sind, dürfen nur noch die Bewertungsverfahren angewandt werden, die künftige Gehalts- und Rentenentwicklungen berücksichtigen. Das steuerlich vorgeschriebene Teilwertverfahren nach § 6a EStG ist handelsrechtlich nach BilMoG für Abschlüsse, die nach dem 31.12.2009 beginnen, nicht mehr zulässig, da es künftige Gehalts- und Rententrends nicht berücksichtigt und einen festen Zinssatz von 6% annimmt. Ein den handelsrechtlichen Ansprüchen angepasstes Teilwertverfahren ist indes zulässig.

Methode der laufenden Einmalprämien

Neben dem Teilwert- und dem Gesamtwertverfahren ist ebenso die Methode der laufenden Einmalprämien (Projected Unit Credit Method) – ein sog. Ansammelverfahren – zulässig. Bei dieser Methode wird der Barwert ermittelt, der für die in der jeweiligen Periode vom Versorgungsberichtigten erdiente Altersversorgung aufgewendet werden müsste.

Nachfolgendes Beispiel zeigt die unterschiedliche Wirkungsweise zwischen Teilwertverfahren und der Methode der laufenden Einmalprämien:[471]

Beispiel

Einem leitenden Angestellten der FWA wird eine Festbetragszusage über EUR

---

gesamten Aktivitätsarbeit konstant ist. Hierzu ausführlich Derbort/Herrmann/Mehlinger/Seeger, Bilanzierung von Pensionsverpflichtungen, 2. Aufl. 2016, S. 73.

[471] Beispiel in Anlehnung an Derbort/Herrmann/Mehlinger/Seeger, Bilanzierung von Pensionsverpflichtungen, 2. Aufl. 2016, S. 73.

2.400 für jedes Dienstjahr erteilt. Ferner wird angenommen, dass die Leistung nach fünf Jahren als Einmalkapital fällig wird. Für die Bewertung wird ein Zinssatz von 4,5% unterstellt.

Methode der laufenden Einmalprämien				
Jahr	Dienstzeitaufwand	Zinsaufwand	Gesamtaufwand	Verpflichtung
1	2.012,55	0	2.012,55	2.012,55
2	2.103,11	90,56	2.193,68	4.206,22
3	2.197,75	189,28	2.387,03	6.593,26
4	2.296,65	296,70	2.593,35	9.186,60
5	2.400,00	413,40	2.813,40	12.000,00
Summe	**11.010,06**	**989,94**	**12.000,00**	

Die jährlich steigende Jahresprämie ergibt sich nach folgender Gleichung:

Dienstzeitaufwand = EUR 2.400 / $1{,}045^{(5-k)}$, für k = 0,...,4,

also für das Jahr 1 z.B.: EUR 2.400 / $1{,}045^4$ = EUR 2.012,55

Der Zinsaufwand ergibt sich jeweils aus dem Produkt aus Zinssatz von 4,5% und Verpflichtung zu Beginn des Jahres.

Teilwertverfahren				
Jahr	Prämie	Zinsaufwand	Gesamtaufwand	Verpflichtung
1	2.193,50	0	2.193,50	2.193,50
2	2.193,50	98,71	2.292,21	4.485,71
3	2.193,50	201,86	2.395,36	6.881,06
4	2.193,50	309,65	2.503,15	9.384,21
5	2.193,50	422,29	2.615,79	12.000,00
Summe	**10.967,50**	**1.032,50**	**12.000,00**	

Hier ergibt sich die konstante Jahresprämie nach folgender Gleichung:

Prämie = (5 x EUR 2.400) / $(1 + 1{,}045 + 1{,}045^2 + 1{,}045^3 + 1{,}045^4)$ = EUR 2.193,50.

Der Zinsaufwand ergibt sich analog zur Ermittlung nach der Methode der laufenden Einmalzahlungen.

Zuführung

Die in der GuV auszuweisende gewinnmindernde jährliche Zuführung zu den Pensionsrückstellungen errechnet sich als Differenz zwischen den auf den betrachteten Bilanzstichtag aufgezinsten Jahresbeträgen (Annuitäten bzw. erbrachte Gegenleistungen des Pensionsberechtigten) und den auf dem Bilanzstichtag des vorhergehenden Geschäftsjahres aufgezinsten Jahresbeträgen.

Auflösung

Die gebildeten Pensionsrückstellungen sind mit Beginn der laufenden Pensionszahlungen aufzulösen. Die Höhe der Auflösung bemisst sich nach der sog. Versicherungsmethode, die sicherstellt, dass die verbleibende Pensionsrückstellung dem Barwert der noch zu leistenden Pensionszahlungen entspricht. Zu beachten ist, dass auch freiwillig gebildete Teil-Pensionsrückstellungen gemäß § 249 Abs. 2 Satz 2 HGB nur aufgelöst werden dürfen, soweit der Grund dafür entfallen ist.

5.2.6.4 Rückstellungen für andere Verpflichtungen gegenüber Mitarbeitern

Verpflichtungen aus ATZ

Neben Pensionsverpflichtungen können in einem Unternehmen weitere Verpflichtungen gegenüber Arbeitnehmern entstehen, welche die Bildung von Rückstellungen notwendig machen. Beispielsweise können diese aus der Etablierung von Altersteilzeitmodellen resultieren. Die Behandlung der zugehörigen Verpflichtung aus Altersteilzeitregelungen in der handelsrechtlichen Rechnungslegung hat das IDW in RS HFA 3 spezifiziert. Darin wird zwischen Vereinbarungen mit Abfindungscharakter und Vereinbarungen mit Entlohnungscharakter unterschieden. Eine Klassifizierung hat im Einzelfall entsprechend dem Charakter der jeweiligen Vereinbarung und dem wirtschaftlichen Gehalt zu erfolgen.

Vereinbarungen mit Abfindungscharakter

Vereinbarungen mit Abfindungscharakter unterstellen, dass der Arbeitgeber mit einer Aufstockungszahlung zusätzlich zum ursprünglich vereinbarten Arbeitsentgelt eine Einwilligung des Arbeitnehmers in den gleitenden Übergang in den Ruhestand anstrebt. Sind diese Merkmale gegeben, ist der zur Erfüllung der Verpflichtung notwendige Betrag im Zeitpunkt der Entstehung der Abfindungsverpflichtung sofort in voller Höhe aufwandswirksam als Rückstellung zu passivieren.

Vereinbarungen mit Entlohnungscharakter

Die sog. Vereinbarungen mit Entlohnungscharakter unterstellen hingegen, dass der Arbeitgeber die langjährige Betriebszugehörigkeit belohnen oder Anreize zur Verlängerung der Lebensarbeitszeit setzen will. Liegt eine entsprechende Vereinbarung vor, ist über denjenigen Zeitraum, über welchem vereinbarungsgemäß die zusätzliche Entlohnung erdient wird, eine Rückstellung ratierlich anzusammeln. Werden zudem im Zeitpunkt der erstmaligen Rückstellungsbildung bereits vergangene Tätigkeiten entlohnt, ist der entsprechende Betrag zu diesem Zeitpunkt in voller Höhe passivisch zu erfassen. Der Zeitraum der Ansammlung umfasst dabei, soweit keine ausdrückliche Vereinbarung besteht, den Zeitraum zwischen der rechtlichen Entstehung der Verpflichtung, also des Abschlusses einer Altersteilzeitvereinbarung, und dem Ende der Beschäftigungsphase der Altersteilzeit. Hinsichtlich der zum Einsatz kommenden Ansammlungsmethode gibt das IDW allerdings keine Hinweise.[472]

5.2.6.5 Rückstellungen für Umweltschutzmaßnahmen

Verpflichtungen zur Schadensbeseitigung

Rückstellungen für Umweltschutzmaßnahmen sind insbesondere dann zu bilden, wenn durch betriebliche Tätigkeiten der Vergangenheit Luft, Wasser, Boden oder Räume verunreinigt oder verseucht wurden und diese Kontaminierung zu einer öffentlich-rechtlichen, einer haftungsrechtlichen oder einer faktischen Verpflichtung zur Beseitigung des Schadens führt.

Verbindlichkeitsrückstellung

Verpflichtungen aus Umweltrisiken sind – soweit die Passivierungskriterien erfüllt sind – regelmäßig als Verbindlichkeitsrückstellung zu erfassen. Eine Verbindlichkeitsrückstellung

---

[472] Hierzu Coenenberg/Haller/Schultze, Jahresabschluss und Jahresabschlussanalyse, 26. Aufl. 2021, S. 472.

für Umweltrisiken setzt eine Außenverpflichtung voraus. Muss das Unternehmen mit einer behördlich auferlegten Sanierungsverpflichtung rechnen, so liegt eine öffentlich-rechtliche Außenverpflichtung[473] zur künftigen Sanierung vor. Bestehen haftungsrechtliche Ansprüche, so liegt, soweit sich diese Ansprüche konkretisiert haben, eine privatrechtliche Außenverpflichtung vor. Eine wirtschaftliche Belastung liegt vor, da sich das künftige Bruttovermögen durch die künftigen Ausgaben mindern wird. Die Kosten des Umweltrisikos sind i.d.R. zumindest auf Basis von Schätzungen quantifizierbar.

Voraussichtliche wirtschaftliche Belastung

Die den Rückstellungen zugrunde liegenden Verpflichtungen sind in Höhe der voraussichtlichen wirtschaftlichen Belastung zu bewerten. Über die Notwendigkeit des Ansatzes von Entsorgungs- und Rekultivierungsverpflichtungen besteht im Schrifttum Einigkeit.

Voll- oder Ansammlungsrückstellung

Allerdings wird die Bilanzierung der Höhe nach diskutiert, d.h. ob eine Voll- oder eine Ansammlungsrückstellung zu bilden ist. Hier wird verstärkt in Richtung der Ansammlungsrückstellung tendiert. Bei einer Rückstellung für die Rekultivierung von im Tagebau ausgebeuteten Flächen bedeutet dies z.B., dass der Erfüllungsbetrag der Rückstellung ratierlich in Abhängigkeit vom Rohstoffabbau aufgebaut wird. Bei der Ansammlungsrückstellung wird argumentiert, dass die Verpflichtung – z.B. zur Rekultivierung – zwar rechtlich entstanden ist, aber wirtschaftlich erst in künftigen Geschäftsjahren sukzessive verursacht wird.[474]

5.2.6.6 Restrukturierungsrückstellungen

Keine explizite Regelung

Die Behandlung von sog. Restrukturierungsrückstellungen ist handelsrechtlich nicht explizit geregelt. Daher ist für jede einzelne Maßnahme der Restrukturierung zu prüfen, ob der Ansatz einer Rückstellung gemäß § 249 HGB in Betracht kommt.

- Für Sozialpläne ist eine Rückstellung für ungewisse Verbindlichkeiten gemäß § 249 Abs. 1 Satz 1 HGB zu bilden. Bei geplanten Betriebsänderungen gemäß §§ 111, 112, 112a BetrVerfG ist eine Rückstellung zu bilden, wenn das Unterneh-

[473] Unter die öffentlich-rechtlichen Umweltschutzverpflichtungen fallen Verpflichtungen zur Altlastensanierung, Anpassungsverpflichtungen, periodisch anfallende Abfallbeseitigungs- und Rücknahmeverpflichtungen sowie aperiodisch anfallende Rekultivierungs- und Entsorgungsverpflichtungen. Unter Altlasten versteht man Verunreinigungen eines Grundstücks oder Gebäudes mit Schadstoffen, deren Ursache in früheren Jahren liegt, die aus heutiger Sicht eine Gefährdung der Umwelt darstellen. Zur Gruppe der Anpassungsverpflichtungen zählen Verpflichtungen, nach denen das Unternehmen dafür zu sorgen hat, dass eine Anlage im Hinblick auf Emissions- oder Sicherheitsstandards dem jeweiligen Stand der Technik entspricht (z.B. erforderliche Nachrüstung zur Einhaltung vorgegebener Grenzwerte). Abfallbeseitigungs-, Entsorgungs- und Rücknahmeverpflichtungen umfassen sämtliche Verpflichtungen zur Beseitigung von Abfällen, Verwertung von Reststoffen, Entsorgung radioaktiver Abfälle, Rücknahme von Verpackungen etc. Auffüll-. Wiederanlage-, Wiederaufforstungs- und Entfernungsverpflichtungen – z.B. für Kiesgruben, Deponien oder im Tagebau – zählen zum Bereich der Rekultivierungsverpflichtungen.

[474] Hierzu Coenenberg/Haller/Schultze, Jahresabschluss und Jahresabschlussanalyse, 26. Aufl. 2021, S. 476-477.

men den Betriebsrat über die geplante Betriebsänderung unterrichtet hat. Ebenso ist eine Rückstellung zu bilden, wenn die Unterrichtung des Betriebsrats zwischen Bilanzstichtag und Aufstellung oder Feststellung des Jahresabschlusses erfolgt und vor dem Bilanzstichtag ein entsprechender Beschluss gefasst wurde oder wirtschaftlich unabwendbar war (§ 111 Satz 1 BetrVerfG). Nicht ausreichend für den Ansatz einer Rückstellung ist jedoch eine lediglich wahrscheinliche Betriebsänderung.[475]

- Für die Gehälter der Mitarbeiter, die mit der Restrukturierung beschäftigt sind, können nach den Regelungen des § 249 HGB in Ermangelung einer Außenverpflichtung keine Rückstellungen gebildet werden.

5.2.7 Beispielsachverhalte – Rückstellungen

a. In t0 wurde eine Rückstellung für Prozessrisiken in Höhe von EUR 35.000,00 gebildet. Dieser Prozess wurde in t1 gewonnen, so dass der Grund für die Prozesskostenrückstellung entfallen ist.

Da der Grund für die Rückstellung entfallen ist, muss die Rückstellung nach § 249 Abs. 2 Satz 2 HGB ergebniswirksam aufgelöst werden.

b. In t0 wurde eine Gewährleistungsrückstellung in Höhe von EUR 100.000,00 gebildet. Die Restlaufzeit der Rückstellung wurde Ende t0 sachgerecht auf drei Jahre geschätzt, die Rückstellung wurde entsprechend § 253 Abs. 2 Satz 1 HGB abgezinst. Die Einschätzung des Erfüllungsbetrags für diese Rückstellung ist zum 31.12.t1 unverändert. Der relevante Abzinsungssatz, d.h. der durchschnittliche Marktzinssatz der vergangenen sieben Geschäftsjahre, beträgt 5%.

Gemäß Sachverhalt hat sich die Einschätzung des Erfüllungsbetrags von EUR 86.383,76 nicht geändert. Der Erfüllungsbetrag ermittelt sich wie folgt:

EUR 100.000,00 / $1{,}05^3$ = EUR 86.383,76

In t0 ist folgendermaßen zu buchen:

Sonstige betriebliche Aufwendungen	an	Sonstige Rückstellungen	100.000,00
Sonstige Rückstellungen	an	Sonstige Zinsen und ähnliche Erträge	13.616,24

Zum 31.12.t1 ist die Rückstellung mit dem gegebenen Zinssatz ergebniswirksam aufzuzinsen. Der Aufzinsungsbetrag ermittelt sich wie folgt:

EUR 86.383,76 x 0,05 = EUR 4.319,19

Die Rückstellung zum 31.12.t1 beträgt somit EUR 90.702,95.

Diese Vorgehensweise führt dazu, dass zum 31.12.t3 die Gewährleistungsrückstellung mit EUR 100.000,00 dotiert ist.

---

475 Hierzu Melcher/David/Skowronek, Rückstellungen, 2013, S. 38 sowie Schubert, in: Beck Bil-Komm., 13. Aufl. 2022, § 249 Anm. 100.

c. In t1 wurde eine Rückstellung für unterlassene Instandhaltungen in Höhe von EUR 20.000,00 gebildet. In t2 ist die zugehörige Handwerkerrechnung eingegangen und zwar mit einem Betrag von EUR 15.000,00 zzgl. 19% Umsatzsteuer.

Die in Höhe von EUR 20.000,00 gebildete Rückstellung ist aufgrund einer Überdotierung mit einem Teilbetrag von EUR 5.000,00 erfolgswirksam aufzulösen. EUR 15.000,00 stellen den Verbrauch der Rückstellung dar. Da die Handwerkerrechnung noch nicht beglichen wurde, ist eine Verbindlichkeit aus Lieferungen und Leistungen in Höhe von EUR 17.850,00 (brutto) sowie die Vorsteuer in Höhe von EUR 2.850,00 einzubuchen.

d. In t2 schloss die FWA mit der Weberei Schneider & Töchter, Schweinfurt einen bis 31.12.t4 befristeten Liefervertrag über 20 Tonnen Garn pro Monat zu einem Preis von EUR 9.000,00 pro Tonne. Infolge des Wollpreisanstiegs werden seit Januar t3 10% der Herstellungskosten (EUR 10.000,00) nicht durch den Verkaufserlös gedeckt. Zum Bilanzstichtag 31.12.t3 sind keine Fertigerzeugnisse auf Lager.

Bei den zum Bilanzstichtag noch ausstehenden Lieferungen handelt es sich um ein schwebendes Geschäft. Da pro Lieferung ab dem Januar t2 ein Verlust in Höhe von EUR 1.000,00 zu erwarten ist, muss nach § 249 Abs. 1 Satz 1 HGB eine Rückstellung für drohende Verluste aus schwebenden Geschäften gebildet werden. Der zurückzustellende Betrag für das Geschäftsjahr t3 errechnet sich wie folgt:

12 Monate á 20 Tonnen = 240 noch zu liefernde Tonnen

Verlust pro Tonne = EUR 1.000,00

Insgesamt drohender Verlust aus dem Liefervertrag: 240 Tonnen x EUR 1.000,00 pro Tonne = EUR 240.000,00

e. In t4 ist mit einer Körperschaftsteuernachzahlung in Höhe von EUR 50.000,00 zu rechnen (Körperschaftsteuerschuld des abgeschlossenen Geschäftsjahres). Außerdem wurde für das dritte Quartal t2 die Gewerbesteuervorauszahlung in Höhe von EUR 10.000,00 noch nicht entrichtet.

In der Handelsbilanz muss für die erwartete Körperschaftsteuerschuld in Höhe von EUR 50.000,00 eine Rückstellung für ungewisse Verbindlichkeiten mit rechtlicher Verpflichtung gebildet werden (§ 249 Abs. 1 Satz 1 HGB). Der Betrag in Höhe von EUR 10.000,00 für die Gewerbesteuervorauszahlung ist gemäß § 266 Abs. 3 HGB unter den sonstigen Verbindlichkeiten auszuweisen.

f. Bei der Renovierung einer Produktionshalle in Periode t5 wurde festgestellt, dass der Boden unter der Halle durch ausgelaufenes Öl großflächig kontaminiert wurde. Gemäß der kommunalen Rechtslage ist die FWA dazu verpflichtet, den belasteten Boden innerhalb der nächsten zwei Jahre zu dekontaminieren. Die Sanierungskosten werden auf EUR 1.000.000,00 geschätzt. Der durchschnittliche Marktzinssatz der vergangenen sieben Geschäftsjahre beträgt 5%. Der aktuelle Marktzins für vergleichbare Transaktionen beläuft sich zum Bilanzstichtag auf 3%.

Aufgrund der rechtlichen Verpflichtung zur Dekontamination muss in der Handelsbilanz für die dabei anfallenden Kosten eine Rückstellung für ungewisse Verbindlichkeiten mit rechtlicher Verpflichtung gebildet werden (§ 249 Abs. 1 Satz 1 HGB). Gemäß § 253 Abs. 2 Satz 1 HGB sind die Rückstellungen mit einer Restlaufzeit von mehr als einem Jahr, mit einem ihrer Restlaufzeit entsprechenden durchschnittlichen Marktzinssatz der vergangenen sieben Geschäftsjahre abzuzinsen. Damit ergibt sich folgende Rückstellung für Umweltschutzmaßnahmen:

EUR 1.000.000,00 / $1{,}05^2$ = EUR 907.029,48

Unter Berücksichtigung sämtlicher Geschäftsvorfälle stellen sich die Jahresabschlüsse der FWA für die Geschäftsjahre t0 bis t5 wie folgt dar:

Bilanz		31.12.					
	Ref.	0	1	2	3	4	5
Aktiva							
…							
B. Umlaufvermögen							
…							
II. Forderungen und sonstige Vermögensgegenstände							
…							
4. sonstige Vermögensgegenstände	c.			2.850,00			
Passiva							
A. Eigenkapital							
…							
V. Jahresüberschuß/Jahresfehlbetrag		-121.383,76	10.680,81	464,85	-244.761,90	-60.000,00	-907.029,48
…							
B. Rückstellungen							
2. Steuerrückstellungen	e.					50.000,00	
3. sonstige Rückstellungen	a.	35.000,00	0,00				
	b.	86.383,76	90.702,95	95.238,10	100.000,00		
	c.		20.000,00	0,00			
	d.				240.000,00		
	f.						907.029,48
C. Verbindlichkeiten							
…							
4. Verbindlichkeiten aus Lieferungen und Leistungen	c.			17.850,00			
…							
8. sonstige Verbindlichkeiten	e.					10.000,00	

Gewinn- und Verlustrechnung nach GKV		1.1. - 31.12.					
	Ref.	0	1	2	3	4	5
…							
4. sonstige betriebliche Erträge	a.		35.000,00				
	c.			5.000,00			
…							
8. sonstige betriebliche Aufwendungen	a.	-35.000,00					
	b.	-100.000,00					
	c.		-20.000,00				
	d.				-240.000,00		
	f.						-907.029,48
…							
11. sonstige Zinsen und ähnliche Erträge	b.	13.616,24					
…							
13. Zinsen und ähnliche Aufwendungen	b.		-4.319,19	-4.535,15	-4.761,90		
14. Steuern vom Einkommen und vom Ertrag	c.					-60.000,00	
…							
17. Jahresüberschuss/Jahresfehlbetrag		**-121.383,76**	**10.680,81**	**464,85**	**-244.761,90**	**-60.000,00**	**-907.029,48**

Gewinn- und Verlustrechnung nach UKV		1.1. - 31.12.					
	Ref.	0	1	2	3	4	5
...							
6. sonstige betriebliche Erträge	a.		35.000,00				
	c.			5.000,00			
...							
7. sonstige betriebliche Aufwendungen	a.	-35.000,00					
	b.	-100.000,00					
	c.		-20.000,00				
	d.				-240.000,00		
	f.						-907.029,48
...							
10. sonstige Zinsen und ähnliche Erträge	b.	13.616,24					
...							
12. Zinsen und ähnliche Aufwendungen	b.		-4.319,19	-4.535,15	-4.761,90		
13. Steuern vom Einkommen und vom Ertrag	e.					-60.000,00	
...							
18. Jahresüberschuss/Jahresfehlbetrag		-121.383,76	10.680,81	464,85	-244.761,90	-60.000,00	-907.029,48

5.3 Bilanzierung der Verbindlichkeiten

5.3.1 Begriff von Verbindlichkeiten

Dem Grunde und der Höhe nach gewiss

Unter Verbindlichkeiten versteht man Verpflichtungen eines Unternehmens zur Erbringung einer vermögensmindernden Leistung, die dem Grunde und der Höhe nach gewiss sind. Bei der vom Unternehmen zu erbringenden Leistung kann es sich um eine Geld-, Dienst- oder Sachleistung handeln.

Systematisierung

Zur Systematisierung von Verbindlichkeiten kommen z.B. die folgenden Merkmale in Betracht:[476]

[1] Fristigkeit

Werden die Verbindlichkeiten nach der Fristigkeit systematisiert, so führt dies zu einer Gruppierung von Verbindlichkeiten nach Restlaufzeiten.

[2] Art der Sicherung

Werden die Verbindlichkeiten dagegen nach der Art der Sicherung systematisiert, so ist zwischen ungesicherten und gesicherten Verbindlichkeiten zu unterscheiden. Letztere können wiederrum nach der zugrunde liegenden Sicherungsart differenziert werden. Darüber hinaus gibt es neben vollständiger Besicherung auch eine teilweise Besicherung.

[3] Empfänger der zu erbringenden Leistung

Dieses Kriterium führt bei den Verbindlichkeiten zu einer Gruppenbildung, die jeweils Verbindlichkeiten gegenüber einer abgrenzbaren Empfängergruppe, wie Kreditinstituten, Lieferanten oder dem Fiskus, zusammenfasst.

[4] Leistung und Gegenleistung

Systematisiert man die Verbindlichkeiten nach der einander gegenüberstehenden Leistung und Gegenleistung, ist zunächst zwischen Verbindlichkeiten ohne unmittelbare Gegenleistung und Verbindlichkeiten mit unmittelbarer Gegenleistung zu differenzieren.

Unter Verbindlichkeiten ohne unmittelbare Gegenleistung versteht man Leistungsverpflichtungen eines Unternehmens, die es erfüllen muss, ohne dass es dafür eine

---

[476] Hierzu Baetge/Kirsch/Thiele, Bilanzen, 16. Aufl. 2021, S. 397-398.

Gegenleistung erhalten oder zu erwarten hat. Hierbei kann es sich um Schadenersatzverpflichtungen, z.B. aufgrund von Vertragsverletzungen, oder um Verpflichtungen zur Zahlung öffentlicher Abgaben, wie z.B. Steuern, handeln.

Verbindlichkeiten mit unmittelbarer Gegenleistung lassen sich wiederum nach der Art der einander gegenüberstehenden Leistung und Gegenleistung unterscheiden:

- Die Gegenleistung kann aus einem dem Unternehmen zur Verfügung gestellten Geldbetrag bestehen. Aus dieser Art von Gegenleistung resultiert für das Unternehmen eine Verpflichtung zur Rückzahlung des vertraglich vereinbarten Betrages.
- Besteht die Leistung des Partners in einer Sach- oder Dienstleistung an das Unternehmen, so kann die daraus resultierende Verpflichtung entweder in der Zahlung eines Geldbetrags (Geldleistung) oder ebenfalls in der Erbringung einer Sach- oder Dienstleistung bestehen.
- Ein dritter Entstehungsgrund für Verbindlichkeiten mit unmittelbarer Gegenleistung ist die Anzahlung. Der Begriff „Anzahlung" impliziert, dass die eigene Leistung bisher nicht oder nur teilweise erbracht wurde, also insgesamt noch ein schwebendes Geschäft vorliegt.
- Ein vierter Entstehungsgrund für Verbindlichkeiten mit unmittelbarer Gegenleistung ist die Anzahlung. Der Begriff „Anzahlung" impliziert, dass die eigene Leistung bisher nicht oder nur teilweise erbracht wurde, also insgesamt noch ein schwebendes Geschäft vorliegt.

5.3.2 Ausweis und Arten der Verbindlichkeiten

5.3.2.1 Handelsrechtliche Gliederung

Für die Verbindlichkeiten von (mittelgroßen und großen) Kapitalgesellschaften und haftungsbeschränkten Personenhandelsgesellschaften schreibt § 266 Abs. 3 C. HGB folgende Gliederung vor:

C. Verbindlichkeiten

1. Anleihen
   davon konvertibel
2. Verbindlichkeiten gegenüber Kreditinstituten
3. erhaltene Anzahlungen auf Bestellungen
4. Verbindlichkeiten aus Lieferungen und Leistungen
5. Verbindlichkeiten aus der Annahme gezogener Wechsel und der Ausstellung eigener Wechsel
6. Verbindlichkeiten gegenüber verbundenen Unternehmen
7. Verbindlichkeiten gegenüber Unternehmen, mit denen ein Beteiligungsverhältnis besteht
8. sonstige Verbindlichkeiten
   davon aus Steuern
   davon im Rahmen der sozialen Sicherheit

Tab. 46 Ausweis Verbindlichkeiten

Anleihen

Anleihen sind langfristige, durch Inanspruchnahme des öffentlichen Kapitalmarktes entstandene Verbindlichkeiten. Diese Möglichkeit der Beschaffung von Fremdkapital steht i.d.R. nur Aktiengesellschaften oder größeren Gesellschaften anderer Rechtsform offen, die einen guten Ruf und eine entsprechende Bonität aufzuweisen haben. Langfristige Darlehen – z.B. Schuldscheindarlehen –, die nicht an einem Kapitalmarkt aufgenommen wurden, zählen nicht zu den Anleihen. Sie sind – soweit nicht ein Kreditinstitut der Gläubiger ist – unter den sonstigen Verbindlichkeiten auszuweisen. Zu den Anleihen gehören Teilschuldverschreibungen, Wandelschuldverschreibungen, Optionsanleihen und Gewinnschuldverschreibungen nach § 221 AktG sowie Genussscheine, soweit die Genussscheinbedingungen eine Rückzahlung der überlassenen Beträge vorsehen und diese deshalb Fremdkapital darstellen. § 266 Abs. 3 HGB bestimmt, dass konvertible Anleihen – hierunter fallen insbesondere Wandelschuldverschreibungen – als „Davon-Vermerk“ von den anderen Anleihen getrennt auszuweisen sind. Anleihen werden erst mit der Begebung passivierungsfähig. Sie gelten bilanzmäßig als getilgt und sind dementsprechend auf der Passivseite auszubuchen, wenn sie vernichtet worden sind oder ein Umlauf der Anleihenstücke in sonstiger Weise endgültig ausgeschlossen wurde. Soweit zurückerworbene Anleihenstücke noch nicht endgültig aus dem Verkehr gezogen sind, dürfen sie nicht auf der Passivseite ausgebucht werden. Sie sind vielmehr auf der Aktivseite unter den Wertpapieren des Anlage- oder Umlaufvermögens auszuweisen.

Verbindlichkeiten gegenüber Kreditinstituten

Bankkredite sind nur in Höhe des tatsächlich in Anspruch genommenen Betrags auszuweisen. Es ist also unzulässig, einen zwar eingeräumten, aber nicht in voller Höhe in Anspruch genommenen Bankkredit (Kreditlinie) bis zur Höhe des Kreditlimits als Verbindlichkeit zu zeigen. Auch ein Bankkredit, der zwar zugesagt, aber bis zum Bilanzstichtag noch nicht in Anspruch genommen wurde, darf nicht passiviert werden. Soweit Wechsel einer Bank lediglich zur Sicherung eines eingeräumten Kredits in Kaution gegeben werden (Depot- oder Kautionswechsel), sind diese nicht als Wechselverbindlichkeit auszuweisen. Vielmehr ist der Betrag, mit dem der so gesicherte Kredit in Anspruch genommen wurde, als Verbindlichkeit gegenüber Kreditinstituten anzusetzen. Zu den Verbindlichkeiten gegenüber Kreditinstituten zählen zudem an Kreditinstitute begebene Schuldverschreibungen sowie Verbindlichkeiten gegenüber Bausparkassen.

Erhaltene Anzahlungen auf Bestellungen

Anzahlungen werden von Kunden häufig zur Vorfinanzierung von Aufträgen, die erhebliche finanzielle Mittel binden bzw. als Sicherheitsleistung für bestellte Waren oder Dienstleistungen geleistet. Für den Ausweis der Anzahlung kommt es dabei nicht darauf an, ob die noch zu erbringende Leistung aktivierbar ist oder nicht. Eine Saldierung erhaltener Anzahlungen mit am Bilanzstichtag noch nicht abgerechneten Leistungen ist gemäß § 246 Abs. 2 Satz 1 HGB unzulässig. Neben der Passivierung besteht auch die Möglichkeit, erhaltene Anzahlungen auf Vorräte auf der Aktivseite offen von den Vorräten abzusetzen (§ 268 Abs. 5 Satz 2 HGB). Der Zusatz „auf Bestellungen“ in der Postenbezeichnung soll klarstellen, dass Vorauszahlungen von Kunden nur dann in diesen Posten aufgenommen werden dürfen, wenn zwischen dem Unternehmen und seinen Kunden bezüglich der späteren Lieferung oder Leistung bereits ein (Vor-)Vertrag geschlossen oder ein bindendes Vertragsangebot abgegeben wurde, mit dessen Annahme ernsthaft zu rechnen ist. Alle anderen erhaltenen Anzahlungen sind unter den „sonstigen Verbindlichkeiten“ auszuweisen.

Verbindlichkeiten aus Lieferungen und Leistungen

Bei den Verbindlichkeiten aus Lieferungen und Leistungen handelt es sich um Verpflichtungen, die daraus resultieren, dass das Unternehmen Lieferungen oder Leistungen jeglicher Art – d.h. diese müssen nicht in unmittelbaren Zusammenhang mit dem betrieblichen Produktions- oder Leistungsprozess stehen – erhalten bzw. in Anspruch genommen hat, ohne dafür die Gegenleistung bereits erbracht zu haben. Verpflichtungen aus Verträgen, die noch von keiner Seite erfüllt worden sind (schwebende Verträge), dürfen hier nicht bilanziert werden. Soweit die empfangenen Waren unter Eigentumsvorbehalt stehen oder sonst dinglich gesichert sind, ist – wie bereits dargestellt – nach § 285 Nr. 1 c HGB ein Vermerk der Besicherung im Anhang erforderlich. Im Falle der Begleichung von Lieferantenrechnungen durch Wechselakzept und im Falle der Lieferantenschulden gegenüber verbundenen Unternehmen oder Unternehmen, mit denen ein Beteiligungsverhältnis besteht, geht der Ausweis unter den entsprechenden Passivposten C. 5, C. 6 bzw. C. 7 dem Ausweis unter den „Verbindlichkeiten aus Lieferungen und Leistungen“ vor.

„Wechselverbindlichkeiten“

Der Posten Verbindlichkeiten aus der Annahme gezogener Wechsel und der Ausstellung eigener Wechsel erfasst sowohl die auf die bilanzierende Gesellschaft gezogenen und von ihr akzeptierten Wechsel als auch eigene, von der Gesellschaft ausgestellte Wechsel. Hat eine Gesellschaft einen auf sie gezogenen Wechsel noch nicht akzeptiert, so wird die Schuld nicht als Wechselverbindlichkeit ausgewiesen, sondern unter einem entsprechenden anderen Verbindlichkeitenposten (z.B. Verbindlichkeiten aus Lieferungen und Leistungen). Der Bezogene eines Wechsels ist der primär aus dem Wechsel Verpflichtete. Wer neben dem Bezogenen seine Unterschrift auf einen Wechsel setzt (Wechselindossament), haftet darüber hinaus den nachfolgenden Inhabern der Wechselurkunde auf Zahlung der Wechselsumme, wenn der Bezogene bei Fälligkeit des Wechsels zur Zahlung nicht in der Lage ist. Geht ein Unternehmen derartige Eventualverbindlichkeiten ein, so sind diese (Wechselobligo) nicht als Verbindlichkeiten auszuweisen, sondern lediglich im Anhang (bei Kapitalgesellschaften und Gesellschaften i.S. des § 264a HGB) zu vermerken (§§ 251, 268 Abs. 7 HGB). Bei einem Wechselgeschäft darf die Verbindlichkeit aus dem Schuldverhältnis, das dem Wechsel zugrunde liegt, nicht zusätzlich unter einem anderen Verbindlichkeitenposten (z.B. „Verbindlichkeiten aus Lieferungen und Leistungen“) passiviert werden. Handelt es sich bei dem Gläubiger der Wechselschuld um ein verbundenes Unternehmen oder ein Unternehmen, mit dem ein Beteiligungsverhältnis besteht, so geht der Ausweis unter den Bilanzposten C. 6 bzw. C. 7 vor.

Verbindlichkeiten gegenüber verbundenen Unternehmen

Gemäß § 266 Abs. 3 HGB sind – analog zu den Ausleihungen und den Forderungen – grundsätzlich sämtliche Verbindlichkeiten gegenüber verbundenen Unternehmen unabhängig von ihren Entstehungsursachen im Interesse einer Offenlegung der wirtschaftlichen Verflechtungen zwischen diesen Unternehmen gesondert auszuweisen, auch wenn diese Verbindlichkeiten normalerweise unter anderen Posten der Bilanz aufzuführen wären. Weisen Kapitalgesellschaften diese Verbindlichkeiten ausnahmsweise nicht unter dem Posten „Verbindlichkeiten gegenüber verbundenen Unternehmen“ aus, so ist bei wesentlichen Beträgen ein Vermerk der Mitzugehörigkeit beim betroffenen Posten oder im Anhang erforderlich (§ 265 Abs. 3 HGB). Verbindlichkeiten gegenüber verbundenen Unternehmen müssen dabei nicht notwendigerweise aus dem Geschäftsverkehr resultieren. Es kann sich auch um Finanzierungsschulden handeln, die eventuell sogar Ausdruck einer Beteiligung sind. Verbindlichkeiten gegenüber verbundenen Unternehmen sind in ihrer Höhe zu einem großen Teil von der Geschäftspolitik abhängig. Dies gilt insbesondere deshalb, weil in Konzernen durch die Festlegung der Preise, der Rabatte, durch die Übernahme von Transportkosten usw. Gewinne in großem Umfang von einem Konzernunternehmen in ein anderes verlagert werden können.

Verbindlichkeiten gegenüber Beteiligungsunternehmen

Ob zwischen Unternehmen ein Beteiligungsverhältnis besteht oder nicht, ergibt sich aus der Definition der Beteiligung in § 271 Abs. 1 HGB. Demnach sind Beteiligungen Anteile an Unternehmen, die dazu bestimmt sind, durch Herstellung einer dauernden Verbindung zu diesem Unternehmen dem Geschäftsbetrieb zu dienen. Unter den Verbindlichkeiten gegenüber Unternehmen, mit denen ein Beteiligungsverhältnis besteht, sind – analog zu den Ausleihungen und den Forderungen – nicht nur Verbindlichkeiten gegenüber Unternehmen auszuweisen, an denen das bilanzierende Unternehmen eine Beteiligung hält, sondern auch solche gegenüber Unternehmen, die an dem bilanzierenden Unternehmen i.S. des § 271 Abs. 1 HGB beteiligt sind. In der Praxis kann es für das Unternehmen, an dem eine Beteiligung gehalten wird, möglicherweise schwierig sein, eine dem beteiligten Unternehmen gegenüber bestehende Verbindlichkeit korrekt auszuweisen, da es für dieses oft nicht erkennbar ist, ob ein Beteiligungsverhältnis i.S. des § 271 HGB vorliegt oder nicht. Hierbei ist jedoch zu beachten, dass Aktiengesellschaften gemäß § 20 Abs. 1 AktG prinzipiell verpflichtet sind, eine Beteiligung von mehr als 25% der Gesellschaft, an der die Beteiligung gehalten wird, anzuzeigen. Es ist darauf hinzuweisen, dass die Posten C. 6 und C. 7 streng zu trennen sind. Unter den Verbindlichkeiten gegenüber Unternehmen, mit denen ein Beteiligungsverhältnis besteht (Posten C. 7), dürfen nur Verbindlichkeiten gegenüber Unternehmen mit Beteiligungsverhältnis ausgewiesen werden, die nicht mit dem bilanzierenden Unternehmen verbunden sind.

Sonstige Verbindlichkeiten

Bei dem Posten „sonstige Verbindlichkeiten" handelt es sich um einen Sammelposten, in dem all diejenigen Verbindlichkeiten einfließen, die nicht unter den anderen Verbindlichkeitenposten auszuweisen sind. Hierunter fallen z.B. Steuerschulden der Gesellschaft, Quellenabzugssteuer (Lohn- bzw. Abgeltungssteuer etc.), Sozialabgaben, nicht abgehobene Dividenden und Darlehen- bzw. Zinsschulden gegenüber Nichtbanken oder Unternehmen, mit denen das Unternehmen weder verbunden ist noch in einem Beteiligungsverhältnis steht. Zu den sonstigen Verbindlichkeiten gehört auch ein Großteil der antizipativen passiven Rechnungsabgrenzungsposten[477] (z.B. nachschüssige Miet- und Pachtzinsen). Haben diese Rechnungsabgrenzungsbeträge einen größeren Umfang, sind sie im Anhang zu erläutern (§ 268 Abs. 5 Satz 3 HGB). Gemäß § 266 Abs. 3 HGB müssen die in den „sonstigen Verbindlichkeiten" enthaltenen Steuerschulden sowie die Verbindlichkeiten, die im Rahmen der sozialen Sicherheit entstanden sind, unter dem Gliederungspunkt gesondert vermerkt werden. Als Steuern gelten dabei nicht nur solche, die in der GuV als Steuern vom Einkommen und Ertrag sowie als sonstige Steuern auszuweisen sind, sondern auch diejenigen, die aktiviert (z.B. Grunderwerbsteuer) oder die durchlaufende Posten darstellen (z.B. Umsatzsteuer), sofern

---

477 Hierzu Abschn. 5.4.

der Ausweis nicht unter den Steuerrückstellungen zu erfolgen hat. Die Verbindlichkeiten im Rahmen der sozialen Sicherheit entsprechen all denjenigen Beträgen, die in der GuV unter dem Posten 6b des § 275 Abs. 2 HGB („soziale Abgaben und Aufwendungen für Altersversorgung und für Unterstützung") ausgewiesen werden, sofern sie nicht als Pensionsrückstellungen oder sonstige Rückstellungen zu passivieren sind oder bereits von dem Unternehmen bezahlt wurden. Bestehen Verbindlichkeiten einer GmbH gegenüber einem oder mehreren Gesellschaftern, so sind diese nicht als sonstige Verbindlichkeiten, sondern unter einem eigenen, entsprechend bezeichneten Bilanzposten auszuweisen oder im Anhang anzugeben. Werden sie dennoch unter den „sonstigen Verbindlichkeiten" oder einem anderen Verbindlichkeitenposten bilanziert, so ist dies an entsprechender Stelle unter Angabe des Betrags in der Bilanz zu vermerken (§ 42 Abs. 3 GmbHG). Ebenfalls zu vermerken bzw. getrennt auszuweisen sind Verbindlichkeiten gegenüber Gesellschaftern von Personenhandelsgesellschaften, die die Bestimmungen des § 264c Abs. 1 HGB nicht beachten müssen, wenn es sich um wesentliche Beträge handelt.[478]

5.3.2.2 Angabe der Restlaufzeiten von und Angabe der Sicherheiten für Verbindlichkeiten

Restlaufzeit

Eine hinsichtlich der Beurteilung der Finanzlage von Unternehmen sehr bedeutsame Erläuterungspflicht ist die Angabe der Restlaufzeiten von Verbindlichkeiten. Unter Restlaufzeit wird die Zeitspanne zwischen Abschlussstichtag und Fälligkeitstag der Verbindlichkeit bei vertragsmäßiger Abwicklung verstanden. Um die Restlaufzeit zu ermitteln, ist von dem vertraglich festgelegten Fälligkeitstermin auszugehen und nicht vom beabsichtigten Erfüllungszeitpunkt.

Kurzfristige Verbindlichkeiten

Besondere Bedeutung für die Beurteilung der Finanzlage haben die kurzfristigen Verbindlichkeiten. Deshalb ist nach § 268 Abs. 5 Satz 1 HGB für jede in der Bilanz gesondert ausgewiesene Verbindlichkeitsart der Betrag anzugeben, der auf eine Restlaufzeit von bis zu einem Jahr und der Betrag, der mit einer Restlaufzeit von mehr als einem Jahr entfällt. Durch den getrennten Ausweis der kurzfristigen Verbindlichkeiten wird gezeigt, mit welchem Liquiditätsabfluss im kommenden Jahr zu rechnen ist.

Während der Betrag der Verbindlichkeiten mit einer Restlaufzeit von bis zu einem Jahr und der Betrag der Verbindlichkeiten mit einer Restlaufzeit von mehr als einem Jahr gemäß dem Wortlaut von § 268 Abs. 5 Satz 1 zu jedem Verbindlichkeitsposten in der Bilanz anzugeben ist oder nach § 265 Abs. 7 Nr. 2 HGB aus Gründen der Klarheit der Darstellung auch im Anhang angegeben werden darf, muss nach § 285 Nr. 1a und Nr. 2 HGB zu jedem Verbindlichkeitsposten einzeln sowie als Gesamtbetrag die Höhe der Verbindlichkeiten mit einer Restlaufzeit von mehr als fünf Jahren im Anhang vermerkt werden.[479]

Umfang an gesicherten Verbindlichkeiten

Neben den Restlaufzeiten haben Kapitalgesellschaften auch den Umfang an gesicherten Verbindlichkeiten anzugeben. § 285 Nr. 1b HGB schreibt vor, dass der

[478] Zu den vorangegangenen Ausführungen Coenenberg/Haller/Schultze, Jahresabschluss und Jahresabschlussanalyse, 26. Aufl. 2021, S. 467-472.

[479] Kleinstkapitalgesellschaften i.S. des § 267a HGB brauchen die Angaben nach § 285 Nr. 1a und Nr. 2 HGB nicht zu machen, wenn sie vom Wahlrecht des § 264 Abs. 1 Satz 5 HGB Gebrauch machen und auf die Aufstellung eines Anhangs verzichten.

Gesamtbetrag der durch Pfandrechte oder ähnliche Rechte gesicherten Verbindlichkeiten nach Art und Form der Sicherheiten anzugeben ist. Mittelgroße und große Kapitalgesellschaften haben die Sicherheiten gemäß § 285 Nr. 1b i.V.m. Nr. 2 HGB auch einzeln zu jedem (in der Bilanz) ausgewiesenen Verbindlichkeitsposten im Anhang anzugeben. Nach § 288 Abs. 1 HGB sind kleine Kapitalgesellschaften und kleine haftungsbeschränkte Personenhandelsgesellschaften von dieser Pflicht befreit. Zu den angabepflichtigen Arten von Sicherheiten gehören

- Grundpfandrechte (Hypothek, Grundschuld, Rentenschuld)
- Pfandrechte an beweglichen Sachen,
- Pfandrechte an Rechten,
- Sicherungsübereignungen, und
- Sicherungsabtretungen.

5.3.3 Ansatz der Verbindlichkeiten

Passivierungsgrundsatz

In § 246 Abs. 1 Satz 1 HGB wird verlangt, dass in der Bilanz sämtliche Schulden – also auch alle Verbindlichkeiten – erfasst werden. Allerdings wird im HGB nicht definiert, was unter Verbindlichkeiten zu verstehen ist und folglich auch nicht, was in der Bilanz als Verbindlichkeit anzusetzen ist. Der Ansatz von Verbindlichkeiten bestimmt sich daher nach den GoB. Hier ist speziell der Passivierungsgrundsatz heranzuziehen. Eine Verbindlichkeit liegt – im Unterschied zu einer Rückstellung – dann vor, wenn die Verpflichtung und die daraus resultierende Belastung dem Grunde und der Höhe nach feststehen, also der Betrag der Schuld exakt quantifizierbar ist.

Verbindlichkeiten sind in dem Zeitpunkt anzusetzen, zu dem die Voraussetzungen des Passivierungsgrundsatzes erfüllt sind.

Verbindlichkeiten ohne Gegenleistung

Bei Verbindlichkeiten ohne Gegenleistung entstehen die Verpflichtung und die quantifizierbare wirtschaftliche Belastung in dem Zeitpunkt, zu dem der für das Entstehen der Leistungspflicht maßgebende Sachverhalt verwirklicht ist bzw. die entstandene Leistungspflicht dem Bilanzierenden bekannt wird. Ein Unternehmen, das z.B. aufgrund einer Vertragsverletzung zu Schadenersatz verpflichtet ist, muss die Verbindlichkeit in der Schlussbilanz des Geschäftsjahres ansetzen, in dem der Vertrag verletzt wurde bzw. in dem dieser Sachverhalt dem Bilanzierenden bekannt wird. Diese Vorgehensweise gewährleistet zugleich, dass entweder die Periode mit Aufwand belastet wird, in der die Ursache für die Verpflichtung liegt, oder zumindest die Periode mit Aufwand belastet wird, in der das Bestehen der Verpflichtung dem Bilanzierenden bekannt wird.

Verbindlichkeiten mit Gegenleistung

Bei Verbindlichkeiten, die mit einer Gegenleistung verbunden sind, beruht die Verpflichtung normalerweise auf einem Vertrag. Das Verpflichtungskriterium ist bereits bei Vertragsabschluss erfüllt. Zu diesem Zeitpunkt besteht allerdings noch keine wirtschaftliche Belastung, da der Verpflichtung i.d.R. ein gleichwertiger Anspruch gegenüber steht. Das in diesem Fall den Passivierungsgrundsatz bestimmende Kriterium der wirtschaftlichen Belastung ist dann erfüllt, wenn die Gegenleistung vom Geschäftspartner des Bilanzierenden erbracht wurde, ohne dass der Bilanzierende seine

Leistung bereits erbracht hätte. Erbringt der Geschäftspartner seine Leistung indes nur teilweise, so ist eine wirtschaftliche Belastung nur insoweit gegeben, als vertraglich oder rechtlich eine Pflicht zur Gegenleistung oder Rückerstattung besteht.

Ausbuchung

Eine in der Vergangenheit gebildete Verbindlichkeit ist immer dann auszubuchen, wenn sie erlischt. Im Regelfall erlischt eine Verbindlichkeit durch Erfüllung (§ 362 BGB). Dies ist der Fall, wenn die geschuldete Leistung erbracht worden ist. Weitere Gründe für das Erlöschen einer Verbindlichkeit sind z.B. der Schuldenerlass (vor allem bei Sanierungsmaßnahmen) und der Ankauf eigener Schuldverschreibungen.

Bedingte Verbindlichkeit

Der Ansatz einer Verbindlichkeit kann aufgrund entsprechender vertraglicher Vereinbarungen auch vom Eintritt einer bestimmten Bedingung abhängig sein (sog. bedingte Verbindlichkeit). Zivilrechtlich ist zu unterscheiden zwischen der aufschiebend bedingten Verbindlichkeit, bei der die Verpflichtung mit dem Eintritt der Bedingung entsteht und der auflösend bedingten Verbindlichkeit, bei der die Verpflichtung mit dem Eintritt der Bedingung erlischt.

Antizipative passive Rechnungsabgrenzungsposten

Nach den Kriterien des Passivierungsgrundsatzes stellen auch die antizipativen passiven Rechnungsabgrenzungsposten Verbindlichkeiten dar. Antizipative passive Rechnungsabgrenzungsposten beziehen sich auf Aufwendungen, die dem abzuschließenden Geschäftsjahr zuzuordnen sind, aber erst nach dem Abschlussstichtag zu Ausgaben führen, z.B. ein anteilig auf das laufende Geschäftsjahr entfallender Mietaufwand, der aufgrund vertraglicher Vereinbarungen erst im nächsten Geschäftsjahr gezahlt wird. Durch die Bildung antizipativer Rechnungsabgrenzungsposten werden die Aufwendungen i.S. einer periodengerechten Erfolgsermittlung derjenigen Periode zugeordnet, deren Erträge sie alimentiert haben. Die Besonderheit antizipativer Rechnungsabgrenzungsposten besteht darin, dass der Vertragspartner seine Gegenleistung kontinuierlich über einen Zeitraum erbringt, während die eigene Leistung erst erbracht wird, wenn die zeitraumbezogene Gegenleistung vollständig erfüllt ist. Liegt der Bilanzstichtag während der Inanspruchnahme einer zeitraumbezogenen Gegenleistung vor der Erfüllung der eigenen Leistung, so entsteht am Bilanzstichtag eine wirtschaftlich belastende und eindeutig quantifizierbare Verpflichtung, für die eine Verbindlichkeit zu passivieren ist.

5.3.4 Bewertung der Verbindlichkeiten

5.3.4.1 Allgemeine Bewertungsregeln

Nach § 253 Abs. 1 Satz 2 HGB sind Verbindlichkeiten zum Erfüllungsbetrag anzusetzen. Handelt es sich bei einer Verbindlichkeit um eine Rentenverpflichtung, so ist diese gemäß § 253 Abs. 2 Satz 3 HGB mit ihrem Barwert zu bewerten. Neben diesen konkreten Bewertungsregeln sind bei der Bewertung von Verbindlichkeiten die Bewertungsgrundsätze des § 253 Abs. 1 HGB sowie die übrigen GoB zu beachten.

Erfüllungsbetrag

Der Erfüllungsbetrag ist der Betrag, der voraussichtlich notwendig ist, um eine entstandene Verpflichtung – mit oder ohne Gegenleistung – zu erfüllen bzw. abzulösen. Der Begriff des Erfüllungsbetrags erfasst sowohl einen reinen Geldbetrag als auch in Geldeinheiten bewertete Sach- oder Dienstleistungen.

Höchstwertprinzip

Bei der Folgebewertung von Verbindlichkeiten ist das Höchstwertprinzip zu beachten. Danach ist eine Verbindlichkeit grundsätzlich mit dem höheren Bilanzstichtagswert anzusetzen, falls die aus der Verbindlichkeit resultierende Belastung am Bilanzstichtag über dem bisher angesetzten Erfüllungsbetrag liegt. Eine Verminderung des Wertansatzes ist dagegen nur zulässig, solange der erstmalig angesetzte Erfüllungsbetrag nicht unterschritten wird.

Saldierung

Bei der Bewertung von Verbindlichkeiten stellt sich die Frage der Berücksichtigung von Rückgriffsansprüchen, z.B. Rückgriffsansprüche gegenüber Lieferanten bei Gewährleistungsansprüchen. Eine Saldierung der nicht selbständig aktivierbaren Rückgriffsansprüche mit dem Erfüllungsbetrag ist zulässig und geboten, wenn die drei Kriterien der Saldierung für Rückgriffsansprüche bei Rückstellungen kumulativ erfüllt sind.[480] Ein weiterer Fall der Saldierung mit Rückgriffsansprüchen liegt bei gesamtschuldnerischer Haftung vor. Haftet ein Unternehmen für eine Verbindlichkeit gesamtschuldnerisch nach § 421 BGB, so kann es auch zur Leistung des Betrags, der im Innenverhältnis auf die anderen Gesamtschuldner entfällt, verpflichtet werden. Der auf das bilanzierende Unternehmen entfallende Betrag muss in jedem Fall geleistet und angesetzt werden. Sind die Rückgriffsansprüche indes nicht sicher, weil bspw. die Bonität des Rückgriffsschuldners nicht zweifelsfrei ist, so scheidet eine Saldierung aus. Ist die volle Inanspruchnahme sicher, so muss eine Verbindlichkeit in voller Höhe gebildet werden.

5.3.4.2 Bewertung bei Unterschieden zwischen Auszahlungs- und Rückzahlungsbetrag

5.3.4.2.1 Überblick

Anleihen, Verbindlichkeiten gegenüber Kreditinstituten und sonstige Darlehen gegenüber Nichtbanken entstehen aufgrund eines dem bilanzierenden Unternehmen zur Verfügung gestellten Geldbetrags, dem Auszahlungsbetrag. Bei der erstmaligen Bewertung, also im Zeitpunkt der Entstehung, sind die genannten Verbindlichkeiten in Höhe des Rückzahlungsbetrags zu passivieren, unabhängig davon, wie hoch der tatsächlich vom Kreditgeber erhaltene Auszahlungsbetrag ist. Bei Anleihen und Darlehen weicht der Auszahlungsbetrag häufig vom Rückzahlungsbetrag der Anleihe bzw. des Darlehens ab.

Bezüglich der Abweichung zwischen Auszahlungs- und Rückzahlungsbetrag lassen sich zwei Fälle unterscheiden:

[1] Der Auszahlungsbetrag ist geringer als der Rückzahlungsbetrag.

[2] Der Auszahlungsbetrag ist höher als der Rückzahlungsbetrag.

5.3.4.2.2 Bilanzierung bei geringerem Auszahlungsbetrag

Disagio

Ist der Auszahlungsbetrag einer Verbindlichkeit kleiner als ihr Rückzahlungsbetrag, kann es sich bei dem Unterschiedsbetrag um

- ein Rückzahlungsdisagio,
- ein (Auszahlungs-)Disagio oder
- um eine Kombination aus Rückzahlungsdisagio und (Auszahlungs-)Disagio

---

480 Hierzu Abschn. 5.2.5.1.

handeln. Die drei Fälle lassen sich exemplarisch wie folgt darstellen:[481]

Rückzahlungsdisagio		
Nennwert	100%	40.000
Auszahlungskurs	100%	40.000
Rückzahlungskurs	102%	40.800
Rückzahlungsdisagio	2%	800

(Auszahlungs-)Disagio		
Nennwert	100%	40.000
Auszahlungskurs	98%	39.200
Rückzahlungskurs	100%	40.000
Disagio	2%	800

Kombination		
Nennwert	100%	40.000
Auszahlungskurs	98%	39.200
Rückzahlungskurs	102%	40.800
Rückzahlungsdisagio + Disagio	4%	1.600

In allen drei Fällen hat der sich ergebende Unterschiedsbetrag aus Auszahlungs- und Rückzahlungsbetrag den Charakter einer einmaligen Vorabzinszahlung an den Kreditgeber und ist demnach aufgrund des Grundsatzes der Abgrenzung der Sache und der Zeit nach über die Laufzeit der Verbindlichkeit zu verteilen. Folglich müsste grundsätzlich in Höhe des Unterschiedsbetrags ein aktiver Rechnungsabgrenzungsposten gebildet werden, der zeitanteilig erfolgswirksam aufzulösen wäre. § 250 Abs. 3 HGB eröffnet dem bilanzierenden Unternehmen indes ein Wahlrecht, den Unterschiedsbetrag als aktiven Rechnungsabgrenzungsposten zu aktivieren und entsprechend aufzulösen. Wird dieses Wahlrecht nicht in Anspruch genommen und unterbleibt somit die Aktivierung, führt dies dazu, dass die erste Periode zugunsten der folgenden Perioden mit einem aus Sicht des Grundsatzes der Abgrenzung der Zeit nach zu hohen Aufwand belastet wird. Die Folge ist eine verzerrte Darstellung der Ertragslage.

5.3.4.2.3 Bilanzierung bei höherem Auszahlungsbetrag

Agio

Ist der Auszahlungsbetrag einer Verbindlichkeit höher als der Rückzahlungsbetrag, handelt es sich bei der Differenz zwischen Auszahlungs- und Rückzahlungsbetrag um ein sog. (Auszahlungs-)Agio. Ein solches Agio ist wirtschaftlich als ein vom Gläubiger gewährtes Entgelt für künftige, gegenüber der Normalverzinsung höhere Zinszahlung anzusehen. Aufgrund des Realisationsprinzips darf das Auszahlungsagio nicht sofort erfolgswirksam verrechnet werden, da es sich um einen im Auszahlungszeitpunkt unrealisierten Gewinn handelt. Vielmehr ist das Agio aufgrund seines Charakters einer einmaligen Vorabzinserstattung nach den Grundsätzen der Abgrenzung der Sache und der Zeit nach über die Laufzeit der Anleihe bzw. des

Vorabzinszahlung an Gläubiger

[481] In Anlehnung an Baetge/Kirsch/Thiele, Bilanzen, 16. Aufl. 2021, S. 403.

Darlehens zu verteilen und mit den jeweiligen Zinszahlungen (Zinsaufwand) zu verrechnen. Das Agio wird verteilt, indem ein passiver Rechnungsabgrenzungsposten angesetzt und über die Laufzeit des Darlehens aufgelöst wird. Nach § 250 Abs. 2 HGB sind als Rechnungsabgrenzungsposten auf der Passivseite Einnahmen vor dem Abschlussstichtag auszuweisen, die Ertrag für eine bestimmte Zeit nach dem Abschlussstichtag darstellen. Das Auszahlungsagio stellt eine solche Einnahme dar.

5.3.4.3 Bewertung von unverzinslichen Verbindlichkeiten und Verbindlichkeiten auf der Basis von Rentenverpflichtungen

Abzinsungsverbot

Unverzinsliche oder niedrig verzinsliche Verbindlichkeiten sind – im Gegensatz zu langfristigen Rückstellungen – grundsätzlich nicht über ihre Laufzeit abzuzinsen. Eine Abzinsung unverzinslicher Verbindlichkeiten widerspricht dem Wortlaut des § 253 Abs. 1 Satz 2 HGB, der eine Bewertung von Verbindlichkeiten zum Erfüllungsbetrag vorsieht. Ferner würde eine Abzinsung einen Verstoß gegen das Realisationsprinzip bedeuten, da die Vorteile aus der unverzinslichen Verbindlichkeit erfolgswirksam erfasst würden, obwohl ungewiss ist, ob unternehmensintern überhaupt die entsprechenden Zinserträge erwirtschaftet werden.

Ausnahmen vom Abzinsungsverbot

Von diesem generellen Abzinsungsverbot ausgenommen sind Verbindlichkeiten, die auf einer Rentenverpflichtung beruhen. Diese sind gemäß § 253 Abs. 2 Satz 3 HGB abzuzinsen, sofern eine Gegenleistung nicht mehr zu erwarten ist. Zur Ermittlung des Barwerts ist der sich auf die zugrunde liegende Verpflichtung beziehende laufzeitkongruente Marktzinssatz der vergangenen sieben Jahre, im Falle von Rückstellungen für Altersversorgungsverpflichtungen aus den vergangenen zehn Jahren, heranzuziehen (§ 253 Abs. 2 Satz 3 i.V.m. Satz 1 HGB). Alternativ dürfen die auf Rentenverpflichtungen beruhenden Verbindlichkeiten auch mit dem durchschnittlichen Marktzinssatz abgezinst werden, der sich bei einer angenommenen Restlaufzeit der zugrunde liegenden Verpflichtung von 15 Jahren ergibt (§ 253 Abs. 2 Satz 2 HGB). Um bilanzpolitische Spielräume bei der Wahl des Diskontierungsfaktors zu begrenzen, werden die anzuwendenden Zinssätze monatlich von der Deutschen Bundesbank ermittelt und öffentlich bekannt gegeben.

5.3.4.4 Berücksichtigung des Skontos

Lieferantenskonto

Verbindlichkeiten, die aufgrund einer erhaltenen Lieferung bzw. einer in Anspruch genommenen Leistung entstehen, sind unter den Verbindlichkeiten aus Lieferungen und Leistungen auszuweisen und mit dem Erfüllungsbetrag nach § 253 Abs. 1 Satz 1 HGB zu bewerten. Ist die zur Begleichung solcher Verbindlichkeiten noch zu erbringende Leistung des Unternehmens eine Zahlungsverpflichtung, so entspricht der Erfüllungsbetrag grundsätzlich dem Rechnungsbetrag einschließlich Umsatzsteuer. Fraglich ist indes, wie ein evtl. gewährtes Lieferantenskonto[482] bilanziell abzubilden ist.

Anreiz zur Zahlung innerhalb bestimmter Frist

Skontoabzüge werden im allgemeinen Lieferungs- und Leistungsverkehr vom liefernden Unternehmen an ein zu belieferndes Unternehmens gewährt, um

[482] Hierzu ausführlich Roos, Grundlagen der doppelten Buchführung, 2. Aufl. 2021, S. 117-118.

einen Anreiz zu schaffen, der den Vertragspartner zu einer Zahlung innerhalb einer bestimmten Frist veranlasst. Die Behandlung des Skontos kann davon abhängig gemacht werden, ob die Inanspruchnahme beabsichtigt ist oder nicht.

Barpreis

Wenn die Inanspruchnahme des Skontos beabsichtigt ist, führt die Bewertung der Verbindlichkeit zum Erfüllungsbetrag dazu, dass die Verbindlichkeit mit dem Barpreis, d.h. mit dem Rechnungsbetrag abzüglich Skonto, angesetzt werden muss. Falls es beim Ausgleich der Verbindlichkeit – entgegen der ursprünglichen Absicht – nicht zum Abzug des Skontos kommt, müssen die Verbindlichkeit und die Anschaffungs- oder Herstellungskosten der Lieferung oder Leistung erfolgsneutral um den Skontobetrag erhöht werden.

Wenn die Inanspruchnahme des Skontos hingegen nicht beabsichtigt ist, ist die Verbindlichkeit zum Rechnungsbetrag – d.h. einschließlich Skonto – zu bilanzieren. Wird das Skonto indes – trotz der nicht beabsichtigten Inanspruchnahme – nachträglich bei der Erfüllung der Verbindlichkeit in Anspruch genommen, müssen die Verbindlichkeit und die Anschaffungs- oder Herstellungskosten der Lieferung oder Leistung erfolgsneutral um den Skontobetrag gemindert werden.

Minderung der Anschaffungs- oder Herstellungskosten

In beiden Fällen stellt der Skontobetrag keinen erfolgswirksamen Zinsaufwand dar, sondern eine Anschaffungs- oder Herstellungskostenminderung der Güter oder Dienstleistungen. Der BFH fordert steuerrechtlich die bilanzielle Behandlung der zu passivierenden Verbindlichkeit und der Gegenleistung mit dem höheren Zielpreis. Aus Vereinfachungsgründen wird auch handelsrechtlich eine solche Bilanzierungsweise in beiden Fällen für zulässig erachtet.[483]

5.3.4.5 Bewertung von Fremdwährungsverbindlichkeiten

Valutaverbindlichkeiten

Fremdwährungsverbindlichkeiten (Valutaverbindlichkeiten), d.h. Zahlungsverpflichtungen, die in Fremdwährung zu erbringen sind, müssen – wie Verbindlichkeiten in heimischer Währung – mit ihrem Erfüllungsbetrag angesetzt werden. Diese entspricht dem Betrag, der in heimischer Währung eingesetzt werden muss, um die für die Erfüllung der Verpflichtung notwendigen Mittel in fremder Währung zu beschaffen.

Stichtagsprinzip

Bei Fremdwährungsverbindlichkeiten muss für die Umrechnung grundsätzlich der am Zugangsstichtag gültige Kassakurs zugrunde gelegt werden (Stichtagsprinzip). Da Fremdwährungsmittel angekauft werden müssen, wird als Umrechnungskurs grundsätzlich der für das Unternehmen gegenüber dem Briefkurs etwas günstigere Geldkurs im Bewertungszeitpunkt verwendet. Eine Ausnahme bilden in Fremdwährung erhaltene Anzahlungen, mit deren Rückzahlung nicht gerechnet wird. Diese werden grundsätzlich mit dem zum Bewertungszeitpunkt geltenden Briefkurs umgerechnet. Soweit sich keine wesentlichen Auswirkungen auf die Darstellung der Vermögens-, Finanz- und Ertragslage ergeben, darf die Zugangsbewertung von Fremdwährungsverbindlichkeiten auch vereinfachend zum Mittelkurs erfolgen.

Folgebewertung

Bei der Folgebewertung ist zwischen Verbindlichkeiten mit einer Restlaufzeit von weniger als einem Jahr und von mehr als einem Jahr zu unterscheiden. Grundsätzlich sind alle Fremdwährungsverbindlich-

[483] Hierzu Baetge/Kirsch/Thiele, Bilanzen, 16. Aufl. 2021, S. 407.

keiten nach § 256a HGB zum Bilanzstichtag mit dem gültigen Devisenkassamittelkurs umzurechnen.

Imparitätsprinzip i.V.m. Höchstwertprinzip Bei der Folgebewertung von Verbindlichkeiten mit einer Restlaufzeit von mehr als einem Jahr sind zu jedem Bilanzstichtag Einbuchungskurs und Bilanzstichtagskurs zu vergleichen. Liegt der Bilanzstichtagskurs unter dem Einbuchungskurs, müssen aufgrund des Imparitätsprinzips i.V.m. dem für Verbindlichkeiten maßgeblichen Höchstwertprinzip diese entsprechend höher bewertet werden. Liegt der Bilanzstichtagskurs über dem Einbuchungskurs, darf der Wertansatz nicht vermindert werden. Zum einen würde anderenfalls gegen das Realisationsprinzip verstoßen, zum anderen ist eine Unterschreitung des ursprünglichen Einbuchungsbetrags – analog zum Anschaffungs- oder Herstellungskostenprinzip für Vermögensgegenstände – unzulässig.

Die Folgebewertung einer Fremdwährungsverbindlichkeit soll anhand des nachfolgenden Beispiels verdeutlich werden:

Beispiel

Ein Unternehmen bewertet eine am 30.4.t3 fällige Fremdwährungsverbindlichkeit in Höhe von USD 1.000 bei erstmaligem Ansatz am 1.6.t1 entsprechend dem Einbuchungskurs von 1,50 USD/EUR mit EUR 666,67. Der Bilanzstichtagskurs beträgt 1,80 USD/EUR zum 31.12.t1 und 2,00 USD/EUR zum 31.12.t2.

Zum 31.12.t1 beträgt die Restlaufzeit der Fremdwährungsverbindlichkeit noch mehr als ein Jahr. Sie ist – da der Bilanzstichtagskurs über dem Einbuchungskurs liegt – zum Einbuchungskurs von 1,50 USD/EUR umzurechnen und folglich weiterhin mit EUR 666,67 zu bewerten.

Zum 31.12.t2 beträgt die verbleibende Restlaufzeit der Fremdwährungsverbindlichkeit weniger als ein Jahr. Daher ist die Verbindlichkeit – unabhängig vom Einbuchungskurs – zum Bilanzstichtagskurs von 2,00 USD/EUR umzurechnen und mit EUR 500 zu bewerten (§ 256a Satz 2 HGB).

Devisentermingeschäfte Fremdwährungsverbindlichkeiten, deren Rückzahlungsbetrag durch ein Termingeschäft abgesichert ist, müssen mit dem Devisenterminkurs bewertet werden. In diesem Fall stehen der Umrechnungskurs zum Erfüllungszeitpunkt und somit auch der Erfüllungsbetrag bereits fest. Bei der Erstbewertung von Fremdwährungsverbindlichkeiten zum Terminkurs ergeben sich während der Laufzeit keine Änderungen bei der Bewertung der Verbindlichkeit.[484]

5.3.5 Beispielsachverhalte - Verbindlichkeiten

a. Für die Anfang t1 erfolgende Lieferung wurde von einem Kunden am 20.12.t0 eine Anzahlung in Höhe von EUR 35.700,00 (inkl. 19% Umsatzsteuer) geleistet. Mit Lieferung Anfang t1 wird der Restbetrag von EUR 23.800,00 (inkl. 19% Umsatzsteuer) per Rechnung angefordert.

[484] Hierzu sowie zu den vorangegangenen Ausführungen Baetge/Kirsch/Thiele, Bilanzen, 16. Aufl. 2021, S. 397-409 sowie Coenenberg/Haller/Schultze, Jahresabschluss und Jahresabschlussanalyse, 26. Aufl. 2021, S. 452-455.

In t0 handelt es sich um eine erhaltene Anzahlung auf eine Bestellung. Diese ist gemäß § 266 Abs. 3 C.3 HGB gesondert in der Bilanz auszuweisen. Der Ausweis hat netto zu erfolgen. Die Umsatzsteuer wird bis zur Abführung unter den sonstigen Verbindlichkeiten passiviert.

In t1 wird an den Kunden geliefert. Der noch zu zahlende Restbetrag wird als Forderung aus Lieferungen und Leistungen erfasst und die erhaltene Anzahlung wird in die Umsatzerlöse umgebucht.

b. Aus dem Kauf einer Maschine zum 1.10.t1 hat die FWA eine Verbindlichkeit in Höhe von USD 400.000,00, welche zum 1.2.t2 fällig ist und zu diesem Zeitpunkt bezahlt wird. Die relevanten Umrechnungskurse lauten: 1.01.t1: USD 1,00 = EUR 1,10 / 31.12.t1: USD 1,00 = EUR 1,00 / 1.2.t2: USD 1,00 = EUR 1,05. Auf die Folgebewertung der Maschine ist nicht einzugehen.

Der Übergang des wirtschaftlichen Eigentums an der gekauften Maschine erfolgt zum 1.10.t1. Zu diesem Zeitpunkt ist die Maschine zu aktivieren und es ist eine Verbindlichkeit zum Kurs am 1.10.t1 (EUR 440.000,00) einzubuchen. Damit wird die Verbindlichkeit zum Erfüllungsbetrag nach § 253 Abs. 1 Satz 2 HGB erfasst.

Zum 31.12.t1 ist der Wertansatz der Verbindlichkeit zu überprüfen. Nach § 256a HGB sind auf fremde Währung lautende Verbindlichkeiten zum Devisenkassamittelkurs am Abschlussstichtag umzurechnen. Da die Restlaufzeit weniger als ein Jahr beträgt, sind das Realisations- bzw. Imparitätsprinzip sowie das Anschaffungskostenprinzip nach § 256a Satz 2 HGB nicht anzuwenden. Die Umrechnung zum Stichtagskurs ergibt eine Verbindlichkeit von EUR 400.000,00. Damit ergibt sich ein Kursgewinn in Höhe von EUR 40.000,00. Nach § 277 Abs. 5 Satz 2 HGB sind die Erträge aus der Währungsumrechnung in der GuV gesondert unter dem Posten Sonstige betriebliche Erträge auszuweisen.

In t2 wird die Verbindlichkeit am 1.2. bezahlt, wobei sich bei dem am 1.2.t2 zugrunde zulegenden Wechselkurs ein zu zahlender Betrag in Höhe von EUR 420.000,00 ergibt. Damit stellt sich im Zahlungszeitpunkt ein Kursverlust von EUR 20.000,00 ein.

c. Bei der ABC-Bank wurde zum 28.12.t3 ein Darlehen in Höhe von EUR 1.000.000,00 aufgenommen. Der Zinssatz beträgt 3,2% und die Auszahlung erfolgt direkt am 28.12.t3 unter Abzug von 4% Disagio, welches sofort aufwandswirksam erfasst wird. Die Darlehenslaufzeit beträgt acht Jahre, wobei die Tilgung in voller Höhe am 27.12.t11 erfolgt.

Das Bankdarlehen ist unter den Verbindlichkeiten gegenüber Kreditinstituten auszuweisen und nach § 253 Abs. 1 Satz 2 HGB zum Erfüllungsbetrag zu bewerten. Es wird von dem Wahlrecht Gebrauch gemacht, das Disagio sofort aufwandswirksam zu erfassen.[485] Der nominale Zinsaufwand beträgt jährlich EUR 32.000,00.

---

485 Alternativ hätte das Disagio als Rechnungsabgrenzungsposten aktiviert werden können. In diesem Fall ist das aktivierte Disagio gemäß § 250 Abs. 3 HGB über die Laufzeit zu verteilen und dementsprechend als jährlicher anteiliger Zinsaufwand zu erfassen.

d. Vom Mehrheitsgesellschafter, der Wooltop Holding AG, wurde zum 28.12.t4 ein Darlehen über EUR 2.000.000,00 mit einer Laufzeit von fünf Jahren gewährt. Aufgrund der schwierigen wirtschaftlichen Lage der FWA wurde dieses Darlehen zinslos gewährt. Marktüblich wäre eine Verzinsung mit 5% gewesen.

Die Wooltop Holding AG ist Mehrheitsgesellschafter der FWA. Damit liegt eine Verbindlichkeit gegenüber verbundenen Unternehmen vor. Diese ist nach § 253 Abs. 1 Satz 2 HGB zum Erfüllungsbetrag anzusetzen. Eine Abzinsung der unverzinslichen Verbindlichkeit ist nach HGB nicht zulässig.

e. Ein Kunde der FWA hat am 20.12.t4 versehentlich eine Rechnung über EUR 119.000,00 (inkl. 19% Umsatzsteuer) doppelt bezahlt. Eine Erstattung der Doppelbezahlung erfolgt am 5.1.t5.

Die Doppelbezahlung darf nicht ertragswirksam vereinnahmt werden, sondern ist als sonstige Verbindlichkeit zum Erfüllungsbetrag in Höhe von EUR 119.000,00 anzusetzen. Zum 31.12.t4 ist damit eine sonstige Verbindlichkeit von EUR 119.000,00 auszuweisen. In t5 erfolgt dann mit der Erstattung der Doppelzahlung der Ausgleich dieser sonstigen Verbindlichkeit.

Unter Berücksichtigung sämtlicher Geschäftsvorfälle, stellen sich die Jahresabschlüsse der FWA für die Geschäftsjahre t0 bis t5 wie folgt dar:

Bilanz		31.12.					
	Ref.	0	1	2	3	4	5
Aktiva							
…							
A. Anlagevermögen							
…							
II. Sachanlagen							
…							
2. technische Anlagen und Maschinen	b.		440.000,00				
B. Umlaufvermögen							
…							
II. Forderungen und sonstige Vermögensgegenstände							
1. Forderungen aus Lieferungen und Leistungen	a.		23.800,00				
…							
IV. Kassenbestand, Bundesbankguthaben, Guthaben bei Kreditinstituten und Schecks	a.	35.700,00					
	b.			-420.000,00			
	c.				960.000,00		
	d.					2.000.000,00	
	e.					119.000,00	-119.000,00
Passiva							
A. Eigenkapital							
…							
V. Jahresüberschuß/Jahresfehlbetrag		0,00	90.000,00	-20.000,00	-40.000,00	-32.000,00	-32.000,00
…							
C. Verbindlichkeiten							
…							
2. Verbindlichkeiten gegenüber Kreditinstituten;	c.				1.000.000,00		
3. erhaltene Anzahlungen auf Bestellungen	a.	30000	0,00				
4. Verbindlichkeiten aus Lieferungen und Leistungen	b.		400.000,00	0,00			
…							
6. Verbindlichkeiten gegenüber verbundenen Unternehmen	d.					2.000.000,00	
…							
8. sonstige Verbindlichkeiten	a.	5700	9.500,00				
	e.					119.000,00	0,00

Gewinn- und Verlustrechnung nach GKV

	Ref.	0	1	2	3	4	5
			1.1. - 31.12.				
1. Umsatzerlöse	a.		50.000,00				
...							
4. sonstige betriebliche Erträge	b.		40.000,00				
...							
8. sonstige betriebliche Aufwendungen	b.			-20.000,00			
...							
13. Zinsen und ähnliche Aufwendungen	c.				-40.000,00	-32.000,00	-32.000,00
...							
17. Jahresüberschuss/Jahresfehlbetrag		0,00	90.000,00	-20.000,00	-40.000,00	-32.000,00	-32.000,00

Gewinn- und Verlustrechnung nach UKV

	Ref.	0	1	2	3	4	5
			1.1. - 31.12.				
1. Umsatzerlöse	a.		50.000,00				
...							
6. sonstige betriebliche Erträge	b.		40.000,00				
7. sonstige betriebliche Aufwendungen	b.			-20.000,00			
...							
12. Zinsen und ähnliche Aufwendungen	c.				-40.000,00	-32.000,00	-32.000,00
...							
18. Jahresüberschuss/Jahresfehlbetrag		0,00	90.000,00	-20.000,00	-40.000,00	-32.000,00	-32.000,00

5.4 Bilanzierung der passiven Rechnungsabgrenzungsposten

5.4.1 Allgemeines

An dieser Stelle kann auf die Ausführungen unter Abschn. 4.9. verwiesen werden.

5.4.2 Beispielsachverhalt – Passiver Rechnungsabgrenzungsposten

Die FWA hat einen Teil des Verwaltungsgebäudes untervermietet. Der Untermieter hat Ende Dezember t0 eine Vorauszahlung für die Miete für das erste Halbjahr t1 in Höhe von EUR 7.140,00 (inkl. 19% Umsatzsteuer) geleistet.

Hier wird eine Zahlung vereinnahmt, die Ertrag für eine bestimmte Zeit nach dem Bilanzstichtag darstellt. Nach HGB ist ein passiver Rechnungsabgrenzungsposten nach § 250 Abs. 2 HGB zu bilden. Es ist keine Verbindlichkeit oder erhaltene Anzahlung zu erfassen. Die Mieterträge sind dann in t1 periodengerecht zu realisieren, der passive Rechnungsabgrenzungsposten dementsprechend in t1 auszulösen.

Unter Berücksichtigung des Geschäftsvorfalls stellen sich die Jahresabschlüsse der FWA für die Geschäftsjahre t0 bis t1 wie folgt dar:

Bilanz

	31.12. 0	1
Aktiva		
B. Umlaufvermögen		
...		
IV. Kassenbestand, Bundesbankguthaben, Guthaben bei Kreditinstituten und Schecks	7.140,00	
Passiva		
...		
C. Verbindlichkeiten		
...		
8. sonstige Verbindlichkeiten	1.140,00	
D. Rechnungsabgrenzungsposten	6.000,00	0,00

Gewinn- und Verlustrechnung nach GKV	**1.1. - 31.12.**	
	0	1
…		
4. sonstige betriebliche Erträge		6.000,00
17. Jahresüberschuss/Jahresfehlbetrag	0,00	6.000,00

Gewinn- und Verlustrechnung nach UKV	**1.1. - 31.12.**	
	0	1
…		
6. sonstige betriebliche Erträge		6.000,00
18. Jahresüberschuss/Jahresfehlbetrag	0,00	6.000,00

6 Jahresabschlussanalyse

Die Lernfragen zu diesem Kapitel finden Sie unter: https://narr/kwaest.io/s/1221

6.1 Grundlagen der Analyse von Jahresabschlüssen

6.1.1 Aufgaben und Ziele der Jahresabschlussanalyse

Übergeordnetes Erkenntnisziel

Unter dem Begriff „Jahresabschlussanalyse“ – auch Bilanzanalyse genannt – versteht man die methodische Untersuchung von Jahresabschluss und Lagebericht, mit dem Ziel, entscheidungsrelevante Informationen über die gegenwärtige wirtschaftliche Lage und die künftige wirtschaftliche Entwicklung eines Unternehmens zu gewinnen. Das übergeordnete Erkenntnisziel ist dabei die Erlangung eines den tatsächlichen Verhältnissen entsprechenden Bildes der wirtschaftlichen Lage, konkret der Vermögens-, Finanz- und Ertragslage eines Unternehmens, um auf dieser Grundlage die Beurteilung des Unternehmens in seiner Gesamtheit vornehmen zu können.

Unterschiedliche Informationsbedürfnisse

Die Informationsbedürfnisse der verschiedenen Interessengruppen – Anteilseigner, potenzielle Investoren, Kreditgeber, Lieferanten, Arbeitnehmer etc. – sind unterschiedlich. So ziehen Investoren Abschlussinformationen bspw. bei Anlageentscheidungen und zur Beurteilung des Managements heran. Im Mittelpunkt ihres Interesses stehen die Verzinsung des in dem Unternehmen investierten Kapitals sowie die Möglichkeit der Wertsteigerung von erworbenen Anteilen, also die Zunahme ihres Vermögens. Darüber hinaus werden Anteilseigner allerdings bestrebt sein, das Risiko ihrer Kapitalanlage abzuschätzen, um die Renditeerwartungen entsprechend relativieren zu können. Kreditgeber hingegen nutzen Abschlussinformationen z.B. für Kreditvergabeentscheidungen. Ihnen geht es um die Bonität des Unternehmens, mit dem sie in Geschäftsbeziehung stehen. Ihr Informationsbedürfnis richtet sich hauptsächlich auf die Kreditwürdigkeitsprüfung und somit auf die Frage, ob die Zins- und Tilgungszahlungen fristgerecht erfolgen können. Kreditgebern dient die Bilanzanalyse zur Risikoabschätzung bei der Entscheidung über Kreditanträge, unabhängig davon, ob es sich um die Aufnahme von Neukrediten, Krediterhöhungen oder die Verlängerung von gewährten Krediten handelt. Sie ist aber auch entscheidend bei der laufenden Überwachung eines Engagements.[486]

Ganz allgemein kann man aber sagen, dass sich trotz der unterschiedlichen Ziele der verschiedenen Interessengruppen die Fragen konzentrieren auf

- die Beurteilung der finanziellen Stabilität, und
- die Beurteilung der Ertragslage eines Unternehmens.

Traditionell wird die Bilanzanalyse eingeteilt in die Bereiche

- finanzwirtschaftliche und

---

[486] Hierzu ausführlich Küting/Weber, Bilanzanalyse, 11. Aufl. 2015, S. 8ff.

- erfolgswirtschaftliche Bilanzanalyse.[487]

Finanzwirtschaftliche Analyse

Bei der finanzwirtschaftlichen Bilanzanalyse steht die Bilanz im Fokus. Ihr Ziel besteht in der Gewinnung von Informationen über

- Kapitalaufbringung,
- Kapitalverwendung, und
- die Beziehung zwischen Kapitalaufbringung und -verwendung.

Hieraus ergibt sich die weitere Unterteilung der finanzwirtschaftlichen Analyse in

- Vermögensanalyse (Investitionsanalyse),
- Kapitalanalyse (Finanzierungsanalyse), und
- Liquiditätsanalyse.

Erfolgswirtschaftliche Analyse

Ziel der erfolgswirtschaftlichen Analyse ist es, Erkenntnisse über die aktuelle und voraussichtliche künftige Ertragskraft zu erlangen. Die Analyse der gegenwärtigen Ertragskraft erfolgt also mit dem Ziel, die zukünftige Ertragskraft des Unternehmens zu beurteilen. Dazu gehört auch die Einschätzung der Erfolgspotenziale im Sinne von Stärken und Schwächen des Unternehmens, die u.a. in Investitionsaktivitäten, Wachstum, Risikostreuung oder Finanzierungsmöglichkeiten zum Ausdruck kommen können, aber ihrer Natur gemäß (wenn überhaupt) nur zum Teil aus dem Jahresabschluss ersichtlich sind.

6.1.2 Methoden, Instrumente und Techniken der Jahresabschlussanalyse

6.1.2.1 Methodisch-systematischer Ablauf der Unternehmensbeurteilung

Schritte einer Unternehmensbeurteilung

Für die Durchführung einer Unternehmensbeurteilung anhand der zugänglichen Informationen empfehlen sich die im Nachfolgenden dargestellten Schritte:[488]

[1] Informationsbeschaffung und Sichtung des verfügbaren Materials

- Jahresabschluss des Berichtsjahres und mehrerer Vorjahre
- Jahresabschlüsse von Konkurrenten des zu analysierenden Unternehmens
- Hauptversammlungsmitschnitte, Presseveröffentlichungen
- Brancheninformationen, Mitteilungen von Verbänden

[2] Aufbereitung der Datenbasis

- Analyse der Bilanzpolitik
- Erstellung der Strukturbilanz

---

[487] Hierzu ausführlich Baetge/Kirsch/Thiele, Bilanzanalyse, 2. Aufl. 2004, S. 1ff.

[488] Zum Prozess und Inhalt der Bilanzanalyse ausführlich bspw. Peemöller, Bilanzanalyse und Bilanzpolitik, 3. Aufl. 2003, S. 323ff.

[3] Durchführung der Partialanalyse[489]

- Beurteilung der Liquidität und Solidität der Finanzierung
- Analyse des Erfolgs und Prognose der Ertragskraft

[4] Gesamtbeurteilung: Zusammenfassung der Partialanalyse zu einem Gesamtbild

[5] ggf. gutachterliche Stellungnahme und Darstellung der erlangten Erkenntnis

6.1.2.2 Analyse und Auswertung der Bilanzpolitik

6.1.2.2.1 Ziele der Bilanzpolitik

Beeinflussung der Finanz-, Informations- und Individualziele

Abgeleitet aus den elementaren Unternehmenszielen der nachhaltigen Sicherung von Erfolg und Liquidität können als zentrale Ziele der Bilanzpolitik die Beeinflussung der finanzwirtschaftlichen Situation des Unternehmens (Finanzziele[490]) und die wunschgemäße Darstellung des Unternehmens durch gezielte Informationspolitik (Informationsziele) angesehen werden. Da Unternehmen von Menschen geleitet werden, die auch individuelle Ziele verfolgen, tritt schließlich die Verwirklichung persönlicher Ziele des Managements (Individualziele) hinzu.

Zielkompromisse

Da die verschiedenen Ziele nicht alle gleichzeitig erreicht werden können, sind allerdings Zielkompromisse nötig. Die Notwendigkeit der Bilanzpolitik ergibt sich zudem aus dem Spannungsverhältnis zwischen der betrieblichen Wirklichkeit und den in die Unternehmung gesetzten Erwartungen und Zielvorstellungen. Generell lässt sich feststellen, dass das Ausmaß der bilanzpolitischen Gestaltung umso größer wird, je stärker die tatsächliche Entwicklung von den vorgegebenen bzw. angestrebten Zielen und Erwartungen abweicht.

6.1.2.2.2 Grenzen und Zielkonflikte der Bilanzpolitik

Einhaltung der Rechnungslegungsnormen

Die Grenze zwischen legaler Bilanzpolitik und Gestaltung des Unternehmensbildes unter Rechtsverstoß ist zwar theoretisch eindeutig definiert, in der Praxis existiert allerdings eine nicht zu unterschätzende Grauzone. Eine noch relativ eindeutige Grenze für die Bilanzpolitik ist die Einhaltung der Rechnungslegungsnormen. Die Einhaltung dieses Normenrahmens wird durch die Abschlussprüfung kontrolliert, und die Bilanzpolitik ist so zu gestalten, dass das Testat nicht versagt oder eingeschränkt wird.

---

[489] Im Rahmen der Partialanalyse sind folgende Arbeitsschritte durchzuführen: Auswahl geeigneter problemspezifischer Kennzahlen, Errechnung der Kennzahlen, Interpretation der ermittelten Werte mit Hilfe von Vergleichsmaßstäben (Zeit- und Entwicklungsvergleich, Unternehmens- und Branchenvergleich, Soll-Ist-Vergleich) unter Berücksichtigung der Erkenntnisse über die Bilanzpolitik, Ursachenforschung zur Erklärung und Auswertung der Ergebnisse der Kennzahlenrechnung, Prognose der künftigen Entwicklung auf Basis der Vergangenheitswerte und unter Berücksichtigung nicht quantifizierter Erkenntnisse und Informationen

[490] Als zentrale finanzpolitische Ziele können angeführt werden: Kapital- und Substanzerhaltung, Ergebnis- und Ausschüttungsregulierung, Pflege von Kreditwürdigkeit und Investorattraktivität sowie Steuerlastminimierung.

Freiwillige Publizität

Dagegen ist die Grenze im Bereich der freiwilligen Publizität – z.B. freiwillige Zwischenpublizität, freiwillige Ergänzungen im Geschäftsbericht, Nachhaltigkeitsberichte, Aktionärsbriefe, Pressekonferenzen etc. – sehr unscharf. So können Unternehmen bspw. Tendenzstatements abgeben, Prognosen äußern und Interpretationen der Unternehmenslage vornehmen, die sich sowohl der gesetzlichen Kontrolle wie auch der juristischen Verfolgung weitgehend entziehen.

Gewachsene abschlusspolitische Verhaltensmuster

Eine weitere Grenze der Bilanzpolitik liegt darin, dass es in Unternehmen und Branchen gewisse gewachsene abschlusspolitische Verhaltensmuster gibt. Bei Verstoß gegen diese Grundmuster, z.B. einer konservativen Unternehmensdarstellung, wird für Außenstehende gegebenenfalls eine Unternehmensproblematik vermutbar. Die Abschlusspolitik unterliegt insoweit einer gewissen Konvention sowie einer branchen- und konjunkturabhängigen Normiertheit. Außerdem ist zu beachten, dass Abschlusspolitik oft lediglich eine zeitliche Verlagerung von Vorgängen bewirkt, so dass Folgewirkungen beachtet werden müssen. Dies führt dazu, dass Abschlusspolitik stets auch mehrperiodisch betrachtet werden muss.

Kombination abschlusspolitischer Instrumente

Als Folge dieser komplexen Ausgangslage orientiert sich die handelsrechtliche Bilanzpolitik in erster Linie an Grundmustern der Stabilität, Kontinuität und Normalität, wie sie z.B. im Gewinnglättungsverhalten der Ergebnispolitik und im Bemühen um Realisierung von branchenüblichen Bilanzstrukturen bei der finanzpolitischen Gestaltung ihren Ausdruck finden. Die optimale Kombination abschlusspolitischer Instrumente ergibt sich als multiples, komplexes Gesamtgefüge von Maßnahmen auf Basis der unmittelbaren Rechenwerke des Jahresabschlusses sowie weiterer informatorischer Einflussnahmen.

Zielkonflikte

Zielkonflikte entstehen durch die teilweise konträren Erwartungen der verschiedenen Interessengruppen, so dass eine Abschlusspolitik nicht gleichzeitig bei allen Gruppen positiv wirken kann. Eine in deutschen Einzelabschlüssen zu beachtende Konfliktlinie liegt zwischen handels- und steuerbilanziellen Zielsetzungen. In der Praxis sind auch hier u.U. abschlusspolitische Kompromisse erforderlich. So kann es z.B. nötig werden, auf eine völlige Ausnutzung steuerlicher Vorteile zu verzichten, da wegen der teilweise bestehenden Verbindung zur Handelsbilanz dort ein Ergebnis ausgewiesen werden würde, was etwa wegen geforderter Dividendenkontinuität nicht tragbar ist. Lösung hierfür ist die Erstellung unterschiedlicher Bilanzen auf Ebene des einzelnen Unternehmens und des Unternehmensverbunds. Zielkonflikte können sich auch im Sachzusammenhang der jeweiligen Ziele ergeben. So ist der sachliche Grundzusammenhang zwischen Erfolgs-, Vermögens- und Schuldenausweis zu beachten. Soll z.B. der Bilanzgewinn niedriger ausgewiesen werden als der tatsächlich erzielte Betrag, hat das in der Regel auch negative Konsequenzen für den Vermögens- und Schuldenausweis.

6.1.2.2.3 Instrumente der Bilanzpolitik

6.1.2.2.3.1 Bilanzpolitisches Grundinstrumentarium

Die beiden grundlegenden instrumentellen Wege, auf denen Bilanzpolitik verwirklicht wird, sind Sachverhalts- und Darstellungsgestaltung:

Sachverhaltsgestaltungen

Unter Sachverhaltsgestaltung sind diejenigen Maßnahmen zu verstehen, welche ökonomische Realitäten mit Blick auf die Abbildungswirkung beeinflussen, d.h., im Fall der bilanzpolitisch motivierten Sachverhaltsgestaltung richtet sich das konkrete rechtliche und wirtschaftliche Handeln danach, wie der Sachverhalt im Jahresabschluss abgebildet werden soll.[491] Sachverhaltsgestaltende Maßnahmen finden, mit Ausnahme der Gewinnverwendungspolitik, vor dem Bilanzstichtag statt. Sie sind in der Regel bei externer Analyse kaum zu erkennen, es sei denn es handelt sich um einschneidende Großmaßnahmen wie Sale-and-lease-back-Transaktionen, die im Anhang eigens erläutert worden sind.

Darstellungsgestaltungen

Die Darstellungsgestaltung findet dagegen nach dem Bilanzstichtag statt. Die wirtschaftliche Realität steht fest, die gestaltenden Maßnahmen betreffen ausschließlich die Abbildung. Darstellungsgestaltungen finden zum einen im Jahresabschluss, zum anderen aber auch im Lagebericht sowie durch weitere freiwillige Publizität mit Relevanz für Jahresabschlussdaten statt. Die bilanzpolitischen Maßnahmen im Jahresabschluss betreffen im Einzelnen Ansatz-, Bewertung- und Ausweisentscheidungen. In jeder dieser drei Kategorien stehen sodann als Gestaltungsparameter durch Gesetz und/oder GoB gewährte Wahlrechte sowie infolge unvollständiger Informationen und Zukunftsungewissheit unvermeidliche Einschätzungsparameter zur Verfügung.

6.1.2.2.3.2 Sachverhaltsgestaltungen

Im Einzelnen umfassen die Sachverhaltsgestaltungen ein breites Spektrum bilanzpolitischer Ansatzpunkte. Exemplarisch sind hier zu nennen:

---

[1] Institutionelle Gestaltungen

- Wahl des Bilanzstichtags
- Wahl der Rechtsform
- Beeinflussung der publizitätsrelevanten Größenmerkmale Umsatz, Bilanzsumme und Mitarbeiterzahl[492]
- Betriebsaufspaltung

---

[2] Sachverhaltsgestaltungen vor dem Bilanzstichtag durch Gestaltung ökonomischer Vorgänge

- Verschieben des Realisierungszeitpunkts von Vermögens- und Kapitalvorgängen
- Verschieben des Realisierungszeitpunktes von Aufwands- und Ertragsvorgängen
- Factoringmaßnahmen
- Leasingmaßnahmen
- Sale-and-lease-back-Transaktionen
- Veräußerung von nicht betriebsnotwendigem Vermögen

---

[491] Hierzu ausführlich Baetge/Kirsch/Thiele, Bilanzanalyse, 2. Aufl. 2004, S. 157.

[492] Hierzu bspw. Kaya, Strategien zur Verminderung und Vermeidung der Jahresabschlusspublizität, 2010, S. 1ff.

▪ Auslagerung von Forschungs- und Entwicklungsarbeiten auf Beteiligungsunternehmen und Erwerb der Resultate ▪ Schaffung der Voraussetzungen für Teilabrechnung bei langfristiger Fertigung
[3] Sachverhaltsgestaltung nach dem Bilanzstichtag ▪ Beschluss zur Gewinnverwendung ▪ Beschluss zur Gratisaktienausgabe

Tab. 47 Beispiele für Sachverhaltsgestaltungen

Sachverhaltsgestaltungen sind ein weitreichendes Mittel der Bilanzpolitik. Sie sind in ihrem Einsatz nicht durch Rechnungslegungsvorschriften eingegrenzt und auch nicht durch Abschlussprüfer zu beanstanden. Für den gesamten Bereich der Sachverhaltsgestaltungen gilt, dass sie in vielen Fällen nicht aus dem Jahresabschluss ersichtlich sind. Daher zählen sie zu den wichtigsten Störfaktoren der Bilanzanalyse.

6.1.2.2.3.3 Darstellungsgestaltungen

Die Darstellungsgestaltung setzt nicht an der ökonomischen Realität, sondern an deren Abbildung primär im Jahresabschluss, aber auch im Lagebericht an und wird ergänzt um freiwillige Publizität mit Jahresabschlussrelevanz, z.B. im Geschäftsbericht oder auf anderen Wegen.

Freiwillige Publizität

Da die freiwillige Publizität einerseits nicht Gegenstand der Abschlussprüfung ist und andererseits die Akzeptanz der Abschlussdaten zunehmend schwindet, kommt diesen freiwilligen Informationen mehr und mehr Bedeutung zu. Aufgrund der in vielen Bereichen firmenspezifisch völlig freien Gestaltung der Darstellung, wie z.B. im Bereich der Performancedarstellung, bietet sich hier ein enormes Potenzial an jahresabschlusspolitisch motivierter Beeinflussung von externen und internen Gruppen. Allerdings ist die Glaubwürdigkeit der freiwilligen Publizität als Grenze der Bilanzpolitik anzusehen. Insoweit wird der bilanzpolitische Handlungsspielraum der Unternehmensleitung außer durch die gesetzlichen Vorschriften auch durch Erwartungen und Rollenvorstellungen über das Unternehmen begrenzt.

Die Darstellungsgestaltung mit Bezug auf Jahresabschluss und Lagebericht kann in formelle und materielle Bilanzpolitik unterteilt werden. Die formelle Bilanzpolitik betrifft die Ausweisentscheidungen, die materielle Bilanzpolitik die Ansatz- und Bewertungsentscheidungen. In jedem der Bereiche bestehen Gestaltungsmöglichkeiten zum einen durch gesetzliche und faktische Wahlrechte, zum anderen durch unvermeidliche Einschätzungsspielräume, z.B. wegen unbestimmter Rechtsbegriffe oder unvollständiger Informationen.

Formelle Bilanzpolitik

Die formelle Bilanzpolitik, d.h. die Ausweispolitik, umfasst z.B. Platzierungs-, Gliederungs- und Erläuterungswahlrechte. Erstere betreffen die Pflichtangaben, die z.B. wahlweise in den Rechenwerken oder im Anhang genannt werden dürfen. Gliederungswahlrechte betreffen z.B. die GuV-Varianten Gesamtkosten- bzw. Umsatzkostenverfahren oder Brutto- versus Nettoausweis von Vorräten. Erläuterungswahlrechte tangieren Art und Weise, aber auch Umfang der Erfüllung von Berichtspflichten.

Instrumente formeller Bilanzpolitik In der nachfolgenden Tabelle werden die wesentlichen formellen bilanzpolitischen handelsrechtlichen Instrumente dargestellt:

[1] Platzierungswahlrechte	
▪ Gesonderte Angabe des Gewinn- oder Verlustvortrags	§ 268 Abs. 1 Satz 2 HGB
▪ Gesonderter Ausweis eines aktivierten Disagios	§ 268 Abs. 6 HGB
▪ Gesonderter Ausweis der Haftungsverhältnisse gemäß § 251 HGB	§ 268 Abs. 7 HGB
▪ Angabe von Abschreibungen nach § 253 Abs. 3 Satz 5 und 6 HGB	§ 277 Abs. 3 Satz 1 HGB
[2] Gliederungswahlrechte	
▪ Mitzugehörigkeit zu anderen Posten	§ 265 Abs. 3 HGB
▪ Weitere Untergliederungen, Einfügung neuer Posten und Zwischensummen	§ 265 Abs. 5 HGB
▪ Zusammenfassung von Posten	§ 265 Abs. 7 HGB
▪ GuV nach Gesamt- oder Umsatzkostenverfahren	§ 275 Abs. 1 HGB
▪ Ansatz erhaltener Anzahlungen auf Bestellungen als Verbindlichkeiten oder Absetzen von den Vorräten	§ 268 Abs. 5 Satz 2 HGB
▪ Saldierung aktivischer und passivischer latenter Steuern (Gesamtbetrachtung)	§ 274 HGB
▪ Nutzung größenabhängiger Gliederungserleichterungen	§ 266 Abs. 1 HGB, § 275 Abs. 5 HGB, § 276 HGB
[3] Erläuterungswahlrechte	
▪ Weitere Untergliederung von Abschlussposten (z.B. sonstige Rückstellungen	§ 265 Abs. 5 Satz 1 HGB
▪ Einfluss der Änderung von Bilanzierungs- und Bewertungsmethoden	§ 284 Abs. 2 Nr. 3 HGB
▪ Ausmaß erheblicher künftiger Belastungen durch Anwendung steuerlicher Abschreibungen	§ 285 Nr. 5 2. Hs. HGB
▪ Erläuterung nicht unerheblicher sonstiger Rückstellungen, die nicht gesondert ausgewiesen sind	§ 285 Nr. 12 HGB

Tab. 48 Formelle bilanzpolitische Instrumente

IFRS-Einzelabschluss Gemäß HGB haben offenlegungspflichtige Unternehmen die Möglichkeit, nach § 325 Abs. 2a HGB einen IFRS-Einzelabschluss zu erstellen, der dann für die Offenlegung verwendet werden kann. Allerdings ist dies ein zusätzlich zu erstellender Abschluss, da der HGB-Abschluss weiterhin für Ausschüttungsbemessungsgründe und im Rahmen der Maßgeblichkeit für die steuerliche Gewinnermittlung benötigt wird. Zudem sind einige HGB-Regelungen auch im offengelegten IFRS-Einzelabschluss zu beachten.

Ansatz- und Bewertungswahlrechte

Von größter bilanzpolitischer Bedeutung sind die bei Ansatz- und Bewertung gegebenen Gestaltungsmöglichkeiten. Im Nachfolgenden wird ein Überblick über die wesentlichen handelsrechtlichen Ansatz- und Bewertungswahlrechte gegeben:

Selbst geschaffene immaterielle Vermögensgegenstände des Anlagevermögens	§ 248 Abs. 1 HGB
Unterschiedsbetrag bei Verbindlichkeiten (Disagio)	§ 250 Abs. 3 HGB
Aktive latente Steuern	§ 274 Abs. 1 Satz 2 HGB
Rückstellungen für unmittelbare Pensionszusagen, die vor dem 1.1.1987 erteilt wurden, und Rückstellungen für mittelbare Pensionszusagen und für ähnliche Verpflichtungen	§ 249 Abs. 1 HGB i.V.m. Art. 28 EGHGB
Fortbestehen von mit dem BilMoG gestrichener Wahlrechte:	
▪ §§ 249 Abs. 1 Satz 3 und Abs. 2 HGB a.F. (Aufwandsrückstellungen), 247 Abs. 3 HGB a.F. (Sonderposten mit Rücklageanteil), 250 Abs. 1 Satz 2 HGB a.F. (Zölle und Verbrauchsteuern) konnten im Übergang auf das BilMoG beibehalten werden	Art. 67 Abs. 3 EGHGB
▪ Aktivierte Aufwendungen für Ingangsetzung und Erweiterung des Geschäftsbetriebs (§ 269 HGB a.F.) konnten im Übergang auf das BilMoG beibehalten werden	Art. 67 Abs. 5 EGHGB

Tab. 49 Zentrale handelsrechtliche Ansatzwahlrechte

Zinssatz zur Ermittlung des Barwerts von Pensionsrückstellungen entweder auf Basis von laufzeitadäquaten, über sieben Jahre ermittelten durchschnittlichen Marktzinssätzen oder pauschal mit einer unterstellten Laufzeit von 15 Jahren ermittelten Marktzinssätzen	§ 253 Abs. 2 Satz 1 und 2 HGB
Bestimmung der Abschreibungsmethode	§ 253 Abs. 3 und 4 HGB
Abschreibungen auf Finanzanlagen bei voraussichtlich nur vorübergehender Wertminderung	§ 253 Abs. 3 und 4 HGB
Bemessung der Herstellungskosten:	
▪ Einbeziehung von angemessenen Teilen der Kosten der allgemeinen Verwaltung sowie angemessener Aufwendungen für soziale	§ 255 Abs. 2 HGB

Eirichtungen des Betriebs, freiwillige soziale Leistungen und die betriebliche Altersvorsorge ■ Einbeziehung von Fremdkapitalkosten zur Finanzierung der Herstellung	 § 255 Abs. 3 HGB
Wahl einer allgemein anerkannten Bewertungsmethode, wenn kein Marktpreis verfügbar	§ 255 Abs. 4 HGB
Benutzung von Bewertungsvereinfachungsverfahren	§ 256 i.V.m. § 240 Abs. 3 HGB
Zuführungen aus der Umbewertung von Pensionsverpflichtungen können über 15 Jahre verteilt werden. Wurde von dem Wahlrecht Gebrauch gemacht, ist die Angabe der Deckungslücke im Anhang vorgeschrieben.	Art. 67 Abs. 1 und 2 EGHGB
Auf Auflösungen von Pensionsrückstellungen darf verzichtet werden, wenn eine Nachdotierung in den Folgejahren erwartet wird, ansonsten hat eine erfolgsneutrale Auflösung zu erfolgen.	Art. 67 Abs. 1 EGHGB
Die Werte der durch auslaufende Bewertungswahlrechte aus §§ 253 Abs. 3 Satz 3 und 4 sowie § 254 HGB a.F. beeinflussten Positionen konnten im Übergang beibehalten werden.	Art. 67 Abs. 4 EGHGB

Tab. 50 Zentrale handelsrechtliche Bewertungswahlrechte

Das bilanzpolitische Instrumentarium zur Gestaltung des Jahresabschlusses umfasst zum einen – wie vorstehend gezeigt – vielfältige durch Gesetz und/oder GoB gewährte explizite sowie faktische Wahlrechte. Weiterhin sind im HGB unvermeidlich Einschätzungs- bzw. Ermessensspielräume als bilanzpolitisches Instrumentarium verfügbar.

Ermessensspielräume

Nachfolgende Tabelle enthält einige der wichtigsten Möglichkeiten für handelsrechtliche Ermessensspielräume:

Klassifikation von schuldendeckendem Pensionsvermögen	§ 246 Abs. 2 Satz 2 HGB
Einschätzung der Erfüllung der Unternehmensfortführungsprämisse	§ 252 Abs. 1 Nr. 2 HGB
Gebot der Vorsicht: Realisations- und Imparitätsprinzip	§ 252 Abs. 1 Nr. 4 HGB
Zeitliche Abgrenzung von Aufwendungen und Erträgen	§ 252 Abs. 1 Nr. 5 HGB
Abschätzung des Erfüllungsbetrags bei der Bewertung von Rückstellungen (insbes. z.B. die Trendannahmen bei Pensionsverpflichtungen) sowie deren Laufzeit	§ 253 Abs. 1 HGB

Zeitbewertung bei Rückstellungen und Planvermögen im Zusammenhang mit Altersversorgungsverpflichtungen	§ 253 Abs. 1 HGB
Vornahme von außerplanmäßigen Abschreibungen	§ 253 Abs. 3 HGB
Zeitpunkt des Wegfalls der Gründe für vorgenommene außerplanmäßige Abschreibungen (Wertaufholungsgebot)	§ 253 Abs. 5 HGB
Bildung von Bewertungseinheiten	§ 254 HGB
Bemessung von Anschaffungskosten und Anschaffungsnebenkosten	§ 255 Abs. 1 HGB
Trennung von Forschungs- und Entwicklungskosten	§ 255 Abs. 2a HGB
Währungsumrechnung	§ 256a HGB
Bemessung der aktiven und passiven latenten Steuern	§ 274 HGB

Tab. 51 Handelsrechtliche Ermessensspielräume

Das beschriebene Grundinstrumentarium der Bilanzpolitik erweitert sich im Falle von Konzernabschlüssen.[493]

Reservenbildende und ergebnisverbessernde Maßnahmen

Die Auswirkungen der Bilanzpolitik lassen sich in reservenbildende und ergebnisverbessernde Maßnahmen trennen. Hier kann folgende Differenzierung vorgenommen werden:

Reservenbildende (konservative) Bilanzpolitik	**Ergebnisverbessernde (progressive) Bilanzpolitik**
■ Außerplanmäßige Abschreibungen auf Finanzanlagen bei vorübergehender Wertminderung	■ Aktiviertes Disagio
■ Ansatz von unfertigen und fertigen Erzeugnissen zu Teilkosten	■ Aktive latente Steuern
■ Anwendung des LiFo	■ Änderung der Bewertungsmethoden ■ Einbeziehung der Verwaltungsgemeinkosten in die Herstellungskosten ■ Einbeziehung der Fremdkapitalzinsen in die Herstellungskosten ■ Aktivierung selbsterstellter immaterieller Vermögensgegenstände

Tab. 52 Konservative vs. progressive Bilanzpolitik

[493] Zu den vorangegangenen Ausführungen Lachnit/Müller, Bilanzanalyse, 2. Aufl. 2017, S. 78-84.

Das Erkennen von Hinweisen auf ergebnisverbessernde Maßnahmen lässt vermuten, dass das Ergebnis noch schlechter als dargestellt sein könnte. Umgekehrt gibt ein von reservenbildenden Gestaltungen gekennzeichneter Jahresabschluss Anlass zu der Annahme, dass der Gewinn tatsächlich höher war, aber im Hinblick auf Ausschüttungsfolgen und im Interesse einer soliden Finanz- und Unternehmenspolitik nicht ausgewiesen werden soll.

6.1.2.3 Aufbereitung des Datenmaterials

Strukturbilanz und Struktur-GuV

Da der handelsrechtliche Jahresabschluss nicht ohne weiteres den Anforderungen der Jahresabschlussanalyse genügt, müssen als Grundlage der Jahresabschlussanalyse die Ausgangsdaten bereinigt werden, um eine sog. Strukturbilanz und Struktur-GuV zu erstellen.

Strukturbilanz als Grundlage der Kennzahlenrechnung

Die Strukturbilanz ermöglicht das Erkennen von Deckungsverhältnissen und dient als Grundlage zur Kennzahlenrechnung. Weiterhin erleichtert sie die Darstellung von Entwicklungen im Periodenvergleich. Abgeleitet wird die Strukturbilanz durch Umstellungen und Umbewertungen des Originalabschlusses.

Die notwendigen Aufbereitungsmaßnahmen unterteilen sich wie folgt:

- Umgliederung
  - Umgruppierung: Bilanzposten werden anderen Bilanzposten zugeordnet, die Bilanzsumme verändert sich dabei nicht
  - Aufspaltung: bestehende Posten werden getrennt und in unterschiedliche Bilanzposten umgegliedert, die Bilanzsumme verändert sich dabei nicht
  - Saldierung: ein bestehender Bilanzposten wird mit einem anderen Bilanzposten verrechnet, die Bilanzsumme verändert sich dabei
- Umbewertung

Ermittlung des bilanzanalytischen Eigenkapitals

Bei der Erstellung der Strukturbilanz kommt der Ermittlung des bilanzanalytischen Eigenkapitals eine besondere Bedeutung zu. Allerdings lassen sich hierfür keine allgemein gültigen Regeln festlegen. Die hängen letztlich vom jeweiligen Zweck der Jahresabschlussanalyse ab. In der Praxis gewichten bspw. Kreditanalysten im Vergleich zu Aktienanalysten Risiken stärker als Chancen und gehen bei der Bereinigung des Originalabschlusses deshalb vorsichtiger vor. Daneben kommen bei der Erstellung der Strukturbilanz subjektive Einschätzungen in Bezug auf die Werthaltigkeit von Bilanzposten zum Tragen.

Im Einzelnen kommen bei der Ermittlung des bilanzanalytischen Eigenkapitals folgende Korrekturen in Betracht:

Aktivischer Überhang latenter Steuern

Nach § 274 Abs. 2 HGB besteht ein Aktivierungswahlrecht für den aktivischen Überhang an latenten Steuern. Wie unter Abschn. 4.9. dargestellt, ergeben sie sich aufgrund von Bewertungsunterschieden zwischen Handels- und Steuerbilanz sowie aus steuerlich noch nicht genutzten Verlustvorträgen und Zinsvorträgen. Da die aktivischen latenten Steuern keine Vermögensgegenstände darstellen und im Liquidationsfall nicht verwertet werden können, ist das Eigenkapital entsprechend zu kürzen.

Disagio oder Damnum Ein bei Kreditaufnahmen und Anleihen entstehender Differenzbetrag zwischen den erhaltenen finanziellen Mitteln und der eingegangenen Verbindlichkeit kann gemäß § 250 Abs. 3 HGB entweder sofort in voller Höhe zu Lasten des Periodenergebnisses verrechnet oder aktiviert und über die Laufzeit des Darlehens abgeschrieben werden. Wird ein solches Disagio vom bilanzierenden Unternehmen sofort als Aufwand verrechnet, führt es zu einer stillen Reserve. Im Falle einer Aktivierung unter den Rechnungsabgrenzungsposten „stört" dieses Disagio auf der Aktivseite, denn es stellt keinen Vermögensgegenstand dar. Üblicherweise wird ein Disagio mit dem Eigenkapital verrechnet, weil für diese Verpflichtung kein konkreter Gegenwert hereingekommen ist.

Aktivierter Geschäfts- oder Firmenwert Aktivierte Geschäfts- oder Firmenwerte repräsentieren beim Unternehmenskauf bezahlte Ertragserwartungen Da sie nicht einzelveräußerungsfähig sind, die künftige Ertragslage ungewiss ist und sie sich im Zeitablauf verflüchtigen können, werden sie bei der Aufstellung der Strukturbilanz häufig auf der Aktivseite eliminiert und vom Eigenkapital abgezogen.

Aktivierte selbst erstellte Vermögensgegenstände des Anlagevermögens Dieser Bilanzposten wird im Rahmen der Ermittlung des bilanzanalytischen Eigenkapitals aufgrund der Wertunsicherheit vom Eigenkapital abgezogen.

Gesellschafterdarlehen In Gesellschaften mit beschränkter Haftung (GmbH) gewähren Gesellschafter ihren Gesellschaften häufig Darlehen, anstatt das gezeichnete Kapital zu erhöhen. Diese Gesellschafterdarlehen werden im Rahmen der Ermittlung des bilanzanalytischen Eigenkapitals aus den Verbindlichkeiten in das Eigenkapital umgruppiert. Umgekehrt werden aktivisch ausgewiesene Forderungen gegen Gesellschafter von Kreditinstituten häufig eliminiert und vom Eigenkapital abgezogen, wenn ihre Rückzahlung bezweifelt wird, was häufig in kleineren, unterkapitalisierten Gesellschaften der Fall sein kann.

Sonderposten mit Rücklageanteil Der Sonderposten mit Rücklageanteil[494] umfasst gemäß § 247 Abs. 3 Satz 1 HGB a.F. Passivposten, die für Zwecke der Steuern vom Einkommen und vom Ertrag zulässig sind. Im Rahmen des BilMoG wurde für Geschäftsjahre, die nach dem 31.12.2009 begonnen haben, die Bildung eines Sonderpostens mit Rücklageanteil unzulässig. Aufgrund der Übergangsregelung in Art. 67 EGHGB dürfen die bisher bilanzierten Posten fortgeführt werden. Fortgeführte Sonderposten mit Rücklageanteil sind nach den allgemeinen Vorschriften aufzulösen und zu übertragen, allerdings nur einmalig. Die Ursachen, die zu einer Bilanzierung des Sonderpostens geführten haben, sind Übertragungen stiller Reserven nach § 6b EStG bzw. Abschn. 6.6 EStR. Diese vorläufig unversteuerten Rücklagen stellen Beträge dar, die zum Bilanzstichtag keiner Besteuerung unterlagen. Da diese jedoch erfolgen wird, enthalten sie einen Steueranteil, der aufgrund der nicht bekannten Höhe (schwankender Steuersatz) Rückstellungscharakter hat. Der nach der Versteuerung verbleibende Teil dieser Beträge steht dem Unternehmen zur Finanzierung frei zur Verfügung und kann daher als Eigenkapital gewertet werden. Es ist üblich, den Sonderposten zu 70% dem Eigenkapital und zu 30% den mittelfristigen Verbindlichkeiten zuzurechnen.

---

[494] Hierzu ausführlich bspw. Hilke, Bilanzpolitik, 5. Aufl. 2000, S. 120ff.

Stille Reserven

Die Behandlung aufgedeckter stiller Reserven hängt von deren steuerlicher Wirkung bei ihrer Bildung ab. Sofern es bei einer Auflösung zu einer Besteuerung kommt, werden sie zu 70% dem Eigenkapital zugerechnet. Das ist z.B. der Fall bei der Unterbewertung von fertigen und unfertigen Erzeugnissen und Differenzen aus der LiFo-Bewertung im Vergleich zum Börsen- oder Marktpreis.

Jahresüberschuss/Jahresfehlbetrag

Der Jahresüberschuss wird dem Eigenkapital zugerechnet, wenn keine Informationen über den Gewinnverwendungsbeschluss vorliegen. Falls bekannt ist, wie der Jahresüberschuss auf die Rücklagen und auf die Ausschüttungen verteilt werden soll, zählt der Anteil, der in die Rücklagen eingestellt wird als Eigenkapital und der Ausschüttungsbetrag zu den kurzfristigen Verbindlichkeiten.

Ermittlungsschema

Zusammengefasst kann das bilanzanalytische Eigenkapital nach folgendem Schema ermittelt werden:[495]

		Gezeichnetes Kapital
	-	Nicht eingeforderte, ausstehende Einlagen
	+	Kapitalrücklage
	+	Gewinnrücklagen
	+	Gewinnvortrag
	-	Verlustvortrag
	+	Jahresüberschuss bzw. Bilanzgewinn
	-	Jahresfehlbetrag bzw. Bilanzverlust
	=	**Bilanziertes Eigenkapital**
Kürzungen	-	Aktivierte Disagios
	-	Aktivierte Geschäfts- oder Firmenwerte
	-	Aktivierte selbsterstellte immaterielle Vermögensgegenstände des Anlagevermögens
	-	Forderungen an Gesellschafter
	-	Aktive latente Steuern
	-	Unterlassene Rückstellungen
	-	Zur Ausschüttung vorgesehene Beträge
Hinzurechnungen	+	50% stille Reserven mit steuerlichen Folgen
	+	50% Abschreibungen auf Wertpapiere bei voraussichtlich vorübergehender Wertminderung
	+	Andere stille Reserven (ohne steuerliche Folgen)
	+	Gesellschafter-Darlehen
	+	Passive latente Steuern
	=	**Bilanzanalytisches Eigenkapital**

Tab. 53 Bilanzanalytisches Eigenkapital

[495] Hierzu Gräfer/Wengel, Bilanzanalyse, 14. Aufl. 2019, S. 85.

Als Ergebnis der Bereinigungs- und Korrekturmaßnahmen ergibt sich die Strukturbilanz. Diese besteht auf der Aktivseite aus dem bilanzanalytischen Anlage- und Umlaufvermögen sowie auf der Passivseite aus dem bilanzanalytischen Eigen- und Fremdkapital. Hierzu folgendes Beispiel:

	20X2		**20X1**		**Abw.**	
Vermögensstruktur	TEUR		TEUR		TEUR	
Immaterielle Vermögensgegenstände	60	0,1%	76	0,1%	-16	-21,1%
Sachanlagen	2.972	3,8%	4.036	4,6%	-1.064	-26,4%
Finanzanlagen	48	0,1%	48	0,1%	0	0,0%
Bilanzanalytisches Anlagevermögen	3.080	3,9%	4.160	4,7%	-1.080	-26,0%
Vorräte	40.774	51,6%	51.296	58,3%	-10.522	-20,5%
Kundenforderungen	11.042	14,0%	11.332	12,9%	-290	-2,6%
Forderungen im Verbundbereich	12.026	15,2%	10.160	11,6%	1.866	18,4%
Wertpapiere des Umlaufvermögens	3.772	4,8%	4.000	4,5%	-228	-5,7%
Sonstige Vermögensgegenstände	8.364	10,6%	7.008	8,0%	1.356	19,3%
Bilanzanalytisches Umlaufvermögen	75.978	96,1%	83.796	95,3%	-7.818	-9,3%
Bilanzanalytische Aktiva	79.058	100,0%	87.956	100,0%	-8.898	-10,1%

	20X2		**20X1**		**Abw.**	
Kapitalstruktur	TEUR		TEUR		TEUR	
Gezeichnetes Kapital	5.000	6,3%	5.000	5,7%	0	0,0%
Kapitalrücklage	6.980	8,8%	6.980	7,9%	0	0,0%
Gewinnrücklagen	9.892	12,5%	9.604	10,9%	288	3,0%
Jahresüberschuss	1.900	2,4%	288	0,3%	1.612	>100%
Bilanzanalytisches Eigenkapital	23.772	30,1%	21.872	24,9%	1.900	8,7%
Pensionsrückstellungen	5.720	7,2%	5.430	6,2%	290	5,3%
Langfristige Bankverbindlichkeiten	16.400	20,7%	17.300	19,7%	-900	-5,2%
Bilanzanalytisches langfristiges Fremdkapital	22.120	28,0%	22.730	25,8%	-610	-2,7%
Sonstige Rückstellungen	21.668	27,4%	31.316	35,6%	-9.648	-30,8%
Verbindlichkeiten aus Lieferungen und Leistungen	5.540	7,0%	5.850	6,7%	-310	-5,3%
Sonstige Verbindlichkeiten	48	0,1%	40	0,0%	8	20,0%
Passive Rechnungsabgrenzungsposten	5.910	7,5%	6.148	7,0%	-238	-3,9%
Bilanzanalytisches kurzfristiges Fremdkapital	33.166	42,0%	43.354	49,3%	-10.188	-23,5%
Bilanzanalytische Passiva	79.058	100,0%	87.956	100,0%	-8.898	-10,1%

6.1.2.4 Bilanzanalyse als Kennzahlenrechnung

6.1.2.4.1 Bedeutung von Kennzahlen

Begriffliche Abgrenzung betrieblicher Kennzahlen

Das zentrale Instrument zur Auswertung der gesammelten Informationen und der im Jahresabschluss zusammengestellten Daten ist die Bildung von Kennzahlen. Die bilanzanalytische Literatur enthält eine Fülle von Kennzahlendefinitionen. Aus der umfangreichen Diskussion zum „Wesen der Kennzahlen" ergeben sich für die begriffliche Abgrenzung betrieblicher Kennzahlen folgende Ansatzpunkte:

- Kennzahlen stellen einen betrieblichen Sachverhalt zahlenmäßig dar. Sie können dadurch nur das abbilden, was messbar und quantifizierbar ist. Daraus ergibt sich, dass alle Zahlen, d.h. auch absolute Zahlen, für die Kennzahlenbildung herangezogen werden.

- Kennzahlen sollen in konzentrierter Form über einen bestimmten Sachverhalt berichten. Die Informationsreduktion ist dabei gewünscht, kann jedoch auch Nachteile bergen. Es ist ein Kompromiss zu suchen zwischen notwendiger Reduktion und ausreichender Aussagekraft.
- Kennzahlen sollten für betriebliche Zwecke eingesetzt werden. Damit gehören zu den betrieblichen Kennzahlen auch solche Zahlen, die marktübliche Gegebenheiten abbilden, sofern diese für den Betrieb von Bedeutung sind.[496]

Kennzahlen, die aus Jahresabschüssen abgeleitet werden, erlauben Feststellungen über die wirtschaftliche Lage und Entwicklung eines Unternehmens als Ganzes und liefern in komprimierter Form (mehr oder weniger prägnante) Einsichten in Teilbereiche eines Unternehmens. Sie vermitteln ein Bild der Situation, lassen Interdependenzen erkennen und decken Schwächen und Stärken eines Unternehmens im Zeit- und Betriebsvergleich auf.

Hinweis

Kennzahlen stellen eine Momentaufnahme dar, deren Aussagewert zeitgebunden ist. Soweit sie aus der Bilanz gewonnen werden, beziehen sie sich lediglich auf die Situation am Bilanzstichtag. Werden Zahlen aus der GuV zugrunde gelegt, betreffen sie den Zeitraum der Abrechnungsperiode. In der Zeit zwischen Bilanzstichtag und Bilanzauswertung können sie sich bereits verändert haben. Eine weitere Einschränkung ihres Wertes als Instrument der Bilanzanalyse liegt darin, dass mit Hilfe von Kennzahlen nur solche Sachverhalte beurteilt werden können, die sich quantifizieren lassen.

Kennzahlen sind unnütz, wenn nicht quantifizierbare Informationen in Zahlen gepresst werden und wenn Denkarbeit durch Kennzahlen ersetzt werden soll. Dies kann zu Fehldeutungen, zu vereinfachten Darstellungen und zu falschen Interpretationen führen.

Trotz dieser Einschränkungen sind Kennzahlen ein durchaus geeignetes Mittel zur Untersuchung von Unternehmen und der Bildung von Urteilen.

Kern der Bilanzanalyse

Die Auswahl, die Ermittlung und der Vergleich von Kennzahlen stellen den Kern der Bilanzanalyse dar. In der praktischen Umsetzung besteht die Kunst der Bilanzanalyse darin, die jeweils zweckmäßigen Kennzahlen auszuwählen und richtig zu interpretieren. Die mit Hilfe von Kennzahlen gewonnenen Erkenntnisse werden durch zusätzliche Informationen und insbesondere durch die qualitative Analyse der Bilanzpolitik ergänzt und abgerundet.

6.1.2.4.2 Arten von Kennzahlen

Bei der Kennzahlenbildung ist zwischen absoluten und relativen Kennzahlen zu unterscheiden:

---

[496] Hierzu Peemöller, Bilanzanalyse und Bilanzpolitik, 3. Aufl. 2003, S. 237.

Absolute Kennzahlen

Absolute Kennzahlen sind Mengen- und Wertgrößen wie Einzelzahlen (z.B. Kassenbestand), Summen (z.B. Bilanzsumme), Differenzen (z.B. Jahresüberschuss) und Mittelwerte (z.B. durchschnittlicher Lagerbestand). Sie lassen sich z.B. zur Beurteilung eines Unternehmens im Zeitablauf oder zur Kennzeichnung der Größe eines Unternehmens heranziehen, wie dies in § 267 Abs. 1 und Abs. 2 HGB geschieht. Indes sind absolute Kennzahlen wie der Jahresüberschuss, der Umsatz oder die Bilanzsumme eines Unternehmens als alleinige Information unzureichend bzw. ergänzungsbedürftig. So sagt die absolute Zahl „Jahresüberschuss" eines Unternehmens nichts über die Ertragslage des Unternehmens aus, weil dem Bilanzanalytiker mit dieser Kennzahl allein nicht bekannt ist, mit welchem Ressourceneinsatz dieser Jahresüberschuss erwirtschaftet wurde. Der absolute Jahreserfolg sagt nichts darüber aus, ob er mit viel oder wenig (Eigen-)Kapital, mit vielen oder wenigen Mitarbeitern sowie mit viel oder wenig Umsatz erwirtschaftet wurde. Einer betriebswirtschaftlichen Beurteilung zugänglich wird eine absolute Zahl erst dann, wenn sie bspw. zu einer anderen absoluten Zahl in Beziehung gesetzt wird.

Relative Kennzahlen

Relative Kennzahlen werden als Verhältniszahlen bezeichnet. Verhältniszahlen sind relative Größen, bei denen absolute Zahlen zueinander in Beziehung gesetzt werden, zwischen denen ein sachlicher Zusammenhang besteht. Verhältniszahlen werden auf einen bestimmten Informationsbedarf über die wirtschaftlichen Verhältnisse eines Unternehmens hin nach sachlogischen Kriterien aus den Daten des Erfassungsschemas für Bilanz und GuV gebildet.[497]

6.1.2.4.3 Interpretation der Erkenntnisse der Teilanalysen mit Hilfe von Vergleichsmaßstäben

Teilanalyse

Die Partial- oder Teilanalyse stellt die Untersuchung eines Jahresabschlusses nach den beschriebenen unterschiedlichen Fragestellungen dar. Es wird versucht, nacheinander Erkenntnisse über die Ertragslage zur Einschätzung der Ertragskraft zu gewinnen und dann die Liquidität und Solidität der Finanzierung zu beurteilen. Diese Vorgehensweise erlaubt es, intensiv in die einzelnen Problembereiche einzudringen, ohne von der Vielfalt der Zusammenhänge und Interdependenzen gestört zu werden. Sie ist notwendig, weil das Instrumentarium, welches zur Urteilserlangung eingesetzt wird, von der jeweiligen Fragestellung abhängig und je nach Analyseziel variabel ist. Zur Durchführung solcher Teilanalysen stehen verschiedene Methoden zur Verfügung, die nachfolgend dargestellt werden:

Statische Bilanzanalyse

Ausgangspunkt einer jeden Bilanzuntersuchung ist die Betrachtung des Jahresabschlusses eines Unternehmens. Es handelt sich um eine sog. statische Bilanzanalyse, weil in sie nur Größen einbezogen werden, die sich auf den gleichen Zeitpunkt oder auf den gleichen Zeitraum beziehen. Dieser Arbeitsschritt bildet die Vorstufe für sämtliche weiteren Maßnahmen im Rahmen der Bilanzanalyse.

Durch die Betrachtung nur eines einzelnen Abschlusses gelangt man allerdings noch nicht zu einem Urteil. Allenfalls kann man gewisse Auffälligkeiten herausstellen. Typische Auffälligkeiten können etwa eine ungewöhnliche Höhe eines einzelnen Postens oder eine unübliche Zusammensetzung der Aktiva und/oder Passiva sein. Beson-

---

[497] Hierzu ausführlich Baetge/Kirsch/Thiele, Bilanzanalyse, 2. Aufl. 2004, S. 147ff.

derheiten lassen sich möglicherweise finden im Verhältnis der Anlagezugänge zu den Abschreibungen, von langfristigem Kapital zum Gesamtkapital, des Bestandes an fertigen Erzeugnissen zum Umsatz etc.

Eine statische Analyse reicht zur Urteilsfindung allerdings nicht aus. Beschränkt man sich auf nur einen einzelnen Abschluss, so können Veränderungen nicht erfasst werden. Damit fehlt eine wichtige Erkenntnisquelle. Es fehlt das Maß, an dem die Höhe der einzelnen Bilanzposten und die einzelnen Kennzahlen gemessen werden können. Zur Erlangung eines Urteils im Sinne von gut oder schlecht bzw. besser oder schlechter bedarf es eines Vergleichs- bzw. Beurteilungsmaßstabs. Die Bilanzanalyse beinhaltet aber immer explizit oder implizit einen Vergleichsvorgang. In Frage kommen hier:

[1] Zeit- bzw. Entwicklungsvergleiche,

[2] Betriebs- oder Branchenvergleiche und

[3] Soll-Ist-Vergleiche.

Zu **[1] Zeit- bzw. Entwicklungsvergleich**

Hier werden Größen verglichen, die sich auf unterschiedliche Zeitpunkte bzw. Zeitperioden beziehen. Werte des aktuellen Jahresabschlusses werden mit denen der Vorjahresabschlüsse verglichen. Aufgrund dieses Vergleichs werden Vorgänge im Zeitablauf sichtbar und Entwicklungstendenzen deutlich, die es zu analysieren und interpretieren gilt.

Einblick in die strukturelle Entwicklung

Mit Hilfe eines solchen Zeitvergleichs wird versucht, die Entwicklung eines Unternehmens im abgelaufenen Geschäftsjahr oder über längere Zeiträume zu erkennen. Der Zeitvergleich ermöglicht damit einen Einblick in die strukturelle Entwicklung eines Unternehmens. Voraussetzung für den Periodenvergleich ist die Vergleichbarkeit der Abschlüsse. Daraus folgt:

- Das Datenmaterial der verschiedenen Zeiträume muss nach den gleichen Grundsätzen aufbereitet werden, bevor durch die Kombination von Einzeldaten Kennzahlen gebildet werden. Nur dann ist eine Analyse der Veränderungen möglich und sinnvoll, weil nur dann die Kennzahlen wirklich vergleichbar sind.
- Die aus den Jahresabschlüssen gewonnenen Grunddaten für die verschiedenen Zeitpunkte müssen inhaltlich vergleichbar sein. Ist das nicht der Fall, können sich von Abschluss zu Abschluss Änderungen ergeben, die einen Kennzahlenvergleich mit früheren Perioden erschweren oder unmöglich machen.

Diese Änderungen können ihre Ursache darin haben, dass das bilanzierende Unternehmen den Ermessensspielraum, über den Umfang der gesetzlichen Mindestanforderungen hinaus zu publizieren, im Zeitablauf unterschiedlich ausnutzt. So kann es vorkommen, dass die einzelnen Posten der GuV oder der Bilanz in verschiedenen Jahresabschlüssen unterschiedlich stark untergliedert sind. Auch die in Presseveröffentlichungen oder auf Hauptversammlungen gegebenen Zusatzinformationen können unterschiedlich umfangreich sein, was ebenfalls Einfluss auf die Interpretation der Kennzahlen haben kann.

Weitere Änderungen der Grundmaterials können aus den Änderungen gesetzlicher Vorschriften oder aus dem Übergang zu einem anderen Rechnungslegungssystem resultieren.

Zu [2] Betriebs- oder Branchenvergleich

Zustandsvergleich und Vergleich der Entwicklung

Im Falle des Betriebsvergleichs werden die aus den Daten der Jahresabschlüsse des betrachteten Unternehmens gewonnenen Kennzahlen mit denen eines anderen Unternehmens verglichen. Das eine Unternehmen wird am anderen gemessen, damit auf diese Weise eine Beurteilungsgrundlage gewonnen wird. Der Betriebsvergleich kann sowohl als Zustandsvergleich als auch als Vergleich der Entwicklung verschiedener Unternehmen betrieben werden.

Wenn es gelingt, vergleichbare Unternehmen zu finden, kann ein solcher Betriebsvergleich zu wichtigen Erkenntnissen führen. Hierdurch können bestimmte auffällige Entwicklungen im betrachteten Unternehmen aufgedeckt werden. Außerdem können konjunkturelle, saisonale oder allgemeinwirtschaftliche Schwankungen analysiert werden. Die Problematik des Betriebsvergleichs liegt jedoch darin, dass es oftmals nicht einfach ist, dem zu analysierenden Unternehmen ein tatsächlich vergleichbares Unternehmen gegenüberzustellen. Unterschiedliche Produktionsprogramme, Betriebsgrößen, Rechtsformen, Standorte und die unterschiedliche Bereitwilligkeit der Unternehmensleitung, über die gesetzlichen Mindestanforderungen hinaus Informationen zu veröffentlichen, können den Betriebsvergleich erheblich stören. Die Vergleichbarkeit der Erfolgsrechnung ist aufgrund der unterschiedlichen Anwendung von GKV und UKV oftmals nicht möglich:

- Eine Überleitung von UKV zu GKV (und umgekehrt) ist selbst unter Berücksichtigung von Anhangangaben nicht möglich.
- Selbst bei Anwendung des UKV ist aufgrund unterschiedlicher Schlüsselungen der Kostenumlagen keine einheitliche Darstellung der Posteninhalte gewährleistet.

Zum Teil können diese Störfaktoren eliminiert werden, indem der Kreis der Vergleichsobjekte entsprechend abgegrenzt wird.

Branchendurchschittswerte

Als Beurteilungsmaßstab werden oftmals auch Branchendurchschnittswerte verwendet (Branchenvergleich). Allerdings enthält ein solcher Branchendurchschnitt Daten aller vergleichbaren Betriebe, also auch der unwirtschaftlich arbeitenden. Ein derartiger Vergleich liefert Orientierungspunkte dafür, wie sich das betrachtete Unternehmen im Verhältnis zu den Konkurrenten in der Branche darstellt.

Zu [3] Soll-Ist-Vergleich

Sollgrößen als Beurteilungsmaßstab

Bei dieser Methode bilden gewissen Soll- oder Normgrößen den Maßstab zur Beurteilung eines Unternehmens. Dem Soll-Ist-Vergleich liegt der Gedanke zugrunde, dass ein Unternehmen bestimmte Kennzahlenwerte erreichen sollte. Das Problem eines solchen Beurteilungsmaßstabs besteht darin, die Soll-Werte der Kennzahlen auf begründete Art und Weise zu bestimmen. Theoretisch können Soll-Werte für bestimmte Kennzahlen nicht begründet werden. Der Rückgriff auf empirisch ermittelte Werte ist problematisch, da sich erstens die Frage der Vergleichbarkeit der Unternehmen stellt und zweitens die Gefahr besteht, auch unwirtschaftlich arbeitende Unternehmen im Datenbestand zu erfassen.

Die Praxis der Bilanzanalyse misst Soll-Werten in bestimmten Teilbereichen eine gewisse Bedeutung zu:

- In der finanzwirtschaftlichen Bilanzanalyse hat die Unternehmenspraxis die sog. „Finanzierungsregeln" zu Normgrößen erhoben, an denen Unternehmen gemessen werden.
- Ferner können bei der Beurteilung von Kapitalrentabilitäten langfristig ermittelte Kapitalmarktdaten die Funktion einer Soll- oder Richtziffer übernehmen.

Hinweis

Die angeführten Beurteilungsmaßstäbe schließen sich gegenseitig nicht aus. Vielmehr wird der Analytiker versuchen, möglichst mehrere, unterschiedliche Maßstäbe heranzuziehen und in seine Beurteilung und Würdigung der Kennzahlen einfließen lassen. Je nach Art der zu beleuchtenden Frage wird die statische Analyse durch einen Entwicklungsvergleich und – soweit möglich – auch durch einen Branchenvergleich oder durch den Vergleich mit den Ergebnissen der Jahresabschlüsse der Konkurrenten ergänzt. Mindestens der Entwicklungsvergleich über zwei Jahre hinaus ist stets möglich, denn in den veröffentlichten Jahresabschlüssen müssen die Unternehmen jeweils die entsprechenden Daten des Vorjahres mit angeben. Die Analyse ist umso aufschlussreicher, je länger der Beobachtungszeitraum ist. Eine Bilanzanalyse, die Anspruch auf Gründlichkeit stellt und wichtige Entscheidungen untermauern soll, müsste etwa fünf aufeinanderfolgende Jahresabschlüsse einbeziehen.

6.1.3 Grenzen der Jahresabschlussanalyse

Die Gründe für die Unzulänglichkeiten und Probleme der externen Bilanzanalyse sind vielfältig:

[1] Die zur Verfügung stehenden Informationsquellen sind unvollständig. Bilanz und GuV liefern nur quantitative Informationen. Wesentliche qualitative Aspekte, die für eine Unternehmensbeurteilung erforderlich wären, kennt der externe Analyst oft nicht. Die Qualität des Managements und der Mitarbeiter, das Image des Unternehmens, die Qualität und die technologische Reife der Produkte, die Stärke der Konkurrenz auf den Absatzmärkten, das technologische und organisatorische Know-how sind wichtige Einflussgrößen für den zukünftigen Erfolg eines Unternehmens, deren Wirkung ein außenstehender Beobachter kaum einzuschätzen vermag. Desgleichen fehlen u.a. genauere Kenntnisse über vorhandene Kreditreserven und den realen Wert immaterieller Vermögensgegenstände.

[2] Die Zahlen des veröffentlichten Jahresabschlusses sind keine eindeutig definierten Größen. Bilanzierungs- und Bewertungsvorschriften und -wahlrechte erzwingen oder ermöglichen den Ansatz der Vermögensgegenstände oft zu unrealistischen Werten. Als Beispiel sei die Möglichkeit zur Bildung stiller Reserven infolge der Aktivierung auf Basis der Anschaffungs- oder Herstellungskosten (Verzicht auf die Berechnung der angemessenen Teile der Verwaltungs-, Material- und Fertigungsgemeinkosten bei der Aktivierung von Eigenleistungen sowie Halb- und Fertigerzeugnissen) genannt, Bilanzierung selbst geschaffener immaterieller Vermögensgegenstände des Anlagevermögens mit den Entwicklungskosten oder die Ausnutzung von Bewertungsspielräumen infolge notwendiger Schätzungen bei der Bemessung von Rückstellungen.

[3] Die Wertansätze orientierten sich bis zur Neuregelung durch das BilMoG häufig an steuerrechtlichen Vorschriften, die sich in der Praxis als Umkehrung des Maßgeblichkeitsprinzips auf die Handelsbilanz ausgewirkt haben. Mit der Neuregelung des HGB durch das BilMoG ist jedoch die umgekehrte Maßgeblichkeit abgeschafft worden, so dass dieser Kritikpunkt per se nur noch auf Jahresabschlüsse zutrifft, die im Rahmen der Übergangsregelungen von Art. 67 EGHGB Sonderposten mit Rücklageanteil enthalten.

[4] Jahresabschlüsse sind vergangenheitsorientiert. Ihre Daten beziehen sich auf einen abgeschlossenen, vergangenen Zeitraum, der ein Jahr umfasst. Zur Beurteilung eines Unternehmens interessieren jedoch Informationen, die Schlüsse auf die Zukunft zulassen. Aussagen über die künftige Entwicklung des Unternehmens sind nur unter der Annahme möglich, dass eine in der Vergangenheit sichtbare Tendenz in die Zukunft übertragen werden kann.

[5] Die Informationen des Jahresabschlusses sind i.d.R. erst eine geraume Zeit nach dem Bilanzstichtag verfügbar und damit zum Analysezeitpunkt oft schon überholt.

[6] Hinzu kommen die Schwierigkeiten, die sich aus der Unvollkommenheit aller Bilanzen ohnehin ergeben. So enthalten Bilanzen z.B. keine Aussagen über unterlassene Rückstellungen für Instandhaltungen, die nach Ablauf von drei Monaten im folgenden Geschäftsjahr ausgeführt werden oder für Auftragsbestände des Unternehmens, usw.

„Hauch" von Spekulation

Diese Probleme und Schwierigkeiten führen dazu, dass den Informationen aus Jahresabschlüssen enge Grenzen gesetzt sind und den möglichen Aussagen immer ein „Hauch von Spekulation" anhaftet. Insofern kann die Bilanzanalyse nur einen Teil der für die Unternehmensbeurteilung notwendigen Erkenntnisse und Fakten liefern.

Komponente zur Einschätzung der wirtschaftlichen Situation

Trotz dieser Bedenken und Schwierigkeiten kann man jedoch bei der Unternehmensbeurteilung nicht auf die Bilanzanalyse verzichten. Sie stellte eine wichtige Komponente für die Einschätzung der wirtschaftlichen Situation eines Unternehmens dar.

Hinweis

Mit der Bilanzanalyse kann häufig kein sicheres und endgültiges Urteil über das betrachtete Unternehmen gefällt werden. Es geht vielmehr darum, Entwicklungstendenzen – insbesondere Fehlerentwicklungen – und Auffälligkeiten zu erkennen.

Sofern man die dargestellten Grenzen im Auge behält, sich der Möglichkeit von falschen Interpretationen und Fehlurteilen bewusst ist und die gewonnenen Erkenntnisse und Aussagen mit der gebotenen Vorsicht formuliert und wertet, kann das bilanzanalytische Instrumentarium eine wichtige Hilfe für die Beurteilung und Einschätzung von Unternehmen sein.

6.2 Finanzwirtschaftliche Jahresabschlussanalyse

6.2.1 Analyseziele

Erkenntnisziel

Erkenntnisziel finanzwirtschaftlicher Untersuchungen des Jahresabschlusses ist die Gewinnung von Informationen über

- die Kapitalverwendung,
- die Kapitalaufbringung, und
- das Verhältnis beider zueinander.

Betrachtungsgrundlage

Grundlage der Betrachtung ist zunächst die Bilanz selbst. Es werden später aber auch einige Posten der GuV heranzuziehen sein.

Liquidität

Für alle am Unternehmen interessierten Gruppen ist die Antwort auf die Frage nach der Liquidität (als Stromgröße) – d.h. die Fähigkeit des Unternehmens, zu jedem Zeitpunkt die fälligen Zahlungsverpflichtungen erfüllen zu können – [498], ein besonders wichtiges Ziel der Bilanzanalyse.

Die aktuellen und potenziellen Gläubiger des Unternehmens, Lieferanten, Kunden und Arbeitnehmer wollen die Sicherheit ihrer Forderungen aus Kreditgeschäften, Lieferungen, Leistungen, Warenbestellungen und Arbeitsverhältnissen prüfen. Sie müssen das Risiko der Nichterfüllung, also mögliche Verluste aus Gründen der Illiquidität, kennen.

Gewährleistung der Zahlungsfähigkeit

Darüber hinaus ist die Beantwortung dieser Frage insofern für alle Gläubiger, einschließlich der Unternehmensleitung, der Anteilseigner und der interessierten Öffentlichkeit, von herausragender Bedeutung, als die Illiquidität, also die Zahlungsunfähigkeit, zum Konkurs und damit zum Ende des Unternehmens führt. Der Jahresabschluss wird folglich nach Informationen zu durchforsten sein, die Hinweise auf die Gewährleistung der ständigen Zahlungsfähigkeit und damit auf die Existenzsicherung des Unternehmens liefern.

Dabei sind kurz- und langfristige Aspekte zu beachten:

Kurzfristige Aspekte

Kurzfristig ist zu untersuchen, ob das Unternehmen die bereits eingegangenen Verpflichtungen und die Zahlungen aus bevorstehenden Neuverschuldungen aufgrund von Kreditaufnahmen und Warenlieferungen unter Berücksichtigung der laufenden Zahlungen für Steuern, Löhne etc. erfüllen kann. An einer derartigen Sicht sind insbesondere Lieferanten und die Geber kurzfristiger Darlehen interessiert. In diesem Zusammenhang werden die kurzfristig fälligen Schulden mit den kurzfristigen Forderungen und den Kassen- und Bankbeständen verglichen. Auch die Liquidierbarkeit des Vermögens, d.h. die Möglichkeit, die Vermögensteile eines Unternehmens im Rahmen des normalen Geschäftsverkehrs

---

[498] Die Liquidität wird sowohl bestands- als auch als stromgrößenorientiert definiert. Die bestandsorientierte Auffassung geht von der Bilanz aus und definiert Liquidität als positiven Zahlungsmittelbestand, als Liquidierbarkeit einzelner Vermögensgegenstände oder als Ausprägung der Liquiditätsgrade. Allerdings ist es naheliegend, dass rein bestandsorientierte Ansätze ungeeignet sein dürften, ein Phänomen zu beschreiben, das von Natur aus „flüssig" ist. Hierzu ausführlich Peemöller, Bilanzanalyse und Bilanzpolitik, 3. Aufl. 2003, S. 215.

mehr oder weniger schnell „verflüssigen" zu können, um fälligen Zahlungsverpflichtungen nachzukommen, ist hier von Bedeutung. Insofern sind Fragen der Vermögensstruktur angesprochen. Soweit möglich, sind auch Überlegungen zur potenziellen Liquidität anzustellen, d.h. es ist zu prüfen, ob möglicherweise noch Zahlungsmittel aus nicht abgeschöpften Kreditlinien bei Kreditinstituten, von verbundenen Unternehmen oder aus anderen Quellen beschafft werden können. In dieser Hinsicht ist der Jahresabschluss nicht sonderlich aussagekräftig, weil er die Liquiditätslage lediglich zu einem Zeitpunkt – dem Bilanzstichtag – widerspiegelt und außerdem zwischen dem Bilanzstichtag und dem Analysezeitpunkt regelmäßig ein längerer Zeitraum liegt. In diesem Zeitraum kann sich die Situation zwar wesentlich verändert haben, dennoch können einige Anhaltspunkte gewonnen und einige Aussagen getroffen werden.

Langfristige Aspekte

Während die Analyse der kurzfristigen Liquiditätssituation darauf abstellt, die Verbindlichkeiten des Unternehmens mit dem kurzfristig realisierbaren „Schuldendeckungspotential" zu vergleichen, kommen für langfristige Betrachtungen weitere Gesichtspunkte hinzu. Die Liquiditätsüberlegung leitet dann in die Frage der Finanzierungspolitik als Teil der Unternehmenspolitik über. Damit ist zunächst die Kapitalstruktur – d.h. der Anteil des Eigenkapitals bzw. des Fremdkapitals am Gesamtkapital – angesprochen. Es ist zu prüfen, ob die Ausstattung mit Eigenkapital auf lange Sicht den Grundsätzen der Risikoentsprechung, der Dispositionsfreiheit, der Anpassungsfähigkeit an Beschäftigungsänderungen und den Haftungsaspekten entspricht. Bezüglich des Fremdkapitals ist zu untersuchen, in welchem Maße die dem Unternehmen überlassenen Mittel langfristig zur Verfügung stehen bzw. mit kurzfristigen Rückzahlungen und mit Abhängigkeiten vom Kapitalmarkt zu rechnen ist.

6.2.2 Analyse der Vermögenslage

6.2.2.1 Vermögensstrukturanalyse

6.2.2.1.1 Ziele der Vermögensstrukturanalyse

Art, Zusammensetzung und Dauer der Bindung

Die Vermögensstruktur wird analysiert, um Vorstellungen von der Art und Zusammensetzung des Vermögens sowie über die Dauer der Bindung des Vermögens im Unternehmen zu erlangen. Dabei wird zunächst zwischen Anlage- und Umlaufvermögen unterschieden. Die Investition von Kapital in Anlage- und in Umlaufvermögen bedeutet für das Unternehmen ein mehr oder weniger großes Risiko: Produktionsanlagen können veralten oder überdimensioniert sein, Vorräte können Ladenhüter und Debitoren uneinbringliche Forderungen enthalten. Grundsätzlich gilt es festzustellen, mit welcher Geschwindigkeit die Vermögensteile durch den Umsatzprozess wieder zu Geld werden. Das ist für den Kapitalbedarf und damit bei gegebener Kapitalstruktur für die finanzielle Stabilität von entscheidender Bedeutung. Aus zu langen Kapitalbindungen folgen Unflexibilitäten. Insolvenzfälle haben ihre Ursache oftmals in überhöhten, nicht absetzbaren Warenlagern oder in zu groß ausgelegten Produktionskapazitäten. Das Vermögen des Unternehmens stellt sein Schuldendeckungspotential dar, die Kurzfristigkeit seiner Monetarisierbarkeit erhöht das Liquiditätspotential und verringert die Gefahr der Illiquidität.

Nachfolgend werden die, wichtigsten im Rahmen der Vermögensstrukturanalyse zu ermittelnden Kennzahlen dargestellt.

6.2.2.1.2 Vermögensintensitäten

Zunächst ist der Anteil des Anlagevermögens und des Umlaufvermögens am Gesamtvermögen zu ermitteln:

$$Anlageintensität = \frac{Anlagevermögen}{Gesamtvermögen} \text{ x } 100$$

$$Arbeitsintensität = \frac{Umlaufvermögen}{Gesamtvermögen} \text{ x } 100$$

Anlagen- und Arbeitsintensität

Die Kennzahlen Anlage- und Arbeitsintensität sind wichtige Indikatoren für die Stabilität bzw. Flexibilität eines Unternehmens: Je kleiner der Anteil des Anlagevermögens bzw. je größer der Anteil des Umlaufvermögens ist, desto größer ist die Liquidität des Unternehmens. Generell gelten folgenden Vermutungen:

- ein hohes, sich schnell umschlagendes Umlaufvermögen setzt kontinuierlich Liquidität frei, über die kurzfristig wieder verfügt werden kann;
- mit der Kurzfristigkeit der Vermögensbindung sinkt der Fixkostenanteil, und damit – je nach Finanzierung – auch die Belastung mit fixen Zahlungsverpflichtungen;
- ein kleiner Anteil des Anlagevermögens deutet auf eine gute Kapazitätsnutzung hin, die wiederum über den Umsatzprozess zu Liquiditätszuflüssen führt.

Branchenvergleich

Ein hohes Anlagevermögen muss jedoch nicht zwangsläufig negativ sein, wenn die Branche allgemein anlagenintensiv ist. Eine geringe Anlagenintensität muss nicht unbedingt positiv sein, da dies auch auf veraltete Anlagen zurückzuführen sein kann. Es existieren außerdem keine verlässlichen Soll-Strukturen für die Anlagenintensität, so dass nur Branchenvergleiche sinnvoll sein können.

6.2.2.1.3 Umschlagskoeffizienten

Weitere Erkenntnisse können durch Umschlagskoeffizienten und Umsatzrelationen erlangt werden:

$$Umschlagshäufigkeit\ des\ Gesamtvermögens = \frac{Umsatz}{Ø\ Gesamtvermögen} \text{ x } 100\text{, mit}$$

Ø Gesamtvermögen = (Gesamtvermögen 31.12.t1 + Gesamtvermögen 31.12.t2) / 2

Liquiditätsbelastung aus überhöhten Aktiva

Diese Kennzahl kann Gefahren und Liquiditätsbelastungen aus überhöhten Aktiva signalisieren. Sie gibt an, wie oft das eingesetzte Vermögen im Geschäftsjahr „verflüssigt" wurde. Die Häufigkeit des Vermögensumschlags hängt davon ab, ob es sich um ein Produktionsunternehmen oder um einen Handelsbetrieb handelt. Im Produktionsunternehmen ist der Kapitalumschlag tendenziell geringer als im Groß- und Einzelhandel, weil in den Unternehmen der zuletzt genannten Art weniger Anlagevermögen benötigt wird. Um zu einer Aussage zu gelangen, ist es notwendig, die betriebliche Kennzahl mit entsprechenden Branchenwerten zu vergleichen. Wird dabei festgestellt, dass der Kapitalumschlag des zu analysierenden Unternehmens aus der Normalzone der Branche herausfällt oder sich erheblich von den Vergleichsunternehmen unterscheidet, müssen die Ursachen erforscht werden. Hierfür sind betriebsinterne Informationen notwendig. Zu prüfen ist, ob möglicherweise die Anlagenkapazität, das Warenlager oder die Außenstände des Unternehmens zu hoch sind.

Ermittlung weiterer Umschlagskoeffizienten

Der Vermögensumschlag sollte durch die Ermittlung weiterer Umschlagskoeffizienten ergänzt werden. Sämtliche Umschlagskoeffizienten sind Kennzahlen, die gebildet werden, indem Bestandsgrößen mit den damit zusammenhängenden Stromgrößen ins Verhältnis gesetzt werden. Sie sollen zeigen, in welcher Zeit ein bestimmter Vermögensposten im normalen Geschäftsverlauf wieder in Geld umgewandelt wird. Als Bestandsgrößen werden verschiedene Vermögensposten herangezogen und den entsprechenden Abgängen oder dem Umsatz in der Periode als Stromgröße gegenübergestellt.

Umschlagskoeffizienten können in zweifacher Weise gebildet werden:

- Die Umschlagshäufigkeit gibt an, wie oft ein Vermögensposten durch eine entsprechende Umsatzbewegung in einer Periode umgeschlagen wird.
- Die Umschlagsdauer eines Vermögenspostens wird in Tagen ermittelt. Sie gibt an, wie lange ein Vermögensposten im Umsatzprozess gebunden ist. Die Umschlagsdauer (in Tagen) ist der durchschnittliche Bestand der Periode multipliziert mit 365 Tagen in Relation zum Abgang in der Periode.

Kapitalbedarf und Liquiditätspotential

Je höher die Umschlagshäufigkeit bzw. je geringer die Umschlagsdauer von Vermögensposten ist, desto geringer ist der erforderliche Kapitalbedarf und desto höher ist das Liquiditätspotential des Unternehmens. Eine hohe Umschlagshäufigkeit und eine geringe Umschlagsdauer sollen auf eine hohe Liquidierbarkeit hinweisen. Schnell liquidierbare Vermögensteile können notfalls zur Deckung von Liquiditätslücken herangezogen werden.

Folgende Kennzahlen werden üblicherweise gebildet:

$$Umschlagsdauer\ des\ Vorratsvermögens = \frac{Ø\ Bestand\ an\ Vorräten}{Umsatzerlöse} \text{ x } 365$$

$$Sachanlagenbindung = \frac{Sachanlagevermögen}{Umsatzerlöse} \text{ x } 100$$

Sachanlagenbindung

Die Sachanlagenbindung bildet analog zum Kapitalumschlag ab, wie oft das Anlagevermögen durch den Umsatz „umgeschlagen" wird. Sie ist ein Indikator für die Effizienz des Gebrauchs des Anlagevermögens. Je kürzer die Sachanlagenbindung, desto besser ist dies zu beurteilen. Diese Kennzahl sollte aber nicht alleine betrachtet werden, denn Umsatz generiert nicht automatisch auch Gewinn. Des Weiteren ist zu beachten, dass Dienstleistungsunternehmen ein relativ niedriges Anlagevermögen haben und deshalb größere Schwankungen bei dieser Kennzahl auftreten können.

Umschlagdauer

Die Umschlagdauer gibt an, wie lange die Vorräte und das zu ihrer Finanzierung erforderliche Kapital durchschnittlich im Unternehmen gebunden sind. Eine geringere Umschlagsdauer lässt den Schluss zu, dass das Unternehmen in der Lage ist, Anspannungen der Liquiditätslage durch den laufenden Umsatzprozess zu mildern.

Kundenziel

Die Umschlagsdauer der Forderungen aus Lieferungen und Leistungen findet im Kundenziel Ausdruck:

$$Kundenziel = \frac{\varnothing\ Bestand\ an\ Forderungen\ LuL}{Umsatzerlöse} \text{ x } 365$$

Um zu einer aussagekräftigen Kennzahl zu gelangen, werden die durchschnittlichen Forderungsbestände des Geschäftsjahres verwendet. Aus der Kennzahl lassen sich Rückschlüsse auf das Zahlungsverhalten der Kunden und darauf ziehen, wie lange es dauert, bis die Umsatzerlöse liquiditätswirksam werden. Ein langes Kundenziel kann andeuten, dass das Unternehmen im Fallen von Liquiditätsengpässen durch die Gewährung von Skonti und eine Intensivierung des Mahnwesens zu Zahlungsmitteln kommen kann. Eine Verkürzung des Kundenziels deutet darauf hin, dass das Unternehmen einem wachsenden Kapitalbedarf oder einer nicht gedeckten Kapitalbedarfsspitze durch Verfrühung der Einzahlungszeitpunkte zu begegnen versuchte. Demgegenüber bedeutet eine Zunahme des Kundenziels, dass sich das Reaktionspotential des Unternehmens für einen künftig steigenden Kapitalbedarf vergrößert hat.

Gleichzeitig gibt ein langes Kundenziel Anlass zu der Vermutung, dass das betrachtete Unternehmen möglicherweise zum Zwecke der Umsatzausdehnung Kunden schlechterer Bonität und damit größerer Risikoträchtigkeit beliefert hat. Lange Kundenziele sind häufig Ausdruck einer schlechten Zahlungsmoral, die ihrerseits wieder eine Ursache in konjunkturell bedingten Zahlungsschwierigkeiten der Kunden hat. In solchen Fällen sind die Möglichkeiten der Beeinflussung durch das Unternehmen relativ gering.

6.2.2.2 Kapitalstrukturanalyse

6.2.2.2.1 Ziele der Kapitalstrukturanalyse

Art und Dauer des überlassenen Kapitals

Mit der Kapitalstrukturanalyse wird das dem Unternehmen überlassene Kapital nach Art und Dauer betrachtet. Die Hauptziele stellen sich wie folgt dar:

- Abschätzung von Finanzierungsrisiken;
- Erlangung von Informationen über die Kreditwürdigkeit bezüglich der Prolongation und Substitution bestehender Kredite bzw. der Vergabe neuer Kredite;
- Prüfung, ob die Finanzierung des Unternehmens unter Beachtung ganz verschiedener Einflussfaktoren (Liquidität, Rentabilität, Sicherheit, Erhaltung der Dispositionsfreiheit usw.) als angemessen gelten kann.

6.2.2.2.2 Eigenkapital

6.2.2.2.2.1 Eigenkapitalquote

Beurteilung der Sicherheit des Unternehmens

Die Eigenkapitalquote ist eine wichtige Kennzahl zur Beurteilung der Sicherheit des Unternehmens. Zur Berechnung wird das bilanzanalytische Eigenkapital in Relation zum Gesamtkapital gesetzt:

$$Eigenkapitalquote = \frac{Bilanzanalytisches\ Eigenkapital}{Gesamtkapital} \text{ x } 100$$

Die besondere Bedeutung des Eigenkapitals liegt darin, dass es bei Kapitalgesellschaften „unkündbar“ ist und damit dem Unternehmen langfristig zur Verfügung steht. Ein hoher Eigenkapitalanteil garantiert der Unternehmensleitung die Dispositionsfreiheit und weitgehende Unabhängigkeit von Kreditgebern.

Verlustdeckungspotential

Aus Sicht der Gläubiger stellt das Eigenkapital Haftungskapital dar. Die Funktion des Eigenkapitals als Haftungskapital liegt im Folgenden: Zwar ist das in der Bilanz ausgewiesene Eigenkapital nicht mehr in liquider Form vorhanden, sondern in den bilanzierten Vermögensgegenständen gebunden, doch es repräsentiert das bilanzielle Reinvermögen des Unternehmens, also den Teil des Gesamtvermögens, der den Eigentümern nach Abzug aller Schulden verbleibt. Verluste eines Geschäftsjahres führen zu einer Verringerung des ausgewiesenen Eigenkapitals. Sie werden somit zunächst vom Eigenkapital aufgefangen und schlagen erst dann auf das Fremdkapital durch, wenn das Eigenkapital aufgezehrt ist. Je größer das Eigenkapital ist, umso besser sind Gläubiger vor Verlusten geschützt.

Liquiditätsaspekte

Bezüglich der Liquidität ist von Bedeutung, dass das Fremdkapital mit festen Zins- und Tilgungszahlungen belastet ist, die unabhängig vom Erfolg oder der Liquiditätslage gezahlt werden müssen. Die Eigenkapitalgeber hingegen haben keinen juristisch durchsetzbaren Anspruch auf feste Gewinn- oder Dividendenzahlungen. Im Falle von Liquiditätsengpässen ist ein mit hohem Eigenkapital ausgestattetes Unternehmen weniger durch feste Zahlungsverpflichtungen belastet. Es darf allerdings nicht verkannt werden, dass ein Unternehmen auch auf eine regelmäßige Bedienung seiner Gesellschafter und Eigentümer bedacht sein muss, wenn in Zukunft ein Bedarf an zusätzlichem Eigenkapital zu erwarten ist und durch die Gesellschafter bereitgestellt werden soll.

Eine hohe Eigenkapitalquote

- sichert die Dispositionsfreiheit,
- schützt vor Unternehmenszusammenbrüchen in Folge von Überschuldung,
- vermindert das Risiko für die Gläubiger,
- stellte eine gute Grundlage für neue Kreditaufnahmen dar, und
- reduziert die Gefahr kurzfristiger Liquiditätsengpässe.

Finanzierungsgrundsatz der Wirtschaftlichkeit

Andererseits kann das Streben nach einer Finanzierung mit Eigenkapital auch nachteilig sein. Die Eigenfinanzierung gilt infolge der hohen steuerlichen Belastung und des Dividendenanspruchs der Aktionäre als sehr teuer. Im Vergleich mit der Fremdfinanzierung, deren Zinszahlungen Aufwand darstellen und steuermindernd wirken, kann ein hohes Eigenkapital gegen den Finanzierungsgrundsatz der Wirtschaftlichkeit verstoßen.

Unternehmen, die Fremdfinanzierung scheuen und ihren Verschuldungsspielraum nicht ausnutzen, verzichten oftmals auf die Wahrnehmung von Gewinn- und Wachstumschancen sowie notwendige Anpassungen an den technischen Fortschritt. Das kann auf längere Sicht zu ungünstigen Kostenstrukturen und zum Verlust der Wettbewerbsfähigkeit führen. Insofern kann ein hoher Eigenkapitalanteil bei begrenzten Beschaffungsmöglichkeiten von neuen Mitteln und der Verzicht auf die Ausnutzung von Verschuldungsmöglichkeiten ebenso gefährlich sein wie ein zu hoher Fremdkapitalanteil.

Optimale Kapitalstruktur

Damit stellt sich die Frage nach der optimalen bzw. „angemessenen" Kapitalstruktur, also nach dem günstigsten Verhältnis zwischen Eigen- und Fremdkapital. Diese Frage ist jeweils speziell unter Beachtung der besonderen Risiken des Unternehmens, der Gepflogenheiten in der Branche und der gesamten Unternehmenssituation zu beurteilen. Als Faustregel gilt, dass das Eigenkapital etwa ein Drittel des Gesamtkapitals ausmachen sollte. Das Verhältnis von Fremd- zu Eigenkapital sollte daher 2:1 sein. Allerdings ist diese Relation entsprechend den Gegebenheiten des Einzelfalls zu modifizieren.

6.2.2.2.2.2 Eigenkapitalstruktur

Freie Rücklagen

Wie unter Abschn. 5.1. dargestellt, setzt sich das Eigenkapital aus verschiedenen Komponenten zusammen. Frei disponieren kann die Unternehmensleitung nur mit den freien, nicht zweckgebundenen Gewinnrücklagen. Sie dürfen aufgelöst werden, um auch in Zeiten eines Verlustes oder nur niedrigen Jahresüberschüssen Dividendenzahlungen an die Anteilseigner zu ermöglichen. Freie Rücklagen sind somit oftmals ein Instrument zur Ermöglichung einer kontinuierlichen Ausschüttungspolitik.

Rücklagenquote

Zur Beurteilung der Struktur des Eigenkapitals kann die Kennzahl „Rücklagenquote" herangezogen werden:

$$Rücklagenquote = \frac{Summe\ Rücklagen}{Bilanzanalytisches\ Eigenkapital} \text{ x } 100$$

Je höher der Rücklagenanteil ist, desto größer ist der Spielraum der zuständigen Gesellschaftsorgane, über das Eigenkapital zu verfügen und es auszuschütten.[499] Bei Aktiengesellschaften ist allerdings zu beachten, dass für den größten Teil der Kapitalrücklage strenge Verwendungsregeln bestehen.[500]

Vergleich von Eigenkapital mit Eigenkapital

Irreführend ist die Ansicht, dass die Finanzierung umso solider sei, je höher die Rücklagen im Verhältnis zum gezeichneten Kapital sind. Für den Finanzierungsstatus eines Unternehmens ist es unerheblich, wie das Eigenkapital bezeichnet ist. Bei der Verwendung der Relation „Rücklagen zu Gezeichneten Kapital" wird für Finanzierungsbeurteilungen der Fehler gemacht, dass hier Eigenkapital mit Eigenkapital verglichen wird. Interessant ist diese Relation lediglich als Anhaltspunkt für die künftige Ausschüttungspolitik eines Unternehmens.

Selbstfinanzierungsgrad

Nützlich im Zusammenhang mit der Analyse der Rücklagen ist auch die Feststellung des Selbstfinanzierungsgrads:

$$Selbstfinanzierungsgrad = \frac{Gewinnrücklagen}{Gesamtkapital} \text{ x } 100$$

Der Selbstfinanzierungsgrad gibt an, in welchem Maße das Unternehmen in den - vergangenen Jahren in der Lage war, Eigenkapital durch Gewinnthesaurierung zu

---

499 Hierzu ausführlich Baetge/Kirsch/Thiele, Bilanzanalyse, 2. Aufl. 2004, S. 239.

500 Hierzu Roos, DStR 2015, S. 842ff.

bilden. Allerdings ist auch hier wiederum der Teil der Selbstfinanzierung nicht erkennbar, der durch die Bildung stiller Rücklagen entstanden oder infolge einer Kapitalerhöhung aus Gesellschaftsmitteln bereits in das gezeichnete Kapital eingegangen ist.[501]

6.2.2.2.3 Analyse der Fremdkapitalstruktur

6.2.2.2.3.1 Analyse der Verbindlichkeiten

[1] Analyse der Fristigkeit der Verbindlichkeiten

Unternehmensexterne Mittel

Wesentlicher Bestandteil der Kapitalstrukturanalyse sind zum einen die Analyse der Struktur des Eigenkapitals und zum anderen die Analyse der Struktur des Fremdkapitals. Das Fremdkapital wird dem Unternehmen von unternehmensexternen Personen zeitlich begrenzt zur Verfügung gestellt. Es setzt sich zusammen aus Rückstellungen und Verbindlichkeiten. Da das Fremdkapital dem Unternehmen im Gegensatz zum Eigenkapital lediglich befristet zur Verfügung steht, sind genauere Aussagen über die Fristigkeit einzelner Bestandteile des Fremdkapitals besonders wichtig, um die finanzielle Lage des Unternehmens beurteilen zu können.

Restlaufzeit von Verbindlichkeiten

Eine in diesem Zusammenhang wichtige Erläuterungspflicht ist die Angabe der Restlaufzeiten von Verbindlichkeiten. Da die kurzfristigen Verbindlichkeiten besonders bedeutend sind, um die finanzielle Lage eines Unternehmens zu beurteilen, ist gemäß § 268 Abs. 5 HGB der Betrag der Verbindlichkeiten mit einer Restlaufzeit bis zu einem Jahr bei jedem in der Bilanz gesondert ausgewiesenen Verbindlichkeitsposten zu vermerken. Durch diese gesondert ausgewiesenen Verbindlichkeitsposten wird gezeigt, in welchem Ausmaß im kommenden Geschäftsjahr liquide Mittel aus dem Unternehmen abfließen werden.

Zudem ist gemäß § 285 Nr. 1und Nr. 2 HGB im Anhang zu den in der Bilanz ausgewiesenen Verbindlichkeiten zum einen der Betrag der Verbindlichkeiten mit einer Restlaufzeit von mehr als fünf Jahren und zum anderen der Gesamtbetrag der gesicherten Verbindlichkeiten anzugeben. Dabei sind diese Angaben für jeden Posten der Verbindlichkeiten erforderlich, sofern sie sich nicht aus der Bilanz ergeben.

Verbindlichkeitenspiegel

Viele Unternehmen veröffentlichen die gesetzlich geforderten Angaben zur Restlaufzeit der Verbindlichkeiten des Unternehmens auch in Form eines sog. Verbindlichkeitenspiegels. Dieser sollte alle gesetzlich geforderten Angaben und Erläuterungen sowie die freiwillige Angabe der Beträge der Verbindlichkeiten mit einer Restlaufzeit zwischen einem und fünf Jahren enthalten.

Finanzielle Stabilität

Bei der Analyse der Finanzlage eines Unternehmens kann die Struktur der Verbindlichkeiten Aufschluss über die finanzielle Stabilität eines Unternehmens geben. Zu diesem Zweck können Kennzahlen zur Verbindlichkeitsstruktur (je nach Fristigkeit der Restlaufzeit) gebildet werden, die den Anteil der kurz-, mittel- bzw. langfristigen Verbindlichkeiten an den gesamten Verbindlichkeiten angeben. Verbindlichkeiten werden dabei als kurzfristig bezeichnet, wenn sie eine Restlaufzeit von bis zu einem Jahr aufweisen, als mittelfristig bei

[501] Hierzu ausführlich Baetge/Kirsch/Thiele, Bilanzanalyse, 2. Aufl. 2004, S. 237-238.

einer Restlaufzeit zwischen einem Jahr und fünf Jahren sowie als langfristig bei einer Restlaufzeit von mehr als fünf Jahren.

Die Kennzahlen sind wie folgt definiert:

$$Verbindlichkeitsstruktur\ (Grundvariante) = \frac{Verbindlichkeiten\ mit\ bestimmte\ Fristigkeit}{Verbindlichkeiten} \text{ x } 100$$

$$Verbindlichkeitsstruktur\ (kurzfristig) = \frac{Kurzfristige\ Verbindlichkeiten}{Verbindlichkeiten} \text{ x } 100$$

$$Verbindlichkeitsstruktur\ (mittelfristig) = \frac{Mittelfristige\ Verbindlichkeiten}{Verbindlichkeiten} \text{ x } 100$$

$$Verbindlichkeitsstruktur\ (langfristig) = \frac{Langfristige\ Verbindlichkeiten}{Verbindlichkeiten} \text{ x } 100$$

Langfristige Verbindlichkeiten

Rückschlüsse auf die finanzielle Stabilität eines Unternehmens erlauben dabei vor allem die Verbindlichkeitsstruktur (langfristig) und die Verbindlichkeitsstruktur (kurzfristig). So kann ein hoher Anteil der langfristigen Verbindlichkeiten an den gesamten Verbindlichkeiten als ein positives Indiz für die finanzielle Stabilität des Unternehmens interpretiert werden, denn die Gefahr, dass kurzfristig Liquidität abfließt, ist umso geringer, je größer der Anteil der langfristigen Verbindlichkeiten an den gesamten Verbindlichkeiten ist.

Kurzfristige Verbindlichkeiten

Umgekehrt ist die kurzfristige Verbindlichkeitsstruktur so zu interpretieren, dass die finanzielle Stabilität eines Unternehmens umso geringer ist, je höher der Wert der kurzfristigen Verbindlichkeitsstruktur ausfällt, da im kommenden Geschäftsjahr damit zu rechnen ist, dass die gesamten kurzfristigen Verbindlichkeiten abfließen. Das Unternehmen ist in diesem Fall unter sonst gleichen Umständen darauf angewiesen, Kredite zu prolongieren oder neu aufzunehmen, da es ansonsten zu einer Finanzierungslücke kommt.

Mittelfristige Verbindlichkeiten

Die mittelfristige Verbindlichkeitsstruktur erlaubt lediglich vergleichende Aussagen, bei denen sie mit der kurz- oder langfristigen Verbindlichkeitsstruktur verglichen wird. So ist bspw. die Gefahr, dass in naher Zukunft Liquidität abfließt, bei einer hohen mittelfristigen Verbindlichkeitsstruktur geringer als bei einem großen Anteil kurzfristiger Verbindlichkeiten. Indes kann das Unternehmen nicht in dem Maße positiv beurteilt werden wie bei einem entsprechend hohen Anteil langfristiger Verbindlichkeiten an den gesamten Verbindlichkeiten.

Vorteile kurzfristigen Fremdkapitals

Insgesamt kann festgehalten werden, dass die Finanzlage eines Unternehmens als umso stabiler angesehen werden kann, je größer der Anteil der langfristigen Verbindlichkeiten an den gesamten Verbindlichkeiten ist. Indes gibt es durchaus auch Gründe, die für eine Finanzierung mit kurzfristigen Verbindlichkeiten sprechen. So kann es je nach Kapitalverfassung kostengünstiger sein, kurzfristiges Fremdkapital anstelle von langfristigem Fremdkapital aufzunehmen. Darüber hinaus kann eine Finanzierung mit kurzfristigen Mitteln flexibler an den im Zeitablauf schwankenden Kapitalbedarf angepasst werden.

Sachverhaltsgestaltende Maßnahmen

Zudem ist zu beachten, dass die Verbindlichkeitsstruktur auch durch sachverhaltsgestaltende Maßnahmen beeinflusst werden kann. So kann die Fristigkeit von Verbindlichkeiten gegenüber verbundenen Unternehmen, Gesellschaftern oder anderen nahestehenden Personen durch Vertragsgestaltung beeinflusst werden, die dazu führt, dass die kurzfristige Verbindlichkeitsstruktur reduziert wird. Eine weitere sachverhaltsgestaltende Maßnahme ist das Factoring. Hier werden Forderungen verkauft, wodurch dem Unternehmen finanzielle Mittel zufließen, die üblicherweise dazu verwendet werden, Verbindlichkeiten – vor allem kurzfristige Verbindlichkeiten – abzulösen. Bei einem derartigen Vorgehen verringert sich sowohl der Zähler als auch der Nenner der betroffenen Kennzahl zur Verbindlichkeitsstruktur, so dass der Kennzahlenwert insgesamt kleiner wird. Im Fall der Verbindlichkeitsstruktur (kurzfristig) würde dies positiv beurteilt, obwohl die finanzielle Situation des Unternehmens nicht besser ist, zumal in vielen Fällen nur ein bedingtes Factoring realisiert wird, d.h., die Forderungen sind zurückzunehmen, wenn der Schuldner nicht pünktlich zahlt.

[2] Analyse einzelner Bestandteile der Verbindlichkeiten

Disagio

Bei der Bilanzierung der Anleihen, Verbindlichkeiten gegenüber Kreditinstituten sowie der sonstigen Darlehen gegenüber Nichtbanken, besteht gemäß § 250 Abs. 3 HGB für den Fall, dass der Auszahlungsbetrag der Verbindlichkeit kleiner ist als ihr Rückzahlungsbetrag, ein Wahlrecht, den Unterschiedsbetrag (Disagio) als aktiven Rechnungsabgrenzungsposten zu aktivieren und entsprechend über die Laufzeit aufzulösen. Wird das Wahlrecht nicht ausgeübt, so wird das Jahresergebnis im Jahr der Fremdkapitalaufnahme durch einen Aufwand in Höhe des Unterschiedsbetrags negativ beeinflusst und die Ertragslage des Unternehmens verzerrt. Das Jahresergebnis wird zugunsten künftiger Perioden mit einem zu hohen Aufwand belastet, wodurch sich auch für das Eigenkapital ein geringerer Wert ergibt als im Fall einer Aktivierung des Unterschiedsbetrags. Dadurch ergibt sich eine niedrigere Eigenkapitalquote. Bei der Analyse der Verbindlichkeitenstruktur sollte daher untersucht werden, ob die Finanz- und Ertragslage wesentlich dadurch beeinflusst wurde, dass das Wahlrecht gemäß § 250 Abs. 3 HGB ausgeübt wurde. In der Regel fehlen dem externen Bilanzanalysten aber die Informationen über ein nicht angesetztes Disagio, und selbst wenn er die Höhe des Disagios kennen würde, wäre eine fortschreibende Dokumentation dieses Betrags durch den Bilanzanalysten zumindest bei geringen Beträgen aufgrund von Unwesentlichkeit nicht vertretbar.

Erhaltene Anzahlungen

Für die Analyse der Verbindlichkeiten sind auch die erhaltenen Anzahlungen wichtig. Das bilanzierende Unternehmen hat das Wahlrecht, die erhaltenen Anzahlungen entweder unter den Verbindlichkeiten auszuweisen oder offen von den Vorräten abzusetzen. Werden die erhaltenen Anzahlungen offen von den Vorräten abgesetzt, wird die Bilanz verkürzt. Aus diesem Wahlrecht entstehende bilanzpolitische Möglichkeiten wurden bereits dadurch neutralisiert, dass auch die von den Vorräten abgesetzten Anzahlungen bei den Verbindlichkeiten erfasst werden.

Anzahlungen sind von Kunden vor allem zur Vorfinanzierung von solchen Aufträgen zu leisten, die erhebliche finanzielle Mittel binden. Finanziert sich ein Unternehmen über erhaltene Anzahlungen, ist dies i.d.R. positiv für die Finanzlage des Unternehmens, da die finanziellen Mittel üblicherweise unverzinslich zur Verfügung gestellt werden. Vor allem in Branchen mit langfristiger Auftragsfertigung[502] finanzieren sich Unternehmen häufig mit erhaltenen Anzahlungen. Gehen die erhaltenen Anzahlungen bei einem Unternehmen einer solchen Branche im Zeitablauf permanent zurück, so lässt diese Entwicklung darauf schließen, dass sich die Auftragssituation verschlechtert hat bzw. dass das Unternehmen nicht mehr im gewohnten Maße Vorleistungen in Form von Anzahlungen bei den Kunden durchsetzen kann. Muss das Unternehmen auf gewohnte zinslose finanzielle Mittel verzichten, wird die Liquidität (aber auch die Rentabilitätssituation) des Unternehmens beeinträchtigt.

Verbindlichkeiten aus Lieferungen und Leistungen

Verbindlichkeiten, die im Zusammenhang mit dem Erwerb von Gegenständen bzw. der Inanspruchnahme von Dienstleistungen Dritter entstehen, sind unter den Verbindlichkeiten aus Lieferungen und Leistungen auszuweisen. Für die Analyse der Finanzlage ist dabei die Finanzierung über Lieferantenkredite bedeutsam. Unter einem Lieferantenkredit versteht man den Kredit, der dem erwerbenden Unternehmen bei einem Kauf auf Ziel vom Verkäufer gewährt wird. Der Zielpreis entspricht dabei dem Rechnungsbetrag einschließlich Umsatzsteuer.

Lieferantenskonto

Für den Fall, dass ein Lieferantenskonto gewährt wird, weicht der Barpreis vom Rechnungsbetrag ab. Wenn Skonti nicht genutzt werden, sind Verbindlichkeiten aus Lieferungen und Leistungen die bequemste, aber auch die teuerste Möglichkeit der Kreditfinanzierung eines Unternehmens. Wird der Rechnungsbetrag innerhalb der Skontofrist bezahlt, so ist vom erwerbenden Unternehmen lediglich der um das Skonto geminderte Betrag zu bezahlen. Ist festzustellen, dass ein Unternehmen seine Lieferantenverbindlichkeiten grundsätzlich innerhalb der Skontierfrist unter Abzug des Skonto begleicht, so weist dies auf eine positive Liquiditätssituation des Unternehmens hin, da es in der Lage ist, kurzfristig die Verbindlichkeiten zu tilgen. Lässt das Unternehmen indes die Skontierfrist regelmäßig verstreichen, so deutet dies auf Engpässe im Liquiditätsbereich hin, da das Unternehmen nicht über genügend liquide Mittel verfügt bzw. von anderen Kreditgebern beschaffen kann, um die Lieferantenkredite kurzfristig zu begleichen. Für den externen Bilanzanalysten ergibt sich indes das Problem, dass die Inanspruchnahme von Skonti aus dem Jahresabschluss nicht zu erkennen ist.

Verschuldungsstruktur differenziert nach Kapitalgeber

Rückschlüsse darauf, ob das Unternehmen den eher teuren Lieferantenkredit – für den seltener eine Kreditwürdigkeitsprüfung durch den Lieferanten durchgeführt wird – dem regelmäßig kostengünstigeren, aber schwieriger zu erhaltenden Bankkredit vorzieht, lassen folgenden Kennzahlen zu, die die Verschuldungsstruktur eines Unternehmens differenziert nach Kapitalgebern darstellen:

$$Verschuldungsstruktur = \frac{Verbindlichkeiten\ gegenüber\ einem\ (mehreren)\ Kapitalgeber(n)}{Gesamtkapital} \times 100$$

Haftungssubstanz und Liquiditätssituation

Aus dem Verhältnis der Verbindlichkeiten aus Lieferungen und Leistungen zum Gesamtkapital bzw. der Verbindlichkeiten gegenüber Kreditinstitu-

[502] Hierzu Braun/Fischer/Roos, StuB 2017, S. 804.

ten zum Gesamtkapital lassen sich vor allem Rückschlüsse auf die Haftungssubstanz sowie die Liquiditätssituation des Unternehmens ziehen. Denn je schlechter die Haftungsbasis sowie die Liquiditätssituation ist, desto schwieriger wird es für ein Unternehmen, einen Bankkredit zu erhalten.

Das Ausmaß der Verbindlichkeiten aus Lieferungen und Leistungen und die Entwicklung im Zeitablauf erlauben nicht nur Rückschlüsse auf die Liquiditätsverhältnisse am Bilanzstichtag, sondern informieren auch über die finanzielle Ausstattung des Unternehmens insgesamt. Überhöhte Werte dieses Postens können auf Finanzierungsengpässe und Schwierigkeiten bei der Kapitalbeschaffung hinweisen.

Lieferantenziel

Das Lieferantenziel bzw. die Kreditorenlaufzeit gibt in diesem Zusammenhang an, in wie viel Tagen ein Unternehmen seine Lieferantenverbindlichkeiten begleicht:

$$Lieferantenziel = \frac{\text{Ø}\ Bestand\ an\ Verbindlichkeiten\ LuL}{Wareneingang} \text{ x } 365$$

Dabei gilt:

	Aufwendungen für Roh-, Hilfs- und Betriebsstoffe und für bezogene Waren
+/-	Zunahme/Abnahme des Bestands an Roh-, Hilfs- und Betriebsstoffen
=	Wareneingang

Wareneingänge

Die Wareneingänge sind zu berechnen aus den in der Periode benötigten Aufwendungen für Roh-, Hilfs- und Betriebsstoffe korrigiert um die Veränderung des Bestands an Roh-, Hilfs- und Betriebsstoffen in der Bilanz.

In Anspruch genommene Lieferantenkredite

Das Lieferantenziel gibt an, wie lange Lieferantenkredite in Anspruch genommen werden. Ein kurzes Lieferantenziel impliziert, dass das Unternehmen bemüht ist, Skonti durch frühzeitige Begleichung von Verbindlichkeiten auszunutzen. Ein langes Lieferantenziel könnte auf Liquiditätsschwierigkeiten hindeuten. Es ließe sich annehmen, dass das Unternehmen nicht genug flüssige Mittel hat, um seine offenen Rechnungen zu begleichen. Dies wird besonders deutlich, wenn das durchschnittliche Lieferantenziel weit über das vereinbarte Zahlungsziel hinausgeht. Diese Prämissen sind allerdings nicht unbedingt zwingend zutreffend, da es durchaus betriebswirtschaftliche Gründe für ein langes Zahlungsziel gibt, wie etwa eine hohe Nachfragemacht, die es dem Unternehmen – wie bereits dargestellt – erlaubt, einen Teil seiner Finanzierung über Lieferanten abzuwickeln.

Anzahl und Zusammensetzung der Lieferanten

Neben der Inanspruchnahme von Lieferantenskonti ist bei der Beurteilung der Verbindlichkeiten aus Lieferungen und Leistungen auch die Anzahl und Zusammensetzung der Lieferanten bedeutsam. Verschuldet sich nämlich ein Unternehmen bei nur einem oder wenigen Lieferanten, führt dies zur wirtschaftlichen Abhängigkeit des Unternehmens. Indes ist weder die Zahl noch die Zusammensetzung der Lieferanten aus der Bilanz zu erkennen. Darüber hinaus besteht selbst dann, wenn die entsprechenden Informationen zur Verfügung stehen sollten, das Problem, dass lediglich die Verhältnisse am jeweiligen Bilanzstichtag abgebildet werden, womit noch keine Aussage über die Entwicklung im laufenden Geschäftsjahr getroffen werden kann.

Wechselverbindlichkeiten

Auch die Analyse der Wechselverbindlichkeiten lässt Rückschlüsse auf die Finanzlage des Unternehmens zu. Aus Sicht des Gläubigers besteht der Vorteil eines Wechsels darin, dass dieser durch Weitergabe und Diskontierung vor seiner Fälligkeit verwertet werden kann und der geschuldete Betrag bei Fälligkeit einfach und schnell einzutreiben ist. Der Gläubiger ist selbst bei kritischer finanzieller Lage bzw. Liquiditätssituation des Schuldnerunternehmens vor Vermögensverlusten besser abgesichert als bei normalen Lieferantenkrediten. Für den Schuldner hat die Wechselfinanzierung den Vorteil einer relativ niedrigen Verzinsung.

Konzernverflechtungen

Die Verbindlichkeiten gegenüber verbundenen Unternehmen sowie gegenüber Unternehmen, mit denen ein Beteiligungsverhältnis besteht, lassen sich gut analysieren, denn sie sind im Interesse einer Offenlegung der wirtschaftlichen Verflechtung zwischen diesen Unternehmen selbst dann gesondert von den anderen Verbindlichkeiten auszuweisen, wenn diese Verbindlichkeiten sachlich unter einer anderen Verbindlichkeitsposition in der Bilanz auszuweisen wären.[503] Der Bilanzanalytiker des Einzelabschlusses kann die Verbindlichkeiten gegenüber verbundenen Unternehmen bzw. gegenüber Beteiligungsunternehmen ins Verhältnis zu den Gesamtverbindlichkeiten des Unternehmens setzen (Konzernverflechtung). Ein hoher Wert der Konzernverflechtung spricht für eine intensive wirtschaftliche Verflechtung des zu analysierenden Unternehmens mit anderen Konzern- bzw. Beteiligungsunternehmen. Der Bilanzanalytiker kann darüber hinaus den Anteil der Verbindlichkeiten gegenüber Kreditinstituten vergleichen. Je höher der Anteil der Verbindlichkeiten gegenüber verbundenen Unternehmen im Vergleich zum Anteil der Verbindlichkeiten gegenüber Kreditinstituten an den Gesamtverbindlichkeiten des Unternehmens ist, desto unabhängiger ist es von externen Kapitalgebern.

Allerdings lässt sich keine eindeutige Aussage darüber treffen, ob eine hohe Konzernverflechtung bzw. eine höhere Verschuldung bei Konzern- bzw. Beteiligungsunternehmen im Vergleich zu einer Verschuldung bei Kreditinstituten positiv oder negativ für das Unternehmen zu werten ist. So lässt sich zwar argumentieren, dass das Unternehmen finanziell stabil ist, wenn die Verbindlichkeiten gegenüber Kreditinstituten geringer sind als die Verbindlichkeiten gegenüber verbundenen Unternehmen. Bei einer solchen Interpretation wird aber implizit davon ausgegangen, dass die Gefahr, kurzfristig zur Rückzahlung der zur Verfügung gestellten Mittel aufgefordert zu werden, bei Konzernunternehmen geringer ist als bei externen Kreditgebern, was nicht in allen Fällen zutrifft. Weiterhin kann eine hohe Konzernverflechtung im Verbindlichkeitenbereich auch bedeuten, dass das Unternehmen von anderen Konzernunternehmen wirtschaftlich abhängig ist. Nehmen die Verbindlichkeiten gegenüber verbundenen Unternehmen zu, kann dies darüber hinaus signalisieren, dass sich die Liquiditäts- und Haftungssituation des Unternehmens verschlechtert hat und daher statt einer Finanzierung über kostengünstigere Bankkredite, die den Nachteil einer intensiven Kreditwürdigkeitsprüfung mit sich bringen, eine Finanzierung über konzerninterne Geschäfte notwendig ist. Nicht selten wird indes die Konzernfinanzierung optimiert, indem Kredite von ausländischen Tochterunternehmen aufgenommen werden, sofern bei diesen günstigere externe Finanzierungsmöglichkeiten bestehen als bei andern Kreditgebern.

503 Hierzu ausführlich Abschn. 5.3.

Zur Analyse der Verbindlichkeiten kann z.B. folgendes Schema herangezogen werden:[504]

		20X2	20X1	20X0
	Verbindlichkeiten gegenüber Kreditinstituten			
+	Anleihen			
+	Wechselverbindlichkeiten			
=	**Bank- und Kapitalmarktschulden (brutto)**			
-	Liquide Mittel und Wertpapiere			
=	**Finanzschulden/-überschuss**			
+	Verbindlichkeiten aus Lieferungen und Leistungen			
+	Verbindlichkeiten gegenüber verbundenen Unternehmen			
+	Verbindlichkeiten gegenüber Beteiligungsunternehmen			
+	Sonstige Verbindlichkeiten			
=	**Nettobelastung/Überschuss**			

Tab. 54 Finanzschulden

6.2.2.2.3.2 Analyse der Rückstellungen

Erwartete künftige Auszahlungen

Im Gegensatz zu den Verbindlichkeiten, bei denen die Höhe der künftigen wirtschaftlichen Belastung sicher ist, ist die künftige Verpflichtung bei Rückstellungen zwar zu mehr als 50% wahrscheinlich, aber nicht sicher. Damit durch die Analyse der Rückstellungen die künftige finanzielle Belastung des Unternehmens beurteilt werden kann, sind die Rückstellungen als erwartete künftige Auszahlungen zu interpretieren, wobei der Auszahlungszeitpunkt von ihrer Fristigkeit abhängt. Allerdings stellt sich für den Bilanzanalytiker das Problem, ob und in welcher Höhe das betrachtete Unternehmen überhaupt aus der einer Rückstellung zugrunde liegenden Verpflichtung in Anspruch genommen wird und somit die Finanzlage des Unternehmens beeinflusst wird.

Finanzielle Stabilität

Ganz allgemein kann festgehalten werden, dass die finanzielle Stabilität eines Unternehmens umso positiver beurteilt werden kann, je langfristiger die Rückstellungen sind, da entsprechend in geringem Maße damit zu rechnen ist, dass liquide Mittel abfließen. Diese Interpretation entspricht den Aussagen zu den langfristigen Verbindlichkeiten, bei denen davon ausgegangen wird, dass die Gefahr eines kurzfristigen Liquiditätsabflusses aus dem Unternehmen umso geringer ist, je größer der Anteil der langfristigen Verbindlichkeiten ist.

Analyse der Fristigkeit

Während aber bei den Verbindlichkeiten gesetzlich vorgeschrieben ist, dass Angaben über die Restlaufzeit zu machen sind, fehlen bei den Rückstellungen derartige Erläuterungspflichten. Allgemein gilt daher, dass die Analyse der Fristigkeit der Rückstellungen wesentlich schwieriger ist als die Analyse der Fristigkeit der Verbindlichkeiten.

Pensionsrückstellungen

Pensionsrückstellungen stehen dem Unternehmen i.d.R. für einen langfristigen Zeitraum zur Verfügung, da ein

[504] Hierzu Gräfer/Wengel, Bilanzanalyse, 14. Aufl. 2019, S. 91.

entsprechender Anteil der Rückstellung erst dann in Anspruch genommen bzw. aufgelöst wird, wenn ein begünstigter Arbeitnehmer aus dem Unternehmen ausscheidet und zuvor einen Anspruch auf eine laufende Pension erworben hat oder wenn der begünstigte Arbeitnehmer oder Rentner verstirbt. Für den Zeitraum zwischen Zuführung und Inanspruchnahme bzw. Auflösung der Rückstellung verfügt das Unternehmen daher über finanzielle Mittel, so dass durch die Pensionsrückstellung ein spürbarer Finanzierungseffekt entsteht. Grundsätzlich sind Pensionsrückstellungen also als langfristige Rückstellungen zu klassifizieren. Dies bedeutet indes nicht, dass der zurückgestellte Betrag an einem fernliegenden Zeitpunkt in voller Höhe fällig wird, sondern die Rückstellung wird i.d.R. sukzessive verbraucht bzw. aufgelöst. Allerdings weiß der Bilanzanalytiker nicht, wann welche Pensionszahlungen fällig werden, d.h. er kann normalerweise nur grob einschätzen, wie in den zu analysierenden Geschäftsjahren das Verhältnis von Pensionsaufwand zu Pensionszahlungen gewesen ist. Zum Beispiel ist bei stark wachsenden Unternehmen aufgrund der Neueinstellungen damit zu rechnen, dass der Pensionsaufwand die Pensionszahlungen übersteigt. Dies würde bei der Bilanzanalyse c.p. dazu führen – vorausgesetzt diese Information ist bekannt – dass der Cashflow dieses Unternehmens höher ist als der Cashflow vergleichbarer Unternehmen, die im Personalbereich nicht so stark wachsen. Trotz der Langfristigkeit darf aber nicht verkannt werden, dass es sich qualitativ um Fremdkapital, also um echte Verpflichtungen des Unternehmens handelt, deren Zahlung von Dritten durchgesetzt werden kann.

Steuerrückstellungen

Im Gegensatz zu den Pensionsrückstellungen sind die Steuerrückstellungen eher kurzfristig. Die sich für das abgelaufene Geschäftsjahr ergebende voraussichtliche Steuerschuld abzüglich der bereits geleisteten Vorauszahlungen ist in der Bilanz bis zum Erlass eines Steuerbescheids als Steuerrückstellung auszuweisen, da erst mit dem Steuerbescheid die Höhe der künftigen wirtschaftlichen Belastung des Unternehmens feststeht und eine Verbindlichkeit bilanziert werden kann. Um die Finanzlage und die Liquiditätssituation eines Unternehmens zu beurteilen, sind die Steuerrückstellungen so zu interpretieren, dass damit zu rechnen ist, dass das Unternehmen relativ kurzfristig aus der diesen Rückstellungen zugrunde liegenden Verpflichtungen in Anspruch genommen wird. Daher kann bezüglich der Steuerrückstellungen angenommen werden, dass in naher Zukunft finanzielle Mittel aus dem Unternehmen abfließen.

Sonstige Rückstellungen

Zudem sind in der Bilanz die sonstigen Rückstellungen auszuweisen. Unter diesem Sammelposten sind sämtliche Rückstellungen, die nicht den Pensions- oder den Steuerrückstellungen zugeordnet werden können, zu erfassen. Somit können in diesem Posten sowohl verschiedene Verbindlichkeits- als auch Aufwandsrückstellungen ausgewiesen werden.[505] In der Bilanz ist indes lediglich der Gesamtbetrag der sonstigen Rückstellungen anzugeben. Daher ist es schwierig, den konkreten Inhalt und die Fristigkeit dieses Postens zu beurteilen. So sind die Pflicht-Aufwandsrückstellungen für unterlassene Instandhaltung und Abraumbeseitigung gemäß § 249 Abs. 1 Satz 2 Nr. 1 und Satz 3 HGB als kurzfristig zu interpretieren, da sie nur gebildet werden müssen, wenn die Instandhaltung innerhalb von drei Monaten bzw. die Abraumbeseitigung während des Geschäftsjahres nachgeholt werden. Dagegen können z.B. Gewährleistungsrückstellungen einen mittel- bis langfristigen Charakter haben, wenn die Garantiefrist sich über

[505] Hierzu ausführlich Abschn. 5.2.

mehrere Jahre erstreckt. Somit lassen sich i.d.R. keine allgemeingültigen Aussagen über die Fristigkeit des Postens „Sonstige Rückstellungen“ treffen. Gemäß § 285 Nr. 12 HGB sind allerdings einzelne Rückstellungen dieses Postens zu erläutern, wenn sie einen nicht unerheblichen Umfang haben und nicht bereits in der Bilanz freiwillig gesondert ausgewiesen werden.

Rückstellungsstruktur

Sofern die Fristigkeiten angegeben werden, kann analog zur Analyse der Verbindlichkeitenstruktur (nach Fristigkeit) auch die Rückstellungsstruktur (nach Fristigkeit der Restlaufzeit) untersucht werden:

$$Rückstellungsstruktur\ (Grundvariante) = \frac{Rückstellungen\ mit\ bestimmte\ Fristigkeit}{Rückstellungen} \times 100$$

Tendenzaussagen

Insgesamt bleibt festzuhalten, dass die Analyse der Rückstellungen, die bei großen Unternehmen einen beträchtlichen Teil des Fremdkapitals ausmachen, große Probleme bereitet, da dem Jahresabschluss in vielen Fällen keine Angaben zur Fristigkeit und zur Bewertung der Rückstellungen sowie zur Zusammensetzung der sonstigen Rückstellungen zu entnehmen sind. Aus der Analyse einer undifferenzierten Angabe der Rückstellungen können im Ergebnis höchstens Tendenzaussagen für die Finanzlage sowie für die Liquiditätssituation eines Unternehmens hergeleitet werden. Werden die Fristigkeiten bei den Rückstellungsteilbeträgen angegeben, dann erlauben die Kennzahlen zur Rückstellungsstruktur schon bessere Einblicke in die Finanzlage. Aber selbst bei einer maximal schlechten kurzfristigen Rückstellungsstruktur von 100% lässt sich daraus nicht ableiten, dass die Zahlungsfähigkeit des Unternehmens ungünstig oder gar gefährdet ist.

6.2.2.3 Deckungsgrade: Fristenkongruenz und „Goldene Bilanzregel“

Horizontale Bilanzanalyse

Bei der Analyse und Beurteilung der Stabilität der Finanzierung ist es erforderlich, auch die Mittelverwendung mit einzubeziehen, um zu erkennen, in welchen Vermögensgegenständen das Kapital gebunden ist (horizontale Bilanzanalyse).

Bindungsfristen

Zur Bereitstellung und Unterhaltung des Anlagevermögens werden finanzielle Mittel langfristig gebunden. Wegen der unterschiedlich langen Bindungsfristen ergeben sich unterschiedlich hohe Risiken. Das Investitionsrisiko ist beim Anlagevermögen im Allgemeinen größer als beim Umlaufvermögen, weil sich Umlaufvermögen wesentlich schneller wieder amortisiert.

Zusammenhang zwischen Finanzierung und Vermögensaufbau

Diese Überlegungen führen dazu, einen Zusammenhang zwischen der Finanzierung und dem Vermögensaufbau herzustellen. Nach dem Prinzip der Fristenkongruenz (Deckungsgrad A) und nach der goldenen Bilanzregel bzw. Anlagendeckung (Deckungsgrad B) sind die einzelnen

Deckungsgrade A und B

Vermögensgegenstände jeweils mit solchen Mitteln zu finanzieren, die genauso lange zur Verfügung stehen, wie das Kapital in den Vermögensgegenständen gebunden ist.

Die Deckungsgrade A und B sind wichtige Maßstäbe zur Beurteilung der Kapitalausstattung und damit der finanziellen Stabilität eines Unternehmens:

$$Deckungsgrad\ A = \frac{Bilanzanalytisches\ Eigenkapital}{Anlagevermögen} \geq 1$$

$$Deckungsgrad\ B = \frac{Bilanzanalytisches\ Eigenkapital + Langfristiges\ Fremdkapital}{Anlagevermögen} \geq 1$$

Je größer die Kennzahl der Anlagendeckung ist, als umso solider kann die Finanzierung bezeichnet werden. Ist der Deckungsgrad B größer oder zumindest gleich eins, wird dies als Indiz für die finanzielle Stabilität eines Unternehmens angesehen, denn dem Unternehmen steht dann mehr langfristiges Kapital zur Verfügung als in langfristigem Vermögen gebunden ist. Damit ist der Grundsatz der Fristenkongruenz gewahrt. Im Gegensatz dazu bedeutet ein Kennzahlenwert von kleiner eins, dass Teile des Anlagevermögens mit kurzfristigem Fremdkapital finanziert sind, womit keine Fristenkongruenz mehr gegeben ist.

Auch in diesem Zusammenhang darf die Beurteilung allerdings nicht nur von der errechneten Kennzahl abhängig gemacht werden. Sie bringt lediglich pauschale Vorstellungen zum Ausdruck, die durch unternehmensspezifische Gegebenheiten zu modifizieren und zu ergänzen sind. So können besondere Risiken eines Unternehmens oder einer Branche durchaus ein höheres Eigenkapital bzw. einen höheren Anteil des langfristigen Kapitals erfordern. Umgekehrt kann ein von Konjunkturabläufen unabhängiges, ertragsstarkes Unternehmen u.U. mit einem niedrigeren Anteil an langfristigem Kapital auskommen. Auch die Zusammensetzung des Anlagevermögens sollte berücksichtigt werden. So ist z.B. zu beachten, welche finanzwirtschaftlichen Einflüsse von den „Beteiligungen“ ausgehen. Handelt es sich um solche, von denen man sich ohne Gefährdung der Geschäftstätigkeit leicht trennen könnte, ist das anders zu bewerten, als wenn es sich um Beteiligungen handelt, die das Unternehmen langfristig aufrechterhalten muss, etwa um seine Rohstoffversorgung oder seine Absatzorganisation sicherzustellen.

Goldene Finanzierungsregel

Weiterhin kann die Frage, ob die Aktiva durch Passiva mit entsprechender Fristigkeit finanziert sind, mit den goldenen Finanzierungsregeln überprüft werden, die zum einen das langfristige Vermögen zum langfristigen Kapital und zum anderen das kurzfristige Vermögen zum kurzfristigen Kapital ins Verhältnis setzen:

$$Goldene\ Finanzierungsregel\ (langfristig) = \frac{Langfristiges\ Vermögen}{Langfristiges\ Kapital} \leq 1$$

$$Goldene\ Finanzierungsregel\ (kurzfristig) = \frac{Kurzfristiges\ Vermögen}{Kurzfristiges\ Kapital} \geq 1$$

Die „Goldene Finanzierungsregel (langfristig)“ fordert, dass das Verhältnis von langfristigem Vermögen zu langfristigem Kapital kleiner oder gleich eins sein muss. Mit anderen Worten bedeutet dies, dass nicht mehr finanzielle Mittel langfristig in Vermögensgegenständen gebunden werden sollen, als dem Unternehmen langfristig zur Verfügung stehen. Die künftige Zahlungsfähigkeit eines Unternehmens gilt auf der Basis der langfristigen goldenen Finanzierungsregel als umso gesicherter, je kleiner der Wert der Kennzahl ist. Wird das langfristige Vermögen auch durch kurzfristiges Kapital finanziert, besteht die Gefahr, dass das Unternehmen Gegenstände des Anlagevermögens verkaufen muss, um seinen kurzfristigen Zahlungsverpflichtungen nachkommen zu können. Bereits bei der Analyse der Kapitalstruktur wurde dargestellt, dass ein hoher Anteil des langfristigen Kapitals ein positives Indiz für die finanzielle Stabilität eines Unternehmens ist, da die Gefahr geringer ist, dass kurzfristig liquide Mittel abfließen.

Nach der kurzfristigen goldenen Finanzierungsregel gilt die jederzeitige Zahlungsfähigkeit eines Unternehmens dann als gesichert, wenn das Verhältnis des kurzfristigen Vermögens zum kurzfristigen Kapital größer als eins ist. Da Kapital als kurzfristig bezeichnet wird, wenn es eine Restlaufzeit von weniger als einem Jahr hat, muss das Unternehmen im kommenden Geschäftsjahr in der Höhe des kurzfristigen Kapitals mit einem Abfluss liquider Mittel rechnen, um seinen Zahlungsverpflichtungen nachkommen zu können. Daher ist es als ein positives Indiz für die künftige Zahlungsfähigkeit zu interpretieren, wenn das Unternehmen mindestens im gleichen Umfang kurzfristig liquidierbares Vermögen besitzt. Nur dann können die in diesen Vermögensgegenständen gebundenen finanziellen Mittel kurzfristig freigesetzt werden, um die Zahlungsverpflichtungen zu erfüllen.

Insgesamt bleibt festzuhalten, dass die Einhaltung des Prinzips der Fristenkongruenz keinesfalls eine optimale Finanzierung oder die Sicherung der Liquidität gewährleistet. So kann bspw. eine durch solche Regeln normierte Finanzierung gegen das Prinzip der Wirtschaftlichkeit und damit gegen Rentabilitätsüberlegungen verstoßen. Auch die Liquidität ist durch die Einhaltung dieser Regeln nicht ohne weiteres gewährleistet. Es kann aber festgestellt werden, dass das Investitionsrisiko in kapitalintensiven Unternehmen c.p. stärker ausgeprägt ist als in arbeitsintensiven, weil die Anpassung der Kosten an konjunkturelle Schwankungen hier weniger gelingt als dort. Gerade der Zusammenhang zwischen dem insofern risikoreichen Sachanlagevermögen der kapitalintensiven Unternehmen und dem risikotragenden Eigenkapital aber soll in horizontalen Finanzierungsregeln erfasst werden.[506]

6.2.3 Analyse der Finanzlage

6.2.3.1 Liquiditätsgrade

Kurzfristige Liquiditätsanalyse

Die goldenen Finanzierungs- und Bilanzregeln sind langfristige Deckungsgrade, die Aussagen über die künftige Zahlungsfähigkeit eines Unternehmens ermöglichen. Im Falle der kurzfristigen Liquiditätsanalyse werden Liquiditätsgrade ermittelt, die sich durch die unterschiedlichen Fristigkeiten der in die Untersuchungen einbezogenen bilanziellen Aktiv- und Passivposten unterscheiden. Bei diesen Liquiditätsregeln handelt es sich um kurzfristige Deckungsgrade, die kurz- und mittelfristige Vermögensteile und Schulden zueinander ins Verhältnis setzen.

Finanzielles Gleichgewicht

Diesem Vorgehen liegt die Überlegung zugrunde, dass das finanzielle Gleichgewicht dann erhalten ist bzw. durch kurzfristig wirksame Maßnahmen sichergestellt werden kann, wenn die Zahlungsverpflichtungen durch entsprechend flüssige oder flüssig zu machende Vermögensteile gedeckt ist.[507] In diesem Fall kann das Unternehmen kurzfristigen

---

[506] Hierzu ausführlich Baetge/Kirsch/Thiele, Bilanzanalyse, 2. Aufl. 2004, S. 256-260.

[507] Hierzu Gräfer/Wengel, Bilanzanalyse, 14. Aufl. 2019, S. 75.

Zahlungsverpflichtungen nachkommen, indem es Teile des kurzfristig liquidierbaren Vermögens verkauft.[508]

Die Liquiditätskennzahlen werden ermittelt, indem Posten des Umlaufvermögens zu den kurzfristigen Verbindlichkeiten ins Verhältnis gesetzt werden. Dabei werden die einzelnen Posten des Umlaufvermögens nach ihrer Fristigkeit geordnet. Abhängig von den jeweils in die Kennzahl einbezogenen Posten des Umlaufvermögens lassen sich unterschiedliche Liquiditätskennzahlen ermitteln.

Liquiditätsgrade

Diese Liquiditätskennzahlen werden auch als Liquiditätsgrade bezeichnet und sind wie folgt definiert:

$$Liquidität\ 1. Grades = \frac{Liquide\ Mittel}{Kurzfristige\ Verbindlichkeiten} \text{ x } 100$$

Liquidität 1. Grades

Zu den liquiden Mitteln zählen Barmittel, Bankguthaben und Schecks sowie die jederzeit veräußerbaren Wertpapiere des Umlaufvermögens. Die kurzfristigen Verbindlichkeiten setzen sich aus all den Positionen zusammen, die zum Abfluss von Zahlungsmitteln innerhalb eines Jahres führen, z.B. Verbindlichkeiten aus Lieferungen und Leistungen, die sonstigen Rückstellungen und Steuerrückstellungen.

Die Liquidität 1. Grades ist insofern eine Maßzahl, die das Verhältnis von Barmitteln zu den kurzfristig fälligen Verbindlichkeiten feststellt. Obgleich diese Kennzahl immer noch und immer wieder in der Literatur genannt und von Praktikern auch berechnet wird, ist ihre Aussagekraft sehr gering, weil es keine Normalvorstellungen gibt.

Liquidität 2. Grades

Aufgrund der begrenzten Aussagefähigkeit wird üblicherweise der Zähler auf das kurzfristig gebundene Umlaufvermögen ausgedehnt und die Liquidität 2. Grades errechnet:

$$Liquidität\ 2. Grades = \frac{Liquide\ Mittel + Kurzfristige\ Forderungen}{Kurzfristige\ Verbindlichkeiten} \text{ x } 100$$

Der Zähler wird in diesem Fall durch die relativ leicht in Finanzierungsmittel umwandelbaren, geldwerten Vermögenswerte erweitert.

Liquidität 3. Grades

Bei der Liquidität 3. Grades wird weiterhin das Vorratsvermögen in die Analyse einbezogen:

$$Liquidität\ 3. Grades = \frac{Liquide\ Mittel + Kurzfristige\ Forderungen + Vorräte}{Kurzfristige\ Verbindlichkeiten} \text{ x } 100$$

Kapitalbindung

Die verschiedenen Liquiditätsgrade unterscheiden sich folglich durch die Kapitalbindung der in die Kennzahlendefinition einbezogenen Posten des Umlaufvermögens. Daher wird die Liquidität 1. Grades als Barliquidität, die Liquidität 2. Grades als kurzfristige Liquidität und die Liquidität 3. Grades als mittelfristige Liquidität bezeichnet.

---

[508] Unter kurzfristig liquidierbaren Vermögen bzw. kurzfristigem Vermögen ist hierbei nur das Umlaufvermögen zu verstehen.

Beurteilung der kurzfristigen Zahlungsfähigkeit

Wird die kurzfristige Zahlungsfähigkeit eines Unternehmens anhand von Liquiditätsgraden beurteilt, so wird unterstellt, dass die künftige Liquiditätssituation als umso positiver anzusehen ist, je höher der Prozentwert der Liquiditätsgrade ist. In der Praxis haben sich bestimmte Normwerte etabliert, die den Unternehmen bekannt sind und die von diesen nach Möglichkeit eingehalten werden. Dabei wird für die Liquidität 2. Grades häufig ein Wert von mindestens 100% und für die Liquidität 3. Grades ein Wert von mindestens 200% gefordert. Für die Liquidität 1. Grades werden derartige Normwerte üblicherweise nicht gefordert. Aber auch die Vorgabe von Normwerten für die Liquidität 2. und 3. Grades ist – wie bereits eingangs erwähnt – theoretisch nicht begründet. Die Unschärfe der Liquiditätsgrade zeigt sich bereits darin, dass in diesen Kennzahlen weder die nach dem Bilanzstichtag neu entstehenden Auszahlungen bzw. Auszahlungsverpflichtungen, noch die entsprechenden Einzahlungen in ihrer Höhe und ihrem Zeitbezug berücksichtigt werden (können).[509]

Working Capital

Neben den Liquiditätsgraden, die die Relation zwischen bestimmten Posten des Umlaufvermögens und den kurzfristigen Verbindlichkeiten angeben, können auch absolute Kennzahlen gebildet werden, um die künftige Zahlungsfähigkeit eines Unternehmens zu beurteilen. Zu diesen absoluten Kennzahlen zählt das Working Capital, welches die Differenz zwischen dem kurzfristigen Vermögen und den kurzfristigen Verbindlichkeiten angibt:

	Umlaufvermögen
-	Kurzfristiges Fremdkapital
=	Working Capital (absolut)

oder

$$Working\ Capital\ (relativ) = \frac{Umlaufvermögen}{Kurzfristiges + Mittelfristiges\ Fremdkapital} \times 100$$

Langfristig finanzierter Anteil des Umlaufvermögens

Die Kennzahl zeigt also an, in welchem Umfang das Umlaufvermögen langfristig finanziert ist. Bei solider Finanzierung sollte zumindest ein Teil des kurzfristigen Umlaufvermögens langfristig finanziert sein. Es wird gefordert, dass die zukünftige Liquiditätslage umso besser ist, je höher der Wert ist, den das Working Capital aufweist. Auch dieser Kennzahl liegt die Vorstellung zugrunde, dass die Liquidität mit der Langfristigkeit der Zahlungsverpflichtungen und die Kurzfristigkeit der Verflüssigungsmöglichkeiten der Vermögensgegenstände steigt.[510]

Hinweis

Im Zusammenhang mit den dargestellten Liquiditätskennzahlen kann zusammenfassend folgendes festgehalten werden: die Unzulänglichkeit der bestandsorientierten Methoden liegt darin, dass von bilanziellen Bestandsgrößen, also der Situation am Bilanzstichtag (Zeitpunktbetrachtung), auf mögliche Zahlungsströ-

---

[509] Hierzu weiterführend Baetge/Kirsch/Thiele, Bilanzanalyse, 2. Aufl. 2004, S. 265-269.

[510] Hierzu sowie zu den vorangegangenen Ausführungen Gräfer/Wengel, Bilanzanalyse, 14. Aufl. 2019, S. 75-77.

me geschlossen wird (Zeitraumbetrachtung), also Ein- und Auszahlungen ermittelt werden sollen. Das wäre jedoch nur möglich, wenn sich aus der Bilanz erkennen ließe, zu welchem Termin Zahlungsverpflichtungen anfallen und zu welchem Termin sich entsprechende Vermögensteile verflüssigen lassen.

Mithin lassen sich auf Basis der bestandsorientierten Kennzahlen allenfalls einige erste Hinweise und historische Erkenntnisse über die Liquidität gewinnen, in keinem Fall aber lässt ein positives Bild dieser Zahlen einen Schluss auf die künftige Zahlungsfähigkeit zu.

Letztlich ist eine Aussage zur Liquidität nur anhand eines Finanzplans möglich, der zeitlich geordnet, die Einzahlungen und Auszahlungen gestaffelt aufführt. Dies kann der externe Analytiker aber nicht leisten, da er die jeweiligen Zahlungszeitpunkte der einzelnen Geschäftsvorfälle nicht kennt. Die sind nur unternehmensinternen Personen bekannt.

6.2.3.2 Cashflow-Analysen

6.2.3.2.1 Definition, Charakteristik und Ermittlung

Die bisher dargestellten finanzwirtschaftlichen und liquiditätsanalytischen Betrachtungen befassten sich im Wesentlichen mit den Zahlen und Strukturen der Bilanz. Nunmehr sollen auch Erkenntnisse der GuV herangezogen werden. Da sich die Erfolgsrechnung jedoch nicht an Zahlungsströmen, sondern an Erträgen und Aufwendungen orientiert, die nicht zu Zahlungsvorgängen geführt haben, ist sie für finanzwirtschaftliche Analysen nicht ohne weiteres geeignet.

Die GuV ist wegen der Periodisierung der Einzahlungen (Erträge) und Auszahlungen (Aufwendungen) erfolgswirtschaftlich ausgerichtet. Folglich liefert auch die Ergebniskennzahl „Jahresüberschuss“ keine Aussage zur Liquidität. Um zu einer finanzwirtschaftlich aussagefähigen Kennzahl zu kommen, müssen diejenigen Aufwendungen, die nicht zu Auszahlungen, und diejenigen Erträge, die nicht zu Einzahlungen geführt haben, eliminiert werden. Dies geschieht bei der Ermittlung des Cashflows:

Jahresüberschuss = Erträge - Aufwendungen

Einzahlungen - Auszahlungen = Liquidität

Hinweis

Es gilt somit folgendes: Gewinn ist keine Liquidität i.S. von Einzahlungs- oder Finanzüberschüssen. Die Eliminierung „unbarer“ Aufwendungen und Erträge aus dem erfolgswirtschaftlichen Ergebnis soll Liquiditätsaussagen ermöglichen.

Cashflow

Hierzu wird auf den Cashflow abgestellt. Hierbei handelt es sich um eine Kennzahl, die den Überschuss der laufenden, operativen Einzahlungen über die laufenden, operativen Auszahlungen eines Unternehmens beschreibt. Mit laufenden Ein- und Auszahlungen sind die regelmäßigen Finanzflüsse aus der Leistungserstellung und -verwertung (Einzahlungen aus Umsatzerlösen, Beteiligungserträgen, Zinsen sowie Auszahlungen für Material, Personal, Energie etc.) gemeint. Investitionen, Schuldentilgungen und Ausschüttungen zählen nicht zu den laufenden, operativen Zahlungsströmen.

Die Ermittlung des Cashflows ist auf zwei Arten möglich:

Direkte Ermittlung

Bei der direkten Ermittlung des Cashflows werden, ausgehend von den Umsatzerlösen, sämtliche Posten der GuV, die zu Ein- und Auszahlungen geführt haben oder kurzfristig führen werden – z.B. Löhne, Gehälter, Material, Steuern, Erträge aus Beteiligungen etc. – in die Rechnung einbezogen, und alle Posten, die nicht mit Zahlungen in der Periode verbunden sind, weggelassen:

	Laufende betriebliche Einzahlungen
-	Laufende betriebliche Auszahlungen
=	Cashflow

Eine solche Cashflow-Ermittlung ist jedoch nur vom Unternehmen selbst mithilfe der Daten der Finanzbuchhaltung möglich. Externen Analysten fehlen die Informationen über diese Zahlungsflüsse.

Indirekte Ermittlung

Deswegen wird hilfsweise und vereinfachend versucht, den Cashflow indirekt aus der GuV abzuleiten, indem die Erfolgsgröße Jahresüberschuss durch Eliminierung der nichtzahlungswirksamen Erträge und Aufwendungen in eine Finanzgröße transformiert wird:

	Jahresüberschuss
+	Aufwendungen, die nicht zu Auszahlungen geführt haben
-	Erträge, die nicht zu Einzahlungen geführt haben
=	Cashflow

Deutlich wird das besonders am Beispiel der Abschreibungen und der Rückstellungen. Sie haben als Aufwand den Jahresüberschuss verringert. Um die Erfolgsgröße Jahresüberschuss in die Finanzgröße Cashflow zu überführen, müssen sie diesem wieder hinzugerechnet werden. Das kommt auch in der „Praktikerformel" des Cashflow zum Ausdruck, wie sie seit langem vom Kreditinstituten verwendet wird:

	Jahresüberschuss
+/-	Abschreibungen/Zuschreibungen
+/-	Zuführungen/Auflösungen von langfristigen Rückstellungen
=	Cashflow

Die Kreditinstitute waren und sind weniger an der Kennzahl Jahresüberschuss, der den Eigentümern zusteht, interessiert als an dem finanziellen Überschuss, aus dem sie Tilgungen und Zinsen erwarten können.

Zahlreiche Cashflow-Varianten und Definitionen

Es ist unschwer zu erkennen, dass diese Praktikerformel höchst ungenau ist und viele andere ebenfalls nichtzahlungswirksame Posten unberücksichtigt lässt. Deswegen finden sich in der Literatur und unter Unternehmensanalysten zahlreiche Cashflow-Varianten und Definitionen, die sich durch die Zahl der einbezogenen nichtzahlungswirksamen GuV-Posten und die Berücksichtigung von Veränderungen der Forderungen, Verbindlichkeiten und Erzeugnisbestände sowie von außerordentlichen Einflüssen und Steuern unterscheiden.

6.2.3.2.2 Cashflow nach DVFA/SG

Zur Vereinheitlichung empfehlen die Deutsche Vereinigung für Finanzanalyse und Asset Management (DVFA) und die Schmalenbachgesellschaft (SG) folgende Cashflow-Ermittlung:

	Jahresüberschuss (nach Steuern)
+	Abschreibungen auf Vermögensgegenstände des Anlagevermögens
-	Zuschreibungen auf Vermögensgegenstände des Anlagevermögens
+/-	Veränderungen der Rückstellungen für Pensionen bzw. anderer langfristiger Rückstellungen
+/-	Andere nicht zahlungswirksame Aufwendungen und Erträge von wesentlicher Bedeutung
=	Jahres-Cashflow
+/-	Bereinigung ungewöhnlicher zahlungswirksamer Aufwendungen/Erträge von wesentlicher Bedeutung
=	Cashflow nach DVFA/SG

Berücksichtigung von Steuern

Ausgangsgröße für den Cashflow DVFA/SG ist der Jahresüberschuss nach Steuern. Die Berücksichtigung der Steuern mit ihrer Cashflow-mindernden Folge wird damit begründet, einen nachhaltigen, prognostischen Cashflow zu ermitteln, da das Unternehmen auch in den Folgejahren mit Steuerzahlungen zu rechnen hat.

Abschreibungen auf Anlagevermögen

Bei den Abschreibungen auf Anlagevermögen werden sämtliche Abschreibungen einbezogen, also nicht nur auf das Sachanlagevermögen, sondern auch auf immaterielle Vermögensgegenstände und auf Finanzanlagen sowohl die planmäßigen als auch die außerplanmäßigen Abschreibungen. Unumstritten ist die Einbeziehung der Abschreibungen und der Zuschreibungen. Sämtliche Vorgänge sind nicht zahlungswirksam.

Pensionsrückstellungen

Grundsätzlich gilt das auch für die Erhöhung der Pensionsrückstellungen. Sie sind jedoch nicht aus der GuV, sondern näherungsweise aus der Veränderung der entsprechenden Bilanzposition zu erkennen.

Andere zahlungsunwirksame Komponenten

Bei den anderen nichtzahlungswirksamen Erträgen und Aufwendungen könnten Abschreibungen auf Disagios oder aktivierte Eigenleistungen sowie Auflösungen passivierter Investitionszuschüsse berücksichtigt werden.

Nachhaltige Innenfinanzierungskraft

Die im weiteren Verlauf vorzunehmende Bereinigung um ungewöhnliche zahlungswirksame Aufwendungen und Erträge ist notwendig, da der Cashflow die nachhaltige Innenfinanzierungskraft – i.S. von dauerhaft aus der gewöhnlichen Geschäftstätigkeit stammend – anzeigen soll.

6.2.3.2.3 Aussage und Interpretation

Beurteilung der Finanzkraft

Der Cashflow ist eine finanzielle Kennzahl und dient vorzugsweise der Beurteilung der Finanzkraft. Der Cashflow ist insofern als Maßstab für die Fähigkeit eines Unternehmens zu interpretieren, aus eigener Kraft Liquidität zu generieren. Er stellt damit den „Innenfinanzierungsspielraum", das selbst erwirtschaftete Zahlungsmittelreservoir dar, welches definitionsgemäß (Überschuss der laufenden betrieblichen Einzahlungen über die laufenden betrieblichen Auszahlungen der Periode) für besondere Auszahlungen zur Verfügung gestanden hat, wie z.B.:

- Investitionen,
- Schuldentilgungen und
- Ausschüttungen.

Hieraus geht bereits hervor, dass der Cashflow lediglich die Existenz und die Höhe eines selbst erwirtschafteten Zahlungsmittelüberschusses beschreibt, nicht aber als Maß für „vorhandene" Liquidität angesehen werden kann. Die genannten Auszahlungen für Investitionen, Schuldentilgungen und Ausschüttungen sind bereits in der Periode erfolgt, was bedeutet, dass die durch den Cashflow repräsentierten finanziellen Mittel möglicherweise bereits aufgebraucht sind. Sofern der Cashflow i.S. von DVFA/SG als nachhaltig und wiederholbar annähernd zuverlässig ermittelt wurde, kann er für die Folgeperioden in ähnlicher Höhe als verfügbar angesehen werden.

Relative Kennzahlen

Zur Beurteilung im Brachen-, Betriebs- oder Zeitvergleich werden üblicherweise folgende Relativ-Kennzahlen gebildet:

Cashflow-Umsatzrate

Die Cashflow-Umsatzrate zeigt an, wie viel Prozent des Umsatzes als liquide Mittel dem Unternehmen für Investitionen, Schuldentilgung und Ausschüttungen zur Verfügung gestanden haben:[511]

$$Cashflow - Umsatzrate = \frac{Jahres - Cashflow}{Umsatzerlöse} \text{ x } 100$$

Mit ihrer Hilfe lässt sich das künftige Finanzierungspotential in Abhängigkeit von der Umsatzentwicklung abschätzen.

Dynamischer Verschuldungsgrad

Als Indikator für die Verschuldungsfähigkeit eignet sich der Cashflow, weil die Verbindlichkeiten des Unternehmens letztlich nur aus den selbst erwirtschafteten Mitteln getilgt werden können. Maßstab ist der dynamische Verschuldungsgrad bzw. die Schuldentilgungsdauer in Jahren:

$$Dynamischer\ Verschuldungsgrad = \frac{Netto - Fremdkapital}{Cashflow\ nach\ DVFA/SG}$$

Das Netto-Fremdkapital bzw. die Netto-Verschuldung ermittelt sich wie folgt:[512]

	Verbindlichkeiten
+	Rückstellungen, die nicht Pensionsrückstellungen sind
-	Wertpapiere des Umlaufvermögens
-	Liquide Mittel (Schecks, Kassenbestand, Guthaben bei Kreditinstituten)
=	Netto-Fremdkapital

[511] Bei der Beurteilung der aktuellen Periode sollte auf den Jahres-Cashflow und im Falle einer Zukunftsprognose auf den Cashflow nach DVFA/SG abgestellt werden.

[512] Hierzu Baetge/Kirsch/Thiele, Bilanzanalyse, 2. Aufl. 2004, S. 275.

Dem dynamischen Verschuldungsgrad ist eine Indikatorfunktion beizumessen. Die Kennzahl unterstellt, dass der Umfang der Verschuldung laufend abgebaut, der gesamte Cashflow zur Schuldentilgung verwendet wird und über einige Jahre einigermaßen konstant bleibt. Das ist aber in der Realität nicht der Fall. Meist bleibt die Summe aller aufgenommenen Schulden konstant oder nimmt mit der Ausweitung des Unternehmens zu. Darüber hinaus werden Teile des Cashflows laufend für Neu- oder Ersatzinvestitionen oder für Dividendenzahlungen benötigt. Insofern hat die Schuldentilgungsdauer nur im zeitlichen oder zwischenbetrieblichen Vergleich einen gewissen Aussagewert. Immerhin ermöglicht sie dabei jedoch Erkenntnisse über unterschiedliche Verschuldungs- und damit Finanzierungsspielräume der betrachteten Unternehmen.

Innenfinanzierungsgrad

Zur weiteren Beurteilung der finanzwirtschaftlichen Verhältnisse wird in diesem Zusammenhang gerne gefragt, inwieweit das Unternehmen in der Lage sein wird, seine Investitionen aus den selbst erwirtschafteten (Innen-)Finanzierungsmitteln – d.h. aus dem Cashflow – zu begleichen:

$$Innenfinanzierungsgrad\ der\ Investitionen\ = \frac{Jahres - Cashflow}{(Netto\ -)Investitionen} \text{ x } 100$$

Die Netto-Investitionen ermitteln sich wie folgt:

	Zugänge
-	Erlöse aus Anlagenabgängen[513]
=	Netto-Investitionen

Free Cashflow

Entscheidende Größe für die Beurteilung eines Unternehmens im Rahmen des Shareholder Value ist der Free Cashflow. Dies ist die Differenz von Cashflow aus laufender Geschäftstätigkeit und Cashflow aus Investitionstätigkeit. Dabei handelt es sich um den Cashflow, der zur Ausschüttung an die Eigen- und Fremdkapitalgeber zur Verfügung steht. Diese Definition übersieht allerdings, dass ein Teil des Cashflows aus Investitionstätigkeit für Ersatzinvestitionen und ein Teil für Erweiterungsinvestitionen benötigt wird. Geht man von einer konstanten Geschäftsentwicklung aus, so sollte die Differenz zwischen Cashflow aus laufender Geschäftstätigkeit und Ersatzinvestitionen in Zukunft konstant bleiben, während die Erweiterungsinvestitionen zu einem höheren Cashflow aus laufender Geschäftstätigkeit führen sollten.

Befriedigung der Ansprüche der Kapitalgeber

Für den Free Cashflow gilt, dass er bei normaler Geschäftstätigkeit positiv sein muss, um damit die Ansprüche von Eigen- und Fremdkapitalgebern befriedigen zu können. Nur bei einem Start-up ist ein negativer Free Cashflow über einen längeren Zeitraum möglich. Ansonsten droht die Insolvenz.[514]

---

513 Sofern nicht bekannt, Restbuchwerte der Abgänge oder vereinfachend nur Zugänge laut Anlagengitter und ohne Erträge aus Anlagenabgängen.

514 Hierzu sowie zu den vorangegangenen Ausführungen Gräfer/Wengel, Bilanzanalyse, 14. Aufl. 2019, S. 95-100.

6.2.3.3 Analysen der Kapitalflussrechnung

§ 297 Abs. 1 Satz 2 HGB

In Deutschland ist eine Kapitalflussrechnung für Mutterunternehmen, die einen Konzernabschluss aufstellen müssen, gemäß § 297 Abs. 1 Satz 2 HGB vorgeschrieben und daher vom Konzernabschlussersteller mit dem Konzernabschluss aufzustellen. Für den Einzelabschluss besteht in Deutschland keine gesetzliche Publizitätspflicht für Kapitalflussrechnungen. Das HGB enthält neben der Verpflichtung für Konzerne, eine Kapitalflussrechnung zu erstellen, keine weiteren Vorschriften, wie diese zu gestalten ist.

DRS 21

Der DSR hat diese Regelungslücke geschlossen und in DRS 21 die Vorschriften zur Ausgestaltung der Kapitalflussrechnung festgelegt. Der DRS 21 ist von allen Mutterunternehmen anzuwenden, die verpflichtet sind, eine Kapitalflussrechnung aufzustellen. Soweit Unternehmen freiwillig eine Kapitalflussrechnung aufstellen, sollten auch diese DRS 21 beachten.

Grundstruktur

Einen Überblick über die Grundstruktur der Kapitalflussrechnung nach DRS 21 gibt das folgende Schema:[515]

1.		Periodenergebnis (Konzernjahresüberschuss/-fehlbetrag einschließlich Ergebnisanteile anderer Gesellschafter)
2.	+/-	Abschreibungen/Zuschreibungen auf Gegenstände des Anlagevermögens
3.	+/-	Zunahme/Abnahme der Rückstellungen
4.	+/-	Sonstige zahlungsunwirksame Aufwendungen/Erträge
5.	-/+	Zunahme/Abnahme der Vorräte, der Forderungen aus Lieferungen und Leistungen sowie anderer Aktiva, die nicht der Investitions- oder Finanzierungstätigkeit zuzuordnen sind
6.	+/-	Zunahme/Abnahme der Verbindlichkeiten aus Lieferungen und Leistungen sowie anderer Passiva, die nicht der Investitions- oder Finanzierungstätigkeit zuzuordnen sind
7.	-/+	Gewinn/ Verlust
8.	+/-	Zinsaufwendungen/Zinserträge
9.	-	Sonstige Beteiligungserträge
10.	+/-	Aufwendungen/Erträge außergewöhnlicher Größenordnung oder Bedeutung
11.	+/-	Ertragsteueraufwand/Ertragsteuerertrag
12.	+	Einzahlungen außergewöhnlicher Größenordnung oder Bedeutung
13.	-	Auszahlungen außergewöhnlicher Größenordnung oder Bedeutung
14.	-/+	Ertragsteuerzahlungen
15.	**=**	**Cashflow aus laufender Geschäftstätigkeit (Summe aus: 1-14)**

[515] Hierzu ausführlich Coenenberg/Haller/Schultze, Jahresabschluss und Jahresabschlussanalyse, 26. Aufl. 2021, S. 852ff.

16.	+	Einzahlungen aus Abgängen von Gegenständen des immateriellen Anlagevermögens
17.	-	Auszahlungen für Investitionen in das immaterielle Anlagevermögen
18.	+	Einzahlungen aus Abgängen von Gegenständen des Sachanlagevermögens
19.	-	Auszahlungen für Investitionen in das Sachanlagevermögen
20.	+	Einzahlungen aus Abgängen von Gegenständen des Finanzanlagevermögens
21.	-	Auszahlungen für Investitionen in das Finanzanlagevermögen
22.	+	Einzahlungen aus Abgängen aus dem Konsolidierungskreis
23.	-	Auszahlungen für Zugänge zum Konsolidierungskreis
24.	+	Einzahlungen aufgrund von Finanzmittelanlagen i.R.d. kurzfristigen Finanzdisposition
25.	-	Auszahlungen aufgrund von Finanzmittelanlagen i.R.d. kurzfristigen Finanzdisposition
26.	+	Einzahlungen im Zusammenhang mit Erträgen von außergewöhnlicher Größenordnung oder außergewöhnlicher Bedeutung
27.	-	Auszahlungen im Zusammenhang mit Aufwendungen von außergewöhnlicher Größenordnung oder außergewöhnlicher Bedeutung
28.	+	Erhaltene Zinsen
29.	+	Erhaltene Dividenden
30.	=	**Cashflow aus Investitionstätigkeit (Summe aus: 16-29)**
31.	+	Einzahlungen aus Eigenkapitalabführungen von Gesellschaftern des Mutterunternehmens
32.	+	Einzahlungen aus Eigenkapitalzuführungen von anderen Gesellschaftern
33.	-	Auszahlungen aus Eigenkapitalherabsetzungen an Gesellschafter des Mutterunternehmens
34.	-	Auszahlungen aus Eigenkapitalherabsetzungen an andere Gesellschafter
35.	+	Einzahlungen aus der Begebung von Anleihen und (Finanz-)Krediten
36.	-	Auszahlungen aus der Tilgung von Anleihen und (Finanz-)Krediten
37.	+	Einzahlungen aus erhaltenen Zuschüssen bzw. Zuwendungen
38.	+	Einzahlungen im Zusammenhang mit Erträgen von außergewöhnlicher Größenordnung oder außergewöhnlicher Bedeutung

39.	-	Auszahlungen im Zusammenhang mit Aufwendungen von außergewöhnlicher Größenordnung oder außergewöhnlicher Bedeutung
40.	-	Gezahlte Zinsen
41.	-	Gezahlte Dividenden an Gesellschafter des Mutterunternehmens
42.	-	Gezahlte Dividenden an andere Gesellschafter
43.	=	**Cashflow aus der Finanzierungstätigkeit (Summe aus: 31-42)**
44.		Zahlungswirksame Veränderung des Finanzmittelfonds (Summe aus: 15, 30, 43)
45.	+/-	Wechselkurs- und bewertungsbedingte Änderungen des Finanzmittelfonds
46.	+/-	Konsolidierungskreisbedingte Änderungen des Finanzmittelfonds
47.	+	Finanzmittelfonds am Anfang der Periode
48.	=	**Finanzmittelfonds am Ende der Periode**

Tab. 55 Gliederung der Kapitalflussrechnung bei indirekter Ermittlung des Cashflow aus laufender Geschäftstätigkeit nach DRS 21

Aus Kapitalflussrechnungen können sehr wichtige Erkenntnisse gewonnen werden:

Cashflow aus laufender Geschäftstätigkeit

Der Schwerpunkt der Cashflow-Analyse liegt auf dem Cashflow aus der laufenden Geschäftstätigkeit. Dieser stellt einen Indikator für die Innenfinanzierungskraft eines Unternehmens dar. Der Cashflow aus der laufenden Geschäftstätigkeit zeigt, inwiefern das Unternehmen finanzielle Mittel aus eigener Kraft generieren konnte. Sofern dem Jahresergebnis ein wesentlich niedrigerer Cashflow aus der laufenden Geschäftstätigkeit gegenübersteht, sollten die Gründe kritisch analysiert werden. Insbesondere gilt es zu prüfen, ob die Differenz verursacht wird durch ergebniserhöhende Bilanzpolitik, z.B. in Form von niedrigen Abschreibungen und Rückstellungsbildungen, oder hohe Lagerzugänge, z.B. wegen Absatzschwäche.

Cashflow aus Investitionsstätigkeit

Üblicherweise ist der Cashflow aus der Investitionstätigkeit negativ. Er informiert darüber, ob ein Unternehmen wächst, stagniert oder schrumpft. Als Richtwert können die planmäßigen Abschreibungen herangezogen werden. Überschreitet der Cashflow aus der Investitionstätigkeit betragsmäßig die Abschreibungen, ist von einem wachsenden Unternehmen auszugehen. Unterschreitet der Cashflow aus der Investitionstätigkeit die Abschreibungen, ist von einem schrumpfenden Unternehmen auszugehen. Im Fall von Wachstum steigen erwartungsgemäß die künftigen Cashflows aus der laufenden Geschäftstätigkeit. Sofern die Desinvestitionen größer sind als die Investitionen, fällt der Cashflow aus der Investitionstätigkeit positiv aus. Das könnte auf laufende Umstrukturierungen hindeuten. Denkbar wäre aber auch, dass wertvolle Teile des Anlagevermögens aus einer Notsituation heraus veräußert wurden.

Cashflow aus Finanzierungstätigkeit

Der Cashflow aus der Finanzierungstätigkeit bildet die Außenfinanzierung eines

Unternehmens ab. Hier lassen sich unter anderem Umfinanzierungen erkennen. Außerdem zeigt der Cashflow aus der Finanzierungstätigkeit, wie ein Mittelüberschuss für Kapitalgeber verwendet bzw. ein Mitteldefizit von außen finanziert wird. Es kann ein deutliches Krisensignal sein, wenn ein Unternehmen wiederholt ein hohes Mitteldefizit erwirtschaftet und durch kurzfristiges Fremdkapital finanziert ist, wie z.B. durch Inanspruchnahme von kurzfristigen Kreditlinien. In diesen Fällen könnte der Fortbestand des Unternehmens mittelfristig von der Verlängerung der eingeräumten Kreditlinien durch die Banken abhängen.[516]

6.3 Erfolgswirtschaftliche Jahresabschlussanalyse

6.3.1 Analyseziele

Beurteilung der Ertragskraft

Die ertragswirtschaftliche Jahresabschlussanalyse zielt auf die Beurteilung der Ertragskraft eines Unternehmens. Unter Ertragskraft ist die Fähigkeit zu verstehen, in der Zukunft nachhaltig Gewinne zu erzielen, und damit Entnahmen bzw. Gewinnausschüttungen sicherzustellen bzw. die Leistungsfähigkeit des Unternehmens durch Rücklagenbildung zu erhalten und zu stärken.

Gewinn- und Verlustrechnung

Vom Gesetzgeber vorgesehenes Instrument zur Beurteilung der Ertragskraft bzw. der Erfolgsentwicklung in der Berichtsperiode ist die Gewinn- und Verlustrechnung. Wie bereits dargestellt, werden in ihr die Erträge und Aufwendungen der Periode gegenübergestellt und als Ausdruck für Gewinn oder Verlust der Jahresüberschuss oder Jahresfehlbetrag ermittelt. Werden diese Größen um Gewinn- bzw. Verlustvorträge aus der Vorperiode und um die Einstellung oder Auflösung von offenen Rücklagen ergänzt, gelangt man zum Bilanzgewinn oder Bilanzverlust:[517]

	Umsatzerlöse
+	Übrige Erträge
-	Aufwendungen (z.B. für Material, Personal, Abschreibungen, etc.)
=	Jahresüberschuss/-fehlbetrag
+/-	Gewinn-/Verlustvortrag
-	Einstellung in die Rücklagen
+	Auflösung von Rücklagen
=	Bilanzgewinn/-verlust

516 Hierzu ausführlich Baetge/Kirsch/Thiele, Bilanzanalyse, 2. Aufl. 2004, S. 278ff.; Küting/Weber, Konzernabschluss, 14. Aufl. 2018, S. 738ff. Neben der indirekten Ermittlung des Cashflow aus laufender Geschäftstätigkeit gibt es auch die Möglichkeit zur direkten Ermittlung. Hier werden sämtliche Ein- und Auszahlungen unsaldiert, d.h. brutto, angegeben. Aufgrund der hierfür erforderlichen Informationen ist es allerdings nur betriebsintern möglich, den Cashflow aus laufender Geschäftstätigkeit direkt zu ermitteln. Insofern wird im nachfolgenden nur die indirekte Ermittlung des Cashflows aus laufender Geschäftstätigkeit dargestellt.

517 Hierzu ausführlich Abschn. 5.1.

Erfolgskennziffern

Jahresüberschuss/-fehlbetrag und Bilanzgewinn/-verlust sind die im Jahresabschluss vorgesehenen Erfolgskennziffern. Beide entsprechen aber nicht dem tatsächlichen Gewinn oder Verlust einer Periode im betriebswirtschaftlichen Sinne.

Bilanzgewinn

Der Bilanzgewinn ist der Teil des Gewinns, der zur Disposition der Hauptversammlung steht und von ihr zur Ausschüttung oder zur Thesaurierung vorgesehen werden kann. Er ist also nur eine Teilgröße und somit für die Beurteilung des Erfolgs ungeeignet.

Jahresüberschuss

Der Jahresüberschuss ist als ausschüttbarer Gewinn zu interpretieren, der im Rahmen der durch das Gesetz und die Grundsätze ordnungsmäßiger Buchführung vorgegebenen bilanzpolitischen Wahlrechte und Spielräume gestaltbar ist. Tatsächlicher und ausgewiesener Erfolg können auseinanderfallen. Der Grund dafür ist auf die Legung und Auflösung stiller Reserven zurückzuführen. Sie sind das Ergebnis des Einsatzes bilanzpolitischen Instrumentariums und werden als Differenz zwischen dem Buchwert und einem höheren Vergleichswert (z.B. dem Zeit- oder Wiederbeschaffungswert) von Vermögensgegenständen und Schulden definiert. Durch das Legen von stillen Reserven wird der Jahreserfolg zu niedrig und bei ihrer Auflösung zu hoch ausgewiesen.

Abweichung zwischen tatsächlichem und ausgewiesenem Erfolg

Die erfolgswirtschaftliche Analyse setzt an dieser Abweichung zwischen tatsächlichem und ausgewiesenem Erfolg an. Ziel ist es, einen Erfolg zu ermitteln, der dem tatsächlichen Ergebnis der unternehmerischen Tätigkeit möglichst nahekommt. Instrumente dafür sind die „Bereinigungsrechnung“ und die „Erfolgsspaltung“.

Bereinigungsrechnung

In der Bereinigungsrechnung werden die Posten der GuV unter Nutzung der Anhangangaben und sonstiger dem Analysten zur Verfügung stehenden Informationen korrigiert.

Erfolgsspaltung

In der Erfolgsspaltung wird das Gesamtergebnis (Jahresüberschuss bzw. bereinigter Unternehmenserfolg) in seine Teilsegmente aufgespalten, um insbesondere das ordentliche Betriebsergebnis bzw. das operative Ergebnis als besonders aussagefähige Kennzahl zu ermitteln.

Die Erfolgsanalyse verfolgt insbesondere drei Zwecke:

[1] Es soll der bereinigte Unternehmenserfolg festgestellt werden, der aussagefähiger ist als der von steuer-, ausschüttungs- und anderen bilanzpolitischen Erwägungen bestimmte Jahresüberschuss.

[2] Es sollen die verschiedenen Erfolgsquellen herausgestellt werden, um insbesondere den ordentlichen Betriebserfolg, aber auch die übrigen Erfolgsquellen in ihrer unterschiedlichen Bedeutung für die Prognose nutzbar machen zu können.

[3] Die einzelnen Aufwandsarten sollen bezüglich ihrer Bedeutung und ihrer Veränderungen herausgestellt und untersucht werden, um Fehlentwicklungen zu erkennen.

Ergebnisquellenrechnung

Es bietet sich an, Bereinigungsrechnung und Erfolgsspaltung in der Ergebnisquellenrechnung miteinander zu kombinieren:

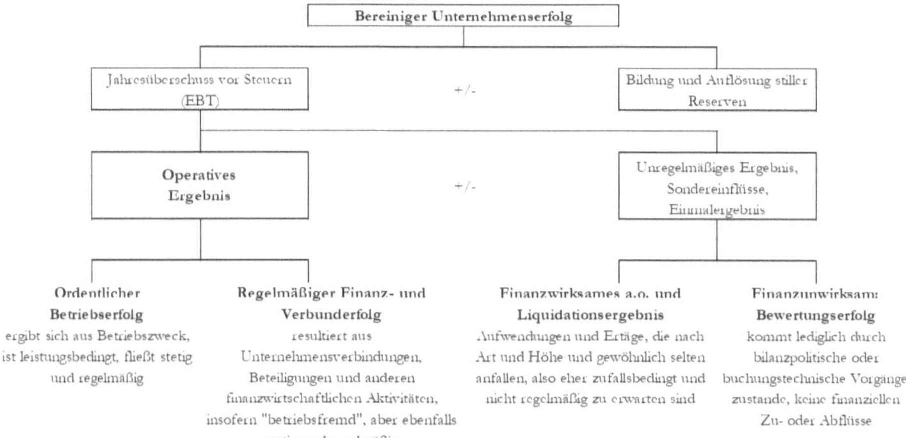

Abb. 25 Informationsbedürfnisse der externen Adressaten[518]

Ausgangspunkt

Ausgangspunkt für die Erfolgsspaltung ist die GuV, deren Posten in der Weise aufbereitet werden, dass Bereinigungen, Umbewertungen, Aufspaltungen und Umgruppierungen vorzunehmen sind.

6.3.2 Erfolgsquellenanalyse

6.3.2.1 Grundkonzeption

Zweck

Sinn und Zweck der Erfolgsquellenanalyse ist es, die wichtigsten Erfolgsquellen zu identifizieren und Erkenntnisse über die Nachhaltigkeit des Unternehmenserfolgs zu gewinnen.

Erfolgskomponenten

Hier ist insbesondere zwischen ordentlichen – sich eher wiederholenden, regelmäßigen – und außerordentlichen – einmaligen – sowie lediglich buch- und bewertungstechnischen Erfolgskomponenten zu unterscheiden. Durch die Spaltung des Gesamtergebnisses in seine Segmente und Komponenten soll das operative, nachhaltige betriebliche Ergebnis ermittelt und von den anderen Ergebnis-Segmenten isoliert werden, denn in diesem Ergebnis schlagen sich Entwicklungen und Fehlentwicklungen besonders deutlich nieder.

Trennung von ordentlichen und außerordentlichen Komponenten

Im Wesentlichen geht es darum, die Ergebniskomponenten, die unter vergleichsweise konstanten Bedingungen auch zukünftig erwartet werden können, von unregelmäßigen, weniger planbaren Komponenten zu trennen. In der gesetzlichen GuV wird eine solche Trennung zwischen ordentlichen und außerordentlichen[519] Komponenten nur unzureichend vorgenommen.

Rückschlüsse auf künftige Gewinnaussichten

Methodisch läuft dabei im Hintergrund folgende Überlegung: von der in der aufbereiteten GuV zum Ausdruck kommenden gegenwärtigen Erfolgslage sollen Rückschlüsse auf die zukünftige Ertragskraft, also auf die künftigen Gewinn-

---

[518] In Anlehnung an Gräfer/Wengel, Bilanzanalyse, 14. Aufl. 2019, S. 28.

[519] Zum Wegfall außerordentlicher Posten in der GuV im Zuge des BilRUG ausführlich Maier/Roos, BBK 2015, S. 1150ff.

aussichten gezogen werden. Es wird versucht, die verfügbaren Informationen über die bisherige Entwicklung und den derzeitigen Stand zu nutzen, um Prognosen für die kommenden Jahre aufstellen zu können. Der Schluss von der vergangenen auf die künftige Ertragskraft stützt sich um Wesentlichen auf die – allerdings nicht immer berechtigte – Annahme, dass die Ursachen der vergangenen Erfolgserzielung künftig in ähnlicher Stärke und Zusammensetzung weiterwirken.

Bereinigte Erfolgsposten

Dabei ist die Erfolgsspaltung insofern besonders hilfreich, als die Zerlegung in einzelne Teilerfolge die Aufdeckung der einzelnen, den Gesamterfolg beeinflussenden Determinanten (bereinigte Ertrags- und Aufwandsposten) erleichtert. Außerdem sind die verschiedenen Teilerfolge von unterschiedlicher Qualität, sowohl für die Beurteilung der gegenwärtigen Ertragslage als auch für die Prognose der künftigen Entwicklung der Ertragskraft.

Ordentliches Betriebsergebnis

Regelmäßige Erfolgskomponenten, die auf die eigentliche Betriebstätigkeit zurückzuführen sind, werden im ordentlichen Betriebsergebnis erfasst. Weitere regelmäßige, aber betriebsfremde Erträge bilden den Finanz- und Verbunderfolg. Die anderen Aufwendungen und Erträge werden, soweit sie die Folge reiner „Bewertungsakte“ sind, im Bewertungserfolg, ansonsten im außerordentlichen oder Liquidationserfolg isoliert.

Bereinigter Unternehmenserfolg

Unter dem bereinigten Unternehmenserfolg ist der um erkannte bilanzpolitische Maßnahmen bereinigte Erfolg zu verstehen. Er ergibt sich aus der Summe der Teilergebnisse der einzelnen Erfolgsquellen unter Hinzurechnung der aufgedeckten Reservenbildungen der Periode bzw. nach Abzug der aufgelösten Reserven.

Ergebnis vor Steuern

Die Teilergebnisse und auch der bereinigte Unternehmenserfolg werden zunächst als „Ergebnis vor Steuern vom Einkommen und vom Ertrag“ ermittelt. Auf diese Weise sollen

- Einflüsse unterschiedlicher Gewinnverwendungspolitiken (Ausschüttungen/Rücklagenbildungen),
- Unterschiedliche Hebesätze für die Gewerbeertragsteuer,
- Unterschiedliche Kapitalstruktur,
- Verzerrungen durch Steuernachzahlungen und Erstattungen,
- Unterschiede zwischen Personenhandels- und Kapitalgesellschaften

neutralisiert und die Abschlüsse vergleichbar gemacht werden.

6.3.2.2 Betriebsergebnis, ordentlicher Betriebserfolg bzw. operatives Ergebnis

Die den Erfolg der betrieblichen Betätigung beschreibenden Kennzahlen sollen anhand des folgenden aus der GuV abgeleiteten Ermittlungsschemas ermittelt werden:

Ordentlicher Betriebserfolg nach GKV		t-2	t-1	t	**Ordentlicher Betriebserfolg nach UKV**	
Umsatzerlöse					Umsatzerlöse	
+/-	Bestandsveränderungen				-	Herstellungskosten
+	Aktivierte Eigenleistungen				-	Vertriebskosten

=	**Gesamtleistung**				-	Allgem. Verwaltungskosten
+	Sonstige betriebliche Erträge				+	Sonstige betriebliche Erträge
-	Materialaufwand				-	Sonstige betriebliche Aufwendungen
-	Personalaufwand				-	Sonstige Steuern
-	Sonstige betriebliche Aufwendungen					
=	**EBITDA**					
-	Abschreibungen auf immaterielle Vermögensgegenstände und Sachanlagevermögen					
-	Sonstige Steuern					
=	**Betriebsergebnis (EBIT)**[520]				=	**Betriebsergebnis (EBIT)**
+	Außerplanmäßige Abschreibungen				+	Außerplanmäßige Abschreibungen
+	Unregelmäßiger Teil der sonstigen betrieblichen Aufwendungen[521]				+	Unregelmäßiger Teil der sonstigen betrieblichen Aufwendungen
-	Unregelmäßiger Teil der sonstigen betrieblichen Erträge[522]				-	Unregelmäßiger Teil der sonstigen betrieblichen Erträge
+/-	Einflüsse aus Veränderung des Konsolidierungskreises				+/-	Einflüsse aus Veränderung des Konsolidierungskreises
+	Geschäftswertabschreibungen				+	Geschäftswertabschreibungen
+/-	Bildung/Auflösung stiller Reserven der Periode				+/-	Bildung/Auflösung stiller Reserven der Periode
=	**Ordentlicher Betriebserfolg**				=	**Ordentlicher Betriebserfolg**

Tab. 56 Ermittlung des ordentlichen Betriebserfolgs[523]

[520] Die bei der Ermittlung des EBIT vorzunehmende Korrektur von Steuern beschränkt sich regelmäßig auf die Ertragsteuern. Eine Eliminierung der sonstigen Steuern wird hingegen als nicht sachgerecht erachtet, da es sich hierbei um echten Betriebsaufwand handelt. Hierzu Roos, BBK 2016, S. 649.

[521] Unregelmäßige Teile der sonstigen betrieblichen Aufwendungen sind z.B. solche für Restrukturierung oder außergewöhnlich hohe Währungsverluste.

[522] Unregelmäßige sonstige betriebliche Erträge sind Erträge aus Anlagenabgängen, aus der Auflösung von Rückstellungen, Erstattungsleistungen von Versicherungen usw.

[523] In Anlehnung an Gräfer/Wengel, Bilanzanalyse, 14. Aufl. 2019, S. 35.

Ordentlicher Betriebserfolg Der ordentliche Betriebserfolg stellt den wichtigsten Indikator der Ertragskraft eines Unternehmens dar. Er errechnet sich aus den laufenden betrieblichen Erträgen und Aufwendungen und beschreibt das betriebsspezifische Erfolgspotential am deutlichsten. Während sich der Jahresüberschuss durch zahlreiche betriebsfremde und außerordentliche Vorgänge sowie durch bilanzpolitische Maßnahmen beeinflussen und gestalten lässt, ist der Betriebserfolg weitgehend frei von derartigen im Hinblick auf das Analyseziel störenden und verzerrenden Einflüsse.

Die Ermittlung der Zielkennzahl „Ordentlicher Betriebserfolg" sei nun anhand der Zwischenergebnisse erläutert:

Gesamtleistung Die Gesamtleistung ist die Summe der positiven Erfolgskomponenten im betrieblichen Bereich. Sie wird im weiteren Verlauf als Bezugsgröße im Zusammenhang mit den Intensitäts- und Aufwandsstrukturkennzahlen für die detaillierte Analyse des Betriebsergebnisses benötigt.

EBITDA Da beim EBITDA[524] (*Earnings before interest, taxes, depreciation and amortization*) die wesentlichen zahlungswirksamen Aufwendungen außer Acht gelassen werden, kann diese Zwischenergebnisgröße als vereinfachende Approximation für eine ertragsorientierte Cashflow-Ziffer betrachtet werden.[525] Hierbei wird indes oft übersehen, dass die Abschreibungen auf das Anlagevermögen und immaterielle Vermögensgegenstände wichtige, das tatsächliche Ergebnis mindernde Aufwendungen darstellen, die ihre Ursache in vorausgegangenen, auf Folgeperioden umgelegte Auszahlungen haben und deren Gegenwerte für Ersatzbeschaffungen notwendig sind.

Betriebsergebnis bzw. EBIT Die Zwischenergebnisgröße „Betriebsergebnis" wird auch als EBIT (*Earnings before interest and taxes*) bezeichnet, wobei mit *interest* in einigen Fällen die Zinsaufwendungen, in anderen Fällen aber das gesamte Finanzergebnis einschließlich des Beteiligungsergebnisses gemeint ist. Das EBIT setzt sich aus denjenigen Ertrags- und Aufwandskomponenten zusammen, die mit dem eigentlichen Unternehmenszweck bzw. den Kernaktivitäten des Unternehmens in direktem Zusammenhang stehen und Bestandteil der „gewöhnlichen" Geschäftstätigkeit sind. Sofern sich ihre Determinanten nicht bedeutend ändern, sind sie auch in Zukunft mit einiger Wahrscheinlichkeit zu erwarten. Insofern stellt das Betriebsergebnis eine gute Grundlage für die Ertragsprognose dar. Sollten Änderungen über Einflussfaktoren der Ertrags- und Aufwandspositionen bereits bekannt sein, ist dies bei der Beurteilung im Hinblick auf die zu erwartenden Änderungen des Ergebnisses zu berücksichtigen. Hierin liegt der Schwerpunkt der Analyse: das Ergebnis wird in seine Komponenten und Einflussfaktoren zerlegt, damit ihre Bedeutung für die zukünftige Entwicklung erkannt und für die Prognose verwendet werden kann.

Vom Betriebsergebnis bzw. EBIT unterscheidet sich der ordentliche Betriebserfolg dadurch, dass er von außerordentlichen, unregelmäßigen und weitgehend auch von

---

[524] Zu den sog. „*Earnings-before*"-Kennzahlen und der Kritik zu diesen ausführlich bspw. Lachnit/Müller, Bilanzanalyse, 2. Aufl. 2017, S. 209ff.

[525] Hierzu Coenenberg/Haller/Schultze, Jahresabschluss und Jahresabschlussanalyse, 25. Aufl. 2018, S. 1077.

steuer- und bilanzpolitischen Einflüssen frei ist. Ausgehend vom Betriebsergebnis werden außerplanmäßige Abschreibungen sowie die unregelmäßigen Teile der sonstigen betrieblichen Aufwendungen (Kursverluste, Restrukturierungsaufwendungen etc.) hinzugerechnet. Andererseits werden die außerordentlichen Erträge sowie die unregelmäßigen Teile der sonstigen betrieblichen Erträge (z.B. Erlöse aus Anlageabgängen, Veräußerungsgewinne aus dem Verkauf von Beteiligungen, Erträge aus der Auflösung von Rückstellungen etc.) herausgerechnet. Die eliminierten Aufwendungen und Erträge werden den anderen Teilergebnissen, insbesondere dem „Außerordentlichen und Liquidationsergebnis" bzw. dem „Bewertungsergebnis" zugerechnet.

„Normalerfolg"

Der so ermittelte, von außerordentlichen und „Sondereinflüssen" weitgehend freie, ordentliche Betriebserfolg im Sinne eines Normalerfolgs liefert genauere Aufschlüsse über die Entwicklung des Unternehmens, als der durch betriebsfremde finanzwirtschaftliche Einflüsse, außerordentliche und zufällige sowie rein bewertungstechnische Maßnahmen gekennzeichnete Gesamterfolg, wie er im Jahresüberschuss zum Ausdruck kommt.

Hinweis

Grundsätzlich kann festgehalten werden, dass der ordentliche Betriebserfolg eine Schlüsselgröße darstellt: Anders als der Jahresüberschuss zeigt er Fehlentwicklungen im Unternehmen sofort an, was ihn bilanzanalytisch besonders bedeutsam macht.

Dies soll anhand eines Szenarios verdeutlich werden:

Der Jahresüberschuss eines Unternehmens möge im Zeitvergleich etwa konstant sein, möglicherweise sogar leicht steigend. Das erweckt zunächst den Eindruck einer normalen Entwicklung. Wird nun jedoch im Rahmen der Erfolgsquellenanalyse aufgedeckt, dass der ordentliche Betriebserfolg gesunken ist, erkennt der Bilanzleser sofort, dass das „normale" Jahresergebnis nur durch Vorgänge im außerordentlichen Bereich – z.B. durch Grundstücksverkäufe – oder durch Bewertungsmaßnahmen – z.B. Zuschreibungen – ausgewiesen werden konnte, aber nicht „operativ" verdient ist.

Gelingt es einem Unternehmen bspw. trotz rückläufiger Ergebnisse oder gar Verluste im operativen Bereich durch Mobilisierung stiller Reserven insgesamt einen Stabilität vortäuschenden Jahresüberschuss auszuweisen, so wird dies durch die Ermittlung des ordentlichen Betriebsergebnisses aufgedeckt.

Ein konstanter oder gar steigender Jahresüberschuss bei rückläufigem Betriebsergebnis stellt immer ein Alarmsignal dar. Insofern ist es wichtig, die Entwicklung der Erfolgskennzahlen „Jahresüberschuss" und „Ordentlicher Betriebserfolg" einander gegenüberzustellen und durch Cashflow-Analysen zu ergänzen.

Zur detaillierten Analyse des Betriebsergebnisses und zur Herausstellung seiner Determinanten werden Umsatz-, Ertrags- und Aufwandsstrukturen ermittelt und einzeln beurteilt.

Im Zusammenhang mit dem ordentlichen Betriebsergebnis gilt ganz allgemein folgendes: Je gleichmäßiger die zeitliche Entwicklung des ordentlichen Betriebserfolgs ist und je höher der ordentliche Betriebserfolg im Verhältnis zu den anderen Erfolgsquellen ist, umso positiver ist die Ertragslage eines Unternehmens zu beurteilen.

6.3.2.3 Finanz- und Verbunderfolg

Betriebsfremdes Ergebnis

Der Finanz- und Verbunderfolg ist dadurch charakterisiert, dass er zwar durch Betätigung des Unternehmens erwirtschaftet wird, jedoch nicht mit dem eigentlichen Unternehmenszweck im Zusammenhang steht. Oftmals wird auch die Bezeichnung „Betriebsfremdes Ergebnis" gewählt, was ebenfalls zum Ausdruck bringt, dass es sich hierbei um eine Erfolgskomponente handelt, die neben dem eigentlichen Betriebserfolg steht.

Positive Komponenten des Finanz- und Verbunderfolgs sind

- Erträge aus Gewinngemeinschaften und Gewinnabführungsverträgen;
- Erträge aus Beteiligungen, einschließlich solcher aus verbundenen Unternehmen: es werden hier nur die laufenden Erträge aus Beteiligungen (Dividenden von Kapitalgesellschaften und Genossenschaften, Gewinnanteile von Personengesellschaften, Erträge aus Beherrschungsverträgen) ausgewiesen;
- Erträge aus anderen Wertpapieren: regelmäßig anfallende Erträge aus nicht als Beteiligungen aktivierten Wertpapieren des Anlagevermögens und aus langfristigen Ausleihungen;
- Sonstige Zinsen und ähnliche Erträge: Zinsen für Einlagen bei Kreditinstituten, bei Wechselforderungen, Zinsen und Dividenden aus Wertpapieren.

Um zum Finanzergebnis zu gelangen, zieht man von diesen Erträgen die Aufwendungen dieses Bereichs ab. In Betracht kommen insbesondere

- Zinsen und ähnliche Aufwendungen,
- Aufwendungen aus Verlustübernahmen.

Zinsaufwand

Zu diskutieren ist, ob die Zinsaufwendungen im ordentlichen Betriebsergebnis oder im betriebsfremden Ergebnis zu berücksichtigen sind. Sicher hängen die Zinsaufwendungen – interpretiert als Kapitalbeschaffungskosten – sehr eng mit der Bereitstellung der Produktionsfaktoren und folglich mit der eigentlichen Betriebstätigkeit zusammen und wären somit im ordentlichen Betriebsergebnis zu berücksichtigen. Dem stehen aber zwei Überlegungen entgegen:

[1] Zum einen kann ein externer Bilanzanalytiker kaum abschätzen, in welchem Maße es sich um Zinsen für Fremdkapital handelt, das im eigentlichen Kernbereich des Unternehmens eingesetzt wird, und welche Anteile auf Mittel entfallen, die zum Erwerb von Beteiligungen notwendig sind.

[2] Zum anderen stört die Berücksichtigung der Aufwandszinsen im ordentlichen Betriebserfolg auch den Betriebs- oder Branchenvergleich. Für die Beurteilung des Unternehmens mithilfe des Betriebs- oder Branchenvergleichs ist es zweckmäßig, die Einflüsse auf das Ergebnis, die lediglich von der Finanzierungsart oder der Kapitalstruktur ausgehen, zu isolieren. Eine solche Isolierung erreicht man gerade dadurch, dass die Zinsen bei der Bestimmung des Finanz- und Verbunderfolgs berücksichtigt werden.

Abschreibungen auf Finanzanlagen

Eindeutig ist hingegen, dass Abschreibungen auf Finanzanlagen nicht dem Finanzergebnis zuzuordnen sind. Sie finden nicht planmäßig statt, sondern stellen immer außerordentliche Maßnahmen dar und beeinflussen folglich den Bewertungserfolg.

Finanz- und Verbunderfolg	t-2	t-1	t
Zinsen und ähnliche Erträge			
- Zinsen und ähnliche Aufwendungen			
+ Erträge aus Wertpapieren und Ausleihungen des Anlagevermögens			
- Zinsanteil in Zuführungen zu Pensionsrückstellungen			
= **Zinsergebnis**			
+ Erträge aus Beteiligungen			
+ Erträge aus Gewinngemeinschaften			
- Aufwendungen aus Verlustübernahmen			
= **Beteiligungsergebnis**			
= **Finanz- und Verbundergebnis**			

Tab. 57 Finanz- und Verbunderfolg

Aufwendungen und Erträge aus Ergebnisübernahme

Die gemäß § 277 Abs. 3 Satz 2 HGB gesondert auszuweisenden Erträge und Aufwendungen aus Verlustübernahmen und die aufgrund einer Gewinngemeinschaft, eines Gewinn- und eines Teilgewinnabführungsvertrags erhaltenen oder abgeführten Gewinne sind bilanzanalytisch unterschiedlich zu behandeln:

- Erträge aus Gewinngemeinschafften etc. und die Aufwendungen aus Verlustübernahmen sind in den Finanz- und Verbunderfolg einzubeziehen.
- Aufwendungen aus Gewinngemeinschaften etc. sowie Aufwendungen aus Verlustübernahmen sind nicht in den Finanz- und Verbunderfolg einzubeziehen. Abgeführte Gewinne stellen insofern keinen Aufwand dar, als eigentlich Gewinnverwendung vorliegt.
- Erträge aus Verlustübernahmen ergeben sich aus einem Verlustausgleich und sind, wenn die Ertragslage des empfangenden Unternehmens analysiert werden soll, nicht zu berücksichtigen.

Der Finanz- und Verbunderfolg ist eine der ordentlichen Ergebnisquellen. Zusammen mit dem ordentlichen Betriebsergebnis bildet er das „regelmäßige Unternehmensergebnis“ bzw. das operative Ergebnis.

Zweckmäßigerweise wird der Finanz- und Verbunderfolg in die Teilbereiche Zins- und Beteiligungsergebnis unterteilt:

Zinsergebnis

Das Zinsergebnis soll besonders herausgestellt werden, um die Abhängigkeit des Jahresüberschusses von der Entwicklung der Kapitalmarktzinsen, also die Zinssensibilität, herauszustellen. Außerdem können die im Zinsergebnis zum Ausdruck kommende Kapitalstruktur und das Halten von Wertpapieren über die damit verbundenen Aufwendungen und Erträge erheblichen Einfluss auf die Ertragslage haben.

Die folgende Kennzahl verdeutlicht die Kosten der Fremdfinanzierung und sollte mit der Gesamtergebnisrentabilität verglichen werden, um die Effizienz des Mitteleinsatzes des Unternehmens zu zeigen:

$$Zinsbeslastung = \frac{Zinsaufwand}{Geldverbindlichkeiten} \text{ x } 100$$

Dabei sind unter den Geldverbindlichkeiten folgenden Bilanzposten zusammenzufassen:

- Anleihen,
- Verbindlichkeiten gegenüber Kreditinstituten,
- Verbindlichkeiten aus der Annahme gezogener Wechsel und der Ausstellung eigener Wechsel,
- Verbindlichkeiten gegenüber verbundenen Unternehmen,
- Verbindlichkeiten gegenüber Unternehmen, mit denen ein Beteiligungsverhältnis besteht.

Beteiligungsergebnis

Das Beteiligungsergebnis – es ist insbesondere im Einzelabschluss von Bedeutung – zeigt die Höhe der Erfolgsbeiträge der verbundenen Unternehmen und der Unternehmen, mit denen ein Beteiligungsverhältnis besteht, an. Gegebenenfalls ist es um Verlustübernahmen aufgrund von Unternehmensverträgen vermindert.

Die nachstehende Kennzahl gibt Hinweise auf die Bedeutung dieses Bereichs und auf das Ausmaß der Risikostreuung und Diversifikationserfolge:

$$Beteiligungsergebnisanteil = \frac{Beteiligungsergebnis}{Jahresüberschuss\ vor\ Steuern} \text{ x } 100$$

Beteiligungsrendite

Folgende Kennzahl misst hingegen die Verzinsung des in Beteiligungen investierten Kapitals und zeigt damit den Erfolg oder Misserfolg der Beteiligungspolitik oder Gewinnverlagerungen im Konzern:

$$Beteiligungsrendite = \frac{Beteiligungsergebnis}{Anteile\ an\ verbundenen\ Unternehmen\ und\ Beteiligungen} \text{ x } 100$$

Bei schlechten Beteiligungsrenditen ist folgenden Fragen nachzugehen:

[1] Welche Probleme bestehen im Bereich der verbundenen Unternehmen und Beteiligungen? An welchen Stellen, d.h. bei welchen Töchtern, lassen sie sich lokalisieren und welche Konsequenzen lassen sich daraus für die Unternehmenspolitik ziehen?

[2] Ist das schlechte Ergebnis möglicherweise auf Gewinnverlagerungen innerhalb des Konzerns zurückzuführen? Welche Gründe gibt es dafür, wer hat daraus Vorteile, wer Nachteile?

[3] Kann das unbefriedigende Ergebnis mit hohen Anlaufaufwendungen und Startschwierigkeiten bei neuen Aktivitäten, z.B. im unternehmerischen Bereich, erklärt werden? Mit welcher künftigen Entwicklung ist zu rechnen?

6.3.2.4 Außerordentlicher und Liquidationserfolg

Nach dem im Zuge des BilRUG die außerordentlichen Posten in der GuV entfallen sind, werden unter dieser Erfolgsquelle die insbesondere durch Anhangerläuterungen als außerordentlich, perioden- oder betriebsfremd zu klassifizierenden Beträge ausgewiesen. Hinzukommen Beträge, die bei der Ermittlung des ordentlichen Betriebserfolgs eliminiert wurden.

Zu nennen sind Kursgewinne und -verluste, die aus den sonstigen betrieblichen Erträgen und den sonstigen betrieblichen Aufwendungen des ordentlichen Betriebserfolgs eliminiert wurden. Während die Berücksichtigung der Kursgewinne an dieser Stelle eindeutig ist, weil sie entsprechend dem Realisationsprinzip des § 252 Abs. 1 Nr. 4 HGB nur dann ausgewiesen werden dürfen, wenn sie realisiert worden sind, müssen Kursverluste dem Bewertungsergebnis zugerechnet werden. Ihre gewinnmindernde Berücksichtigung in der GuV als sonstiger betrieblicher Aufwand stellt zunächst nur eine aus Vorsichtsgründen – dem Imparitätsprinzip folgend – notwendige Bewertungsmaßnahme dar. Ob diese Kursverluste tatsächlich eintreten, ist nicht gewiss.

Außerordentliches und Liquidationsergebnis		t-2	t-1	t
Außerordentliche Erträge gemäß Anhang				
-	Außerordentliche Aufwendungen gemäß Anhang			
+	Untypische und unregelmäßige Erträge in den sonstigen betrieblichen Erträgen (z.B. Kursgewinne, Erlöse aus Anlagenabgängen)			
-	Untypische und unregelmäßige Aufwendungen in den sonstigen betrieblichen Aufwendungen (z.B. realisierte Kursverluste)			
+/-	Periodenfremde Erträge/Aufwendungen			
+	Sonstige unregelmäßige Finanzerträge			
-	Sonstige unregelmäßige Finanzaufwendungen			
=	**Außerordentliches und Liquidationsergebnis**			

Tab. 58 Außerordentliches und Liquidationsergebnis

Zwar kann das außerordentliche und Liquidationsergebnis den Unternehmenserfolg erheblich beeinflussen, doch besitzt es gerade wegen des außerordentlichen Charakters prognostisch und für die Beurteilung der künftigen Ertragskraft wenig Relevanz. Dies bedeutet: Ein positives außerordentliches oder Liquidationsergebnis erfreut sich in diesem Sinne keiner besonders hohen Wertschätzung, wie auch umgekehrt ein negatives außerordentliches oder Liquidationsergebnis als nicht besonders „alarmierend" einzustufen ist. Gleichwohl ist den Ursachen nachzugehen und festzustellen, ob ein positives außerordentliches oder Liquidationsergebnis Folge dispositiver Maßnahmen – z.B. Verkäufe von Gegenständen des Anlagevermögens – zur Überbrückung von Liquiditätsengpässen oder der Mobilisierung stiller Reserven zur Verbesserung des Ergebnisses und des Ausschüttungspotentials ist. Dies wäre als „alarmierendes" Signal einzustufen.

6.3.2.5 Bewertungserfolg

Bewertungsbedingte Aufwendungen und Erträge

Im Bewertungserfolg werden sämtliche außerplanmäßigen Abschreibungen sowie die Geschäfts- oder Firmenwertabschreibungen erfasst, die aus dem ordentlichen Betriebsergebnis eliminiert wurden. Hier finden sich auch die Auflösungen solcher Rückstellungen, die nicht zweckentsprechend verwendet, sondern – weil nicht mehr „benötigt" – zugunsten der sonstigen betrieblichen Erträge aufgelöst wurden, andere lediglich bewertungsbedingte Erträge und Aufwendungen, die nicht zahlungswirksam waren.

Zudem sind dem Bewertungserfolg alle übrigen, aus den anderen Segmenten eliminierte Beträge zuzurechnen, die als reine bewertungstechnische Maßnahmen identifiziert wurden, wie bspw. Zuschreibungen, Abschreibungen auf das Finanzanlagevermögen bei nur vorübergehender Wertminderung etc.

Korrekturen des Jahresüberschusses

Charakteristisch ist, dass der Bewertungserfolg nicht auf finanzielle, d.h. zahlungswirksame Zu- oder Abflüsse zurückzuführen ist. Er ist lediglich Folge buchungstechnischer Korrekturen des Jahresüberschusses. Insofern ist ihm für die Prognose der zukünftigen Ertragskraft eine vergleichsweise geringere Bedeutung als den übrigen Erfolgsquellen beizumessen.

Bewertungserfolg	t-2	t-1	t
Zuschreibungen			
+ Erträge aus Rückstellungsauflösung			
- Abschreibungen auf Finanzanlagevermögen und Wertpapiere des Umlaufvermögens, außerplanmäßige Abschreibungen auf Sachanlagemögen und immaterielle Vermögensgegenstände			
- Geschäft- oder Firmenwertabschreibungen			
= **Bewertungserfolg**			

Tab. 59 Bewertungserfolg

Bildung und Auflösung stiller Reserven

Ein positiver Bewertungserfolg ist erfolgsanalytisch kritisch zu beurteilen, da hierfür die Auflösung stiller Reserven – z.B. durch Zuschreibungen – ursächlich ist. Hingegen weist ein negatives Bewertungsergebnis auf die Bildung stiller Reserven hin. Insofern ist letzteres eher positiv zu deuten: Ein negativer Bewertungserfolg entsteht durch buchungstechnische Aufwendungen, ohne dass ihnen ein betrieblicher Wertverzehr, also ein echter Aufwand zugrunde liegt.

Der Bewertungserfolg ergibt zusammen mit den übrigen Erfolgskomponenten den Jahresüberschuss/-fehlbetrag vor Steuern.

Hinweis

Ziel der im Rahmen der Erfolgsanalyse durchgeführten Aufbereitungen des Datenmaterials ist neben der Herausstellung der Ergebnisquellen bzw. Erfolgskomponenten die Ermittlung des bereinigten Unternehmenserfolgs, weil der in der GuV als Jahreserfolg ausgewiesene Betrag bilanzpolitisch bestimmt sein kann. Wie im Rahmen der vorangegangenen Ausführungen erläutert, zeigt dieser Jahreserfolg gerade nicht das tatsächliche Ergebnis. Er stellt auch nicht den Gewinn im betriebswirtschaftlichen Sinne dar.

6.3.2.6 Analyse der Erfolgsverwendung

Verwendungsmöglichkeiten

Hinsichtlich der Verwendungsmöglichkeiten des bereinigten Unternehmenserfolgs ist zu differenzieren zwischen

- Bildung oder Auflösung offener Rücklagen (Veränderung des Eigenkapitals),
- Bildung oder Auflösung stiller Reserven,
- Zahlung von Ertragsteuern,
- Ausschüttungen.

Hier finden sich Hinweise auf die Solidität der Finanzierungspolitik:

- Die Bildung offener Rücklagen oder auch stiller Reserven wird aus Finanzierungs- und Stabilitätsüberlegungen zu begrüßen sein. Es kann sich aber auch die Frage stellen, ob eine (zu) hohe Dotierung der Rücklagen nicht zu Lasten der Ausschüttungsinteressen der Anteilseigner geht.
- Die Auflösung von Rücklagen dürfte stets kritisch gesehen werden, unabhängig davon, ob sie zum Ausgleich eines Jahresfehlbetrags oder gar zum Zwecke der Ausschüttung erfolgt.
- Veränderungen der Ertragsteuerzahlungen sind auf ihre Ursachen hin zu prüfen: veränderte Ertragslage, Steuernachzahlungen, Aufdeckung stiller Reserven bei Verkauf von Unternehmenssubstanz etc.
- Die Ausschüttungen geben ebenfalls Anlass zu erfolgswirtschaftlichen und finanzpolitischen Betrachtungen:
  - Wird eine kontinuierliche Ausschüttungspolitik betrieben, und ist sie durch die Ertragssituation gerechtfertigt?
  - Lässt eine Erhöhung der Ausschüttungen positive Zukunftsschätzungen der Geschäftsleitung erkennen oder vice versa?
  - In welcher Relation stehen die Ausschüttungen zur Rücklagenbildung oder -auflösung?[526]

6.3.3 Analyse des Betriebsergebnisses

6.3.3.1 Umsatzanalyse

Aufgliederung der Umsatzerlöse

Gemäß § 285 Nr. 4 HGB ist im Anhang anzugeben die Aufgliederung der Umsatzerlöse nach Tätigkeitsbereichen sowie nach geographisch bestimmten Märkten, soweit sich unter Berücksichtigung der Organisation des Verkaufs, der Vermietung oder Verpachtung von Produkten und der Erbringung von Dienstleistungen der Kapitalgesellschaft die Tätigkeitsbereiche und geographisch bestimmte Märkte untereinander erheblich unterscheiden.

Es liegt nahe, dass neben der Entwicklung der Umsatzerlöse auch die Nutzung der angeführten Anhanginformationen wichtig ist, weil in ihnen besondere Risikoaspekte zum Ausdruck kommen, die zumindest qualitativ berücksichtigt werden müssen.

---

[526] Hierzu sowie zu den vorangegangenen Ausführungen Gräfer/Wengel, Bilanzanalyse, 14. Aufl. 2019, S. 33ff.

6.3.3.2 Bestandsveränderungen

Die Analyse der Bestandsveränderungen gibt Hinweise darauf, in welchem Maße die durch die Umsatzerlöse repräsentierten Markterfolge durch den Aufbau von Lagerhaltungen beeinflusst wurden.

Bestandserhöhungen

Bestandserhöhungen deuten u.U. auf eine rückläufige Nachfrage hin und lassen möglicherweise Absatzschwierigkeiten erkennen, können jedoch auch das Ergebnis einer positiven Einschätzung künftiger Absatzchancen durch die Geschäftsleitung sein.

Bestandsminderungen

Bestandsminderungen lassen eine günstige Beschäftigung und Auslastung der Produktionskapazitäten erkennen. Im Falle eines Abbaus der Bestände ist zu berücksichtigen, dass sich in den Umsatzerlösen der Wertsprung bemerkbar macht: die bislang zu Herstellungskosten bilanzierten Erzeugnisse werden zu Umsatz, der nunmehr dem Realisationsprinzip entsprechend auch die Gewinnanteile enthält.

Forderungen aus Lieferungen und Leistungen

Sowohl die Entwicklung der Umsatzerlöse als auch die der Bestandsveränderungen sollten durch die Betrachtung des Postens Forderungen aus Lieferungen und Leistungen begleitet werden. So können steigende Forderungen bei Stagnation der Umsatzerlöse und Erhöhung der Bestände ein alarmierendes Zeichen sein.

6.3.3.3 Intensitäts- und Aufwandsstrukturkennzahlen

6.3.3.3.1 Ziele der Intensitäts- und Aufwandsstrukturkennzahlen

Um Bedeutung und Einfluss der einzelnen Aufwandsarten für das Betriebsergebnis herauszustellen, werden Quoten oder sog. Intensitätskennzahlen berechnet. Es werden insoweit die einzelnen Aufwandsarten in Relation zur Gesamtleistung (GKV) bzw. hilfsweise zum Umsatz (UKV) gesetzt.

> **Hinweis**
>
> Ziel der Errechnung von Aufwandsstrukturkennzahlen ist die Aufdeckung von eingetretenen (Fehl-)Entwicklungen und die Prognose der künftigen Kostenentwicklungen.

6.3.3.3.2 Materialintensität bzw. Materialaufwandsquote

Materialaufwandsquote

Die Materialaufwandsquote charakterisiert ein Unternehmen als material- oder lohnintensiv. Zwischen Material- und Personalaufwand bestehen entsprechende Wechselwirkungen. Einem hohen Materialaufwand steht häufig ein niedriger Personalaufwand gegenüber, weil das betreffende Unternehmen z.B. in großem Umfang fertige Teile für seine Produkte bezieht. Ein Handelsunternehmen ist i.d.R. besonders lohnintensiv, während Produktionsunternehmen eine höhere Materialintensität aufweisen. Im Falle einer hohen Materialintensität wird das Risiko schwankender Beschäftigungsgrade teilweise auf die Zulieferer verlagert. Ein Rückgang des Materialaufwands kann damit zusammenhängen, dass bisher fremdbezogene Teile zur besseren Auslastung der eigenen Kapazitäten selbst hergestellt werden. Ein überdurchschnittlich hoher Materialaufwand ist möglicherweise auf Unwirtschaftlichkeiten im Betriebsablauf zurückzuführen.[527]

Die Materialaufwandsquote ermitteln unter Zugrundelegung des GKV prinzipiell wie folgt:

$$Materialaufwandsquote = \frac{Materialaufwand}{Gesamtleistung} \text{ x } 100$$

Bei Anwendung des UKV gilt entsprechend:

$$Materialaufwandsquote = \frac{Materialaufwand}{Umsatzerlöse} \text{ x } 100$$

Interpretation

Eine Veränderung der Materialaufwandsquote gegenüber dem Vorjahr kann z.B. auf folgende Gründe zurückzuführen sein:

- Preiserhöhungen oder -senkungen auf der Beschaffungsseite,
- Erhöhung oder Senkung der eigenen Verkaufspreise, ohne dass sich die Einkaufspreise entsprechend geändert haben,
- Bildung oder Auflösung stiller Reserven im Vorratsvermögen.

Allgemein erlaubt die Materialquote sowohl eine Beurteilung der Abhängigkeit des Unternehmenserfolgs von Preisschwankungen auf den Beschaffungsmärkten als auch des Betriebsgebaren. In beiden Fällen ist jedoch ein Urteil nur im Vergleich mit anderen Betrieben möglich. Während gleiche Entwicklungen dieser Größe in den betrachteten Unternehmen auf veränderte Beschaffungspreise zurückzuführen sind, wird eine zu beobachtende Veränderung im Betrachtungsunternehmen eher auf betriebsinterne Maßnahmen zurückzuführen und entsprechend zu würdigen sein.

6.3.3.3.3 Personalintensität bzw. Personalaufwandsquote

Personalaufwandsquote

Die Personalintensität misst die Wirtschaftlichkeit des Einsatzes des Faktors Arbeit. Sie zeigt die Abhängigkeit des Unternehmens von der Entwicklung der Lohn- und Lohnnebenkosten, aber auch das Mechanisierungs- und Automatisierungsniveau im zwischenbetrieblichen Vergleich. Im Zeitvergleich kann die Entwicklung der Wirtschaftlichkeit des Personaleinsatzes geprüft werden. Dabei setzt sich der Personalaufwand zusammen aus den folgenden Posten:

- Löhne und Gehälter,
- Soziale Abgaben,
- Aufwendungen für Altersversorgung und Unterstützung.

Bei Anwendung des GKV berechnet sich die Personalaufwandsquote wie folgt:

$$Personalaufwandsquote = \frac{Personalaufwand}{Gesamtleistung} \text{ x } 100$$

Bei Anwendung des UKV gilt entsprechend:

---

[527] Hierzu ausführlich Baetge/Kirsch/Thiele, Bilanzanalyse, 2. Aufl. 2004, S. 402.

$$Personalaufwandsquote = \frac{Personalaufwand}{Umsatzerlöse} \times 100$$

Interpretation

Bei der Interpretation der Personalaufwandsquote kann eine im Zeitablauf sinkende Quote z.B. andeuten, dass im Unternehmen Restrukturierungs- bzw. Rationalisierungsmaßnahmen erfolgreich durchgeführt wurden oder die Organisation gestrafft wurde, da der Personalaufwand vor allem durch geringere Arbeitnehmerzahlen gesenkt werden kann. Indes muss der Bilanzanalytiker beachten, dass eine Restrukturierung aufgrund von Abfindungszahlungen an ausscheidende Mitarbeiter i.d.R. zunächst zu einem Anstieg der Personalaufwendungen führt, bevor die Personalaufwandsquote in den nachfolgenden Perioden durch eine Freisetzung von Mitarbeitern abgesenkt werden kann. Eine im Zeitablauf steigende Personalaufwandsquote kann demgegenüber auf Unwirtschaftlichkeiten beim Einsatz des Produktionsfaktors Arbeit hinweisen. Ein anderer Grund für gestiegene Personalaufwendungen können wesentlich gestiegene Pensionsrückstellungen – z.B. aufgrund von Änderungen der versicherungsmathematischen Annahmen – sein. Weiterhin kann eine steigende Personalaufwandsquote auch auf tarifvertragliche Lohnerhöhungen oder ein gestiegenes Ausbildungsniveau der Arbeitnehmer zurückzuführen sein.[528]

Angesichts kontinuierlich steigender Personalkosten und mit Blick auf den Wettbewerb der Betriebe untereinander gewinnt diese Größe stetig an Relevanz. Eine schwache Ertragskraft ist oft auf eine zu hohe Personalintensität zurückzuführen. In Verbindung mit der Kapitalintensität gibt die Personalintensität Hinweise auf den Rationalisierungsgrad eines Unternehmens. Überproportionale Steigerungen sind gelegentlich Folge von nachgeholten Einstellungen in die Pensionsrückstellungen. Sie fungieren dann nicht als Zeichen von eingetretenen Unwirtschaftlichkeiten, sondern sind als Vorsorgemaßnahmen zu werten.

6.3.3.3.4 Kapitalintensität bzw. Abschreibungsaufwandsquote

Wertverzehr des Anlagevermögens

Im Abschreibungsaufwand wird der Werteverzehr des Anlagevermögens erfasst. Erhöhte Abschreibungen können auf eine intensivere Nutzung der Produktionskapazitäten hindeuten. Es ist allerdings zu beachten, dass gerade diese Kennzahl in besonders hohem Maße von bilanzpolitischen Maßnahmen beeinflusst und verfälscht sein kann. Dennoch können auf dieser Grundlage einige Überlegungen angestellt werden: Gestiegene Abschreibungen sind häufig auch die Folge von Investitionsschüben in der Abrechnungsperiode, die zu hohem Abschreibungsaufwand führen. Eine Erhöhung des Abschreibungsaufwands im Zeitvergleich könnte u.U. als Bildung stiller Reserven gewertet werden und andeuten, dass das Betriebsergebnis tendenziell besser als ausgewiesen ist. Eine Verringerung der Abschreibungen könnte hingegen ein Warnsignal dafür sein, dass das Unternehmen das Betriebsergebnis durch eine Änderung der Abschreibungspolitik verbessern möchte. In diesem Fall wären weitere Untersuchungen anzustellen.

---

528 Hierzu sowie zu weiteren Kennzahlvarianten Baetge/Kirsch/Thiele, Bilanzanalyse, 2. Aufl. 2004, S. 396ff.

Abschreibungsaufwandsquote

In die Ermittlung der Abschreibungsaufwandsquote sind sowohl die planmäßigen als auch die außerplanmäßigen Abschreibungen miteinzubeziehen.[529]

Beim GKV wird die Kennzahl wie folgt gebildet:

Abschreibungsaufwandsquote =

$$= \frac{\textit{Abschreibungen auf Sachanlagen und immaterielle Vermögensgegenstände}}{\textit{Gesamtleistung}} \times 100$$

Bei Anwendung des UKV gilt entsprechend:

Abschreibungsaufwandsquote =

$$= \frac{\textit{Abschreibungen auf Sachanlagen und immaterielle Vermögensgegenstände}}{\textit{Umsatzerlöse}} \times 100$$

6.3.3.3.5 Sonstiger betrieblicher Aufwand

Da im sonstigen betrieblichen Aufwand Aufwandsarten zusammengefasst wiedergegeben werden, die dem externen Bilanzleser im Einzelnen nicht bekannt sind, gibt es hier kaum Interpretationsmöglichkeiten. Es kann lediglich die Entwicklung dieses Aufwandspostens insgesamt im Zeitvergleich verfolgt und in Relation zur Konkurrenz betrachtet werden.

Ist die GuV nach dem Umsatzkostenverfahren gestaltet, werden die Material-, Personal- und Abschreibungsaufwendungen in der Erfolgsrechnung nicht als solche gezeigt. Sie werden in die Kosten der Funktionsbereiche Herstellung, Vertrieb, Allgemeine Verwaltung und sonstige Funktionsbereiche, z.B. Forschung und Entwicklung, einbezogen, oder unter den sonstigen betrieblichen Aufwendungen erfasst.

Zwar ist in diesem Fall die Höhe dieser Aufwendungen dem Anhang oder dem Anlagegitter zu entnehmen, doch gestaltet sich die Analyse und Beurteilung als schwierig, weil nicht bekannt ist, in welchem Maße sie sich auf umgesetzte und auf Lager produzierte Erzeugnisse verteilen. Es ist auch nicht bekannt, inwieweit die Umsatzerlöse aus in der Periode produzierten Erzeugnissen oder aus Bestandsminderungen stammen. Da eine Bezugsgröße fehlt, können folglich keine Intensitätskennzahlen errechnet und Strukturen deutlich gemacht werden. Die Analyse muss sich auf eine Betrachtung der absoluten und relativen Veränderung beschränken, ohne den Einfluss auf den Betriebserfolg herausstellen zu können.

6.3.3.3.6 Herstellungskosten bzw. Herstellungsaufwandsquote

Wie bereits unter Abschn. 3.1.2.2. dargestellt, sollen bei Anwendung des UKV die Herstellungskosten die Aufwendungen enthalten, die zur Erzielung des Periodenumsatzes notwendig waren. Nicht erfasst werden folglich die Herstellungskosten der auf Lager produzierten fertigen und unfertigen Erzeugnisse.

Infolge gewisser Spielräume bei der Ermittlung der hier anzusetzenden Herstellungskoten bereitet dieser Posten dem Bilanzanalytiker Probleme. Sie werden beim UKV noch dadurch vergrößert, dass die Schlüssel der Verteilung der Kostenarten auf die

[529] Hierzu Baetge/Kirsch/Thiele, Bilanzanalyse, 2. Aufl. 2004, S. 406-407.

Herstellungskosten und die übrigen Funktionsbereiche nicht bekannt und von Unternehmen zu Unternehmen unterschiedlich sind.[530]

Da aber sowohl der Begriffsinhalt bzw. die Berechnungsmethode der Herstellungskosten wie auch die Schlüssel der Umlage der Kostenarten auf die Funktionsbereiche wegen des Stetigkeitsgebots im Zeitablauf beibehalten werden müssen, ist dieser Posten dennoch nützlich für die Analyse. In Relation zum Umsatz gibt er an, welche Bedeutung die Herstellungskosten haben und wie stark eine Änderung dieser Einflussgröße das Ergebnis verändern kann:

$$Herstellungsaufwandsquote = \frac{Herstellungskosten}{Umsatzerlöse} \text{ x } 100$$

Interpretation

Steigt die Herstellungsaufwandsquote im Zeitablauf, kann dies ein Indiz für eine Verschlechterung der wirtschaftlichen Lage des Unternehmens sein. Umgekehrt lässt ein sinkender Kennzahlenwert vermuten, dass der betriebliche Leistungserstellungsprozess wirtschaftlicher durchgeführt wird.

6.3.3.3.7 Vertriebskosten bzw. Vertriebsaufwandsquote

Die Vertriebskosten enthalten sämtliche durch den Vertrieb verursachten Aufwendungen. So auch die in diesem Bereich angefallenen Löhne, Gehälter und Abschreibungen. Im Gegensatz zu den Herstellungskosten der zur Erzielung der Umsatzerlöse erbrachten Leistungen sind die Vertriebskosten perioden-, und nicht umsatzbezogen.

Die Vertriebsaufwandsquote ermittelt sich wie folgt:

$$Vertriebsaufwandsquote = \frac{Vertriebskosten}{Umsatzerlöse} \text{ x } 100$$

Interpretation

Bilanzanalytisch bereiten sie ähnliche Schwierigkeiten wie die Herstellungskosten. Gleichwohl lassen sie Rückschlüsse zu. So können überproportionale Steigerungen auf verstärkte Marketing- und Werbebemühungen hindeuten. Dies kann allerdings auch ein Indiz für gestiegene Absatzprobleme sein. Um diese Kennzahl sinnvoll interpretieren zu können, sollte versucht werden, weitere Informationen darüber zu gewinnen, wieweit bei neuen Absatzgebieten und Produktgruppen der Vertriebsaufwandsanteil vom durchschnittlichen Vertriebsaufwand abweicht.[531]

6.3.3.3.8 Allgemeiner Verwaltungsaufwand

Eine weitere Kennzahl zur Analyse der Aufwandsstruktur beim UKV ist die Verwaltungsaufwandsquote:

$$Verwaltungsaufwandsquote = \frac{Allgemeine\ Verwaltungskosten}{Umsatzerlöse} \text{ x } 100$$

Der Verwaltungsaufwand[532] ist überwiegend dem fixen Aufwand des Unternehmens zuzuordnen und hängt damit nur bedingt von den Umsatzerlösen ab. Neben dem

---

530 Hierzu ausführlich Baetge/Kirsch/Thiele, Bilanzanalyse, 2. Aufl. 2004, S. 410-412.

531 Hierzu Born, Bilanzanalyse International, 2. Aufl. 2001, S. 402.

532 Zu dessen Umfang siehe Abschn. 3.1.2.3.

Umsatz als Bezugsgröße ist es daher sinnvoll, diese Aufwandsart zum Gesamtaufwand des Unternehmens in Beziehung zu setzen:

$$Verwaltungsaufwandsstruktur = \frac{Allgemeine\ Verwaltungskosten}{Summe\ der\ Aufwendungen} \text{ x } 100$$

Interpretation Sinkt eine dieser beiden Kennzahlen im Zeitvergleich, lässt dies auf Rationalisierungsmaßnahmen im Verwaltungsbereich schließen, während gerade in günstigen wirtschaftlichen Phasen oftmals ein überproportionaler Anstieg dieser Kennzahlen zu beobachten ist. Ein überproportionaler Anstieg dieser Kennzahlen – etwa im Vergleich zum Vertriebs- oder zum Herstellungsaufwand – kann dabei auf die Entstehung von Unwirtschaftlichkeiten im Verwaltungsbereich hindeuten.

6.3.3.3.9 Forschungs- und Entwicklungsaufwand

Als weitere Kennzahl zur Analyse der Aufwandsstruktur ist die Forschungs- und Entwicklungs-Aufwandsquote anzuführen. Diese lässt sich fast ausschließlich nur bei Unternehmen bilden, die nach dem UKV bilanzieren und dementsprechend ihre Aufwendungen im Wesentlichen nach den betrieblichen Aufgabenbereichen gliedern, so dass die F&E-Kosten ohne Schwierigkeiten in der GuV ergänzt werden können. In das GKV lassen sich die F&E-Kosten dagegen nicht als separater Posten aufnehmen. Möglich ist aber eine freiwillige Angabe der F&E-Kosten im Anhang oder im Lagebericht. Dies ist allerdings ehr als Ausnahme anzusehen.

$$F\&E - Aufwandsquote = \frac{F\&E - Kosten}{Umsatzerlöse} \text{ x } 100$$

Interpretation Mit dieser Kennzahl können Aussagen über das Forschungsverhalten und die Zukunftsbemühungen des Unternehmens getroffen werden. Die Investitionen in die Forschung und Entwicklung sind allein betrachtet indes noch kein Garant für die künftige Ertragskraft des Unternehmens, sondern wesentlich ist allein das durch F&E geschaffene Innovationspotential des Unternehmens. D.h., die Höhe der F&E-Kosten sagt nicht unmittelbar etwas über den Erfolg der Forschungstätigkeit aus.

Voraussetzung für die Ermittlung der Kennzahl ist, dass das Unternehmen freiwillig seine F&E-Kosten gemäß § 265 Abs. 5 Satz 2 HGB zusätzlich in das Gliederungsschema der GuV aufnimmt oder separat im Anhang bzw. im Lagebericht angibt.

6.3.3.4 Wirtschaftlichkeitsbetrachtungen

Überlegungen zur Wirtschaftlichkeit des Faktoreinsatzes können anhand der Vermögensstruktur und mithilfe von Umschlagskoeffizienten, die das Investitionsvolumen berücksichtigen, angestellt werden.

Die Vermögensstruktur wird üblicherweise mit folgenden Kennzahlen analysiert:

$$Anlagenintensität = \frac{Sachanlagevermögen}{Gesamtvermögen} \text{ x } 100$$

$$Arbeitsintensität = \frac{Umlaufvermögen}{Gesamtvermögen} \text{ x } 100$$

Interpretation

Im Hinblick auf die Wirtschaftlichkeit gilt, dass diese umso größer ist, je kleiner c.p. das Anlagevermögen ist. Ansatzpunkt für diese Aussage sind die fixen Kosten. Je kleiner der Anteil des Sachanlagevermögens am Gesamtvermögen ist, umso besser ist die Kapazitätsausnutzung, umso günstiger die Verteilung der fixen Kosten und damit die Ertragslage. Zu begründen ist dies damit, dass eine steigende Kapazitätsausnutzung zu steigendem Umsatz und dieser zu einem steigenden Vorrats- und Forderungsbestand führt. Ist der Fall so gelagert, dass die Relation „Sachanlagevermögen zu Umlaufvermögen" steigt, so könnte daraus auf eine verschlechterte Kapazitätsauslastung geschlossen werden, wenn man die Entwicklung des Umlaufvermögens als einen Indikator für die Beschäftigung annimmt.

Um die Aussagen zu präzisieren, ist es jedoch erforderlich, die Beschäftigung direkt in die Untersuchung einzubeziehen. Das kann geschehen, indem man die Umsatzerlöse als Maßstab für die Beschäftigung wählt und die folgende Kennzahl bildet:

$$Kapazitätsauslastung\ (= Beschäftigung) = \frac{Gesamtleistung\ bzw.\ Umsatzerlöse}{Sachanlagevermögen\ (AHK\ am\ Periodenende)} \times 100$$

Interpretation

Eine steigende Relation „Sachanlagevermögen zu Umlaufvermögen" bei gleichzeitigem Steigen der Kennzahl Beschäftigung lässt dann vermuten, dass es sich nicht um einen Beschäftigungsrückgang handelt. Vielmehr wurde entweder bei gleichem Anlageneinsatz der Umsatz ausgedehnt oder der gleiche Umsatz mit weniger Anlagen erwirtschaftet, also eine bessere Beschäftigung der vorhandenen Anlagen und damit eine größere Wirtschaftlichkeit erzielt.

Gilt außerdem, dass die Kennzahl „Vorräte zu Umsatzerlöse" sinkt, lässt dies auf die Ursache für die relative Senkung des Umlaufvermögens schließen: vermutlich wurde die Lagerhaltung rationalisiert, oder in vergangenen Perioden wurden Vorratskäufe wegen erwarteter Preissteigerungen getätigt.

Bei all diesen Aussagen ist jedoch zu berücksichtigen, dass sich die Veränderungen auch aufgrund anderer Ursachen oder Einflüsse, z.B. infolge von Preisschwankungen, unregelmäßiger Investitionstätigkeiten oder infolge einer veränderten Bilanzpolitik ergeben können. Diese Mehrdeutigkeit der Aussagen ist insofern besonders problematisch, als – je nach der tatsächlichen Ursache – eine unterschiedliche Einschätzung der künftigen Unternehmensentwicklung geboten ist. Die Vermögensanalyse muss folglich durch weitere Kennzahlen ergänzt werden.[533]

Umschlagskoeffizienten geben an, wievielmal ein Vermögensposten in der Periode umgeschlagen wurde (Umschlagshäufigkeit) oder als reziproker Wert, in welcher Zeit der Bestand einmal umgeschlagen wird (Umschlagsdauer):

$$Umschlagshäufigkeit\ des\ Sachanlagevermögens = \frac{Abschreibungen\ auf\ Sachanlagen}{Ø\ Bestand\ Sachanlagevermögen} \times 100$$

$$Umschlagshäufigkeit\ des\ Umlaufvermögens = \frac{Umsatzerlöse}{Ø\ Bestand\ Umlaufvermögen} \times 100$$

$$Umschlagshäufigkeit\ des\ Gesamtvermögens = \frac{Umsatzerlöse}{Ø\ Bestand\ Gesantvermögen} \times 100$$

[533] Hierzu Gräfer/Wengel, Bilanzanalyse, 14. Aufl. 2019, S. 51-53.

Die Wirtschaftlichkeit des Vermögenseinsatzes ist umso größer, je größer die Umschlagshäufigkeit ist.

Eine Kennzahl, die im Vergleich mit anderen Unternehmen derselben Branche die Beurteilung der Vorratspolitik des Unternehmens ermöglicht, ist die Vorratsintensität:

$$Vorratsintensität = \frac{Vorräte}{Umsatzerlöse} \text{ x } 100$$

Interpretation

Sie kann Hinweise über die Wirtschaftlichkeit der Lagerhaltung, aber auch – zusammen mit anderen Überlegungen – über die Einschätzung der Umsatzentwicklung durch das Unternehmen in der nächsten Zeit geben. So kann ein hohes Vorratsvermögen andeuten, dass die Unternehmensleitung mit einer Belebung der Geschäftstätigkeit rechnet.

Produktivitätsbetrachtungen

Die Untersuchungen zur Wirtschaftlichkeit können durch einige Produktivitätsbetrachtungen abgerundet werden. Produktivitätskennzahlen zeichnen sich dadurch aus, dass in sie auch solche Einflussgrößen einbezogen werden können, die nicht in der Dimension Euro gemessen werden. In der Regel handelt es sich um technische Größen, die zueinander in Beziehung gesetzt werden. So wird z.B. die Arbeitsproduktivität durch das Verhältnis von Ausbringung und geleisteten Arbeitsstunden bzw. Zahl der Beschäftigten gemessen. Dem externen Analytiker stehen Informationen zur Beurteilung der Produktivität allerdings kaum zur Verfügung.

So kann bspw. die Produktivität des Faktors Arbeit hilfsweise durch folgende Kennzahl zu messen versucht werden:

$$Produktitvät\ des\ Faktors\ Arbeit = \frac{Umsatz}{Zahl\ der\ Beschäftigten}$$

Soweit die Ermittlung solcher Produktivitätskennziffern möglich ist, lässt sich daraus schlussfolgern, dass eine gestiegene Produktivität auch zu einer gestiegenen Wirtschaftlichkeit führt.

6.3.3.5 Ursachenforschung bei Abweichungen und Auffälligkeiten

Die Analyse des Betriebsergebnisses sollte durch die Ursachenforschung von Aufwandsveränderungen ergänzt werden. Dazu werden die prozentualen Veränderungen der Gesamtleistung, ggf. auch des Umsatzes und der Bestandsveränderungen, mit denen der verschiedenen Aufwandskomponenten verglichen. Umsatz- und Bestandsveränderungen sollten dann als Bezugsgröße gewählt werden, wenn die „Sonstigen betrieblichen Erträge" ehr im betriebsfremden Bereich entstanden sind.

Eine gleichgerichtete Entwicklung einer einzelnen Aufwandsart und der Bezugsgröße lässt darauf schließen, dass die betrieblichen Verhältnisse, insbesondere die Wirtschaftlichkeit des Faktoreinsatzes, im Wesentlichen gleichgeblieben sind.

Häufig kommt es jedoch vor, dass einzelne Aufwandsarten im Verhältnis zur Bezugsgröße überproportional steigen. In diesen Fällen ist zu fragen, ob sich die Wirtschaftlichkeit und das Betriebsergebnis in der Abrechnungsperiode verschlechtert haben oder ob die Aufwandssteigerungen auf Preissteigerungen zurückzuführen sind. Im letzteren Fall wäre dann weiter zu untersuchen, ob derartige Steigerungen durch Senkungen in anderen Bereichen kompensiert werden konnten.

Insbesondere durch die Errechnung der prozentualen Veränderungen im Zeitablauf wird deutlich, wie wirksam einzelne Einflüsse gewesen sind und welcher Posten der besonderen Aufmerksamkeit bedarf.

Dabei spielt natürlich auch das durch die Intensitätskennzahlen quantifizierte Gewicht eine Rolle, das die einzelne Aufwandsart insgesamt hat. Je größer der Anteil einer Aufwandsart ist, umso stärker wirken sich Veränderungen auf das Ergebnis aus.

6.3.4 Pro-Forma-Kennzahlen

6.3.4.1 Allgemeines

Earnings-before-Kennzahlen

Mit zunehmender Internationalisierung der Unternehmensaktivitäten und in dem Bemühen einer adäquaten Darstellung der Unternehmensleistung auf den Kapitalmärkten ist auch in Deutschland und Europa die Verwendung der sog. „Earnings-before"-Kennzahlen in der Veröffentlichungs- und Analysepraxis üblich geworden.

Korrekturen des Jahreserfolgs

Gemeinsam ist all diesen Kennzahlen, dass der nach nationalen Rechnungslegungsvorschriften ermittelte Jahreserfolg um jeweils bestimmte Aufwandsposten korrigiert wird, um dadurch eine (vermeintlich) bessere Vergleichbarkeit zu schaffen. Grundlegendes Merkmal dieser Art von Kennzahlen ist also die Darstellung des Unternehmensergebnisses vor Abzug einer oder mehrerer Aufwandsposten. Es handelt sich demnach um absolute Zahlen, nicht um Verhältniszahlen. Allerdings werden die „Earings-before"-Kennzahlen im Handelsrecht weder definiert noch vorgegeben. In Ermangelung konkreter Vorgaben oder Definitionen werden sie auch als Pro-Forma-Kennzahlen bezeichnet.

6.3.4.2 Earnings before Taxes (EBT)

Ergebnis vor Steuern

Der EBT – also das Ergebnis vor Steuern – wird ermittelt, um den intertemporären und zwischenbetrieblichen Vergleich zu ermöglichen und Störfaktoren, die sich aus den nachfolgenden Punkten ergeben können, zu eliminieren:

- unterschiedliche Hebesätze für die Gewerbesteuer,
- Steuernachzahlungen und -erstattungen,
- Unterschiede zwischen Personen- und Kapitalgesellschaften.

Korrektur der Steuern vom Einkommen und vom Ertrag

Als schwierig erweist sich die Frage danach, ob unter „Taxes" nur die ertragsabhängigen Steuern oder auch die sonstigen Steuern zu verstehen sind. Da die sonstigen Steuern als echte Kosten, d.h. Betriebsaufwand anzusehen und damit ergebnisunabhängig sind, hat lediglich eine Korrektur der Steuern vom Einkommen und Ertrag zu erfolgen.[534] Zudem kann hierbei zusätzlich eine Korrektur um außergewöhnliche Ergebnisbestandteile erfolgen.[535]

---

534 Hierzu auch Abschn. 6.3.2.2.

535 Hierzu Coenenberg/Haller/Schultze, Jahresabschluss und Jahresabschlussanalyse, 25. Aufl. 2018, S. 1076.

Ausgehend vom Jahresergebnis ermittelt sich das EBT wie folgt:

	Jahresergebnis (Jahresüberschuss/-fehlbetrag)
+/-	Außerordentliche Ergebniseffekte
+	Steuern vom Einkommen und Ertrag
=	**Earnings before Taxes (Ergebnis vor Steuern)**

Tab. 60 Earnings before Taxes (EBT)

6.3.4.3 Earnings before Interest and Taxes (EBIT)

Ergebnis vor Zinsen und vor Steuern

Das für Analysezwecke besondere wichtige und in der Praxis am häufigsten berichtete Zwischenergebnis ist der EBIT, also das Ergebnis vor Zinsen und vor Steuern. Dieser ist eine Gewinngröße, die aufbauend auf dem EBT zusätzlich Zinseffekte korrigiert.

Operative Ertragskraft

Sie zeigt die operative Ertragskraft eines Unternehmens. Wird lediglich um Zinsaufwendungen bereinigt, erhält man das Ergebnis auf das gesamte im Unternehmen eingesetzte Kapital. Durch die Eliminierung der Zinsaufwendungen werden Finanzierungseffekte ausgeschlossen.

Von der Kapitalstruktur unabhängige Vergleichsbasis

Der EBIT ist folglich für eine Analyse recht gut geeignet, da er gerade für Renditebetrachtungen eine von der Kapitalstruktur unabhängige Vergleichsbasis bietet. Alternativ findet sich auch der Ansatz, anstelle der Zinsaufwendungen das gesamte Zins- und Beteiligungsergebnis zu eliminieren. In diesem Fall stellt der EBIT dann das operative Ergebnis bzw. das ordentliche Betriebsergebnis dar.

Ausgehend vom Jahresergebnis ermittelt sich das EBIT wie folgt:

	Jahresergebnis (Jahresüberschuss/-fehlbetrag)
+/-	Außerordentliche Ergebniseffekte
+	Steuern vom Einkommen und Ertrag
=	**Earnings before Taxes (Ergebnis vor Steuern)**
+	Zinsaufwand
=	**Earnings before Interest and Taxes (Ergebnis vor Zinsen und Steuern)**

Tab. 61 Earnings before Interest and Taxes (EBIT)

6.3.4.4 Earnings before Interest, Taxes, Depreciation and Amortization (EBITDA)

Inklusive Abschreibungen auf Sachanlagen und immaterielles Anlagevermögen

Als weitere relevante Größen in diesem Kontext gilt der EBITDA. Diese Erfolgsgröße enthält aufbauend auf dem EBIT zusätzlich die Abschreibungen auf Sachanlagen und auf immaterielles Anlagevermögen einschließlich eines derivativen Geschäfts- oder Firmenwerts.

Ertragswertorientierte Cashflow-Kennzahl

Da hiermit wesentliche zahlungsunwirksame Aufwendungen eliminiert werden, kann diese Zwischenergebnisgröße auch als vereinfachende Approximation für eine ertragsorientierte Cashflow-Ziffer betrachtet werden.

Ausgehend vom Jahresergebnis ermittelt sich das EBITDA wie folgt:

	Jahresergebnis (Jahresüberschuss/-fehlbetrag)
+/-	Außerordentliche Ergebniseffekte
+	Steuern vom Einkommen und Ertrag
=	**Earnings before Taxes (Ergebnis vor Steuern)**
+	Zinsaufwand
=	**Earnings before Interest and Taxes (Ergebnis vor Zinsen und Steuern)**
+	Abschreibungen auf Sachanlagevermögen
+	Abschreibungen auf immaterielles Anlagevermögen einschließlich des derivativen Geschäfts- oder Firmenwerts
=	**Earnings before Interest, Taxes, Depreciation and Amortization (Ergebnis vor Zinsen, Steuern und Abschreibungen)**

Tab. 62 Earnings before Interest, Taxes, Depreciation and Amortization (EBITDA)

6.3.5 Rentabilitätsanalyse

6.3.5.1 Kapitalrentabilitäten

6.3.5.1.1 Allgemeines

Erfolg des Einsatzes der finanziellen Ressourcen

Die Fähigkeit eines Unternehmens Gewinne zu erwirtschaften, spiegelt sich in den Kennzahlen zur Rentabilität wider. Rentabilitätskennzahlen geben Aufschluss über den Erfolg oder Misserfolg des Einsatzes der finanziellen Ressourcen und bilden damit eine Grundlage für die Entscheidungen der Unternehmensleitung, der Anteilseigner und auch der Gläubiger. Ohne ausreichenden Gewinn sind Einkommenszahlungen an die Beteiligten auf Dauer nicht möglich, ist die Existenz des Unternehmens gefährdet und die Wahrnehmung von Wachstumschancen ausgeschlossen.

Unter Rentabilität versteht man das prozentuale Verhältnis des in einer Periode erzielten Gewinns zum eingesetzten Kapital. Der Gewinn wird dabei gewissermaßen als Verzinsung des investierten Kapitals betrachtet.

Die Rentabilitätsanalyse ist anschaulicher als die Betrachtung der absoluten Höhe der Erfolgsgrößen, denn das Anspruchsniveau, also der Maßstab für die Beurteilung der errechneten Analysewerte, wird prozentual ausgedrückt. So haben Investoren i.d.R. eine Vorstellung davon, wie hoch die Verzinsung einer Kapitalanlage, ausgedrückt in Prozent, sein muss. Die Relativierung des Erfolgs, wie er in der Ermittlung der Rentabilitätskennzahlen zum Ausdruck kommt, ermöglicht somit überhaupt erst Betriebs- bzw. Branchenvergleiche oder einen Soll-Ist-Vergleich.

Berechnung

Die Rentabilität wird durch eine Beziehungszahl gemessen, die eine den Erfolg darstellende Größe zu einer anderen Größe in Relation setzt, von der vermutet wird, dass sie wesentlich zur Erzielung des Erfolgs beigetragen hat. Allgemein lässt sich die Formel zur Berechnung von Rentabilitäten wie folgt darstellen:

$$Rentabilität = \frac{Erfolgsgröße}{Verursachungsgröße} \text{ x } 100$$

Damit stellt sich das Problem, sinnvolle Erfolgsziffern und damit in Ursache-Wirkungs-Zusammenhang stehende Bezugsgrößen zu identifizieren. Je nach Art der verwendeten Erfolgsziffern und ihrer Bezugsgrößen werden folgende Kapitalrentabilitäten unterschieden:

- Eigenkapitalrentabilität und
- Gesamtkapitalrentabilität.

6.3.5.1.2 Eigenkapitalrentabilität

Die Eigenkapitalrentabilität setzt den Jahresüberschuss in Beziehung zum Eigenkapital, wobei es hierfür verschiedene Berechnungsvarianten gibt. Es kann je nach Sichtweise sinnvoll sein, auf den Jahresüberschuss vor oder den Jahresüberschuss nach Steuern abzustellen.

Jahresüberschuss vor Ertragsteuern

Sofern das Ziel der Kennzahlenberechnung ein Betriebsvergleich ist, ist es als sinnvoll zu erachten, den Jahresüberschuss vor Ertragsteuern (EBT) heranzuziehen, da so Verzerrungen durch unterschiedliche Steuersätze eliminiert werden können:

$$Eigenkapitalrentabilität = \frac{Jahresüberschuss + Ertragsteuern}{Ø\ Bilanzanalytisches\ Eigenkapital} \text{ x } 100$$

Jahresüberschuss nach Ertragsteuern

Wird dagegen die Eigenkapitalrentabilität aus Sicht des Unternehmens berechnet, um die Rentabilität des eingesetzten Kapitals zu errechnen, ist es sinnvoll, der Berechnung den Jahresüberschuss nach Ertragsteuern zugrunde zu legen. Da nur bei Verwendung des Jahresüberschusses die für den Anteilseigner wichtige Betrachtung einer auf seine Investition tatsächlich entfallende Rendite erfolgt, wird die Eigenkapitalrentabilität üblicherweise mit dem Jahresüberschuss nach Steuern berechnet:

$$Eigenkapitalrentabilität = \frac{Jahresüberschuss\ (nach\ Ertragsteuern)}{Ø\ Bilanzanalytisches\ Eigenkapital}\ x\ 100$$

Soll anhand der Eigenkapitalrentabilität die künftige Zielerreichung eines Unternehmens beurteilt werden, muss sich der Bilanzanalytiker bewusst sein, dass die in der Vergangenheit vom Unternehmen erzielte Rentabilität mit einem bestimmten Risiko erwirtschaftet wurde und sie daher nur ein Schätzer für die künftige Rentabilität des Unternehmens sein kann. Je nach Unternehmen ist dieser Schätzer mit mehr oder weniger Unsicherheit behaftet. Zudem ist es für die Beurteilung des Maßes der Zielerreichung erforderlich, geeignete Vergleichsmaßstäbe zu haben.

Grundsätzlich kann festgehalten werden, dass die Aussage der Eigenkapitalrentabilität nicht unproblematisch ist: Das Ergebnis kann dadurch beeinträchtigt werden, dass der Jahresüberschuss durch Bilanzpolitik verfälscht ist. Für die Berechnung ist es daher auch denkbar, statt des Jahresüberschusses den ordentlichen Betriebserfolg zu verwenden.[536]

Auch bei der Bezugsgröße Eigenkapital müssen Ungenauigkeiten in Kauf genommen werden. Durch die Wahrnehmung von Bewertungsspielräumen bei der Darstellung des Vermögens und der dabei auftretenden Schätzungsprobleme gibt diese Größe nicht unbedingt die Höhe des im Unternehmen eingesetzten gesamten Eigenkapitals wieder. Hilfsweise wird mit dem bilanzierten Eigenkapital gerechnet. Soweit bekannt, werden dem bilanzierten Eigenkapital entsprechende Werte für stille Reserven hinzuaddiert und beschlossene Dividenden abgezogen.

Kapitalgröße als Durchschnittswert

In einer Rentabilitätskennzahl sollte die Kapitalgröße als Durchschnittswert aus Jahresanfangs- und -endbestand erfasst werden, da ansonsten im Zähler eine Stromgröße zu einer Bestandsgröße im Nenner ins Verhältnis gesetzt wird.

Interpretation

Die Eigenkapitalrentabilität sollte möglichst hoch sein und auf jeden Fall über dem Zinssatz von langfristigen (risikofreien) Kapitalanlagen liegen, da das vom Unternehmen eingegangene Risiko auch entsprechend verzinst werden soll.

Die Eigenkapitalrentabilität darf jedoch nur so weit gesteigert werden, als noch eine ausreichende Liquidität vorhanden ist. Die Höhe der Eigenkapitalrentabilität wird entscheidend von der Kapitalstruktur – also vom Verhältnis von Eigen- zu Fremdkapital – bestimmt. Die Steigerung der Eigenkapitalrentabilität sollte prinzipiell nur durch Erhöhung des Jahresüberschusses erzielt werden. Eine Verbesserung der Kennzahl kann auch durch die Senkung des Eigenkapitals – also durch Veränderung des Verhältnisses von Eigen- und Fremdkapital – ermöglicht werden (Leverage-Effekt). Allerdings sollte man mit dieser Methode vorsichtig umgehen, da hierunter auch die Bonität leiden und das Risiko für eine Insolvenz schnell steigen kann.

Weitere Überlegungen bei der Interpretation der für die Eigenkapitalrentabilität gewonnenen Kennzahl sind im Zusammenhang mit dem Zeitvergleich und dem Betriebs- und Branchenvergleich anzustellen. Der Zeitvergleich liefert Erkenntnisse über die vorausgegangene Entwicklung der Rentabilität des Unternehmens, der Betriebs- oder Branchenvergleich erlaubt eine Aussage über die spezifische Lage des Unternehmens, gemessen an Vergleichsobjekten.

6.3.5.1.3 Gesamtkapitalrentabilität

Eliminierung des Einflusses unterschiedlicher Kapitalstrukturen

Zur Eliminierung des Einflusses unterschiedlicher Kapitalstrukturen infolge verschiedener Finanzierungsvarianten der zu vergleichenden Unternehmen auf den Erfolg und damit zur Verbesserung der Aussagefähigkeit eines Betriebs- oder Branchenvergleichs empfiehlt es sich, die Gesamtkapitalrentabilität zu ermitteln:

$$Gesamtkapitalrentabilität = \frac{Jahresüberschuss + Zinsaufwand + Ertragsteuern}{Ø\ Bilanzanalytisches\ Gesamtkapital} \times 100$$

[536] Hierzu Baetge/Kirsch/Thiele, Bilanzanalyse, 2. Aufl. 2004, S. 358.

Effizienz und Verzinsung des gesamten eingesetzten Kapitals

Die Gesamtkapitalrentabilität ist eine Kennzahl, die die Effizienz und Verzinsung des gesamten im Unternehmen eingesetzten Kapitals ausdrückt. Während bei der Eigenkapitalrentabilität der dem Eigenkapital zufließende Gewinn betrachtet wird, ist bei der Gesamtkapitalrentabilität zusätzlich der dem Fremdkapital zufließende Zinsaufwand mit einzubeziehen. Da der Steueraufwand u.a. von der Verschuldung abhängt, liegt es nahe, die Gesamtkapitalrentabilität vor Abzug von Ertragsteuern – d.h. auf Basis des EBIT – zu berechnen. Wie bei allen Rentabilitätskennzahlen kann es auch hier sinnvoll sein, das durchschnittliche Gesamtkapital der Berechnung zugrunde zu legen.

Vergleich mit Konkurrenten

Gerade den externen Analytiker interessiert oftmals weniger die Rentabilität des von den Eigentümern bereitgestellten Kapitals, sondern die Verzinsung des eingesetzten Gesamtkapitals. Diese Kennzahl ist zur Beurteilung der Leistungsfähigkeit des Unternehmens im Vergleich mit seinen Konkurrenten geeignet, weil darin die von der Finanzierung ausgehenden Einflüsse eliminiert werden.

Vergleich mit Fremdkapitalzinssätzen

An die ermittelte Gesamtkapitalrentabilität können sich weitere Überlegungen anschließen: So ist es z.B. nützlich, die Gesamtkapitalrentabilität des Unternehmens mit den Zinssätzen für Fremdkapital zu vergleichen. Eine über den Fremdkapitalzinssätzen liegende Gesamtkapitalrentabilität besagt, dass in und mit dem Unternehmen ein höherer Gewinn erzielt wird, als an Zinsen für Fremdkapital zu zahlen ist. Daraus kann man schließen, dass eine weitere Aufnahme von Fremdkapital zu Gewinnsteigerungen und damit zur Erhöhung der Eigenkapitalrentabilität führen kann (Leverage-Effekt).

Leverage-Effekt

Der Leverage-Effekt ergibt sich unter Berücksichtigung des Verschuldungsgrades wie folgt:

$$r_{EK} = r_{GK} + (r_{GK} - r_{FK}) \text{ x } \frac{FK}{EK}$$

mit r_{GK} = Gesamtkapitalrentabilität

r_{EK} = Eigenkapitalrentabilität

FK = Fremdkapital

EK = Eigenkapital

Hinweis

Allgemein kann man sagen, dass die Eigenkapitalrentabilität mit steigender Verschuldung zunimmt, solange die Gesamtkapitalrentabilität größer als der Fremdkapitalzinssatz ist.

6.3.5.2 Betriebsrentabilität

Eliminierung der Einflüsse des neutralen Ergebnisses

Um bei der Beurteilung zufällige Schwankungen im Finanz- und Beteiligungsbereich auszuschließen und die nachhaltig durch Verfolgung des Betriebszwecks zu erzielende relative Ertragskraft des Unternehmens besser prognostizieren zu können, ist es sinnvoll, die Einflüsse der neutralen Ergebnisse zu eliminieren. Man ermittelt dazu die Betriebsrentabilität:

$$Betriebsrentabilität = \frac{Ordentlicher\ Betriebserfolg}{Betriebsnotwendiges\ Vermögen} \text{ x } 100$$

Betriebsnotwendiges Vermögen

Schwierig ist dabei die Ermittlung betriebsnotwendigen Vermögens, da dieser Teil des Gesamtvermögens nicht ohne weiteres aus der Bilanz ersichtlich ist und nur näherungsweise bestimmt werden kann. Überschlagsweise lässt sich das betriebsnotwendige Vermögen wie folgt ermitteln:

	Immaterielles Anlagevermögen
+	Sachanlagevermögen
+	Vorräte
+	Forderungen aus Lieferungen und Leistungen
-	Verbindlichkeiten aus Lieferungen und Leistungen
=	**Betriebsnotwendiges Vermögen**

Tab. 63 Betriebsnotwendiges Vermögen

6.3.5.3 Umsatzrentabilität

Entstehung des Erfolgs

Ausgehend von der Entstehung des Erfolgs, ist als weitere Kennzahl die Umsatzrentabilität zu ermitteln. Grundsätzlich gibt es verschiedene Berechnungsvarianten. Nach einer Variante berechnet sich die Umsatzrentabilität als Verhältnis zwischen dem erzielten Ergebnis und den Umsatzerlösen. Sie ist geeignet, im Zeit- oder Betriebsvergleich Aussagen über die relative Erfolgssituation des Unternehmens zu machen.

Ordentlicher Betriebserfolg als Erfolgsgröße

In diesem Fall wird als Erfolgsgröße der ordentliche Betriebserfolg gewählt, weil die Umsatzerlöse aus der Leistung des Unternehmens in ihrem eigentlichen Geschäftszweig resultieren und nicht durch betriebsfremde oder außerordentliche Aktivitäten beeinflusst sind:

$$Umsatzrentabilität = \frac{Ordentlicher\ Betriebserfolg}{Umsatzerlöse} \text{ x } 100$$

Jahresüberschuss als Erfolgsgröße

In der Praxis wird statt dem ordentlichen Betriebserfolg häufig der Jahresüberschuss als Ergebnisgröße verwendet:

$$Umsatzrentabilität = \frac{Jahresüberschuss}{Umsatzerlöse} \text{ x } 100$$

Dies sollte allerdings als grobe Vereinfachung erfolgen, da ein kausaler Zusammenhang zwischen den Umsatzerlösen und dem Jahresüberschuss nicht besteht. Der Jahresüberschuss ist beeinflusst von Größen wie Beteiligungserträgen, Zinsen sowie sonstigen betrieblichen Aufwendungen und Erträgen, die in keinerlei Zusammenhang mit dem Umsatz stehen.

Interpretation

Änderungen der Umsatzrendite können auf veränderte Betriebsleistungen, auf ein neues Fertigungsprogramm oder auf eine Umstrukturierung des Kundenkreises zurückzuführen sein. Wenn ein Unternehmen niedrigere oder fallende Gewinnspannen aufweist, kann dies ein Symptom sowohl für eine allgemeine ungünstige wirtschaftliche Entwicklung als auch für eine schlechte Geschäftspolitik sein. Hier kann der Branchen- oder Betriebsvergleich Aufschluss geben.

6.3.5.4 Umschlagshäufigkeit

Beurteilung der Zielerreichung

Allerdings ist zu konstatieren, dass die Umsatzrentabilität keine Maßgröße für die Beurteilung der Unternehmenszielerreichung darstellt. Sie ist gerade keine Kapitalrentabilität, welche die Effizienz des Kapitaleinsatzes misst.

Effizienz des Vermögens- bzw. Kapitaleinsatzes

Vor diesem Hintergrund ist zunächst die sog. Umschlagshäufigkeit zu ermitteln. Diese misst formal, wie oft sich das eingesetzte Vermögen bzw. Kapital im Jahr umschlägt und macht damit materiell eine Aussage über die Effizienz des Vermögens- bzw. Kapitaleinsatzes. Sie ist allerdings branchenabhängig.

Neben der Umsatzrentabilität ist es die Umschlagshäufigkeit, die die Betriebsrentabilität bestimmt. Diese ermittelt sich wie folgt:

$$Umschlagshäufigkeit = \frac{Umsatzerlöse}{Betriebsnotwendiges\ Vermögen} \text{ x } 100$$

Interpretation

Je höher die Umschlagshäufigkeit, desto besser: Eine gestiegene Umschlagshäufigkeit im Zeitablauf ist ein Zeichen wachsender Ertragskraft. Je kürzer die Umschlagsdauer des Kapitals, desto geringer ist der Kapitalbedarf und desto höher sind die Rentabilität des eingesetzten Kapitals und die Liquidität des Unternehmens.

Eine Erhöhung des Kapitalumschlags führt zur Verbesserung des Ergebnisses. Das Kapital kann gesenkt und damit der Kapitalumschlag erhöht werden durch z.B. folgende Maßnahmen:

- Mieten statt Kaufen von Investitionsobjekten,
- Lagerhaltung senken bei gleichzeitiger Erhöhung der Bestellhäufigkeit,
- Verkürzung des Zahlungsziels der Debitoren,
- Verlängerung des Zahlungsziels bei den Kreditoren,
- Factoring.

6.3.5.5 Return-on-Investment-Konzept

Kombination von Umsatzrentabilität und Umschlaghäufigkeit

Erst wenn die Umsatzrentabilität mit der Umschlagshäufigkeit kombiniert wird, gelangt man zur Kapitalrentabilität, welche auch als Return on Investment (RoI) bezeichnet wird. Beim RoI handelt es sich um ein Kennzahlensystem, welches die beiden Kennzahlen kombiniert und deren Interdependenzen mit anderen Erfolgs- und Bilanzposten erklärt:

Verzinsung des betriebsnotwendigen Vermögens

Die Betriebsrentabilität – nunmehr RoI bezeichnet – misst die Verzinsung des im betrieblichen Bereich eingesetzten Kapitals bzw. seines entsprechenden Gegenwerts auf der Aktivseite der Bilanz: des betriebsnotwendigen Vermögens.

Der RoI bzw. die Betriebsrentabilität ermittelt sich danach wie folgt:

$$RoI = \frac{Ordentliches\ Betriebsergebnis}{Betriebsnotwendiges\ Vermögen} \text{ x } 100$$

Durch die Erweiterung dieser Kennzahl mit dem Quotienten Umsatz/Umsatz und entsprechender Umformung ergibt sich folgende Gleichung:

$$RoI = \frac{Ordentliches\ Betriebsergebnis}{Betriebsnotwendiges\ Vermögen} \text{ x } 100 \text{ x } \frac{Umsatz}{Umsatz}$$

$$RoI = \frac{Ordentliches\ Betriebsergebnis}{Umsatz} \text{ x } 100 \text{ x } \frac{Umsatz}{Betriebsnotwendiges\ Vermögen}$$

$$RoI = Umsatzrendite \text{ x } Umschlagshäufigkeit$$

Zielkennzahl

Die große Bedeutung des RoI in der Analysepraxis resultiert aus seinem Einsatz als Zielkennzahl in mehreren Kennzahlensystemen. Zwar lässt sich auch mit einfachen Rentabilitätskennzahlen die Höhe der Ertragskraft eines Unternehmens beurteilen, indes bleibt aber offen, wie die gemessene Ertragskraft zustande gekommen ist. Die Interpretation des RoI als Zielkennzahl eines Kennzahlensystems erlaubt daher differenziertere und umfassendere Aussagen, als lediglich der RoI für sich betrachtet.[537]

6.3.6 Kapitalmarktorientierte Erfolgsanalyse

Im Rahmen der kapitalmarktorientierten Erfolgsanalyse interessieren insbesondere die Kennzahlen Ergebnis je Aktie und Kurs-Gewinn-Verhältnis. Das Ergebnis je Aktie sowie das auf dieser Größe aufbauende Kurs-Gewinn-Verhältnis (KGV) sind Kennzahlen, die von Anlegern und professionellen Analysten zur vergleichenden Unternehmens- und Aktienkursbeurteilung herangezogen werden.

Der Gewinn je Aktie berechnet sich wie folgt:

$$Gewinn\ je\ Aktie = \frac{Gewinn}{Gezeichnetes\ Kapital} \text{ x } Aktiennennbetrag = \frac{Gewinn}{Anzahl\ der\ Aktien}$$

Die Kennzahl bringt zum Ausdruck, wie viel Gewinn eine Gesellschaft bezogen auf eine Aktie erzielt hat und stellt damit eine besondere Form der Eigenkapitalrendite dar.

Das Kurs-Gewinn-Verhältnis errechnet sich wie folgt:

$$Kurs - Gewinn - Verhältnis = \frac{Aktienkurs}{Gewinn\ je\ Aktie}$$

537 Hierzu ausführlich Baetge/Kirsch/Thiele, Bilanzanalyse, 2. Aufl. 2004, S. 373, 503ff.

Alternativ kann das Kurs-Gewinn-Verhältnis wie folgt errechnet werden:

$$Kurs - Gewinn - Verhältnis = \frac{Marktkapitalisierung}{Gewinn}$$

Die Marktkapitalisierung und damit der Marktwert eines Unternehmens bildet die Zukunftserwartung an das Unternehmen ab, die der durchschnittliche Marktteilnehmer an dieses Unternehmen hat. Letztlich haben Eigenkapitalrentabilität und Kurs-Gewinn-Verhältnis den gleichen Inhalt, nämlich die Verzinsung des Eigenkapitals, allerdings bezogen auf unterschiedliche Eigenkapitalgrößen.

Indem das Kurs-Gewinn-Verhältnis eines bestimmten Jahres und Unternehmens mit dem früherer Jahre und/oder mit denen anderer Unternehmen verglichen wird, können relativ einfach Preiswürdigkeitsprüfungen vorgenommen werden: Das Kurs-Gewinn-Verhältnis wird überwiegend für Anlageentscheidungen genutzt, indem das für einen bestimmten Zeitpunkt und für eine bestimmte Aktie ermittelte Kurs-Gewinn-Verhältnis mit den Kurs-Gewinn-Verhältnissen anderer Aktien, Branchen, des Marktes bzw. bestimmter Marktausschnitte oder den Kurs-Gewinn-Verhältnissen anderer Perioden verglichen wird. Je höher das KGV, desto geringer ist die aktuelle Verzinsung.

6.4 Beispielsachverhalte

6.4.1 Erfolgsquellenanalyse

6.4.1.1 Ausgangssachverhalt

Die Wooltex AG, ein Konkurrenzunternehmen der FWA, mit Sitz in Fürth will sich in den kommenden fünf Jahren diversifizieren. Zu diesem Zweck ist der Erwerb von Tochterunternehmen in Frankreich und den USA geplant.

Nach dem das Unternehmen bereits in der Vergangenheit die prognostizierten Überschüsse nicht erreichen konnte, musste auch im Jahr 2020 mit Vorlage der Halbjahreszahlen die Prognose erneut nach unten korrigiert werden. Die geplante Diversifikationsstrategie scheint daher gefährdet.

Das nachfolgende Zahlenwerk ist einer kritischen Analyse zu unterziehen:

in TEUR	2020	2019
Umsatzerlöse	382.700	243.440
Erhöhung oder Verminderung des Bestands an fertigen und unfertigen Erzeugnissen	-360	-300
andere aktivierte Eigenleistungen	5.160	11.256
sonstige betriebliche Erträge	29.780	9.824
Materialaufwand	-81.162	-56.576
Personalaufwand	-177.552	-116.692
Abschreibungen	-36.984	-26.326
sonstige betriebliche Aufwendungen	-93.972	-53.588
Erträge aus Beteiligungen	500	500
Erträge aus anderen Wertpapieren und Ausleihungen des Finanzanlagevermögens	0	0
sonstige Zinsen und ähnliche Erträge	2.144	4.048
Abschreibungen auf Finanzanlagen und auf Wertpapiere des Umlaufvermögens	-1.636	0

Zinsen und ähnliche Aufwendungen	-2.402	-2.952
Ergebnis der gewöhnlichen Geschäftstätigkeit	26.216	12.634
Steuern vom Einkommen und vom Ertrag	-7.176	-5.854
Ergebnis nach Steuern	19.040	6.780
sonstige Steuern	-200	-200
Jahresüberschuss/Jahresfehlbetrag.	**18.840**	**6.580**

Die sonstigen betrieblichen Erträge setzen sich wie folgt zusammen:

in TEUR	**2020**	**2019**
Erträge aus der Veräußerung des Verwaltungsgebäudes	12.200	0
Erträge aus weiterberechneten Lieferungen und Leistungen	3.050	2.760
Erträge aus der Währungsumrechnung	4.178	0
Erträge aus der Auflösung von Rückstellungen	712	0
Erträge aus der Zuachreibung von Sachanlagen	0	578
Überige betriebliche Erträge	9.640	6.486
Sonstige betriebliche Erträge	**29.780**	**9.824**

In 2020 enthalten die übrigen betrieblichen Erträge Zahlungseingänge auf in Vorjahren ausgebuchte Forderungen in Höhe von TEUR 4.096 (Vorjahr: TEUR 0).

Die sonstigen betriebliche Aufwendungen setzen sich wie folgt zusammen:

in TEUR	**2020**	**2019**
Werbungskosten	69.818	36.486
Raumkosten	16.772	7.020
Telekommunikationskosten	7.382	3.714
Kosten der Kapitalerhöhung	0	2.840
Restrukturierungskosten	0	1.428
Verluste aus der Währungsumrechnung	0	2.100
Sonstige betriebliche Aufwendungen	**93.972**	**53.588**

Weiterhin bestehen in 2020 Verpflichtungen aus Miet- und Leasingverträgen in Höhe von TEUR 45.432 (Vorjahr: TEUR 19.568). Der Anstieg gegenüber dem Vorjahr resultiert im Wesentlichen aus dem Abschluss eines langfristigen Mietvertrags für das Verwaltungsgebäude. Dieses ist im Rahmen einer sog. sale-and-lease-back-Transaktion veräußert worden.

6.4.1.2 Durchführung der Erfolgsquellenanalyse

6.4.1.2.1 Ordentlicher Betriebserfolg

Ziel der Erfolgsquellenanalyse ist die Ermittlung des ordentlichen Betriebserfolgs. Dieser umfasst diejenigen Erfolgsbestandteile, die dem Unternehmen aus der eigentlichen Geschäftstätigkeit zugeflossen sind. Er soll damit den nachhaltigen Erfolg zeigen, der aus der eigentlichen absatz- und produktionswirtschaftlichen Tätigkeit eines Unternehmens resultiert. Der ordentliche Betriebserfolg enthält damit nachhaltige, periodenbezogene Erfolgsbeiträge. Für die Wooltex AG berechnet sich der ordentliche Betriebserfolg wie folgt:

in TEUR	**2020**	**2019**
Umsatzerlöse	382.700	243.440
- Erhöhung oder Verminderung des Bestands an fertigen und unfertigen Erzeugnissen	-360	-300
+ andere aktivierte Eigenleistungen	5.160	11.256
+ sonstige betriebliche Erträge	29.780	9.821
- Unregelmäßige/einmalige/periodenfremde Erträge		
Erträge aus der Veräußerung des Verwaltungsgebäudes	-12.200	0
Erträge aus der Währungsumrechnung	-4.178	0
Periodenfremde Erträge (Eingang abgeschriebener Forderungen)	-4.096	0
Erträge aus der Auflösung von Rückstellungen	-712	0
Erträge aus der Zuachreibung von Sachanlagen	0	-578

- Materialaufwand	-81.162	-56.576
- Personalaufwand	-177.552	-116.692
- Abschreibungen	-36.984	-26.326
- sonstige betriebliche Aufwendungen	-93.972	-53.588
+ Unregelmäßige/einmalige/periodenfremde Aufwendungen		
Verlust aus der Währungsumrechung	0	2.100
Kosten der Kapitalerhöhung	0	2.840
Restrukturierungskosten	0	1.428
- sonstige Steuern	-200	-200
= Ordentlicher Betriebserfolg	**6.224**	**16.628**

Sonstige betriebliche Erträge

Die sonstigen betrieblichen Erträge sind um ungewöhnliche, einmalige und periodenfremde Komponenten zu bereinigen. Gemäß den Anhangangaben enthalten diese im Geschäftsjahr 2020 Zahlungseingänge auf in Vorjahren ausgebuchte Forderungen. Dabei handelt es sich folglich um einen periodenfremden Ertrag, der für Analysezwecke in den außerordentlichen Erfolg umzugliedern ist.

Die Erträge aus dem Abgang von Vermögensgegenständen des Anlagevermögens korrigieren die vorher auf diese Vermögensgegenstände verrechneten Abschreibungen. Wenn Erträge aus dem Abgang von Vermögensgegenständen des Anlagevermögens regelmäßig entstehen und ihre Höhe „betriebsüblich" ist, können sie zum ordentlichen Betriebserfolg gezählt werden. Die von der Wooltex AG erzielten Erträge aus der Veräußerung des Verwaltungsgebäudes wurden aber im Rahmen einer mutmaßlich bilanzpolitisch motivierten sale-and-lease-back-Transaktion realisiert. Es handelt sich damit nicht um betriebsübliche Erträge, die regelmäßig entstehen. Daher sind sie in den außerordentlichen Erfolg umzugliedern.

Für die Erträge aus der Währungsumrechnung wird angenommen, dass diese nicht nachhaltig erzielbar sind, da im Sachverhalt keine Hinweise darauf vorliegen, dass sich die Währungsrelationen künftig kontinuierlich in eine Richtung entwickeln werden. Ein Indiz für die fehlende Nachhaltigkeit dieses Postens ergibt sich aus der Tatsache, dass die Wooltex AG im Vorjahr entsprechende Verluste aus der Währungsumrechnung zu tragen hatte. Daher sind sie in den außerordentlichen Erfolg umzugliedern.

Sonstige betriebliche Aufwendungen

Auch die sonstigen betrieblichen Aufwendungen sind um ungewöhnliche, einmalige und periodenfremde Elemente zu bereinigen. So sind sowohl die Kosten der Kapitalerhöhung als auch die Restrukturierungkosten als unregelmäßig einzustufen. Neben diesen beiden Posten ist auch – analog zum Gewinn – der Verlust aus der Währungsumrechnung in den außerordentlichen Erfolg umzugliedern.

Sonstige Steuern

Die sonstigen Steuern umfassen sämtliche Steuerzahlungen des Unternehmens, die nicht vom Ertrag abhängen. „Kostensteuern" besitzen den Charakter des betrieblichen Aufwands und werden daher im ordentlichen Betriebserfolg ausgewiesen.

6.4.1.2.2 Finanz- und Verbunderfolg

Der Finanz- und Verbunderfolg umfasst diejenigen Erfolgsbestandteile, die entweder aus Kapitalanlagen resultieren oder durch Kapitalverflechtungen entstanden sind. Damit stammt der Finanz- und Verbunderfolg für gewöhnlich nicht aus der eigentlichen Geschäftstätigkeit eines Unternehmens, wird aber als nachhaltige Erfolgsquelle angesehen. Er enthält somit die nachhaltigen, periodenbezogenen und nicht betriebszugehörigen Komponenten des Jahresergebnisses.

Für die Wooltex AG berechnet sich der Finanz- und Verbunderfolg wie folgt:

in TEUR	2020	2019
Erträge aus Beteiligungen	500	500
+ sonstige Zinsen und ähnliche Erträge	2.144	4.048
- Abschreibungen auf Finanzanlagen und auf Wertpapiere des Umlaufvermögens	-1.636	0
- Zinsen und ähnliche Aufwendungen	-2.402	-2.952
= Finanz- und Verbunderfolg	**-1.394**	**1.596**

Abschreibungen auf Finanzanlagen und Wertpapiere des Umlaufvermögens sind i.d.R. auf Kursschwankungen börsennotierter Wertpapiere zurückzuführen. Solche Kursschwankungen sind üblich und nicht außergewöhnlich, es sei denn, die Abschreibungen sind ungewöhnlich hoch.

Bei der Wooltex AG ist die Höhe der Abschreibungen nicht außergewöhnlich hoch, es liegen auch keine Anhaltspunkte für einen Kurssturz oder sonstige außerordentliche Effekte vor. Die Abschreibungen auf Finanzanlagen und Wertpapiere des Umlaufvermögens sollten daher nach dem Kriterium der überwiegenden Zugehörigkeit im Finanz- und Verbunderfolg ausgewiesen werden.

6.4.1.2.3 Außerordentlicher Erfolg

Der außerordentliche Erfolg umfasst diejenigen Erfolgsbestandteile, die einmalig sind oder nur selten vorkommen und ist daher als nicht nachhaltig einzustufen.

Für die Wooltex AG berechnet sich der außerordentliche Erfolg wie folgt:

in TEUR	2020	2019
Unregelmäßige/einmalige/periodenfremde Erträge		
Erträge aus der Veräußerung des Verwaltungsgebäudes	12.200	0
Erträge aus der Währungsumrechnung	4.178	0
Periodenfremde Erträge (Eingang abgeschriebener Forderungen)	4.096	0
Erträge aus der Auflösung von Rückstellungen	712	0
Erträge aus der Zuachreibung von Sachanlagen	0	578
- Unregelmäßige/einmalige/periodenfremde Aufwendungen		
Verlust aus der Währungsumrechung	0	-2.100
Kosten der Kapitalerhöhung	0	-2.840
Restrukturierungskosten	0	-1.428
= Außerordentliches Ergebnis	**21.186**	**-5.790**

6.4.1.2.4 Bewertungserfolg

Der Bewertungserfolg enthält Erfolgskomponenten, die vor allem aus bewusst steuerbaren bilanzpolitischen Maßnahmen resultieren und nicht die Folge wirtschaftlicher Aktivitäten eines Unternehmens sind. Für die Ertragskraft eines Unternehmens ist der Bewertungserfolg von geringer Bedeutung, da er ausschließlich Erfolgskomponenten enthält, die weder regelmäßig entstehen noch finanzwirksam sind.

Für die Wooltex AG ermittelt sich der Bewertungserfolg wie folgt:

in TEUR	2020	2019
Zuschreibungen auf Sachanlagen	0	578
+ Erträge aus Rückstellungsauflösung	712	0
- Abschreibungen auf Finanzanlagevermögen und Wertpapiere des Umlaufvermögens	-1.636	0
= Bewertungserfolg	**-924**	**578**

6.4.2 Aufwandsstrukturanalyse

6.4.2.1 Ausgangssachverhalt

Die NorthWestSpinning AG (NWS) ist ein Unternehmen, welches in der Textilbranche tätig ist. Es liegt die GuV der NWS zum 31.12.2020 mit entsprechenden Vorjahreswerten gegliedert nach dem GKV vor:

in TEUR	2020	2019
Umsatzerlöse	135.308	97.742
Erhöhung oder Verminderung des Bestands an fertigen und unfertigen Erzeugnissen	7.758	-2.794
andere aktivierte Eigenleistungen	14	0
sonstige betriebliche Erträge	4.054	916
Materialaufwand	-50.594	-32.966
Personalaufwand	-49.468	-28.858
Abschreibungen	-2.504	-2.336
sonstige betriebliche Aufwendungen	-41.848	-23.656
Erträge aus Beteiligungen	0	0
Erträge aus anderen Wertpapieren und Ausleihungen des Finanzanlagevermögens	0	0
sonstige Zinsen und ähnliche Erträge	1.210	62
Abschreibungen auf Finanzanlagen und auf Wertpapiere des Umlaufvermögens	0	0
Zinsen und ähnliche Aufwendungen	-582	-1.054
Ergebnis der gewöhnlichen Geschäftstätigkeit	3.348	7.056
Steuern vom Einkommen und vom Ertrag	-2.040	-2.976
Ergebnis nach Steuern	1.308	4.080
sonstige Steuern	-8	-6
Jahresüberschuss/Jahresfehlbetrag.	**1.300**	**4.074**

Anhand der Kennzahlen Personalaufwandsquote, Materialaufwandsquote sowie Abschreibungsaufwandsquote ist die Aufwandsentwicklung im Zeitvergleich zu analysieren und zu interpretieren.

6.4.2.2 Durchführung der Aufwandsstrukturanalyse

6.4.2.2.1 Personalaufwandsquote

Die Personalaufwandsquote wird zur Analyse des Produktionsfaktors „Arbeit“ herangezogen. Wird das GKV angewendet, ermittelt sich die Kennzahl wie folgt:

$$Personalaufwandsquote = \frac{Personalaufwand}{Gesamtleistung} \text{ x } 100$$

Beim GKV gibt diese Kennzahl an, inwieweit die betriebliche Gesamtleistung durch die Zahlung von Löhnen und Gehältern, sozialen Abgaben sowie Aufwendungen für Altersversorgung und Unterstützung erbracht worden ist. Werden branchen- und strukturgleiche Unternehmen verglichen, so gilt die Arbeitshypothese, dass „gesunde“ Unternehmen eine niedrigere Personalaufwandsquote aufweisen als „kranke“ Unternehmen.

Vorliegend stellt die NWS ihre GuV nach dem GKV auf, so dass der Personalaufwand ins Verhältnis zur Gesamtleistung, bestehend aus den Umsatzerlösen, den Bestandsveränderungen und den anderen aktivierten Eigenleistungen gesetzt werden muss.

Für die Jahre 2020 und 2019 weist die NWS folgende Personalaufwandsquoten auf:

Personalaufwandsquote				
Personalaufwand (in TEUR)		Gesamtleistung (in TEUR)	**PAQ**	Veränderung
2020	49.468	143.080	34,57%	4,18%
2019	28.858	94.948	30,39%	

Die Personalaufwandsquote der NWS stieg von 2019 auf 2020 um 4,18%. Gründe hierfür könnten sein:

- Unwirtschaftlichkeiten beim Einsatz des Produktionsfaktors „Arbeit“,
- gestiegene Pensionsrückstellungen,
- tarifliche Lohnerhöhungen,
- ein gestiegenes Ausbildungsniveau der Arbeitnehmer oder
- die Entscheidung für Selbsterstellung statt bisherigen Fremdbezugs.

Die Aussagefähigkeit der Personalaufwandsquote wird dann beeinträchtigt, wenn das zu analysierende Unternehmen bspw. in großem Umfang Personalleasing betreibt. Überdies ist im Rahmen von Betriebsvergleichen zu beachten, dass die Personalaufwandsquote u.a. aufgrund der regionalen Unterschiede im Lohnniveau vorsichtig zu interpretieren ist. Weiterhin können kompensatorische Effekte in den verschiedenen Segmenten eines Unternehmens auftreten. So könnte ein unwirtschaftlicher Personaleinsatz in einem Segment durch effizient wirtschaftende andere Segmente kompensiert und demnach „verdeckt“ werden.

6.4.2.2.2 Materialaufwandsquote

Neben dem Personalaufwand zählt der Materialaufwand bei vielen produzierenden Unternehmen zu den größten Aufwandsblöcken. Die Bedeutung des Materialaufwands bei einem Unternehmen lässt sich mithilfe der Materialaufwandsquote messen.

Die Materialaufwandsquote liefert Hinweise über die Fertigungstiefe eines Unternehmens. Je mehr Fertigungsteile zugekauft werden, desto höher ist die Summe des zugekauften Materials und damit auch die Materialaufwandsquote des Unternehmens (und umgekehrt). Die Schlussfolgerung, dass mit einer relativ hohen Materialaufwandsquote eine geringere Fertigungstiefe einhergeht, gilt indes nur bei strukturgleichen Unternehmen. Denn die Höhe des Materialaufwands wird auch durch die Art des hergestellten Produkts, die Preisentwicklungen auf den Beschaffungs- und Absatzmärkten sowie durch die Veränderungen in der Wirtschaftlichkeit des Betriebsablaufs beeinflusst.

Bei Anwendung des GKV ermittelt sich diese wie folgt:

$$Materialaufwandsquote = \frac{Materialaufwand}{Gesamtleistung} x\ 100$$

Es werden die Aufwendungen für RHB-Stoffe und für bezogene Waren sowie für bezogene Leistungen ins Verhältnis zur Gesamtleistung gesetzt. Bei branchen- und strukturgleichen Unternehmen gilt wiederum die Arbeitshypothese, dass „gesunde“ Unternehmen eine niedrigere Materialaufwandsquote aufweisen als „kranke“ Unternehmen.

Bezogen auf die NWS ergeben sich für die Jahre 2020 und 2019 folgende Materialaufwandsquoten:

Materialaufwandsquote				
Materialaufwand (in TEUR)		Gesamtleistung (in TEUR)	MAQ	Veränderung
2020	50.594	143.080	35,36%	0,64%
2019	32.966	94.948	34,72%	

Bei einer Materialaufwandsquote von ca. 35% weist die NWS eine geringe bis mittlere Fertigungstiefe auf. Von 2019 auf 2020 steigt die Materialaufwandsquote um 0,64% an. Mit Blick auf diese nahezu unveränderte Materialaufwandsquote könnte der Anstieg der Personalaufwandsquote vornehmlich durch ein gestiegenes Lohnniveau bei ggf. gleichzeitiger Erhöhung der Arbeitnehmerzahl erklärt werden.

6.4.2.2.3 Abschreibungsaufwandsquote

Die Abschreibungsaufwandsquote erlaubt wie die Personal- und die Materialaufwandsquote Rückschlüsse auf den betrieblichen Leistungserstellungsprozess, denn der Verbrauch des Sachkapitals spiegelt sich in den Abschreibungen wider. Zu beachten ist allerdings, dass die Abschreibungsaufwandsquote stark durch Bilanzpolitik beeinflusst ist.

Für branchen- und strukturgleiche Unternehmen gilt, dass bei vergleichbaren Abschreibungsparametern – u.a. Abschreibungsmethode und Nutzungsdauer – das Unternehmen besser zu beurteilen ist, welches seine Sachanlagen günstiger erworben hat. Wiederum gilt die Arbeitshypothese, dass „gesunde“ Unternehmen eine niedrigere Abschreibungsaufwandsquote aufweisen als „kranke“ Unternehmen.

Wird das GKV angewandt, ermittelt sich die Abschreibungsaufwandsquote wie folgt:

$$Abschreibungsaufwandsquote = \frac{Abschreibungen\ auf\ Sachanlagen\ und\ immaterielle\ Vermögensgegenstände}{Gesamtleistung} \text{ x } 100$$

Sie drückt aus, wieweit die Gesamtleistung aus dem Einsatz von Sachanlagevermögen und immateriellen Vermögensgegenstände resultiert.

Für die Jahre 2020 und 2019 weist die NWS folgende Abschreibungsaufwandsquoten auf:

Abschreibungsaufwandsquote				
Abschreibungen (in TEUR)		Gesamtleistung (in TEUR)	AAQ	Veränderung
2020	2.504	143.080	1,75%	-0,71%
2019	2.336	94.948	2,46%	

Der Rückgang von 2,46% auf 1,75% – was letztlich einer Verringerung um 28,86% entspricht – kann als ein Warnsignal für eine sich verschlechternde Ertragskraft der NWS interpretiert werden. Dies ist jedoch indes im Zusammenhang mit der Altersstruktur der Anlagen und dem Investitionsverhalten weiter zu analysieren.

6.4.3 Kapitalflussrechnung

6.4.3.1 Ausgangssachverhalt

Der Jahresabschluss der Seide&Faden AG zum 31.12.20X2 sieht wie folgt aus:

Aktiva (in TEUR)	20X2	20X1	Abw.	Passiva (in TEUR)	20X2	20X1	Abw.
Anlagevermögen	1.120	1.060	60	Gezeichnetes Kapital	360	360	0
Vorräte	210	300	-90	Kapitalrücklage	500	500	0
Forderungen aus Lieferungen und Leistungen	250	236	14	Gewinnrücklagen	320	300	20
Flüssige Mittel	210	184	26	Rückstellungen	100	130	-30
				Bankverbindlichkeiten	270	260	10
				Verbindlichkeiten aus Lieferungen und Leistungen	240	230	10
Summe	**1.790**	**1.780**	**10**	**Summe**	**1.790**	**1.780**	**10**

in TEUR	20X2	20X1
Umsatzerlöse	2.100	2.200
sonstige betriebliche Erträge	70	250
Materialaufwand	-1.000	-1.300
Personalaufwand	-816	-784
Abschreibungen	-260	-250
sonstige betriebliche Aufwendungen	-10	-14
Zinsen und ähnliche Aufwendungen	-26	-22
Steuern vom Einkommen und vom Ertrag	-32	-20
Jahresüberschuss/Jahresfehlbetrag.	**26**	**60**

Dem Anhang können darüber hinaus folgende Informationen entnommen werden:

- Die Rückstellungen sind ausnahmslos dem operativen Bereich zuzuordnen.
- Material- und Personalaufwand sind vollständig zahlungswirksam.
- Die sonstigen betrieblichen Erträge sind zahlungswirksam und operativ.
- Die sonstigen betrieblichen Aufwendungen dienen der Bildung von Rückstellungen.

Es ist die Kapitalflussrechnung für 20X2 nach der indirekten Methode zu erstellen.

6.4.3.2 Erstellung der Kapitalflussrechnung

Jahresergebnis 20X2	26
+ Abschreibungen auf Anlagevermögen	260
+/- Zunahme/Abnahme Rückstellungen	-30
+/- Zunahme/Abnahme Forderungen aus Lieferungen und Leistungen	-14
+/- Zunahme/Abnahme Vorräte	90
+/- Abnahme/Zunahme Verbindlichkeiten aus Lieferungen und Leistungen	10
= Cashflow aus laufender Geschäftstätigkeit	**342**
= Cashflow aus Investitionstätigkeit*	**-320**
+/- Zunahme/Abnahme Bankverbindlichkeiten	10
- Gezahlte Dividende**	-6
= Cashflow aus Finanzierungstätigkeit	**4**
Zahlungswirksame Veränderung des Finanzmittelfonds	26
+ Finanzmittelfonds am Anfang der Periode	184
= Finanzmittelfonds am Ende der Periode	**210**

* Retrograde Ermittlung der Investitionen:

Anfangsbestand Anlagevermögen		1.060
-	Abschreibungen	-260
+	Investitionen	320
=	Endbestand Anlagevermögen	1.120

** Retrograde Ermittlung der Dividende:

Anfangsbestand Gewinnrücklagen		300
+	Jahresüberschuss 2020	26
-	Dividende	-6
=	Endbestand Gewinnrücklagen	320

Literaturverzeichnis

Verzeichnis der Kommentare und Handbücher

Baetge, J. / Kirsch, H.-J. / Thiele, S. (Hrsg.): Bilanzrecht – Handelsrecht mit Steuerrecht und den Regelungen des IASB – Kommentar, Stollfuß

Grotttel, B. / Schmidt, S. / Schubert, W. / Störk, U. (Hrsg.): Beck'scher Bilanzkommentar, C.H. Beck, 13., neubearbeitete Auflage 2022

Hoffmann, W.-D. / Lüdenbach, N. (Hrsg.): NWB Kommentar Bilanzierung – Handels- und Steuerrecht, NWB Verlag, 14., vollständig überarbeitete und erweiterte Auflage 2022

IDW (Hrsg.): WP Handbuch, IDW Verlag, 18., vollständig überarbeitete Auflage 2023

Lüdenbach, N. / Hoffmann, W.-D. / Freiberg, J. (Hrsg.): Haufe IFRS-Kommentar, Haufe Group, 21. Auflage 2023

Verzeichnis der Aufsätze und Monographien

Baetge, J. / Kirsch, H.-J. / Thiele, S.: Bilanzanalyse, IDW Verlag, 2., vollständig aktualisierte und erweiterte Auflage 2004

Baetge, J. / Kirsch, H.-J. / Thiele, S.: Bilanzen, IDW Verlag, 16., überarbeitete Auflage 2021

Born, K.: Bilanzanalyse International – Deutsche und ausländische Abschlüsse lesen und beurteilen, Verlag Schäffer Poeschel, 2. Auflage 2001

Braun, M. / Fischer, C. / Roos, B.: Umsatzrealisierung nach HGB und IFRS, StuB 21/2017, S. 803-811

Coenenberg, A. / Haller, A. / Günther, T.: Kostenrechnung und Kostenanalyse, Verlag Schäffer Poeschel, 9., überarbeitete Auflage 2016

Coenenberg, A. / Haller, A. / Schultze, W.: Jahresabschluss und Jahresabschlussanalyse – Betriebswirtschaftliche, handelsrechtliche, steuerrechtliche und internationale Grundlagen – HGB, IAS/IFRS, US-GAAP, DRS, Verlag Schäffer Poeschel, 26., aktualisierte und überarbeitete Auflage 2021

Gräfer, H. / Wengel, T.: Bilanzanalyse, NWB Verlag, 14. überarbeitete und erweiterte Auflage 2019

Derbort, S. / Herrmann, R. / Mehlinger, C. / Seeger, N.: Bilanzierung von Pensionsverpflichtungen – HGB, EStG und IFRS/IAS 19, Springer Gabler, 2. Auflage 2015

Hilke, W.: Bilanzpolitik – Jahresabschluss nach Handels- und Steuerrecht, Gabler Verlag, 5., vollständig überarbeitete und erweiterte Auflage 2000

Horschitz, H. / Groß, W. / Fanck, B. / Guschl, H. / Kirschbaum, J. / Schustek, H.: Bilanzsteuerrecht und Buchführung, Verlag Schäffer Poeschel, 15., vollständig überarbeitete Auflage 2018

Hummel, S. /Männel, W.: Kostenrechnung 1 – Grundlagen, Aufbau und Anwendung, 4., völlig neu bearbeitete und erweiterte Auflage 1999

Kaya, D.: Strategien zur Verminderung und Vermeidung der Jahresabschlusspublizität, Shaker Verlage 2010

Knobbe-Keuk, B.: Bilanz- und Unternehmenssteuerrecht, Verlag Dr. Otto Schmidt, 9., völlig überarbeitete und erweiterte Auflage 1993

Küting, P. / Weber, C.-P.: Der Konzernabschluss – Praxis der Konzernrechnungslegung nach HGB und IFRS, Verlag Schäffer Poeschel, 14., grundlegend neu bearbeitete Auflage 2018

Küting, P. / Weber, C.-P.: Die Bilanzanalyse – Beurteilung von Abschlüssen nach HGB und IFRS, Verlag Schäffer Poeschel, 11. überarbeitete Auflage 2015

Lachnit, L. / Müller, S.: Bilanzanalyse – Grundlagen – Einzel- und Konzernabschlüsse - HGB- und IFRS-Abschlüsse - Unternehmensbeispiele, Springer Gabler Verlag, 2. Auflage 2017

Maier, C. / Roos, B.: Wegfall außerordentlicher Posten in der GuV, BBK 24/2015, S. 1150–1158

Maus, G.: Rückstellungen in der Handels- und Steuerbilanz – Ein Praxis-ABC mit einer Einführung in steuer- und handelsrechtliche Bilanzierungsgrundsätze, Verlag Neue Wirtschafts-Briefe, 2. Auflage 2002

Melcher, W. / David, K. / Skowronek T.: Rückstellungen in der Praxis – Anwendungsfälle nach HGB und IFRS, WILEY-VCH Verlag, 1. Auflage 2013

Moxter, A.: Bilanzlehre – Band I – Einführung in die Bilanztheorie, Gabler, 3., vollständig umgearbeitete Auflage 1984

Moxter, A.: Bilanzlehre – Band II – Einführung in das neue Bilanzrecht, Gabler, 3. vollständig umgearbeitete Auflage 1986

Peemöller, V. H.: Bilanzanalyse und Bilanzpolitik – Einführung in die Grundlagen, Gabler Verlag, 3., aktualisierte Auflage 2003

Peemöller, V. H. / Hofmann, S.: Bilanzskandale – Delikte und Gegenmaßnahmen, Erich Schmidt Verlag, 1. Auflage 2005

Roos, B.: Ausweis der Kapitalrücklage in handelsrechtlichen Abschlüssen deutscher börsennotierter Kapitalgesellschaften, DStR 17/2015, S. 842-847

Roos, B.: Behandlung von Vertragsabschluss- und Werbeprämien im Handelsrecht, DStR 8/2015, S. 437-442

Roos, B.: Besonderheiten von Factoringverhältnissen in der Handelsbilanz, BBK 15/2019, S. 732-741

Roos, B.: Bilanzierung von geleisteten Anzahlungen nach IFRS und HGB, DStR 23/2017, S. 1282-1286

Roos, B.: Die bilanzielle Behandlung von Ersatzteilen im handelsrechtlichen Jahresabschluss, DB 15/2015, S. 813-816

Roos, B.: Durchlaufende Posten im handelsrechtlichen Jahresabschluss, BBK 22/2017, S. 1049-1057

Roos, B.: Durchlaufende Posten im handelsrechtlichen Jahresabschluss unter Berücksichtigung des Saldierungsverbots, DB 2013, 2758-2761

Roos, B.: Grundlagen der doppelten Buchführung, UVK Verlag, 2., überarbeitete Auflage 2021

Roos, B.: Leitlinien zur Vereinheitlichung von Pro-Forma-Kennzahlen, BBK 13/2016, 647-657

Roos, B.: Rechnungslegung bei Strukturänderung nach Handelsrecht und IFRS, Shaker Verlag, 2009

Roos, B.: Verzicht auf geringfügige Rechnungsabgrenzungsposten auch nach HGB? – Mögliche Auswirkungen des JStG 2022 auf den handelsrechtlichen Jahresabschluss, BBK 8/2023, S. 356-363

Roos, B. in: Festschrift zum 65. Geburtstag von Dr. Norbert Lüdenbach, NWB Verlag 2020, S. 189–199

Ruhnke, K. / Sievers, S. / Simons, D.: Rechnungslegung nach IFRS und HGB – Lehrbuch zur Theorie und Praxis der Unternehmenspublizität mit Beispielen und Übungen, Verlag Schäffer Poeschel, 5., aktualisierte und überarbeitete Auflage 2023

Schmalenbach, E.: Dynamische Bilanz, Springer Fachmedien, 11. Auflage 1953

Schmidt, F.: Die organische Bilanz im Rahmen der Wirtschaft, Gabler Verlag, 1. Auflage 1921

Schmolke, S. / Deitermann, M.: Industrielles Rechnungswesen IKR – Finanzbuchhaltung, Analyse und Kritik des Jahresabschlusses, Kosten- und Leistungsrechnung – Einführung und Praxis, Winklers Westermann, 47. Auflage 2018

Simon, H. V.: Die Bilanzen der Aktiengesellschaften und der Kommanditgesellschaften auf Aktien, Walter de Gruyter GmbH & Co.KG, 3. Auflage 1899

von Wysocki, K. / Wohlgemuth, M. /Brösel, G.: Konzernrechnungslegung, UVK Verlag, 5., vollständig neu bearbeitete Auflage 2014

Wagenhofer, A. / Ewert, R.: Externe Unternehmensrechnung, Springer Gaber, 3., aktualisierte Auflage 2015

Wöhe, G.: Einführung in die Allgemeine Betriebswirtschaftslehre, Verlag Franz Vahlen, 26., überarbeitete und aktualisierte Auflage 2016.

Index